U0137834

“十三五”国家重点出版物出版规划项目

中国哺乳动物多样性

编目、分布与保护

3

蒋志刚 / 主编

EDITOR-IN-CHIEF
JIANG ZHIGANG

DIVERSITY OF CHINA'S MAMMALS INVENTORY, DISTRIBUTION AND CONSERVATION

海峡出版发行集团
海峡书局

第3卷目录 / Contents of the Third Volume

453 / 松鼠

Sciurus vulgaris Linnaeus, 1758

- Eurasian Red Squirrel

▲ 分类地位 / Taxonomy

啮齿目 Rodentia / 松鼠科 Sciuridae / 松鼠属 *Sciurus*

科建立者及其文献 / Family Authority
Gray, 1821

属建立者及其文献 / Genus Authority
Linnaeus, 1758

亚种 / Subspecies
东北亚种 *S. v. mantchuricus* Thams, 1909
黑龙江、吉林、辽宁和内蒙古
Heilongjiang, Jilin, Liaoning and Inner Mongolia

华北亚种 *S. v. chilensis* Soweiby, 1921
河北、河南、山西和陕西
Hebei, Henan, Shanxi and Shaanxi

阿尔泰亚种 *S. v. altaicus* Seribennikov, 1928
新疆和内蒙古
Xinjiang and Inner Mongolia

鄂毕亚种 *S. v. exalbidus* Pallas, 1779
新疆 Xinjiang

模式标本产地 / Type Locality
瑞典
"in Europae arboribus." Restricted by Thomas (1911:148) to Uppsala, Sweden

张瑜 / 供图

▲ 其他名称 / Other Name(s)

其他中文名 / Other Chinese Name(s)
北松鼠、灰鼠

其他英文名 / Other English Name(s)
Calabrian Red Squirrel

同物异名 / Synonym(s)
无 None

▲ 形态及生境 / Morphology and Habitat

形态特征 / Morphological Characteristics

齿式：1.0.2.3/1.0.1.3=22。耳端部有簇毛。背毛一般以黑、黑褐色或红棕色为主，腹部至鼠蹊和四肢内侧均为纯白色。冬季毛软而绒，夏季毛短而粗。毛色有季节差异。尾长约为体长的三分之二。

Dental formula: 1.0.2.3/1.0.1.3=22. Tufts of hairs on ear tips. Dorsal hairs generally black, brown or reddish brown, and the hairs on abdomen, the groin and the inside of the limbs are pure white. Winter hairs soft and fluffy, summer hairs short and thick. Hair color varies with season. Tail length is about 2/3 of the body length.

生境 / Habitat

温带森林 Temperate forest

▲ 地理分布 / Geographic Distribution

国内分布 / Domestic Distribution

黑龙江、吉林、辽宁、内蒙古、河北、河南、山西、陕西、新疆

Heilongjiang, Jilin, Liaoning, Inner Mongolia, Hebei, Henan, Shanxi, Shaanxi, Xinjiang

全球分布 / World Distribution

阿尔巴尼亚、奥地利、白俄罗斯、比利时、波斯尼亚和黑塞哥维那、保加利亚、中国、克罗地亚、捷克、丹麦、爱沙尼亚、芬兰、法国、德国、希腊、匈牙利、爱尔兰、意大利、日本、朝鲜、韩国、拉脱维亚、列支敦士登、立陶宛、卢森堡、马其顿、黑山、荷兰、挪威、波兰、葡萄牙、罗马尼亚、俄罗斯、塞尔维亚、斯洛伐克、斯洛文尼亚、西班牙、瑞典、瑞士、土耳其、乌克兰、英国

Albania, Austria, Belarus, Belgium, Bosnia and Herzegovina, Bulgaria, China, Croatia, Czech, Danmark, Estonia, Finland, France, Germany, Greece, Hungary, Ireland, Italy, Japan, Democratic People's Republic of Korea, Republic of Korea, Latvia, Liechtenstein, Lithuania, Luxembourg, Macedonia, Montenegro, Netherlands, Norway, Poland, Portugal, Romania, Russia, Serbia, Slovakia, Slovenia, Spain, Sweden, Switzerland, Turkey, Ukraine, United Kingdom

生物地理界 / Biogeographic Realm

古北界 Palearctic

WWF 生物群系 / WWF Biome

北方森林 / 针叶林

Boreal Forests/Taiga

动物地理分布型 / Zoogeographic Distribution Type

Ub

分布标注 / Distribution Note

非特有种 Non-Endemic

▲ 濒危状况 / Threatened Status

中国生物多样性红色名录等级 / CB RL Category (2021)

近危 NT

IUCN 红色名录 / IUCN Red List (2021)

无危 LC

威胁因子 / Threats

狩猎 Hunting

▲ 法律保护地位 / Legal Protection Status

国家重点保护野生动物等级 / Category of National Key Protected Wild Animals (2021)

未列入 Not listed

"三有"名录 / TWIESSV (2023)

列入 Listed

CITES 附录等级 / CITES Appendix (2023)

未列入 Not listed

迁徙物种公约附录 / CMS Appendix (2020)

未列入 Not listed

保护行动 / Conservation Action

尚无保护行动 No conservation action so far

▲ 参考文献 / References

Jiang et al. (蒋志刚等), 2021; Burgin et al., 2020; IUCN, 2020; Liu et al. (刘少英等), 2020; Wilson et al., 2016; Jackson, 2012; Zhang et al. (张立志等), 2011; Smith et al., 2009; Ma et al. (马建章等), 2008; Wang (王应祥), 2003; Xia (夏武平), 1988, 1964

454 / 金背松鼠

Callosciurus caniceps (Gray, 1842)

- Gray-bellied Squirrel

▲ 分类地位 / Taxonomy

啮齿目 Rodentia / 松鼠科 Sciuridae / 丽松鼠属 *Callosciurus*

科建立者及其文献 / Family Authority
Gray, 1821

属建立者及其文献 / Genus Authority
Gray, 1867

亚种 / Subspecies
指名亚种 *C. c. caniceps* (Gray, 1842)
云南 Yunnan

模式标本产地 / Type Locality
缅甸
"Bhotan" Restricted by Robinson and Kloss (1918:206) to N Tenasserim, Burma (Myanmar)

▲ 其他名称 / Other Name(s)

其他中文名 / Other Chinese Name(s)
松鼠

其他英文名 / Other English Name(s)
无 None

同物异名 / Synonym(s)
无 None

▲ 形态及生境 / Morphology and Habitat

形态特征 / Morphological Characteristics

齿式：1.0.2.3/1.0.1.3=22。背毛黑色，腹部毛栗色，背部和腹部之间有白色条纹。亚种有不同显著肩斑，肩斑黑色、灰色、红色、白色或这些颜色的混合色。不同分布区，金背松鼠毛色有变化。

Dental formula: 1.0.2.3/1.0.1.3=22. Dorsal hairs black and abdominal hairs chestnut, with a white stripe between the dorsum and abdomen. Subspecies have a prominent shoulder patch, which can be black, grey, red, white, or a mixture of those colors. Coloration of the pelage varies over the species range.

生境 / Habitat

种植园、耕地、次生林、森林
Plantation, arable land, secondary forest, forest

▲ 地理分布 / Geographic Distribution

国内分布 / Domestic Distribution
云南 Yunnan

全球分布 / World Distribution
中国、马来西亚、缅甸、泰国
China, Malaysia, Myanmar, Thailand

生物地理界 / Biogeographic Realm
印度马来界 Indomalaya

WWF 生物群系 / WWF Biome
热带和亚热带湿润阔叶林
Tropical & Subtropical Moist Broadleaf Forests

动物地理分布型 / Zoogeographic Distribution Type
Wa

分布标注 / Distribution Note
非特有种 Non-Endemic

▲ 濒危状况 / Threatened Status

中国生物多样性红色名录等级 / CB RL Category (2021)
无危 LC

IUCN 红色名录 / IUCN Red List (2021)
无危 LC

威胁因子 / Threats
无 None

▲ 法律保护地位 / Legal Protection Status

国家重点保护野生动物等级 / Category of National Key Protected Wild Animals (2021)
未列入 Not listed

“三有”名录 / TWIESSV (2023)
列入 Listed

CITES 附录等级 / CITES Appendix (2023)
未列入 Not listed

迁徙物种公约附录 / CMS Appendix (2020)
未列入 Not listed

保护行动 / Conservation Action
尚无保护行动 No conservation action so far

▲ 参考文献 / References

Jiang et al. (蒋志刚等), 2021; Burgin et al., 2020; IUCN, 2020; Wilson et al., 2016; Smith et al., 2009; Pan et al. (潘清华等), 2007; Wilson and Reeder, 2005; Wang(王应祥), 2003; Zhang (张荣祖), 1997

455 / 赤腹松鼠

Callosciurus erythraeus (Pallas, 1779)

• Pallas's Squirrel

▲ 其他名称 / Other Name(s)

其他中文名 / Other Chinese Name(s)
红腹松鼠

其他英文名 /Other English name(s)
Red-bellied Squirrel

同物异名 / Synonym(s)
无 None

▲ 分类地位 / Taxonomy

啮齿目 Rodentia / 松鼠科 Sciuridae / 丽松鼠属 *Callosciurus*

科建立者及其文献 / Family Authority
Gray, 1821

属建立者及其文献 / Genus Authority
Gray, 1867

亚种 / Subspecies
阿萨姆亚种 *C. e. intermedius* (Anderson, 1879)
西藏和云南 Tibet and Yunnan

缅北亚种 *C. e. sladeni* (Anderson, 1871)
西藏 Tibet

横断山亚种 *C. e. gloveri* Thomas, 1921
云南、西藏和四川 Yunnan, Tibet and Sichuan

贡山亚种 *C. e. gongshanensis* Wang, 1981
云南 Yunnan

滇西亚种 *C. e. gordenii* (Anderson, 1879)
云南 Yunnan

清迈亚种 *C. e. zimmeensis* Robinson et Wroughton, 1916
云南西 Yunnan

越北亚种 *C. e. hendeei* Osgood, 1932
云南 Yunnan

无量山亚种 *C. e. wuliangensis* Li et Wang, 1981
云南 Yunnan

滇北亚种 *C. e. mucianus* Robinson et Wroughton, 1911
云南 Yunnan

川西亚种 *C. e. bonhotei* Robinson et Wroughton, 1911
四川 Sichuan

大巴山亚种 *C. e. dabeshanensis* Xu et Chen, 1989
四川 Sichuan

武陵山亚种 *C. e. wulingshanensis* Xu et Chen, 1989
重庆、贵州、湖北
Chongqing, Guizhou and Hubei

华南亚种 *C. e. castaneoventris* (Gray, 1842)
广东、广西、湖南、贵州和云南
Guangdong, Guangxi, Hunan, Guizhou and Yunnan

海南亚种 *C. e. sinsularis* J. Allen, 1926
海南 Hainan

黑背亚种 *C. e. nigridorsalis* Kuroda, 1935
台湾 Taiwan

台北亚种 *C. e. roberti* Bonkote, 1901
异名： *Syn. Sciunus thaiwanensis centralis*
台湾 Taiwan

宁波亚种 *C. e. ningpoensis* (Bonkote, 1901)
福建和浙江 Fujian and Zhejiang

安徽亚种 *C. e. styani* (Thomas, 1908)
浙江、安徽、江苏、河南和湖北
Zhejiang, Anhui, Jiangsu, Henan and Hubei

模式标本产地 / Type Locality
印度
Not known; restricted to Assam, India by Bonhote (1901); further restricted to the Garo Hills of Assam by Moore and Tate (1965)

▲ 形态及生境 / Morphology and Habitat

形态特征 / Morphological Characteristics

齿式：1.0.2.3/1.0.1.3=22。吻部短。头部灰色。眼眶四周棕黄色。身体背部被毛橄榄褐色，夹杂有黑毛。腹部毛色由南至北由栗红、橙黄色，变为灰黄白。足背面有黑毛。尾毛长、蓬松，毛色与身体背部相似，尾末端毛略显黄褐色或白色。

Dental formula: 1.0.2.3/1.0.1.3=22. Snout short. Head is gray. A ring of brown and yellow hair around the eyes. Hairs on the back of the body are olive-brown with sparse black hairs. Abdominal hair color varies from chestnut red, orange yellow, into gray yellow white form south to north. Black hairs on the back of feet. Tail hairs are long and fluffy, and the color is similar to those on the back of the body. Tail end slightly tawny or white.

生境 / Habitat

热带亚热带湿润低地森林、泰加林、针叶阔叶混交林
Tropical Subtropical Moist Lowland Forest, Taiga, Coniferous and broad-leaved Mixed Forest

▲ 地理分布 / Geographic Distribution

国内分布 / Domestic Distribution

河南、陕西、湖北、四川、贵州、云南、广西、广东、海南、安徽、江苏、上海、浙江、湖南、江西、福建、西藏、台湾、重庆
Henan, Shaanxi, Hubei, Sichuan, Guizhou, Yunnan, Guangxi, Guangdong, Hainan, Anhui, Jiangsu, Shanghai, Zhejiang, Hunan, Jiangxi, Fujian, Tibet, Taiwan, Chongqing

全球分布 / World Distribution

中国、孟加拉国、柬埔寨、印度、老挝、马来西亚、缅甸、泰国、越南
China, Bangladesh, Cambodia, India, Laos, Malaysia, Myanmar, Thailand, Vietnam

生物地理界 / Biogeographic Realm

古北界、印度马来界
Palearctic, Indomalaya

WWF 生物群系 / WWF Biome

热带和亚热带湿润阔叶林
Tropical & Subtropical Moist Broadleaf Forests

动物地理分布型 / Zoogeographic Distribution Type

Wc

分布标注 / Distribution Note

非特有种 Non-Endemic

▲ 濒危状况 / Threatened Status

中国生物多样性红色名录等级 / CB RL Category (2021)

无危 LC

IUCN 红色名录 / IUCN Red List (2021)

无危 LC

威胁因子 / Threats

无 None

▲ 法律保护地位 / Legal Protection Status

国家重点保护野生动物等级 / Category of National Key Protected Wild Animals (2021)

未列入 Not listed

"三有"名录 / TWIESSV (2023)

列入 Listed

CITES 附录等级 / CITES Appendix (2023)

未列入 Not listed

迁徙物种公约附录 / CMS Appendix (2020)

未列入 Not listed

保护行动 / Conservation Action

尚无保护行动 No conservation action so far

▲ 参考文献 / References

Jiang et al. (蒋志刚等), 2021; Burgin et al., 2020; IUCN, 2020; Liu et al. (刘少英等), 2020; Wilson et al., 2016; Jackson, 2012; Zheng et al. (郑智民等), 2012; Kong et al. (孔令雪等), 2011; Wen et al. (温知新等), 2010; Smith et al., 2009; Pan et al. (潘清华等), 2007; Wilson and Reeder, 2005; Wang (王应祥), 2003

456 / 印支松鼠

Callosciurus inornatus (Gray, 1867)

- Inornate Squirrel

▲ 分类地位 / Taxonomy

啮齿目 Rodentia / 松鼠科 Sciuridae / 丽松鼠属 *Callosciurus*

科建立者及其文献 / Family Authority

Gray, 1821

属建立者及其文献 / Genus Authority

Gray, 1867

亚种 / Subspecies

无 None

模式标本产地 / Type Locality

老挝

"Loo Mountains." Restricted by Moore and Tate (1965:209) to "Mountains in Laos"

李锦昌 / 供图

▲ 其他名称 / Other Name(s)

其他中文名 / Other Chinese Name(s)

中印松鼠、中南松鼠

其他英文名 / Other English Name(s)

无 None

同物异名 / Synonym(s)

无 None

▲ 形态及生境 / Morphology and Habitat

形态特征 / Morphological Characteristics

齿式：1.0.2.3/1.0.1.3=22。背毛橄榄灰色。耳毛、四肢背部毛色类似体背毛色。腹毛从颏到腕和踝为亮紫灰色，颏部几乎是不变的蓝灰色。臀部无浅色斑。尾橄榄灰色，毛尖黑色，尾部5道黑色环纹，尾腹面毛色棕黄白色。

Dental formula: 1.0.2.3/1.0.1.3=22. Dorsal hairs are olive gray. Color of ear hairs and back of limbs is similar to the color of back of body. Abdominal hairs are bright purplish gray from chin to wrist and ankle, and the chin is almost invariable bluish gray. No light colored spots on buttocks. Tail hairs olive gray, hair tips black, tail has 5 black rings. Belly hair color brown white yellow.

生境 / Habitat

灌丛、森林

Shrubland , forest

▲ 地理分布 / Geographic Distribution

国内分布 / Domestic Distribution
云南 Yunnan

全球分布 / World Distribution
中国、老挝、越南
China, Laos, Vietnam

生物地理界 / Biogeographic Realm
古北界、印度马来界
Palearctic, Indomalaya

WWF 生物群系 / WWF Biome
热带和亚热带湿润阔叶林
Tropical & Subtropical Moist Broadleaf Forests

动物地理分布型 / Zoogeographic Distribution Type
Wa

分布标注 / Distribution Note
非特有种 Non-Endemic

▲ 濒危状况 / Threatened Status

中国生物多样性红色名录等级 / CB RL Category (2021)
无危 LC

IUCN 红色名录 / IUCN Red List (2021)
无危 LC

威胁因子 / Threats
无 None

▲ 法律保护地位 / Legal Protection Status

国家重点保护野生动物等级 / Category of National Key Protected Wild Animals (2021)
未列入 Not listed

"三有"名录 / TWIESSV (2023)
列入 Listed

CITES 附录等级 / CITES Appendix (2023)
未列入 Not listed

迁徙物种公约附录 / CMS Appendix (2020)
未列入 Not listed

保护行动 / Conservation Action
尚无保护行动 No conservation action so far

▲ 参考文献 / References

Jiang et al. (蒋志刚等), 2021; Burgin et al., 2020; IUCN, 2020; Liu et al. (刘少英等), 2020; Wilson et al., 2016; Zheng et al. (郑智民等), 2012; Smith et al., 2009

457 / 黄足松鼠

Callosciurus phayrei (Blyth, 1856)

- Phayre's Squirrel

▲ 分类地位 / Taxonomy

啮齿目 Rodentia / 松鼠科 Sciuridae / 丽松鼠属 *Callosciurus*

科建立者及其文献 / Family Authority

Gray, 1821

属建立者及其文献 / Genus Authority

Gray, 1867

亚种 / Subspecies

无 None

模式标本产地 / Type Locality

缅甸

Burma (Myanmar), Martaban, "Sent from Moulmein" (Robinson and Kloss, 1918:225)

张岩 / 供图

▲ 其他名称 / Other Name(s)

其他中文名 / Other Chinese Name(s)

黄手松鼠、菲氏松鼠

其他英文名 / Other English Name(s)

无 None

同物异名 / Synonym(s)

无 None

▲ 形态及生境 / Morphology and Habitat

形态特征 / Morphological Characteristics

齿式：1.0.2.3/1.0.1.3=22。吻部、耳背、头顶部、颈侧面、背部被毛灰褐色。腹部被毛橙黄色，腹部两侧有一条可见的黑色纹。四肢被毛黄白色或淡橙黄色。尾长，尾毛毛尖黑色，尾腹面被毛黄色。

Dental formula: 1.0.2.3/1.0.1.3=22. Hairs on snout, back of ears, top of head, side of neck and back are grayish brown. Abdominal hairs are orange yellow with a visible black stripe on both sides of the venter. Limbs are yellowish white or pale orange. Tail is long, the tail hairs are black, and the underpart of the tail is yellow.

生境 / Habitat

森林 Forest

▲ 地理分布 / Geographic Distribution

国内分布 / Domestic Distribution
云南 Yunnan

全球分布 / World Distribution
中国、缅甸
China, Myanmar

生物地理界 / Biogeographic Realm
古北界、印度马来界
Palearctic, Indomalaya

WWF 生物群系 / WWF Biome
热带和亚热带湿润阔叶林
Tropical & Subtropical Moist Broadleaf Forests

动物地理分布型 / Zoogeographic Distribution Type
Wa

分布标注 / Distribution Note
非特有种 Non-Endemic

▲ 濒危状况 / Threatened Status

中国生物多样性红色名录等级 / CB RL Category (2021)
无危 LC

IUCN 红色名录 / IUCN Red List (2021)
无危 LC

威胁因子 / Threats
无 None

▲ 法律保护地位 / Legal Protection Status

国家重点保护野生动物等级 / Category of National Key Protected Wild Animals (2021)
未列入 Not listed

"三有" 名录 / TWIESSV (2023)
列入 Listed

CITES 附录等级 / CITES Appendix (2023)
未列入 Not listed

迁徙物种公约附录 / CMS Appendix (2020)
未列入 Not listed

保护行动 / Conservation Action
尚无保护行动 No conservation action so far

▲ 参考文献 / References

Jiang et al. (蒋志刚等), 2021; Burgin et al., 2020; IUCN, 2020; Liu et al. (刘少英等), 2020; Wilson et al., 2016; Jackson, 2012; Zheng et al. (郑智民等), 2012; Smith et al., 2009; Pan et al. (潘清华等), 2007; Wilson and Reeder, 2005; Wang (王应祥), 2003; Zhang (张荣祖), 1997

458 / 蓝腹松鼠

Callosciurus pygerythrus
(I. Geoffroy Saint Hilaire, 1832)

• Hoary-bellied Squirrel

▲ 分类地位 / Taxonomy

啮齿目 Rodentia / 松鼠科 Sciuridae / 丽松鼠属 *Callosciurus*

科建立者及其文献 / Family Authority
Gray, 1821

属建立者及其文献 / Genus Authority
Gray, 1867

亚种 / Subspecies
藏南亚种 *C. p. stevensi* (Thomas, 1908)
西藏东南部（墨脱）
Tibet (southeastern part-Medog)

模式标本产地 / Type Locality
缅甸
"from forest of Syriam, near Pegu, Burma (Myanmar)" (Moore and Tate, 1965:217)

张永 / 供图

▲ 其他名称 / Other Name(s)

其他中文名 / Other Chinese Name(s)
伊洛瓦底江松鼠

其他英文名 / Other English Name(s)
Irrawa Squirrel

同物异名 / Synonym(s)
无 None

▲ 形态及生境 / Morphology and Habitat

形态特征 / Morphological Characteristics
齿式：1.0.2.3/1.0.1.3=22。体背面被毛暗橄榄褐色。体腹面被毛灰色、蓝灰色、浅红色、灰淡黄色。体侧毛灰褐色。臀部具灰红色斑。尾背毛色似体背面，尾腹面毛色浅，尾梢常呈黑色。
Dental formula: 1.0.2.3/1.0.1.3=22. Dorsal hairs dark olive brown. Ventral hairs gray, blue gray, light red, red gray, or light yellow. Venter sides are grayish-brown. Buttocks with gray-red spots. Tail back hair color similar to that on the back of the body, the tail belly color is light, the tail tip black.

生境 / Habitat
亚热带湿润低地森林、灌丛、种植园
Subtropical moist lowland forest, shrubland, plantation

▲ 地理分布 / Geographic Distribution

国内分布 / Domestic Distribution

云南、西藏

Yunnan, Tibet

全球分布 / World Distribution

中国、孟加拉国、印度、缅甸、尼泊尔

China, Bangladesh, India, Myanmar, Nepal

生物地理界 / Biogeographic Realm

古北界、印度马来界

Palearctic, Indomalaya

WWF 生物群系 / WWF Biome

热带和亚热带湿润阔叶林

Tropical & Subtropical Moist Broadleaf Forests

动物地理分布型 / Zoogeographic Distribution Type

Wa

分布标注 / Distribution Note

非特有种 Non-Endemic

▲ 濒危状况 / Threatened Status

中国生物多样性红色名录等级 / CB RL Category (2021)

无危 LC

IUCN 红色名录 / IUCN Red List (2021)

无危 LC

威胁因子 / Threats

无 None

▲ 法律保护地位 / Legal Protection Status

国家重点保护野生动物等级 / Category of National Key Protected Wild Animals (2021)

未列入 Not listed

"三有"名录 / TWIESSV (2023)

列入 Listed

CITES 附录等级 / CITES Appendix (2023)

未列入 Not listed

迁徙物种公约附录 / CMS Appendix (2020)

未列入 Not listed

保护行动 / Conservation Action

尚无保护行动 No conservation action so far

▲ 参考文献 / References

Jiang et al. (蒋志刚等), 2021; Burgin et al., 2020; IUCN, 2020; Liu et al. (刘少英等), 2020; Wilson et al., 2016; Jackson, 2012; Zheng et al. (郑智民等), 2012; Smith et al., 2009; Pan et al. (潘清华等), 2007; Wilson and Reeder, 2005; Wang (王应祥), 2003; Zhang (张荣祖), 1997

459 / 五纹松鼠

Callosciurus quinquestriatus (Anderson, 1871)

• Anderson's Squirrel

▲ 分类地位 / Taxonomy

啮齿目 Rodentia / 松鼠科 Sciuridae / 丽松鼠属 *Callosciurus*

科建立者及其文献 / Family Authority
Gray, 1821

属建立者及其文献 / Genus Authority
Gray, 1867

亚种 / Subspecies
滇西亚种 *C. q. quinquestriatus* (Andenson, 1871)
云南 Yunnan

克钦亚种 *C. q. marius* Thomas, 1925
云南 Yunnan

模式标本产地 / Type Locality
缅甸
"common at Ponsee, on the Kakhyen range of hills, east of Bhamo, at an elevation of from 600 to 1000 m" Burma (Myanmar) (Myanmar)

袁屏 / 供图

▲ 其他名称 / Other Name(s)

其他中文名 / Other Chinese Name(s)
纹腹松鼠、腹纹松鼠

其他英文名 / Other English Name(s)
无 None

同物异名 / Synonym(s)
无 None

▲ 形态及生境 / Morphology and Habitat

形态特征 / Morphological Characteristics
齿式：1.0.2.3/1.0.1.3=22。体背部毛橄榄棕色，背中央毛色深，身体两侧毛色逐渐变淡。颏部和喉部毛灰色。腹部毛白色，有3条暗色纵纹，故名纹腹松鼠。足背黑色，足趾较足背更黑。尾部毛色与体背毛色近似。尾末端具3~5个黑色环纹，尾末梢黑色。

Dental formula: 1.0.2.3/1.0.1.3=22. Hairs on the body back are olive-brown, and the middle of the back is dark, and the venter sides of the body gradually light color. Chin and throat are gray. Abdominal pelage is white, there are 3 dark strips, the middle of the dark lines on both sides slightly wider, so the squirrel is named Stripes Belly Squirrel. Tail color is similar to the back color. Dorsum of feet is black, and the toes are darker than the dorsum of feet. Tail has 3-5 black rings and a black tail tip.

生境 / Habitat
森林 Forest

▲ 地理分布 / Geographic Distribution

国内分布 / Domestic Distribution

云南 Yunnan

全球分布 / World Distribution

中国、缅甸

China, Myanmar

生物地理界 / Biogeographic Realm

印度马来界 Indomalaya

WWF 生物群系 / WWF Biome

热带和亚热带湿润阔叶林

Tropical & Subtropical Moist Broadleaf Forests

动物地理分布型 / Zoogeographic Distribution Type

Hc

分布标注 / Distribution Note

非特有种 Non-Endemic

▲ 濒危状况 / Threatened Status

中国生物多样性红色名录等级 / CB RL Category (2021)

近危 NT

IUCN 红色名录 / IUCN Red List (2021)

近危 NT

威胁因子 / Threats

未知 Unknown

▲ 法律保护地位 / Legal Protection Status

国家重点保护野生动物等级 / Category of National Key Protected Wild Animals (2021)

未列入 Not listed

“三有”名录 / TWIESSV (2023)

列入 Listed

CITES 附录等级 / CITES Appendix (2023)

未列入 Not listed

迁徙物种公约附录 / CMS Appendix (2020)

未列入 Not listed

保护行动 / Conservation Action

尚无保护行动 No conservation action so far

▲ 参考文献 / References

Jiang et al. (蒋志刚等), 2021; Burgin et al., 2020; IUCN, 2020; Wilson et al., 2016; Jackson, 2012; Zheng et al. (郑智民等), 2012; Smith et al., 2009; Pan et al. (潘清华等), 2007; Wilson and Reeder, 2005; Wang (王应祥), 2003; Zhang (张荣祖), 1997; Wang et al., 1989

460 / 明纹花松鼠

Tamiops macclellandi (Horsfield, 1840)

- Himalayan Striped Squirrel

▲ 分类地位 / Taxonomy

啮齿目 Rodentia / 松鼠科 Sciuridae / 花松鼠属 *Tamiops*

科建立者及其文献 / Family Authority

Gray, 1821

属建立者及其文献 / Genus Authority

Allen, 1906

亚种 / Subspecies

指名亚种 *T. m. macclellandi* (Horsfield, 1840)
西藏 Tibet

滇西亚种 *T. m. colius* Moore, 1958
云南 Yunnan

滇南亚种 *T. m. inconstans* Thomas, 1920
云南 Yunnan

模式标本产地 / Type Locality

印度

"Bengal as well as Assam" (India). Restricted by Ellerman (1940:354) to Assam

韦晔 / 供图

▲ 其他名称 / Other Name(s)

其他中文名 / Other Chinese Name(s)

明纹花鼠、褐腹花松鼠、喜马拉雅条纹松鼠

其他英文名 / Other English Name(s)

无 None

同物异名 / Synonym(s)

无 None

▲ 形态及生境 / Morphology and Habitat

形态特征 / Morphological Characteristics

齿式：1.0.2.3/1.0.1.3=22。被毛短。背毛橄榄黄色，腹侧毛赭黄色。背部有三道被棕黄色纵向条纹分开的棕黑色或灰黑色纵向条纹，内侧对条纹颜色浅淡，外侧对条纹颜色明亮。眼睛下方有一淡色条纹，与背部的侧面光条纹相连。尾巴尖黑色。

Dental formula: 1.0.2.3/1.0.1.3=22. Pelage short. Back hairs olive yellow, ventral hairs ochraceous. On the dorsum, there are three brown black or grayish black longitudinal stripes separated by brown yellow longitudinal stripes, the inner pair of light stripes is faint and the outer pair is bright. There is a light stripe below the eye, connected to the side light stripe on the back. Tail tip black.

生境 / Habitat

热带和亚热带湿润山地森林、种植园

Tropical and subtropical moist montane forest, plantation

▲ 地理分布 / Geographic Distribution

国内分布 / Domestic Distribution

云南、西藏、广西

Yunnan, Tibet, Guangxi

全球分布 / World Distribution

不丹、柬埔寨、中国、印度、老挝、马来西亚、缅甸、尼泊尔、泰国、越南

Bhutan, Cambodia, China, India, Laos, Malaysia, Myanmar, Nepal, Thailand, Vietnam

生物地理界 / Biogeographic Realm

印度马来界 Indomalaya

WWF 生物群系 / WWF Biome

热带和亚热带湿润阔叶林

Tropical & Subtropical Moist Broadleaf Forests

动物地理分布型 / Zoogeographic Distribution Type

Wd

分布标注 / Distribution Note

非特有种 Non-Endemic

▲ 濒危状况 / Threatened Status

中国生物多样性红色名录等级 / CB RL Category (2021)

无危 LC

IUCN 红色名录 / IUCN Red List (2021)

无危 LC

威胁因子 / Threats

未知 Unknown

▲ 法律保护地位 / Legal Protection Status

国家重点保护野生动物等级 / Category of National Key Protected Wild Animals (2021)

未列入 Not listed

"三有"名录 / TWIESSV (2023)

列入 Listed

CITES 附录等级 / CITES Appendix (2023)

未列入 Not listed

迁徙物种公约附录 / CMS Appendix (2020)

未列入 Not listed

保护行动 / Conservation Action

尚无保护行动 No conservation action so far

▲ 参考文献 / References

Jiang et al. (蒋志刚等), 2021; Burgin et al., 2020; IUCN, 2020; Wilson et al., 2016; Jackson, 2012; Zheng et al. (郑智民等), 2012; Smith et al., 2009; Pan et al. (潘清华等), 2007; Wilson and Reeder, 2005; Wang (王应祥), 2003; Xia (夏武平), 1988, 1964; Moore and Tate, 1965

461 / 倭花鼠

Tamiops maritimus (Bonhote, 1900)

- Maritime Striped Squirrel

▲ 分类地位 / Taxonomy

啮齿目 Rodentia / 松鼠科 Sciuridae / 花松鼠属 *Tamiops*

科建立者及其文献 / Family Authority
Gray, 1821

属建立者及其文献 / Genus Authority
Allen, 1906

亚种 / Subspecies
指名亚种 *T. m. maritimus* (Bonhote, 1900)
福建 Fujian

博平岭亚种 *T. m. bopinglingensis* Hong et Wang, 1984
福建 Fujian

台湾亚种 *T. m. formosanus* (Bonhote, 1900)
台湾 Taiwan

海南亚种 *T. m. hainanus* J. Allen, 1906
海南、广西和云南
Hainan, Guangxi and Yunnan

模式标本产地 / Type Locality
中国福建
"Foochow, province of Fokien"(Fukien, China)

袁屏 / 供图

李锦昌 / 供图

▲ 其他名称 / Other Name(s)

其他中文名 / Other Chinese Name(s)
无 None

其他英文名 / Other English Name(s)
无 None

同物异名 / Synonym(s)
无 None

▲ 形态及生境 / Morphology and Habitat

形态特征 / Morphological Characteristics
齿式：1.0.2.3/1.0.1.3=22。皮毛短而薄。头部橄榄色，夹杂少许黄褐色。眼睛下方有淡条纹，与其他背部淡条纹不连续。耳背黑色，耳端有白簇毛。颈背、肩部、体侧、臀部被毛橄榄灰色。背中央纹短，侧条纹短而窄，暗白色。体腹面毛黄白色，毛基灰色。尾部有 2 圈宽的赭黄色环隔开的黑色环。

Dental formula: 1.0.2.3/1.0.1.3=22. Pelage short. Head is olive with a hint of tawny. There are light stripes below the eyes, discontinuous from other light stripes on the back. Backs of the ears are black, and the ear ends have white tufts of hairs. Neck, shoulders, ventral sides, buttocks with olive gray hairs. Back central stripe short, side stripes short and narrow, dark white. Body ventral hair color yellow and white, hair bases gray. Tail has a black ring separated by two wide rings of ochre yellow.

生境 / Habitat
次生林、针阔混交林
Secondary forest, coniferous broad-leaved mixed forest

▲ 地理分布 / Geographic Distribution

国内分布 / Domestic Distribution

贵州、福建、海南、台湾、浙江、安徽、江西、湖南、广东、广西、云南、福建

Guizhou, Fujian, Hainan, Taiwan, Zhejiang, Anhui, Jiangxi, Hunan, Guangdong, Guangxi, Yunnan, Fujian

全球分布 / World Distribution

中国、老挝、越南

China, Laos, Vietnam

生物地理界 / Biogeographic Realm

印度马来界 Indomalaya

WWF 生物群系 / WWF Biome

热带和亚热带湿润阔叶林

Tropical & Subtropical Moist Broadleaf Forests

动物地理分布型 / Zoogeographic Distribution Type

Wc

分布标注 / Distribution Note

非特有种 Non-Endemic

▲ 濒危状况 / Threatened Status

中国生物多样性红色名录等级 / CB RL Category (2021)

无危 LC

IUCN 红色名录 / IUCN Red List (2021)

无危 LC

威胁因子 / Threats

未知 Unknown

▲ 法律保护地位 / Legal Protection Status

国家重点保护野生动物等级 / Category of National Key Protected Wild Animals (2021)

未列入 Not listed

“三有”名录 / TWIESSV (2023)

列入 Listed

CITES 附录等级 / CITES Appendix (2023)

未列入 Not listed

迁徙物种公约附录 / CMS Appendix (2020)

未列入 Not listed

保护行动 / Conservation Action

尚无保护行动 No conservation action so far

▲ 参考文献 / References

Jiang et al. (蒋志刚等), 2021; Burgin et al., 2020; IUCN, 2020; Wilson et al., 2016; Jackson, 2012; Zheng et al. (郑智民等), 2012; Smith et al., 2009; Pan et al. (潘清华等), 2007; Wilson and Reeder, 2005; Jackson, 2012; Wang (王应祥), 2003; Moore and Tate, 1965

462 / 隐纹花松鼠

Tamiops swinhoei Milne-Edwards, 1874

- Swinhoe's Striped Squirrel

王新 / 供图

▲ 分类地位 / Taxonomy

啮齿目 Rodentia / 松鼠科 Sciuridae / 花松鼠属 *Tamiops*

科建立者及其文献 / Family Authority
Gray, 1821

属建立者及其文献 / Genus Authority
Allen, 1906

亚种 / Subspecies

指名亚种 *T. s. swinhoei* (Milne-Edwards, 1874)
四川和云南
Sichuan and Yunnan

北京亚种 *T. s. vestitus* Miller, 1915
北京、河北、河南、山西、陕西、甘肃、宁夏、湖北和四川
Beijing, Hebei, Henan, Shanxi, Shaanxi, Gansu, Ningxia, Hubei and Sichuan

保山亚种 *T. s. clarkei* Thomas, 1920
云南 Yunnan

丽江亚种 *T. s. forresti* Thomas, 1920
云南 Yunnan

滇西亚种 *T. s. spencei* Thomas, 1921
云南和西藏
Yunnan and Tibet

滇西南亚种 *T. s. chingpingensis* Lu et Quan, 1965
云南 Yunnan

德钦亚种 *T. s. irusseolus* Jacobi, 1923
云南和西藏
Yunnan and Tibet

越北亚种 *T. s. olivacs* Osgood, 1932
云南 Yunnan

模式标本产地 / Type Locality
中国（四川）
"Moupin (Muping)," (Baoxing, Sichuan, China). Restricted by G. M. Allen (1940:673) to "Hongchantin... about 1829 m"

▲ 其他名称 / Other Name(s)

其他中文名 / Other Chinese Name(s)
花松鼠、金花鼠

其他英文名 / Other English Name(s)
无 None

同物异名 / Synonym(s)
无 None

▲ 形态及生境 / Morphology and Habitat

形态特征 / Morphological Characteristics

齿式：1.0.2.3/1.0.1.3=22。体背被毛呈橄榄灰黄色，背部中央具黑褐色纵纹，两边各有灰褐色和黄白色相间的条纹。体侧毛色较背面稍淡，外侧浅色条纹颜色较明纹花鼠淡且宽。与明纹花鼠的区别是脸颊部的浅色纹与身体侧面的浅色纹在颈肩部侧面中断不连续。

Dental formula: 1.0.2.3/1.0.1.3=22. Dorsum coat is olive gray yellow. A dark brown longitudinal stripes on the ridge of back, gray brown and yellow and white stripes on both sides. Ventral side of the body is slightly lighter colored than the back, and the outside of the light stripe is lighter and wider than the *Tamiops macclellandii*. It's different from the *Tamiops macclellandii*: the light stripes on the cheek and the light stripes on the side of the body are discontinuous at the side of the neck and shoulder.

生境 / Habitat
森林 Forest

▲ 地理分布 / Geographic Distribution

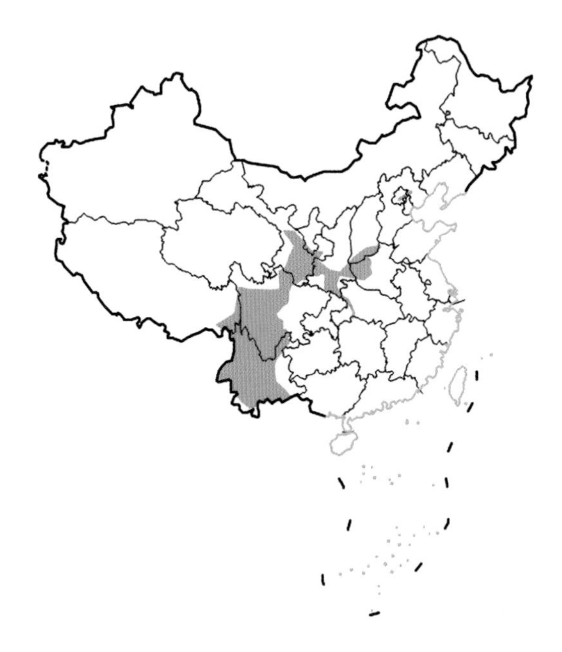

国内分布 / Domestic Distribution
云南、西藏、四川、北京、河北、河南、陕西、山西、甘肃、宁夏、湖北
Yunnan, Tibet, Sichuan, Beijing, Hebei, Henan, Shaanxi, Shanxi, Gansu, Ningxia, Hubei

全球分布 / World Distribution
中国、老挝、越南
China, Laos, Vietnam

生物地理界 / Biogeographic Realm
古北界、印度马来界
Palearctic, Indomalaya

WWF 生物群系 / WWF Biome
热带和亚热带湿润阔叶林
Tropical & Subtropical Moist Broadleaf Forests

动物地理分布型 / Zoogeographic Distribution Type
We

分布标注 / Distribution Note
非特有种 Non-Endemic

▲ 濒危状况 / Threatened Status

中国生物多样性红色名录等级 / CB RL Category (2021)
无危 LC

IUCN 红色名录 / IUCN Red List (2021)
无危 LC

威胁因子 / Threats
无 None

▲ 法律保护地位 / Legal Protection Status

国家重点保护野生动物等级 / Category of National Key Protected Wild Animals (2021)
未列入 Not listed

"三有"名录 / TWIESSV (2023)
列入 Listed

CITES 附录等级 / CITES Appendix (2023)
未列入 Not listed

迁徙物种公约附录 / CMS Appendix (2020)
未列入 Not listed

保护行动 / Conservation Action
尚无保护行动 No conservation action so far

▲ 参考文献 / References

Jiang et al. (蒋志刚等), 2021; Burgin et al., 2020; IUCN, 2020; Liu et al. (刘少英等), 2020; Wilson et al., 2016; Jackson, 2012; Zheng et al. (郑智民等), 2012; Smith et al., 2009; Lu and Zhang, 2004; Pan et al. (潘清华等), 2007; Wilson and Reeder, 2005; Wang (王应祥), 2003; Zhang (张荣祖), 1997; Wang and Zhou,1986

463 / 橙喉长吻松鼠

Dremomys gularis Osgood, 1932

- Red-throated Squirrel

▲ 分类地位 / Taxonomy

啮齿目 Rodentia / 松鼠科 Sciuridae / 长吻松鼠属 *Dremomys*

科建立者及其文献 / Family Authority

Gray, 1821

属建立者及其文献 / Genus Authority

Heude, 1898

亚种 / Subspecies

无 None

模式标本产地 / Type Locality

越南

Mt. Fan Si Pan, near Chapa, Tonkin, Vietnam

▲ 其他名称 / Other Name(s)

其他中文名 / Other Chinese Name(s)

无 None

其他英文名 / Other English Name(s)

无 None

同物异名 / Synonym(s)

无 None

▲ 形态及生境 / Morphology and Habitat

形态特征 / Morphological Characteristics

齿式：1.0.2.3/1.0.1.3=22。体色与红颊长吻松鼠相似，但下巴、喉咙和颈部呈明显的赭色茶色，与下腹部形成强烈对比。腹部深蓝灰色。体侧斑缩为一条窄线。尾腹侧为红色。

Dental formula: 1.0.2.3/1.0.1.3=22. Body color is similar to that of the Red-hipped Squirrel *Dremomys rufigenis*, but the chin, throat and neck have a distinct ochre tawny color, in contrast to the abdominal pelage color. Belly dark blue-gray. The flank patch reduces to a narrow line. Ventral side of tail red.

生境 / Habitat

森林 Forest

▲ 地理分布 / Geographic Distribution

国内分布 / Domestic Distribution
云南 Yunnan

全球分布 / World Distribution
中国、越南
China, Vietnam

生物地理界 / Biogeographic Realm
印度马来界 Indomalaya

WWF 生物群系 / WWF Biome
热带和亚热带湿润阔叶林
Tropical & Subtropical Moist Broadleaf Forests

动物地理分布型 / Zoogeographic Distribution Type
Wa

分布标注 / Distribution Note
非特有种 Non-Endemic

▲ 濒危状况 / Threatened Status

中国生物多样性红色名录等级 / CB RL Category (2021)
近危 NT

IUCN 红色名录 / IUCN Red List (2021)
无危 LC

威胁因子 / Threats
未知 Unknown

▲ 法律保护地位 / Legal Protection Status

国家重点保护野生动物等级 / Category of National Key Protected Wild Animals (2021)
未列入 Not listed

"三有"名录 / TWIESSV (2023)
列入 Listed

CITES 附录等级 / CITES Appendix (2023)
未列入 Not listed

迁徙物种公约附录 / CMS Appendix (2020)
未列入 Not listed

保护行动 / Conservation Action
尚无保护行动 No conservation action so far

▲ 参考文献 / References

Jiang et al. (蒋志刚等), 2021; Burgin et al., 2020; IUCN, 2020; Liu et al. (刘少英等), 2020; Wilson et al., 2016; Jackson, 2012; Zheng et al. (郑智民等), 2012; Smith et al., 2009; Pan et al. (潘清华等), 2007; Wilson and Reeder, 2005; Wang (王应祥), 2003; Zhang (张荣祖), 1997

464 / 橙腹长吻松鼠

Dremomys lokriah (Hodgson, 1836)

- Orange-bellied Himalayan Squirrel

▲ 分类地位 / Taxonomy

啮齿目 Rodentia / 松鼠科 Sciuridae / 长吻松鼠属 *Dremomys*

科建立者及其文献 / Family Authority

Gray, 1821

属建立者及其文献 / Genus Authority

Heude, 1898

亚种 / Subspecies

指名亚种 *D. l. lokriah* (Hodgson, 1836) 西藏 Tibet

贡山亚种 *D. l. subflaviventris* (Gray, 1932) 云南 Yunnan

米什米山亚种 *D. l. garonum* Thomas, 1932 西藏 Tibet

墨脱亚种 *D. l. motuoensis* Cai et Zhang, 1980 西藏 Tibet

曲波亚种 *D. l. quboensis* Li et Wang, 1998 西藏 Tibet

模式标本产地 / Type Locality

尼泊尔

"central and Northern regions of Nipal" (Nepal)

▲ 其他名称 / Other Name(s)

其他中文名 / Other Chinese Name(s)

西藏长吻松鼠、喜马拉雅橙腹长吻松鼠

其他英文名 / Other English Name(s)

无 None

同物异名 / Synonym(s)

无 None

▲ 形态及生境 / Morphology and Habitat

形态特征 / Morphological Characteristics

齿式：1.0.2.3/1.0.1.3=22。颏部毛色浅，耳背具黄白斑。体背橄榄灰褐色，毛尖略带橙黄色。体腹面从喉部到尾基橙黄色，鼠蹊部和尾基部毛色较腹部稍深。前后足背色似体背色，但前足背面毛色稍淡。尾具有黑色和浅黄色相间的环纹。

Dental formula: 1.0.2.3/1.0.1.3=22. Chin hairs light color, the backs of the ears with yellow-white spots. Olive grayish brown on the back. The tip is slightly orange-yellow. Body ventral surface from the larynx to caudal base orange, groin and caudal base coat color. The abdomen is slightly deeper. The dorsal color of the forefoot is similar to that of the body, but the dorsal color of the forefoot is slightly lighter. Tail black and alternate light yellow ring pattern.

生境 / Habitat

亚热带湿润山地森林、泰加林

Suptropic moist mountain forest, taiga

▲ 地理分布 / Geographic Distribution

国内分布 / Domestic Distribution
西藏、云南
Tibet, Yunnan

全球分布 / World Distribution
孟加拉国、中国、印度、缅甸、尼泊尔
Bengladesh, China, India, Myanmar, Nepal

生物地理界 / Biogeographic Realm
古北界、印度马来界
Palearctic, Indomalaya

WWF 生物群系 / WWF Biome
热带和亚热带湿润阔叶林
Tropical & Subtropical Moist Broadleaf Forests

动物地理分布型 / Zoogeographic Distribution Type
He

分布标注 / Distribution Note
非特有种 Non-Endemic

▲ 濒危状况 / Threatened Status

中国生物多样性红色名录等级 / CB RL Category (2021)
近危 NT

IUCN 红色名录 / IUCN Red List (2021)
无危 LC

威胁因子 / Threats
狩猎 Hunting

▲ 法律保护地位 / Legal Protection Status

国家重点保护野生动物等级 / Category of National Key Protected Wild Animals (2021)
未列入 Not listed

"三有"名录 / TWIESSV (2023)
列入 Listed

CITES 附录等级 / CITES Appendix (2023)
未列入 Not listed

迁徙物种公约附录 / CMS Appendix (2020)
未列入 Not listed

保护行动 / Conservation Action
尚无保护行动 No conservation action so far

▲ 参考文献 / References

Jiang et al. (蒋志刚等), 2021; Burgin et al., 2020; IUCN, 2020; Wilson et al., 2016; Zheng et al. (郑智民等), 2012; Jackson, 2012; Smith et al., 2009; Wang (王应祥), 2003; Li and Wang (李健雄和王应祥), 1992; Pan et al. (潘清华等), 2007; Wilson and Reeder, 2005; Wang (王应祥), 2003; Zhang (张荣祖), 1997

465 / 珀氏长吻松鼠

Dremomys pernyi (Milne-Edwards, 1867)

- Perny's Long-nosed Squirrel

那兴海 / 供图

▲ 其他名称 / Other Name(s)

其他中文名 / Other Chinese Name(s)
长尾松鼠

其他英文名 / Other English Name(s)
无 None

同物异名 / Synonym(s)
无 None

▲ 分类地位 / Taxonomy

啮齿目 Rodentia / 松鼠科 Sciuridae /
长吻松鼠属 *Dremomys*

科建立者及其文献 / Family Authority
Gray, 1821

属建立者及其文献 / Genus Authority
Heude, 1898

亚种 / Subspecies

指名亚种 *D. p. pernyi* (Mine-Edwards, 1922)
四川、甘肃和陕西
Sichuan, Gansu and Shaanxi

滇南亚种 *D. p. flavior* G. Allen, 1912
云南 Yunnan

滇西亚种 *D. p. howelli* Thomas, 1922
云南 Yunnan

湖北亚种 *D. p. senex* C. Allen, 1912
湖北、贵州
Hubei and Guizhou

福建亚种 *D. p. calidior* Thomas, 1916
福建、江西、浙江和安徽
Fujian, Jiangxi, Zhejiang and Anhui

台湾亚种 *D. p. owstoni* Thomas, 1908
台湾 Taiwan

川东亚种 *D. p. chuandongensis* Li et Wang, 2003
四川和重庆
Sichuan and Chongqing

广东亚种 *D. p. modestus* Thomas, 1916
湖南、广西和广东
Hunan, Guangxi and Guangdong

模式标本产地 / Type Locality
中国（四川）
"les montagnes de la principaute de Moupin (Muping)" (Baoxing, Sichuan, China)

▲ 形态及生境 / Morphology and Habitat

形态特征 / Morphological Characteristics

齿式：1.0.2.3/1.0.1.3=22。眼眶淡棕色，两颊无红色，耳后部具有浅黄色或锈红色斑块。背毛橄榄棕褐色。腹毛白色。臀部无斑块，腿外侧浅黄色和白色。肛门区域红褐色，尾腹面浅黄色或棕色，尾毛毛尖白色。

Dental formula: 1.0.2.3/1.0.1.3=22. Back hairs olive brown. Abdominal hairs white. No patch on the buttocks. Outer side of the leg is pale yellow and white. Anal are reddish brown, caudal ventral light yellow or brown. Tail hair tips white.

生境 / Habitat
森林、泰加林
Forest, taiga

▲ 地理分布 / Geographic Distribution

国内分布 / Domestic Distribution

陕西、甘肃、四川、贵州、云南、西藏、安徽、浙江、湖北、湖南、江西、福建、台湾、重庆、广西、广东

Shaanxi, Gansu, Sichuan, Guizhou, Yunnan, Tibet, Anhui, Zhejiang, Hubei, Hunan, Jiangxi, Fujian, Taiwan, Chongqing, Guangxi, Guangdong

全球分布 / World Distribution

中国、印度、缅甸、越南

China, India, Myanmar, Vietnam

生物地理界 / Biogeographic Realm

古北界、印度马来界

Palearctic, Indomalaya

WWF 生物群系 / WWF Biome

热带和亚热带湿润阔叶林

Tropical & Subtropical Moist Broadleaf Forests

动物地理分布型 / Zoogeographic Distribution Type

Sd

分布标注 / Distribution Note

非特有种 Non-Endemic

▲ 濒危状况 / Threatened Status

中国生物多样性红色名录等级 / CB RL Category (2021)

无危 LC

IUCN 红色名录 / IUCN Red List (2021)

无危 LC

威胁因子 / Threats

未知 Unknown

▲ 法律保护地位 / Legal Protection Status

国家重点保护野生动物等级 / Category of National Key Protected Wild Animals (2021)

未列入 Not listed

"三有"名录 / TWIESSV (2023)

列入 Listed

CITES 附录等级 / CITES Appendix (2023)

未列入 Not listed

迁徙物种公约附录 / CMS Appendix (2020)

未列入 Not listed

保护行动 / Conservation Action

尚无保护行动 No conservation action so far

▲ 参考文献 / References

Jiang et al. (蒋志刚等), 2021; Burgin et al., 2020; IUCN, 2020; Liu et al. (刘少英等), 2020; Wilson et al., 2016; Jackson, 2012; Zheng et al. (郑智民等), 2012; Smith et al., 2009; Pan et al. (潘清华等), 2007; Men et al. (门兴元等), 2006; Wilson and Reeder, 2005; Wang (王应祥), 2003; Zhang (张荣祖), 1997

466 / 红腿长吻松鼠

Dremomys pyrrhomerus (Thomas, 1895)

• Red-hipped Squirrel

▲ 分类地位 / Taxonomy

啮齿目 Rodentia / 松鼠科 Sciuridae / 长吻松鼠属 *Dremomys*

科建立者及其文献 / Family Authority

Gray, 1821

属建立者及其文献 / Genus Authority

Heude, 1898

亚种 / Subspecies

指名亚种 *D. p. pyrrhomerus* (Thomas, 1895)
四川、贵州和湖北
Sichuan, Guizhou and Hubei

海南亚种 *D. p. riudonensis* (J. Allen, 1906)
海南 Hainan

闽广亚种 *D. p. melli* (Matschie, 1922)
广西、湖南、广东、福建和安徽
Guangxi, Hunan, Guangdong, Fujian and Anhui

模式标本产地 / Type Locality

中国（湖北）
"Ichang, Yang-tse-kiang (Yangtze river, Hupei, China)"

于智军 / 供图

▲ 其他名称 / Other Name(s)

其他中文名 / Other Chinese Name(s)

无 None

其他英文名 / Other English Name(s)

无 None

同物异名 / Synonym(s)

无 None

▲ 形态及生境 / Morphology and Habitat

形态特征 / Morphological Characteristics

齿式：1.0.2.3/1.0.1.3=22。颊部及颈部呈橙棕色。耳后斑赭黄色。从头顶部到背部及足背呈橄榄黑色，毛基蓝灰色。腹面从颏部至肛门区域浅黄白色。后肢从臀部至膝关节呈明显的红褐色。

Dental formula: 1.0.2.3/1.0.1.3=22. Olive black hairs from top to back and back of the feet, with bluish-gray hair bases. Ventral area from the chin to the anus is pale yellow white. Cheeks and neck hairs orange-brown. Spots behind the ears are ochre yellow. Hairs on hind limbs are reddish-brown from the hip to the knee joint.

生境 / Habitat

森林 Forest

▲ 地理分布 / Geographic Distribution

国内分布 / Domestic Distribution

湖北、重庆、安徽、四川、湖南、江西、贵州、云南、广西、广东、福建、海南

Hubei, Chongqing, Anhui, Sichuan, Hunan, Jiangxi, Guizhou, Yunnan, Guangxi, Guangdong, Fujian, Hainan

全球分布 / World Distribution

中国、越南

China, Vietnam

生物地理界 / Biogeographic Realm

古北界、印度马来界

Palearctic, Indomalaya

WWF 生物群系 / WWF Biome

热带和亚热带湿润阔叶林

Tropical & Subtropical Moist Broadleaf Forests

动物地理分布型 / Zoogeographic Distribution Type

Sc

分布标注 / Distribution Note

非特有种 Non-Endemic

▲ 濒危状况 / Threatened Status

中国生物多样性红色名录等级 / CB RL Category (2021)

近危 NT

IUCN 红色名录 / IUCN Red List (2021)

无危 LC

威胁因子 / Threats

无 None

▲ 法律保护地位 / Legal Protection Status

国家重点保护野生动物等级 / Category of National Key Protected Wild Animals (2021)

未列入 Not listed

"三有"名录 / TWIESSV (2023)

列入 Listed

CITES 附录等级 / CITES Appendix (2023)

未列入 Not listed

迁徙物种公约附录 / CMS Appendix (2020)

未列入 Not listed

保护行动 / Conservation Action

尚无保护行动 No conservation action so far

▲ 参考文献 / References

Jiang et al. (蒋志刚等), 2021; Burgin et al., 2020; IUCN, 2020; Wilson et al., 2016; Jackson, 2012; Smith et al., 2009; Thorington and Hoffmann, 2005; Pan et al. (潘清华等), 2007; Wilson and Reeder, 2005 ;Wang (王应祥), 2003; Zhang (张荣祖), 1997

467 / 红颊长吻松鼠

Dremomys rufigenis (Blanford, 1878)

- Asian Red-cheeked Squirrel

▲ 分类地位 / Taxonomy

啮齿目 Rodentia / 松鼠科 Sciuridae / 长吻松鼠属 *Dremomys*

科建立者及其文献 / Family Authority
Gray, 1821

属建立者及其文献 / Genus Authority
Heude, 1898

亚种 / Subspecies
指名亚种 *D. r. rufigenis* (Thomas, 1895)
云南 Yunnan

滇南亚种 *D. r. ornatus* (J. Allen, 1906)
云南和广西
Yunnan and Guangxi

滇西亚种 *D. n. opimus* (Matschie, 1922)
云南 Yunnan

模式标本产地 / Type Locality
缅甸
Burma (Myanmar), Tenasserim, Mt. Mooleyit

杜卿 / 供图

▲ 其他名称 / Other Name(s)

其他中文名 / Other Chinese Name(s)
长吻松鼠、赤颊鼠

其他英文名 / Other English Name(s)
无 None

同物异名 / Synonym(s)
无 None

▲ 形态及生境 / Morphology and Habitat

形态特征 / Morphological Characteristics
齿式：1.0.2.3/1.0.1.3=22。耳郭灰黑色。体背面、两侧和两颊红色。喉部不是红色。腹部污白色。肢外侧橄榄褐色。尾背面黑色。尾腹面中央锈红色。

Dental formula: 1.0.2.3/1.0.1.3=22. The auricles are gray and black. Hair color on the back, ventral sides and cheeks are red. Throat is not red. Abdominal hairs are stained white. Outer limbs are olive brown. Tail back is black and tail ventral rusted red.

生境 / Habitat
森林 Forest

▲ 地理分布 / Geographic Distribution

国内分布 / Domestic Distribution
云南、广西、贵州、安徽、湖南
Yunnan, Guangxi, Guizhou, Anhui, Hunan

全球分布 / World Distribution
中国、印度、老挝、马来西亚、缅甸、泰国、越南
China, India, Laos, Malaysia, Myanmar, Thailand, Vietnam

生物地理界 / Biogeographic Realm
印度马来界 Indomalaya

WWF 生物群系 / WWF Biome
热带和亚热带湿润阔叶林
Tropical & Subtropical Moist Broadleaf Forests

动物地理分布型 / Zoogeographic Distribution Type
Wd

分布标注 / Distribution Note
非特有种 Non-Endemic

▲ 濒危状况 / Threatened Status

中国生物多样性红色名录等级 / CB RL Category (2021)
无危 LC

IUCN 红色名录 / IUCN Red List (2021)
无危 LC

威胁因子 / Threats
无 None

▲ 法律保护地位 / Legal Protection Status

国家重点保护野生动物等级 / Category of National Key Protected Wild Animals (2021)
未列入 Not listed

"三有"名录 / TWIESSV (2023)
列入 Listed

CITES 附录等级 / CITES Appendix (2023)
未列入 Not listed

迁徙物种公约附录 / CMS Appendix (2020)
未列入 Not listed

保护行动 / Conservation Action
尚无保护行动 No conservation action so far

▲ 参考文献 / References

Jiang et al. (蒋志刚等), 2021; Burgin et al., 2020; IUCN, 2020; Liu et al. (刘少英等), 2020; Wilson et al., 2016; Jackson, 2012; Zheng et al. (郑智民等), 2012; Smith et al., 2009; Pan et al. (潘清华等), 2007; Wilson and Reeder, 2005; Wang (王应祥), 2003; Zhang (张荣祖), 1997; Moore and Tate, 1965

468 / 巨松鼠

Ratufa bicolor (Sparrman, 1778)

- Black Giant Squirrel

▲ 分类地位 / Taxonomy

啮齿目 Rodentia / 松鼠科 Sciuridae / 巨松鼠属 *Ratufa*

科建立者及其文献 / Family Authority
Gray, 1821

属建立者及其文献 / Genus Authority
Gray, 1867

亚种 / Subspecies
阿萨姆亚种 *R. b. gigantea* (M'Clelland, 1839)
云南 Yunnan

滇南亚种 *R. b. stigmosa* Thomas, 1923
云南和广西
Yunnan and Guangxi

海南亚种 *R. b. hainana* J. Allen, 1906
海南 Hainan

模式标本产地 / Type Locality
印度尼西亚
Indonesia, W Java, Anjer

杜卿 / 供图

▲ 其他名称 / Other Name(s)

其他中文名 / Other Chinese Name(s)
黑大松鼠、黑果狸、
马来亚大松鼠

其他英文名 / Other English Name(s)
Black-and-white Giant Squirrel,
Malayan Giant Squirrel

同物异名 / Synonym(s)
无 None

▲ 形态及生境 / Morphology and Habitat

形态特征 / Morphological Characteristics

齿式：1.0. 1.3/1.0.1.3=20。耳郭有长簇毛。下颌、眼眶边缘黑色。颏部有2个长条形黑斑。体背毛色为黑色、赤黑色、暗褐色或灰褐色。腹部白色，或白色夹杂褐色，或橙黄色。前足宽。足背黑色。黑色的尾长而蓬松。

Dental formula: 1.0.1.3/1.0.1.3=20. Ears with long tufts of hairs. Black rims on the mandible and orbit. Two long black spots on the chin. Body back color black, red black, dark brown or grayish brown. Belly hairs white, or white mixed with brown, or orange hairs. Front feet wide. Dorsal of feet black. Black tail long and shaggy.

生境 / Habitat

森林 Forest

▲ 地理分布 / Geographic Distribution

国内分布 / Domestic Distribution
云南、广西、海南、西藏
Yunnan, Guangxi, Hainan, Tibet

全球分布 / World Distribution
孟加拉国、不丹、柬埔寨、中国、印度、印度尼西亚、老挝、马来西亚、缅甸、尼泊尔、泰国、越南
Bengladesh, Bhutan, Cambodia, China, India, Indonesia, Laos, Malaysia, Myanmar, Nepal, Thailand, Vietnam

生物地理界 / Biogeographic Realm
印度马来界 Indomalaya

WWF 生物群系 / WWF Biome
热带和亚热带湿润阔叶林
Tropical & Subtropical Moist Broadleaf Forests

动物地理分布型 / Zoogeographic Distribution Type
Wa

分布标注 / Distribution Note
非特有种 Non-Endemic

▲ 濒危状况 / Threatened Status

中国生物多样性红色名录等级 / CB RL Category (2021)
易危 VU

IUCN 红色名录 / IUCN Red List (2021)
近危 NT

威胁因子 / Threats
耕种、森林砍伐、狩猎、住宅区及商业发展
Farming, logging, hunting, residential and commercial development

▲ 法律保护地位 / Legal Protection Status

国家重点保护野生动物等级 / Category of National Key Protected Wild Animals (2021)
二级 Category II

"三有"名录 / TWIESSV (2023)
未列入 Not listed

CITES 附录等级 / CITES Appendix (2023)
II

迁徙物种公约附录 / CMS Appendix (2020)
未列入 Not listed

保护行动 / Conservation Action
尚无保护行动 No conservation action so far

▲ 参考文献 / References

Jiang et al. (蒋志刚等), 2021; Burgin et al., 2020; IUCN, 2020; Liu et al. (刘少英等), 2020; Wilson et al., 2016; Jackson, 2012; Zheng et al. (郑智民等), 2012; Smith et al., 2009; Li et al. (李松等), 2008; Pan et al. (潘清华等), 2007; Wilson and Reeder, 2005; Wang (王应祥), 2003; Zhang (张荣祖), 1997; Wang et al., 1989; Xia (夏武平), 1988, 1964

469 / 条纹松鼠

Menetes berdmorei (Blyth, 1849)

- Indochinese Ground Squirrel

▲ 分类地位 / Taxonomy

啮齿目 Rodentia / 松鼠科 Sciuridae / 条纹松鼠属 *Menetes*

科建立者及其文献 / Family Authority

Gray, 1821

属建立者及其文献 / Genus Authority

Thomas, 1908

亚种 / Subspecies

印支亚种 *M. b. consularis* Thomas, 1914

云南 Yunnan

模式标本产地 / Type Locality

缅甸

"Thougyeen district"(Tenasserim, Burma (Myanmar))

张冬茜 / 供图

▲ 其他名称 / Other Name(s)

其他中文名 / Other Chinese Name(s)

多纹松鼠、线松鼠

其他英文名 / Other English Name(s)

无 None

同物异名 / Synonym(s)

无 None

▲ 形态及生境 / Morphology and Habitat

形态特征 / Morphological Characteristics

齿式：1.0.2.3/1.0.1.3=22。吻尖。吻端、眼下及两颊淡黄褐色。体背毛灰黑色，夹杂橙棕色。体背中央有一条纵纹，体侧黑色纹宽，细淡黄白色纵纹。腹部黄白色。尾短于体长，尾下棕红色，尾尖白色。

Dental formula: 1.0.2.3/1.0.1.3=22. Snout pointing. Tawny on the snout, eyes and cheeks. Dorsal hairs grayish black, mixed with orange brown hairs. There are longitudinal lines in the ridge of the back, wide black lines on the ventral side, thin pale yellow-white longitudinal strips. Belly is yellow and white. Tail is shorter than the body length. Tail is brownish red with white tail tip.

生境 / Habitat

森林、耕地

Forest, arable land

▲ 地理分布 / Geographic Distribution

国内分布 / Domestic Distribution

云南 Yunnan

全球分布 / World Distribution

柬埔寨、中国、老挝、缅甸、泰国、越南

Cambodia, China, Laos, Myanmar, Thailand, Vietnam

生物地理界 / Biogeographic Realm

印度马来界 Indomalaya

WWF 生物群系 / WWF Biome

热带和亚热带湿润阔叶林

Tropical & Subtropical Moist Broadleaf Forests

动物地理分布型 / Zoogeographic Distribution Type

Wa

分布标注 / Distribution Note

非特有种 Non-Endemic

▲ 濒危状况 / Threatened Status

中国生物多样性红色名录等级 / CB RL Category (2021)

无危 LC

IUCN 红色名录 / IUCN Red List (2021)

无危 LC

威胁因子 / Threats

未知 Unknown

▲ 法律保护地位 / Legal Protection Status

国家重点保护野生动物等级 / Category of National Key Protected Wild Animals (2021)

未列入 Not listed

"三有"名录 / TWIESSV (2023)

列入 Listed

CITES 附录等级 / CITES Appendix (2023)

未列入 Not listed

迁徙物种公约附录 / CMS Appendix (2020)

未列入 Not listed

保护行动 / Conservation Action

尚无保护行动 No conservation action so far

▲ 参考文献 / References

Jiang et al. (蒋志刚等), 2021; Burgin et al., 2020; IUCN, 2020; Wilson et al., 2016; Jackson, 2012; Zheng et al. (郑智民等), 2012; Smith et al., 2009; Pan et al. (潘清华等), 2007; Wilson and Reeder, 2005; Wang (王应祥), 2003; Zhang (张荣祖), 1997

470 / 岩松鼠

Sciurotamias davidianus
(Milne-Edwards, 1867)

- Pére David's Rock Squirrel

▲ 分类地位 / Taxonomy

啮齿目 Rodentia / 松鼠科 Sciuridae / 岩松鼠属 *Sciurotamias*

科建立者及其文献 / Family Authority
Gray, 1821

属建立者及其文献 / Genus Authority
Miller, 1901

亚种 / Subspecies
指名亚种 *S. d. davidianus* Milne-Edwards, 1867
辽宁、河北、北京、天津、河南、山西、陕西、甘肃、宁夏和四川
Liaoning, Hebei, Beijing, Tianjin, Henan, Shanxi, Shaanxi, Gansu, Ningxia and Sichuan

川西亚种 *S. d. consobrinus* Milne-Edwards, 1868
四川、云南和贵州
Sichuan, Yunnan and Guizhou

湖北亚种 *S. d. saltianus* Heude, 1898
贵州、四川、重庆、湖北和安徽
Guizhou, Sichuan, Chongqing, Hubei and Anhui

模式标本产地 / Type Locality
中国（北京）
"Mountains of Peking." China

杜卿 / 供图

▲ 其他名称 / Other Name(s)

其他中文名 / Other Chinese Name(s)
石松鼠、岩鼠

其他英文名 / Other English Name(s)
无 None

同物异名 / Synonym(s)
无 None

▲ 形态及生境 / Morphology and Habitat

形态特征 / Morphological Characteristics
齿式：1.0.1.3/1.0.1.3=20。吻部及双颊被毛棕黄色，眼周具淡黄色眼圈。耳后有白色或淡黄色斑。体背毛色橄榄灰色，腹毛浅黄白色，体侧无浅白色长条纹。尾上部被毛为棕黑色，尾腹面毛多呈黄褐色。从尾根向尾梢，毛色变淡。

Dental formula: 1.0.1.3/1.0.1.3=20. Snout and cheeks brown, with light yellow circles around the eyes. White or yellowish spots behind the ears. Back of the body is olive gray, the abdominal hairs pale yellow and white. No light white stripe on the ventral side of the body. Upper part of the tail is dark brown and the underpart of the tail is yellowish brown. Hair color lightens from the tail to the tail end.

生境 / Habitat
森林 Forest

▲ 地理分布 / Geographic Distribution

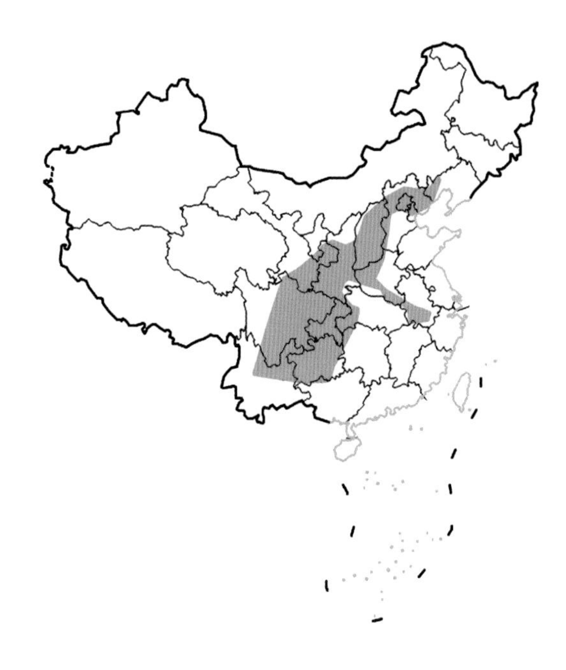

国内分布 / Domestic Distribution

辽宁、河北、天津、北京、河南、安徽、山西、陕西、四川、重庆、宁夏、甘肃、云南、贵州、湖南、湖北

Liaoning, Hebei, Tianjin, Beijing, Henan, Anhui, Shanxi, Shaanxi, Sichuan, Chongqing, Ningxia, Gansu, Yunnan, Guizhou, Hunan, Hubei

全球分布 / World Distribution

中国 China

生物地理界 / Biogeographic Realm

古北界 Palearctic

WWF 生物群系 / WWF Biome

温带阔叶和混交林

Temperate Broadleaf & Mixed Forests

动物地理分布型 / Zoogeographic Distribution Type

E

分布标注 / Distribution Note

特有种 Endemic

▲ 濒危状况 / Threatened Status

中国生物多样性红色名录等级 / CB RL Category (2021)

无危 LC

IUCN 红色名录 / IUCN Red List (2021)

无危 LC

威胁因子 / Threats

无 None

▲ 法律保护地位 / Legal Protection Status

国家重点保护野生动物等级 / Category of National Key Protected Wild Animals (2021)

未列入 Not listed

“三有”名录 / TWIESSV (2023)

列入 Listed

CITES 附录等级 / CITES Appendix (2023)

未列入 Not listed

迁徙物种公约附录 / CMS Appendix (2020)

未列入 Not listed

保护行动 / Conservation Action

尚无保护行动 No conservation action so far

▲ 参考文献 / References

Jiang et al. (蒋志刚等), 2021; Burgin et al., 2020; IUCN, 2020; Liu et al. (刘少英等), 2020; Zheng et al. (郑智民等), 2012; Smith et al., 2009; Pan et al. (潘清华等), 2007; Wilson and Reeder, 2005; Guo (郭建荣), 2003; Wang (王应祥), 2003; Zhang (张荣祖), 1997; Xia(夏武平), 1988, 1964

471 / 侧纹岩松鼠

Rupestes forresti (Thomas, 1922)

- Forrest's Rock Squirrel

▲ 分类地位 / Taxonomy

啮齿目 Rodentia / 松鼠科 Sciuridae / 侧纹岩松鼠属 *Rupestes*

科建立者及其文献 / Family Authority

Gray, 1821

属建立者及其文献 / Genus Authority

Thomas, 1922

亚种 / Subspecies

无 None

模式标本产地 / Type Locality

中国（云南）

"Mekong-Yangtze Divide on 27° 20' N 7000-9000'."(Hengduan Shan) Yunnan Prov., China

雷进宇 / 供图

▲ 其他名称 / Other Name(s)

其他中文名 / Other Chinese Name(s)

白喉岩松鼠

其他英文名 / Other English Name(s)

无 None

同物异名 / Synonym(s)

无 None

▲ 形态及生境 / Morphology and Habitat

形态特征 / Morphological Characteristics

齿式：1.0.1.3/1.0.1.3=20。面颊、耳、颈侧毛色呈棕褐色。喉部中央具白毛斑块。体背毛色暗棕褐色，腹部淡赭黄色。体侧面有一条狭长白色纹。前后足棕褐色。尾稍短于体长。尾毛暗棕褐色、毛尖白色。

Dental formula: 1.0.1.3/1.0.1.3=20. Cheeks, ears and neck tan. A white hairy patch at the central throat. Hairs on back of the body dark brown whereas on the abdomen pale yellow. A narrow white stripe on the ventral side of the body. Front and rear feet tan. Tail slightly shorter than body length. Tail hairs dark brown, white tip.

生境 / Habitat

灌丛 Shrubland

▲ 地理分布 / Geographic Distribution

国内分布 / Domestic Distribution
云南、四川
Yunnan, Sichuan

全球分布 / World Distribution
中国 China

生物地理界 / Biogeographic Realm
印度马来界 Indomalaya

WWF 生物群系 / WWF Biome
热带和亚热带湿润阔叶林
Tropical & Subtropical Moist Broadleaf Forests

动物地理分布型 / Zoogeographic Distribution Type
Hc

分布标注 / Distribution Note
特有种 Endemic

▲ 濒危状况 / Threatened Status

中国生物多样性红色名录等级 / CB RL Category (2021)
无危 LC

IUCN 红色名录 / IUCN Red List (2021)
无危 LC

威胁因子 / Threats
无 None

▲ 法律保护地位 / Legal Protection Status

国家重点保护野生动物等级 / Category of National Key Protected Wild Animals (2021)
未列入 Not listed

“三有”名录 / TWIESSV (2023)
列入 Listed

CITES 附录等级 / CITES Appendix (2023)
未列入 Not listed

迁徙物种公约附录 / CMS Appendix (2020)
未列入 Not listed

保护行动 / Conservation Action
尚无保护行动 No conservation action so far

▲ 参考文献 / References

Jiang et al. (蒋志刚等), 2021; Burgin et al., 2020; IUCN, 2020; Liu et al. (刘少英等), 2020; Wilson et al., 2016; Zheng et al. (郑智民等), 2012; Smith et al., 2009; Pan et al. (潘清华等), 2007; Wilson and Reeder, 2005; Wang (王应祥), 2003; Zhang (张荣祖), 1997

472 / 北花松鼠

Eutamias sibiricus (Laxmann, 1769)

- Siberian Chipmunk

邢睿 / 供图

▲ 分类地位 / Taxonomy

啮齿目 Rodentia / 松鼠科 Sciuridae / 花鼠属 *Eutamias*

科建立者及其文献 / Family Authority
Gray, 1821

属建立者及其文献 / Genus Authority
Trouessart, 1880

亚种 / Subspecies
指名亚种 *E. s. sibiricus* (Laxmann, 1769)
内蒙古和新疆
Inner Mongolia and Xinjiang

秦岭亚种 *E. s. albogularis* (G. Allen, 1909)
陕西、甘肃、宁夏、青海和四川
Shaanxi, Gansu, Ningxia, Qinghai and Sichuan

小兴安岭亚种 *E. s. orientalis* (Bonhote, 1899)
黑龙江 Heilongjiang

长白山亚种 *E. s. lineatus* (Siebold, 1824)
吉林和辽宁
Jilin and Liaoning

华北亚种 *E. s. senescens* (Miller, 1896)
河北、北京、天津、河南、山西和陕西
Hebei, Beijing, Tianjin, Henan, Shanxi and Shaanxi

模式标本产地 / Type Locality
俄罗斯
"Vicinity of Barnaul" (Altaisk Krai, Russia) (Chaworth-Musters, 1937)

▲ 其他名称 / Other Name(s)

其他中文名 / Other Chinese Name(s)
花栗鼠、金花鼠、五道眉、西伯利亚花栗鼠

其他英文名 / Other English Name(s)
无 None

同物异名 / Synonym(s)
Tamias sibiricus Laxmann, 1769

▲ 形态及生境 / Morphology and Habitat

形态特征 / Morphological Characteristics
齿式：1.0.2.3/1.0.1.3=22。吻部长，具颊囊。耳端部无簇毛，眼与耳之间、口鼻须部延至耳下有暗纹。背部毛色灰黄，有5条明显的黑色纵纹，其中背中央黑纹最长，一直延伸到臀部。腹部被毛黄白色或浅土黄色。尾末梢毛长，毛尖白色。夏季毛色较冬季深。

Dental formula: 1.0.2.3/1.0.1.3=22. Snout long, cheek pouches present. Dark strips between the eyes and ears, between the mouth and nose whiskers and the ears. Back color gray yellow, there are 5 obvious black longitudinal strips, the central strip the longest, extends to the buttocks. Belly coat is yellowish white or light brown. Tail end hairs long with white tip. Pelage darker in summer than in winter.

生境 / Habitat
针叶林、针叶阔叶混交林
Coniferous forest, coniferous and broad-leaved mixed forest

▲ 地理分布 / Geographic Distribution

国内分布 / Domestic Distribution
山西、陕西、内蒙古、河南、新疆、青海、北京、天津、河北、辽宁、吉林、黑龙江、四川、甘肃、宁夏
Shanxi, Shaanxi, Inner Mongolia, Henan, Xinjiang, Qinghai, Beijing, Tianjin, Hebei, Liaoning, Jilin, Heilongjiang, Sichuan, Gansu, Ningxia

全球分布 / World Distribution
中国、日本、哈萨克斯坦、朝鲜、韩国、俄罗斯
China, Japan, Kazakhstan, Democratic People's Republic of Korea, Republic of Korea, Russia

生物地理界 / Biogeographic Realm
古北界 Palearctic

WWF 生物群系 / WWF Biome
温带阔叶和混交林
Temperate Broadleaf & Mixed Forests

动物地理分布型 / Zoogeographic Distribution Type
Ub

分布标注 / Distribution Note
非特有种 Non-Endemic

▲ 濒危状况 / Threatened Status

中国生物多样性红色名录等级 / CB RL Category (2021)
无危 LC

IUCN 红色名录 / IUCN Red List (2021)
无危 LC

威胁因子 / Threats
无 None

▲ 法律保护地位 / Legal Protection Status

国家重点保护野生动物等级 / Category of National Key Protected Wild Animals (2021)
未列入 Not listed

“三有”名录 / TWIESSV (2023)
列入 Listed

CITES 附录等级 / CITES Appendix (2023)
未列入 Not listed

迁徙物种公约附录 / CMS Appendix (2020)
未列入 Not listed

保护行动 / Conservation Action
尚无保护行动 No conservation action so far

▲ 参考文献 / References

Jiang et al. (蒋志刚等), 2021; Burgin et al., 2020; IUCN, 2020; Wilson et al., 2016; Smith et al., 2009; Pan et al. (潘清华等), 2007; Wilson and Reeder, 2005; Wang (王应祥), 2003; Xia (夏武平), 1988

473 / 阿拉善黄鼠

Spermophilus alashanicus Büchner, 1888

- Alashan Ground Squirrel

▲ 分类地位 / Taxonomy

啮齿目 Rodentia / 松鼠科 Sciuridae / 黄鼠属 *Spermophilus*

科建立者及其文献 / Family Authority

Gray, 1821

属建立者及其文献 / Genus Authority

Cuvier, 1825

亚种 / Subspecies

无 None

模式标本产地 / Type Locality

中国

"Southern Ala Shan" (Desert, China) (Ognev, 1963:150)

林剑声 / 供图

▲ 其他名称 / Other Name(s)

其他中文名 / Other Chinese Name(s)

无 None

其他英文名 / Other English Name(s)

无 None

同物异名 / Synonym(s)

无 None

▲ 形态及生境 / Morphology and Habitat

形态特征 / Morphological Characteristics

齿式：1.0.2.3/1.0.1.3=22。眼眶白色，眼眶下部有一块淡红棕色毛发。一条从吻部至耳基部的浅白色纹穿过其间。体背毛浅黄色，体侧毛黄白色。尾背毛色似体背毛色，尾腹毛呈锈红色，尾梢被长毛。

Dental formula: 1.0.2.3/1.0.1.3=22. White hairs around eye sockets, a patch of light reddish brown hair in the lower part of the sockets. A pale white stripe extends from the snout to the base of the ear runs through the middle. Body back hairs are light yellow, the ventral hairs are yellow and white. Tail back coat color resembles the body back coat color, the tail belly hairs show rust red, the tail tip with long hairs.

生境 / Habitat

沙漠、干旱草地

Desert, dry grassland

▲ 地理分布 / Geographic Distribution

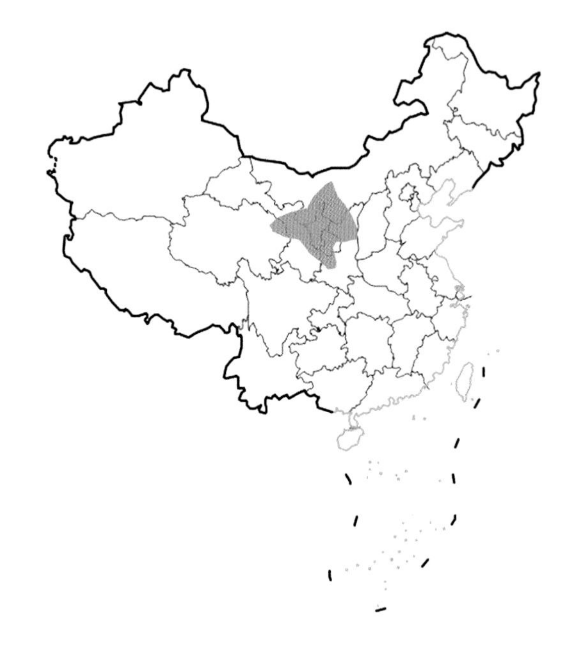

国内分布 / Domestic Distribution
宁夏、甘肃、青海、陕西、内蒙古
Ningxia, Gansu, Qinghai, Shanxi, Inner Mongolia

全球分布 / World Distribution
中国、蒙古国
China, Mongolia

生物地理界 / Biogeographic Realm
古北界 Palearctic

WWF 生物群系 / WWF Biome
沙漠和干旱灌木地
Deserts & Xeric Shrublands

动物地理分布型 / Zoogeographic Distribution Type
Ue

分布标注 / Distribution Note
非特有种 Non-Endemic

▲ 濒危状况 / Threatened Status

中国生物多样性红色名录等级 / CB RL Category (2021)
无危 LC

IUCN 红色名录 / IUCN Red List (2021)
无危 LC

威胁因子 / Threats
无 None

▲ 法律保护地位 / Legal Protection Status

国家重点保护野生动物等级 / Category of National Key Protected Wild Animals (2021)
未列入 Not listed

"三有"名录 / TWIESSV (2023)
未列入 Not listed

CITES 附录等级 / CITES Appendix (2023)
未列入 Not listed

迁徙物种公约附录 / CMS Appendix (2020)
未列入 Not listed

保护行动 / Conservation Action
尚无保护行动 No conservation action so far

▲ 参考文献 / References

Jiang et al. (蒋志刚等), 2021; Burgin et al., 2020; IUCN, 2020; Wilson et al., 2016; Li et al. (李国军等), 2013; Smith et al., 2009; Pan et al. (潘清华等), 2007; Wilson and Reeder, 2005; Wang (王应祥), 2003; Xia (夏武平), 1988; Qin (秦长育), 1985

474 / 短尾黄鼠

Spermophilus brevicauda Brandt, 1843

- Brandt's Ground Squirrel

▲ 分类地位 / Taxonomy

啮齿目 Rodentia / 松鼠科 Sciuridae / 黄鼠属 *Spermophilus*

科建立者及其文献 / Family Authority
Gray, 1821

属建立者及其文献 / Genus Authority
Cuvier, 1825

亚种 / Subspecies
无 None

模式标本产地 / Type Locality
蒙古国
"Habitat, ut videtur, in provincis Altaicis australiorbis versus lacum Balchasch" (Ognev, 1947:83). Ellerman and Morrison-Scott (1966:508) however, cite "Zaisan basin", after Kuznetsov (1944)

▲ 其他名称 / Other Name(s)

其他中文名 / Other Chinese Name(s)
阿尔泰黄鼠

其他英文名 / Other English Name(s)
无 None

同物异名 / Synonym(s)
无 None

▲ 形态及生境 / Morphology and Habitat

形态特征 / Morphological Characteristics
齿式：1.0.2.3/1.0.1.3=22。浅色眼圈的上方和下方有明显的铁锈色斑块。背毛赭色，有独特的小亮斑。后跖部黄褐色。尾巴约为体长的五分之一。有的个体尾巴毛锈色，有的呈淡黄色。
Dental formula: 1.0.2.3/1.0.1.3=22. Light-colored eye rings are marked with rusty patches above and below. Dorsal hairs are ochraceous, with distinctive small bright spots. Posterior plantar yellow-brown. Tail is about one fifth the length of the body. Tail hairs of some individual are rust color, while some are light yellow.

生境 / Habitat
草地、半荒漠、灌丛
Grassland, semi-desert, shrubland

▲ 地理分布 / Geographic Distribution

国内分布 / Domestic Distribution

新疆 Xinjiang

全球分布 / World Distribution

中国、哈萨克斯坦、蒙古国

China, Kazakhstan, Mongolia

生物地理界 / Biogeographic Realm

古北界 Palearctic

WWF 生物群系 / WWF Biome

沙漠和干旱灌木地

Deserts & Xeric Shrublands

动物地理分布型 / Zoogeographic Distribution Type

Da

分布标注 / Distribution Note

非特有种 Non-Endemic

▲ 濒危状况 / Threatened Status

中国生物多样性红色名录等级 / CB RL Category (2021)

无危 LC

IUCN 红色名录 / IUCN Red List (2021)

无危 LC

威胁因子 / Threats

无 None

▲ 法律保护地位 / Legal Protection Status

国家重点保护野生动物等级 / Category of National Key Protected Wild Animals (2021)

未列入 Not listed

"三有"名录 / TWIESSV (2023)

未列入 Not listed

CITES 附录等级 / CITES Appendix (2023)

未列入 Not listed

迁徙物种公约附录 / CMS Appendix (2020)

未列入 Not listed

保护行动 / Conservation Action

尚无保护行动 No conservation action so far

▲ 参考文献 / References

Jiang et al. (蒋志刚等), 2021; Burgin et al., 2020; IUCN, 2020; Liu et al. (刘少英等), 2020; Smith & Johnston, 2016; Wilson et al., 2016; Zheng et al. (郑智民等), 2012; Smith et al., 2009; Pan et al. (潘清华等), 2007; Wilson and Reeder, 2005; Wang (王应祥), 2003; Zhang (张荣祖), 1997

475 / 达乌尔黄鼠

Spermophilus dauricus Brandt, 1843

- Daurian Ground Squirrel

▲ 分类地位 / Taxonomy

啮齿目 Rodentia / 松鼠科 Sciuridae / 黄鼠属 *Spermophilus*

科建立者及其文献 / Family Authority

Gray, 1821

属建立者及其文献 / Genus Authority

Cuvier, 1825

亚种 / Subspecies

河北亚种 *S. d. mongolicus* Milne-Ed-wards, 1867
河北、北京、天津、河南、山东
Hebei, Beijing, Tianjin, Henan and Shandong

东北亚种 *S. d. ramosus* (Thomas, 1909)
黑龙江、吉林、辽宁、内蒙古和山西
Heilongjiang, Jilin, Liaoning, Inner Mongolia and Shanxi

甘肃亚种 *S. d. obscurus* Buchner, 1888
甘肃和新疆
Gansu and Xinjiang

模式标本产地 / Type Locality

俄罗斯

"... circa Torei lacum exiccatum Dauuriae et ad Onon Bursa rivum." Torei-Nor (Lake), Chitinsk. Obl., Russia

张永 / 供图

▲ 其他名称 / Other Name(s)

其他中文名 / Other Chinese Name(s)

达斡尔黄鼠、草原黄鼠

其他英文名 / Other English Name(s)

无 None

同物异名 / Synonym(s)

无 None

▲ 形态及生境 / Morphology and Habitat

形态特征 / Morphological Characteristics

齿式：1.0.2.3/1.0.1.3=22。眶周具白圈。耳郭黄色。体背毛土黄色杂有黑褐色。体侧面、体腹面及前肢外侧面均为沙黄色。尾背面中央黑色，边缘黄色。

Dental formula: 1.0.2.3/1.0.1.3=22. There is a white ring around the orbit. Auricle is yellow. Dorsal hairs are yellow and mixed with black and brown hairs. Ventral sides, the ventral surface and the outer sides of the forelimbs are sandy yellow. Tail is black in the center and yellow in the margin.

生境 / Habitat

沙漠 Desert

▲ 地理分布 / Geographic Distribution

国内分布 / Domestic Distribution

黑龙江、吉林、辽宁、内蒙古、河北、北京、天津、河南、山东、陕西、山西

Heilongjiang, Jilin, Liaoning, Inner Mongolia, Hebei, Beijing, Tianjin, Henan, Shandong, Shaanxi, Shanxi

全球分布 / World Distribution

中国、蒙古国、俄罗斯

China, Mongolia, Russia

生物地理界 / Biogeographic Realm

古北界 Palearctic

WWF 生物群系 / WWF Biome

温带草原、热带稀树草原和灌木地

Temperate Grasslands, Savannas & Shrublands

动物地理分布型 / Zoogeographic Distribution Type

Dm

分布标注 / Distribution Note

非特有种 Non-Endemic

▲ 濒危状况 / Threatened Status

中国生物多样性红色名录等级 / CB RL Category (2021)

无危 LC

IUCN 红色名录 / IUCN Red List (2021)

无危 LC

威胁因子 / Threats

未知 Unknown

▲ 法律保护地位 / Legal Protection Status

国家重点保护野生动物等级 / Category of National Key Protected Wild Animals (2021)

未列入 Not listed

"三有"名录 / TWIESSV (2023)

未列入 Not listed

CITES 附录等级 / CITES Appendix (2023)

未列入 Not listed

迁徙物种公约附录 / CMS Appendix (2020)

未列入 Not listed

保护行动 / Conservation Action

尚无保护行动 No conservation action so far

▲ 参考文献 / References

Jiang et al. (蒋志刚等), 2021; Burgin et al., 2020; IUCN, 2020; Liu et al. (刘少英等), 2020; Wilson et al., 2016; Zheng et al. (郑智民等), 2012; Smith et al., 2009; Mi et al. (米景川等), 2003; Zhang et al. (张晓华等), 2002; Xia (夏武平), 1988, 1964

476 / 赤颊黄鼠

Spermophilus erythrogenys Brandt, 1841

• Red-Cheeked Ground Squirrel

▲ 分类地位 / Taxonomy

啮齿目 Rodentia / 松鼠科 Sciuridae / 黄鼠属 *Spermophilus*

科建立者及其文献 / Family Authority

Gray, 1821

属建立者及其文献 / Genus Authority

Cuvier, 1825

亚种 / Subspecies

无共识 Non Concensus

模式标本产地 / Type Locality

俄罗斯

"... vicinity of Barnaul" [Altaisk Krai, Russia]

黄亚慧 / 供图

▲ 其他名称 / Other Name(s)

其他中文名 / Other Chinese Name(s)

无 None

其他英文名 / Other English Name(s)

无 None

同物异名 / Synonym(s)

无 None

▲ 形态及生境 / Morphology and Habitat

形态特征 / Morphological Characteristics

齿式：1.0.2.3/1.0.1.3=22。头部、颈部和身体呈深浅不一的灰褐色，鼻梁上有一块赭红毛色斑块。具携带食物的颊囊。腿短。尾长大约为体长的三分之一。尾巴密布毛尖白色的长毛。

Dental formula: 1.0.2.3/1.0.1.3=22. Hairs on head, neck and body vary in color of grayish to brown, with an ochre-red patch on the bridge of the nose. Cheek pouches present. Legs short. Tail is about one third the length of the body, and is covered with long, white tip hairs.

生境 / Habitat

草地、半荒漠、灌丛

Grassland, semi-desert, shrubland

▲ 地理分布 / Geographic Distribution

国内分布 / Domestic Distribution
新疆 Xinjiang

全球分布 / World Distribution
中国、哈萨克斯坦、蒙古国、俄罗斯
China, Kazakhstan, Mongolia, Russia

生物地理界 / Biogeographic Realm
古北界 Palearctic

WWF 生物群系 / WWF Biome
沙漠和干旱灌木地
Deserts & Xeric Shrublands

动物地理分布型 / Zoogeographic Distribution Type
Dc

分布标注 / Distribution Note
非特有种 Non-Endemic

▲ 濒危状况 / Threatened Status

中国生物多样性红色名录等级 / CB RL Category (2021)
未评定 NE

IUCN 红色名录 / IUCN Red List (2021)
无危 LC

威胁因子 / Threats
未知 Unknown

▲ 法律保护地位 / Legal Protection Status

国家重点保护野生动物等级 / Category of National Key Protected Wild Animals (2021)
未列入 Not listed

"三有"名录 / TWIESSV (2023)
未列入 Not listed

CITES 附录等级 / CITES Appendix (2023)
未列入 Not listed

迁徙物种公约附录 / CMS Appendix (2020)
未列入 Not listed

保护行动 / Conservation Action
尚无保护行动 No conservation action so far

▲ 参考文献 / References

Burgin et al., 2020; IUCN, 2020; Cassola, 2016; Wilson et al., 2016; Pan et al. (潘清华等), 2007; Wilson and Reeder, 2005

477 / 淡尾黄鼠

Spermophilus pallidicauda (Satunin, 1903)

- Pallid Ground Squirrel

▲ 分类地位 / Taxonomy

啮齿目 Rodentia / 松鼠科 Sciuridae / 黄鼠属 *Spermophilus*

科建立者及其文献 / Family Authority

Gray, 1821

属建立者及其文献 / Genus Authority

Cuvier, 1825

亚种 / Subspecies

无 None

模式标本产地 / Type Locality

蒙古国

"vicinity of Lake Khulu-Nur", Ullyn Bulyk, Baidarak river, Mongolian Atlai. Mongolia, Gobi Altai

▲ 其他名称 / Other Name(s)

其他中文名 / Other Chinese Name(s)

内蒙黄鼠

其他英文名 / Other English Name(s)

无 None

同物异名 / Synonym(s)

无 None

▲ 形态及生境 / Morphology and Habitat

形态特征 / Morphological Characteristics

齿式：1.0.2.3/1.0.1.3=22。从脸颊触须到耳朵有一条模糊白线。眼睑白色，每只眼睛下面有一个锈色毛斑。背部被毛浅粉黄色到沙黄色。腹部被毛白色，略带淡黄色。尾短，灰黄色，尾部上部有一条铁锈色条纹延伸。夏季毛皮沙黄色。

Dental formula: 1.0.2.3/1.0.1.3=22. A weakly defined white strip runs from the cheek whiskers to the ear. Eyelids are white, with a rust-colored patch under each eye. Back coat pinkish yellow to sandy yellow. Underbelly coat is white with light yellow. Tail is short and grayish yellow with a rust-colored stripe extending from the upper part of the tail. Summer pelage sand yellow.

生境 / Habitat

干旱草地 Dry steppe

▲ 地理分布 / Geographic Distribution

国内分布 / Domestic Distribution
内蒙古、甘肃
Inner Mongolia, Gansu

全球分布 / World Distribution
中国、蒙古国
China, Mongolia

生物地理界 / Biogeographic Realm
古北界 Palearctic

WWF 生物群系 / WWF Biome
温带草原、热带稀树草原和灌木地
Temperate Grasslands, Savannas & Shrublands

动物地理分布型 / Zoogeographic Distribution Type
Ga

分布标注 / Distribution Note
非特有种 Non-Endemic

▲ 濒危状况 / Threatened Status

中国生物多样性红色名录等级 / CB RL Category (2021)
无危 LC

IUCN 红色名录 / IUCN Red List (2021)
无危 LC

威胁因子 / Threats
未知 Unknown

▲ 法律保护地位 / Legal Protection Status

国家重点保护野生动物等级 / Category of National Key Protected Wild Animals (2021)
未列入 Not listed

"三有"名录 / TWIESSV (2023)
未列入 Not listed

CITES 附录等级 / CITES Appendix (2023)
未列入 Not listed

迁徙物种公约附录 / CMS Appendix (2020)
未列入 Not listed

保护行动 / Conservation Action
尚无保护行动 No conservation action so far

▲ 参考文献 / References

Jiang et al. (蒋志刚等), 2021; Burgin et al., 2020; IUCN, 2020; Smith & Johnston, 2017; Zheng et al. (郑智民等), 2012; Smith et al., 2009; Wang and Xie (汪松和解焱), 2004

478 / 长尾黄鼠

Spermophilus parryii Pallas, 1778

• Arctic Ground Squirrel

▲ 分类地位 / Taxonomy

啮齿目 Rodentia / 松鼠科 Sciuridae / 黄鼠属 *Spermophilus*

科建立者及其文献 / Family Authority

Gray, 1821

属建立者及其文献 / Genus Authority

Cuvier, 1825

亚种 / Subspecies

阿尔泰亚种 *S. u. eversmanni* (Brandt, 1841)
新疆 Xinjiang

天山亚种 *S. u. stramineus* Obolensky, 1927
新疆 Xinjiang

东北亚种 *S. u. menzbieri* Ognev, 1937
黑龙江和内蒙古
Heilongjiang and Inner Mongolia

模式标本产地 / Type Locality

俄罗斯
River Selenga, Buryat ASSR, Russia

黄亚慧 / 供图

邢睿 / 供图

▲ 其他名称 / Other Name(s)

其他中文名 / Other Chinese Name(s)

无 None

其他英文名 / Other English Name(s)

无 None

同物异名 / Synonym(s)

无 None

▲ 形态及生境 / Morphology and Habitat

形态特征 / Morphological Characteristics

齿式：1.0.2.3/1.0.1.3=22。唇、颏白色。喉、腹褐黄色。夏季体背被毛黑灰色，背中部毛色暗。眼眶周毛白色带浅黄色。头、颈、身体侧面、前后肢及足毛色均为鲜褐黄色。四肢内侧白色。尾长等于或大于体长之半。尾基部上面毛色似体背面毛色，尾端中央黑色，周围白色。冬季体侧和体腹毛色变白。

Dental formula: 1.0.2.3/1.0.1.3=22. Lips and chin white. Throat and abdomen brown and yellow. The back of the body in summer is black and gray, and the middle of the back is dark. Periorbital hairs white with light yellow. Head, neck, body side, front and hind limbs and feet are bright brown. The inner parts of the limbs are white. Tail is equal to or greater than half the body length. Color of the hairs at tail base like that on the back of the body, the central part of tail end black, surrounded by white hairs. Winter lateral and venter hairs white.

生境 / Habitat

沙漠、草地、灌木、草甸、湿地

Desert, grassland, shrubland, meadow, wetland (inland)

▲ 地理分布 / Geographic Distribution

国内分布 / Domestic Distribution

黑龙江、内蒙古、新疆

Heilongjiang, Inner Mongolia, Xinjiang

全球分布 / World Distribution

中国、哈萨克斯坦、蒙古国、俄罗斯

China, Kazakhstan, Mongolia, Russia

生物地理界 / Biogeographic Realm

古北界 Palearctic

WWF 生物群系 / WWF Biome

温带草原、热带稀树草原和灌木地

Temperate Grasslands, Savannas & Shrublands

动物地理分布型 / Zoogeographic Distribution Type

M

分布标注 / Distribution Note

非特有种 Non-Endemic

▲ 濒危状况 / Threatened Status

中国生物多样性红色名录等级 / CB RL Category (2021)

无危 LC

IUCN 红色名录 / IUCN Red List (2021)

无危 LC

威胁因子 / Threats

未知 Unknown

▲ 法律保护地位 / Legal Protection Status

国家重点保护野生动物等级 / Category of National Key Protected Wild Animals (2021)

未列入 Not listed

"三有"名录 / TWIESSV (2023)

未列入 Not listed

CITES 附录等级 / CITES Appendix (2023)

未列入 Not listed

迁徙物种公约附录 / CMS Appendix (2020)

未列入 Not listed

保护行动 / Conservation Action

尚无保护行动 No conservation action so far

▲ 参考文献 / References

Jiang et al. (蒋志刚等), 2021; Burgin et al., 2020; IUCN, 2020; Liu et al. (刘少英等), 2020; Zheng et al. (郑智民等), 2012; Smith et al., 2009; Pan et al. (潘清华等), 2007; Wilson and Reeder, 2005; Wang (王应祥), 2003; Zhang (张荣祖), 1997; Xia(夏武平), 1988, 1964

479 / 天山黄鼠

Spermophilus relictus (Kashkarov, 1923)

- Tien Shan Ground Squirrel

▲ 分类地位 / Taxonomy

啮齿目 Rodentia / 松鼠科 Sciuridae / 黄鼠属 *Spermophilus*

科建立者及其文献 / Family Authority
Gray, 1821

属建立者及其文献 / Genus Authority
Cuvier, 1825

亚种 / Subspecies
伊犁亚种 *S. r. ralli* (Brandt, 1843)
新疆 Xinjiang

尼勒克亚种 *S. r. nylkaensis* (Thomas, 1909)
新疆 Xinjiang

模式标本产地 / Type Locality
吉尔吉斯斯坦
"Kara-Bura Gorge and Kumysh-Tagh Gorge in the Talus Ala Tau" (Talassk. Obl., Kyrgyzstan) (Ognev, 1963:70)

黄亚慧 / 供图

▲ 其他名称 / Other Name(s)

其他中文名 / Other Chinese Name(s)
无 None

其他英文名 / Other English Name(s)
Relict Ground Squirrel

同物异名 / Synonym(s)
无 None

▲ 形态及生境 / Morphology and Habitat

形态特征 / Morphological Characteristics
齿式：1.0.2.3/1.0.1.3=22。眼睛周围没有面部纹路。夏季体背被毛灰褐浅黄色，背部的光点模糊不清。尾背被毛锈浅黄色，尾远端有一较宽的黑褐色区域，尾梢黄白色。冬季毛色较浅淡且灰，常带有浅黄色调。
Dental formula: 1.0.2.3/1.0.1.3=22. No facial markings around the eyes. Dorsal hairs gray brown light yellow, light points on the back blur in summer. Tail back coat rust is light yellow, the tail distal end has a wider black brown area, tail tip yellow white. Winter pelage color is light and gray, often with light yellow tone.

生境 / Habitat
草地 Steppe

▲ 地理分布 / Geographic Distribution

国内分布 / Domestic Distribution

新疆 Xinjiang

全球分布 / World Distribution

中国、哈萨克斯坦、吉尔吉斯斯坦、乌兹别克斯坦

China, Kazakhstan, Kyrgyzstan, Uzbekistan

生物地理界 / Biogeographic Realm

古北界 Palearctic

WWF 生物群系 / WWF Biome

温带针叶树森林，温带草原、热带稀树草原和灌木地

Temperate Conifer Forests, Temperate Grasslands, Savannas & Shrublands

动物地理分布型 / Zoogeographic Distribution Type

D

分布标注 / Distribution Note

非特有种 Non-Endemic

▲ 濒危状况 / Threatened Status

中国生物多样性红色名录等级 / CB RL Category (2021)

无危 LC

IUCN 红色名录 / IUCN Red List (2021)

无危 LC

威胁因子 / Threats

无 None

▲ 法律保护地位 / Legal Protection Status

国家重点保护野生动物等级 / Category of National Key Protected Wild Animals (2021)

未列入 Not listed

"三有"名录 / TWIESSV (2023)

未列入 Not listed

CITES 附录等级 / CITES Appendix (2023)

未列入 Not listed

迁徙物种公约附录 / CMS Appendix (2020)

未列入 Not listed

保护行动 / Conservation Action

尚无保护行动 No conservation action so far

▲ 参考文献 / References

Jiang et al. (蒋志刚等), 2021; Burgin et al., 2020; IUCN, 2020; Liu et al. (刘少英等), 2020; Wilson et al., 2016; Zheng et al. (郑智民等), 2012; Smith et al., 2009; Pan et al. (潘清华等), 2007; Wilson and Reeder, 2005; Wang (王应祥), 2003; Zhang (张荣祖), 1997

480 / 灰旱獭

Marmota baibacina Kastschenko, 1899

- Gray Marmot

▲ 分类地位 / Taxonomy

啮齿目 Rodentia / 松鼠科 Sciuridae / 旱獭属 *Marmota*

科建立者及其文献 / Family Authority

Gray, 1821

属建立者及其文献 / Genus Authority

Blumenbach, 1779

亚种 / Subspecies

指名亚种 *M. b. baibacina* (Brandt, 1843)
新疆 Xinjiang

天山亚种 *M. b. centralis* (Thomas, 1909)
新疆 Xinjiang

模式标本产地 / Type Locality

俄罗斯

"... Multa River, near Nizhne-Uimon in the Altai Mountains" (Altaisk. Krai, Russia) (Ognev, 1963:252). Alternatively, Aktol' River near Cherga, Gorno-Altaisk. A. O. (Kuznetsov, Ellerman and Morrison-Scott, 1951:514)

薛志刚 / 供图

▲ 其他名称 / Other Name(s)

其他中文名 / Other Chinese Name(s)

无 None

其他英文名 / Other English Name(s)

Altai Marmot, Grey Marmot

同物异名 / Synonym(s)

无 None

▲ 形态及生境 / Morphology and Habitat

形态特征 / Morphological Characteristics

齿式：1.0.2.3/1.0.1.3=22。颅骨较宽。鼻骨后端中间形成尖楔状缺刻。体型粗壮，毛长而柔软。吻部深棕色。体背面米黄色或沙黄色，杂以黑色或黑褐色毛发。体腹面毛色深暗，呈赤褐色或深赤褐色带黄色调。尾背、腹毛色分别与体背、腹毛色相似。

Dental formula: 1.0.2.3/1.0.1.3=22. The skull is robust. There is a sharp wedge-shaped notch in the middle of the posterior end of the nasal bone. The body is stout and the hairs are long and soft. Snout is dark brown. Dorsal hairs beige or sandy yellow, mixed with black or black brown hairs. Ventral color is darker, a reddish brown or deep reddish brown with yellow tone. Hair colors of the tail upperpart and underparts are similar to the dorsal and abdominal hair colors respectively.

生境 / Habitat

草甸、森林、草地

Meadow, forest, grassland

▲ 地理分布 / Geographic Distribution

国内分布 / Domestic Distribution
新疆 Xinjiang

全球分布 / World Distribution
中国、哈萨克斯坦、吉尔吉斯斯坦、蒙古国、俄罗斯
China, Kazakhstan, Kyrgyzstan, Mongolia, Russia

生物地理界 / Biogeographic Realm
古北界 Palearctic

WWF 生物群系 / WWF Biome
温带草原、热带稀树草原和灌木地
Temperate Grasslands, Savannas & Shrublands

动物地理分布型 / Zoogeographic Distribution Type
Dp

分布标注 / Distribution Note
非特有种 Non-Endemic

▲ 濒危状况 / Threatened Status

中国生物多样性红色名录等级 / CB RL Category (2021)
无危 LC

IUCN 红色名录 / IUCN Red List (2021)
无危 LC

威胁因子 / Threats
未知 Unknown

▲ 法律保护地位 / Legal Protection Status

国家重点保护野生动物等级 / Category of National Key Protected Wild Animals (2021)
未列入 Not listed

"三有"名录 / TWIESSV (2023)
未列入 Not listed

CITES 附录等级 / CITES Appendix (2023)
未列入 Not listed

迁徙物种公约附录 / CMS Appendix (2020)
未列入 Not listed

保护行动 / Conservation Action
尚无保护行动 No conservation action so far

▲ 参考文献 / References

Jiang et al. (蒋志刚等), 2021; Burgin et al., 2020; IUCN, 2020; Wilson et al., 2016; Zheng et al. (郑智民等), 2012; Smith et al., 2009; Pan et al. (潘清华等), 2007; Wilson and Reeder, 2005; Wang (王应祥), 2003; Zhang (张荣祖), 1997

481 / 长尾旱獭

Marmota caudata (Geoffroy, 1844)

- Long-tailed Marmot

▲ 分类地位 / Taxonomy

啮齿目 Rodentia / 松鼠科 Sciuridae / 旱獭属 *Marmota*

科建立者及其文献 / Family Authority

Gray, 1821

属建立者及其文献 / Genus Authority

Blumenbach, 1779

亚种 / Subspecies

帕米尔亚种 *M. c. aurea* Blanford, 1875
新疆 Xinjiang

模式标本产地 / Type Locality

印度

"Hombur (Ghombur0 area, upper reaches of the Indus in Kashmir (India)" (Ognev, 1963:284)

阎旭光 / 供图

▲ 其他名称 / Other Name(s)

其他中文名 / Other Chinese Name(s)

旱獭、红旱獭

其他英文名 / Other English Name(s)

Golden Marmot, Red Marmot

同物异名 / Synonym(s)

无 None

▲ 形态及生境 / Morphology and Habitat

形态特征 / Morphological Characteristics

齿式：1.0.2.3/1.0.1.3=22。体型粗壮，毛长而柔软。吻部深棕色。体背面米黄色或沙黄色，杂以黑色或黑褐色毛发。体腹面毛色深暗，呈赤褐色或深赤褐色带黄色调。尾背、腹毛色分别与体背、腹毛色相似。

Dental formula: 1.0.2.3/1.0.1.3=22. The body is stout. The top of the head is black or dark brown. Long hairs on the back. Pelage color ranges from rust yellow to rust orange. Dorsal hairs are black and brown. Hair color on belly like the dorsal hairs, slightly darker orange, without brown. Tail about 1/2 of body length, tail back color similar to the back of the body, hair color of the end of tail is brown to black.

生境 / Habitat

干旱草地 Dry steppe

▲ 地理分布 / Geographic Distribution

国内分布 / Domestic Distribution
新疆 Xinjiang

全球分布 / World Distribution
阿富汗、中国、印度、吉尔吉斯斯坦、巴基斯坦、塔吉克斯坦
Afghanistan, China, India, Kyrgyzstan, Pakistan, Tajikistan

生物地理界 / Biogeographic Realm
古北界 Palearctic

WWF 生物群系 / WWF Biome
温带草原、热带稀树草原和灌木地
Temperate Grasslands, Savannas & Shrublands

动物地理分布型 / Zoogeographic Distribution Type
Pe

分布标注 / Distribution Note
非特有种 Non-Endemic

▲ 濒危状况 / Threatened Status

中国生物多样性红色名录等级 / CB RL Category (2021)
无危 LC

IUCN 红色名录 / IUCN Red List (2021)
无危 LC

威胁因子 / Threats
无 None

▲ 法律保护地位 / Legal Protection Status

国家重点保护野生动物等级 / Category of National Key Protected Wild Animals (2021)
未列入 Not listed

"三有"名录 / TWIESSV (2023)
未列入 Not listed

CITES 附录等级 / CITES Appendix (2023)
III

迁徙物种公约附录 / CMS Appendix (2020)
未列入 Not listed

保护行动 / Conservation Action
尚无保护行动 No conservation action so far

▲ 参考文献 / References

Jiang et al. (蒋志刚等), 2021; Burgin et al., 2020; IUCN, 2020; Wilson et al., 2016; Zheng et al. (郑智民等), 2012; Smith et al., 2009; Pan et al. (潘清华等), 2007; Wilson and Reeder, 2005; Wang (王应祥), 2003; Zhang (张荣祖), 1997; Xia(夏武平), 1988, 1964

482 / 喜马拉雅旱獭

Marmota himalayana (Hodgson, 1841)

• Himalayan Marmot

▲ 分类地位 / Taxonomy

啮齿目 Rodentia / 松鼠科 Sciuridae / 旱獭属 *Marmota*

科建立者及其文献 / Family Authority

Gray, 1821

属建立者及其文献 / Genus Authority

Blumenbach, 1779

亚种 / Subspecies

指名亚种 *M. h. himalayana* (Hodgson, 1841)
西藏、新疆、内蒙古、青海和甘肃
Tibet, Xinjiang, Inner Mongolia, Qinghai and Gansu

川西亚种 *M. h. orbustus* Milne-Edwards, 1871
云南、四川和青海
Yunnan, Sichuan and Qinghai

模式标本产地 / Type Locality

尼泊尔
"Himalaya... and sandy plains of Tibet"; "potius Tibetensis" (Hodgson, 1843). Restricted by Blanford (1875) to "the Kachar of Nepal."

邢睿 / 供图

黄秦 / 供图

▲ 其他名称 / Other Name(s)

其他中文名 / Other Chinese Name(s)

草原旱獭

其他英文名 / Other English Name(s)

Karakoram Marmot

同物异名 / Synonym(s)

无 None

▲ 形态及生境 / Morphology and Habitat

形态特征 / Morphological Characteristics

齿式：1.0.2.3/1.0.1.3=22。鼻上部及两眼间区域黑褐色，吻部有黑色或淡黑棕色斑点，前额杂有浅黄色。从鼻到眼，从眼到耳基部，毛色从鲜赭黄色到赭黄红褐色。体背浅黄色和黑色混杂。两颊、四肢浅黄色。体腹毛色浅或橙黄色，毛基黑灰色。

Dental formula: 1.0.2.3/1.0.1.3=22. Upper part of the nose and the area between the eyes are dark brown, with black or light dark brown spots on the snout, and light yellow on the forehead. From the nose to the eyes, from the eyes to the base of the ears, the hair color ranges from bright ochre yellow to ochre yellow reddish brown. Dorsal hairs are light yellow mixed with black. Cheeks, limbs light yellow. Body and abdominal hair color light or orange yellow, hair bases black gray.

生境 / Habitat

草甸 Meadow

▲ 地理分布 / Geographic Distribution

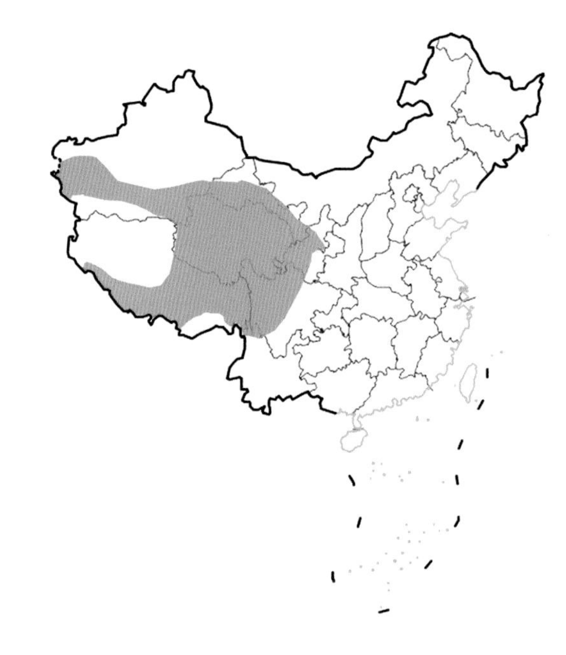

国内分布 / Domestic Distribution

甘肃、青海、新疆、四川、云南、西藏、内蒙古

Gansu, Qinghai, Xinjiang, Sichuan, Yunnan, Tibet, Inner Mongolia

全球分布 / World Distribution

中国、印度、尼泊尔、巴基斯坦

China, India, Nepal, Pakistan

生物地理界 / Biogeographic Realm

古北界 Palearctic

WWF 生物群系 / WWF Biome

山地草原和灌丛

Montane Grasslands & Shrublands

动物地理分布型 / Zoogeographic Distribution Type

Pa

分布标注 / Distribution Note

非特有种 Non-Endemic

▲ 濒危状况 / Threatened Status

中国生物多样性红色名录等级 / CB RL Category (2021)

无危 LC

IUCN 红色名录 / IUCN Red List (2021)

无危 LC

威胁因子 / Threats

无 None

▲ 法律保护地位 / Legal Protection Status

国家重点保护野生动物等级 / Category of National Key Protected Wild Animals (2021)

未列入 Not listed

“三有”名录 / TWIESSV (2023)

未列入 Not listed

CITES 附录等级 / CITES Appendix (2023)

III

迁徙物种公约附录 / CMS Appendix (2020)

未列入 Not listed

保护行动 / Conservation Action

尚无保护行动 No conservation action so far

▲ 参考文献 / References

Jiang et al. (蒋志刚等), 2021; Burgin et al., 2020; IUCN, 2020; Liu et al. (刘少英等), 2020; Wilson et al., 2016; Zheng et al. (郑智民等), 2012; Xu et al. (徐金会等), 2009; Wilson and Reeder, 2005; Wang (王应祥), 2003; Xia(夏武平), 1988, 1964

483 / 西伯利亚旱獭

Marmota sibirica (Radde, 1862)

- Mongolian Marmot

▲ 分类地位 / Taxonomy

啮齿目 Rodentia / 松鼠科 Sciuridae / 旱獭属 *Marmota*

科建立者及其文献 / Family Authority
Gray, 1821

属建立者及其文献 / Genus Authority
Blumenbach, 1779

亚种 / Subspecies
指名亚种 *M. s. sibirica* (Radde, 1862)
内蒙古 Inner Mongolia

模式标本产地 / Type Locality
俄罗斯
"Kulusutai, near Lake Torei-Nor, southeast Transbaikal" (Chitinsk Obl., Russia)

孙万清 / 供图

▲ 其他名称 / Other Name(s)

其他中文名 / Other Chinese Name(s)
蒙古旱獭

其他英文名 / Other English Name(s)
Tarbagan Marmot

同物异名 / Synonym(s)
无 None

▲ 形态及生境 / Morphology and Habitat

形态特征 / Morphological Characteristics

齿式：1.0.2.3/1.0.1.3=22。体型粗壮。体色分褐色和黄褐色两种类型。眼下面颊、颈侧、四肢和前后足淡赭黄色到浅黄色。从鼻到耳基被毛黑色或黑褐色。颏部有一块长条形白斑。背部毛色污白色或黄褐色，毛基棕色或棕黑色，毛尖褐色或黄褐色。腹股沟略带黑色。尾部被毛锈棕褐色。

Dental formula: 1.0.2.3/1.0.1.3=22. Body color is divided into two types: brown and tan. Cheeks, sides of the neck under the eyes, limbs and feet are pale ochre to light yellow. Hairs black or dark brown from nose to ear bases. A long white spot on the chin. Dorsal hair color is smudgy white or tan, hair bases brown or tan black, hair tips brown or tan. Groin is blackish. Hairs of the tail rusty brown.

生境 / Habitat

干旱草地 Dry steppe

▲ 地理分布 / Geographic Distribution

国内分布 / Domestic Distribution

内蒙古 Inner Mongolia

全球分布 / World Distribution

中国、蒙古国、俄罗斯

China, Mongolia, Russia

生物地理界 / Biogeographic Realm

古北界 Palearctic

WWF 生物群系 / WWF Biome

温带草原、热带稀树草原和灌木地

Temperate Grasslands, Savannas & Shrublands

动物地理分布型 / Zoogeographic Distribution Type

Uf

分布标注 / Distribution Note

非特有种 Non-Endemic

▲ 濒危状况 / Threatened Status

中国生物多样性红色名录等级 / CB RL Category (2021)

无危 LC

IUCN 红色名录 / IUCN Red List (2021)

濒危 EN

威胁因子 / Threats

未知 Unknown

▲ 法律保护地位 / Legal Protection Status

国家重点保护野生动物等级 / Category of National Key Protected Wild Animals (2021)

未列入 Not listed

“三有”名录 / TWIESSV (2023)

未列入 Not listed

CITES 附录等级 / CITES Appendix (2023)

未列入 Not listed

迁徙物种公约附录 / CMS Appendix (2020)

未列入 Not listed

保护行动 / Conservation Action

尚无保护行动 No conservation action so far

▲ 参考文献 / References

Jiang et al. (蒋志刚等), 2021; Burgin et al., 2020; IUCN, 2020; Wilson et al., 2016; Zheng et al. (郑智民等), 2012; Wang (王应祥), 2003; Pan et al. (潘清华等), 2007; Wilson and Reeder, 2005; Wang (王应祥), 2003; Zhang (张荣祖), 1997; Ma and Li (马建章和李津友), 1979

484 / 比氏鼯鼠

Biswamoyopterus biswasi Saha, 1981

- Namdapha Flying Squirrel

▲ 分类地位 / Taxonomy

啮齿目 Rodentia / 鼯鼠科 Pteromyidae / 比氏鼯鼠属 *Biswamoyopterus*

科建立者及其文献 / Family Authority

Weber, 1928

属建立者及其文献 / Genus Authority

Saha, 1981

亚种 / Subspecies

无 None

模式标本产地 / Type Locality

中国（西藏）

Namdapha, Tirap District, Zangnan

▲ 其他名称 / Other Name(s)

其他中文名 / Other Chinese Name(s)

无 None

其他英文名 / Other English Name(s)

Namdapha Giant Flying Squirrel

同物异名 / Synonym(s)

无 None

▲ 形态及生境 / Morphology and Habitat

形态特征 / Morphological Characteristics

齿式：1.0.2.3/1.0.1.3=22。眼大，有红褐色眼圈。耳部有簇毛。鼻端至头顶被毛粉红色。身体背部、皮翼背部和尾背部被毛红褐色。耳内、腹部、皮翼下部和尾的下部被毛白色。皮翼发达，尾圆柱形。

Dental formula: 1.0.2.3/1.0.1.3=22. The eyes are large with reddish-brown rings. There are tufts of hairs on the ears. Pink hairs from nose to crown. Hairs on dorsum, back of the patagium and tail reddish brown. White hairs inside the ears, on the belly, underside of patagium and the tail. Patagium developed, tail cylindrical.

生境 / Habitat

落叶林 Deciduous montane forest

▲ 地理分布 / Geographic Distribution

国内分布 / Domestic Distribution
西藏 Tibet

全球分布 / World Distribution
中国、印度
China, India

生物地理界 / Biogeographic Realm
古北界 Palearctic

WWF 生物群系 / WWF Biome
温带阔叶和混交林
Temperate Broadleaf & Mixed Forests

动物地理分布型 / Zoogeographic Distribution Type
Hc

分布标注 / Distribution Note
非特有种 Non-Endemic

▲ 濒危状况 / Threatened Status

中国生物多样性红色名录等级 / CB RL Category (2021)
极危 CR

IUCN 红色名录 / IUCN Red List (2021)
极危 CR

威胁因子 / Threats
未知 Unknown

▲ 法律保护地位 / Legal Protection Status

国家重点保护野生动物等级 / Category of National Key Protected Wild Animals (2021)
未列入 Not listed

“三有”名录 / TWIESSV (2023)
未列入 Not listed

CITES 附录等级 / CITES Appendix (2023)
未列入 Not listed

迁徙物种公约附录 / CMS Appendix (2020)
未列入 Not listed

保护行动 / Conservation Action
尚无保护行动 No conservation action so far

▲ 参考文献 / References

Jiang et al. (蒋志刚等), 2021; Burgin et al., 2020; IUCN, 2020

485 / 高黎贡比氏鼯鼠

Biswamoyopterus gaoligongensis
Li, Li, Jackson, Li, Jiang, Zhao, Song & Jiang, 2019

- Gaoligong Flying Squirrel

▲ 分类地位 / Taxonomy

啮齿目 Rodentia / 鼯鼠科 Pteromyidae / 比氏鼯鼠属 *Biswamoyopterus*

科建立者及其文献 / Family Authority
Weber, 1928

属建立者及其文献 / Genus Authority
Saha, 1981

亚种 / Subspecies
无 None

模式标本产地 / Type Locality
中国云南
Yunnan, China

▲ 其他名称 / Other Name(s)

其他中文名 / Other Chinese Name(s)
无 None

其他英文名 / Other English Name(s)
无 None

同物异名 / Synonym(s)
无 None

▲ 形态及生境 / Morphology and Habitat

形态特征 / Morphological Characteristics

齿式：1.0.2.3/1.0.1.3=22。鼻吻部至两颊棕黑色。眼周深棕色。额部灰棕色。耳基部无细长簇毛，耳缘毛色略浅。背部及皮翼背面被毛暗棕色。腹部、皮翼下部、尾巴下部被毛黄白色。肛门区被毛黄褐色。翼膜边缘呈棕黄色。足背黑色。尾背面被毛呈棕色。该种新近在高黎贡山被发现。

Dental formula: 1.0.2.3/1.0.1.3=22. Black-brown hairs on the snout to the cheeks. Dark brown around the eyes. Grayish brown on the forehead. Ear bases without slender tufts of hairs, ear rim color slightly lighter. Hairs on dorsum and patagium dark brown. Hairs on abdomen, under the patagium, under the tail yellowish white. Hairs on anal area are yellowish-brown. Rm of the pterygium is brownish yellow. The back of the feet is black. Brown hairs underside of the tail. The species was recently discovered in Gaoligongshan Mountains.

生境 / Habitat
森林 Forest

▲ 地理分布 / Geographic Distribution

国内分布 / Domestic Distribution
云南 Yunnan

全球分布 / World Distribution
中国 China

生物地理界 / Biogeographic Realm
印度马来界 Indomalaya

WWF 生物群系 / WWF Biome
温带针叶树森林
Temperate Conifer Forests

动物地理分布型 / Zoogeographic Distribution Type
Hc

分布标注 / Distribution Note
特有种 Endemic

▲ 濒危状况 / Threatened Status

中国生物多样性红色名录等级 / CB RL Category (2021)
未评定 NE

IUCN 红色名录 / IUCN Red List (2021)
未评定 NE

威胁因子 / Threats
未知 Unknown

▲ 法律保护地位 / Legal Protection Status

国家重点保护野生动物等级 / Category of National Key Protected Wild Animals (2021)
未列入 Not listed

"三有"名录 / TWIESSV (2023)
未列入 Not listed

CITES 附录等级 / CITES Appendix (2023)
未列入 Not listed

迁徙物种公约附录 / CMS Appendix (2020)
未列入 Not listed

保护行动 / Conservation Action
尚无保护行动 No conservation action so far

▲ 参考文献 / References

Jiang et al. (蒋志刚等), 2021; Burgin, 2021; Liu et al. (刘少英等), 2020; Jiang et al., 2019

486 / 毛耳飞鼠

Belomys pearsonii (Gray, 1842)

• Hairy-footed Flying Squirrel

▲ 分类地位 / Taxonomy

啮齿目 Rodentia / 鼯鼠科 Pteromyidae / 毛耳飞鼠属 *Belomys*

科建立者及其文献 / Family Authority

Weber, 1928

属建立者及其文献 / Genus Authority

Thomas, 1908

亚种 / Subspecies

台湾亚种 *B. p. kaleensis* Swinhoe, 1862
台湾 Taiwan

滇西亚种 *B. p. trichotis* Thomas, 1908
云南 Yunnan

越北亚种 *B. p. blandus* Osgood, 1932
云南、贵州、广西、海南和广东
Yunnan, Guizhou, Guangxi, Hainan and Guangdong

模式标本产地 / Type Locality

印度
"India,(Assam,) Dargellan" (Darjeeling)

越江波 / 供图

李斌 / 供图

▲ 其他名称 / Other Name(s)

其他中文名 / Other Chinese Name(s)

毛足鼯鼠、皮氏飞鼠、绒耳鼯鼠

其他英文名 / Other English Name(s)

无 None

同物异名 / Synonym(s)

无 None

▲ 形态及生境 / Morphology and Habitat

形态特征 / Morphological Characteristics

齿式：1.0.2.3/1.0.1.3=22。耳基部具有显著的簇毛。体毛柔软具光泽。背部棕褐色，夹杂有花白色小斑块。腹部淡棕褐色。四足背面被毛。尾毛蓬松，尾背部褐色、腹部棕色。

Dental formula: 1.0.2.3/1.0.1.3=22. There are conspicuous tufts at the bases of the ears. Pelage soft and shiny. Dorsal hairs brown, mixed with small patches of white hairs. Abdominal hairs light brown. The back of limbs and feet covered with hairs. Tail hairs fluffy, tail back brown, underpart brown.

生境 / Habitat

亚热带湿润低地森林、针叶阔叶混交林

Subtropical moist lowland forest, coniferous and broad-leaved mixed forest

▲ 地理分布 / Geographic Distribution

国内分布 / Domestic Distribution

河南、云南、贵州、广西、广东、海南、台湾、贵州、四川、西藏
Henan, Yunnan, Guizhou, Guangxi, Guangdong, Hainan, Taiwan, Guizhou, Sichuan, Tibet

全球分布 / World Distribution

不丹、中国、印度、老挝、缅甸、尼泊尔、泰国、越南
Bhutan, China, India, Laos, Myanmar, Nepal, Thailand, Vietnam

生物地理界 / Biogeographic Realm

古北界、印度马来界
Palearctic, Indomalaya

WWF 生物群系 / WWF Biome

热带和亚热带湿润阔叶林
Tropical & Subtropical Moist Broadleaf Forests

动物地理分布型 / Zoogeographic Distribution Type

Sd

分布标注 / Distribution Note

非特有种 Non-Endemic

▲ 濒危状况 / Threatened Status

中国生物多样性红色名录等级 / CB RL Category (2021)

无危 LC

IUCN 红色名录 / IUCN Red List (2021)

数据缺乏 DD

威胁因子 / Threats

无 None

▲ 法律保护地位 / Legal Protection Status

国家重点保护野生动物等级 / Category of National Key Protected Wild Animals (2021)

未列入 Not listed

"三有"名录 / TWIESSV (2023)

列入 Listed

CITES 附录等级 / CITES Appendix (2023)

未列入 Not listed

迁徙物种公约附录 / CMS Appendix (2020)

未列入 Not listed

保护行动 / Conservation Action

尚无保护行动 No conservation action so far

▲ 参考文献 / References

Jiang et al. (蒋志刚等), 2021; Burgin et al., 2020; IUCN, 2020; Stephen, 2012; Zheng et al. (郑智民等), 2012; Smith et al., 2009; Jin et al. (金一等), 2007; Wang (王应祥), 2003

487 / 李氏小飞鼠

Priapomys leonardi (Thomas, 1921)

- Himalayan Large-eared Flying Squirrel

▲ 分类地位 / Taxonomy

啮齿目 Rodentia / 鼯鼠科 Pteromyidae / 大耳飞鼠属 *Priapomys*

科建立者及其文献 / Family Authority

Weber, 1928

属建立者及其文献 / Genus Authority

Li, 2021

亚种 / Subspecies

无 None

模式标本产地 / Type Locality

中国云南

Yunnan, China

▲ 其他名称 / Other Name(s)

其他中文名 / Other Chinese Name(s)

喜山大耳飞鼠

其他英文名 / Other English Name(s)

无 None

同物异名 / Synonym(s)

无 None

▲ 形态及生境 / Morphology and Habitat

形态特征 / Morphological Characteristics

齿式：1.0.1.3/1.0.1.3=20。有白色喉斑。毛长细，背部被毛黑棕黄色，毛基部黑石板色、毛尖棕黄色。腹部被毛浅粉色，胸部和腋窝为纯白色。脸部和颈部两侧的条纹浅黄色。耳朵裸露，明显黑色，手和足背部表面呈黑色。尾巴扁平，被毛厚密、呈淡黄色。

Dental formula: 1.0.1.3/1.0.1.3=20. White throat patch presents. The fur is long and fine, with the general color above being blackish buffy and the hairs have long blackish slaty bases and buffy tips. The venter is overall pinkish buffy, with the chest and axillary regions pure white. The face and the strips running along the sides of the neck are buff. The ears are naked, prominently black. Ear tufts absent. The dorsal surfaces of the feet are blackish. The tail is flat, very thick and bushy; its wool-hair buffy, its long hairs glossy blackish.

生境 / Habitat

亚热带湿润森林、针叶阔叶混交林

Subtropical moist forest, coniferous and broad-leaved mixed forest

▲ 地理分布 / Geographic Distribution

国内分布 / Domestic Distribution
云南 Yunnan

全球分布 / World Distribution
中国 China

生物地理界 / Biogeographic Realm
印度马来界 Indomalaya

WWF 生物群系 / WWF Biome
温带阔叶和混交林
Temperate Broadleaf & Mixed Forests

动物地理分布型 / Zoogeographic Distribution Type
Hm

分布标注 / Distribution Note
未知 Unknown

▲ 濒危状况 / Threatened Status

中国生物多样性红色名录等级 / CB RL Category (2021)
未评定 NE

IUCN 红色名录 / IUCN Red List (2021)
未评定 NE

威胁因子 / Threats
未知 Unknown

▲ 法律保护地位 / Legal Protection Status

国家重点保护野生动物等级 / Category of National Key Protected Wild Animals (2021)
未列入 Not listed

“三有”名录 / TWIESSV (2023)
列入 Listed

CITES 附录等级 / CITES Appendix (2023)
未列入 Not listed

迁徙物种公约附录 / CMS Appendix (2020)
未列入 Not listed

保护行动 / Conservation Action
尚无保护行动 No conservation action so far

▲ 参考文献 / References

Li et al., 2021

488 / 复齿鼯鼠

Trogopterus xanthipes (Milne-Edwards, 1867)

- Complex-toothed Flying Squirrel

▲ 分类地位 / Taxonomy

啮齿目 Rodentia / 鼯鼠科 Pteromyidae / 复齿鼯鼠属 *Trogopterus*

科建立者及其文献 / Family Authority
Weber, 1928

属建立者及其文献 / Genus Authority
Heude, 1898

亚种 / Subspecies
无 None

模式标本产地 / Type Locality
中国（河北）
"Les fores Qui couvrent la chaine montagneuse du Tscheli"(Chihli, old name for Hebei Prov., China)

▲ 其他名称 / Other Name(s)

其他中文名 / Other Chinese Name(s)
橙足鼯鼠、黄足鼯鼠

其他英文名 / Other English Name(s)
无 None

同物异名 / Synonym(s)
无 None

▲ 形态及生境 / Morphology and Habitat

形态特征 / Morphological Characteristics

齿式：1.0.2.3/1.0.1.3=22。吻鼻部、翼膜及足背呈黄褐色。头额部灰色，眼大。耳郭发达，耳基部内外侧具黑色长簇毛。背毛棕褐色或土黄色，腹毛黄白色。尾毛以灰色为主、蓬松，远端具黑色长毛。

Dental formula: 1.0.2.3/1.0.1.3=22. Snout, pterygia and dorsum of the feet are yellowish brown. Forehead is gray and the eyes are large. Auricles are well developed, with long tufts of black hairs on both sides of the bases of the ears. The undercoat is brown or khaki. Abdominal hairs yellow and white. The tail hairs are mainly grey and fluffy, with long black hairs distally.

生境 / Habitat

温带森林 Temperate forest

▲ 地理分布 / Geographic Distribution

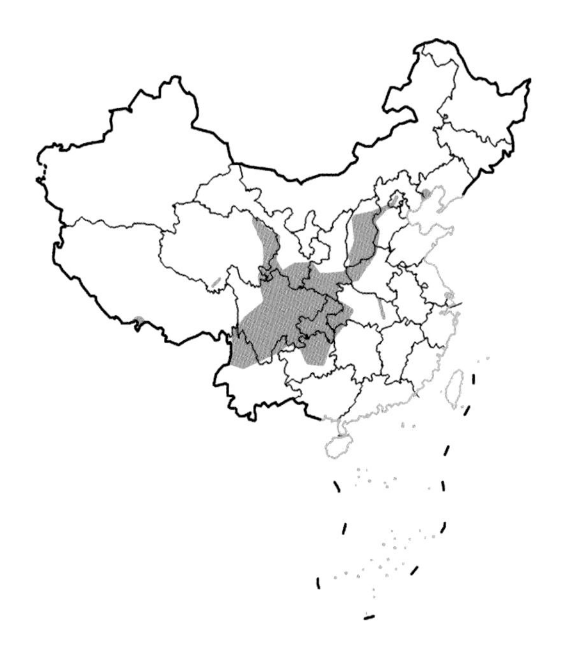

国内分布 / Domestic Distribution
北京、河北、辽宁、陕西、山西、河南、四川、青海、贵州、云南、西藏、湖北、甘肃、重庆
Beijing, Hebei, Liaoning, Shaanxi, Shanxi, Henan, Sichuan, Qinghai, Guizhou, Yunnan, Tibet, Hubei, Gansu, Chongqing

全球分布 / World Distribution
中国 China

生物地理界 / Biogeographic Realm
古北界 Palearctic

WWF 生物群系 / WWF Biome
热带和亚热带湿润阔叶林
Tropical & Subtropical Moist Broadleaf Forests

动物地理分布型 / Zoogeographic Distribution Type
Hm

分布标注 / Distribution Note
特有种 Endemic

▲ 濒危状况 / Threatened Status

中国生物多样性红色名录等级 / CB RL Category (2021)
易危 VU

IUCN 红色名录 / IUCN Red List (2021)
近危 NT

威胁因子 / Threats
狩猎、森林砍伐、树木种植园
Hunting, logging, wood farming

▲ 法律保护地位 / Legal Protection Status

国家重点保护野生动物等级 / Category of National Key Protected Wild Animals (2021)
未列入 Not listed

"三有"名录 / TWIESSV (2023)
列入 Listed

CITES 附录等级 / CITES Appendix (2023)
未列入 Not listed

迁徙物种公约附录 / CMS Appendix (2020)
未列入 Not listed

保护行动 / Conservation Action
尚无保护行动 No conservation action so far

▲ 参考文献 / References

Burgin et al., 2020; IUCN, 2020; Liu et al. (刘少英等), 2020; Wilson et al., 2016; Zheng et al. (郑智民等), 2012; Smith et al., 2009; Jin et al. (金一等), 2007; Wang and Wang (王福麟和王小非), 1995; Xia (夏武平), 1988, 1964

489 / 栗背大鼯鼠

Petaurista albiventer Gray, 1834

- White-bellied Giant Flying Squirrel

▲ 分类地位 / Taxonomy

啮齿目 Rodentia / 鼯鼠科 Pteromyidae / 鼯鼠属 *Petaurista*

科建立者及其文献 / Family Authority
Weber, 1928

属建立者及其文献 / Genus Authority
Link, 1795

亚种 / Subspecies

怒江亚种 *P. a. nigra* Wang, 1981
云南贡山 Yunnan (Gongshan)

木宗亚种 *P. a. muzongensis* Li et Feng, 2017
西藏 Tibet

模式标本产地 / Type Locality
尼泊尔
Nepal

董磊 / 供图

▲ 其他名称 / Other Name(s)

其他中文名 / Other Chinese Name(s)
无 None

其他英文名 / Other English Name(s)
无 None

同物异名 / Synonym(s)
无 None

▲ 形态及生境 / Morphology and Habitat

形态特征 / Morphological Characteristics

齿式：1.0.2.3/1.0.1.3=22。大型鼯鼠，背部被覆长而厚的毛皮，毛皮如丝一般光滑、深红棕色，背部有白色斑点。皮膜和尾巴背部毛发深棕色，皮膜和尾巴下部毛发灰白色到淡黄色。喉部被覆白色毛发。有深色变异个体。

Dental formula: 1.0.2.3/1.0.1.3=22. Large flying squirrel with a long thick silky glossy, deep mahogany red coat with white spots on the back. The fur on the back of the coat and tail is dark brown, and the fur on the underside of the coat and tail is grayish white to pale yellow. Throat is covered with white hairs. There are dark mutant individuals.

生境 / Habitat

森林 Forest

▲ 地理分布 / Geographic Distribution

国内分布 / Domestic Distribution

云南、西藏

Yunnan, Tibet

全球分布 / World Distribution

中国、印度、巴基斯坦、尼泊尔

China, India, Pakistan, Nepal

生物地理界 / Biogeographic Realm

印度马来界 Indomalaya

WWF 生物群系 / WWF Biome

热带和亚热带湿润阔叶林

Tropical & Subtropical Moist Broadleaf Forests

动物地理分布型 / Zoogeographic Distribution Type

Sc

分布标注 / Distribution Note

非特有种 Non-Endemic

▲ 濒危状况 / Threatened Status

中国生物多样性红色名录等级 / CB RL Category (2021)

未评定 NE

IUCN 红色名录 / IUCN Red List (2021)

未评定 NE

威胁因子 / Threats

无 None

▲ 法律保护地位 / Legal Protection Status

国家重点保护野生动物等级 / Category of National Key Protected Wild Animals (2021)

未列入 Not listed

"三有"名录 / TWIESSV (2023)

未列入 Not listed

CITES 附录等级 / CITES Appendix (2023)

未列入 Not listed

迁徙物种公约附录 / CMS Appendix (2020)

未列入 Not listed

保护行动 / Conservation Action

尚无保护行动 No conservation action so far

▲ 参考文献 / References

Jiang et al. (蒋志刚等), 2021; Wilson et al., 2016; Pan et al. (潘清华等), 2007; Wilson and Reeder, 2005; Wang (王应祥), 2003; Zhang (张荣祖), 1997

490 / 红白鼯鼠

Petaurista alborufus (Milne-Edwards, 1870)

- Red and White Giant Flying Squirrel

▲ 分类地位 / Taxonomy

啮齿目 Rodentia / 鼯鼠科 Pteromyidae / 鼯鼠属 *Petaurista*

科建立者及其文献 / Family Authority

Weber, 1928

属建立者及其文献 / Genus Authority

Link, 1795

亚种 / Subspecies

川西亚种 *P. a. alboruyfus* (Milne-Edwards, 1870)
云南、贵州、四川、广西、湖南、湖北、甘肃、陕西
Yunnan, Guizhou, Sichuan, Guangxi, Hunan, Hubei, Gansu and Shaanxi

台湾亚种 *P. a. lena* Thomas, 1907
台湾 Taiwan

模式标本产地 / Type Locality

中国（四川）
Moupin (Baoxing, Sichuan, China)

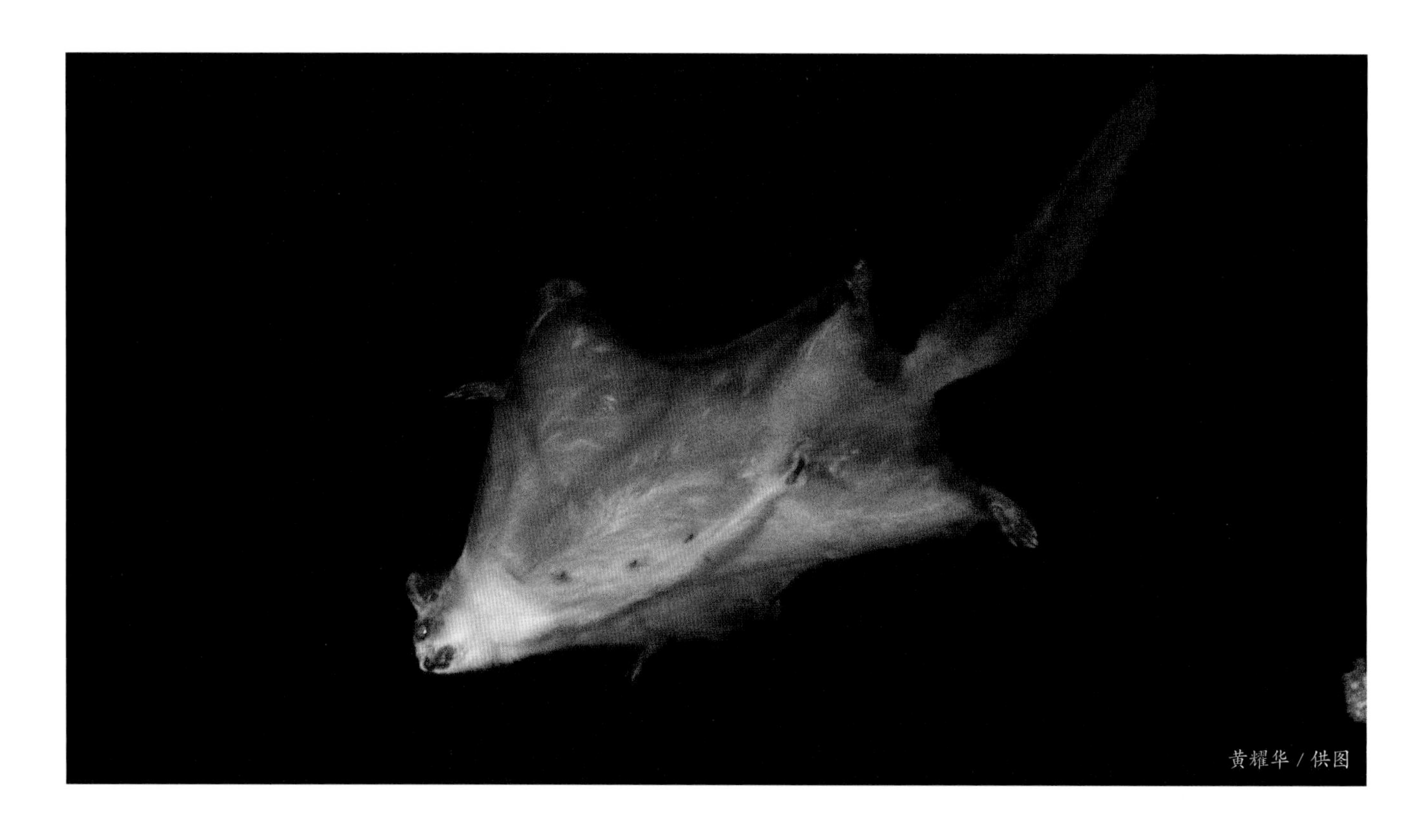

黄耀华 / 供图

▲ 其他名称 / Other Name(s)

其他中文名 / Other Chinese Name(s)

无 None

其他英文名 / Other English Name(s)

无 None

同物异名 / Synonym(s)

无 None

▲ 形态及生境 / Morphology and Habitat

形态特征 / Morphological Characteristics

齿式：1.0.2.3/1.0.1.3=22。被毛浓密，具光泽。头部白色，眼眶赤褐色，体背、体侧及翼膜被毛棕栗色或赤褐色，腹部橙红色，腰部中央有淡黄色或黄白色大斑块。也有腹部中央呈灰白色的个体。

Dental formula: 1.0.2.3/1.0.1.3=22. Pelage thick and lustrous. Head white, the orbit is reddish brown, hairs on the back of the body, the ventral side and the pterygia are chestnut brown or reddish brown. Abdomen is orange red. A big flaxen or yellow-white patch in the waist center. There are also individuals with a pale whitish central abdomen.

生境 / Habitat

森林 Forest

▲ 地理分布 / Geographic Distribution

国内分布 / Domestic Distribution

陕西、甘肃、四川、贵州、云南、湖北、湖南、广东、广西、台湾、重庆

Shaanxi, Gansu, Sichuan, Guizhou, Yunnan, Hubei, Hunan, Guangdong, Guangxi, Taiwan, Chongqing

全球分布 / World Distribution

中国、缅甸

China, Myanmar

生物地理界 / Biogeographic Realm

古北界、印度马来界

Palearctic, Indomalaya

WWF 生物群系 / WWF Biome

热带和亚热带湿润阔叶林

Tropical & Subtropical Moist Broadleaf Forests

动物地理分布型 / Zoogeographic Distribution Type

Wd

分布标注 / Distribution Note

非特有种 Non-Endemic

▲ 濒危状况 / Threatened Status

中国生物多样性红色名录等级 / CB RL Category (2021)

无危 LC

IUCN 红色名录 / IUCN Red List (2021)

无危 LC

威胁因子 / Threats

无 None

▲ 法律保护地位 / Legal Protection Status

国家重点保护野生动物等级 / Category of National Key Protected Wild Animals (2021)

未列入 Not listed

"三有"名录 / TWIESSV (2023)

列入 Listed

CITES 附录等级 / CITES Appendix (2023)

未列入 Not listed

迁徙物种公约附录 / CMS Appendix (2020)

未列入 Not listed

保护行动 / Conservation Action

尚无保护行动 No conservation action so far

▲ 参考文献 / References

Jiang et al. (蒋志刚等), 2021; Burgin et al., 2020; IUCN, 2020; Wilson et al., 2016; Zheng et al. (郑智民等), 2012; Smith et al., 2009; Pan et al. (潘清华等), 2007; Wang (王应祥), 2003

491 / 灰头小鼯鼠

Petaurista elegans (Müller, 1840)

- Spotted Giant Flying Squirrel

▲ 分类地位 / Taxonomy

啮齿目 Rodentia / 鼯鼠科 Pteromyidae / 鼯鼠属 *Petaurista*

科建立者及其文献 / Family Authority

Weber, 1928

属建立者及其文献 / Genus Authority

Link, 1795

亚种 / Subspecies

云南亚种 *P. a. alboruyfus* Thomas, 1922
云南、四川、陕西、湖北、湖南、广西、贵州、甘肃
Yunnan, Sichuan, Shaanxi, Hubei, Hunan, Guangxi, Guizhou, Gansu

藏南亚种 *P. c. gorkhei* Lindsay, 1929
西藏 Tibet

模式标本产地 / Type Locality

尼泊尔
Nepal

张晓红 / 供图

▲ 其他名称 / Other Name(s)

其他中文名 / Other Chinese Name(s)

无 None

其他英文名 / Other English Name(s)

无 None

同物异名 / Synonym(s)

Petaurista caniceps (Gray, 1842)

▲ 形态及生境 / Morphology and Habitat

形态特征 / Morphological Characteristics

齿式：1.0.2.3/1.0.1.3=22。额部被毛呈灰色。喉部白色。耳黑、基部被毛灰棕色且内侧有浅红色斑。体背部无白斑，翼膜栗褐色。胸、腹部棕灰色，有些个体显橙色。背部及翼膜边缘呈灰色夹杂微黑色。前后足背橙红色。尾浅棕色并夹杂有黑毛，尾梢黑色。

Dental formula: 1.0.2.3/1.0.1.3=22. Hairs on the forehead gray, the throat white, the ears black, the base coat grayish-brown and the inner coat has a reddish spot. No white spots on the back of the body. Pterygia chestnut brown, chest, abdomen brown gray, some individuals appear orange. Back and pterygia edge are gray mixed with sparse black hairs. Back of the hind feet is orange-red. Tail light brown, mixed with black hairs, and the tail tip is black.

生境 / Habitat

泰加林、温带森林
Taiga, temperate forest

▲ 地理分布 / Geographic Distribution

国内分布 / Domestic Distribution

四川、陕西、湖北、湖南、广东、广西、贵州、云南、西藏、甘肃

Sichuan, Shaanxi, Hubei, Hunan, Guangdong, Guangxi, Guizhou, Yunnan, Tibet, Gansu

全球分布 / World Distribution

不丹、中国、印度、印度尼西亚、老挝、马来西亚、缅甸、尼泊尔、泰国、越南

Bhutan, China, India, Indonesia, Laos, Malaysia, Myanmar, Nepal, Thailand, Vietnam

生物地理界 / Biogeographic Realm

古北界、印度马来界

Palearctic, Indomalaya

WWF 生物群系 / WWF Biome

热带和亚热带湿润阔叶林

Tropical & Subtropical Moist Broadleaf Forests

动物地理分布型 / Zoogeographic Distribution Type

Hm

分布标注 / Distribution Note

非特有种 Non-Endemic

▲ 濒危状况 / Threatened Status

中国生物多样性红色名录等级 / CB RL Category (2021)

无危 LC

IUCN 红色名录 / IUCN Red List (2021)

无危 LC

威胁因子 / Threats

无 None

▲ 法律保护地位 / Legal Protection Status

国家重点保护野生动物等级 / Category of National Key Protected Wild Animals (2021)

未列入 Not listed

“三有”名录 / TWIESSV (2023)

列入 Listed

CITES 附录等级 / CITES Appendix (2023)

未列入 Not listed

迁徙物种公约附录 / CMS Appendix (2020)

未列入 Not listed

保护行动 / Conservation Action

尚无保护行动 No conservation action so far

▲ 参考文献 / References

Jiang et al. (蒋志刚等), 2021; Li et al. (李艳红等), 2013; Zheng et al. (郑智民等), 2012; Smith et al., 2009

492 / 海南大鼯鼠

Petaurista hainana Allen, 1925

- Hainan Flying Squirrel

▲ 分类地位 / Taxonomy

啮齿目 Rodentia / 鼯鼠科 Pteromyidae / 鼯鼠属 *Petaurista*

科建立者及其文献 / Family Authority
Weber, 1928

属建立者及其文献 / Genus Authority
Link, 1795

亚种 / Subspecies
无 None

模式标本产地 / Type Locality
中国（海南）
Nam Fong, Island of Hainan, China

▲ 其他名称 / Other Name(s)

其他中文名 / Other Chinese Name(s)
无 None

其他英文名 / Other English Name(s)
无 None

同物异名 / Synonym(s)
无 None

▲ 形态及生境 / Morphology and Habitat

形态特征 / Morphological Characteristics

齿式：1.0.2.3/1.0.1.3=22。前额、头部两侧、耳后颈侧黑色。背部被毛灰色锈色、红棕色或黑色。毛尖黑色，中间赭色、浅黄色到黄褐色，毛基部为黑色。耳朵黑色，有白色毛边。嘴唇白色，下巴黑色。喉部被毛棕黑色，毛尖端带白色。前臂，小腿和大部分翼膜黑棕色，腹部、上臂和肘部白色。翼膜外侧边缘有毛尖黑色、基部红褐色的毛。

Dental formula: 1.0.2.3/1.0.1.3=22. Black hairs on the forehead, both sides of the head and the areas behind the ears. Dorsal hairs are gray rust, reddish brown or black. Hair tips black, with the middle part ochre light yellow to russet, hair bases black colored. Ears are black with white rims. Chin black. Hairs on throat are brown and black with white tips. Dark brown hairs on the forearms, lower legs and most of the pterygium, and white on the abdomen, upper arms and elbows. The rims of the pterygium covered with hairs of black tips and reddish-brown at the hair bases.

生境 / Habitat
森林 Forest

▲ 地理分布 / Geographic Distribution

国内分布 / Domestic Distribution
海南 Hainan

全球分布 / World Distribution
中国 China

生物地理界 / Biogeographic Realm
印度马来界 Indomalaya

WWF 生物群系 / WWF Biome
热带和亚热带湿润阔叶林
Tropical & Subtropical Moist Broadleaf Forests

动物地理分布型 / Zoogeographic Distribution Type
J

分布标注 / Distribution Note
特有种 Endemic

▲ 濒危状况 / Threatened Status

中国生物多样性红色名录等级 / CB RL Category (2021)
数据缺乏 DD

IUCN 红色名录 / IUCN Red List (2021)
未评定 NE

威胁因子 / Threats
未知 Unknown

▲ 法律保护地位 / Legal Protection Status

国家重点保护野生动物等级 / Category of National Key Protected Wild Animals (2021)
未列入 Not listed

“三有”名录 / TWIESSV (2023)
列入 Listed

CITES 附录等级 / CITES Appendix (2023)
未列入 Not listed

迁徙物种公约附录 / CMS Appendix (2020)
未列入 Not listed

保护行动 / Conservation Action
尚无保护行动 No conservation action so far

▲ 参考文献 / References

Jiang et al. (蒋志刚等), 2021; Burgin et al., 2021; Wilson et al., 2016; Thorington et al., 2012

493 / 栗褐鼯鼠

Petaurista magnificus (Hodgson, 1836)

• Hodgson's Giant Flying Squirrel

▲ 分类地位 / Taxonomy

啮齿目 Rodentia / 鼯鼠科 Pteromyidae / 鼯鼠属 *Petaurista*

科建立者及其文献 / Family Authority
Weber, 1928

属建立者及其文献 / Genus Authority
Link, 1795

亚种 / Subspecies
无 None

模式标本产地 / Type Locality
尼泊尔
"central and Northern regions of Nipal"(Nepal)

▲ 其他名称 / Other Name(s)

其他中文名 / Other Chinese Name(s)
丽鼯鼠、郝氏鼯鼠

其他英文名 / Other English Name(s)
无 None

同物异名 / Synonym(s)
无 None

▲ 形态及生境 / Morphology and Habitat

形态特征 / Morphological Characteristics

齿式：1.0.2.3/1.0.1.3=22。背毛黄褐色或暗棕色。从头至尾基部有暗棕色至淡黑色纵行条纹。肩部黄斑明显。体侧及翼膜深黄褐色。腹部黄褐色。足黑色。尾基部棕色，尾毛以黄褐色为主，杂以黑色毛尖。

Dental formula: 1.0.2.3/1.0.1.3=22. Dorsal hairs tawny or dark brown. Dark brown to light black longitudinal stripes stretches from the base from end of tail. Profound yellow spot on the shoulder. Ventral side and patagium dark yellowish brown. Belly yellowish-brown. Feet black. Base of the tail is brown. Tail hairs mainly yellow and brown, mixed with black hairs.

生境 / Habitat

森林 Forest

▲ 地理分布 / Geographic Distribution

国内分布 / Domestic Distribution
西藏 Tibet

全球分布 / World Distribution
不丹、中国、印度、尼泊尔
Bhutan, China, India, Nepal

生物地理界 / Biogeographic Realm
印度马来界 Indomalaya

WWF 生物群系 / WWF Biome
温带阔叶和混交林
Temperate Broadleaf & Mixed Forests

动物地理分布型 / Zoogeographic Distribution Type
Ha

分布标注 / Distribution Note
非特有种 Non-Endemic

▲ 濒危状况 / Threatened Status

中国生物多样性红色名录等级 / CB RL Category (2021)
近危 NT

IUCN 红色名录 / IUCN Red List (2021)
无危 LC

威胁因子 / Threats
未知 Unknown

▲ 法律保护地位 / Legal Protection Status

国家重点保护野生动物等级 / Category of National Key Protected Wild Animals (2021)
未列入 Not listed

"三有"名录 / TWIESSV (2023)
列入 Listed

CITES 附录等级 / CITES Appendix (2023)
未列入 Not listed

迁徙物种公约附录 / CMS Appendix (2020)
未列入 Not listed

保护行动 / Conservation Action
未知 Unknown

▲ 参考文献 / References

Jiang et al. (蒋志刚等), 2021; Burgin et al., 2020; IUCN, 2020; Wilson et al., 2016; Stephen, 2012; Thorington et al., 2012; Pan et al. (潘清华等), 2007; Wang (王应祥), 2003

494 / 麦丘卡鼯鼠

Petaurista mechukaensis Choudhury, 2007

- Mechuka Giant Flying Squirrel

▲ 分类地位 / Taxonomy

啮齿目 Rodentia / 鼯鼠科 Pteromyidae / 鼯鼠属 *Petaurista*

科建立者及其文献 / Family Authority

Weber, 1928

属建立者及其文献 / Genus Authority

Link, 1795

亚种 / Subspecies

无 None

模式标本产地 / Type Locality

中国（西藏）
Tibet, China

▲ 其他名称 / Other Name(s)

其他中文名 / Other Chinese Name(s)

无 None

其他英文名 / Other English Name(s)

无 None

同物异名 / Synonym(s)

无 None

▲ 形态及生境 / Morphology and Habitat

形态特征 / Morphological Characteristics

头部和身体上部毛色呈深栗色，背部上部和头部毛色较深，尾巴呈黑色。腹部被毛为赭色或橘黄色，靠近翼膜边缘处为深赭色。

The head and upper part of the body are dark chestnut color, the upper back and head are dark, and the tail is black. The abdomen is ochre or orange-yellow, with a deep ochre near the margin of the patagium.

生境 / Habitat

森林 Forest

▲ 地理分布 / Geographic Distribution

国内分布 / Domestic Distribution
西藏 Tibet

全球分布 / World Distribution
中国 China

生物地理界 / Biogeographic Realm
印度马来界 Indomalaya

WWF 生物群系 / WWF Biome
温带阔叶和针阔混交林
Temperate Broadleaf & Conifer-broadleaf Mixed Forests

动物地理分布型 / Zoogeographic Distribution Type
Wa

分布标注 / Distribution Note
未知 Unknown

▲ 濒危状况 / Threatened Status

中国生物多样性红色名录等级 / CB RL Category (2021)
未评定 NE

IUCN 红色名录 / IUCN Red List (2021)
数据缺乏 DD

威胁因子 / Threats
狩猎 Hunting

▲ 法律保护地位 / Legal Protection Status

国家重点保护野生动物等级 / Category of National Key Protected Wild Animals (2021)
未列入 Not listed

“三有”名录 / TWIESSV (2023)
未列入 Not listed

CITES 附录等级 / CITES Appendix (2023)
未列入 Not listed

迁徙物种公约附录 / CMS Appendix (2020)
未列入 Not listed

保护行动 / Conservation Action
未知 Unknown

▲ 参考文献 / References

Burgin et al., 2020; IUCN, 2020; Wilson et al., 2016; Choudhury, 2009; Choudhury, 2007

495 / 米什米大鼯鼠

Petaurista mishmiensis Choudhury, 2009

- Mishimi Giant Flying Squirrel

▲ 分类地位 / Taxonomy

啮齿目 Rodentia / 鼯鼠科 Pteromyidae / 鼯鼠属 *Petaurista*

科建立者及其文献 / Family Authority
Weber, 1928

属建立者及其文献 / Genus Authority
Link, 1795

亚种 / Subspecies
无 None

模式标本产地 / Type Locality
中国（西藏）
Tibet, China

▲ 其他名称 / Other Name(s)

其他中文名 / Other Chinese Name(s)
无 None

其他英文名 / Other English Name(s)
无 None

同物异名 / Synonym(s)
无 None

▲ 形态及生境 / Morphology and Habitat

形态特征 / Morphological Characteristics

齿式：1.0.2.3/1.0.1.3=22。大型鼯鼠，鼻端、耳内外被覆灰色短毛，触须发达。身体被覆如丝一般长而厚的毛发。前肢背部和肩部被毛棕黑色，皮膜、腰部和尾巴背部毛发棕黄色，喉部、皮膜和尾巴下部毛发亮橙黄色。

Dental formula: 1.0.2.3/1.0.1.3=22. A large flying squirrel with short grey hairs covering the nose and ears. Nasal part is covered with vibrissa. Body is covered with long, thick, silky hairs. The hairs on shoulders and back of the forelimbs are brown-black, the fur of the Patagium, waist and back of the tail is brown-yellow, and the fur of the throat and lower part of the tail is bright orange.

生境 / Habitat
森林 Forest

▲ 地理分布 / Geographic Distribution

国内分布 / Domestic Distribution
西藏 Tibet

全球分布 / World Distribution
中国 China

生物地理界 / Biogeographic Realm
印度马来界 Indomalaya

WWF 生物群系 / WWF Biome
热带和亚热带湿润阔叶林
Tropical & Subtropical Moist Broadleaf Forests

动物地理分布型 / Zoogeographic Distribution Type
Wa

分布标注 / Distribution Note
特有种 Endemic

▲ 濒危状况 / Threatened Status

中国生物多样性红色名录等级 / CB RL Category (2021)
未评定 NE

IUCN 红色名录 / IUCN Red List (2021)
近危 NT

威胁因子 / Threats
未知 Unknown

▲ 法律保护地位 / Legal Protection Status

国家重点保护野生动物等级 / Category of National Key Protected Wild Animals (2021)
未列入 Not listed

"三有"名录 / TWIESSV (2023)
未列入 Not listed

CITES 附录等级 / CITES Appendix (2023)
未列入 Not listed

迁徙物种公约附录 / CMS Appendix (2020)
未列入 Not listed

保护行动 / Conservation Action
尚无保护行动 No conservation action so far

▲ 参考文献 / References

Burgin et al., 2020; IUCN, 2020; Choudhury, 2009

496 / 印支小鼯鼠

Petaurista marica Thomas, 1912

- Spotted Flying Squirrel

▲ 分类地位 / Taxonomy

啮齿目 Rodentia / 鼯鼠科 Pteromyidae / 鼯鼠属 *Petaurista*

科建立者及其文献 / Family Authority
Weber, 1928

属建立者及其文献 / Genus Authority
Link, 1795

亚种 / Subspecies
无 None

模式标本产地 / Type Locality
中国（云南）
Yunnan, China

▲ 其他名称 / Other Name(s)

其他中文名 / Other Chinese Name(s)
斑点鼯鼠、花白鼯鼠

其他英文名 / Other English Name(s)
无 None

同物异名 / Synonym(s)
Petaurista elegans marica (Thoms, 1922)

▲ 形态及生境 / Morphology and Habitat

形态特征 / Morphological Characteristics

齿式：1.0.2.3/1.0.1.3=22。鼻端裸露。眼睛周围有白色环纹、脑后有白色条纹。被毛长、柔软。背部毛色从棕栗色到黑色。尾巴通常比身体长，尾背皮毛与背部同色。尾腹被毛为黄色、浅黄色、棕色或白色。皮膜从前肢腕部延伸到后肢脚踝。

Dental formula: 1.0.2.3/1.0.1.3=22. The nose is bare. There are white rings around the eyes and a white stripe behind the brain. Hairs long and soft. Dorsal hair color ranges from brown, maroon, to black. Tail is usually longer than the body with the dorsal fur the same color as the body back. Underbelly coat is yellow, light yellow, brown or white. Patagium extends from the wrist of the forelimb to the ankle of the hind limb.

生境 / Habitat

森林 Forest

▲ 地理分布 / Geographic Distribution

国内分布 / Domestic Distribution

广西、云南

Guangxi, Yunnan

全球分布 / World Distribution

不丹、中国、印度、印度尼西亚、老挝、马来西亚、缅甸、尼泊尔、泰国、越南

Bhutan, China, India, Indonesia, Laos, Malaysia, Myanmar, Nepal, Thailand, Vietnam

生物地理界 / Biogeographic Realm

印度马来界 Indomalaya

WWF 生物群系 / WWF Biome

热带和亚热带湿润阔叶林

Tropical & Subtropical Moist Broadleaf Forests

动物地理分布型 / Zoogeographic Distribution Type

Hm

分布标注 / Distribution Note

非特有种 Non-Endemic

▲ 濒危状况 / Threatened Status

中国生物多样性红色名录等级 / CB RL Category (2021)

无危 LC

IUCN 红色名录 / IUCN Red List (2021)

无危 LC

威胁因子 / Threats

无 None

▲ 法律保护地位 / Legal Protection Status

国家重点保护野生动物等级 / Category of National Key Protected Wild Animals (2021)

未列入 Not listed

"三有"名录 / TWIESSV (2023)

列入 Listed

CITES 附录等级 / CITES Appendix (2023)

未列入 Not listed

迁徙物种公约附录 / CMS Appendix (2020)

未列入 Not listed

保护行动 / Conservation Action

尚无保护行动 No conservation action so far

▲ 参考文献 / References

Jiang et al. (蒋志刚等), 2021; Burgin et al., 2020; IUCN, 2020; Wilson et al., 2016; Li et al., 2013; Smith et al., 2009; Pan et al. (潘清华等), 2007; Wilson and Reeder, 2005; Wang (王应祥), 2003; Zhang (张荣祖), 1997

497 / 不丹大鼯鼠

Petaurista nobilis (Gray, 1842)

- Bhutan giant flying squirrel

▲ 分类地位 / Taxonomy

啮齿目 Rodentia / 鼯鼠科 Pteromyidae / 鼯鼠属 *Petaurista*

科建立者及其文献 / Family Authority

Weber, 1928

属建立者及其文献 / Genus Authority

Link, 1795

亚种 / Subspecies

藏南亚种 *P. n. singhei* Gray, 1842

西藏 Tibet

模式标本产地 / Type Locality

印度

India, Dargellan" [Darjeeling]

▲ 其他名称 / Other Name(s)

其他中文名 / Other Chinese Name(s)

无 None

其他英文名 / Other English Name(s)

Gray's Giant Flying Squirrel, Noble Giant Flying Squirrel

同物异名 / Synonym(s)

无 None

▲ 形态及生境 / Morphology and Habitat

形态特征 / Morphological Characteristics

肩部黄褐色或橘黄色，沿着两侧延伸，与背部的栗色或栗色马鞍状形成鲜明对比，毛尖端呈黄色，腹部为浅黄褐色、橙黄色或赭色，翼膜为橙色黄褐色。尾橙红色，有一个黑色的尖端，四肢橙红色，趾黑色。

The shoulders are tawny or orange-yellow, extending along the sides in sharp contrast to the maroon or maroon saddle shape on the back, and some hairs in dark colored back are yellow at the tip, and the belly is light tan, orange or ochre, and the patagium is orange-yellow. The tail is orange-red with a black tip, the limbs are orange-red and the toes are black.

生境 / Habitat

森林 Forest

▲ 地理分布 / Geographic Distribution

国内分布 / Domestic Distribution
西藏 Tibet

全球分布 / World Distribution
不丹、中国、印度、尼泊尔
Bhutan, China, India, Nepal

生物地理界 / Biogeographic Realm
印度马来界 Indomalaya

WWF 生物群系 / WWF Biome
热带和亚热带湿润阔叶林
Tropical & Subtropical Moist Broadleaf Forests

动物地理分布型 / Zoogeographic Distribution Type
Wa

分布标注 / Distribution Note
非特有种 Non-Endemic

▲ 濒危状况 / Threatened Status

中国生物多样性红色名录等级 / CB RL Category (2021)
未评定 NE

IUCN 红色名录 / IUCN Red List (2021)
近危 NT

威胁因子 / Threats
生物资源利用、狩猎、伐木、自然系统改造
Biological resource use, hunting, logging & wood harvesting, natural system modifications

▲ 法律保护地位 / Legal Protection Status

国家重点保护野生动物等级 / Category of National Key Protected Wild Animals (2021)
未列入 Not listed

“三有”名录 / TWIESSV (2023)
未列入 Not listed

CITES 附录等级 / CITES Appendix (2023)
未列入 Not listed

迁徙物种公约附录 / CMS Appendix (2020)
未列入 Not listed

保护行动 / Conservation Action
尚无保护行动 No conservation action so far

▲ 参考文献 / References

Burgin et al., 2020; IUCN, 2020; Wilson et al., 2016; Choudhury, 2009; Choudhury, 2002

498 / 红背大鼯鼠

Petaurista petaurista (Pallas, 1766)

- Common Giant Flying Squirrel

▲ 分类地位 / Taxonomy

啮齿目 Rodentia / 鼯鼠科 Pteromyidae / 鼯鼠属 *Petaurista*

科建立者及其文献 / Family Authority

Weber, 1928

属建立者及其文献 / Genus Authority

Link, 1795

亚种 / Subspecies

福建亚种 *P. p. rufipes* G. Allen, 1925
福建和广东
Fujian and Guangdong

台湾亚种 *P. p. grandis* Swinhoe, 1862
台湾 Taiwan

模式标本产地 / Type Locality

印度尼西亚
Not stated. Restricted by Robinson and Kloss (1918:172, 221) to Preanger Regencies, Western Java, Indonesia

▲ 其他名称 / Other Name(s)

其他中文名 / Other Chinese Name(s)

无 None

其他英文名 / Other English Name(s)

Red Giant Flying Squirrel

同物异名 / Synonym(s)

无 None

▲ 形态及生境 / Morphology and Habitat

形态特征 / Morphological Characteristics

齿式：1.0.2.3/1.0.1.3=22。背部被毛深栗色。眼周、颊部灰黑色。耳背面黑色，边缘暗栗色。喉部白色。鼠蹊部淡灰色。腹部其余部分淡橙红色或者棕黄色。腹部两侧白色，毛尖淡黄色。翼膜和四肢上部栗红色，下部深棕色。四肢外侧和前后足均为灰黑色。尾后半段毛尖多为灰色，或者灰黑色。

Dental formula: 1.0.2.3/1.0.1.3=22. Dorsal hairs dark chestnut. Eyes and cheeks gray and black. Back of the ears is black with dark chestnut colored edges. Throat white. Groin pale gray. The rest of the abdomen is pale orange-red or brown-yellow. White on both ventral sides, and the hair tips are light yellow. The patagium and limbs are chestnut red on the upper part and dark brown on the lower part. The outside of the limbs, front and rear feet are grayish black. Tail tip gray, or gray black.

生境 / Habitat

热带亚热带湿润低地山地森林、泰加林
Tropical subtropical moist lowland montane forest, taiga

▲ 地理分布 / Geographic Distribution

国内分布 / Domestic Distribution

福建、广东、广西、四川、台湾

Fujian, Guangdong, Guangxi, Sichuan, Taiwan

全球分布 / World Distribution

阿富汗、文莱、中国、印度、印度尼西亚、马来西亚、缅甸、尼泊尔、泰国

Afghanistan, Brunei, China, India, Indonesia, Malaysia, Myanmar, Nepal, Thailand

生物地理界 / Biogeographic Realm

古北界、印度马来界

Palearctic, Indomalaya

WWF 生物群系 / WWF Biome

热带和亚热带湿润阔叶林

Tropical & Subtropical Moist Broadleaf Forests

动物地理分布型 / Zoogeographic Distribution Type

Wd

分布标注 / Distribution Note

非特有种 Non-Endemic

▲ 濒危状况 / Threatened Status

中国生物多样性红色名录等级 / CB RL Category (2021)

易危 VU

IUCN 红色名录 / IUCN Red List (2021)

无危 LC

威胁因子 / Threats

树木种植园、森林砍伐、火灾、狩猎、住宅区及商业发展

Wood farming, logging, fire, hunting, residential and commercial development

▲ 法律保护地位 / Legal Protection Status

国家重点保护野生动物等级 / Category of National Key Protected Wild Animals (2021)

未列入 Not listed

"三有"名录 / TWIESSV (2023)

列入 Listed

CITES 附录等级 / CITES Appendix (2023)

未列入 Not listed

迁徙物种公约附录 / CMS Appendix (2020)

未列入 Not listed

保护行动 / Conservation Action

尚无保护行动 No conservation action so far

▲ 参考文献 / References

Jiang et al. (蒋志刚等), 2021; Burgin et al., 2020; IUCN, 2020; Wilson et al., 2016; Zheng et al. (郑智民等), 2012; Smith et al., 2009; Pan et al. (潘清华等), 2007; Wilson and Reeder, 2005; Wang (王应祥), 2003; Zhang (张荣祖), 1997

499 / 霜背大鼯鼠

Petaurista philippensis (Elliot, 1839)

• Large Brown Flying Squirrel

▲ 分类地位 / Taxonomy

啮齿目 Rodentia / 鼯鼠科 Pteromyidae / 鼯鼠属 *Petaurista*

科建立者及其文献 / Family Authority
Weber, 1928

属建立者及其文献 / Genus Authority
Link, 1795

亚种 / Subspecies
滇西亚种 *P. p. lylei* Bonhote, 1900
云南、四川 Yunnan and Sichuan

滇东南亚种 *P. p. miloni* Bourret, 1942
云南 Yunnan

云南亚种 *P. p. yunanensis* Bourret, 1942
云南、西藏、广西
Yunnan, Tibet, Guangxi

四川亚种 *P. p. rubicundus* A. B. Howell, 1927
四川、湖南 Sichuan, Hunan

模式标本产地 / Type Locality
印度
Near Madras (India)

廖之锴 / 供图

▲ 其他名称 / Other Name(s)

其他中文名 / Other Chinese Name(s)
无 None

其他英文名 / Other English Name(s)
Indian Giant Flying Squirrel

同物异名 / Synonym(s)
无 None

▲ 形态及生境 / Morphology and Habitat

形态特征 / Morphological Characteristics

齿式：1.0.2.3/1.0.1.3=22。耳壳棕褐色。体背被毛暗栗褐色，其间杂有浓密的白色毛尖，体背看起来呈霜花状。体腹被毛棕黄色。前后足背棕黑色。尾部被毛栗褐色。

Dental formula: 1.0.2.3/1.0.1.3=22. Auricle brown. Dorsal hairs dark chestnut brown, interspersed with dense white tips, giving the proper back a frost-like appearance. Belly hairs brownish yellow. Brown and black on dorsum of front and rear feet. Tail chestnut brown.

生境 / Habitat
森林 Forest

▲ 地理分布 / Geographic Distribution

国内分布 / Domestic Distribution
云南、四川、湖南、广西、西藏
Yunnan, Sichuan, Hunan, Guangxi, Tibet

全球分布 / World Distribution
中国、印度、老挝、缅甸、斯里兰卡、泰国、越南
China, India, Laos, Myanmar, Sri Lanka, Thailand, Vietnam

生物地理界 / Biogeographic Realm
古北界、印度马来界
Palearctic, Indomalaya

WWF 生物群系 / WWF Biome
热带和亚热带湿润阔叶林
Tropical & Subtropical Moist Broadleaf Forests

动物地理分布型 / Zoogeographic Distribution Type
Wc

分布标注 / Distribution Note
非特有种 Non-Endemic

▲ 濒危状况 / Threatened Status

中国生物多样性红色名录等级 / CB RL Category (2021)
无危 LC

IUCN 红色名录 / IUCN Red List (2021)
无危 LC

威胁因子 / Threats
无 None

▲ 法律保护地位 / Legal Protection Status

国家重点保护野生动物等级 / Category of National Key Protected Wild Animals (2021)
未列入 Not listed

"三有"名录 / TWIESSV (2023)
列入 Listed

CITES 附录等级 / CITES Appendix (2023)
未列入 Not listed

迁徙物种公约附录 / CMS Appendix (2020)
未列入 Not listed

保护行动 / Conservation Action
尚无保护行动 No conservation action so far

▲ 参考文献 / References

Jiang et al. (蒋志刚等), 2021; Burgin et al., 2020; IUCN, 2020; Stephen, 2012; Thorington et al., 2012; Zheng et al. (郑智民等), 2012; Smith et al., 2009; Wang (王应祥), 2003

500 / 米博大鼯鼠

Petaurista siangensis Choudhury, 2013

• Mebo Giant Flying Squirrel

▲ 分类地位 / Taxonomy

啮齿目 Rodentia / 鼯鼠科 Pteromyidae / 鼯鼠属 *Petaurista*

科建立者及其文献 / Family Authority

Weber, 1928

属建立者及其文献 / Genus Authority

Link, 1795

亚种 / Subspecies

无 None

模式标本产地 / Type Locality

中国（西藏）

Tibet, China

▲ 其他名称 / Other Name(s)

其他中文名 / Other Chinese Name(s)

无 None

其他英文名 / Other English Name(s)

无 None

同物异名 / Synonym(s)

无 None

▲ 形态及生境 / Morphology and Habitat

形态特征 / Morphological Characteristics

齿式：1.0.2.3/1.0.1.3=22。大型鼯鼠，眼大而圆。鼻端、耳内外被覆灰色短毛，耳下有白色毛丛。触须发达。面部毛发亮黄色。身体被覆如丝一般长而厚的绒毛。四肢、臀部、皮翼边缘毛色深黑色、前肢背部和肩部被毛棕黄毛，皮膜、腰部和尾巴背部毛发棕黄色，颌下、喉部、皮膜和尾巴下部毛发亮橙黄色，尾端毛色深黑色。

Dental formula: 1.0.2.3/1.0.1.3= 22. A large flying squirrel with large round eyes. Short grey hairs covering the nose and ears. Vibrissa on the nasal part. Body is covered with long, thick, silky hairs. The hairs on shoulders and back of the forelimbs are brown-black, the fur of the Patagium, waist and back of the tail is brown-yellow, and the fur of the throat and lower part of the tail is bright orange.

生境 / Habitat

森林 Forest

▲ 地理分布 / Geographic Distribution

国内分布 / Domestic Distribution

西藏 Tibet

全球分布 / World Distribution

中国 China

生物地理界 / Biogeographic Realm

印度马来界 Indomalaya

WWF 生物群系 / WWF Biome

热带和亚热带湿润阔叶林

Tropical & Subtropical Moist Broadleaf Forests

动物地理分布型 / Zoogeographic Distribution Type

Wa

分布标注 / Distribution Note

非特有种 Non-Endemic

▲ 濒危状况 / Threatened Status

中国生物多样性红色名录等级 / CB RL Category (2021)

未评定 NE

IUCN 红色名录 / IUCN Red List (2021)

未评定 NE

威胁因子 / Threats

未知 Unknown

▲ 法律保护地位 / Legal Protection Status

国家重点保护野生动物等级 / Category of National Key Protected Wild Animals (2021)

未列入 Not listed

"三有"名录 / TWIESSV (2023)

未列入 Not listed

CITES 附录等级 / CITES Appendix (2023)

未列入 Not listed

迁徙物种公约附录 / CMS Appendix (2020)

未列入 Not listed

保护行动 / Conservation Action

尚无保护行动 No conservation action so far

▲ 参考文献 / References

Burgin et al., 2020; Wilson et al., 2016: IUCN, 2020; Choudhury, 2013

501 / 橙色小鼯鼠

Petaurista sybilla (Thomas & Wroughton, 1916)

• Chindwin Flying Squirrel

▲ 分类地位 / Taxonomy

啮齿目 Rodentia / 鼯鼠科 Pteromyidae / 鼯鼠属 *Petaurista*

科建立者及其文献 / Family Authority

Weber, 1928

属建立者及其文献 / Genus Authority

Link, 1795

亚种 / Subspecies

指名亚种 *P. s. sybilla* Thomas, 1916
云南 Yunnan

四川亚种 *P. s. rubicundus* Howell, 1927
四川、重庆、贵州和湖北
Sichuan, Chongqing, Guizhou and Hubei

模式标本产地 / Type Locality

缅甸
Chin Hills, 50 miles, West of Kindat. Alt 1524 m

张晓红 / 供图

▲ 其他名称 / Other Name(s)

其他中文名 / Other Chinese Name(s)

无 None

其他英文名 / Other English Name(s)

无 None

同物异名 / Synonym(s)

无 None

▲ 形态及生境 / Morphology and Habitat

形态特征 / Morphological Characteristics

齿式：1.0.2.3/1.0.1.3=22。眼眶上缘棕黑色。耳后斑棕色。头、颈和体背部毛色以棕黄色为主基调，无大块白斑。腰臀部颜色稍淡。腹部淡棕黄色。翼膜、股膜、前后肢及足背橙棕色。尾部毛色与背部的近似。

Dental formula: 1.0.2.3/1.0.1.3=22. Upper rim of the eye socket brown and black. The spots behind the ears are brown. Head, neck and body back hair color with brownish yellow tone, no large bundle of white spot. The waist and hips are slightly lighter in color. Belly is yellowish brown. Patagium, femoral membrane, forelimbs and dorsum of feet are orange-brown. Tail hair color is similar to those on the back.

生境 / Habitat

森林 Forest

▲ 地理分布 / Geographic Distribution

国内分布 / Domestic Distribution

云南、贵州、四川、重庆、湖北

Yunnan, Guizhou, Sichuan, Chongqing, Hubei

全球分布 / World Distribution

中国、缅甸、印度

China, Myanmar, India

生物地理界 / Biogeographic Realm

印度马来界 Indomalaya

WWF 生物群系 / WWF Biome

热带和亚热带湿润阔叶林

Tropical & Subtropical Moist Broadleaf Forests

动物地理分布型 / Zoogeographic Distribution Type

Hm

分布标注 / Distribution Note

非特有种 Non-Endemic

▲ 濒危状况 / Threatened Status

中国生物多样性红色名录等级 / CB RL Category (2021)

无危 LC

IUCN 红色名录 / IUCN Red List (2021)

未评定 NE

威胁因子 / Threats

无 None

▲ 法律保护地位 / Legal Protection Status

国家重点保护野生动物等级 / Category of National Key Protected Wild Animals (2021)

未列入 Not listed

“三有”名录 / TWIESSV (2023)

列入 Listed

CITES 附录等级 / CITES Appendix (2023)

未列入 Not listed

迁徙物种公约附录 / CMS Appendix (2020)

未列入 Not listed

保护行动 / Conservation Action

尚无保护行动 No conservation action so far

▲ 参考文献 / References

Jiang et al. (蒋志刚等), 2021; Liu et al. (刘少英等), 2020; Wilson et al., 2016; Li et al., 2013; Stephen, 2012; Thorington et al., 2012; Pan et al. (潘清华等), 2007; Wilson and Reeder, 2005; Wang (王应祥), 2003; Zhang (张荣祖), 1997

502 / 灰鼯鼠

Petaurista xanthotis
(Milne-Edwards, 1872)

• Chinese Giant Flying Squirrel

▲ 分类地位 / Taxonomy

啮齿目 Rodentia / 鼯鼠科 Pteromyidae / 鼯鼠属 *Petaurista*

科建立者及其文献 / Family Authority
Weber, 1928

属建立者及其文献 / Genus Authority
Link, 1795

亚种 / Subspecies
指名亚种 *P. x. xanthotis* (Milne-Edwards, 1872)
西藏、云南和四川
Tibet, Yunnan and Sichuan

甘肃亚种 *P. x. filchnerinae* Matschie, 1908
青海和甘肃
Qinghai and Gansu

模式标本产地 / Type Locality
中国（四川）
Moupin (Baoxing, Sichuan, China)

李锦昌 / 供图

▲ 其他名称 / Other Name(s)

其他中文名 / Other Chinese Name(s)
黄白斑鼯鼠、黄耳斑鼯鼠

其他英文名 / Other English Name(s)
无 None

同物异名 / Synonym(s)
无 None

▲ 形态及生境 / Morphology and Habitat

形态特征 / Morphological Characteristics
齿式：1.0.2.3/1.0.1.3=22。眼眶呈淡棕黄色。耳郭稍圆，基部外侧黄褐色，耳尖黑色。喉部灰白色。皮毛柔软而疏松。背部毛色整体偏暗，带白色至米黄色的毛尖。腹部被毛呈浅灰色，毛尖白色。翼膜外缘橘黄色。足背稍显黑色。尾部具黑色长毛。
Dental formula: 1.0.2.3/1.0.1.3=22. Eye sockets yellowish brown. Auricle slightly round, the hairs outside of the ear bases yellowish brown, and the tips of the ears are black. Throat grayish white. Pelage soft and puffy. Dorsal hair color overall slant dark, with white to beige hair tips. Underbelly hairs light gray with white tips. Outer margin of the pterygium is orange. Back of the feet is slightly black. Tail with long black hairs.

生境 / Habitat
森林 Forest

▲ 地理分布 / Geographic Distribution

国内分布 / Domestic Distribution
甘肃、青海、四川、云南、西藏
Gansu, Qinghai, Sichuan, Yunnan, Tibet

全球分布 / World Distribution
中国 China

生物地理界 / Biogeographic Realm
古北界 Palearctic

WWF 生物群系 / WWF Biome
热带和亚热带湿润阔叶林
Tropical & Subtropical Moist Broadleaf Forests

动物地理分布型 / Zoogeographic Distribution Type
Hc

分布标注 / Distribution Note
特有种 Endemic

▲ 濒危状况 / Threatened Status

中国生物多样性红色名录等级 / CB RL Category (2021)
无危 LC

IUCN 红色名录 / IUCN Red List (2021)
无危 LC

威胁因子 / Threats
无 None

▲ 法律保护地位 / Legal Protection Status

国家重点保护野生动物等级 / Category of National Key Protected Wild Animals (2021)
未列入 Not listed

“三有”名录 / TWIESSV (2023)
列入 Listed

CITES 附录等级 / CITES Appendix (2023)
未列入 Not listed

迁徙物种公约附录 / CMS Appendix (2020)
未列入 Not listed

保护行动 / Conservation Action
尚无保护行动 No conservation action so far

▲ 参考文献 / References

Jiang et al. (蒋志刚等), 2021; Burgin et al., 2020; IUCN, 2020; Liu et al. (刘正祥等), 2013; Zheng et al. (郑智民等), 2012; Smith et al., 2009

503 / 沟牙鼯鼠

Aeretes melanopterus (Milne-Edwards, 1867)

• Northern Chinese Flying Squirrel

▲ 分类地位 / Taxonomy

啮齿目 Rodentia / 鼯鼠科 Pteromyidae / 沟牙鼯鼠属 *Aeretes*

科建立者及其文献 / Family Authority

Weber, 1928

属建立者及其文献 / Genus Authority

G. M. Allen, 1940

亚种 / Subspecies

指名亚种 *A. m. melanopterus* (Milne-Edwards, 1867)
河北 Hebei

四川亚种 *A. m. sichuanensis* Wang, Tu et Wang, 1974
甘肃和四川
Gansu and Sichuan

模式标本产地 / Type Locality

中国（河北）
"Les for es qui couvrent la chaine montagneuse du Tscheli" (Chihli; old name for Hebei Prov., China)

▲ 其他名称 / Other Name(s)

其他中文名 / Other Chinese Name(s)

黑翼鼯鼠

其他英文名 / Other English Name(s)

Groove-toothed Flying Squirrel, North Chinese Flying Squirrel

同物异名 / Synonym(s)

无 None

▲ 形态及生境 / Morphology and Habitat

形态特征 / Morphological Characteristics

齿式：1.0.2.3/1.0.1.3=22。吻鼻部至两颊浅棕灰色。眼周深棕色。额部灰棕色。颌下有一褐色小斑块。耳基部无细长簇毛。背毛长且蓬松、柔软，浅棕色至暗棕色。腹部毛较背毛短、黄白色。翼膜边缘呈棕黄色。足背黑色。尾呈棕色略微扁平，尾端部黑色。

Dental formula: 1.0.2.3/1.0.1.3=22. Snout light brown gray. Dark brown around the eyes. Grayish brown on the forehead. There is a small brown patch under the jaw. No elongated tufts at ear base. Dorsal hairs are long and fluffy and soft, light brown to dark brown. Abdominal hairs shorter than the back hairs, yellowish white. Rim of the pterygium is brownish yellow. The back of the feet is black. Tail is brown and slightly flattened with a black tip.

生境 / Habitat

森林 Forest

▲ 地理分布 / Geographic Distribution

国内分布 / Domestic Distribution
河北、四川、甘肃
Hebei, Sichuan, Gansu

全球分布 / World Distribution
中国 China

生物地理界 / Biogeographic Realm
古北界 Palearctic

WWF 生物群系 / WWF Biome
热带和亚热带湿润阔叶林
Tropical & Subtropical Moist Broadleaf Forests

动物地理分布型 / Zoogeographic Distribution Type
Hc

分布标注 / Distribution Note
特有种 Endemic

▲ 濒危状况 / Threatened Status

中国生物多样性红色名录等级 / CB RL Category (2021)
近危 NT

IUCN 红色名录 / IUCN Red List (2021)
无危 LC

威胁因子 / Threats
未知 Unknown

▲ 法律保护地位 / Legal Protection Status

国家重点保护野生动物等级 / Category of National Key Protected Wild Animals (2021)
未列入 Not listed

"三有"名录 / TWIESSV (2023)
列入 Listed

CITES 附录等级 / CITES Appendix (2023)
未列入 Not listed

迁徙物种公约附录 / CMS Appendix (2020)
未列入 Not listed

保护行动 / Conservation Action
尚无保护行动 No conservation action so far

▲ 参考文献 / References

Jiang et al. (蒋志刚等), 2021; Burgin et al., 2020; IUCN, 2020; Wilson et al., 2016; Zheng et al. (郑智民等), 2012; Smith et al., 2009; Pan et al. (潘清华等), 2007; Wilson and Reeder, 2005; Wang (王应祥), 2003; Wang et al. (王酉之等), 1999; Zhang (张荣祖), 1997

504 / 绒毛鼯鼠

Eupetaurus cinereus Thomas, 1888

- Woolly Flying Squirrel

▲ 分类地位 / Taxonomy

啮齿目 Rodentia / 鼯鼠科 Pteromyidae / 绒毛鼯鼠属 *Eupetaurus*

科建立者及其文献 / Family Authority

Weber, 1928

属建立者及其文献 / Genus Authority

Thomas, 1888

亚种 / Subspecies

无 None

模式标本产地 / Type Locality

巴基斯坦

"Gilgit (Valley) Pakistan,,... about 1829 m

▲ 其他名称 / Other Name(s)

其他中文名 / Other Chinese Name(s)

羊绒鼯鼠、绒鼯鼠

其他英文名 / Other English Name(s)

Pakistan Woolly Flying Squirrel

同物异名 / Synonym(s)

无 None

▲ 形态及生境 / Morphology and Habitat

形态特征 / Morphological Characteristics

齿式：1.0.2.3/1.0.1.3=22。耳缘有浓密淡黄色毛发。喉部常有乳白色毛发。被毛厚、直而光滑，背毛棕灰色，杂有淡黄色毛发，呈灰蓝调。腹毛浅灰色。足根被毛黑色。脚垫裸露粉红色。5个后足趾发达。尾相对较短。

Dental formula: 1.0.2.3/1.0.1.3=22. Dense pale buff-tipped hairs along the ear rims. Throat is often covered with milky white hairs. Hairs in the pelage thick, straight and smooth. Dorsal hairs brown and gray, mixed with light yellow hairs, that gives the Northern Chinese Flying Squirrel a blue-grey tinge. Abdominal hairs grayish. Foot sole covered with black fur. Partially bared pad pink. Five hind toes well-developed. Tail is relatively short.

生境 / Habitat

亚热带常绿阔叶林

Subtropical evergreen broad-leaved forest

▲ 地理分布 / Geographic Distribution

国内分布 / Domestic Distribution
云南 Yunnan

全球分布 / World Distribution
中国、巴基斯坦
China, Pakistan

生物地理界 / Biogeographic Realm
古北界 Palearctic

WWF 生物群系 / WWF Biome
热带和亚热带湿润阔叶林
Tropical & Subtropical Moist Broadleaf Forests

动物地理分布型 / Zoogeographic Distribution Type
He

分布标注 / Distribution Note
非特有种 Non-Endemic

▲ 濒危状况 / Threatened Status

中国生物多样性红色名录等级 / CB RL Category (2021)
数据缺乏 DD

IUCN 红色名录 / IUCN Red List (2021)
无危 LC

威胁因子 / Threats
未知 Unknown

▲ 法律保护地位 / Legal Protection Status

国家重点保护野生动物等级 / Category of National Key Protected Wild Animals (2021)
未列入 Not listed

"三有"名录 / TWIESSV (2023)
列入 Listed

CITES 附录等级 / CITES Appendix (2023)
未列入 Not listed

迁徙物种公约附录 / CMS Appendix (2020)
未列入 Not listed

保护行动 / Conservation Action
尚无保护行动 No conservation action so far

▲ 参考文献 / References

Burgin et al., 2020; IUCN, 2020; Zheng et al. (郑智民等), 2012; Wang (王应祥), 2003; Zahler and Khan, 2003

505 / 雪山羊绒鼯鼠

Eupetaurus nivamons
Q. Li, Jiang, Jackson & Helgen, 2021

- Yunnan Woolly Flying Squirrel

▲ 分类地位 / Taxonomy

啮齿目 Rodentia / 鼯鼠科 Pteromyidae / 绒毛鼯鼠属 *Eupetaurus*

科建立者及其文献 / Family Authority
Weber, 1928

属建立者及其文献 / Genus Authority
Thomas, 1888

亚种 / Subspecies
无 None

模式标本产地 / Type Locality
中国（西藏）
Tibet, China

▲ 其他名称 / Other Name(s)

其他中文名 / Other Chinese Name(s)
无 None

其他英文名 / Other English Name(s)
无 None

同物异名 / Synonym(s)
无 None

▲ 形态及生境 / Morphology and Habitat

形态特征 / Morphological Characteristics
齿式：1.0.2.3/1.0.1.3=22。背部颜色从浅灰色到棕灰色，腹部颜色通常为灰白色。尾巴像狐狸尾巴一样呈圆柱形，长且多毛。足掌和足底裸垫间有密毛。
Dental formula: 1.0.2.3/1.0.1.3=22. Dorsal coloration ranges from pale grey to brownish grey, and ventral coloration is typically whitish grey. The cylindrical, foxlike tail is long and bushy. The palmar and plantar surfaces are thickly furred between naked pads.

生境 / Habitat
森林 Forest

▲ 地理分布 / Geographic Distribution

国内分布 / Domestic Distribution
西藏 Tibet

全球分布 / World Distribution
中国 China

生物地理界 / Biogeographic Realm
古北界 Palearctic

WWF 生物群系 / WWF Biome
温带针叶树森林
Temperate Conifer Forests

动物地理分布型 / Zoogeographic Distribution Type
Id

分布标注 / Distribution Note
特有种 Endemic

▲ 濒危状况 / Threatened Status

中国生物多样性红色名录等级 / CB RL Category (2021)
未评定 NE

IUCN 红色名录 / IUCN Red List (2021)
未评定 NE

威胁因子 / Threats
未知 Unknown

▲ 法律保护地位 / Legal Protection Status

国家重点保护野生动物等级 / Category of National Key Protected Wild Animals (2021)
未列入 Not listed

"三有"名录 / TWIESSV (2023)
未列入 Not listed

CITES 附录等级 / CITES Appendix (2023)
未列入 Not listed

迁徙物种公约附录 / CMS Appendix (2020)
未列入 Not listed

保护行动 / Conservation Action
尚无保护行动 No conservation action so far

▲ 参考文献 / References

Li et al., 2021

506 / 西藏羊绒鼯鼠

Eupetaurus tibetensis
Jackson, Helgen, Q. Li & Jiang, 2021

- Tibetan Woolly Flying Squirrel

▲ 分类地位 / Taxonomy

啮齿目 Rodentia / 鼯鼠科 Pteromyidae / 绒毛鼯鼠属 *Eupetaurus*

科建立者及其文献 / Family Authority
Weber, 1928

属建立者及其文献 / Genus Authority
Thomas, 1888

亚种 / Subspecies
无 None

模式标本产地 / Type Locality
中国（西藏）
Tibet, China

▲ 其他名称 / Other Name(s)

其他中文名 / Other Chinese Name(s)
无 None

其他英文名 / Other English Name(s)
无 None

同物异名 / Synonym(s)
无 None

▲ 形态及生境 / Morphology and Habitat

形态特征 / Morphological Characteristics

齿式：1.0.2.3/1.0.1.3=22。西藏羊绒鼯鼠背毛的棕色较 *Eupetaurus cinereus* 的更深。尾尖颜色较浅，尾尖毛发中有 10%~15% 的黑毛。

Dental formula: 1.0.2.3/1.0.1.3=22. Dorsal fur of the Tibetan Woolly Flying Squirrel is more brown than that of *Eupetaurus cinereus*. Tail tip color is lighter with 10%–15% black hairs.

生境 / Habitat
森林 Forest

▲ 地理分布 / Geographic Distribution

国内分布 / Domestic Distribution
西藏 Tibet

全球分布 / World Distribution
中国 China

生物地理界 / Biogeographic Realm
古北界 Palearctic

WWF 生物群系 / WWF Biome
温带针叶树森林
Temperate Conifer Forests

动物地理分布型 / Zoogeographic Distribution Type
Id

分布标注 / Distribution Note
特有种 Endemic

▲ 濒危状况 / Threatened Status

中国生物多样性红色名录等级 / CB RL Category (2021)
未评定 NE

IUCN 红色名录 / IUCN Red List (2021)
未评定 NE

威胁因子 / Threats
未知 Unknown

▲ 法律保护地位 / Legal Protection Status

国家重点保护野生动物等级 / Category of National Key Protected Wild Animals (2021)
未列入 Not listed

“三有”名录 / TWIESSV (2023)
未列入 Not listed

CITES 附录等级 / CITES Appendix (2023)
未列入 Not listed

迁徙物种公约附录 / CMS Appendix (2020)
未列入 Not listed

保护行动 / Conservation Action
尚无保护行动 No conservation action so far

▲ 参考文献 / References

Jackson et al., 2021

507 / 小飞鼠

Pteromys volans (Linnaeus, 1758)

- Russian Flying Squirrel

▲ 分类地位 / Taxonomy

啮齿目 Rodentia / 鼯鼠科 Pteromyidae / 飞鼠属 *Pteromys*

科建立者及其文献 / Family Authority
Weber, 1928

属建立者及其文献 / Genus Authority
G. Cuvier, 1800

亚种 / Subspecies
甘肃亚种 *P. v. Buechner* Satunin, 1903
陕西、甘肃、宁夏和青海
Shaanxi, Gansu, Ningxia and Qinghai

阿尔泰亚种 *P. v. turovi* Ognev, 1929
新疆 Xinjiang;

乌苏里亚种 *P. v. arsenjevi* Ognev, 1935
内蒙古、黑龙江、吉林和辽宁
Inner Mongolia, Heilongjiang, Jilin and Liaoning

华北亚种 *P. v. wulungshanensis* Mori, 1939
河北、北京、河南和山西
Hebei, Beijing, Henan and Shanxi

模式标本产地 / Type Locality
芬兰
"in borealibus Europae, Asiae, et Americae." Restricted by Thomas (1911:149) to "Finland." Ognev (1966:268) proposed restriction to "central Sweden," but the species does not occur there (Sulkava, 1978:76)

权毅 / 供图

蒋卫 / 供图

▲ 其他名称 / Other Name(s)

其他中文名 / Other Chinese Name(s)
无 None

其他英文名 / Other English Name(s)
Siberian Flying Squirrel

同物异名 / Synonym(s)
无 None

▲ 形态及生境 / Morphology and Habitat

形态特征 / Morphological Characteristics
齿式：1.0.1.3/1.0.1.3= 20。眼大且黑。被毛短而稠密。背毛灰色。腹毛淡白到米黄色。足背面棕色。尾扁，尾侧毛长，尾尖部淡灰黑色。
Dental formula: 1.0.1.3/1.0.1.3= 20. Eyes large and dark. Pelage short and dense. Dorsal hairs grey. Abdominal hairs pale to beige. Back of the foot is brown. Tail flat, long hairs on the lateral side of the tail, tail tip light gray black.

生境 / Habitat
泰加林 Taiga

▲ 地理分布 / Geographic Distribution

国内分布 / Domestic Distribution

黑龙江、吉林、辽宁、内蒙古、北京、河北、河南、山西、陕西、甘肃、宁夏、青海、四川、新疆

Heilongjiang, Jilin, Liaoning, Inner Mongolia, Beijing, Hebei, Henan, Shanxi, Shaanxi, Gansu, Ningxia, Qinghai, Sichuan, Xinjiang

全球分布 / World Distribution

中国、爱沙尼亚、芬兰、日本、朝鲜、韩国、拉脱维亚、蒙古国、俄罗斯

China, Estonia, Finland, Japan, Democratic People's Republic of Korea, Republic of Korea, Latvia, Mongolia, Russia

生物地理界 / Biogeographic Realm

古北界 Palearctic

WWF 生物群系 / WWF Biome

北方森林 / 针叶林

Boreal Forests/Taiga

动物地理分布型 / Zoogeographic Distribution Type

Uc

分布标注 / Distribution Note

非特有种 Non-Endemic

▲ 濒危状况 / Threatened Status

中国生物多样性红色名录等级 / CB RL Category (2021)

易危 VU

IUCN 红色名录 / IUCN Red List (2021)

无危 LC

威胁因子 / Threats

森林砍伐、狩猎、火灾

Logging, hunting, fire

▲ 法律保护地位 / Legal Protection Status

国家重点保护野生动物等级 / Category of National Key Protected Wild Animals (2021)

未列入 Not listed

“三有”名录 / TWIESSV (2023)

列入 Listed

CITES 附录等级 / CITES Appendix (2023)

未列入 Not listed

迁徙物种公约附录 / CMS Appendix (2020)

未列入 Not listed

保护行动 / Conservation Action

尚无保护行动 No conservation action so far

▲ 参考文献 / References

Jiang et al. (蒋志刚等), 2021; Burgin et al., 2020; IUCN, 2020; Liu et al. (刘少英等), 2020; Wilson et al., 2016; Stephen, 2012; Zheng et al. (郑智民等),2012; Smith et al., 2009; Pan et al. (潘清华等), 2007; Wilson and Reeder, 2005; Wang (王应祥), 2003

508 / 黑白飞鼠

Hylopetes alboniger (Hodgson, 1836)

- Particolored Flying Squirrel

▲ 分类地位 / Taxonomy

啮齿目 Rodentia / 鼯鼠科 Pteromyidae / 箭尾飞鼠属 *Hylopetes*

科建立者及其文献 / Family Authority
Weber, 1928

属建立者及其文献 / Genus Authority
Thoma, 1908

亚种 / Subspecies

缅北亚种 *H. a. Leonardi* Thomas, 1921
云南 Yunnan

丽江亚种 *H. a. orinus* G. Allen, 1940
云南、四川、贵州、广西和浙江
Yunnan, Sichuan, Guizhou, Guangxi and Zhejiang

海南亚种 *H. a. chianyfengensis* Wang et Lu, 1966
海南 Hainan

模式标本产地 / Type Locality
尼泊尔
"central and Northern regions of Nipel" (Nepal)

▲ 其他名称 / Other Name(s)

其他中文名 / Other Chinese Name(s)
黑白林飞鼠、黑白鼯鼠、
箭尾黑白飞鼠

其他英文名 / Other English Name(s)
无 None

同物异名 / Synonym(s)
无 None

▲ 形态及生境 / Morphology and Habitat

形态特征 / Morphological Characteristics

齿式：1.0.1.3/1.0.1.3=20。脸颊灰色。无耳簇毛。体背被毛以褐灰色为主色调，腹部毛色白或灰白色。足背褐灰色。翼膜边缘白色。尾略显羽状。尾背面黑灰色，后部逐渐变为黑色。

Dental formula: 1.0.1.3/1.0.1.3=20. Cheeks gray. No auricular tufts. Dorsal hairs mainly brown and gray, while the belly coat is white or gray. The back of the feet is brownish gray. Rim of pterygoid white. Tail is slightly pinnate, cover with black gray hairs. End of the tail gradually turns black.

生境 / Habitat
森林 Forest

▲ 地理分布 / Geographic Distribution

国内分布 / Domestic Distribution
四川、云南、贵州、浙江、西藏、海南
Sichuan, Yunnan, Guizhou, Zhejiang, Tibet, Hainan

全球分布 / World Distribution
孟加拉国、不丹、柬埔寨、中国、印度、老挝、缅甸、尼泊尔、泰国、越南
Bengladesh, Bhutan, Cambodia, China, India, Laos, Myanmar, Nepal, Thailand, Vietnam

生物地理界 / Biogeographic Realm
古北界、印度马来界
Palearctic, Indomalaya

WWF 生物群系 / WWF Biome
热带和亚热带湿润阔叶林
Tropical & Subtropical Moist Broadleaf Forests

动物地理分布型 / Zoogeographic Distribution Type
Wc

分布标注 / Distribution Note
非特有种 Non-Endemic

▲ 濒危状况 / Threatened Status

中国生物多样性红色名录等级 / CB RL Category (2021)
近危 NT

IUCN 红色名录 / IUCN Red List (2021)
无危 LC

威胁因子 / Threats
未知 Unknown

▲ 法律保护地位 / Legal Protection Status

国家重点保护野生动物等级 / Category of National Key Protected Wild Animals (2021)
未列入 Not listed

"三有"名录 / TWIESSV (2023)
列入 Listed

CITES 附录等级 / CITES Appendix (2023)
未列入 Not listed

迁徙物种公约附录 / CMS Appendix (2020)
未列入 Not listed

保护行动 / Conservation Action
尚无保护行动 No conservation action so far

▲ 参考文献 / References

Jiang et al. (蒋志刚等), 2021; Burgin et al., 2020; IUCN, 2020; Wilson et al., 2016; Zheng et al. (郑智民等), 2012; Smith et al., 2009; Pan et al. (潘清华等), 2007; Wilson and Reeder, 2005; Wang (王应祥), 2003

509 / 海南小飞鼠

Hylopetes phayrei (Blyth, 1859)

- Indochinese Flying Squirrel

▲ 分类地位 / Taxonomy

啮齿目 Rodentia / 鼯鼠科 Pteromyidae / 箭尾飞鼠属 *Hylopetes*

科建立者及其文献 / Family Authority

Weber, 1928

属建立者及其文献 / Genus Authority

Thoma, 1908

亚种 / Subspecies

海南亚种 *H. p. electilis* G. Allen, 1925
海南 Hainan

模式标本产地 / Type Locality

缅甸

"Rangoon, Merqui" Burma (Myanmar)

▲ 其他名称 / Other Name(s)

其他中文名 / Other Chinese Name(s)

低泡鼯鼠、菲氏飞鼠

其他英文名 / Other English Name(s)

无 None

同物异名 / Synonym(s)

无 None

▲ 形态及生境 / Morphology and Habitat

形态特征 / Morphological Characteristics

齿式：1.0.1.3/1.0.1.3=20。脸颊白色毛发，一直延伸到耳后。耳基部无纤细的簇毛。背部毛发黄褐色。腹侧毛皮一般白里带黄色。尾巴扁平。

Dental formula: 1.0.1.3/1.0.1.3=20. White hairs on the cheeks extends behind the ears. No slender tufted hairs at the ear base. Dorsal hairs tawny. Ventral fur generally white with yellow lining. Tail flat.

生境 / Habitat

森林 Forest

▲ 地理分布 / Geographic Distribution

国内分布 / Domestic Distribution

海南、福建、广西、贵州

Hainan, Fujian, Guangxi, Guizhou

全球分布 / World Distribution

中国、缅甸、泰国、越南

Chian, Myanmar, Thailand, Vietnam

生物地理界 / Biogeographic Realm

古北界、印度马来界

Palearctic, Indomalaya

WWF 生物群系 / WWF Biome

热带和亚热带湿润阔叶林

Tropical & Subtropical Moist Broadleaf Forests

动物地理分布型 / Zoogeographic Distribution Type

J

分布标注 / Distribution Note

非特有种 Non-Endemic

▲ 濒危状况 / Threatened Status

中国生物多样性红色名录等级 / CB RL Category (2021)

无危 LC

IUCN 红色名录 / IUCN Red List (2021)

无危 LC

威胁因子 / Threats

未知 Unknown

▲ 法律保护地位 / Legal Protection Status

国家重点保护野生动物等级 / Category of National Key Protected Wild Animals (2021)

未列入 Not listed

"三有"名录 / TWIESSV (2023)

列入 Listed

CITES 附录等级 / CITES Appendix (2023)

未列入 Not listed

迁徙物种公约附录 / CMS Appendix (2020)

未列入 Not listed

保护行动 / Conservation Action

尚无保护行动 No conservation action so far

▲ 参考文献 / References

Jiang et al. (蒋志刚等), 2021; Burgin et al., 2020; IUCN, 2020; Wilson et al., 2017; Luo (罗泽珣), 2000; Zheng et al. (郑智民等), 2012; Smith et al., 2009; Pan et al. (潘清华等), 2007; Wilson and Reeder, 2005; Wang (王应祥), 2003; Zhang (张荣祖), 1997

510 / 河狸

Castor fiber Linnaeus, 1758

- Eurasian Beaver

▲ 分类地位 / Taxonomy

啮齿目 Rodentia / 河狸科 Castoridae / 河狸属 *Castor*

科建立者及其文献 / Family Authority

Hemprich, 1820

属建立者及其文献 / Genus Authority

Linnaeus, 1758

亚种 / Subspecies

蒙新亚种 *C. f. birulai pohlei* Serebrennikov, 1929

新疆 Xinjiang

模式标本产地 / Type Locality

瑞典

Sweden

初雯雯 / 供图

▲ 其他名称 / Other Name(s)

其他中文名 / Other Chinese Name(s)

新疆河狸、蒙新河狸

其他英文名 / Other English Name(s)

European Beaver, Mongolian Beaver

同物异名 / Synonym(s)

无 None

▲ 形态及生境 / Morphology and Habitat

形态特征 / Morphological Characteristics

齿式：1.0.1.3/1.0.1.3=20。头体长 600~1000 mm。尾长 250 mm。体重达 30 kg。耳郭呈瓣膜式，潜水时可关闭。体背被毛栗色或棕褐色，间杂长针毛。前足小，爪强大。后足有蹼，4 趾有双重趾甲。尾大而扁平，卵圆形，无毛，覆盖有大的鳞片。

Dental formula: 1.0.1.3/1.0.1.3 =20. Body length 600-1000 mm. Tail length about 250 mm. Body mass up to 30 kg. The auricle is valvular and can be closed during diving. The back of the body is covered with chestnut or tan, mixed with long needle hairs. The forefoot is small and the claws are strong. The hind foot is webbed and has double toenails on four toes. The tail is large and flat, oval, hairless and covered with large scales.

生境 / Habitat

淡水湖、江河

Freshwater lake, river

▲ 地理分布 / Geographic Distribution

国内分布 / Domestic Distribution

新疆 Xinjiang

全球分布 / World Distribution

奥地利、白俄罗斯、比利时、保加利亚、中国、克罗地亚、捷克、法国、格鲁吉亚、德国、匈牙利、哈萨克斯坦、荷兰、波兰、罗马尼亚、俄罗斯、斯洛伐克、斯洛文尼亚、乌克兰

Austria, Belarus, Belgium, Bulgaria, China, Croatia, Czech, France, Georgia, Germany, Hungary, Kazakhstan, Netherlands, Poland, Romania, Russia, Slovakia, Slovenia, Ukraine

生物地理界 / Biogeographic Realm

古北界 Palearctic

WWF 生物群系 / WWF Biome

温带草原和灌木地

Temperate Grasslands & Shrublands

动物地理分布型 / Zoogeographic Distribution Type

U

分布标注 / Distribution Note

非特有种 Non-Endemic

▲ 濒危状况 / Threatened Status

中国生物多样性红色名录等级 / CB RL Category (2021)

极危 CR

IUCN 红色名录 / IUCN Red List (2021)

无危 LC

威胁因子 / Threats

人为干扰、牲畜干扰

Human disturbance, livestock disturbance

▲ 法律保护地位 / Legal Protection Status

国家重点保护野生动物等级 / Category of National Key Protected Wild Animals (2021)

一级 Category I

"三有"名录 / TWIESSV (2023)

未列入 Not listed

CITES 附录等级 / CITES Appendix (2023)

未列入 Not listed

迁徙物种公约附录 / CMS Appendix (2020)

未列入 Not listed

保护行动 / Conservation Action

已经建立国家级自然保护区 National Nature Reserve Established

▲ 参考文献 / References

Jiang et al. (蒋志刚等), 2021; Burgin et al., 2020; IUCN, 2020; Wilson et al., 2017; Zheng et al. (郑智民等), 2012; Chu and Jiang, 2009; Smithet al., 2009; Pan et al. (潘清华等), 2007; Wilson and Reeder, 2005; Zhao et al. (赵景辉等), 2005; Chen et al. (陈道富等), 2003;Wang (王应祥), 2003; Zhang (张荣祖), 1997; Xia (夏武平), 1988

511 / 原仓鼠

Cricetus cricetus (Linnaeus, 1758)

• Black-bellied Hamster

▲ 分类地位 / Taxonomy

啮齿目 Rodentia / 仓鼠科 Cricetidae / 原仓鼠属 *Cricetus*

科建立者及其文献 / Family Authority
Fischer, 1817

属建立者及其文献 / Genus Authority
Leske, 1779

亚种 / Subspecies
哈萨克亚种 *C. c. fuscidorsis* Argyopulo, 1932
新疆 Xinjiang

模式标本产地 / Type Locality
德国
Germany

▲ 其他名称 / Other Name(s)

其他中文名 / Other Chinese Name(s)
花背仓鼠、欧仓鼠、普通仓鼠

其他英文名 / Other English Name(s)
Common Hamster

同物异名 / Synonym(s)
无 None

▲ 形态及生境 / Morphology and Habitat

形态特征 / Morphological Characteristics

齿式：1.0.0.3 /1.0.0.3=16。体重 290 ~ 425 克。头体长 44~52 mm。仓鼠科体型最大的种。体型健壮。有颊囊。背部毛发棕色。腹侧毛皮黑色。头部和身体两侧有 3 或 4 个明显的白色斑块。足底后部有毛，足底前部裸露。尾等于或长于后足。

Dental formula: 1.0.0.3/1.0.0.3=16. Head and body length 44-52 mm. Body mass 290-425 g. The largest species of the Hamster family. Cheek pouches present. Body robust. Brown hairs on the dorsum. Ventral hairs black. 3 or 4 distinct white patches on the head and ventral sides of the body. The rear part of the sole is hairy and the front part is bare. Tail is equal to or longer than the hind foot.

生境 / Habitat

干旱低地草地、草甸
Dry lowland grassland, meadow

▲ 地理分布 / Geographic Distribution

国内分布 / Domestic Distribution

新疆 Xinjiang

全球分布 / World Distribution

中国、奥地利、白俄罗斯、比利时、保加利亚、克罗地亚、捷克、法国、格鲁吉亚、德国、匈牙利、哈萨克斯坦、荷兰、波兰、罗马尼亚、俄罗斯、斯洛伐克、斯洛文尼亚、乌克兰

China, Austria, Belarus, Belgium, Bulgaria, Croatia, Czech, France, Georgia, Germany, Hungary, Kazakhstan, Netherlands, Poland, Romania, Russia, Slovakia, Slovenia, Ukraine

生物地理界 / Biogeographic Realm

古北界 Palearctic

WWF 生物群系 / WWF Biome

温带草原、热带稀树草原和灌木地

Temperate Grasslands, Savannas & Shrublands

动物地理分布型 / Zoogeographic Distribution Type

Ue

分布标注 / Distribution Note

非特有种 Non-Endemic

▲ 濒危状况 / Threatened Status

中国生物多样性红色名录等级 / CB RL Category (2021)

近危 NT

IUCN 红色名录 / IUCN Red List (2021)

无危 LC

威胁因子 / Threats

毒杀、耕种

Poison, farming

▲ 法律保护地位 / Legal Protection Status

国家重点保护野生动物等级 / Category of National Key Protected Wild Animals (2021)

未列入 Not listed

"三有"名录 / TWIESSV (2023)

未列入 Not listed

CITES 附录等级 / CITES Appendix (2023)

未列入 Not listed

迁徙物种公约附录 / CMS Appendix (2020)

未列入 Not listed

保护行动 / Conservation Action

尚无保护行动 No conservation action so far

▲ 参考文献 / References

Jiang et al. (蒋志刚等), 2021; Burgin et al., 2020; IUCN, 2020; Wilson et al., 2017; Luo (罗泽珣), 2000; Zheng et al. (郑智民等), 2012; Smith et al., 2009; Pan et al. (潘清华等), 2007; Wilson and Reeder, 2005; Wang (王应祥), 2003; Zhang (张荣祖), 1997

512 / 甘肃仓鼠

Cansumys canus G. M. Allen, 1928

- Gansu hamster

▲ 分类地位 / Taxonomy

啮齿目 Rodentia / 仓鼠科 Cricetidae /
甘肃仓鼠属 *Cansumys*

科建立者及其文献 / Family Authority
Fischer, 1817

属建立者及其文献 / Genus Authority
Allen, 1928

亚种 / Subspecies
无 None

模式标本产地 / Type Locality
中国
Gansu, China

普缨婷 / 供图

▲ 其他名称 / Other Name(s)

其他中文名 / Other Chinese Name(s)
无 None

其他英文名 / Other English Name(s)
无 None

同物异名 / Synonym(s)
无 None

▲ 形态及生境 / Morphology and Habitat

形态特征 / Morphological Characteristics

齿式：1.0.0.3/1.0.0.3=16。个体和大仓鼠差不多。体重 57~83 g。体长 133~144 mm。尾长 102~112 mm。后足长 21~22 mm；耳高 21~22 mm。头骨背面较平直，鼻骨至额骨的中间明显下凹，形成一个显著的沟槽。第一下臼齿和第一上臼齿均由 3 个横脊组成，咀嚼面呈 2 个纵列。尾长，超过体长的 70%，最大达到 84%。整个尾部覆盖长毛，尾基部的毛更浓密，呈绒毛状，其余部分的毛粗而长，在尾尖形成小毛束。整个尾灰黑色，背腹毛色一致。

Dental formula: 1.0.0.3/1.0.0.3=16. Body size similar to *Tscherskia triton* and body length 133-144 mm. Body mass 57-83 g. Tail length 102-112 mm. The back of the skull is relatively straight, and the nasal bone to the frontal bone is clearly concave, forming a marked groove. The first lower molar and the first upper molar are composed of three transverse ridges, and the chewing surfaces are in two longitudinal rows. Tail length is more than 70% of body length, up to 84%. The entire tail is covered with long hairs, the base of which is thicker and villous, the rest of which is thick and long, forming small tufts at the tip of the tail. The whole tail gray black, back abdominal hair color.

生境 / Habitat

弃耕地、森林林缘和灌木地
Derelict land, forest edge, shrub land

▲ 地理分布 / Geographic Distribution

国内分布 / Domestic Distribution
甘肃、四川、宁夏
Gansu, Sichuan, Ningxia

全球分布 / World Distribution
中国 China

生物地理界 / Biogeographic Realm
古北界 Palearctic

WWF 生物群系 / WWF Biome
温带草原、热带稀树草原和灌木地
Temperate Grasslands, Savannas & Shrublands

动物地理分布型 / Zoogeographic Distribution Type
O

分布标注 / Distribution Note
特有种 Endemic

▲ 濒危状况 / Threatened Status

中国生物多样性红色名录等级 / CB RL Category (2021)
未评定 NE

IUCN 红色名录 / IUCN Red List (2021)
无危 LC

威胁因子 / Threats
未知 Unknown

▲ 法律保护地位 / Legal Protection Status

国家重点保护野生动物等级 / Category of National Key Protected Wild Animals (2021)
未列入 Not listed

"三有"名录 / TWIESSV (2023)
未列入 Not listed

CITES 附录等级 / CITES Appendix (2023)
未列入 Not listed

迁徙物种公约附录 / CMS Appendix (2020)
未列入 Not listed

保护行动 / Conservation Action
尚无保护行动 No conservation action so far

▲ 参考文献 / References

Jiang et al. (蒋志刚等), 2021; Burgin et al., 2020; IUCN, 2020; Liu et al. (刘少英等), 2020; Wilson et al., 2017; Pan et al. (潘清华等), 2007; Wilson and Reeder, 2005; Wang (王应祥), 2003; Luo (罗泽珣), 2000; Zhang (张荣祖), 1997

513 / 高山仓鼠

Cricetulus alticola Thomas, 1917

- Ladak Hamster

▲ 分类地位 / Taxonomy

啮齿目 Rodentia / 仓鼠科 Cricetidae / 仓鼠属 *Cricetulus*

科建立者及其文献 / Family Authority
Fischer, 1817

属建立者及其文献 / Genus Authority
Milne-Edwards, 1867

亚种 / Subspecies
无 None

模式标本产地 / Type Locality
克什米尔地区
Ladak (Kashmir) Shushul, 13500ft(4115m)

▲ 其他名称 / Other Name(s)

其他中文名 / Other Chinese Name(s)
无 None

其他英文名 / Other English Name(s)
Tibetan Dwarf Hamster, Alpine Hamster

同物异名 / Synonym(s)
无 None

▲ 形态及生境 / Morphology and Habitat

形态特征 / Morphological Characteristics

齿式：1.0.0.3/1.0.0.3=16。一种个体中等的仓鼠。臼齿咀嚼面由 2 纵列或 2~3 横列的半月形或圆锥形齿突组成。听泡很小。成体平均体重约 25 g，平均体长约 94 mm，尾不到 40 mm，平均尾长约 35 mm，约占体长的 37%。颜色较淡，背面多为棕灰色，背腹毛色分界线呈波浪形，腹部毛基灰色，毛尖灰白色。尾较粗壮，通常白色，覆盖较长的毛。

Dental formula: 1.0.0.3/1.0.0.3=16. A medium sized hamster. The masticatory surfaces of molars consist of 2 vertical rows, 2-3 horizontal rows of half-moon shapes, or conical odontoids. The auditory bubbles are small. The average adult body weight is about 25 g, the average body length is about 94 mm, the tail is shorter, less than 40 mm long, the average tail length is about 35 mm, accounting for about 37% of the body length. Pelage color is lighter, the dorsum is brownish gray, the color boundary between dorsal and abdominal hairs are wavy, the abdominal hair bases are gray and the hair tips are gray. Tail thicker, usually white, covered with longer hairs.

生境 / Habitat

草地、灌丛
Grassland, shrubland

▲ 地理分布 / Geographic Distribution

国内分布 / Domestic Distribution
西藏 Tibet

全球分布 / World Distribution
中国、印度、尼泊尔
China, India, Nepal

生物地理界 / Biogeographic Realm
古北界 Palearctic

WWF 生物群系 / WWF Biome
温带高山灌丛
Temperate alpine shrub

动物地理分布型 / Zoogeographic Distribution Type
Pa

分布标注 / Distribution Note
非特有种 Non-Endemic

▲ 濒危状况 / Threatened Status

中国生物多样性红色名录等级 / CB RL Category (2021)
近危 NT

IUCN 红色名录 / IUCN Red List (2021)
无危 LC

威胁因子 / Threats
未知 Unknown

▲ 法律保护地位 / Legal Protection Status

国家重点保护野生动物等级 / Category of National Key Protected Wild Animals (2021)
未列入 Not listed

"三有" 名录 / TWIESSV (2023)
未列入 Not listed

CITES 附录等级 / CITES Appendix (2023)
未列入 Not listed

迁徙物种公约附录 / CMS Appendix (2020)
未列入 Not listed

保护行动 / Conservation Action
尚无保护行动 No conservation action so far

▲ 参考文献 / References

Jiang et al. (蒋志刚等), 2021; Burgin et al., 2020; IUCN, 2020; Wilson et al., 2017; Zheng et al. (郑智民等), 2012; Smith et al., 2009

514 / 黑线仓鼠

Cricetulus barabensis Pallas, 1773

• Striped Dwarf Hamster

▲ 分类地位 / Taxonomy

啮齿目 Rodentia / 仓鼠科 Cricetidae / 仓鼠属 *Cricetulus*

科建立者及其文献 / Family Authority

Fischer, 1817

属建立者及其文献 / Genus Authority

Milne-Edwards, 1867

亚种 / Subspecies

萨拉齐亚种 *C. b. obscurus* (Milne-Edwards, 1867)
内蒙古、宁夏、甘肃、陕西和山西
Inner Mongolia, Ningxia, Gansu, Shaanxi and Shanxi

长春亚种 *C. b. fumatus* Thomas, 1909
黑龙江、吉林和内蒙古
Heilongjiang, Jilin and Inner Mongolia

三江平原亚种 *C. b. manchuricus* Mori, 1930
黑龙江 Heilongjiang

兴安岭亚种 *C. b. xinganensis* Wang, 1980
黑龙江和内蒙古
Heilongjiang and Inner Mongolia

模式标本产地 / Type Locality

俄罗斯

Russia, W Siberia, banks of Ob River, Kasmalinskii Bor (village in Altai Mtns; Pavlinov, 2002, in litt)

李玉春 / 供图

李玉春 / 供图

▲ 其他名称 / Other Name(s)

其他中文名 / Other Chinese Name(s)

花背仓鼠、纹背仓鼠、中华仓鼠

其他英文名 / Other English Name(s)

无 None

同物异名 / Synonym(s)

无 None

▲ 形态及生境 / Morphology and Habitat

形态特征 / Morphological Characteristics

齿式：1.0.0.3/1.0.0.3=16。体长 80~110 mm，尾长平均约 25 mm，后足平均 17 mm。耳灰黑色，有白边。有颊囊。背中央有一条明显的黑线，足底没有密毛，臼齿咀嚼面由 2 纵列齿突构成。

Dental formula: 1.0.0.3/1.0.0.3=16. Body length 80-110 mm, average tail length 25 mm, average hind foot length 17 mm. Ears grayish black with a white rim. Cheek pouch presents. A distinct black line in the middle of the dorsum and no dense hairs on the sole of the foot.

生境 / Habitat

耕地、荒漠

Arable land, desert

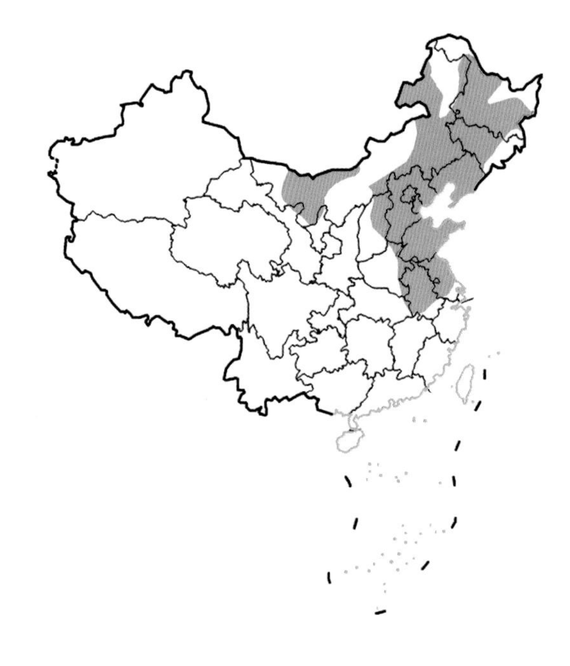

▲ 地理分布 / Geographic Distribution

国内分布 / Domestic Distribution

黑龙江、吉林、辽宁、内蒙古、河北、北京、天津、山东、河南、山西、甘肃、宁夏、安徽、江苏

Heilongjiang, Jilin, Liaoning, Inner Mongolia, Hebei, Beijing, Tianjin, Shandong, Henan, Shanxi, Gansu, Ningxia, Anhui, Jiangsu

全球分布 / World Distribution

中国、朝鲜、蒙古国、俄罗斯

China, Democratic People's Republic of Korea, Mongolia, Russia

生物地理界 / Biogeographic Realm

古北界 Palearctic

WWF 生物群系 / WWF Biome

温带草原和灌木地

Temperate Grasslands & Shrublands

动物地理分布型 / Zoogeographic Distribution Type

Xg

分布标注 / Distribution Note

非特有种 Non-Endemic

▲ 濒危状况 / Threatened Status

中国生物多样性红色名录等级 / CB RL Category (2021)

无危 LC

IUCN 红色名录 / IUCN Red List (2021)

无危 LC

威胁因子 / Threats

无 None

▲ 法律保护地位 / Legal Protection Status

国家重点保护野生动物等级 / Category of National Key Protected Wild Animals (2021)

未列入 Not listed

"三有"名录 / TWIESSV (2023)

未列入 Not listed

CITES 附录等级 / CITES Appendix (2023)

未列入 Not listed

迁徙物种公约附录 / CMS Appendix (2020)

未列入 Not listed

保护行动 / Conservation Action

尚无保护行动 No conservation action so far

▲ 参考文献 / References

Jiang et al. (蒋志刚等), 2021; Burgin et al., 2020; IUCN, 2020; Liu et al. (刘少英等), 2020; Wilson et al., 2017; Zheng et al. (郑智民等), 2012; Smith et al., 2009; Wu et al. (武文华等), 2007; Pan et al. (潘清华等), 2007; Wilson and Reeder, 2005; Wang (王应祥); Luo (罗泽珣), 2000; 2003; Zhang (张荣祖), 1997; Xia(夏武平), 1988, 1964

515 / 藏仓鼠

Cricetulus kamensis (Satunin, 1903)

- Kam Dwarf Hamster

李锦昌 / 供图

▲ 分类地位 / Taxonomy

啮齿目 Rodentia / 仓鼠科 Cricetidae / 仓鼠属 *Cricetulus*

科建立者及其文献 / Family Authority

Fischer, 1817

属建立者及其文献 / Genus Authority

Milne-Edwards, 1867

亚种 / Subspecies

指名亚种 *C. k. kamensis* (Satunin, 1902)
青海和西藏
Qinghai and Tibet

祁连山亚种 *C. kozlovi* Satunin, 1903
甘肃和青海
Gansu and Qinghai

藏南亚种 *C. k. lama* (Bonhote, 1905)
西藏 Tibet

模式标本产地 / Type Locality

中国
China, NE Tibet, Mekong Dist., Moktschjun River

▲ 其他名称 / Other Name(s)

其他中文名 / Other Chinese Name(s)

无 None

其他英文名 / Other English Name(s)

无 None

同物异名 / Synonym(s)

无 None

▲ 形态及生境 / Morphology and Habitat

形态特征 / Morphological Characteristics

齿式：1.0.0.3/1.0.0.3=16。牙齿形态和高山仓鼠基本一致。体长 88~120 mm。尾长 51~64 mm。背毛皮深灰褐色，背面可能有黑色斑点或条纹。腹毛灰白色，毛基部深色，毛尖白色。后肢上部呈黑色。尾上方有黑色窄条纹，尾下方和末端全部为白色，尾厚并覆盖有长毛。背侧和腹侧毛皮颜色对比形成波浪形外观。

Dental formula: 1.0.0.3/1.0.0.3=16. Tooth morphology is basically the same as that of the Alpine Hamster. Dorsal pelage dark grayish-brown, the dorsum may have black spots or streaks. Abdominal hairs grayish white, the hair bases are dark and the tips are white. Upper hind limbs are black. Tail has narrow black stripes on the upper part, white on the lower part and on the tail end. Tail is thick and covered with long hairs. Sides of the body have a wavy appearance, formed by the contrast of the dorsal and ventral fur colors.

生境 / Habitat

草地、灌丛、沼泽

Grassland, shrubland, swamp

▲ 地理分布 / Geographic Distribution

国内分布 / Domestic Distribution
甘肃、青海、西藏、新疆
Gansu, Qinghai, Tibet, Xinjiang

全球分布 / World Distribution
中国 China

生物地理界 / Biogeographic Realm
古北界 Palearctic

WWF 生物群系 / WWF Biome
温带针叶树森林
Temperate Conifer Forests

动物地理分布型 / Zoogeographic Distribution Type
Pa

分布标注 / Distribution Note
特有种 Endemic

▲ 濒危状况 / Threatened Status

中国生物多样性红色名录等级 / CB RL Category (2021)
近危 NT

IUCN 红色名录 / IUCN Red List (2021)
无危 LC

威胁因子 / Threats
未知 Unknown

▲ 法律保护地位 / Legal Protection Status

国家重点保护野生动物等级 / Category of National Key Protected Wild Animals (2021)
未列入 Not listed

"三有"名录 / TWIESSV (2023)
未列入 Not listed

CITES 附录等级 / CITES Appendix (2023)
未列入 Not listed

迁徙物种公约附录 / CMS Appendix (2020)
未列入 Not listed

保护行动 / Conservation Action
尚无保护行动 No conservation action so far

▲ 参考文献 / References

Jiang et al. (蒋志刚等), 2021; Burgin et al., 2020; IUCN, 2020; Wilson et al., 2017; Zheng et al. (郑智民等), 2012; Smith et al., 2009; Pan et al. (潘清华等), 2007; Wilson and Reeder, 2005; Wang (王应祥), 2003; Luo (罗泽珣), 2000; Zhang (张荣祖), 1997; Xia (夏武平), 1988, 1964

516 / 长尾仓鼠

Cricetulus longicaudatus
(Milne-Edwards, 1867)

• Long-tailed Dwarf Hamster

▲ 分类地位 / Taxonomy

啮齿目 Rodentia / 仓鼠科 Cricetidae / 仓鼠属 *Cricetulus*

科建立者及其文献 / Family Authority
Fischer, 1817

属建立者及其文献 / Genus Authority
Milne-Edwards, 1867

亚种 / Subspecies
指名亚种 *C. l. longicaudatus* (Milne-Edwards, 1867)
内蒙古、河北、北京、天津、河南、山西、陕西、甘肃、宁夏、青海和新疆
Inner Mongolia, Hebei, Beijing, Tianjin, Henan, Shanxi, Shaanxi, Gansu, Ningxia, Qinghai and Xinjiang

曲麻莱亚种 *C. l. chiumalaiensis* Wang et Cheng, 1973
青海和西藏
Qinghai and Tibet

模式标本产地 / Type Locality
中国
China, N Shanxi (Shansi), near Saratsi

▲ 其他名称 / Other Name(s)

其他中文名 / Other Chinese Name(s)
无 None

其他英文名 / Other English Name(s)
无 None

同物异名 / Synonym(s)
无 None

▲ 形态及生境 / Morphology and Habitat

形态特征 / Morphological Characteristics
齿式：1.0.0.3/1.0.0.3=16。体长平均 92 mm，尾长平均 35 mm，尾长略占体长的 38%。尾长占体长的比例比仓鼠属中的黑线仓鼠、索氏仓鼠和灰仓鼠都大，与高山仓鼠相当。面部皮毛浅棕色。眼睛上方有明显的白色斑点。有颊囊。背毛沙黄色或深褐色灰色。腹毛淡灰白色，毛基部淡灰黑色，毛尖白色。身体两侧有一条近乎水平的线条。尾长短仅身体长度的五分之一。

Dental formula: 1.0.0.3/1.0.0.3=16. The average body length is 92 mm, and the average tail length is 35 mm, accounting for slightly 38% of the body length. The proportion of tail length to body length was larger than that of Striped Dwarf Hamster, *Cricetulus barabensis*, Sokolov's Dwarf Hamster, *C. sokolovi* and Gray Dwarf Hamster, *C. migratorius*, and similar to that of Ladak Hamster, *C. alticola*. Facial hairs light brown. A profound white spots above the eyes. Cheek pouch presents. Dorsal hairs yellow or dark brownish gray. Abdominal hairs grayish white. The bases of hairs grayish black, and the tips of hairs white. A sharp, almost horizontal line on both ventral sides of the body. Tail is only about one fifth the length of the body.

生境 / Habitat
温带草原、灌丛
Temperate grassland, shrubland

▲ 地理分布 / Geographic Distribution

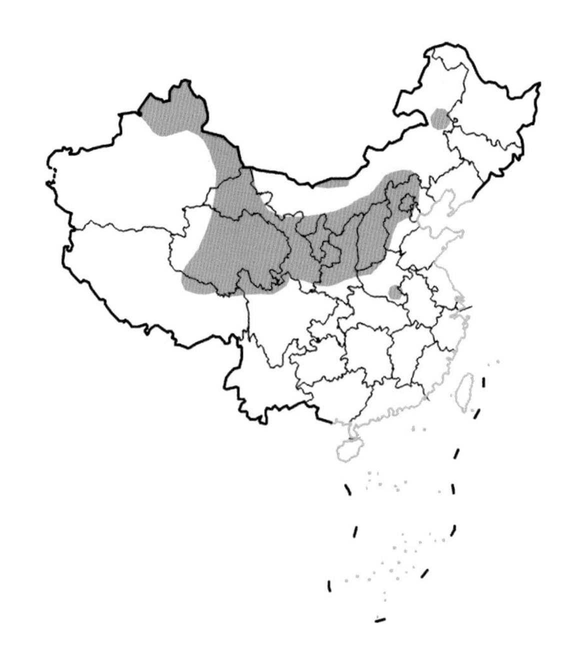

国内分布 / Domestic Distribution

内蒙古、河北、北京、天津、河南、山西、陕西、甘肃、宁夏、四川、青海、西藏、新疆

Inner Mongolia, Hebei, Beijing, Tianjin, Henan, Shanxi, Shaanxi, Gansu, Ningxia, Sichuan, Qinghai, Tibet, Xinjiang

全球分布 / World Distribution

中国、哈萨克斯坦、蒙古国、俄罗斯

China, Kazakhstan, Mongolia, Russia

生物地理界 / Biogeographic Realm

古北界 Palearctic

WWF 生物群系 / WWF Biome

温带草原、灌丛

Temperate Grasslands, Savannas & Shrublands

动物地理分布型 / Zoogeographic Distribution Type

D

分布标注 / Distribution Note

非特有种 Non-Endemic

▲ 濒危状况 / Threatened Status

中国生物多样性红色名录等级 / CB RL Category (2021)

无危 LC

IUCN 红色名录 / IUCN Red List (2021)

无危 LC

威胁因子 / Threats

无 None

▲ 法律保护地位 / Legal Protection Status

国家重点保护野生动物等级 / Category of National Key Protected Wild Animals (2021)

未列入 Not listed

"三有"名录 / TWIESSV (2023)

未列入 Not listed

CITES 附录等级 / CITES Appendix (2023)

未列入 Not listed

迁徙物种公约附录 / CMS Appendix (2020)

未列入 Not listed

保护行动 / Conservation Action

尚无保护行动 No conservation action so far

▲ 参考文献 / References

Jiang et al. (蒋志刚等), 2021; Burgin et al., 2020; IUCN, 2020; Wilson et al., 2017; Luo (罗泽珣), 2000; Zheng et al. (郑智民等), 2012; Smith et al., 2009; Pan et al. (潘清华等), 2007; Wilson and Reeder, 2005; Wang (王应祥), 2003; Shi and Lang (史荣耀和郎彩琴), 2000; Zhang (张荣祖), 1997; Shi et al. (施银柱等), 1991; Xia(夏武平), 1988, 1964

517 / 灰仓鼠

Cricetulus migratorius (Pallas, 1773)

- Gray Dwarf Hamster

▲ 分类地位 / Taxonomy

啮齿目 Rodentia / 仓鼠科 Cricetidae / 仓鼠属 *Cricetulus*

科建立者及其文献 / Family Authority
Fischer, 1817

属建立者及其文献 / Genus Authority
Milne-Edwards, 1867

亚种 / Subspecies
南疆亚种 *C. m. fulvus* Blanford, 1875
新疆 Xinjiang

北疆亚种 *C. m. caesius* Kashkarov, 1923
新疆、内蒙古、宁夏、甘肃和青海
Xinjiang, Inner Mongolia, Ningxia, Gansu and Qinghai

帕米尔亚种 *C. m. coerulescens* Severtzov 1879
新疆 Xinjiang

模式标本产地 / Type Locality
俄罗斯西伯利亚乌拉尔河下游
Lower Ural River, Siberia, Russia

▲ 其他名称 / Other Name(s)

其他中文名 / Other Chinese Name(s)
仓鼠

其他英文名 / Other English Name(s)
Migratory Hamster

同物异名 / Synonym(s)
无 None

▲ 形态及生境 / Morphology and Habitat

形态特征 / Morphological Characteristics

齿式：1.0.0.3/1.0.0.3=16。牙齿也和其他仓鼠差不多，由2纵列齿突构成。体长平均约96 mm，尾相对较短，平均约29 mm，尾长和体长之比为0.3。耳大，平均约17.5 mm，在仓鼠属中最大。不同于其他仓鼠，耳无白边。和其他仓鼠一样，有颊囊。体背毛色以灰白色为主。有些老年个体体背淡棕。腹部被毛毛基灰色，毛尖白色。尾上下均为白色。

Dental formula: 1.0.0.3/1.0.0.3=16. Teeth, like those of other hamsters, are made up of two longitudinal odontoids. The average body length is about 96 mm, and the tail is relatively short, averaging about 29 mm, with a ratio of tail length to body length of 0.3. The ear is the largest in the genus, with an average length of about 17.5 mm, Ear length about 18 mm, unlike other hamsters, ears without white rim. Tail length is about 30% of the body length. Cheek pouches present, like those of other hamsters. Dorsal hair color mainly gray white. Some older individuals have a light brown back. Abdominal hair bases gray, tips white. Tail is white on both upper and under parts.

生境 / Habitat
温带草原、灌木地
Temperate grassland, shrubland

▲ 地理分布 / Geographic Distribution

国内分布 / Domestic Distribution

内蒙古、新疆、宁夏、甘肃、青海

Inner Mongolia, Xinjiang, Ningxia, Gansu, Qinghai

全球分布 / World Distribution

阿富汗、阿塞拜疆、保加利亚、中国、印度、伊朗、伊拉克、以色列、约旦、哈萨克斯坦、黎巴嫩、摩尔多瓦、蒙古国、巴基斯坦、罗马尼亚、俄罗斯、叙利亚、土耳其、乌克兰

Afghanistan, Azerbaijan, Bulgaria, China, India, Iran, Iraq, Israel, Jordan, Kazakhstan, Lebanon, Moldova, Mongolia, Pakistan, Romania, Russia, Syria, Turkey, Ukraine

生物地理界 / Biogeographic Realm

古北界 Palearctic

WWF 生物群系 / WWF Biome

温带草原、热带稀树草原和灌木地

Temperate Grasslands, Savannas & Shrublands

动物地理分布型 / Zoogeographic Distribution Type

D

分布标注 / Distribution Note

非特有种 Non-Endemic

▲ 濒危状况 / Threatened Status

中国生物多样性红色名录等级 / CB RL Category (2021)

无危 LC

IUCN 红色名录 / IUCN Red List (2021)

无危 LC

威胁因子 / Threats

无 None

▲ 法律保护地位 / Legal Protection Status

国家重点保护野生动物等级 / Category of National Key Protected Wild Animals (2021)

未列入 Not listed

"三有" 名录 / TWIESSV (2023)

未列入 Not listed

CITES 附录等级 / CITES Appendix (2023)

未列入 Not listed

迁徙物种公约附录 / CMS Appendix (2020)

未列入 Not listed

保护行动 / Conservation Action

尚无保护行动 No conservation action so far

▲ 参考文献 / References

Jiang et al. (蒋志刚等), 2021; Burgin et al., 2020; IUCN, 2020; Wilson et al., 2017; Tursun et al. (阿不都热合曼·吐尔逊等), 2008; Wang (王应祥), 2003

518 / 索氏仓鼠

Cricetulus sokolovi Orlov and Malygin, 1988

- Sokolov's Dwarf Hamster

▲ 分类地位 / Taxonomy

啮齿目 Rodentia / 仓鼠科 Cricetidae / 仓鼠属 *Cricetulus*

科建立者及其文献 / Family Authority
Fischer, 1817

属建立者及其文献 / Genus Authority
Milne-Edwards, 1867

亚种 / Subspecies
无 None

模式标本产地 / Type Locality
蒙古国
Western Mongolia

▲ 其他名称 / Other Name(s)

其他中文名 / Other Chinese Name(s)
无 None

其他英文名 / Other English Name(s)
无 None

同物异名 / Synonym(s)
无 None

▲ 形态及生境 / Morphology and Habitat

形态特征 / Morphological Characteristics

齿式：1.0.0.3/1.0.0.3=16。头体长 77~114 mm。颅全长 23~26 mm。耳长 13~19 mm。尾长 18~32 mm。体毛呈灰色，背部有黑色条纹，从颈部一直延伸到尾根部。耳朵和背毛颜色相同，耳背中间有 1 个深灰色斑点。年青个体背部容易看到深色条纹，背部深色条纹随着个体年龄增长而褪色。足是白色的，脚趾向上弯曲。

Dental formula: 1.0.0.3/1.0.0.3=16. Head and body length 77-114 mm. Skull length 23-26 mm. Ear length 13-19 mm. Tail length 18-32 mm. Body fur is grey with a dark stripe on the dorsum that runs from the neck to the base of the tail. Ears are the same color as the fur, with a dark grey spot in the inside middle. Dark stripe on dorsum is seen more visible in younger animals and fades with age. The feet are white and the toes curl upwards.

生境 / Habitat

草原、荒漠
Grassland, desert

▲ 地理分布 / Geographic Distribution

国内分布 / Domestic Distribution
内蒙古 Inner Mongolia

全球分布 / World Distribution
中国、蒙古国
China, Mongolia

生物地理界 / Biogeographic Realm
古北界 Palearctic

WWF 生物群系 / WWF Biome
温带草原、热带稀树草原和灌木地
Temperate Grasslands, Savannas & Shrublands

动物地理分布型 / Zoogeographic Distribution Type
Id

分布标注 / Distribution Note
非特有种 Non-Endemic

▲ 濒危状况 / Threatened Status

中国生物多样性红色名录等级 / CB RL Category (2021)
未评定 NE

IUCN 红色名录 / IUCN Red List (2021)
近危 NT

威胁因子 / Threats
未知 Unknown

▲ 法律保护地位 / Legal Protection Status

国家重点保护野生动物等级 / Category of National Key Protected Wild Animals (2021)
未列入 Not listed

“三有”名录 / TWIESSV (2023)
未列入 Not listed

CITES 附录等级 / CITES Appendix (2023)
未列入 Not listed

迁徙物种公约附录 / CMS Appendix (2020)
未列入 Not listed

保护行动 / Conservation Action
尚无保护行动 No conservation action so far

▲ 参考文献 / References

Burgin et al., 2020; IUCN, 2020; Wilson et al., 2017

519 / 大仓鼠

Tscherskia triton (de Winton, 1899)

- Greater Long-tailed Hamster

▲ 分类地位 / Taxonomy

啮齿目 Rodentia / 仓鼠科 Cricetidae / 大仓鼠属 *Tscherskia*

科建立者及其文献 / Family Authority

Fischer, 1817

属建立者及其文献 / Genus Authority

Ognev, 1914

亚种 / Subspecies

指名亚种 *T. t. triton* (de Winton, 1899)
河北、北京、山东、江苏、河南、山西、陕西、安徽和浙江
Hebei, Beijing, Shandong, Jiangsu, Henan, Shanxi, Shaanxi, Anhui and Zhejiang

山西亚种 *T. t. incanus* (Thomas, 1908)
山西、陕西和内蒙古
Shanxi, Shaanxi and Inner Mongolia

东北亚种 *T. t. fuscipes* G. Allen, 1925
黑龙江、吉林、辽宁和内蒙古东部
Heilongjiang, Jilin, Liaoning and Inner Mongolia

秦岭亚种 *T. t. collinus* (G. Allen, 1925)
陕西和山西 Shaanxi and Shanxi

模式标本产地 / Type Locality

中国
China, N Shantung

刘[illegible]洵 / 供图

▲ 其他名称 / Other Name(s)

其他中文名 / Other Chinese Name(s)

灰仓鼠、搬仓鼠、大腮鼠

其他英文名 / Other English Name(s)

无 None

同物异名 / Synonym(s)

无 None

▲ 形态及生境 / Morphology and Habitat

形态特征 / Morphological Characteristics

齿式：1.0.0.3/1.0.0.3=16。个体大。头骨粗壮。体长平均约 140 mm，尾较长，平均约 80 mm，尾长和体长之比平均达到 58%。尾端至少有一段为纯白色。体背被毛灰白色，腹面毛基灰色，毛尖白色。耳缘白色。

Dental formula: 1.0.0.3/1.0.0.3=16. Large, stout skulls. Cheek pouches present. Average body length is about 140 mm, and the average tail length is about 80 mm, and the ratio of tail length to body length is 58% on average. The tailend is more or less pure white. Dorsal hairs gray, abdominal hair bases gray, hair tips white. Ear rims white.

生境 / Habitat

草原、农田、山地林缘
Grassland, farmland, margin of montane forest

▲ 地理分布 / Geographic Distribution

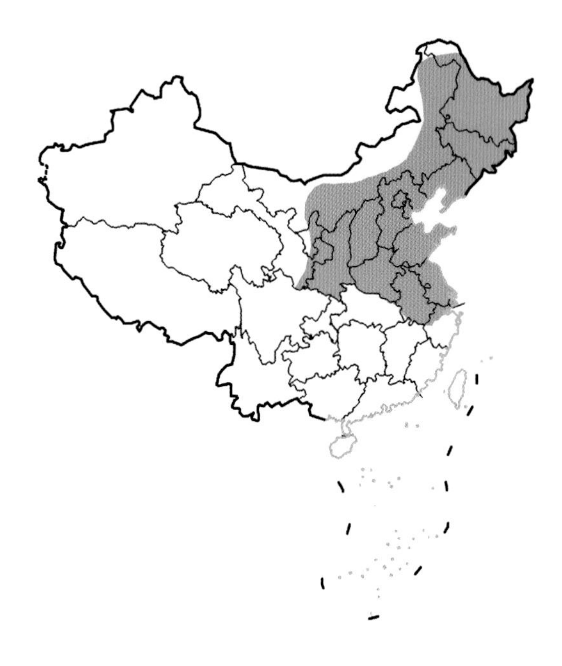

国内分布 / Domestic Distribution

黑龙江、吉林、辽宁、内蒙古、河北、北京、天津、山东、河南、山西、陕西、宁夏、甘肃、江苏、安徽、浙江

Heilongjiang, Jilin, Liaoning, Inner Mongolia, Hebei, Beijing, Tianjin, Shandong, Henan, Shanxi, Shaanxi, Ningxia, Gansu, Jiangsu, Anhui, Zhejiang

全球分布 / World Distribution

中国、朝鲜、韩国、俄罗斯

China, Democratic People's Republic of Korea, Republic of Korea, Russia

生物地理界 / Biogeographic Realm

古北界 Palearctic

WWF 生物群系 / WWF Biome

温带阔叶和混交林

Temperate Broadleaf & Mixed Forests

动物地理分布型 / Zoogeographic Distribution Type

Xa

分布标注 / Distribution Note

非特有种 Non-Endemic

▲ 濒危状况 / Threatened Status

中国生物多样性红色名录等级 / CB RL Category (2021)

无危 LC

IUCN 红色名录 / IUCN Red List (2021)

无危 LC

威胁因子 / Threats

无 None

▲ 法律保护地位 / Legal Protection Status

国家重点保护野生动物等级 / Category of National Key Protected Wild Animals (2021)

未列入 Not listed

"三有"名录 / TWIESSV (2023)

未列入 Not listed

CITES 附录等级 / CITES Appendix (2023)

未列入 Not listed

迁徙物种公约附录 / CMS Appendix (2020)

未列入 Not listed

保护行动 / Conservation Action

尚无保护行动 No conservation action so far

▲ 参考文献 / References

Jiang et al. (蒋志刚等), 2021; Burgin et al., 2020; IUCN, 2020; Liu et al. (刘少英等), 2020; Wilson et al., 2017; Zheng et al. (郑智民等), 2012; Smith et al., 2009; Gao et al. (高倩等), 2008; Pan et al. (潘清华等), 2007; Wilson and Reeder, 2005; Wang (王应祥), 2003; Luo (罗泽珣), 2000; Xia(夏武平), 1988, 1964

520 / 无斑短尾仓鼠

Allocricetulus curtatus (G. M. Allen, 1925)

• Mongolian Hamster

▲ 分类地位 / Taxonomy

啮齿目 Rodentia / 仓鼠科 Cricetidae / 短尾仓鼠属 *Allocricetulus*

科建立者及其文献 / Family Authority

Fischer, 1817

属建立者及其文献 / Genus Authority

Argyropulo, 1932

亚种 / Subspecies

无 None

模式标本产地 / Type Locality

中国

China, W Inner Mongolia, Iren Dabasu (Ehrlien)

▲ 其他名称 / Other Name(s)

其他中文名 / Other Chinese Name(s)

无 None

其他英文名 / Other English Name(s)

无 None

同物异名 / Synonym(s)

无 None

▲ 形态及生境 / Morphology and Habitat

形态特征 / Morphological Characteristics

齿式：1.0.0.3/1.0.0.3=16。个体较大，体长平均约 110 mm，尾短，平均约 23 mm，最大一般不超过 28 mm。背部毛发呈浅棕黄色或灰色，接近浅肉桂色。腹部毛发白色，从脸颊、前臂向两侧延伸到大腿。胸部无深色毛斑块。尾短，长度接近或稍长于后足。尾呈圆锥形。尾基毛长，几乎达到尾尖。

Dental formula: 1.0.0.3/1.0.0.3=16. Body size is large, with an average body length of about 110 mm and a short tail of about 23 mm on average, and the maximal tail length is generally not more than 28 mm. Dorsal hairs light brown yellow gray, close to light cinnamon color. White hairs on abdomen extend to all sides, from the cheeks, the forearms, to the thighs. No dark hairy patch on chest. Tail short, near or slightly longer than hind foot. Tail is conical in shape. Caudal base hairs long, almost reach the tail tip.

生境 / Habitat

温带草原、温带半荒漠

Temperate grassland, temperate semi-desert

▲ 地理分布 / Geographic Distribution

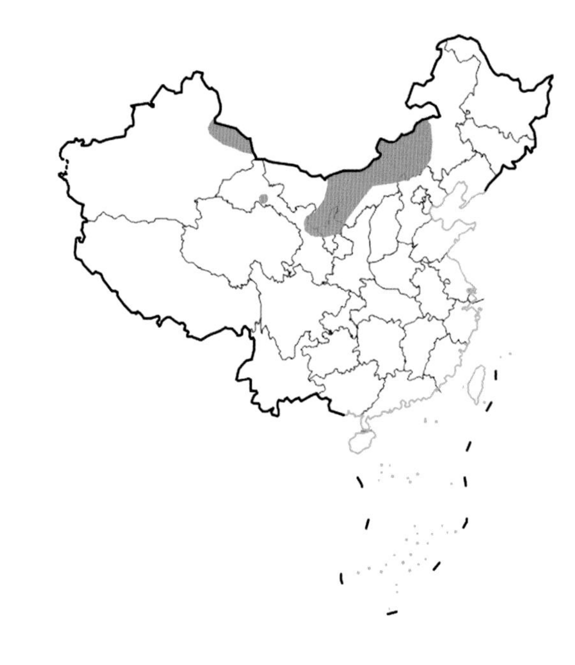

国内分布 / Domestic Distribution
宁夏、甘肃、内蒙古、新疆
Ningxia, Gansu, Inner Mongolia, Xinjiang

全球分布 / World Distribution
中国、蒙古国、俄罗斯
China, Mongolia, Russia

生物地理界 / Biogeographic Realm
古北界 Palearctic

WWF 生物群系 / WWF Biome
温带阔叶和混交林温带草原、温带荒漠草原
Temperate Grasslands, Savannas & Shrublands

动物地理分布型 / Zoogeographic Distribution Type
Ga

分布标注 / Distribution Note
非特有种 Non-Endemic

▲ 濒危状况 / Threatened Status

中国生物多样性红色名录等级 / CB RL Category (2021)
无危 LC

IUCN 红色名录 / IUCN Red List (2021)
无危 LC

威胁因子 / Threats
无 None

▲ 法律保护地位 / Legal Protection Status

国家重点保护野生动物等级 / Category of National Key Protected Wild Animals (2021)
未列入 Not listed

"三有"名录 / TWIESSV (2023)
未列入 Not listed

CITES 附录等级 / CITES Appendix (2023)
未列入 Not listed

迁徙物种公约附录 / CMS Appendix (2020)
未列入 Not listed

保护行动 / Conservation Action
尚无保护行动 No conservation action so far

▲ 参考文献 / References

Jiang et al. (蒋志刚等), 2021; Burgin et al., 2020; IUCN, 2020; Wilson et al., 2017; Luo (罗泽珣), 2000; Zheng et al. (郑智民等), 2012; Pan et al. (潘清华等), 2007; Wilson and Reeder, 2005; Wang (王应祥), 2003; Zhang (张荣祖), 1997; Xu and Huang (徐肇华和黄文几), 1982

521 / 短尾仓鼠

Allocricetulus eversmanni (Brandt, 1859)

- Eversmann's Hamster

▲ 分类地位 / Taxonomy

啮齿目 Rodentia / 仓鼠科 Cricetidae / 短尾仓鼠属 *Allocricetulus*

科建立者及其文献 / Family Authority

Fischer, 1817

属建立者及其文献 / Genus Authority

Argyropulo, 1932

亚种 / Subspecies

哈萨克亚种 *A. e. beljawi* Argyropulo, 1932
新疆 Xinjiang

模式标本产地 / Type Locality

俄罗斯
Russia, Orenburg Oblast, near Orenburg

▲ 其他名称 / Other Name(s)

其他中文名 / Other Chinese Name(s)

埃氏仓鼠

其他英文名 / Other English Name(s)

无 None

同物异名 / Synonym(s)

无 None

▲ 形态及生境 / Morphology and Habitat

形态特征 / Morphological Characteristics

齿式：1.0.0.3/1.0.0.3=16。头体长 103~136 mm。耳长 13~25 mm。后足长 16~20 mm。尾长 20~31 mm。染色体 2n=26。体重 32~68 g。背毛灰褐色到砂赭色不等，毛基部深灰色，毛尖黑毛。体侧和腹部毛皮淡灰白色，毛基部毛浅灰色，毛尖白色。颈部以下、后脚和尾下部毛色为白色。胸部前肢之间有大小不一的黑斑。尾很短，短于后足，几近裸露。

Dental formula: 1.0.0.3/1.0.0.3=16. Head and body length 103-136 mm, ear length 13-25 mm, hindfoot length 16-20 mm, tail length 20-31mm, body weight 32-68 g. Chromosome nunmber has 2n=26. Head and upperparts of the body vary from grayish brown to sandy ocher, hair bases dark gray, hair tips black. Body side and belly fur grayish white, hair bases light gray, hair tips white. White hairs below the neck, hind feet and underpart of the tail. Underparts of the body are white color, with dark spot of variable size on breast between forelimbs. The tail is short, shorter than the hind feet, and almost bare.

生境 / Habitat

草地、半荒漠
Grassland, semi-desert

▲ 地理分布 / Geographic Distribution

国内分布 / Domestic Distribution
新疆 Xinjiang

全球分布 / World Distribution
中国、哈萨克斯坦、俄罗斯
China, Kazakhstan, Russia

生物地理界 / Biogeographic Realm
古北界 Palearctic

WWF 生物群系 / WWF Biome
温带草原、热带稀树草原和灌木地
Temperate Grasslands, Savannas & Shrublands

动物地理分布型 / Zoogeographic Distribution Type
D

分布标注 / Distribution Note
非特有种 Non-Endemic

▲ 濒危状况 / Threatened Status

中国生物多样性红色名录等级 / CB RL Category (2021)
无危 LC

IUCN 红色名录 / IUCN Red List (2021)
无危 LC

威胁因子 / Threats
无 None

▲ 法律保护地位 / Legal Protection Status

国家重点保护野生动物等级 / Category of National Key Protected Wild Animals (2021)
未列入 Not listed

“三有”名录 / TWIESSV (2023)
未列入 Not listed

CITES 附录等级 / CITES Appendix (2023)
未列入 Not listed

迁徙物种公约附录 / CMS Appendix (2020)
未列入 Not listed

保护行动 / Conservation Action
尚无保护行动 No conservation action so far

▲ 参考文献 / References

Jiang et al. (蒋志刚等), 2021; Burgin et al., 2020; IUCN, 2020; Wilson et al., 2017; Zheng et al. (郑智民等), 2012; Smith et al., 2009; Wilson and Reeder, 2005; Wang (王应祥), 2003; Luo (罗泽珣), 2000; Xia(夏武平), 1988, 1964

522 / 坎氏毛足鼠

Phodopus campbelli (Thomas, 1905)

- Campbell's Desert Hamster

▲ 分类地位 / Taxonomy

啮齿目 Rodentia / 仓鼠科 Cricetidae / 毛足鼠属 *Phodopus*

科建立者及其文献 / Family Authority
Fischer, 1817

属建立者及其文献 / Genus Authority
Miller, 1910

亚种 / Subspecies
无 None

模式标本产地 / Type Locality
蒙古国
NE Mongolia, Shaborte (see Pavlinov and Rossolimo, 1987, for additional comments)

刘洋 / 供图

▲ 其他名称 / Other Name(s)

其他中文名 / Other Chinese Name(s)
无 None

其他英文名 / Other English Name(s)
Campbell's Hamster

同物异名 / Synonym(s)
无 None

▲ 形态及生境 / Morphology and Habitat

形态特征 / Morphological Characteristics

齿式：1.0.0.3/1.0.0.3=16。耳缘灰白色，耳前面覆盖灰白色短毛。耳后有一块灰白色或灰棕色斑。背毛灰白色至深灰色，带淡黄色调。背面中央有一条明显的黑色或黑棕色线。腹面纯白色。背腹毛色界线波状。腹毛毛色向背面突出，在体侧面形成3块灰白色斑。第一块在前肢上方，第二块在腹侧，第三块在后肢上前方。足底有浓密的毛。足背面浅灰白色或者白色，侧面和腹面白色。尾极短，不及后足长，尾背面灰白色，尾腹面及侧面白色。

Dental formula: 1.0.0.3/1.0.0.3=16. Ear rims grayish white, ears front cover grayish white short hairs. A grayish-white or grayish-brown spot behind the ear. Dorsal hairs are grayish-white to dark gray with a light yellow tone. A distinct black or dark brown line in the middle of the dorsum. Ventral surface is pure white. Color boundary of dorsal and abdominal hairs is wavy shaped. Abdominal hair color protrudes to the dorsum and forms 3 gray and white spots on the ventral side. The first is above the forelimb, the second is on the ventral side, and the third is in the front of the hind limb. Thick hairs on the soles of feet. Dorsal part of the feet is pale white or white, white hairs on the sides and bottoms. The tail is very short, not as long as the hind foot. Back of tail grayish, the underpart and sides of the tail are white.

生境 / Habitat

温带草地 Temperate grassland

▲ 地理分布 / Geographic Distribution

国内分布 / Domestic Distribution
内蒙古、河北、辽宁、吉林
Inner Mongolia, Hebei, Liaoning, Jilin

全球分布 / World Distribution
中国、哈萨克斯坦、蒙古国、俄罗斯
China, Kazakhstan, Mongolia, Russia

生物地理界 / Biogeographic Realm
古北界 Palearctic

WWF 生物群系 / WWF Biome
温带草原、热带稀树草原和灌木地
Temperate Grasslands, Savannas & Shrublands

动物地理分布型 / Zoogeographic Distribution Type
Ga

分布标注 / Distribution Note
非特有种 Non-Endemic

▲ 濒危状况 / Threatened Status

中国生物多样性红色名录等级 / CB RL Category (2021)
数据缺乏 DD

IUCN 红色名录 / IUCN Red List (2021)
无危 LC

威胁因子 / Threats
未知 Unknown

▲ 法律保护地位 / Legal Protection Status

国家重点保护野生动物等级 / Category of National Key Protected Wild Animals (2021)
未列入 Not listed

"三有"名录 / TWIESSV (2023)
未列入 Not listed

CITES 附录等级 / CITES Appendix (2023)
未列入 Not listed

迁徙物种公约附录 / CMS Appendix (2020)
未列入 Not listed

保护行动 / Conservation Action
尚无保护行动 No conservation action so far

▲ 参考文献 / References

Jiang et al. (蒋志刚等), 2021; Burgin et al., 2020; IUCN, 2020; Wilson et al., 2017; Zheng et al. (郑智民等), 2012; Pan et al. (潘清华等), 2007; Wilson and Reeder, 2005; Wang (王应祥), 2003; Smith et al., 2009; Luo (罗泽珣), 2000; Zheng and Li (郑生武和李保国), 1999; Zhang (张荣祖), 1997; Corbet and Hill, 1991

523 / 小毛足鼠

Phodopus roborovskii (Satunin, 1903)

- Roborovski's Desert Hamster

▲ 分类地位 / Taxonomy

啮齿目 Rodentia / 仓鼠科 Cricetidae / 毛足鼠属 *Phodopus*

科建立者及其文献 / Family Authority

Fischer, 1817

属建立者及其文献 / Genus Authority

Miller, 1910

亚种 / Subspecies

无 None

模式标本产地 / Type Locality

中国

China, Nan Shan Mtns, upper part of Shargol Dzhin River

▲ 其他名称 / Other Name(s)

其他中文名 / Other Chinese Name(s)

豆鼠、荒漠毛庶鼠

其他英文名 / Other English Name(s)

Roborowski's Hamster

同物异名 / Synonym(s)

无 None

▲ 形态及生境 / Morphology and Habitat

形态特征 / Morphological Characteristics

齿式：1.0.0.3/1.0.0.3=16。体长平均 72 mm。尾长 14 mm 以下。头颈部毛长，耳露出毛外，着沙褐色短毛。眼上方和耳后有白色斑块。身体背面沙褐色，臀部毛色黄褐色。腹部毛纯白色。背腹毛色界线明显。前后足密生纯白色毛。爪白色。

Dental formula: 1.0.0.3/1.0.0.3=16. Average body length is 72 mm. Tail length below 14 mm. Head and shoulder covered with long hairs. Ears covered with short sandy brown hairs, expose out the long hairs. White patches above eyes and behind ears. The back of the body is sandy brown, and the hips are tawny. Belly hairs are pure white. Color boundary of dorsal and abdominal hairs is clear. Front and rear feet covered with dense pure white hairs, paw white.

生境 / Habitat

温带草地、温带灌丛

Temperate grassland, temperate shrubland

▲ 地理分布 / Geographic Distribution

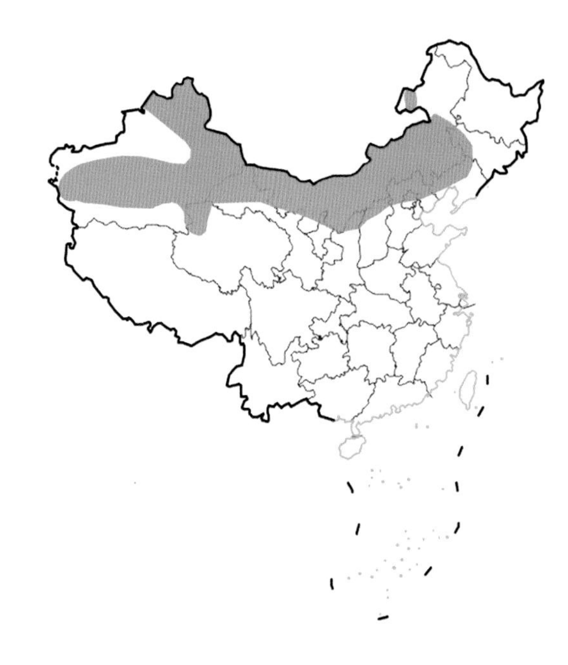

国内分布 / Domestic Distribution
吉林、辽宁、内蒙古、陕西、山西、甘肃、青海、新疆、河北
Jilin, Liaoning, Inner Mongolia, Shaanxi, Shanxi, Gansu, Qinghai, Xinjiang, Hebei

全球分布 / World Distribution
中国、哈萨克斯坦、蒙古国、俄罗斯
China, Kazakhstan, Mongolia, Russia

生物地理界 / Biogeographic Realm
古北界 Palearctic

WWF 生物群系 / WWF Biome
温带草原，热带稀树草原和灌木地
Temperate Grasslands, Savannas & Shrublands

动物地理分布型 / Zoogeographic Distribution Type
Dn

分布标注 / Distribution Note
非特有种 Non-Endemic

▲ 濒危状况 / Threatened Status

中国生物多样性红色名录等级 / CB RL Category (2021)
无危 LC

IUCN 红色名录 / IUCN Red List (2021)
无危 LC

威胁因子 / Threats
无 None

▲ 法律保护地位 / Legal Protection Status

国家重点保护野生动物等级 / Category of National Key Protected Wild Animals (2021)
未列入 Not listed

“三有”名录 / TWIESSV (2023)
未列入 Not listed

CITES 附录等级 / CITES Appendix (2023)
未列入 Not listed

迁徙物种公约附录 / CMS Appendix (2020)
未列入 Not listed

保护行动 / Conservation Action
尚无保护行动 No conservation action so far

▲ 参考文献 / References

Jiang et al. (蒋志刚等), 2021; Burgin et al., 2020; IUCN, 2020; Liu et al. (刘少英等), 2020; Zheng et al. (郑智民等), 2012; Smith et al., 2009; Pan et al. (潘清华等), 2007; Wang (王应祥), 2003; Hou et al. (侯希贤等), 2003, 2000; Zhang (张荣祖), 1997

524 / 鼹形田鼠

Ellobius talpinus Blasius, 1884

- Northern Mole Vole

▲ 分类地位 / Taxonomy

啮齿目 Rodentia / 仓鼠科 Cricetidae / 鼹形田鼠属 *Ellobius*

科建立者及其文献 / Family Authority

Fischer, 1817

属建立者及其文献 / Genus Authority

Fischer, 1814

亚种 / Subspecies

无共识 No consensus

模式标本产地 / Type Locality

俄罗斯

Russia, W Bank of Volga River, between Kuibyshev (Samara) and Kostychi

▲ 其他名称 / Other Name(s)

其他中文名 / Other Chinese Name(s)

无 None

其他英文名 / Other English Name(s)

无 None

同物异名 / Synonym(s)

无 None

▲ 形态及生境 / Morphology and Habitat

形态特征 / Morphological Characteristics

齿式: 1.0.0.3/1.0.0.3=16。前额至眼周及鼻侧黑色，头部其余部分黄褐色。门齿大而长，前倾，白色。毛浓密厚实，绒毛状。眼小，耳退化，隐蔽于毛中。高度适应地下生活。前后足背面白色。爪较大，适于掘土。尾很短，小于后足长。

Dental formula: 1.0.0.3/1.0.0.3=16. Hairs from the forehead to eye and nose black, the rest of the head yellow brown. Incisors white, large and long, protruding forward. Hairs thick and downy. Eyes small, ears degenerated, concealed in hairs. Highly adapted for underground living. White hairs on the backs of front and rear feet. Large claws, suitable for digging. Tail very short, less than the length of hind foot.

生境 / Habitat

北方森林、灌丛、草原

Boreal forest, shrubland, grassland

▲ 地理分布 / Geographic Distribution

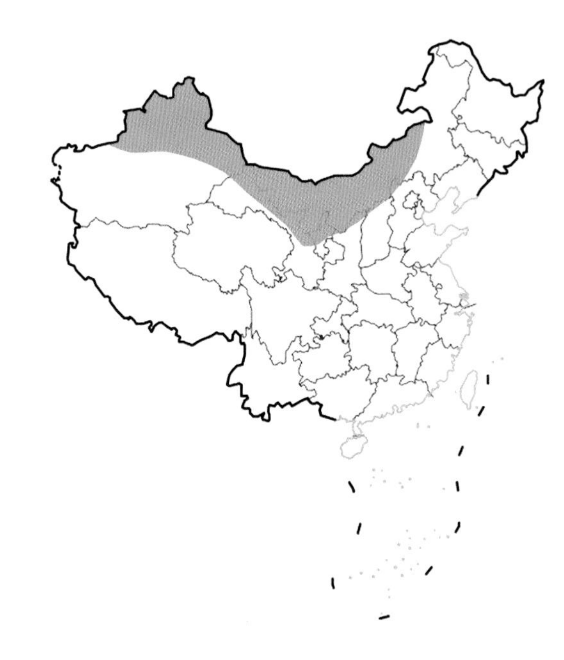

国内分布 / Domestic Distribution
内蒙古、陕西、甘肃、宁夏、新疆
Inner Mongolia, Shaanxi, Gansu, Ningxia, Xinjiang

全球分布 / World Distribution
中国、哈萨克斯坦、俄罗斯、土库曼斯坦、乌克兰、乌兹别克斯坦
China, Kazakhstan, Russia, Turkmenistan, Ukraine, Uzbekistan

生物地理界 / Biogeographic Realm
古北界 Palearctic

WWF 生物群系 / WWF Biome
北方森林 / 针叶林
Boreal Forests/Taiga

动物地理分布型 / Zoogeographic Distribution Type
Dc

分布标注 / Distribution Note
非特有种 Non-Endemic

▲ 濒危状况 / Threatened Status

中国生物多样性红色名录等级 / CB RL Category (2021)
无危 LC

IUCN 红色名录 / IUCN Red List (2021)
无危 LC

威胁因子 / Threats
无 None

▲ 法律保护地位 / Legal Protection Status

国家重点保护野生动物等级 / Category of National Key Protected Wild Animals (2021)
未列入 Not listed

"三有"名录 / TWIESSV (2023)
未列入 Not listed

CITES 附录等级 / CITES Appendix (2023)
未列入 Not listed

迁徙物种公约附录 / CMS Appendix (2020)
未列入 Not listed

保护行动 / Conservation Action
尚无保护行动 No conservation action so far

▲ 参考文献 / References

Jiang et al. (蒋志刚等), 2021; Burgin et al., 2020; IUCN, 2020; Liu et al. (刘少英等), 2020; Wilson et al., 2017; Luo (罗泽珣), 2000; Zheng et al. (郑智民等), 2012; Pan et al. (潘清华等), 2007; Wilson and Reeder, 2005; Zhang (张荣祖), 1997

525 / 林旅鼠

Myopus schisticolor (Lilljeborg, 1844)

• Wood Lemming

▲ 分类地位 / Taxonomy

啮齿目 Rodentia / 仓鼠科 Cricetidae / 旅鼠属 *Myopus*

科建立者及其文献 / Family Authority

Fischer, 1817

属建立者及其文献 / Genus Authority

Miller, 1910

亚种 / Subspecies

兴安岭亚种 *M. s. sinicus* Hinton, 1914
黑龙江和内蒙古
Heilongjiang and Inner Mongolia

模式标本产地 / Type Locality

挪威
Norway, Gulbrandsdal, N end of Mjosen, near Lillehammer

▲ 其他名称 / Other Name(s)

其他中文名 / Other Chinese Name(s)

红背旅鼠、灰旅鼠

其他英文名 / Other English Name(s)

无 None

同物异名 / Synonym(s)

无 None

▲ 形态及生境 / Morphology and Habitat

形态特征 / Morphological Characteristics

齿式：1.0.0.3/1.0.0.3=16。身体外形和鼾类相似。背面中央或者后腰及臀部中央有明显的红棕色区域。个体较小，尾短，略长于后足长。第一指具指甲，指甲有中央缺刻，并向下伸，使指甲好似分为左右两片，这一特征和其他田鼠明显有别。两臼齿列前面窄，向后向外侧扩展，使其整体呈“八”字形。第三上臼齿很特别，由4个贯通左右，长，相互平行的齿环前后叠拼而成。

Dental formula: 1.0.0.3/1.0.0.3=16.Body shape is similar to Arvicoline. There is a distinct reddish-brown area in the center of the dorsum or in the middle of the lower haunch and hip. Individual is small, tail short, slightly longer than hind foot length. The first finger has a fingernail, which is cut in the middle and extended downward, so that it appears to be divided into two halves. This feature is distinct from other voles. The two molars are narrow in front and spread backward and outwards, giving the overall " 八 " shape. The third upper molars are special in that they consist of four long, parallel rings that run through each other.

生境 / Habitat

温带草原和温带灌木地

Temperate forest and temperate shrubland

▲ 地理分布 / Geographic Distribution

国内分布 / Domestic Distribution
黑龙江、内蒙古
Heilongjiang, Inner Mongolia

全球分布 / World Distribution
中国、芬兰、蒙古国、挪威、俄罗斯、瑞典
China, Finland, Mongolia, Norway, Russia, Sweden

生物地理界 / Biogeographic Realm
古北界 Palearctic

WWF 生物群系 / WWF Biome
温带草原、热带稀树草原和灌木地
Temperate Grasslands, Savannas & Shrublands

动物地理分布型 / Zoogeographic Distribution Type
Uc

分布标注 / Distribution Note
非特有种 Non-Endemic

▲ 濒危状况 / Threatened Status

中国生物多样性红色名录等级 / CB RL Category (2021)
近危 NT

IUCN 红色名录 / IUCN Red List (2021)
无危 LC

威胁因子 / Threats
未知 Unknown

▲ 法律保护地位 / Legal Protection Status

国家重点保护野生动物等级 / Category of National Key Protected Wild Animals (2021)
未列入 Not listed

“三有”名录 / TWIESSV (2023)
未列入 Not listed

CITES 附录等级 / CITES Appendix (2023)
未列入 Not listed

迁徙物种公约附录 / CMS Appendix (2020)
未列入 Not listed

保护行动 / Conservation Action
尚无保护行动 No conservation action so far

▲ 参考文献 / References

Jiang et al. (蒋志刚等), 2021; Burgin et al., 2020; IUCN, 2020; Wilson et al., 2017; Luo (罗泽珣), 2000; Zheng et al. (郑智民等), 2012; Smith et al., 2009; Pan et al. (潘清华等), 2007; Wilson and Reeder, 2005; Wang (王应祥), 2003; Sha et al.(莎莉等), 1999; Xia (夏武平), 1988, 1964

526 / 灰棕背䶄

Myodes centralis Miller, 1906

- Tien Shan Red-backed Vole

▲ 分类地位 / Taxonomy

啮齿目 Rodentia / 仓鼠科 Cricetidae / 䶄属 *Myodes*

科建立者及其文献 / Family Authority
Fischer, 1817

属建立者及其文献 / Genus Authority
Pallas, 1811

亚种 / Subspecies
无 None

模式标本产地 / Type Locality
哈萨克斯坦
Kazakhstan, W Tien Shan Mtns, Koksu valley, 2743 m

▲ 其他名称 / Other Name(s)

其他中文名 / Other Chinese Name(s)
新疆䶄

其他英文名 / Other English Name(s)
Tian Shan Gray Red-backed Vole

同物异名 / Synonym(s)
无 None

▲ 形态及生境 / Morphology and Habitat

形态特征 / Morphological Characteristics

齿式：1.0.0.3/1.0.0.3=16。头体长 85~112 mm。尾长超过体长之半。背部毛色深棕色略呈红色，毛色有变化，从头顶毛发的浅棕色到臀部毛发的深灰色棕色不等。脸部和身体两侧灰褐色略带黄色，与腹部棕黄色相融合。尾双色，上面深棕色，腹面白色。背毛缺乏明显的红色，区别于其他在中国有分布的䶄。

Dental formula: 1.0.0.3/1.0.0.3=16.Head and body length 85–112 mm. Tailleng is more than half of the head and body length. Hairs on the dorsum are dark brown with reddish tan, varying from light brown on the top of the head to dark grayish-brown on the buttocks. Face and ventral sides of the body are grayish-brown with a tinge of yellow, which merges with the tan of the belly. Tail bicolored, dark brown on top and white on the underpart. Dorsal hairs lack a distinct reddish color, which are different from other *Myodes* species found in China.

生境 / Habitat

森林、灌丛
Forest, shrubland

▲ 地理分布 / Geographic Distribution

国内分布 / Domestic Distribution
新疆 Xinjiang

全球分布 / World Distribution
中国、吉尔吉斯斯坦
China, Kyrgyzstan

生物地理界 / Biogeographic Realm
古北界 Palearctic

WWF 生物群系 / WWF Biome
温带森林
Temperate Forests

动物地理分布型 / Zoogeographic Distribution Type
D

分布标注 / Distribution Note
非特有种 Non-Endemic

▲ 濒危状况 / Threatened Status

中国生物多样性红色名录等级 / CB RL Category (2021)
无危 LC

IUCN 红色名录 / IUCN Red List (2021)
无危 LC

威胁因子 / Threats
无 None

▲ 法律保护地位 / Legal Protection Status

国家重点保护野生动物等级 / Category of National Key Protected Wild Animals (2021)
未列入 Not listed

"三有"名录 / TWIESSV (2023)
未列入 Not listed

CITES 附录等级 / CITES Appendix (2023)
未列入 Not listed

迁徙物种公约附录 / CMS Appendix (2020)
未列入 Not listed

保护行动 / Conservation Action
尚无保护行动 No conservation action so far

▲ 参考文献 / References

Jiang et al. (蒋志刚等), 2021; Burgin et al., 2020; IUCN, 2020; Liu et al. (刘少英等), 2020; Zheng et al. (郑智民等), 2012; Smith et al., 2009; Wang (王应祥), 2003

527 / 红背䶄

Myodes rutilus (Pallas, 1779)

- Northern Red-backed Vole

▲ 分类地位 / Taxonomy

啮齿目 Rodentia / 仓鼠科 Cricetidae / 䶄属 *Myodes*

科建立者及其文献 / Family Authority
Fischer, 1817

属建立者及其文献 / Genus Authority
Pallas, 1811

亚种 / Subspecies
指名亚种 *C. r. rutilus* (Pallas, 1779)
新疆 Xinjiang

东北亚种 *C. r. amurensis* Ognev, 1924
异名：(Syn. *Clethrionomys rjabovi* Belyaeva, 1953, following Corbet, 1978)
黑龙江、内蒙古和吉林
Heilongjiang, Inner Mongolia and Jilin

模式标本产地 / Type Locality
俄罗斯
Russia, Siberia, center of Ob River delta

▲ 其他名称 / Other Name(s)

其他中文名 / Other Chinese Name(s)
无 None

其他英文名 / Other English Name(s)
Red Vole

同物异名 / Synonym(s)
无 None

▲ 形态及生境 / Morphology and Habitat

形态特征 / Morphological Characteristics
齿式：1.0.0.3/1.0.0.3=16。背被毛发呈锈色到棕红色。颜色随季节、地理分布和亚种而变化。体侧面颜色显著淡，毛色浅灰色，腹毛黄白色。尾部背面深灰色，腹部黄色，覆盖浓密被毛。尾末端毛通常又长又黑。

Dental formula: 1.0.0.3/1.0.0.3=16. Dorsal hairs rusty to reddish brown. Colors vary with season, geographical distribution and subspecies. Flank color significantly light, hairs light gray. Abdominal hairs yellow and white. Tail back dark gray, underpart yellow, densely covered with hairs. Hairs at the end of the tail are usually long and black.

生境 / Habitat
森林、灌木
Forest, shrubland

▲ 地理分布 / Geographic Distribution

国内分布 / Domestic Distribution

黑龙江、吉林、内蒙古、新疆

Heilongjiang, Jilin, Inner Mongolia, Xinjiang

全球分布 / World Distribution

加拿大、中国、芬兰、日本、哈萨克斯坦、朝鲜、蒙古国、挪威、俄罗斯、瑞典、美国

Canada, China, Finland, Japan, Kazakhstan, Democratic People's Republic of Korea, Mongolia, Norway, Russia, Sweden, United States

生物地理界 / Biogeographic Realm

古北界 Palearctic

WWF 生物群系 / WWF Biome

北方森林 / 针叶林、温带针叶树森林

Boreal Forests/Taiga, Temperate Conifer Forests

动物地理分布型 / Zoogeographic Distribution Type

C

分布标注 / Distribution Note

非特有种 Non-Endemic

▲ 濒危状况 / Threatened Status

中国生物多样性红色名录等级 / CB RL Category (2021)

无危 LC

IUCN 红色名录 / IUCN Red List (2021)

无危 LC

威胁因子 / Threats

无 None

▲ 法律保护地位 / Legal Protection Status

国家重点保护野生动物等级 / Category of National Key Protected Wild Animals (2021)

未列入 Not listed

"三有"名录 / TWIESSV (2023)

未列入 Not listed

CITES 附录等级 / CITES Appendix (2023)

未列入 Not listed

迁徙物种公约附录 / CMS Appendix (2020)

未列入 Not listed

保护行动 / Conservation Action

尚无保护行动 No conservation action so far

▲ 参考文献 / References

Jiang et al. (蒋志刚等), 2021; Burgin et al., 2020; IUCN, 2020; Liu et al. (刘少英等), 2020; Wilson et al., 2017; Zheng et al. (郑智民等), 2012; Smith et al., 2009; Giraudoux et al., 2008; Wilson and Reeder, 2005; Luo (罗泽珣), 2000

528 / 棕背䶄

Craseomys rufocanus (Sundevall, 1846)

- Grey Red-backed Vole

▲ 分类地位 / Taxonomy

啮齿目 Rodentia / 仓鼠科 Cricetidae / 东亚䶄属 *Craseomys*

科建立者及其文献 / Family Authority

Fischer, 1817

属建立者及其文献 / Genus Authority

Pallas, 1811

亚种 / Subspecies

无共识 No consensus

模式标本产地 / Type Locality

瑞典

Sweden, Lappmark

廖锐 / 供图

▲ 其他名称 / Other Name(s)

其他中文名 / Other Chinese Name(s)

大牙红背䶄

其他英文名 / Other English Name(s)

Gray-sided Vole

同物异名 / Synonym(s)

无 None

▲ 形态及生境 / Morphology and Habitat

形态特征 / Morphological Characteristics

齿式：1.0.0.3/1.0.0.3=16。体长通常在 100 mm 以下，尾长为体长的 1/4，不超过 1/3。毛被绒毛状。体背毛发红色或者红棕色。腹部毛较淡，灰色到淡黄棕色。

Dental formula: 1.0.0.3/1.0.0.3=16. Body length is usually less than 100 mm, and the tail length is 1/4 of the body length, not more than 1/3. Pelage is villous. Hairs on the back red or reddish brown. Belly hairs lighter, gray to yellowish brown.

生境 / Habitat

森林、灌木

Forest, shrubland

▲ 地理分布 / Geographic Distribution

国内分布 / Domestic Distribution

黑龙江、吉林、辽宁、内蒙古、新疆

Heilongjiang, Jilin, Liaoning, Inner Mongolia, Xinjiang

全球分布 / World Distribution

中国、芬兰、日本、朝鲜、蒙古国、挪威、俄罗斯、瑞典

China, Finland, Japan, Democratic People's Republic of Korea, Mongolia, Norway, Russia, Sweden

生物地理界 / Biogeographic Realm

古北界 Palearctic

WWF 生物群系 / WWF Biome

北方森林 / 针叶林、温带针叶树森林

Boreal Forests/Taiga, Temperate Conifer Forests

动物地理分布型 / Zoogeographic Distribution Type

Uc

分布标注 / Distribution Note

非特有种 Non-Endemic

▲ 濒危状况 / Threatened Status

中国生物多样性红色名录等级 / CB RL Category (2021)

无危 LC

IUCN 红色名录 / IUCN Red List (2021)

无危 LC

威胁因子 / Threats

无 None

▲ 法律保护地位 / Legal Protection Status

国家重点保护野生动物等级 / Category of National Key Protected Wild Animals (2021)

未列入 Not listed

"三有"名录 / TWIESSV (2023)

未列入 Not listed

CITES 附录等级 / CITES Appendix (2023)

未列入 Not listed

迁徙物种公约附录 / CMS Appendix (2020)

未列入 Not listed

保护行动 / Conservation Action

尚无保护行动 No conservation action so far

▲ 参考文献 / References

Jiang et al. (蒋志刚等), 2021; Burgin et al., 2020; IUCN, 2020; Liu et al. (刘少英等), 2020; Zheng et al. (郑智民等), 2012; Smith et al., 2009; Wilson and Reeder, 2005; Pan et al. (潘清华等), 2007; Wilson and Reeder, 2005; Wang (王应祥), 2003; Zhang (张荣祖), 1997; Xia(夏武平), 1988, 1964

529 / 克钦绒鼠

Eothenomys cachinus (Thomas, 1921)

- Kachin Chinese Vole

▲ 分类地位 / Taxonomy

啮齿目 Rodentia / 仓鼠科 Cricetidae / 绒鼠属 *Eothenomys*

科建立者及其文献 / Family Authority
Fischer, 1817

属建立者及其文献 / Genus Authority
Miller, 1896

亚种 / Subspecies
无 None

模式标本产地 / Type Locality
缅甸
NE Burma (Myanmar), Kachin State, Imaw Bum, 2743 m

▲ 其他名称 / Other Name(s)

其他中文名 / Other Chinese Name(s)
绒鼠

其他英文名 / Other English Name(s)
Kachin Red-backed Vole

同物异名 / Synonym(s)
无 None

▲ 形态及生境 / Morphology and Habitat

形态特征 / Morphological Characteristics

齿式：1.0.0.3/1.0.0.3 =16。第一下臼齿左右三角形齿环在内侧彼此融通。第一上臼齿内侧有 4 个角突。第三上臼齿通常内侧和外侧均有 4 个角突，但有变化。头体长 108 mm。尾长 56 mm。体型大。背部毛皮呈黄褐色。腹侧呈灰色，带有浅黄色到赭色的色调。尾相对较长，平均超过体长的 50%。头骨腹面，腭骨后缘截然中断，形成一处横的骨板。

Dental formula: 1.0.0.3/1.0.0.3 =16. The left and right triangular tooth rings of the first lower molar are interfused internally. The inner side of the first upper molar has 4 angular processes. Both medial and lateral of the third upper molar usually have 4 angular processes, but there are variations. Head and body length 108 mm. Tail length 56 mm, which is more than 50% of body length on average. On the ventral surface of the skull, the posterior margin of the palatal bone breaks off sharply, forming a horizontal bony plate.

生境 / Habitat

亚热带湿润山地森林、溪流边
Subtropical moist montane forest, near stream

▲ 地理分布 / Geographic Distribution

国内分布 / Domestic Distribution
云南 Yunnan

全球分布 / World Distribution
中国、缅甸
China, Myanmar

生物地理界 / Biogeographic Realm
古北界 Palearctic

WWF 生物群系 / WWF Biome
热带和亚热带湿润阔叶林
Tropical & Subtropical Moist Broadleaf Forests

动物地理分布型 / Zoogeographic Distribution Type
He

分布标注 / Distribution Note
非特有种 Non-Endemic

▲ 濒危状况 / Threatened Status

中国生物多样性红色名录等级 / CB RL Category (2021)
近危 NT

IUCN 红色名录 / IUCN Red List (2021)
无危 LC

威胁因子 / Threats
未知 Unknown

▲ 法律保护地位 / Legal Protection Status

国家重点保护野生动物等级 / Category of National Key Protected Wild Animals (2021)
未列入 Not listed

"三有"名录 / TWIESSV (2023)
未列入 Not listed

CITES 附录等级 / CITES Appendix (2023)
未列入 Not listed

迁徙物种公约附录 / CMS Appendix (2020)
未列入 Not listed

保护行动 / Conservation Action
尚无保护行动 No conservation action so far

▲ 参考文献 / References

Jiang et al. (蒋志刚等), 2021; Burgin et al., 2020; IUCN, 2020; Liu et al., 2018; Wilson et al., 2017; Luo (罗泽珣), 2000; Zheng et al. (郑智民等), 2012; Smith et al., 2009; Pan et al. (潘清华等), 2007; Wilson and Reeder, 2005; Wang (王应祥), 2003; Zhang (张荣祖), 1997

530 / 中华绒鼠

Eothenomys chinensis (Thomas, 1891)

- Sichuan Red-backed Vole

▲ 分类地位 / Taxonomy

啮齿目 Rodentia / 仓鼠科 Cricetidae / 绒鼠属 *Eothenomys*

科建立者及其文献 / Family Authority
Fischer, 1817

属建立者及其文献 / Genus Authority
Miller, 1896

亚种 / Subspecies
无 None

模式标本产地 / Type Locality
中国
China, W Sichuan Province, Kia-ting-fu (Leshan; see Kaneko, 1996 for additional information)

▲ 其他名称 / Other Name(s)

其他中文名 / Other Chinese Name(s)
无 None

其他英文名 / Other English Name(s)
Pratt's Oriental Vole, Pratt's Vole, Sichuan Chinese Vole

同物异名 / Synonym(s)
无 None

▲ 形态及生境 / Morphology and Habitat

形态特征 / Morphological Characteristics

齿式 1.0.0.3/1.0.0.3= 16。个体大，平均体长超过 120 mm，尾长，平均约为体长的 52%。体背被毛浅茶褐色或棕灰色；体侧被毛浅于体背，形成明显的过渡色。胸、腹部被毛茶黄色或淡棕黄色。前足足背被毛暗褐色或灰白色，后足足背被毛浅灰褐色。尾上部被毛黑褐色，尾下部被毛灰白色，尾尖被毛黑褐色。

Dental formula: 1.0.0.3/1.0.0.3= 16. Body size large, with an average body length of over 120 mm, and an average tail length about 52% of body length. Dorsal coat light tawny brown or brownish-gray. Ventral side coat lighter than that of the back, forming a distinct transitional color zone. Chest, abdomen wool tea yellow or light brown yellow. back of fore feet dark brown or grayish white, back of hind feet light grayish brown. Upper part of the tail black brown, the lower part of the tail gray white, with a black brown tail tip.

生境 / Habitat

亚热带湿润山地森林、溪流边
Subtropical moist montane forest, near stream

▲ 地理分布 / Geographic Distribution

国内分布 / Domestic Distribution
四川 Sichuan

全球分布 / World Distribution
中国 China

生物地理界 / Biogeographic Realm
古北界 Palearctic

WWF 生物群系 / WWF Biome
热带和亚热带湿润阔叶林
Tropical & Subtropical Moist Broadleaf Forests

动物地理分布型 / Zoogeographic Distribution Type
Hc

分布标注 / Distribution Note
特有种 Endemic

▲ 濒危状况 / Threatened Status

中国生物多样性红色名录等级 / CB RL Category (2021)
近危 NT

IUCN 红色名录 / IUCN Red List (2021)
无危 LC

威胁因子 / Threats
未知 Unknown

▲ 法律保护地位 / Legal Protection Status

国家重点保护野生动物等级 / Category of National Key Protected Wild Animals (2021)
未列入 Not listed

"三有"名录 / TWIESSV (2023)
未列入 Not listed

CITES 附录等级 / CITES Appendix (2023)
未列入 Not listed

迁徙物种公约附录 / CMS Appendix (2020)
未列入 Not listed

保护行动 / Conservation Action
尚无保护行动 No conservation action so far

▲ 参考文献 / References

Jiang et al. (蒋志刚等), 2021; Burgin et al., 2020; IUCN, 2020; Wilson et al., 2017; Liu et al., 2012; Luo (罗泽珣), 2000; Zheng et al. (郑智民等), 2012; Li et al. (黎运喜等), 2012; Pan et al. (潘清华等), 2007; Wilson and Reeder, 2005; Wang (王应祥), 2003; Zhang (张荣祖), 1997; Kaneko, 1996

531 / 西南绒鼠

Eothenomys custos (Thomas, 1912)

- Southwestern Chinese Red-backed Vole

▲ 其他名称 / Other Name(s)

其他中文名 / Other Chinese Name(s)
无 None

其他英文名 / Other English Name(s)
Custos Oriental Vole, Southwestern Chinese Vole, Southwest Red-backed Vole

同物异名 / Synonym(s)
无 None

▲ 分类地位 / Taxonomy

啮齿目 Rodentia / 仓鼠科 Cricetidae / 绒鼠属 *Eothenomys*

科建立者及其文献 / Family Authority
Fischer, 1817

属建立者及其文献 / Genus Authority
Miller, 1896

亚种 / Subspecies
指名亚种 *E. c. ceustos* (Thomes, 1912)
云南 Yunnan

丽江亚种 *E. c. rubellus* C. Allen, 1924
云南 Yunnan

宁蒗亚种 *E. c. ninglangensis* Wang et li, 2000
云南和四川
Yunnan and Sichuan

苍山亚种 *E. c. changshanensis* Wang et Li, 2000
云南 Yunnan

模式标本产地 / Type Locality
中国
China, Yunnan, A-tun-tsi

▲ 形态及生境 / Morphology and Habitat

形态特征 / Morphological Characteristics

齿式：1.0.0.3/1.0.0.3=16。腭骨后缘截然中断，形成一横骨板，第一下臼齿左右三角形齿环内侧相互融通。第一上臼齿内侧有3个角突。个体较小，平均体长约100 mm；尾短，平均约体长的35%。西南绒鼠体毛颜色和其他绒鼠类区别不大。体背毛基黑灰色，毛尖灰褐色至淡黄褐色。腹毛暗，灰色。背腹毛色无明显界线。尾双色，尾上部深棕色，尾下部白色。脚背面深褐色，杂有一些白毛。

Dental formula: 1.0.0.3/1.0.0.3=16. The posterior margin of the palatal bone is completely interrupted to form a transverse plate, and the medial triangular rings of the first molar are fused. The inner side of the first upper molar has three angular processes. Individuals are small, with an average body length of about 100 mm. The tail is short, averaging about 35% of body length. Body color of the Southwestern Chinese Vole is not very different from that of other *Eothenomys*. Dorsal hair bases black gray, hair tips grayish brown to light yellow brown. Abdominal hairs dark and grey. The colors of dorsal and abdominal hairs are not clearly defined. Tail is bicolored, dark brown on the upper part and white on the underpart. Backs of the feet are dark brown with some pale hairs.

生境 / Habitat
常绿阔叶林
Evergreen broad-leaved forest

▲ 地理分布 / Geographic Distribution

国内分布 / Domestic Distribution
四川、云南
Sichuan, Yunnan

全球分布 / World Distribution
中国 China

生物地理界 / Biogeographic Realm
古北界 Palearctic

WWF 生物群系 / WWF Biome
热带和亚热带湿润阔叶林
Tropical & Subtropical Moist Broadleaf Forests

动物地理分布型 / Zoogeographic Distribution Type
Hc

分布标注 / Distribution Note
特有种 Endemic

▲ 濒危状况 / Threatened Status

中国生物多样性红色名录等级 / CB RL Category (2021)
无危 LC

IUCN 红色名录 / IUCN Red List (2021)
无危 LC

威胁因子 / Threats
无 None

▲ 法律保护地位 / Legal Protection Status

国家重点保护野生动物等级 / Category of National Key Protected Wild Animals (2021)
未列入 Not listed

"三有"名录 / TWIESSV (2023)
未列入 Not listed

CITES 附录等级 / CITES Appendix (2023)
未列入 Not listed

迁徙物种公约附录 / CMS Appendix (2020)
未列入 Not listed

保护行动 / Conservation Action
尚无保护行动 No conservation action so far

▲ 参考文献 / References

Jiang et al. (蒋志刚等), 2021; Burgin et al., 2020; IUCN, 2020; Liu et al., 2012

532 / 滇绒鼠

Eothenomys eleusis Thomas, 1911

- Yunnan Red-backed Vole

▲ 其他名称 / Other Name(s)

其他中文名 / Other Chinese Name(s)
卫绒鼠

其他英文名 / Other English Name(s)
Yunnan Chinese Vole

同物异名 / Synonym(s)
无 None

▲ 分类地位 / Taxonomy

啮齿目 Rodentia / 仓鼠科 Cricetidae / 绒鼠属 *Eothenomys*

科建立者及其文献 / Family Authority
Fischer, 1817

属建立者及其文献 / Genus Authority
Miller, 1896

亚种 / Subspecies
指名亚种 *E. e. eleusis* (Thomas, 1911)
云南 Yunnan

湖北亚种 *E. e. aurora* (G. Allen, 1912)
湖北、湖南、四川、重庆和贵州
Hubei, Hunan, Sichuan, Chongqing and Guizhou;

滇西亚种 *E. e. yingianensis* Wang et Li, 2000
云南 Yunnan

模式标本产地 / Type Locality
中国
China, Yunnan, A-tun-tsi (Dequen Xian; see Kaneko, 1996 for additional information), 3505-3810 m

▲ 形态及生境 / Morphology and Habitat

形态特征 / Morphological Characteristics
齿式：1.0.0.3/1.0.0.3=16。腭骨后缘截然中断，形成一横骨板，第一下臼齿左右三角形齿环内侧相互融通。第一上臼齿内侧有4个角突。第三上臼齿内侧有4个角突，外侧有3个角突。个体小，平均体长约95 mm，尾相对较长，平均达到体长的45%，一些个体尾长超过体长之半。滇绒鼠体毛颜色和其他绒鼠类区别不大。体背毛基黑灰色，毛尖灰褐色至淡黄褐色。腹毛暗，灰色。背腹毛色无明显界线。尾双色，尾上部深棕色，尾下部白色。脚背面深褐色，被覆稀疏白毛。

Dental formula: 1.0.0.3/1.0.0.3=16. The posterior margin of the palatal bone is completely interrupted to form a transverse plate, and the medial triangular rings of the first molar are fused. The inner side of the first upper molar has 4 angular processes. The third upper molar has 4 angular processes on the inside and 3 on the outside. Body sizes are small, with an average body length of about 95 mm, which is relatively long, reaching 45% of head and body length on average. Some individuals have tail length of more than half of body length. Body color of Yunnan Chinese Vole is not very different from that of other *Eothenomys*. Dorsal hair bases black gray, hair tips grayish brown to light yellow brown. Abdominal hairs dark and grey. Colors of dorsal and abdominal hairs are not clearly defined. Tail is bicolored, dark brown on the upper part and white on the underpart. Backs of the feet are dark brown with sparse pale hairs.

生境 / Habitat
亚热带湿润山地森林、溪流边、灌丛、竹林、草地
Subtropical moist montane forest, near stream, shrubland, bamboo grove, grassland

▲ 地理分布 / Geographic Distribution

国内分布 / Domestic Distribution

湖北、湖南、四川、重庆、贵州和云南

Hubei, Hunan, Sichuan, Chongqing, Guizhou and Yunnan

全球分布 / World Distribution

中国 China

生物地理界 / Biogeographic Realm

古北界 Palearctic

WWF 生物群系 / WWF Biome

热带和亚热带湿润阔叶

Tropical & Subtropical Moist Broadleaf Forests

动物地理分布型 / Zoogeographic Distribution Type

Hc

分布标注 / Distribution Note

特有种 Endemic

▲ 濒危状况 / Threatened Status

中国生物多样性红色名录等级 / CB RL Category (2021)

无危 LC

IUCN 红色名录 / IUCN Red List (2021)

无危 LC

威胁因子 / Threats

无 None

▲ 法律保护地位 / Legal Protection Status

国家重点保护野生动物等级 / Category of National Key Protected Wild Animals (2021)

未列入 Not listed

"三有"名录 / TWIESSV (2023)

未列入 Not listed

CITES 附录等级 / CITES Appendix (2023)

未列入 Not listed

迁徙物种公约附录 / CMS Appendix (2020)

未列入 Not listed

保护行动 / Conservation Action

尚无保护行动 No conservation action so far

▲ 参考文献 / References

Jiang et al. (蒋志刚等), 2021; Burgin et al., 2020; IUCN, 2020; Liu et al., 2018; Liu et al. (刘正祥等), 2013; Liu et al., 2012; Zheng et al. (郑智民等), 2012; Wang (王应祥), 2003

533 / 康定绒鼠

Eothenomys hintoni Osgood, 1932

- Kangting Chinese Vole

▲ 分类地位 / Taxonomy

啮齿目 Rodentia / 仓鼠科 Cricetidae / 绒鼠属 *Eothenomys*

科建立者及其文献 / Family Authority

Fischer, 1817

属建立者及其文献 / Genus Authority

Miller, 1896

亚种 / Subspecies

无 None

模式标本产地 / Type Locality

中国

Sichuan, China

▲ 其他名称 / Other Name(s)

其他中文名 / Other Chinese Name(s)

无 None

其他英文名 / Other English Name(s)

无 None

同物异名 / Synonym(s)

无 None

▲ 形态及生境 / Morphology and Habitat

形态特征 / Morphological Characteristics

齿式：1.0.0.3/1.0.0.3=16。腭骨后缘截然中断，形成一横骨板，第一下臼齿左右三角形齿环内侧相互融通。第一上臼齿内侧有3个角突。第三上臼齿复杂多变，内侧一般有5个角突。个体中等，平均体长约100 mm，尾长平均约体长的55%。背毛深褐色，杂有黑色长毛。腹部被毛灰色，略带浅黄色或棕色。背腹部毛色分界清楚。尾短至中等长度，尾部毛色无双色，四足被毛苍白。

Dental formula: 1.0.0.3/1.0.0.3=16. The posterior edge of palate bone is completely interrupted to form a transverse bone plate, and the left and right triangular tooth rings of the first lower molar are fused internally. The inner side of the first upper molar has three angular processes. The third upper molar is complex and changeable, with 5 angular processes on the inside. Body size medium, average body length about 100 mm, tail length about 55% of the average head and body length. Dorsal hairs dark brown mixed with long black hairs. Underbelly pelage is gray with a light yellow or brown tint. Hair color underbelly is well differentiated with that on the dorsum. Tail is short to medium length, not bicolored, and the feet covered with pale hairs.

生境 / Habitat

山地森林

Montane forest

▲ 地理分布 / Geographic Distribution

国内分布 / Domestic Distribution
四川 Sichuan

全球分布 / World Distribution
中国 China

生物地理界 / Biogeographic Realm
古北界 Palearctic

WWF 生物群系 / WWF Biome
温带针叶树森林
Temperate Conifer Forests

动物地理分布型 / Zoogeographic Distribution Type
Hm

分布标注 / Distribution Note
特有种 Endemic

▲ 濒危状况 / Threatened Status

中国生物多样性红色名录等级 / CB RL Category (2021)
近危 NT

IUCN 红色名录 / IUCN Red List (2021)
无危 LC

威胁因子 / Threats
未知 Unknown

▲ 法律保护地位 / Legal Protection Status

国家重点保护野生动物等级 / Category of National Key Protected Wild Animals (2021)
未列入 Not listed

"三有"名录 / TWIESSV (2023)
未列入 Not listed

CITES 附录等级 / CITES Appendix (2023)
未列入 Not listed

迁徙物种公约附录 / CMS Appendix (2020)
未列入 Not listed

保护行动 / Conservation Action
尚无保护行动 No conservation action so far

▲ 参考文献 / References

Jiang et al. (蒋志刚等), 2021; Burgin et al., 2020; IUCN, 2020; Liu et al., 2018; Wilson et al., 2017; Liu et al., 2012; Pan et al. (潘清华等), 2007; Wilson and Reeder, 2005; Wang (王应祥), 2003; Luo (罗泽珣), 2000; Zhang (张荣祖), 1997

534 / 福建绒鼠

Eothenomys colurnus (Thomas, 1911)

- Fujian Chinese Vole

▲ 分类地位 / Taxonomy

啮齿目 Rodentia / 仓鼠科 Cricetidae / 绒鼠属 *Eothenomys*

科建立者及其文献 / Family Authority

Fischer, 1817

属建立者及其文献 / Genus Authority

Miller, 1896

亚种 / Subspecies

无 None

模式标本产地 / Type Locality

中国

Fujian, China

▲ 其他名称 / Other Name(s)

其他中文名 / Other Chinese Name(s)

无 None

其他英文名 / Other English Name(s)

无 None

同物异名 / Synonym(s)

无 None

▲ 形态及生境 / Morphology and Habitat

形态特征 / Morphological Characteristics

齿式：1.0.0.3/1.0.0.3=16。腭骨后缘截然中断，形成一横骨板，第一下臼齿左右三角形齿环内侧相互融通。第一上臼齿内侧有 4 个角突。体长平均接近 100 mm，尾短，平均为体长的 36%。背毛深褐色，接近黑色。腹部被毛灰色，略带浅黄色或棕色。尾上部毛色为深棕色，尾下部毛色苍白。福建绒鼠形态、大小以及尾长和体长之比均和黑腹绒鼠很接近，仅个体略大，分布于长江以南，以武夷山山系为中心。

Dental formula: 1.0.0.3/1.0.0.3=16. The posterior margin of the palatal bone is completely interrupted to form a transverse plate, and the medial triangular rings of the first molar are fused. The inner side of the first upper molar has 4 angular processes. The average head and body length is close to 100 mm, and the tail is short, averaging 36% of the body length. Dorsal hairs dark brown, almost black. Underbelly coat gray with a light yellow or brown tint. The upper part of the tail is dark brown and the lower part is pale. The morphology, size and the ratio of tail length to body length of the Fujian Chinese Vole are very similar to that of the Pére David's Chinese Vole, *Eothenomys melanogaster*, but the individual size is slightly larger than that of the Pére David's Chinese Vole, which are distributed in the south of the Yangtze River and centered in the Wuyi Mountain system.

生境 / Habitat

森林 Montane forest

▲ 地理分布 / Geographic Distribution

国内分布 / Domestic Distribution
福建、江西、广东、安徽
Fujian, Jiangxi, Guangdong, Anhui

全球分布 / World Distribution
中国 China

生物地理界 / Biogeographic Realm
古北界、印度马来界
Palearctic, Indomalaya

WWF 生物群系 / WWF Biome
热带和亚热带湿润阔叶林
Tropical & Subtropical Moist Broadleaf Forests

动物地理分布型 / Zoogeographic Distribution Type
Sv

分布标注 / Distribution Note
特有种 Endemic

▲ 濒危状况 / Threatened Status

中国生物多样性红色名录等级 / CB RL Category (2021)
无危 LC

IUCN 红色名录 / IUCN Red List (2021)
无危 LC

威胁因子 / Threats
无 None

▲ 法律保护地位 / Legal Protection Status

国家重点保护野生动物等级 / Category of National Key Protected Wild Animals (2021)
未列入 Not listed

“三有”名录 / TWIESSV (2023)
未列入 Not listed

CITES 附录等级 / CITES Appendix (2023)
未列入 Not listed

迁徙物种公约附录 / CMS Appendix (2020)
未列入 Not listed

保护行动 / Conservation Action
尚无保护行动 No conservation action so far

▲ 参考文献 / References

Jiang et al. (蒋志刚等), 2021; Burgin et al., 2020; IUCN, 2020; Liu et al., 2018

535 / 黑腹绒鼠

Eothenomys melanogaster
(Milne-Edwards, 1871)

- Pére David's Chinese Vole

▲ 分类地位 / Taxonomy

啮齿目 Rodentia / 仓鼠科 Cricetidae / 绒鼠属 *Eothenomys*

科建立者及其文献 / Family Authority
Fischer, 1817

属建立者及其文献 / Genus Authority
Miller, 1896

亚种 / Subspecies
无 None

模式标本产地 / Type Locality
中国
Sichuan, China

▲ 其他名称 / Other Name(s)

其他中文名 / Other Chinese Name(s)
无 None

其他英文名 / Other English Name(s)
Melano-bellied Oriental Vole,
Pere David's Vole

同物异名 / Synonym(s)
无 None

▲ 形态及生境 / Morphology and Habitat

形态特征 / Morphological Characteristics

齿式：1.0.0.3/1.0.0.3=16。平均体长接近 100 mm，尾短，平均为体长的 37%。背毛深褐色，接近黑色。腹部被毛灰色，略带浅黄色或棕色。尾上部毛色为深棕色，尾下部毛色苍白。来自不同分布区的个体大小有差异。

Dental formula: 1.0.0.3/1.0.0.3=16. The average length of the body is close to 100 mm, the tail is short, the average length of the body 37%. Dorsal hairs dark brown, almost black. Underbelly coat gray with a light yellow or brown tint. Tail short to medium length with dark brown fur on the upper part and pale fur on the underpart. Individuals from different distribution areas differ in size.

生境 / Habitat
森林 Montane forest

▲ 地理分布 / Geographic Distribution

国内分布 / Domestic Distribution
四川、重庆
Sichuan, Chongqing

全球分布 / World Distribution
中国、印度、缅甸、泰国、越南
China, India, Myanmar, Thailand, Vietnam

生物地理界 / Biogeographic Realm
古北界、印度马来界
Palearctic, Indomalaya

WWF 生物群系 / WWF Biome
温带针叶树森林
Temperate Conifer Forests

动物地理分布型 / Zoogeographic Distribution Type
Sv

分布标注 / Distribution Note
非特有种 Non-Endemic

▲ 濒危状况 / Threatened Status

中国生物多样性红色名录等级 / CB RL Category (2021)
无危 LC

IUCN 红色名录 / IUCN Red List (2021)
无危 LC

威胁因子 / Threats
无 None

▲ 法律保护地位 / Legal Protection Status

国家重点保护野生动物等级 / Category of National Key Protected Wild Animals (2021)
未列入 Not listed

"三有"名录 / TWIESSV (2023)
未列入 Not listed

CITES 附录等级 / CITES Appendix (2023)
未列入 Not listed

迁徙物种公约附录 / CMS Appendix (2020)
未列入 Not listed

保护行动 / Conservation Action
尚无保护行动 No conservation action so far

▲ 参考文献 / References

Jiang et al. (蒋志刚等), 2021; Burgin et al., 2020; IUCN, 2020; Liu et al., 2018; Wilson et al., 2017; Yang et al. (杨再学等), 2013; Liu et al., 2012; Li et al. (黎运喜等), 2011; Pan et al. (潘清华等), 2007; Wilson and Reeder, 2005; Wang (王应祥), 2003; Luo (罗泽珣), 2000; Zhang (张荣祖), 1997; Xia(夏武平), 1988, 1964

536 / 大绒鼠

Eothenomys miletus (Thomas, 1914)

• Large Chinese Vole

▲ 分类地位 / Taxonomy

啮齿目 Rodentia / 仓鼠科 Cricetidae / 绒鼠属 *Eothenomys*

科建立者及其文献 / Family Authority

Fischer, 1817

属建立者及其文献 / Genus Authority

Miller, 1896

亚种 / Subspecies

无 None

模式标本产地 / Type Locality

中国

Yunnan, China

▲ 其他名称 / Other Name(s)

其他中文名 / Other Chinese Name(s)

无 None

其他英文名 / Other English Name(s)

Large Oriental Vole, Yunnan Chinese Vole, Southwestern Chinese Red-backed Vole.

同物异名 / Synonym(s)

无 None

▲ 形态及生境 / Morphology and Habitat

形态特征 / Morphological Characteristics

齿式：1.0.0.3/1.0.0.3=16。腭骨后缘截然中断，形成一横骨板，第一下臼齿左右三角形齿环内侧相互融通。第一上臼齿内侧有4个角突。第三上臼齿和滇绒鼠一致。个体较大，体长平均略超过100 mm，尾长约为体长的44%。体背毛色灰黑色，老年个体为灰棕色。腹面毛色较背部淡，呈灰色，有时染黄色色调。尾背面毛色和体背一致，尾腹面也呈灰色。

Dental formula: 1.0.0.3/1.0.0.3=16. The posterior margin of the palatal bone is completely interrupted to form a transverse plate, and the medial triangular rings of the first molar are fused. The inner side of the first upper molar has 4 angular processes. The third upper molar is consistent with that of Yunnan Red-backed Vole. Body size is large, with average body length slightly over 100 mm, and tail length about 44% of the head and body length. Dorsal hair color grayish black, old individuals grayish brown. Ventral hair color is lighter than the back, gray, and sometimes dyed yellow tone. Upside of the tail has the same color as the back of the body, and the underside of the tail is also gray.

生境 / Habitat

灌丛 Shrubland

▲ 地理分布 / Geographic Distribution

国内分布 / Domestic Distribution
四川、湖北、云南、贵州
Sichuan, Hubei, Yunnan, Guizhou

全球分布 / World Distribution
中国 China

生物地理界 / Biogeographic Realm
印度马来界 Indomalaya

WWF 生物群系 / WWF Biome
热带和亚热带湿润阔叶林
Tropical & Subtropical Moist Broadleaf Forests

动物地理分布型 / Zoogeographic Distribution Type
Wa

分布标注 / Distribution Note
特有种 Endemic

▲ 濒危状况 / Threatened Status

中国生物多样性红色名录等级 / CB RL Category (2021)
无危 LC

IUCN 红色名录 / IUCN Red List (2021)
无危 LC

威胁因子 / Threats
无 None

▲ 法律保护地位 / Legal Protection Status

国家重点保护野生动物等级 / Category of National Key Protected Wild Animals (2021)
未列入 Not listed

"三有"名录 / TWIESSV (2023)
未列入 Not listed

CITES 附录等级 / CITES Appendix (2023)
未列入 Not listed

迁徙物种公约附录 / CMS Appendix (2020)
未列入 Not listed

保护行动 / Conservation Action
尚无保护行动 No conservation action so far

▲ 参考文献 / References

Jiang et al. (蒋志刚等), 2021; Burgin et al., 2020; IUCN, 2020; Liu et al., 2018; Wilson et al., 2017; Yang et al. (杨再学等), 2013; Zheng et al. (郑智民等), 2012; Pan et al. (潘清华等), 2007; Wilson and Reeder, 2005; Wang (王应祥), 2003; Luo (罗泽珣), 2000; Zhang (张荣祖), 1997

537 / 昭通绒鼠

Eothenomys olitor (Thomas, 1911)

• Black-eared Red-backed Vole

▲ 分类地位 / Taxonomy

啮齿目 Rodentia / 仓鼠科 Cricetidae / 绒鼠属 *Eothenomys*

科建立者及其文献 / Family Authority
Fischer, 1817

属建立者及其文献 / Genus Authority
Miller, 1896

亚种 / Subspecies
指名亚种 *E. o. olitor* (Thomas, 1914)
云南 Yunnan

滇西亚种 *E. o. hypolitor* Hinton, 1923
云南 Yunnan

模式标本产地 / Type Locality
中国
Yunnan, China

▲ 其他名称 / Other Name(s)

其他中文名 / Other Chinese Name(s)
嗜谷绒鼠

其他英文名 / Other English Name(s)
Black-eared Chinese Vole, Chaotung Vole, Zhaotong Chinese Vole

同物异名 / Synonym(s)
无 None

▲ 形态及生境 / Morphology and Habitat

形态特征 / Morphological Characteristics

齿式：1.0.0.3/1.0.0.3=16。腭骨后缘截然中断，形成一横骨板，第一下臼齿左右三角形齿环内侧相互融通。第一上臼齿内侧有 3 个角突。个体很小，体长约 85 mm，尾短，平均为体长的 33%。背毛深褐色到近黑色。腹毛板灰色。尾和足部深棕色。

Dental formula: 1.0.0.3/1.0.0.3=16. The posterior margin of the palatal bone is completely interrupted to form a transverse plate, and the medial triangular rings of the first molar are fused. The inner side of the first upper molar has three angular processes. Body sizes are small, about 85 mm long, with short tails, averaging 33% of body length. Dorsal hairs dark brown to nearly black. Abdomens are gray. Tail and feet dark brown.

生境 / Habitat
热带和亚热带湿润山地森林
Tropical and subtropical moist montane forest

▲ 地理分布 / Geographic Distribution

国内分布 / Domestic Distribution
云南、贵州
Yunnan, Guizhou

全球分布 / World Distribution
中国 China

生物地理界 / Biogeographic Realm
古北界 Palearctic

WWF 生物群系 / WWF Biome
热带和亚热带湿润阔叶林
Tropical subtropical moist montane forest

动物地理分布型 / Zoogeographic Distribution Type
Sv

分布标注 / Distribution Note
特有种 Endemic

▲ 濒危状况 / Threatened Status

中国生物多样性红色名录等级 / CB RL Category (2021)
近危 NT

IUCN 红色名录 / IUCN Red List (2021)
无危 LC

威胁因子 / Threats
未知 Unknown

▲ 法律保护地位 / Legal Protection Status

国家重点保护野生动物等级 / Category of National Key Protected Wild Animals (2021)
未列入 Not listed

"三有"名录 / TWIESSV (2023)
未列入 Not listed

CITES 附录等级 / CITES Appendix (2023)
未列入 Not listed

迁徙物种公约附录 / CMS Appendix (2020)
未列入 Not listed

保护行动 / Conservation Action
尚无保护行动 No conservation action so far

▲ 参考文献 / References

Jiang et al. (蒋志刚等), 2021; Burgin et al., 2020; IUCN, 2020; Wilson et al., 2017; Liu et al., 2012; Zheng et al. (郑智民等), 2012; Smith et al., 2009; Ye et al. (叶晓堤等), 2002; Zhang et al. (张云智等), 2002; Pan et al. (潘清华等), 2007; Wilson and Reeder, 2005; Wang (王应祥), 2003; Luo (罗泽珣), 2000; Zhang (张荣祖), 1997

538 / 玉龙绒鼠

Eothenomys proditor Hinton, 1923

- Yulongxuen Red-backed Vole

▲ 分类地位 / Taxonomy

啮齿目 Rodentia / 仓鼠科 Cricetidae / 绒鼠属 *Eothenomys*

科建立者及其文献 / Family Authority

Fischer, 1817

属建立者及其文献 / Genus Authority

Miller, 1896

亚种 / Subspecies

无 None

模式标本产地 / Type Locality

中国

China, Yunnan

▲ 其他名称 / Other Name(s)

其他中文名 / Other Chinese Name(s)

无 None

其他英文名 / Other English Name(s)

Yulungshan Vole, Yulong Chinese Vole

同物异名 / Synonym(s)

无 None

▲ 形态及生境 / Morphology and Habitat

形态特征 / Morphological Characteristics

体长接近 100 mm。尾长平均约 36 mm。腭骨后缘截然中断，形成一横骨板，第一下臼齿左右三角形齿环内侧相互融通。第一上臼齿内侧有 3 个角突，第三上臼齿后跟很长。背毛深褐色，接近黑色。腹部被毛灰色，略带浅黄色或棕色。尾短至中等长度，尾上部毛色为深棕色，尾下部毛色苍白。

The posterior margin of the palatal bone is completely interrupted to form a transverse plate, and the medial triangular rings of the first molar are fused. The first upper molar has 3 angular processes on the inside and the third upper molar has a long root. Back hairs dark brown, nearly black. Underside is gray with light yellow or brown fur. Dorsal hairs dark brown, almost black. Underbelly coat gray with a light yellow or brown tint. Tail short to medium length with dark brown fur on the upper part and pale fur on the lower part.

生境 / Habitat

亚热带山地森林

Tropical subtropical montane forest

▲ 地理分布 / Geographic Distribution

国内分布 / Domestic Distribution

四川、云南

Sichuan, Yunnan

全球分布 / World Distribution

中国 China

生物地理界 / Biogeographic Realm

古北界 Palearctic

WWF 生物群系 / WWF Biome

温带针叶树森林

Temperate Conifer Forests

动物地理分布型 / Zoogeographic Distribution Type

Sv

分布标注 / Distribution Note

特有种 Endemic

▲ 濒危状况 / Threatened Status

中国生物多样性红色名录等级 / CB RL Category (2021)

近危 NT

IUCN 红色名录 / IUCN Red List (2021)

无危 LC

威胁因子 / Threats

未知 Unknown

▲ 法律保护地位 / Legal Protection Status

国家重点保护野生动物等级 / Category of National Key Protected Wild Animals (2021)

未列入 Not listed

“三有”名录 / TWIESSV (2023)

未列入 Not listed

CITES 附录等级 / CITES Appendix (2023)

未列入 Not listed

迁徙物种公约附录 / CMS Appendix (2020)

未列入 Not listed

保护行动 / Conservation Action

尚无保护行动 No conservation action so far

▲ 参考文献 / References

Burgin et al., 2021; Jiang et al., 2021; Tang et al. (唐明坤等), 2021; Liu et al., 2019

539 / 石棉绒鼠

Eothenomys shimianensis Shaoying, 2019

- Shimian Red-backed Vole

▲ 分类地位 / Taxonomy

啮齿目 Rodentia / 仓鼠科 Cricetidae / 绒鼠属 *Eothenomys*

科建立者及其文献 / Family Authority

Fischer, 1817

属建立者及其文献 / Genus Authority

Miller, 1896

亚种 / Subspecies

无 None

模式标本产地 / Type Locality

中国

China, Sichuan

▲ 其他名称 / Other Name(s)

其他中文名 / Other Chinese Name(s)

无 None

其他英文名 / Other English Name(s)

Chinese Vole, Shimian Chinese Vole

同物异名 / Synonym(s)

无 None

▲ 形态及生境 / Morphology and Habitat

形态特征 / Morphological Characteristics

齿式：1.0.0.3/1.0.0.3=16。体长平均约 100 mm，尾长为体长的 42%，背毛深褐色，接近黑色。牙齿形态和大绒鼠接近，与大绒鼠的区别是个体较小。腹部被毛灰色，略带浅黄色或棕色。尾上部毛色为深棕色，尾下部毛色苍白。

Dental formula: 1.0.0.3/1.0.0.3=16. Dorsal hairs dark brown, almost black. Underbelly hairs gray with a light yellow or brown tint. Tail short to medium length with dark brown hairs on the upper part and pale hairs on the lower part.

生境 / Habitat

草地 Grassland

▲ 地理分布 / Geographic Distribution

国内分布 / Domestic Distribution
四川 Sichuan

全球分布 / World Distribution
中国 China

生物地理界 / Biogeographic Realm
古北界 Palearctic

WWF 生物群系 / WWF Biome
温带阔叶和混交林
Temperate Broadleaf & Mixed Forests

动物地理分布型 / Zoogeographic Distribution Type
Sv

分布标注 / Distribution Note
特有种 Endemic

▲ 濒危状况 / Threatened Status

中国生物多样性红色名录等级 / CB RL Category (2021)
未评定 NE

IUCN 红色名录 / IUCN Red List (2021)
未评定 NE

威胁因子 / Threats
未知 Unknown

▲ 法律保护地位 / Legal Protection Status

国家重点保护野生动物等级 / Category of National Key Protected Wild Animals (2021)
未列入 Not listed

"三有"名录 / TWIESSV (2023)
未列入 Not listed

CITES 附录等级 / CITES Appendix (2023)
未列入 Not listed

迁徙物种公约附录 / CMS Appendix (2020)
未列入 Not listed

保护行动 / Conservation Action
尚无保护行动 No conservation action so far

▲ 参考文献 / References

Burgin et al., 2021; Tang et al. (唐明坤等), 2021; Liu et al., 2019

540 / 螺髻山绒鼠

Eothenomys bialuojishanensis
Shaoying, 2019

- Luojishan Chinese Vole

▲ 分类地位 / Taxonomy

啮齿目 Rodentia / 仓鼠科 Cricetidae / 绒鼠属 *Eothenomys*

科建立者及其文献 / Family Authority
Fischer, 1817

属建立者及其文献 / Genus Authority
Miller, 1896

亚种 / Subspecies
无 None

模式标本产地 / Type Locality
中国
Sichuan, China

▲ 其他名称 / Other Name(s)

其他中文名 / Other Chinese Name(s)
无 None

其他英文名 / Other English Name(s)
无 None

同物异名 / Synonym(s)
无 None

▲ 形态及生境 / Morphology and Habitat

形态特征 / Morphological Characteristics

齿式：1.0.0.3/1.0.0.3=16。平均体长约 100 mm，尾长约为体长的 51%，略超过体长之半。腭骨后缘截然中断，形成一横骨板，第一下臼齿左右三角形齿环内侧相互融通。第一上臼齿内侧有 3 个角突。第一上臼齿内侧和外侧均有 3 个角突，第三上臼齿复杂，通常有 5 个内侧突，4 个外侧突。背毛深褐色，接近黑色。腹部被毛灰色，略带浅黄色或棕色。尾上部毛色为深棕色，尾下部毛色苍白。

Dental formula: 1.0.0.3/1.0.0.3=16. The average body length is about 100 mm, and the tail length is about 51% of the body length, slightly more than half of the body length. The posterior margin of the palatal bone was completely interrupted to form a transverse plate, and the medial triangular rings of the first molar are fused. The inner side of the first upper molar has 3 angular processes. The first upper molar has 3 angular processes in both medial and lateral teeth, while the third upper molar is complex with 5 medial processes and 4 lateral processes. Dorsal hairs dark brown, almost black. Underbelly coat gray with a light yellow or brown tint. Tail short to medium length with dark brown hairs on the upper part and pale hairs on the lower part.

生境 / Habitat
常绿阔叶林
Evergreen broad-leaved forest

▲ 地理分布 / Geographic Distribution

国内分布 / Domestic Distribution
四川 Sichuan

全球分布 / World Distribution
中国 China

生物地理界 / Biogeographic Realm
古北界 Palearctic

WWF 生物群系 / WWF Biome
温带阔叶和混交林
Temperate Broadleaf & Mixed Forests

动物地理分布型 / Zoogeographic Distribution Type
Sv

分布标注 / Distribution Note
特有种 Endemic

▲ 濒危状况 / Threatened Status

中国生物多样性红色名录等级 / CB RL Category (2021)
未评定 NE

IUCN 红色名录 / IUCN Red List (2021)
未评定 NE

威胁因子 / Threats
未知 Unknown

▲ 法律保护地位 / Legal Protection Status

国家重点保护野生动物等级 / Category of National Key Protected Wild Animals (2021)
未列入 Not listed

"三有"名录 / TWIESSV (2023)
未列入 Not listed

CITES 附录等级 / CITES Appendix (2023)
未列入 Not listed

迁徙物种公约附录 / CMS Appendix (2020)
未列入 Not listed

保护行动 / Conservation Action
尚无保护行动 No conservation action so far

▲ 参考文献 / References

Burgin et al., 2021; Tang et al. (唐明坤等), 2021; Liu et al. (刘少英等), 2020; Liu et al., 2019

541 / 美姑绒鼠

Eothenomys meiguensis Shaoying, 2019

- Meigu Chinese Vole

▲ 分类地位 / Taxonomy

啮齿目 Rodentia / 仓鼠科 Cricetidae / 绒鼠属 *Eothenomys*

科建立者及其文献 / Family Authority
Fischer, 1817

属建立者及其文献 / Genus Authority
Miller, 1896

亚种 / Subspecies
无 None

模式标本产地 / Type Locality
中国
Sichuan, China

▲ 其他名称 / Other Name(s)

其他中文名 / Other Chinese Name(s)
无 None

其他英文名 / Other English Name(s)
无 None

同物异名 / Synonym(s)
无 None

▲ 形态及生境 / Morphology and Habitat

形态特征 / Morphological Characteristics

齿式：1.0.0.3/1.0.0.3=16。平均体长 95 mm 左右，尾长约为体长的48%，一些个体尾长超过体长之半，一些个体尾长略短于体长之半。和螺髻山绒鼠 *Eothenomys bialuojishanensis* 相比，个体略小，尾长比例较短。牙齿形态接近。背毛深褐色，接近黑色。腹部被毛灰色，略带浅黄色或棕色。尾短至中等长度，尾上部毛色为深棕色，尾下部毛色苍白。

Dental formula: 1.0.0.3/1.0.0.3=16. The average body length is about 95 mm, and the tail length is about 48% of the body length. Tail length in some individuals are longer than half of the head and body length, and some individual has tail length slightly shorter than half of the body length. Compared with the Luojishan Chinese Vole, *Eothenomys bialuojishanensis*, the individual is slightly smaller and the tail length ratio is shorter. The teeth are similar in shape. Dorsal hairs dark brown, almost black. Underbelly coat gray with a light yellow or brown tint. Tail short to medium length with dark brown fur on the upper part and pale fur on the lower part.

生境 / Habitat

针阔混交林
Coniferous and broad-leaved forest

▲ 地理分布 / Geographic Distribution

国内分布 / Domestic Distribution
四川 Sichuan

全球分布 / World Distribution
中国 China

生物地理界 / Biogeographic Realm
古北界 Palearctic

WWF 生物群系 / WWF Biome
温带阔叶和混交林
Temperate Broadleaf & Mixed Forests

动物地理分布型 / Zoogeographic Distribution Type
Sv

分布标注 / Distribution Note
特有种 Endemic

▲ 濒危状况 / Threatened Status

中国生物多样性红色名录等级 / CB RL Category (2021)
未评定 NE

IUCN 红色名录 / IUCN Red List (2021)
未评定 NE

威胁因子 / Threats
未知 Unknown

▲ 法律保护地位 / Legal Protection Status

国家重点保护野生动物等级 / Category of National Key Protected Wild Animals (2021)
未列入 Not listed

"三有"名录 / TWIESSV (2023)
未列入 Not listed

CITES 附录等级 / CITES Appendix (2023)
未列入 Not listed

迁徙物种公约附录 / CMS Appendix (2020)
未列入 Not listed

保护行动 / Conservation Action
尚无保护行动 No conservation action so far

▲ 参考文献 / References

Burgin et al., 2021; Tang et al. (唐明坤等), 2021; Liu et al. (刘少英等), 2020; Liu et al., 2019

542 / 金阳绒鼠

Eothenomys jinyangensis Shaoying, 2019

• Jinyang Chinese Vole

▲ 分类地位 / Taxonomy

啮齿目 Rodentia / 仓鼠科 Cricetidae / 绒鼠属 *Eothenomys*

科建立者及其文献 / Family Authority
Fischer, 1817

属建立者及其文献 / Genus Authority
Miller, 1896

亚种 / Subspecies
无 None

模式标本产地 / Type Locality
中国
Sichuan, China

▲ 其他名称 / Other Name(s)

其他中文名 / Other Chinese Name(s)
无 None

其他英文名 / Other English Name(s)
无 None

同物异名 / Synonym(s)
无 None

▲ 形态及生境 / Morphology and Habitat

形态特征 / Morphological Characteristics

齿式：1.0.0.3/1.0.0.3=16。个体和美姑绒鼠接近，平均体长约 95 mm，尾长约为体长的 50%。和美姑绒鼠的区别主要是牙齿。金阳绒鼠第三上臼齿更复杂，内侧或者外侧通常有 6 个角突。而美姑绒鼠第三上臼齿内侧通常仅有 5 个角突。背毛深褐色，接近黑色。腹部被毛灰色，略带浅黄色或棕色。尾短至中等长度，尾上部毛色为深棕色，尾下部毛色苍白。

Dental formula: 1.0.0.3/1.0.0.3=16. The head and body length is about 95 mm, and the tail length is about 50% of the head and body length. The main difference between the Meigu Chinese Vole, *Eothenomys meiguensis*, is the teeth. The third upper molar is more complex and usually have 6 angular processes inside or outside, whereas the medial side of the third upper molars of *Eothenomys meiguensis* usually has only 5 angular processes. Underbelly pelage gray with a light yellow or brown tint. Tail short to medium length with dark brown hairs on the upper part and pale hairs on the lower part.

生境 / Habitat

高山草甸、高寒湿地
Alpine meadow, alpine wetland

▲ 地理分布 / Geographic Distribution

国内分布 / Domestic Distribution
四川 Sichuan

全球分布 / World Distribution
中国 China

生物地理界 / Biogeographic Realm
古北界 Palearctic

WWF 生物群系 / WWF Biome
温带阔叶和混交林
Temperate Broadleaf & Mixed Forests

动物地理分布型 / Zoogeographic Distribution Type
Sv

分布标注 / Distribution Note
特有种 Endemic

▲ 濒危状况 / Threatened Status

中国生物多样性红色名录等级 / CB RL Category (2021)
未评定 NE

IUCN 红色名录 / IUCN Red List (2021)
未评定 NE

威胁因子 / Threats
未知 Unknown

▲ 法律保护地位 / Legal Protection Status

国家重点保护野生动物等级 / Category of National Key Protected Wild Animals (2021)
未列入 Not listed

“三有”名录 / TWIESSV (2023)
未列入 Not listed

CITES 附录等级 / CITES Appendix (2023)
未列入 Not listed

迁徙物种公约附录 / CMS Appendix (2020)
未列入 Not listed

保护行动 / Conservation Action
尚无保护行动 No conservation action so far

▲ 参考文献 / References

Burgin et al., 2021; Liu et al. (刘少英等), 2020; Liu et al., 2019

543 / 川西绒鼠

Eothenomys tarquinius Thomas, 1912

- Western Sichuan Red-backed Vole

▲ 分类地位 / Taxonomy

啮齿目 Rodentia / 仓鼠科 Cricetidae / 绒鼠属 *Eothenomys*

科建立者及其文献 / Family Authority
Fischer, 1817

属建立者及其文献 / Genus Authority
Miller, 1896

亚种 / Subspecies
无 None

模式标本产地 / Type Locality
中国
Sichuan, China

▲ 其他名称 / Other Name(s)

其他中文名 / Other Chinese Name(s)
无 None

其他英文名 / Other English Name(s)
Tarquinius Red-backed Vole, Western Sichuan Chinese Vole

同物异名 / Synonym(s)
无 None

▲ 形态及生境 / Morphology and Habitat

形态特征 / Morphological Characteristics

齿式：1.0.0.3/1.0.0.3=16。腭骨后缘截然中断，形成一横骨板，第一下臼齿左右角形齿环内侧相互融通。第一上臼齿内侧有3个角突。个体大，仅次于中华绒鼠。平均体长略大于110 mm，尾长，接近体长的70%，是目前绒鼠属中尾长比例最大的物种。背毛棕黑色，背毛浓密。腹部毛发颜色稍浅，呈蓝灰色。背部和腹部被毛颜色逐渐过渡。四足被毛灰白色。

Dental formula: 1.0.0.3/1.0.0.3=16. The posterior margin of the palatal bone is completely interrupted to form a transverse plate, and the first molar makes a left and right angular ring for internal fusion. The inner side of the first upper molar has three angular processes. The individual size is second only to that of the Sichuan Chinese Vole, *Eothenomys chinensis*. The average body length is slightly more than 110 mm, and the tail length is close to 70% of the head and body length, which is the largest proportion of the tail length of the species encountered in *Eothenomys*. Dorsal pelage is dark brown with thick hairs. The belly hairs are slightly lighter in color, bluish-gray. Dorsal and belly pelage colors gradually mingled. Hairs on the feet are white-gray. Tail is dark brown.

生境 / Habitat

山地森林
Montane forest

▲ 地理分布 / Geographic Distribution

国内分布 / Domestic Distribution
四川 Sichuan

全球分布 / World Distribution
中国 China

生物地理界 / Biogeographic Realm
古北界 Palearctic

WWF 生物群系 / WWF Biome
温带阔叶和混交林
Temperate Broadleaf & Mixed Forests

动物地理分布型 / Zoogeographic Distribution Type
He

分布标注 / Distribution Note
特有种 Endemic

▲ 濒危状况 / Threatened Status

中国生物多样性红色名录等级 / CB RL Category (2021)
近危 NT

IUCN 红色名录 / IUCN Red List (2021)
无危 LC

威胁因子 / Threats
未知 Unknown

▲ 法律保护地位 / Legal Protection Status

国家重点保护野生动物等级 / Category of National Key Protected Wild Animals (2021)
未列入 Not listed

“三有”名录 / TWIESSV (2023)
未列入 Not listed

CITES 附录等级 / CITES Appendix (2023)
未列入 Not listed

迁徙物种公约附录 / CMS Appendix (2020)
未列入 Not listed

保护行动 / Conservation Action
尚无保护行动 No conservation action so far

▲ 参考文献 / References

Jiang et al. (蒋志刚等), 2021; Burgin et al., 2020; IUCN, 2020; Liu et al. (刘少英等), 2020; Liu et al., 2012

544 / 丽江绒鼠

Eothenomys fidelis Hinton, 1923

- Lijiang Black Vole

▲ 分类地位 / Taxonomy

啮齿目 Rodentia / 仓鼠科 Cricetidae / 绒鼠属 *Eothenomys*

科建立者及其文献 / Family Authority
Fischer, 1817

属建立者及其文献 / Genus Authority
Miller, 1896

亚种 / Subspecies
无 None

模式标本产地 / Type Locality
中国
Yunnan, China

▲ 其他名称 / Other Name(s)

其他中文名 / Other Chinese Name(s)
无 None

其他英文名 / Other English Name(s)
Loyal Red-backed Vole, Lijiang Chinese Vole

同物异名 / Synonym(s)
Eothenomys miletus (Thomas, 1914)
In Wilson et al., 2017

▲ 形态及生境 / Morphology and Habitat

形态特征 / Morphological Characteristics

齿式：1.0.0.3/1.0.0.3=16。个体较大，平均体长约 105 mm，尾长约占体长的 40%。头骨和其他绒鼠类类似，第一上臼齿内侧有 4 个角突，外侧有 3 个角突。背毛灰黑色，背毛浓密。腹部毛发颜色稍浅，呈灰色。背部和腹部被毛颜色无明显边界。

Dental formula: 1.0.0.3/1.0.0.3=16. Body size is large, with an average head and body length of about 105 mm, and tail length of about 40% of the head and body length. The skull is similar to that of other *Eothenomys*. The first upper molar has 4 inner keratinous processes and 3 lateral ones. Dorsal hairs black gray, hairs dense on the back. Abdominal hair color slightly light, gray. Dorsal and abdominal hairs without obvious boundaries.

生境 / Habitat

山地森林
Montane Forest

▲ 地理分布 / Geographic Distribution

国内分布 / Domestic Distribution
云南、四川
Yunnan, Sichuan

全球分布 / World Distribution
中国 China

生物地理界 / Biogeographic Realm
古北界 Palearctic

WWF 生物群系 / WWF Biome
温带阔叶和混交林
Temperate Broadleaf & Mixed Forests

动物地理分布型 / Zoogeographic Distribution Type
He

分布标注 / Distribution Note
特有种 Endemic

▲ 濒危状况 / Threatened Status

中国生物多样性红色名录等级 / CB RL Category (2021)
数据缺乏 DD

IUCN 红色名录 / IUCN Red List (2021)
无危 LC

威胁因子 / Threats
未知 Unknown

▲ 法律保护地位 / Legal Protection Status

国家重点保护野生动物等级 / Category of National Key Protected Wild Animals (2021)
未列入 Not listed

"三有"名录 / TWIESSV (2023)
未列入 Not listed

CITES 附录等级 / CITES Appendix (2023)
未列入 Not listed

迁徙物种公约附录 / CMS Appendix (2020)
未列入 Not listed

保护行动 / Conservation Action
尚无保护行动 No conservation action so far

▲ 参考文献 / References

Jiang et al. (蒋志刚等), 2021; Burgin et al., 2020; IUCN, 2020; Liu et al., 2018

545 / 德钦绒鼠

Eothenomys wardi (Thomas, 1912)

- Ward's Red-backed Vole

▲ 分类地位 / Taxonomy

啮齿目 Rodentia / 仓鼠科 Cricetidae / 绒鼠属 *Eothenomys*

科建立者及其文献 / Family Authority
Fischer, 1817

属建立者及其文献 / Genus Authority
Miller, 1896

亚种 / Subspecies
无 None

模式标本产地 / Type Locality
中国
China, NW Yunnan

▲ 其他名称 / Other Name(s)

其他中文名 / Other Chinese Name(s)
无 None

其他英文名 / Other English Name(s)
Ward's Oriental Vole, Ward's Chinese Vole

同物异名 / Synonym(s)
无 None

▲ 形态及生境 / Morphology and Habitat

形态特征 / Morphological Characteristics

齿式：1.0.0.3/1.0.0.3=16。腭骨后缘截然中断，形成一横骨板，第一下臼齿左右三角形齿环内侧相互融通。第一上臼齿内侧有3个角突。第三上臼齿多变化，内侧齿突有5个或4个。外侧有3~5个不等。个体中等，平均体长约100 mm，尾长约为体长的51%，略超过体长之半。体背毛色棕色，腹面灰白色，背腹毛色没有明显界线，尾上下二色，背面和体背毛色一致。

Dental formula: 1.0.0.3/1.0.0.3=16. The posterior margin of the palatal bone is completely interrupted to form a transverse plate, and the medial triangular rings of the first molar are fused. The inner side of the first upper molar has 3 angular processes. The third upper molars are varied, with 5 inner dentons and 4 unequal ones. There are 3-5 on the lateral. The head and body length is about 100 mm on average, and the tail length is about 51% of the head and body length, slightly more than half of the head and body length. The dorsal coat color is brown, the ventral coat color is gray. No obvious boundary between the dorsal and ventral coat colors, The tail is dichromatic, and the tail dorsal coat color is consistent with the dorsal coat color, whereas the ventral coat color is gray.

生境 / Habitat
森林、灌丛
Forest, shrubland

▲ 地理分布 / Geographic Distribution

国内分布 / Domestic Distribution

云南 Yunnan

全球分布 / World Distribution

中国 China

生物地理界 / Biogeographic Realm

古北界 Palearctic

WWF 生物群系 / WWF Biome

温带针叶树森林

Temperate Conifer Forests

动物地理分布型 / Zoogeographic Distribution Type

He

分布标注 / Distribution Note

特有种 Endemic

▲ 濒危状况 / Threatened Status

中国生物多样性红色名录等级 / CB RL Category (2021)

近危 NT

IUCN 红色名录 / IUCN Red List (2021)

无危 LC

威胁因子 / Threats

未知 Unknown

▲ 法律保护地位 / Legal Protection Status

国家重点保护野生动物等级 / Category of National Key Protected Wild Animals (2021)

未列入 Not listed

“三有”名录 / TWIESSV (2023)

未列入 Not listed

CITES 附录等级 / CITES Appendix (2023)

未列入 Not listed

迁徙物种公约附录 / CMS Appendix (2020)

未列入 Not listed

保护行动 / Conservation Action

尚无保护行动 No conservation action so far

▲ 参考文献 / References

Jiang et al. (蒋志刚等), 2021; Burgin et al., 2020; IUCN, 2020; Wilson et al., 2017; Zeng et al., 2013; Zheng et al. (郑智民等), 2012; Smith et al., 2009; Kaneko, 1996; Pan et al. (潘清华等), 2007; Wilson and Reeder, 2005; Wang (王应祥), 2003; Luo (罗泽珣), 2000

546 / 洮州绒䶄

Caryomys eva (Thomas, 1911)

- Eva's Red-backed Vole

▲ 其他名称 / Other Name(s)

其他中文名 / Other Chinese Name(s)
甘肃绒鼠

其他英文名 / Other English Name(s)
Eva's Vole, Gansu Vole, Taozhou Vole

同物异名 / Synonym(s)
无 None

▲ 分类地位 / Taxonomy

啮齿目 Rodentia / 仓鼠科 Cricetidae / 绒䶄属 *Caryomys*

科建立者及其文献 / Family Authority
Fischer, 1817

属建立者及其文献 / Genus Authority
Thomas, 1911

亚种 / Subspecies
指名亚种 *C. e. eva* (Thomas, 1911)
甘肃、青海、宁夏、陕西、四川、重庆和湖北
Gansu, Qinghai, Ningxia, Shaanxi, Sichuan, Chongqing and Hubei

川西亚种 *C. e. alcinous* (Thomas, 1911)
四川 Sichuan

模式标本产地 / Type Locality
中国
China, Gansu (Kansu), SE of Tauchow, 3028 m

▲ 形态及生境 / Morphology and Habitat

形态特征 / Morphological Characteristics
齿式：1.0.0.3/1.0.0.3=16。头骨形态和绒鼠类接近，额骨后缘截然中断，形成一横骨板，但第一下臼齿为左右排列的三角形组成。个体较小，平均体长接近 90 mm，尾较长，平均约 52 mm，超过体长之半。身体被毛厚密。背部毛色浅淡。颏、喉部毛色灰白色或淡黄色，胸、腹至鼠蹊部毛基石板灰色或黑灰色。毛尖白色、淡茶黄色或淡棕色。四肢被毛较短，前后足背暗褐色或淡黄白色。尾毛短，尾背黑褐色，尾腹灰白色或全部为淡黑色，末端具一束黑褐色毛丛。

Dental formula: 1.0.0.3/1.0.0.3=16. The skull shape is similar to that of the *Eothenomys*, with the posterior edge of the frontal bone completely interrupted to form a transverse plate, but the first lower molar is triangular in left and right arrangement. The individual is small, with an average body length of nearly 90 mm, and tail long, with an average of 52 mm, more than half of the body length. Body is covered with thick and dense fine hairs. Dorsal hairs brown, red-brown or black-brown, hair bases are grayish black. Ears light brown or light dark brown. Hair color of ventral side is lighter than that on the dorsum. Chin and throat are grey-white or pale yellow, while the hairs from chest and abdomen to the inguinal region are grey-or black-gray with white, light yellow or light brown tips. Limb pelage is shorter, back of the foot dark brown or pale yellow white. Short hairs on the tail, the upper part of tail black brown, the underpart of tail gray white or all light black, with a bundle of black brown hairs at the end.

生境 / Habitat
森林 Forest

▲ 地理分布 / Geographic Distribution

国内分布 / Domestic Distribution

陕西、宁夏、甘肃、四川、重庆、湖北

Shaanxi, Ningxia, Gansu, Sichuan, Chongqing, Hubei

全球分布 / World Distribution

中国 China

生物地理界 / Biogeographic Realm

古北界 Palearctic

WWF 生物群系 / WWF Biome

温带阔叶和混交林

Temperate Broadleaf & Mixed Forests

动物地理分布型 / Zoogeographic Distribution Type

Qd

分布标注 / Distribution Note

特有种 Endemic

▲ 濒危状况 / Threatened Status

中国生物多样性红色名录等级 / CB RL Category (2021)

无危 LC

IUCN 红色名录 / IUCN Red List (2021)

无危 LC

威胁因子 / Threats

无 None

▲ 法律保护地位 / Legal Protection Status

国家重点保护野生动物等级 / Category of National Key Protected Wild Animals (2021)

未列入 Not listed

“三有”名录 / TWIESSV (2023)

未列入 Not listed

CITES 附录等级 / CITES Appendix (2023)

未列入 Not listed

迁徙物种公约附录 / CMS Appendix (2020)

未列入 Not listed

保护行动 / Conservation Action

尚无保护行动 No conservation action so far

▲ 参考文献 / References

Jiang et al. (蒋志刚等), 2021; Burgin et al., 2020; IUCN, 2020; Liu et al. (刘少英等), 2020; Wilson et al., 2017; Zheng et al. (郑智民等), 2012; Liu et al., 2012; Liu et al. (刘少英等), 2005; Kaneko, 1992; Pan et al. (潘清华等), 2007; Wilson and Reeder, 2005; Wang (王应祥), 2003; Luo (罗泽珣), 2000

547 / 苛岚绒鼾

Caryomys inez (Thomas, 1908)

- Inez's Red-backed Vole

▲ 分类地位 / Taxonomy

啮齿目 Rodentia / 仓鼠科 Cricetidae / 绒鼾属 *Caryomys*

科建立者及其文献 / Family Authority

Fischer, 1817

属建立者及其文献 / Genus Authority

Thomas, 1911

亚种 / Subspecies

指名亚种 *C. i. inez* (Thomas, 1908)
山西 Shanxi

陕西亚种 *C. i. nux* (Thomas, 1910)
陕西、宁夏、甘肃
Shaanxi, Ningxia and Gansu

模式标本产地 / Type Locality

中国
China, Shanxi (Shansi)

▲ 其他名称 / Other Name(s)

其他中文名 / Other Chinese Name(s)

无 None

其他英文名 / Other English Name(s)

Inez's Vole, Kolan Vole

同物异名 / Synonym(s)

无 None

▲ 形态及生境 / Morphology and Habitat

形态特征 / Morphological Characteristics

齿式：1.0.0.3/1.0.0.3=16。头骨和甘肃绒鼠非常相似。个体比甘肃绒鼠略大，平均体长约 92 mm，尾短，平均约 35 mm，不达体长之半。体背毛发淡黄褐色。颌下、腹面毛发白色带黄，毛基灰色，毛尖纯白色。耳覆盖淡黄褐色长毛。前后足白色。尾上部毛色与背部相同，尾下部被覆白毛。背部腹部毛色双色明显。

Dental formula: 1.0.0.3/1.0.0.3=16. The skull is very similar to that of Eva's Red-backed Vole, *Caryomys eva*. The individual is slightly larger than that of the Eva's Red-backed Vole, with an average head and body length of 92 mm and a tail length of 35 mm, less than half of the head and body length. Dorsal hairs yellowish brown. Hairs under jaw, on abdomen white with yellow, hair bases gray, hair tips pure white. Ears are covered with long yellowish-brown hairs. Front and rear feet covered with white hairs. Upper part of the tail is the same color as the dorsum, and the lower part of the tail is covered with white hairs. dorsal and abdominal hair color bicolor pattern obvious.

生境 / Habitat

森林、溪流边
Forest, near stream

▲ 地理分布 / Geographic Distribution

国内分布 / Domestic Distribution
陕西、山西、甘肃、宁夏
Shaanxi, Shanxi, Gansu, Ningxia

全球分布 / World Distribution
中国 China

生物地理界 / Biogeographic Realm
古北界 Palearctic

WWF 生物群系 / WWF Biome
温带阔叶和混交林
Temperate Broadleaf & Mixed Forests

动物地理分布型 / Zoogeographic Distribution Type
Bc

分布标注 / Distribution Note
特有种 Endemic

▲ 濒危状况 / Threatened Status

中国生物多样性红色名录等级 / CB RL Category (2021)
无危 LC

IUCN 红色名录 / IUCN Red List (2021)
无危 LC

威胁因子 / Threats
无 None

▲ 法律保护地位 / Legal Protection Status

国家重点保护野生动物等级 / Category of National Key Protected Wild Animals (2021)
未列入 Not listed

"三有" 名录 / TWIESSV (2023)
未列入 Not listed

CITES 附录等级 / CITES Appendix (2023)
未列入 Not listed

迁徙物种公约附录 / CMS Appendix (2020)
未列入 Not listed

保护行动 / Conservation Action
尚无保护行动 No conservation action so far

▲ 参考文献 / References

Jiang et al. (蒋志刚等), 2021; Burgin et al., 2020; IUCN, 2020; Wilson et al., 2017; Luo (罗泽珣), 2000; Liu et al., 2012; Zheng et al. (郑智民等), 2012; Smith et al., 2009; Wang (王应祥), 2003; Kaneko, 1992

548 / 白尾高山䶄

Alticola albicauda (True, 1894)

• White-tailed Mountain Vole

▲ 分类地位 / Taxonomy

啮齿目 Rodentia / 仓鼠科 Cricetidae / 高山䶄属 *Alticola*

科建立者及其文献 / Family Authority
Fischer, 1817

属建立者及其文献 / Genus Authority
Blanford, 1881

亚种 / Subspecies
无 None

模式标本产地 / Type Locality
不明
Unknown

▲ 其他名称 / Other Name(s)

其他中文名 / Other Chinese Name(s)
无 None

其他英文名 / Other English Name(s)
无 None

同物异名 / Synonym(s)
无 None

▲ 形态及生境 / Morphology and Habitat

形态特征 / Morphological Characteristics

齿式：1.0.0.3/1.0.0.3=16。头骨的腭骨后缘截然中断，呈一横骨板，牙齿咀嚼面很窄，由系列左右排列的三角形齿环构成。头体长接近 100 mm，尾长平均 42 mm，体背被毛淡红褐色。腹面毛基灰色，毛尖纯白色。耳覆盖淡黄褐色长毛。前后足白色。尾被覆白毛，尾端形成毛刷。和该种相似的是银色高山䶄 *Alticola argentatus*。但银色高山䶄体背颜色为灰褐色，无红色色调。腹毛灰白色，而不是纯白色。尾整体毛色呈不明显的双色。

Dental formula: 1.0.0.3/1.0.0.3=16. The posterior margin of the palatal bone of the skull is sharply broken, forming a transverse plate, and the chewing surface of the teeth is narrow, consisting of a series of triangular tooth rings arranged from left to right. The head body length is close to 100 mm, and the tail length is 42 mm on average. Dorsal hairs reddish-brown. Ventral hairs are white and yellow, hair bases gray, hair tips pure white. Ears are covered with long yellowish-brown hairs. Front and rear feet white. Average length of the tail is 42 mm. Tail is covered with white hairs, with a bristled tail end. A species similar to the Silver Mountain Vole *Alticola argentatus*. But the color of Silver Mountain Vole is grayish-brown, without a reddish hue. Abdominal hairs are grayish rather than pure white. ventral coat color is not obvious two color pattern.

生境 / Habitat

灌丛、悬崖、山顶的岩石区域
Shrubland, rocky areas (eg. inland cliffs, mountain peaks)

▲ 地理分布 / Geographic Distribution

国内分布 / Domestic Distribution
新疆 Xinjiang

全球分布 / World Distribution
中国、印度、巴基斯坦
China, India, Pakistan

生物地理界 / Biogeographic Realm
古北界 Palearctic

WWF 生物群系 / WWF Biome
温带荒漠
Temperate desert

动物地理分布型 / Zoogeographic Distribution Type
Dp

分布标注 / Distribution Note
非特有种 Non-Endemic

▲ 濒危状况 / Threatened Status

中国生物多样性红色名录等级 / CB RL Category (2021)
未评定 NE

IUCN 红色名录 / IUCN Red List (2021)
数据缺乏 DD

威胁因子 / Threats
未知 Unknown

▲ 法律保护地位 / Legal Protection Status

国家重点保护野生动物等级 / Category of National Key Protected Wild Animals (2021)
未列入 Not listed

“三有”名录 / TWIESSV (2023)
未列入 Not listed

CITES 附录等级 / CITES Appendix (2023)
未列入 Not listed

迁徙物种公约附录 / CMS Appendix (2020)
未列入 Not listed

保护行动 / Conservation Action
尚无保护行动 No conservation action so far

▲ 参考文献 / References

Liu et al. (刘少英等), 2020; Wilson et al., 2017

549 / 银色高山䶄

Alticola argentatus (Severtzov, 1879)

- Silver Mountain Vole

▲ 分类地位 / Taxonomy

啮齿目 Rodentia / 仓鼠科 Cricetidae / 高山䶄属 *Alticola*

科建立者及其文献 / Family Authority

Fischer, 1817

属建立者及其文献 / Genus Authority

Blanford, 1881

亚种 / Subspecies

指名亚种 *A. a. argentatus* (Severtzov, 1879)

新疆 Xinjiang

模式标本产地 / Type Locality

塔吉克斯坦

Tajikistan, Pamir Mountains, Murgab District, Alichur

▲ 其他名称 / Other Name(s)

其他中文名 / Other Chinese Name(s)

无 None

其他英文名 / Other English Name(s)

无 None

同物异名 / Synonym(s)

无 None

▲ 形态及生境 / Morphology and Habitat

形态特征 / Morphological Characteristics

齿式：1.0.0.3/1.0.0.3=16。个体中等，平均体长约 105 mm，尾长较短，平均约 32 mm。背毛灰棕黄色。背部皮毛颜色向两侧变淡，逐渐融入灰白色的腹部皮毛。尾覆盖白色或浅棕色毛。尾上部灰棕色。足背毛发白色或灰白色。

Dental formula: 1.0.0.3/1.0.0.3=16. The head and body length is about 105 mm on average, and the tail length is shorter, about 32 mm on average. Dorsal pelage is usually some shade of straw brown with grayish mixtures. Hair color on the dorsum fades to the ventral sides and gradually melts into the grayish underbelly. Tail is covered with white or light brown hairs. Upper part of the tail is brown. White or grayish white hairs on the back of feet.

生境 / Habitat

草地、灌木、内陆岩石区域

Grassland, shrubland, inland rocky area

▲ 地理分布 / Geographic Distribution

国内分布 / Domestic Distribution
新疆、甘肃
Xinjiang, Gansu

全球分布 / World Distribution
阿富汗、中国、印度、哈萨克斯坦、吉尔吉斯斯坦、巴基斯坦、塔吉克斯坦、乌兹别克斯坦
Afghanistan, China, India, Kazakhstan, Kyrgyzstan, Pakistan, Tajikistan, Uzbekistan

生物地理界 / Biogeographic Realm
古北界 Palearctic

WWF 生物群系 / WWF Biome
山地草原和灌丛
Montane Grasslands & Shrublands

动物地理分布型 / Zoogeographic Distribution Type
Pa

分布标注 / Distribution Note
非特有种 Non-Endemic

▲ 濒危状况 / Threatened Status

中国生物多样性红色名录等级 / CB RL Category (2021)
数据缺乏 DD

IUCN 红色名录 / IUCN Red List (2021)
无危 LC

威胁因子 / Threats
未知 Unknown

▲ 法律保护地位 / Legal Protection Status

国家重点保护野生动物等级 / Category of National Key Protected Wild Animals (2021)
未列入 Not listed

"三有"名录 / TWIESSV (2023)
未列入 Not listed

CITES 附录等级 / CITES Appendix (2023)
未列入 Not listed

迁徙物种公约附录 / CMS Appendix (2020)
未列入 Not listed

保护行动 / Conservation Action
尚无保护行动 No conservation action so far

▲ 参考文献 / References

Jiang et al. (蒋志刚等), 2021; Burgin et al., 2020; IUCN, 2020; Tang et al., 2018; Wilson et al., 2017; Pan et al. (潘清华等), 2007; Smith et al., 2009; Wilson and Reeder, 2005; Wang (王应祥), 2003; Luo (罗泽珣), 2000; Rossolimo et al., 1994

550 / 戈壁阿尔泰高山䶄

Alticola barakshin Bannikov, 1947

• Gobi Altai Mountain Vole

▲ 分类地位 / Taxonomy

啮齿目 Rodentia / 仓鼠科 Cricetidae / 高山䶄属 *Alticola*

科建立者及其文献 / Family Authority

Fischer, 1817

属建立者及其文献 / Genus Authority

Blanford, 1881

亚种 / Subspecies

无 None

模式标本产地 / Type Locality

蒙古国

S Mongolia, Gobi Altai, Gurvan Saihan Ridge, Dzun Saihan

▲ 其他名称 / Other Name(s)

其他中文名 / Other Chinese Name(s)

阿尔泰高山䶄

其他英文名 / Other English Name(s)

Gobi Altai's Vole

同物异名 / Synonym(s)

无 None

▲ 形态及生境 / Morphology and Habitat

形态特征 / Morphological Characteristics

齿式：1.0.0.3/1.0.0.3=16。个体较大，平均体长约 105 mm，尾短，平均长度约 22 mm。通常上背部和侧面毛色呈带暗红色调的灰棕色。腹部被毛灰白色或淡橙色。足背被毛白色或灰白色。尾背面灰棕色，腹面白色，分界线不明显。

Dental formula: 1.0.0.3/1.0.0.3=16. The body size is large with an average head and body length of about 105 mm, and the tail is short with an average length of about 22 mm. It is usually grayish-brown with a dark reddish tinge on the upper dorsum and ventral sides. Underbelly pelage is grayish white or pale orange. Tail is short. White or grayish white hairs on back of the foot. Tail upper part light brown, lower part white. Tail bicolor pattern is not obvious.

生境 / Habitat

灌丛 Shrubland

▲ 地理分布 / Geographic Distribution

国内分布 / Domestic Distribution
新疆 Xinjiang

全球分布 / World Distribution
中国、蒙古国、俄罗斯
China, Mongolia, Russia

生物地理界 / Biogeographic Realm
古北界 Palearctic

WWF 生物群系 / WWF Biome
山地草原和灌丛
Montane Grasslands & Shrublands

动物地理分布型 / Zoogeographic Distribution Type
Di

分布标注 / Distribution Note
非特有种 Non-Endemic

▲ 濒危状况 / Threatened Status

中国生物多样性红色名录等级 / CB RL Category (2021)
无危 LC

IUCN 红色名录 / IUCN Red List (2021)
无危 LC

威胁因子 / Threats
无 None

▲ 法律保护地位 / Legal Protection Status

国家重点保护野生动物等级 / Category of National Key Protected Wild Animals (2021)
未列入 Not listed

“三有”名录 / TWIESSV (2023)
未列入 Not listed

CITES 附录等级 / CITES Appendix (2023)
未列入 Not listed

迁徙物种公约附录 / CMS Appendix (2020)
未列入 Not listed

保护行动 / Conservation Action
尚无保护行动 No conservation action so far

▲ 参考文献 / References

Jiang et al. (蒋志刚等), 2021; Burgin et al., 2020; IUCN, 2020; Wilson et al., 2017; Zheng et al. (郑智民等), 2012; Smith et al., 2009; Pan et al. (潘清华等), 2007; Wang (王应祥), 2003

551 / 大耳高山䶄

Alticola macrotis (Radde, 1862)

- Large-eared Vole

▲ 分类地位 / Taxonomy

啮齿目 Rodentia / 仓鼠科 Cricetidae / 高山䶄属 *Alticola*

科建立者及其文献 / Family Authority

Fischer, 1817

属建立者及其文献 / Genus Authority

Blanford, 1881

亚种 / Subspecies

无 None

模式标本产地 / Type Locality

俄罗斯

Russia, S Siberia, S Krasnoyarsk Krai, Vostochnyy Sayan Mtns

▲ 其他名称 / Other Name(s)

其他中文名 / Other Chinese Name(s)

大耳山䶄

其他英文名 / Other English Name(s)

Large-eared Mountain Vole

同物异名 / Synonym(s)

无 None

▲ 形态及生境 / Morphology and Habitat

形态特征 / Morphological Characteristics

齿式：1.0.0.3/1.0.0.3=16。体重 36~40 g。头体长 90~100 mm。背毛深灰色棕色，杂有黑色长毛。腹毛灰白。尾长平均 28 mm。尾部上下部双色，尾上部深棕色，尾下部白色。

Dental formula: 1.0.0.3/1.0.0.3=16. Body weight 36-40 g. Head and body length 90-100 mm. Dorsal hairs grayish dark-brown, mixed with long black hairs. Ventral hairs gray. Average tail length 28 mm. Upper and lower parts of the tail are bicolored, the upper part of the tail is dark brown, and the lower part is white.

生境 / Habitat

泰加林、针叶阔叶混交林

Taiga, coniferous and broad-leaved mixed forest

▲ 地理分布 / Geographic Distribution

国内分布 / Domestic Distribution

新疆 Xinjiang

全球分布 / World Distribution

中国、哈萨克斯坦、蒙古国、俄罗斯

China, Kazakhstan, Mongolia, Russia

生物地理界 / Biogeographic Realm

古北界 Palearctic

WWF 生物群系 / WWF Biome

山地草原和灌丛

Montane Grasslands & Shrublands

动物地理分布型 / Zoogeographic Distribution Type

D

分布标注 / Distribution Note

非特有种 Non-Endemic

▲ 濒危状况 / Threatened Status

中国生物多样性红色名录等级 / CB RL Category (2021)

无危 LC

IUCN 红色名录 / IUCN Red List (2021)

无危 LC

威胁因子 / Threats

无 None

▲ 法律保护地位 / Legal Protection Status

国家重点保护野生动物等级 / Category of National Key Protected Wild Animals (2021)

未列入 Not listed

"三有"名录 / TWIESSV (2023)

未列入 Not listed

CITES 附录等级 / CITES Appendix (2023)

未列入 Not listed

迁徙物种公约附录 / CMS Appendix (2020)

未列入 Not listed

保护行动 / Conservation Action

尚无保护行动 No conservation action so far

▲ 参考文献 / References

Jiang et al. (蒋志刚等), 2021; Burgin et al., 2020; IUCN, 2020; Liu et al. (刘少英等), 2020; Wilson et al., 2017; Zheng et al. (郑智民等), 2012; Pan et al. (潘清华等); 2007; Wilson and Reeder, 2005; Wang (王应祥), 2003; Luo (罗泽珣), 2000; Zheng and Li (郑生武和李保国), 1999

552 / 蒙古高山䶄

Alticola semicanus (G. M. Allen, 1924)

- Mongolian Silver Vole

▲ 分类地位 / Taxonomy

啮齿目 Rodentia / 仓鼠科 Cricetidae / 高山䶄属 *Alticola*

科建立者及其文献 / Family Authority

Fischer, 1817

属建立者及其文献 / Genus Authority

Blanford, 1881

亚种 / Subspecies

无 None

模式标本产地 / Type Locality

蒙古国

Mongolia, SE Khangai Mtns, upper reaches of Ongyin Gol River "Sain Noin Khan"

▲ 其他名称 / Other Name(s)

其他中文名 / Other Chinese Name(s)

灰色高山䶄、山田鼠

其他英文名 / Other English Name(s)

Mongolian Mountain Vole

同物异名 / Synonym(s)

无 None

▲ 形态及生境 / Morphology and Habitat

形态特征 / Morphological Characteristics

齿式：1.0.0.3/1.0.0.3=16。个体较大，平均体长约 110 mm。平均尾长约 30 mm。背部毛发灰棕色，老年个体棕色色调明显。腹部毛基灰色，毛尖灰白色，有时染黄棕色。背部腹部毛色分界明晰。尾上下一色，白色，尾尖有毛束。

Dental formula: 1.0.0.3/1.0.0.3=16. Average head and body length 110 mm. Average tail length 30 mm. Dorsal hairs gray brown. Ole individuals with clear brown tone. Ventral hairs gray, sometimes with a brown tone. The boundary between dorsal and abdominal hairs is clearly marked by a red and yellow stripe located on the boundary. Tail is covered with white hairs. Tailend has a bundle of hairs.

生境 / Habitat

草地、内陆岩石区域

Grassland, inland rocky area

▲ 地理分布 / Geographic Distribution

国内分布 / Domestic Distribution
内蒙古 Inner Mongolia

全球分布 / World Distribution
中国、蒙古国、俄罗斯
China, Mongolia, Russia

生物地理界 / Biogeographic Realm
古北界 Palearctic

WWF 生物群系 / WWF Biome
山地草原和灌丛
Montane Grasslands & Shrublands

动物地理分布型 / Zoogeographic Distribution Type
D

分布标注 / Distribution Note
非特有种 Non-Endemic

▲ 濒危状况 / Threatened Status

中国生物多样性红色名录等级 / CB RL Category (2021)
无危 LC

IUCN 红色名录 / IUCN Red List (2021)
无危 LC

威胁因子 / Threats
无 None

▲ 法律保护地位 / Legal Protection Status

国家重点保护野生动物等级 / Category of National Key Protected Wild Animals (2021)
未列入 Not listed

"三有"名录 / TWIESSV (2023)
未列入 Not listed

CITES 附录等级 / CITES Appendix (2023)
未列入 Not listed

迁徙物种公约附录 / CMS Appendix (2020)
未列入 Not listed

保护行动 / Conservation Action
尚无保护行动 No conservation action so far

▲ 参考文献 / References

Jiang et al. (蒋志刚等), 2021, Burgin et al., 2020; IUCN, 2020; Tang et al., 2018; Wilson et al., 2017; Zheng et al. (郑智民等), 2012; Smith et al., 2009; Pan et al. (潘清华等), 2007; Wilson and Reeder, 2005; Wang (王应祥), 2003; Luo (罗泽珣), 2000; Zhang (张荣祖), 1997

553 / 斯氏高山䶄

Alticola stoliczkanus (Blanford, 1875)

- Stoliczka's Mountain Vole

▲ 分类地位 / Taxonomy

啮齿目 Rodentia / 仓鼠科 Cricetidae / 高山䶄属 *Alticola*

科建立者及其文献 / Family Authority

Fischer, 1817

属建立者及其文献 / Genus Authority

Blanford, 1881

亚种 / Subspecies

无 None

模式标本产地 / Type Locality

印度

NW India, Ladakh (Kashmir), Kuenlun Mtns, Nubra Valley

张铭 / 供图

▲ 其他名称 / Other Name(s)

其他中文名 / Other Chinese Name(s)

高山田鼠、高原高山䶄、斯氏山䶄

其他英文名 / Other English Name(s)

无 None

同物异名 / Synonym(s)

无 None

▲ 形态及生境 / Morphology and Habitat

形态特征 / Morphological Characteristics

齿式：1.0.0.3/1.0.0.3=16。个体中等，平均体长约 95 mm。尾短，平均约 25 mm。背颜色浅灰褐色至灰棕色，腹面毛基灰色，毛尖灰白色，背腹界线明显。尾背面棕黄色至灰色，腹面黄白色，尾端具毛束。

Dental formula: 1.0.0.3/1.0.0.3=16. Body size median. Average body length 95 mm. Tail short with an average length of 25 mm. Dorsal hair color light grayish brown to grayish brown. Ventral hair bases gray, with gray hair tips. Dorsal and abdomen boundary is profound. Tail back brownish yellow to gray, the under part is yellow and white. Tailend has a bundle of hair.

生境 / Habitat

泰加林、草地、灌丛

Taiga, grassland, shrubland

▲ 地理分布 / Geographic Distribution

国内分布 / Domestic Distribution

西藏、青海、新疆、甘肃

Tibet, Qinghai, Xinjiang, Gansu

全球分布 / World Distribution

中国、印度、尼泊尔

China, India, Nepal

生物地理界 / Biogeographic Realm

古北界 Palearctic

WWF 生物群系 / WWF Biome

山地草原和灌丛

Montane Grasslands & Shrublands

动物地理分布型 / Zoogeographic Distribution Type

P

分布标注 / Distribution Note

非特有种 Non-Endemic

▲ 濒危状况 / Threatened Status

中国生物多样性红色名录等级 / CB RL Category (2021)

近危 NT

IUCN 红色名录 / IUCN Red List (2021)

无危 LC

威胁因子 / Threats

未知 Unknown

▲ 法律保护地位 / Legal Protection Status

国家重点保护野生动物等级 / Category of National Key Protected Wild Animals (2021)

未列入 Not listed

"三有"名录 / TWIESSV (2023)

未列入 Not listed

CITES 附录等级 / CITES Appendix (2023)

未列入 Not listed

迁徙物种公约附录 / CMS Appendix (2020)

未列入 Not listed

保护行动 / Conservation Action

尚无保护行动 No conservation action so far

▲ 参考文献 / References

Jiang et al. (蒋志刚等), 2021; Burgin et al., 2020; IUCN, 2020; Liu et al. (刘少英等), 2020; Tang et al., 2018; Zheng et al. (郑智民等), 2012; Smith et al., 2009; Pan et al. (潘清华等), 2007; Wilson and Reeder, 2005; Wang (王应祥), 2003; Zhang (张荣祖), 1997

554 / 扁颅高山䶄

Alticola strelzowi (Kastschenko, 1899)

- Flat-headed Vole

▲ 分类地位 / Taxonomy

啮齿目 Rodentia / 仓鼠科 Cricetidae / 高山䶄属 *Alticola*

科建立者及其文献 / Family Authority

Fischer, 1817

属建立者及其文献 / Genus Authority

Blanford, 1881

亚种 / Subspecies

指名亚种 *A. s. strelzovi* (Kastschenko, 1900)

新疆 Xinjiang

模式标本产地 / Type Locality

俄罗斯

Russia, Altai Krai, Altai Mtns, near Lake Teniga

▲ 其他名称 / Other Name(s)

其他中文名 / Other Chinese Name(s)

平颅山䶄

其他英文名 / Other English Name(s)

Strelzow's Mountain Vole

同物异名 / Synonym(s)

无 None

▲ 形态及生境 / Morphology and Habitat

形态特征 / Morphological Characteristics

齿式：1.0.0.3/1.0.0.3=16。平均体长约 110 mm，尾较长，36~48 mm。背部毛发一般灰褐色，不同个体间有变化。腹侧皮毛灰白色。尾上下一色，纯白色，尾尖有毛束。脚背被覆白色毛发。

Dental formula: 1.0.0.3/1.0.0.3=16. Average head and body length 110 mm. Dorsal hairs generally grayish-brown and varies among individuals. Ventral hairs grayish white. Tail dorsal and underpart are pure white, and tail tip with hair bundles. Dorsal surfaces of the feet are covered with white hairs.

生境 / Habitat

内陆岩石区域

Inland rocky area

▲ 地理分布 / Geographic Distribution

国内分布 / Domestic Distribution
新疆 Xinjiang

全球分布 / World Distribution
中国、哈萨克斯坦、蒙古国、俄罗斯
China, Kazakhstan, Mongolia, Russia

生物地理界 / Biogeographic Realm
古北界 Palearctic

WWF 生物群系 / WWF Biome
山地草原和灌丛
Montane Grasslands & Shrublands

动物地理分布型 / Zoogeographic Distribution Type
Di

分布标注 / Distribution Note
非特有种 Non-Endemic

▲ 濒危状况 / Threatened Status

中国生物多样性红色名录等级 / CB RL Category (2021)
无危 LC

IUCN 红色名录 / IUCN Red List (2021)
无危 LC

威胁因子 / Threats
无 None

▲ 法律保护地位 / Legal Protection Status

国家重点保护野生动物等级 / Category of National Key Protected Wild Animals (2021)
未列入 Not listed

"三有"名录 / TWIESSV (2023)
未列入 Not listed

CITES 附录等级 / CITES Appendix (2023)
未列入 Not listed

迁徙物种公约附录 / CMS Appendix (2020)
未列入 Not listed

保护行动 / Conservation Action
尚无保护行动 No conservation action so far

▲ 参考文献 / References

Jiang et al. (蒋志刚等), 2021; Burgin et al., 2020; IUCN, 2020; Liu et al. (刘少英等), 2020; Tang et al., 2018; Wilson et al., 2017; Zheng et al. (郑智民等), 2012; Smith et al., 2009; Wang (王应祥), 2003; Zheng and Li (郑生武和李保国), 1999; Pan et al. (潘清华等), 2007; Wilson and Reeder, 2005; Wang (王应祥), 2003; Luo (罗泽珣), 2000; Zhang (张荣祖), 1997

555 / 草原兔尾鼠

Lagurus lagurus Pallas, 1773

- Steppe Lemming

▲ 分类地位 / Taxonomy

啮齿目 Rodentia / 仓鼠科 Cricetidae / 兔尾鼠属 *Lagurus*

科建立者及其文献 / Family Authority
Fischer, 1817

属建立者及其文献 / Genus Authority
Gloger, 1841

亚种 / Subspecies
准噶尔亚种 *L. l. altorun* Thomas, 1912
新疆 Xinjiang

模式标本产地 / Type Locality
哈萨克斯坦乌拉尔河河口
Kazakhstan, mouth of Ural River

▲ 其他名称 / Other Name(s)

其他中文名 / Other Chinese Name(s)
无 None

其他英文名 / Other English Name(s)
Steppe Vole

同物异名 / Synonym(s)
无 None

▲ 形态及生境 / Morphology and Habitat

形态特征 / Morphological Characteristics

齿式：1.0.0.3/1.0.0.3=16。个体小，平均体长约 85 mm，尾短，平均约 11 mm，短于后足长。耳短，隐于毛中。背部皮毛灰色至灰褐色，背中部有一条纵向排列的黑色条纹。腹部皮毛颜色较浅。尾上下二色，脚几乎完全被毛覆盖。

Dental formula: 1.0.0.3/1.0.0.3=16. Body sizes are small, averaging about 85 mm in length, with short tails averaging about 11 mm, shorter than hind feet. The ears are short and hidden in hairs. Dorsal pelage grayish to grayish brown, with a longitudinal black stripe in the ridge of the back. Hairs gray white color on the venter. Feet are almost completely covered with hairs.

生境 / Habitat

草地、半荒漠、农田、沟渠、灌丛

Grassland, semi-desert, arable land, irrigation canal and ditche, shrubland

▲ 地理分布 / Geographic Distribution

国内分布 / Domestic Distribution
新疆 Xinjiang

全球分布 / World Distribution
中国、哈萨克斯坦、吉尔吉斯斯坦、蒙古国、俄罗斯、乌克兰
China, Kazakhstan, Kyrgyzstan, Mongolia, Russia, Ukraine

生物地理界 / Biogeographic Realm
古北界 Palearctic

WWF 生物群系 / WWF Biome
温带草原和灌木地
Temperate Grasslands, Shrublands

动物地理分布型 / Zoogeographic Distribution Type
Dc

分布标注 / Distribution Note
非特有种 Non-Endemic

▲ 濒危状况 / Threatened Status

中国生物多样性红色名录等级 / CB RL Category (2021)
无危 LC

IUCN 红色名录 / IUCN Red List (2021)
无危 LC

威胁因子 / Threats
无 None

▲ 法律保护地位 / Legal Protection Status

国家重点保护野生动物等级 / Category of National Key Protected Wild Animals (2021)
未列入 Not listed

“三有”名录 / TWIESSV (2023)
未列入 Not listed

CITES 附录等级 / CITES Appendix (2023)
未列入 Not listed

迁徙物种公约附录 / CMS Appendix (2020)
未列入 Not listed

保护行动 / Conservation Action
尚无保护行动 No conservation action so far

▲ 参考文献 / References

Jiang et al. (蒋志刚等), 2021; Burgin et al., 2020; IUCN, 2020; Liu et al. (刘少英等), 2020; Wilson et al., 2017; Zheng et al. (郑智民等), 2012; Smith et al., 2009; Pan et al. (潘清华等), 2007; Wilson and Reeder, 2005; Zhang et al. (张渝疆等), 2004; Wang (王应祥), 2003; Luo (罗泽珣), 2000; Zhang (张荣祖), 1997

556 / 水䶄

Arvicola amphibius (Linnaeus, 1758)

• European Water Vole

▲ 分类地位 / Taxonomy

啮齿目 Rodentia / 仓鼠科 Cricetidae / 水䶄属 *Arvicola*

科建立者及其文献 / Family Authority
Fischer, 1817

属建立者及其文献 / Genus Authority
Lacépède, 1799

亚种 / Subspecies
哈萨克亚种 *A. a. scythicus* Thomas, 1914
新疆 Xinjiang

塔尔巴哈台亚种 *A. a. kunetzori* Ogner, 1913
新疆 Xinjiang

模式标本产地 / Type Locality
英国
England

▲ 其他名称 / Other Name(s)

其他中文名 / Other Chinese Name(s)
水田鼠

其他英文名 / Other English Name(s)
Water Vole, Eurasian Water Vole

同物异名 / Synonym(s)
无 None

▲ 形态及生境 / Morphology and Habitat

形态特征 / Morphological Characteristics

齿式：1.0.0.3/1.0.0.3=16。头骨棱角分明。腭骨后缘中央有纵脊，两边有腭骨窝。臼齿由系列三角形齿环构成。个体大，体重 225~386 g。头体长 140~220 mm。尾长约为体长的一半。背毛深棕色，或者棕黑色，腹部毛色稍浅。皮毛很厚。尾上下一色，均为灰黑色，腹面略淡。

Dental formula: 1.0.0.3/1.0.0.3=16. The skull is angular. Palatine posterior margin central longitudinal ridge, palatine fossa on both sides. The molars consist of a series of triangular rings. Body size large. Body mass ranges from 225-386 g. Head and body length 140-220 mm. Tail length is about half the head and body length. Dorsal hairs dark brown, or black brown, with slightly paler coloration on the ventral side. The pelage is quite thick . Tail dorsal and underpart are of the same color, gray black, with the underpart slightly lighter.

生境 / Habitat

草地、淡水湖、江河、沼泽、农田
Grassland, freshwater lake, river, swamp, arable land

▲ 地理分布 / Geographic Distribution

国内分布 / Domestic Distribution

新疆 Xinjiang

全球分布 / World Distribution

阿富汗、阿尔巴尼亚、亚美尼亚、奥地利、阿塞拜疆、白俄罗斯、比利时、波斯尼亚和黑塞哥维那、保加利亚、中国、克罗地亚、捷克、丹麦、爱沙尼亚、芬兰、法国、格鲁吉亚、德国、希腊、匈牙利、伊朗、伊拉克、以色列、意大利、哈萨克斯坦、拉脱维亚、列支敦士登、立陶宛、卢森堡、马其顿、摩尔多瓦、蒙古国、黑山、荷兰、挪威、波兰、罗马尼亚、俄罗斯、塞尔维亚、斯洛伐克、斯洛文尼亚、瑞典、瑞士、叙利亚、土耳其、乌克兰、英国

Afghanistan, Albania, Armenia, Austria, Azerbaijan, Belarus, Belgium, Bosnia and Herzegovina, Bulgaria, China, Croatia, Czech, Danmark, Estonia, Finland, France, Georgia, Germany, Greece, Hungary, Iran, Iraq, Israel, Italy, Kazakhstan, Latvia, Liechtenstein, Lithuania, Luxembourg, Macedonia, Moldova, Mongolia, Montenegro, Netherlands, Norway, Poland, Romania, Russia, Serbia, Slovakia, Slovenia, Sweden, Switzerland, Syrian, Turkey, Ukraine, United Kingdom

生物地理界 / Biogeographic Realm

古北界 Palearctic

WWF 生物群系 / WWF Biome

北方森林 / 针叶林

Boreal Forests/Taiga

动物地理分布型 / Zoogeographic Distribution Type

U

分布标注 / Distribution Note

非特有种 Non-Endemic

▲ 濒危状况 / Threatened Status

中国生物多样性红色名录等级 / CB RL Category (2021)

无危 LC

IUCN 红色名录 / IUCN Red List (2021)

无危 LC

威胁因子 / Threats

无 None

▲ 法律保护地位 / Legal Protection Status

国家重点保护野生动物等级 / Category of National Key Protected Wild Animals (2021)

未列入 Not listed

"三有" 名录 / TWIESSV (2023)

未列入 Not listed

CITES 附录等级 / CITES Appendix (2023)

未列入 Not listed

迁徙物种公约附录 / CMS Appendix (2020)

未列入 Not listed

保护行动 / Conservation Action

尚无保护行动 No conservation action so far

▲ 参考文献 / References

Jiang et al. (蒋志刚等), 2021; Burgin et al., 2020; IUCN, 2020; Wilson et al., 2017; Zheng et al. (郑智民等), 2012; Pan et al. (潘清华等), 2007; Wilson and Reeder, 2005

557 / 克氏松田鼠

Neodon clarkei (Hinton, 1923)

- Clarke's Vole

▲ 分类地位 / Taxonomy

啮齿目 Rodentia / 仓鼠科 Cricetidae / 松田鼠属 *Neodon*

科建立者及其文献 / Family Authority

Fischer, 1817

属建立者及其文献 / Genus Authority

Horsfield, 1841

亚种 / Subspecies

无 None

模式标本产地 / Type Locality

中国

China, Yunnan, divide between the Kuikiang and Salween Rivers, 3353 m; 28°N

▲ 其他名称 / Other Name(s)

其他中文名 / Other Chinese Name(s)

滇缅田鼠、克氏田鼠

其他英文名 / Other English Name(s)

无 None

同物异名 / Synonym(s)

无 None

▲ 形态及生境 / Morphology and Habitat

形态特征 / Morphological Characteristics

齿式：1.0.0.3/1.0.0.3=16。第一下臼齿横齿环之前有5个封闭的三角形齿环。个体大，平均体长约 120 mm，尾很长，平均约 66 mm，超过体长之半。背部棕褐色，体侧毛色略呈白灰色调。颌下、腹部灰白色。前足被毛褐色，后足被毛白色。

Dental formula: 1.0.0.3/1.0.0.3=16. The transverse ring of the first lower molar is preceded by five closed triangular rings. The individual is large, with an average head and body length of 120 mm, and the tail is very long, averaging about 66 mm, more than half of the body length. Earpiece is large, and the ear hardly seen under the hairs. Dorsum tan, body ventral side hair color with slightly white gray tone. Grayish white under the jaw and abdomen. Forefeet are brown and the hind feet white. Tail, which is more than 1/2 the body length, is almost bare and flesh-colored.

生境 / Habitat

泰加林、草甸

Taiga, meadow

▲ 地理分布 / Geographic Distribution

国内分布 / Domestic Distribution
云南 Yunnan

全球分布 / World Distribution
中国、缅甸
China, Myanmar

生物地理界 / Biogeographic Realm
古北界 Palearctic

WWF 生物群系 / WWF Biome
山地草原和灌丛
Montane Grasslands & Shrublands

动物地理分布型 / Zoogeographic Distribution Type
He

分布标注 / Distribution Note
非特有种 Non-Endemic

▲ 濒危状况 / Threatened Status

中国生物多样性红色名录等级 / CB RL Category (2021)
数据缺乏 DD

IUCN 红色名录 / IUCN Red List (2021)
未评定 NE

威胁因子 / Threats
未知 Unknown

▲ 法律保护地位 / Legal Protection Status

国家重点保护野生动物等级 / Category of National Key Protected Wild Animals (2021)
未列入 Not listed

“三有”名录 / TWIESSV (2023)
未列入 Not listed

CITES 附录等级 / CITES Appendix (2023)
未列入 Not listed

迁徙物种公约附录 / CMS Appendix (2020)
未列入 Not listed

保护行动 / Conservation Action
尚无保护行动 No conservation action so far

▲ 参考文献 / References

Jiang et al. (蒋志刚等), 2021; Burgin et al., 2020; IUCN, 2020; Liu et al. (刘少英等), 2020; Wilson et al., 2017; Liu et al., 2017; Luo (罗泽珣), 2000

558 / 云南松田鼠

Neodon forresti Hinton, 1923

- Forrest's Mountain Vole

▲ 分类地位 / Taxonomy

啮齿目 Rodentia / 仓鼠科 Cricetidae / 松田鼠属 *Neodon*

科建立者及其文献 / Family Authority
Fischer, 1817

属建立者及其文献 / Genus Authority
Horsfield, 1841

亚种 / Subspecies
无 None

模式标本产地 / Type Locality
中国
S China, NW Yunnan, Divide between Mekong and Yangtze Rivers

▲ 其他名称 / Other Name(s)

其他中文名 / Other Chinese Name(s)
无 None

其他英文名 / Other English Name(s)
无 None

同物异名 / Synonym(s)
无 None

▲ 形态及生境 / Morphology and Habitat

形态特征 / Morphological Characteristics

齿式：1.0.0.3/1.0.0.3=16。牙齿和高原松田鼠一致。第一下臼齿横齿环之前有3个封闭的三角形齿环，第三上臼齿内侧有3个角突。个体比高原松田鼠大，平均体长约110 mm。尾较短，平均约32 mm。被毛较长，背毛毛基黑灰色，毛尖棕褐色，腹面毛基黑灰色，毛尖灰白色。背腹毛色界线较明显。尾双色，上面棕褐色，下面灰白色。足背面灰褐色。

Dental formula: 1.0.0.3/1.0.0.3=16. Teeth are like those of the Irene's Mountain Vole, *Neodon irene*. The transverse ring of the first lower molar is preceded by three closed triangular rings, and the medial side of the third upper molar has three angular processes. The average head and body length is about 110 mm. Shorter tail, 32 mm on average. The coat is long. Dorsal hair bases black gray, with dark brown tips, whereas abdomenal hair bases black gray, with gray tips. Dorsal ventral hair color boundary is obvious. Tail bicolored, brown above, grey below. Foot dorsum surface grayish brown.

生境 / Habitat

高海拔草地
Alpine grassland

▲ 地理分布 / Geographic Distribution

国内分布 / Domestic Distribution
云南 Yunnan

全球分布 / World Distribution
中国、缅甸
China, Myanmar

生物地理界 / Biogeographic Realm
古北界 Palearctic

WWF 生物群系 / WWF Biome
温带针叶树森林
Temperate Conifer Forests

动物地理分布型 / Zoogeographic Distribution Type
Pc

分布标注 / Distribution Note
非特有种 Non-Endemic

▲ 濒危状况 / Threatened Status

中国生物多样性红色名录等级 / CB RL Category (2021)
无危 LC

IUCN 红色名录 / IUCN Red List (2021)
无危 LC

威胁因子 / Threats
无 None

▲ 法律保护地位 / Legal Protection Status

国家重点保护野生动物等级 / Category of National Key Protected Wild Animals (2021)
未列入 Not listed

"三有"名录 / TWIESSV (2023)
未列入 Not listed

CITES 附录等级 / CITES Appendix (2023)
未列入 Not listed

迁徙物种公约附录 / CMS Appendix (2020)
未列入 Not listed

保护行动 / Conservation Action
尚无保护行动 No conservation action so far

▲ 参考文献 / References

Jiang et al. (蒋志刚等), 2021; Burgin et al., 2020; IUCN, 2020; Liu et al. (刘少英等), 2020; Wilson et al., 2017; Smith et al., 2009; Pan et al. (潘清华等), 2007

559 / 青海松田鼠

Neodon fuscus Büchner, 1889

- Plateau Pine Vole

▲ 分类地位 / Taxonomy

啮齿目 Rodentia / 仓鼠科 Cricetidae / 松田鼠属 *Neodon*

科建立者及其文献 / Family Authority

Fischer, 1817

属建立者及其文献 / Genus Authority

Horsfield, 1841

亚种 / Subspecies

无 None

模式标本产地 / Type Locality

中国（青海玉树）

Yushu, Qinghai, China

▲ 其他名称 / Other Name(s)

其他中文名 / Other Chinese Name(s)

青海毛足田鼠、青海田鼠

其他英文名 / Other English Name(s)

Plateau Vole, Qinghai Vole

同物异名 / Synonym(s)

无 None

▲ 形态及生境 / Morphology and Habitat

形态特征 / Morphological Characteristics

齿式：1.0.0.3/1.0.0.3=16。头骨棱角分明，腭骨后缘形成纵脊，两边有腭骨窝。第一下臼齿横齿环之前有4个封闭的三角形齿环。个体较大，成体平均体长约125 mm，平均尾长约37 mm，尾长与体长之比小于30%。门齿大，表面橙色，前倾。面部颜色浅黄色。背毛棕黄色。背毛和腹毛颜色界线清楚。尾上有短毛，颜色与腹部毛色相似。

Dental formula: 1.0.0.3/1.0.0.3=16. The skull is angular, and the posterior margin of the palatal bone forms a longitudinal ridge, with palatal fossa on both sides. The transverse ring of the first lower molar is preceded by four closed triangular rings. The body size is large, with an average adult head and body length of 125 mm and tail length of 37 mm. The ratio of tail length to body length is less than 30%. Incisors large, orange in surface and sloping forward. Facial color light yellow, back. Dorsal hairs yellowish brown and conspicuous. Dorsal and abdominal color boundaries are clear. Tail covered with short hairs of similar color to that on venter.

生境 / Habitat

高寒草甸

Alpine meadow

▲ 地理分布 / Geographic Distribution

国内分布 / Domestic Distribution
青海、四川
Qinghai, Sichuan

全球分布 / World Distribution
中国 China

生物地理界 / Biogeographic Realm
古北界 Palearctic

WWF 生物群系 / WWF Biome
温带针叶树森林
Temperate Conifer Forests

动物地理分布型 / Zoogeographic Distribution Type
Pc

分布标注 / Distribution Note
特有种 Endemic

▲ 濒危状况 / Threatened Status

中国生物多样性红色名录等级 / CB RL Category (2021)
无危 LC

IUCN 红色名录 / IUCN Red List (2021)
无危 LC

威胁因子 / Threats
无 None

▲ 法律保护地位 / Legal Protection Status

国家重点保护野生动物等级 / Category of National Key Protected Wild Animals (2021)
未列入 Not listed

"三有"名录 / TWIESSV (2023)
未列入 Not listed

CITES 附录等级 / CITES Appendix (2023)
未列入 Not listed

迁徙物种公约附录 / CMS Appendix (2020)
未列入 Not listed

保护行动 / Conservation Action
尚无保护行动 No conservation action so far

▲ 参考文献 / References

Jiang et al. (蒋志刚等), 2021; Burgin et al., 2020; IUCN, 2020; Liu et al. (刘少英等), 2020; Wilson et al., 2017; Liu et al., 2012; Zheng et al. (郑智民等), 2012; Smith et al., 2009; Pan et al. (潘清华等), 2007; Wilson and Reeder, 2005; Wang (王应祥), 2003; Li et al. (李德浩等), 1989

560 / 高原松田鼠

Neodon irene (Thomas, 1911)

• Irene's Mountain Vole

▲ 分类地位 / Taxonomy

啮齿目 Rodentia / 仓鼠科 Cricetidae / 松田鼠属 *Neodon*

科建立者及其文献 / Family Authority

Fischer, 1817

属建立者及其文献 / Genus Authority

Horsfield, 1841

亚种 / Subspecies

无 None

模式标本产地 / Type Locality

中国

China, Sichuan, Tatsienlu

▲ 其他名称 / Other Name(s)

其他中文名 / Other Chinese Name(s)

高原田鼠

其他英文名 / Other English Name(s)

Chinese Scrub Vole

同物异名 / Synonym(s)

无 None

▲ 形态及生境 / Morphology and Habitat

形态特征 / Morphological Characteristics

齿式：1.0.0.3/1.0.0.3=16。腭骨后缘形成纵脊，两边有额骨窝，第一下臼齿横齿环之前有3个封闭的三角形齿环。第三上臼齿简单，内侧有3个角突。头体长一般在100 mm以下，尾长约为体长的30%。耳露出毛外，可见。身体背面毛灰色，有些老年个体体背面有褐色色调。腹面和背面毛色没有明显界线，腹面略淡。

Dental formula: 1.0.0.3/1.0.0.3=16. The posterior margin of the palate forms a longitudinal ridge, with frontal fossa on either side. The transverse ring of the first molar is preceded by three closed triangular rings. The third upper molar is simple and has 3 angular processes inside. Head and body length is generally less than 100 mm, and the tail length is about 30% of the head and body length. Ears are visible above the hairs. Dorsum is gray. Some older individuals have a brown tinge on their dorsa. There is no clear hair color boundary between the dorsal and the ventral parts, and the hair color on the ventral side is slightly lighter.

生境 / Habitat

高海拔草地、灌丛

Alpine grassland, shrubland

▲ 地理分布 / Geographic Distribution

国内分布 / Domestic Distribution
甘肃、青海、四川、云南、西藏
Gansu, Qinghai, Sichuan, Yunnan, Tibet

全球分布 / World Distribution
中国 China

生物地理界 / Biogeographic Realm
古北界 Palearctic

WWF 生物群系 / WWF Biome
山地草原和灌丛
Montane Grasslands & Shrublands

动物地理分布型 / Zoogeographic Distribution Type
Pf

分布标注 / Distribution Note
特有种 Endemic

▲ 濒危状况 / Threatened Status

中国生物多样性红色名录等级 / CB RL Category (2021)
无危 LC

IUCN 红色名录 / IUCN Red List (2021)
无危 LC

威胁因子 / Threats
无 None

▲ 法律保护地位 / Legal Protection Status

国家重点保护野生动物等级 / Category of National Key Protected Wild Animals (2021)
未列入 Not listed

"三有"名录 / TWIESSV (2023)
未列入 Not listed

CITES 附录等级 / CITES Appendix (2023)
未列入 Not listed

迁徙物种公约附录 / CMS Appendix (2020)
未列入 Not listed

保护行动 / Conservation Action
尚无保护行动 No conservation action so far

▲ 参考文献 / References

Jiang et al. (蒋志刚等), 2021; Burgin et al., 2020; IUCN, 2020; Wilson et al., 2017; Liu et al., 2017; Zheng et al. (郑智民等), 2012; Liu et al. (刘少英等), 2005; Honacki et al., 1982

561 / 白尾松田鼠

Neodon leucurus Blyth, 1863

- Blyth's Mountain Vol

▲ 分类地位 / Taxonomy

啮齿目 Rodentia / 仓鼠科 Cricetidae / 松田鼠属 *Neodon*

科建立者及其文献 / Family Authority
Fischer, 1817

属建立者及其文献 / Genus Authority
Horsfield, 1841

亚种 / Subspecies
指名亚种 *N. l. leucurs* (Blyth, 1863)
青海、新疆和西藏
Qinghai, Xinjiang and Tibet
拉萨亚种 *N. l. roalatoni* (Bonhote, 1905)
西藏 Tibet

杂多亚种 *N. l. zadoensis* Zheng et Wang, 1980
青海和西藏
Qinghai and Tibet

模式标本产地 / Type Locality
印度
NW India, Ladakh, near Lake Chomoriri (Tsomoriri)

▲ 其他名称 / Other Name(s)

其他中文名 / Other Chinese Name(s)
拟田鼠、松田鼠

其他英文名 / Other English Name(s)
Gobi Altai's Vole

同物异名 / Synonym(s)
Piymys leucurs (Blyth, 1863)

▲ 形态及生境 / Morphology and Habitat

形态特征 / Morphological Characteristics

齿式：1.0.0.3/1.0.0.3=16。第一下臼齿横齿环之前有 3 个封闭的三角形齿环，内侧有 5 个角突，外侧有 3 个角突。个体较大，平均体长超过 110 mm，尾短，平均尾长约 32 mm。体背面枯草黄色，腹面淡黄色。耳露出毛外，可见，和体背面毛色一致。爪黑色，有力，适于掘土。

Dental formula: 1.0.0.3/1.0.0.3=16. The transverse ring of the first lower molar is preceded by three closed triangular rings with five inner and three lateral angular processes. The body size is large, averaging over 110 mm, and the tail is short, averaging about 32 mm. Dorsal hairs yellow, and the abdomen light yellow. Ears are exposed, visible, and the same color as the dorsal color. Claws black and strong, fit for digging.

生境 / Habitat
草地 Grassland

▲ 地理分布 / Geographic Distribution

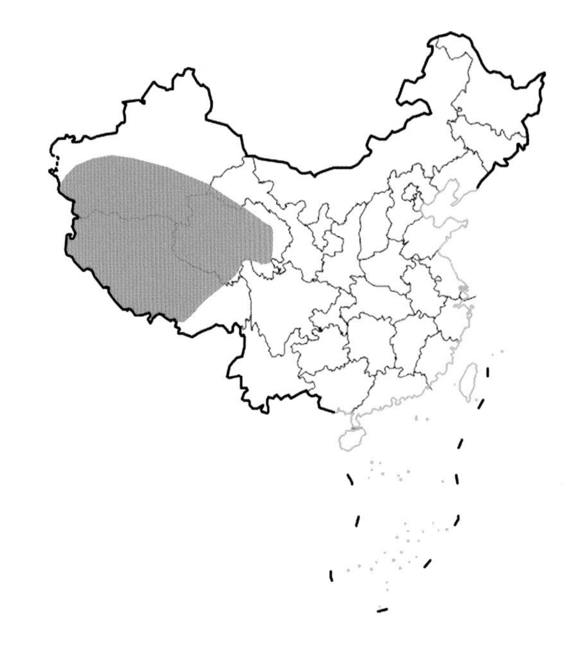

国内分布 / Domestic Distribution

青海、西藏、新疆

Qinghai, Tibet, Xinjiang

全球分布 / World Distribution

中国、印度、尼泊尔

China, India, Nepal

生物地理界 / Biogeographic Realm

古北界 Palearctic

WWF 生物群系 / WWF Biome

山地草原和灌丛

Montane Grasslands & Shrublands

动物地理分布型 / Zoogeographic Distribution Type

Pa

分布标注 / Distribution Note

非特有种 Non-Endemic

▲ 濒危状况 / Threatened Status

中国生物多样性红色名录等级 / CB RL Category (2021)

无危 LC

IUCN 红色名录 / IUCN Red List (2021)

未评定 NE

威胁因子 / Threats

无 None

▲ 法律保护地位 / Legal Protection Status

国家重点保护野生动物等级 / Category of National Key Protected Wild Animals (2021)

未列入 Not listed

"三有"名录 / TWIESSV (2023)

未列入 Not listed

CITES 附录等级 / CITES Appendix (2023)

未列入 Not listed

迁徙物种公约附录 / CMS Appendix (2020)

未列入 Not listed

保护行动 / Conservation Action

尚无保护行动 No conservation action so far

▲ 参考文献 / References

Jiang et al. (蒋志刚等), 2021; Burgin et al., 2020; Wilson et al., 2017; Liu et al., 2012; Zheng et al. (郑智民等), 2012; Smith et al.,2009; Wang (王应祥), 2003; Zheng and Wang (郑昌琳和汪松), 1980

562 / 林芝松田鼠

Neodon linzhiensis
Liu, Sun, Liu, Wang, Guo & Murphy, 2012

- Linzhi Mountain Vole

▲ 分类地位 / Taxonomy

啮齿目 Rodentia / 仓鼠科 Cricetidae / 松田鼠属 *Neodon*

科建立者及其文献 / Family Authority
Fischer, 1817

属建立者及其文献 / Genus Authority
Horsfield, 1841

亚种 / Subspecies
无 None

模式标本产地 / Type Locality
中国
Gongbu Nature Reserve, eastern Linzhi, Tibet, China

▲ 其他名称 / Other Name(s)

其他中文名 / Other Chinese Name(s)
无 None

其他英文名 / Other English Name(s)
无 None

同物异名 / Synonym(s)
无 None

▲ 形态及生境 / Morphology and Habitat

形态特征 / Morphological Characteristics

齿式：1.0.0.3/1.0.0.3=16。第一下臼齿横齿环之前有5个封闭三角形齿环。第三上臼齿内侧有3个或者4个角突。体长中等，平均约105 mm，平均尾长约32 mm，短于体长的30%。吻端、额部被毛棕色。体背毛棕灰色，有些老年个体体背面有褐色色调。颌下、腹部被毛灰白色，呈冷灰调。腹面和背面毛色界线较分明。

Dental formula: 1.0.0.3/1.0.0.3=16. The transverse ring of the first lower molar is preceded by five closed triangular rings. The medial side of the third upper molar has three or four angular processes. The head and body length is medium, about 105 mm on average, and the tail length is 32 mm on average, less than 30% of the body length. Snout and forehead are brown. Dorsal hairs are brown gray, with brown tone in some old individuals. Hairs under the jaw, on the abdomen gray, with a cold gray tone. Boundaries between dorsum and belly visible.

生境 / Habitat
高海拔草地、灌丛
Alpine grassland, shrubland

▲ 地理分布 / Geographic Distribution

国内分布 / Domestic Distribution

西藏 Tibet

全球分布 / World Distribution

中国 China

生物地理界 / Biogeographic Realm

古北界 Palearctic

WWF 生物群系 / WWF Biome

温带针叶树森林

Temperate Conifer Forests

动物地理分布型 / Zoogeographic Distribution Type

Ha

分布标注 / Distribution Note

特有种 Endemic

▲ 濒危状况 / Threatened Status

中国生物多样性红色名录等级 / CB RL Category (2021)

数据缺乏 DD

IUCN 红色名录 / IUCN Red List (2021)

无危 LC

威胁因子 / Threats

未知 Unknown

▲ 法律保护地位 / Legal Protection Status

国家重点保护野生动物等级 / Category of National Key Protected Wild Animals (2021)

未列入 Not listed

"三有"名录 / TWIESSV (2023)

未列入 Not listed

CITES 附录等级 / CITES Appendix (2023)

未列入 Not listed

迁徙物种公约附录 / CMS Appendix (2020)

未列入 Not listed

保护行动 / Conservation Action

尚无保护行动 No conservation action so far

▲ 参考文献 / References

Jiang et al. (蒋志刚等), 2021; Burgin et al., 2020; IUCN, 2020; Liu et al. (刘少英等), 2020; Wilson et al., 2017; Liu et al., 2012

563 / 墨脱松田鼠

Neodon medogensis
Liu, Jin, W., Liu, Murphy, Lu, Hao, Liao, Sun, Tang, Chen & Fu, 2016

- Motuo Mountain Vole

▲ 分类地位 / Taxonomy

啮齿目 Rodentia / 仓鼠科 Cricetidae / 松田鼠属 *Neodon*

科建立者及其文献 / Family Authority
Fischer, 1817

属建立者及其文献 / Genus Authority
Horsfield, 1841

亚种 / Subspecies
无 None

模式标本产地 / Type Locality
中国
Mêdog (Motuo) county

▲ 其他名称 / Other Name(s)

其他中文名 / Other Chinese Name(s)
无 None

其他英文名 / Other English Name(s)
无 None

同物异名 / Synonym(s)
无 None

▲ 形态及生境 / Morphology and Habitat

形态特征 / Morphological Characteristics

齿式：1.0.0.3/1.0.0.3=16。第一下臼齿横齿环之前有 4 个封闭三角形。第二上臼齿内侧和外侧均有 3 个角突。平均体长约 104mm，尾长平均约 46 mm。耳郭大而圆。耳露出毛外，可见。背毛颜色黑褐色。腹毛颜色为灰白色，发根灰色。背部腹部被毛颜色分界不明显。

Dental formula: 1.0.0.3/1.0.0.3=16. The transverse ring of the first lower molar is preceded by four closed triangles. The second upper molar has three angular processes on the medial and lateral sides. The average head and body length is about 104 mm, and the average tail length is about 46 mm. Ears large and round. Ears are visible above the hairs. Dorsal hairs dark brown in color. Abdominal hairs grayish white, hair roots grayish white with grayish tips. Long grayish white hairs interspersed with the hairs on dorsum. Dorsum and abdomen pelages are clearly contrasted. Backs of forefeet of the hind feet are covered with gray hairs.

生境 / Habitat

草地 Grassland

▲ 地理分布 / Geographic Distribution

国内分布 / Domestic Distribution
西藏 Tibet

全球分布 / World Distribution
中国 China

生物地理界 / Biogeographic Realm
古北界 Palearctic

WWF 生物群系 / WWF Biome
山地草原和灌丛
Montane Grasslands & Shrublands

动物地理分布型 / Zoogeographic Distribution Type
Ha

分布标注 / Distribution Note
特有种 Endemic

▲ 濒危状况 / Threatened Status

中国生物多样性红色名录等级 / CB RL Category (2021)
无危 LC

IUCN 红色名录 / IUCN Red List (2021)
未评定 NE

威胁因子 / Threats
无 None

▲ 法律保护地位 / Legal Protection Status

国家重点保护野生动物等级 / Category of National Key Protected Wild Animals (2021)
未列入 Not listed

"三有"名录 / TWIESSV (2023)
未列入 Not listed

CITES 附录等级 / CITES Appendix (2023)
未列入 Not listed

迁徙物种公约附录 / CMS Appendix (2020)
未列入 Not listed

保护行动 / Conservation Action
尚无保护行动 No conservation action so far

▲ 参考文献 / References

Jiang et al. (蒋志刚等), 2021; Burgin et al., 2020; IUCN, 2020; Liu et al. (刘少英等), 2020; Wilson et al., 2017; Liu et al., 2017

564 / 聂拉木松田鼠

Neodon nyalamensis
Liu, Jin, W., Liu, Murphy, Lu, Hao, Liao, Sun, Tang, Chen & Fu, 2016

- Niemula Mountain Vole

▲ 分类地位 / Taxonomy

啮齿目 Rodentia / 仓鼠科 Cricetidae / 松田鼠属 *Neodon*

科建立者及其文献 / Family Authority
Fischer, 1817

属建立者及其文献 / Genus Authority
Horsfield, 1841

亚种 / Subspecies
无 None

模式标本产地 / Type Locality
中国
Nyalam (Nielamu) county

▲ 其他名称 / Other Name(s)

其他中文名 / Other Chinese Name(s)
无 None

其他英文名 / Other English Name(s)
无 None

同物异名 / Synonym(s)
无 None

▲ 形态及生境 / Morphology and Habitat

形态特征 / Morphological Characteristics

齿式：1.0.0.3/1.0.0.3=16。第一下臼齿横齿环之前有 3 个封闭三角形齿环。第一上臼齿内侧有 4 个角突。平均体长约 110 mm，平均尾长约 45 mm，尾长约为体长的 40%。耳郭大而圆，耳露出毛外。背部被毛粗糙，黄褐色或者灰褐色，体侧毛色略呈黄褐色调。腹部灰白色。尾背面被毛灰褐色，尾腹面被毛灰白色。

Dental formula: 1.0.0.3/1.0.0.3=16. The transverse ring of the first lower molar is preceded by three closed triangular rings. The inner side of the first upper molar has 4 angular processes. The average head and body length is about 110 mm, and the average tail length is about 45 mm, and the tail length is about 40% of the body length. Ears large and round, visible above the hairs. Coarser dark brown hairs on the dorsum. Abdominal hairs grayish white, with hair roots grayish white. interspersed with long hairs with grayish white hair tips. The underside coat is clearly white colored. Forefeet and dorsum of the hind feet are covered with long gray hairs.

生境 / Habitat
草地 Grassland

▲ 地理分布 / Geographic Distribution

国内分布 / Domestic Distribution

西藏 Tibet

全球分布 / World Distribution

中国 China

生物地理界 / Biogeographic Realm

古北界 Palearctic

WWF 生物群系 / WWF Biome

山地草原和灌丛
Montane Grasslands & Shrublands

动物地理分布型 / Zoogeographic Distribution Type

Pa

分布标注 / Distribution Note

特有种 Endemic

▲ 濒危状况 / Threatened Status

中国生物多样性红色名录等级 / CB RL Category (2021)

近危 NT

IUCN 红色名录 / IUCN Red List (2021)

未评定 NE

威胁因子 / Threats

未知 Unknown

▲ 法律保护地位 / Legal Protection Status

国家重点保护野生动物等级 / Category of National Key Protected Wild Animals (2021)

未列入 Not listed

"三有"名录 / TWIESSV (2023)

未列入 Not listed

CITES 附录等级 / CITES Appendix (2023)

未列入 Not listed

迁徙物种公约附录 / CMS Appendix (2020)

未列入 Not listed

保护行动 / Conservation Action

尚无保护行动 No conservation action so far

▲ 参考文献 / References

Jiang et al. (蒋志刚等), 2021; Burgin et al., 2020; IUCN, 2020; Liu et al. (刘少英等), 2020; Wilson et al., 2017; Liu et al., 2017

565 / 锡金松田鼠

Neodon sikimensis (Horsfield, 1841)

- Sikkim Mountain Vole

▲ 分类地位 / Taxonomy

啮齿目 Rodentia / 仓鼠科 Cricetidae / 松田鼠属 *Neodon*

科建立者及其文献 / Family Authority
Fischer, 1817

属建立者及其文献 / Genus Authority
Horsfield, 1841

亚种 / Subspecies
无 None

模式标本产地 / Type Locality
印度
India, Sikkim

刘洋 / 供图

▲ 其他名称 / Other Name(s)

其他中文名 / Other Chinese Name(s)
锡金田鼠

其他英文名 / Other English Name(s)
Sikkim Vole

同物异名 / Synonym(s)
无 None

▲ 形态及生境 / Morphology and Habitat

形态特征 / Morphological Characteristics

齿式：1.0.0.3/1.0.0.3=16。个体较大，平均体长接近 110 mm，平均尾长接近 50 mm。该物种的鉴别特征是牙齿，第一下臼齿有 3 个闭合三角形齿环，第三上臼齿复杂，内侧有 4~5 个角突。耳长 15~17 mm，耳露出毛外，可见。背毛颜色黑褐色。腹毛颜色为灰白色，毛基灰色，毛尖灰白色。

Dental formula: 1.0.0.3/1.0.0.3=16. The body size is large, the average head and body length is close to 110 mm, the average tail length is close to 50 mm. The distinguishing feature of this species is the teeth. The first lower molar has three closed triangular rings and the third upper molar is complex with 4-5 inner angular processes. Ear length 15-17 mm, ear hairs exposed outside, visible. The dorsal hairs are dark brown. Abdominal hair color is gray, with gray hair tips.

生境 / Habitat

高海拔草地、泰加林
Alpine grassland, taiga

▲ 地理分布 / Geographic Distribution

国内分布 / Domestic Distribution
西藏 Tibet

全球分布 / World Distribution
不丹、中国、印度、尼泊尔
Bhutan, China, India, Nepal

生物地理界 / Biogeographic Realm
古北界 Palearctic

WWF 生物群系 / WWF Biome
山地草原和灌丛
Montane Grasslands & Shrublands

动物地理分布型 / Zoogeographic Distribution Type
Ha

分布标注 / Distribution Note
非特有种 Non-Endemic

▲ 濒危状况 / Threatened Status

中国生物多样性红色名录等级 / CB RL Category (2021)
无危 LC

IUCN 红色名录 / IUCN Red List (2021)
无危 LC

威胁因子 / Threats
无 None

▲ 法律保护地位 / Legal Protection Status

国家重点保护野生动物等级 / Category of National Key Protected Wild Animals (2021)
未列入 Not listed

"三有"名录 / TWIESSV (2023)
未列入 Not listed

CITES 附录等级 / CITES Appendix (2023)
未列入 Not listed

迁徙物种公约附录 / CMS Appendix (2020)
未列入 Not listed

保护行动 / Conservation Action
尚无保护行动 No conservation action so far

▲ 参考文献 / References

Jiang et al. (蒋志刚等), 2021; Burgin et al., 2020; IUCN, 2020; Liu et al. (刘少英等), 2020; Wilson et al., 2017; Zheng et al. (郑智民等), 2012; Wang (王应祥), 2003

566 / 东方田鼠

Alexandromys fortis (Büchner, 1889)

- Reed Vole

陈尽虫 / 供图

▲ 分类地位 / Taxonomy

啮齿目 Rodentia / 仓鼠科 Cricetidae / 东方田鼠属 *Alexandromys*

科建立者及其文献 / Family Authority

Fischer, 1817

属建立者及其文献 / Genus Authority

Ognev, 1914

亚种 / Subspecies

指名亚种 *A. f. fortis* (Büchner, 1889)
陕西和内蒙古
Shaanxi and Inner Mongolia
长江亚种 *A. f. calamorum* (Thomas, 1902)
江苏、上海、安徽、浙江、江西、湖南和湖北
Jiangsu, Shanghai, Anhui, Zhejiang, Jiangxi, Hunan and Hubei;

乌苏里亚种 *A. f. pelliceus* (Thomas, 191)
黑龙江、吉林和内蒙古
Heilongjiang, Jilin and Inner Mongolia
新民亚种 *A. f. dolicocephalus* (Mori, 1930)
辽宁、吉林和内蒙古
Liaoning, Jilin and Inner Mongolia ;

福建亚种 *A. f. fujianensis* (Hong, 1981)
福建 Fujian

模式标本产地 / Type Locality

中国
China, Inner Mongolia, Ordos Desert, Huang Ho Valley, Sujan

▲ 其他名称 / Other Name(s)

其他中文名 / Other Chinese Name(s)

苇田鼠、远东田鼠、沼泽田鼠

其他英文名 / Other English Name(s)

Yangtze Vole

同物异名 / Synonym(s)

Microtus fortis (Büchner, 1889)

▲ 形态及生境 / Morphology and Habitat

形态特征 / Morphological Characteristics

齿式：1.0.0.3/1.0.0.3=16。第一下臼齿横齿环之前有5个封闭的三角形齿环。成体头体长 120~139 mm。尾长超过体长的40%。耳露出毛外。背部黄褐色或者褐色，毛发有光泽。腹部灰白色。尾被覆稀疏短毛，尾背面深棕色，尾腹面灰白色。

Dental formula: 1.0.0.3/1.0.0.3=16. The transverse ring of the first lower molar is preceded by five closed triangular rings. Adult head and body length 120-139 mm. Ears visible above body hairs. Dorsal hairs tawny or brown, shiny. Hairs on belly gray and white. Tail length is more than one third of the body length. Tail is covered with sparse short hairs, dark brown on the upper part of the tail, grayish white on the underpart of the tail.

生境 / Habitat

淡水湖、江河、溪流边、农田、沼泽、森林
Freshwater lake, river, stream, farmland, marsh, forest

▲ 地理分布 / Geographic Distribution

国内分布 / Domestic Distribution

内蒙古、山东、宁夏、陕西、甘肃、贵州、广西、安徽、江苏、浙江、湖南、江西、福建

Inner Mongolia, Shandong, Ningxia, Shaanxi, Gansu, Guizhou, Guangxi, Anhui, Jiangsu, Zhejiang, Hunan, Jiangxi, Fujian

全球分布 / World Distribution

中国、朝鲜、韩国、蒙古国、俄罗斯

China, Democratic People's Republic of Korea, Republic of Korea, Mongolia, Russia

生物地理界 / Biogeographic Realm

古北界 Palearctic

WWF 生物群系 / WWF Biome

淹没草原和稀树大草原

Flooded Grasslands & Savannas

动物地理分布型 / Zoogeographic Distribution Type

Ee

分布标注 / Distribution Note

非特有种 Non-Endemic

▲ 濒危状况 / Threatened Status

中国生物多样性红色名录等级 / CB RL Category (2021)

无危 LC

IUCN 红色名录 / IUCN Red List (2021)

无危 LC

威胁因子 / Threats

无 None

▲ 法律保护地位 / Legal Protection Status

国家重点保护野生动物等级 / Category of National Key Protected Wild Animals (2021)

未列入 Not listed

“三有”名录 / TWIESSV (2023)

未列入 Not listed

CITES 附录等级 / CITES Appendix (2023)

未列入 Not listed

迁徙物种公约附录 / CMS Appendix (2020)

未列入 Not listed

保护行动 / Conservation Action

尚无保护行动 No conservation action so far

▲ 参考文献 / References

Jiang et al. (蒋志刚等), 2021; Burgin et al., 2020; IUCN, 2020; Liu et al. (刘少英等), 2020; Wilson et al., 2017; Liu et al., 2017, Luo (罗泽珣), 2000; Xia(夏武平), 1988, 1964

567 / 台湾田鼠

Alexandromys kikuchii (Kuroda, 1920)

- Taiwan Vole

▲ 分类地位 / Taxonomy

啮齿目 Rodentia / 仓鼠科 Cricetidae / 东方田鼠属 *Alexandromys*

科建立者及其文献 / Family Authority
Fischer, 1817

属建立者及其文献 / Genus Authority
Ognev, 1914

亚种 / Subspecies
无 None

模式标本产地 / Type Locality
中国
Highlands of Taiwan, China usually above 3000 m (Lin et al., 1987; H.-T. Yu, 1993; M.-J. Yu, 1996)

▲ 其他名称 / Other Name(s)

其他中文名 / Other Chinese Name(s)
群栖田鼠

其他英文名 / Other English Name(s)
Kikuchi's Field Vole

同物异名 / Synonym(s)
Microtus kikuchii (Kuroda, 1920)

▲ 形态及生境 / Morphology and Habitat

形态特征 / Morphological Characteristics

齿式：1.0.0.3/1.0.0.3=16。头体长 120 mm 左右。尾长 68~75 mm，超过体长的 70%。背毛浅红棕色。体侧面毛色亮黄褐色，腹毛灰黄色。背腹毛色分界不明显。尾双色，上部深棕色，下部灰白色。四足背表面浅棕色到几乎白色。

Dental formula: 1.0.0.3/1.0.0.3=16. Head and body length about 120 mm. Tail length 68-75 mm, longer than 70% of head and body length. Dorsal hairs light reddish-brown. Ventral side of the body bright yellow-brown, abdominal hairs gradually changes to the gray yellow. Tail is covered with short hairs. Tail bicolor, upper dark brown, lower white. Dorsal surface of the quadruped is light brown to nearly white.

生境 / Habitat

亚热带湿润山地森林
Subtropical moist forest

▲ 地理分布 / Geographic Distribution

国内分布 / Domestic Distribution

台湾 Taiwan

全球分布 / World Distribution

中国 China

生物地理界 / Biogeographic Realm

印度马来界 Indomalaya

WWF 生物群系 / WWF Biome

热带和亚热带湿润阔叶林

Tropical & Subtropical Moist Broadleaf Forests

动物地理分布型 / Zoogeographic Distribution Type

J

分布标注 / Distribution Note

特有种 Endemic

▲ 濒危状况 / Threatened Status

中国生物多样性红色名录等级 / CB RL Category (2021)

近危 NT

IUCN 红色名录 / IUCN Red List (2021)

无危 LC

威胁因子 / Threats

未知 Unknown

▲ 法律保护地位 / Legal Protection Status

国家重点保护野生动物等级 / Category of National Key Protected Wild Animals (2021)

未列入 Not listed

“三有”名录 / TWIESSV (2023)

未列入 Not listed

CITES 附录等级 / CITES Appendix (2023)

未列入 Not listed

迁徙物种公约附录 / CMS Appendix (2020)

未列入 Not listed

保护行动 / Conservation Action

尚无保护行动 No conservation action so far

▲ 参考文献 / References

Jiang et al. (蒋志刚等), 2021; Burgin et al., 2020; IUCN, 2020; Liu et al., 2017; Wilson et al., 2017; Luo (罗泽珣), 2000; Yu, 1995, 1994, 1993; Kaneko, 1987

568 / 柴达木根田鼠

Alexandromys limnophilus (Büchner, 1889)

- Lacustrine Vole

▲ 分类地位 / Taxonomy

啮齿目 Rodentia / 仓鼠科 Cricetidae / 东方田鼠属 *Alexandromys*

科建立者及其文献 / Family Authority

Fischer, 1817

属建立者及其文献 / Genus Authority

Ognev, 1914

亚种 / Subspecies

无 None

模式标本产地 / Type Locality

中国

China, Qinghai

▲ 其他名称 / Other Name(s)

其他中文名 / Other Chinese Name(s)

吉尔吉斯田鼠、天山田鼠

其他英文名 / Other English Name(s)

无 None

同物异名 / Synonym(s)

Microtus limnophilus (Büchner, 1889)

▲ 形态及生境 / Morphology and Habitat

形态特征 / Morphological Characteristics

齿式：1.0.0.3/1.0.0.3=16。第一下臼齿只有 4 个封闭三角形。体长 80~117 mm。尾长 34~48 mm。耳长 12~15 mm，略微露出毛外。体背毛色褐色，或灰褐色。腹部毛色灰白色。尾被覆短毛，颜色较深，黑褐色，尾腹面较淡。

Dental formula: 1.0.0.3/1.0.0.3=16. The first lower molar has only 4 closed triangles. Head and body length 80-117 mm. Tail length 34 -48 mm. Ear length 12-15 mm. Ears slightly exposed outside the hairs. Dorsal hairs brown, or grayish brown. Hairs on the belly grayish white. Tail is covered with short hairs of dark, dark brown color, hair color lighter on the underside of the tail.

生境 / Habitat

盐碱荒漠、高山草甸

Saline desert, alpine meadow

▲ 地理分布 / Geographic Distribution

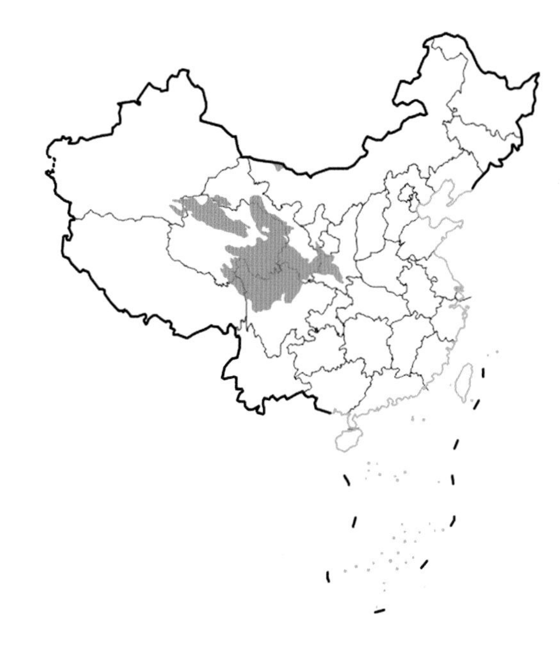

国内分布 / Domestic Distribution

四川、青海、甘肃、陕西、宁夏、内蒙古、新疆

Sichuan, Qinghai, Gansu, Shaanxi, Ningxia, Inner Mongolia, Xinjiang

全球分布 / World Distribution

中国、蒙古国

China, Mongolia

生物地理界 / Biogeographic Realm

古北界 Palearctic

WWF 生物群系 / WWF Biome

山地草原和灌丛

Montane Grasslands & Shrublands

动物地理分布型 / Zoogeographic Distribution Type

De

分布标注 / Distribution Note

非特有种 Non-Endemic

▲ 濒危状况 / Threatened Status

中国生物多样性红色名录等级 / CB RL Category (2021)

无危 LC

IUCN 红色名录 / IUCN Red List (2021)

无危 LC

威胁因子 / Threats

无 None

▲ 法律保护地位 / Legal Protection Status

国家重点保护野生动物等级 / Category of National Key Protected Wild Animals (2021)

未列入 Not listed

"三有"名录 / TWIESSV (2023)

未列入 Not listed

CITES 附录等级 / CITES Appendix (2023)

未列入 Not listed

迁徙物种公约附录 / CMS Appendix (2020)

未列入 Not listed

保护行动 / Conservation Action

尚无保护行动 No conservation action so far

▲ 参考文献 / References

Jiang et al. (蒋志刚等), 2021; Burgin et al., 2020; IUCN, 2020; Wilson et al., 2017; Liu et al., 2012; Zheng et al. (郑智民等), 2012; Luo (罗泽珣), 2000

569 / 莫氏田鼠

Alexandromys maximowiczii
(Schrenk, 1859)

- Maximowicz's Vole

▲ 分类地位 / Taxonomy

啮齿目 Rodentia / 仓鼠科 Cricetidae / 东方田鼠属 *Alexandromys*

科建立者及其文献 / Family Authority
Fischer, 1817

属建立者及其文献 / Genus Authority
Ognev, 1914

亚种 / Subspecies
无 None

模式标本产地 / Type Locality
俄罗斯
Russia, Chita Oblast, upper Amur region, mouth of Omutnaya River

▲ 其他名称 / Other Name(s)

其他中文名 / Other Chinese Name(s)
无 None

其他英文名 / Other English Name(s)
无 None

同物异名 / Synonym(s)
Mircotus maximowiczii (Schrenk, 1859)

▲ 形态及生境 / Morphology and Habitat

形态特征 / Morphological Characteristics

齿式：1.0.0.3/1.0.0.3=16。外形和头骨特征和东方田鼠相似，区别是莫氏田鼠第一下臼齿前缘外侧有一个明显的凹角，而东方田鼠为圆弧形，无凹陷。个体较大，平均体长超过 120 mm，平均尾长约 50 mm，但变动范围大，有些个体尾长短于 40 mm，一些个体尾长接近 60 mm。背面毛皮暗黑棕色，具赭褐色斑点。体侧毛色呈浅棕色，逐渐融入暗灰白色的腹部毛发。尾单色，深棕色；或双色，上部棕色，下部白色。四脚背表面带褐色调的白色。

Dental formula: 1.0.0.3/1.0.0.3=16. The appearance and skull features of Maximowicz's Vole, *Alexandromys maximowiczii*, are similar to those of Reed Vole, *A. fortis*. The difference between *A. maximowiczii* and *A. fortis* is that there is an obvious concave angle outside the leading edge of the first lower molar, while *A. fortis* has a circular arc without depression. The individual is large, and the average head and body length is over 120 mm, and the average tail length is about 50 mm, but the range of variation is large, some individual tail length is 40 mm, some individual tail length is close to 60 mm. Dorsal hairs are dark brown with ochre-brown spots. Hairs on the ventral sides of the body are light brown, gradually merging into the dark grayish-white belly hairs. Tail monochrome: dark brown, or bicolored, upper brown, lower white. Dorsum surface is brownish white.

生境 / Habitat

江河岸 Riverside

▲ 地理分布 / Geographic Distribution

国内分布 / Domestic Distribution
黑龙江、吉林、内蒙古、河北、陕西
Heilongjiang, Jilin, Inner Mongolia, Hebei, Shaanxi

全球分布 / World Distribution
中国、蒙古国、俄罗斯
China, Mongolia, Russia

生物地理界 / Biogeographic Realm
古北界 Palearctic

WWF 生物群系 / WWF Biome
山地草原和灌丛
Montane Grasslands & Shrublands

动物地理分布型 / Zoogeographic Distribution Type
X

分布标注 / Distribution Note
非特有种 Non-Endemic

▲ 濒危状况 / Threatened Status

中国生物多样性红色名录等级 / CB RL Category (2021)
无危 LC

IUCN 红色名录 / IUCN Red List (2021)
无危 LC

威胁因子 / Threats
无 None

▲ 法律保护地位 / Legal Protection Status

国家重点保护野生动物等级 / Category of National Key Protected Wild Animals (2021)
未列入 Not listed

"三有" 名录 / TWIESSV (2023)
未列入 Not listed

CITES 附录等级 / CITES Appendix (2023)
未列入 Not listed

迁徙物种公约附录 / CMS Appendix (2020)
未列入 Not listed

保护行动 / Conservation Action
尚无保护行动 No conservation action so far

▲ 参考文献 / References

Jiang et al. (蒋志刚等), 2021; Burgin et al., 2020; IUCN, 2020; Liu et al. (刘少英等), 2020; Wilson et al., 2017; Zheng et al. (郑智民等), 2012; Luo (罗泽珣), 2000

570 / 蒙古田鼠

Alexandromys mongolicus (Radde, 1861)

- Mongolian Vole

▲ 分类地位 / Taxonomy

啮齿目 Rodentia / 仓鼠科 Cricetidae / 东方田鼠属 *Alexandromys*

科建立者及其文献 / Family Authority

Fischer, 1817

属建立者及其文献 / Genus Authority

Ognev, 1914

亚种 / Subspecies

无 None

模式标本产地 / Type Locality

蒙古国

Extreme northern Mongolia near Tarei Lake

▲ 其他名称 / Other Name(s)

其他中文名 / Other Chinese Name(s)

无 None

其他英文名 / Other English Name(s)

无 None

同物异名 / Synonym(s)

Mircotus mongolicus (Radde, 1861)

▲ 形态及生境 / Morphology and Habitat

形态特征 / Morphological Characteristics

齿式：1.0.0.3/1.0.0.3=16。体长 100~130 mm，尾长 35~38 mm。个体接近莫氏田鼠，但尾明显短。牙齿和普通田鼠基本一致，第二上臼齿内侧有 2 个外侧有 3 个角突，第三上臼齿内侧有 4 个外侧有 3 个角突。背侧毛皮暗红棕色，体侧面毛色较浅逐渐过渡到腹侧灰色毛皮。尾双色明显：尾上面深棕色，尾下面浅黄色。四脚背面被毛为棕色和银白色混合毛发。

Dental formula: 1.0.0.3/1.0.0.3=16. Head and body length 100-130 mm, tail length 35-38 mm. The body size is close to the Maximowicz's Vole, *Alexandromys maximowiczii*, but the tail is significantly shorter. The teeth are basically the same as those of the common vole. There are two upper molars with three lateral angular processes. The inner side of the third upper molar has 4 lateral and 3 angular processes. Dorsal fur dark reddish-brown, and the lateral fur is lighter and gradually changes to the ventral gray fur. Tail distinctly bicolored: upper part dark brown and underpart light yellow. Dorsal parts of the feet are covered with a mixture of brown and silver hairs.

生境 / Habitat

森林、灌丛、草地

Forest, shrubland, grassland

▲ 地理分布 / Geographic Distribution

国内分布 / Domestic Distribution
内蒙古、黑龙江、吉林
Inner Mongolia, Heilongjiang, Jilin

全球分布 / World Distribution
中国、蒙古国、俄罗斯
China, Mongolia, Russia

生物地理界 / Biogeographic Realm
古北界 Palearctic

WWF 生物群系 / WWF Biome
温带草原、热带稀树草原和灌木地
Temperate Grasslands, Savannas & Shrublands

动物地理分布型 / Zoogeographic Distribution Type
Xd

分布标注 / Distribution Note
非特有种 Non-Endemic

▲ 濒危状况 / Threatened Status

中国生物多样性红色名录等级 / CB RL Category (2021)
无危 LC

IUCN 红色名录 / IUCN Red List (2021)
无危 LC

威胁因子 / Threats
无 None

▲ 法律保护地位 / Legal Protection Status

国家重点保护野生动物等级 / Category of National Key Protected Wild Animals (2021)
未列入 Not listed

"三有"名录 / TWIESSV (2023)
未列入 Not listed

CITES 附录等级 / CITES Appendix (2023)
未列入 Not listed

迁徙物种公约附录 / CMS Appendix (2020)
未列入 Not listed

保护行动 / Conservation Action
尚无保护行动 No conservation action so far

▲ 参考文献 / References

Jiang et al. (蒋志刚等), 2021; Burgin et al., 2020; IUCN, 2020; Wilson et al., 2017; Zheng et al. (郑智民等), 2012; Smith et al., 2009; Pan et al. (潘清华等), 2007; Wilson and Reeder, 2005; Wang (王应祥), 2003; Luo (罗泽珣), 2000; Zhang (张荣祖), 1997

571 / 根田鼠

Alexandromys oeconomus (Pallas, 1776)

• Root Vole

▲ 分类地位 / Taxonomy

啮齿目 Rodentia / 仓鼠科 Cricetidae / 东方田鼠属 *Alexandromys*

科建立者及其文献 / Family Authority

Fischer, 1817

属建立者及其文献 / Genus Authority

Ognev, 1914

亚种 / Subspecies

阿尔泰亚种 *A. o. alaicus* (Ogmev, 1944)
新疆 Xinjiang

中亚亚种 *A. o. montiucaesinum* (Ognev, 1944)
新疆 Xinjiang

模式标本产地 / Type Locality

俄罗斯

Russia, Siberia, Ishim Valley

▲ 其他名称 / Other Name(s)

其他中文名 / Other Chinese Name(s)

无 None

其他英文名 / Other English Name(s)

Tundra Vole

同物异名 / Synonym(s)

Mircotus oeconomus (Pallas, 1776)

▲ 形态及生境 / Morphology and Habitat

形态特征 / Morphological Characteristics

齿式：1.0.0.3/1.0.0.3=16。第一下臼齿横齿环之前有4个封闭的三角形齿环。个体大，平均体长超过130 mm，最大的个体接近150 mm。尾较长，平均约57 mm。身体背面灰色到棕灰色，腹面毛色较浅，灰白色到淡黄白色。背面和腹面毛色界线不明显。尾被覆短毛，上下两色，背面灰黑色，腹面灰白色。足背银白色。后脚有6个脚底垫。

Dental formula: 1.0.0.3/1.0.0.3=16. The transverse ring of the first lower molar is preceded by four closed triangular rings. Body sizes are large, with an average body length of over 130 mm, and the largest individuals are close to 150 mm. The tail is longer, averaging about 57 mm. Dorsal hairs gray to brownish gray, while hairs of the ventral coat lighter colored, grayish white to yellowish white. Color boundary between dorsum and belly is fuzzy. Tail is covered with short hairs, bicolored, gray black on the upper part, white on the underpart. Dorsal of feet silver colored. Hind foot has six plantar pads.

生境 / Habitat

淡水湖、溪流边、沼泽、灌丛

Freshwater lake, near stream, swamp, shrubland

▲ 地理分布 / Geographic Distribution

国内分布 / Domestic Distribution

新疆 Xinjiang

全球分布 / World Distribution

中国、奥地利、白俄罗斯、加拿大、捷克、爱沙尼亚、芬兰、德国、匈牙利、哈萨克斯坦、立陶宛、蒙古国、荷兰、挪威、波兰、俄罗斯、斯洛伐克、瑞典、乌克兰、美国

China, Austria, Belarus, Canada, Czech, Estonia, Finland, Germany, Hungary, Kazakhstan, Lithuania, Mongolia, Netherlands, Norway, Poland, Russia, Slovakia, Sweden, Ukraine, United States

生物地理界 / Biogeographic Realm

古北界 Palearctic

WWF 生物群系 / WWF Biome

山地草原和灌丛

Montane Grasslands & Shrublands

动物地理分布型 / Zoogeographic Distribution Type

Ua

分布标注 / Distribution Note

非特有种 Non-Endemic

▲ 濒危状况 / Threatened Status

中国生物多样性红色名录等级 / CB RL Category (2021)

无危 LC

IUCN 红色名录 / IUCN Red List (2021)

无危 LC

威胁因子 / Threats

无 None

▲ 法律保护地位 / Legal Protection Status

国家重点保护野生动物等级 / Category of National Key Protected Wild Animals (2021)

未列入 Not listed

“三有”名录 / TWIESSV (2023)

未列入 Not listed

CITES 附录等级 / CITES Appendix (2023)

未列入 Not listed

迁徙物种公约附录 / CMS Appendix (2020)

未列入 Not listed

保护行动 / Conservation Action

尚无保护行动 No conservation action so far

▲ 参考文献 / References

Jiang et al. (蒋志刚等), 2021; Burgin et al., 2020; IUCN, 2020; Wilson et al., 2017; Zheng et al. (郑智民等), 2012; Smith et al., 2009; Pan et al. (潘清华等), 2007; Cui et al. (崔庆虎等), 2005; Sun et al. (孙平等), 2005; Wilson and Reeder, 2005; Wang (王应祥), 2003; Luo (罗泽珣), 2000; Zhang (张荣祖), 1997

572 / 黑田鼠

Microtus agrestis (Linnaeus, 1761)

• Field Vole

▲ 分类地位 / Taxonomy

啮齿目 Rodentia / 仓鼠科 Cricetidae / 田鼠属 *Microtus*

科建立者及其文献 / Family Authority
Fischer, 1817

属建立者及其文献 / Genus Authority
Schrank, 1798

亚种 / Subspecies
蒙古亚种 *M. a. mongol* (Thonas, 1912)
新疆 Xinjiang

新疆亚种 *M. a. Arcturus* (Thonas, 1912)
新疆 Xinjiang

模式标本产地 / Type Locality
瑞典
Sweden, Uppsala

▲ 其他名称 / Other Name(s)

其他中文名 / Other Chinese Name(s)
无 None

其他英文名 / Other English Name(s)
Short-tailed Field Vole, Short-tailed Vole

同物异名 / Synonym(s)
无 None

▲ 形态及生境 / Morphology and Habitat

形态特征 / Morphological Characteristics

齿式：1.0.0.3/1.0.0.3=16。第一下臼齿横齿环之前有5个封闭的三角形齿环，第二上臼齿后内侧有1个封闭的小的三角形齿环，使得第二上臼齿内侧和外侧均有3个角突。该特征与其他田鼠截然不同。其他田鼠第二上臼齿没有后内三角形齿环。个体中等，平均体长约110 mm，平均尾长约33 mm。背毛深灰棕色。腹部毛灰调，毛尖淡灰色。冬季毛皮颜色较亮，背毛赭褐色。尾双色，上部棕黑色，下部白色。足背面灰白色。后脚有6个脚底垫。

Dental formula: 1.0.0.3/1.0.0.3=16. The transverse ring of the first lower molar is preceded by 5 closed triangular rings, and the medial side of the second upper molar is preceded by a small closed triangular ring, which makes the medial and lateral sides of the second upper molar have 3 angular processes. This characteristic is quite different from other voles. The second upper molars of other voles do not have a posterior triangular ring. The average body length is about 110 mm, and the average tail length is 33 mm. Dorsal hairs dark grayish brown. Abdominal hairs gray tone, and hair tips light gray. Color of winter pelage is brighter, and dorsal hairs ochre brown. Tail bi-colored, upper part black-brown, underpart white. Acrotarsium is gray and white. Hind foot has six plantar pads.

生境 / Habitat

草地、淡水湖、江河
Grassland, freshwater lake, river

▲ 地理分布 / Geographic Distribution

国内分布 / Domestic Distribution

新疆 Xinjiang

全球分布 / World Distribution

安道尔、奥地利、白俄罗斯、比利时、波斯尼亚和黑塞哥维那、中国、克罗地亚、捷克、丹麦、爱沙尼亚、芬兰、法国、德国、匈牙利、意大利、拉脱维亚、列支敦士登、立陶宛、卢森堡、摩尔多瓦、蒙古国、黑山、荷兰、挪威、波兰、葡萄牙、罗马尼亚、俄罗斯、塞尔维亚、斯洛伐克、斯洛文尼亚、西班牙、瑞典、瑞士、乌克兰、英国

Andorra, Austria, Belorussia, Belgium, Bosnia and Herzegovina, China, Croatia, Czech, Denmark, Estonia, Finland, France, Germany, Hungary, Italy, Latvia, Liechtenstein, Lithuania, Luxembourg, Moldova, Mongolia, Montenegro, Netherlands, Norway, Poland, Portugal, Romania, Russia, Serbia, Slovakia, Slovenia, Spain, Sweden, Switzerland, Ukraine, United Kingdom

生物地理界 / Biogeographic Realm

古北界 Palearctic

WWF 生物群系 / WWF Biome

北方森林 / 针叶林

Boreal Forests/Taiga

动物地理分布型 / Zoogeographic Distribution Type

Cb

分布标注 / Distribution Note

非特有种 Non-Endemic

▲ 濒危状况 / Threatened Status

中国生物多样性红色名录等级 / CB RL Category (2021)

近危 NT

IUCN 红色名录 / IUCN Red List (2021)

无危 LC

威胁因子 / Threats

未知 Unknown

▲ 法律保护地位 / Legal Protection Status

国家重点保护野生动物等级 / Category of National Key Protected Wild Animals (2021)

未列入 Not listed

"三有"名录 / TWIESSV (2023)

未列入 Not listed

CITES 附录等级 / CITES Appendix (2023)

未列入 Not listed

迁徙物种公约附录 / CMS Appendix (2020)

未列入 Not listed

保护行动 / Conservation Action

尚无保护行动 No conservation action so far

▲ 参考文献 / References

Jiang et al. (蒋志刚等), 2021; Burgin et al., 2020; IUCN, 2020; Zheng et al. (郑智民等), 2012; Smith et al., 2009; Pan et al. (潘清华等), 2007; Wilson and Reeder, 2005; Wang (王应祥), 2003; Zhang (张荣祖), 1997

573 / 伊犁田鼠

Microtus ilaeus Thomas, 1912

- Kazakhstan Vole

▲ 分类地位 / Taxonomy

啮齿目 Rodentia / 仓鼠科 Cricetidae / 田鼠属 *Microtus*

科建立者及其文献 / Family Authority
Fischer, 1817

属建立者及其文献 / Genus Authority
Schrank, 1798

亚种 / Subspecies
无 None

模式标本产地 / Type Locality
哈萨克斯坦
Kazakhstan, Semirechyia, Djarkent, banks of Ussek River

唐明坤 / 供图

▲ 其他名称 / Other Name(s)

其他中文名 / Other Chinese Name(s)
无 None

其他英文名 / Other English Name(s)
Tian Shan Vole

同物异名 / Synonym(s)
无 None

▲ 形态及生境 / Morphology and Habitat

形态特征 / Morphological Characteristics

齿式: 1.0.0.3/1.0.0.3=16。第一下臼齿横齿环之前有5个封闭三角形齿环。平均头体长约 100 mm（88~115 mm），平均尾长约 34 mm。背面毛发毛根黑色，毛尖黄褐色或淡黄褐色。腹毛淡黄色至灰白色。脚背表面为白色。尾上下两色。尾背面棕黑色，腹面灰白色，尾末端被毛长。

Dental formula: 1.0.0.3/1.0.0.3=16. The transverse ring of the first lower molar is preceded by five closed triangular rings. The average head length is about 100 mm (88-115 mm) and the average tail length is about 34 mm. Dorsal hair roots black, tip tawny or yellowish brown. Abdominal hairs yellowish to grayish white. Dorsal surface of feet white. Tail bicolored. Tail upperpart brown and black, the underpart gray and white, and the tail end has long hairs.

生境 / Habitat

森林、灌丛、草地
Forest, shrubland, grassland

▲ 地理分布 / Geographic Distribution

国内分布 / Domestic Distribution

新疆 Xinjiang

全球分布 / World Distribution

阿富汗、中国、哈萨克斯坦、吉尔吉斯斯坦、塔吉克斯坦、乌兹别克斯坦

Afghanistan, China, Kazakhstan, Kyrgyzstan, Tajikistan, Uzbekistan

生物地理界 / Biogeographic Realm

古北界 Palearctic

WWF 生物群系 / WWF Biome

温带草原、热带稀树草原和灌木地

Temperate Grasslands, Savannas & Shrublands

动物地理分布型 / Zoogeographic Distribution Type

Dc

分布标注 / Distribution Note

非特有种 Non-Endemic

▲ 濒危状况 / Threatened Status

中国生物多样性红色名录等级 / CB RL Category (2021)

无危 LC

IUCN 红色名录 / IUCN Red List (2021)

无危 LC

威胁因子 / Threats

无 None

▲ 法律保护地位 / Legal Protection Status

国家重点保护野生动物等级 / Category of National Key Protected Wild Animals (2021)

未列入 Not listed

"三有"名录 / TWIESSV (2023)

未列入 Not listed

CITES 附录等级 / CITES Appendix (2023)

未列入 Not listed

迁徙物种公约附录 / CMS Appendix (2020)

未列入 Not listed

保护行动 / Conservation Action

尚无保护行动 No conservation action so far

▲ 参考文献 / References

Jiang et al. (蒋志刚等), 2021; Burgin et al., 2020; IUCN, 2020; Zheng et al. (郑智民等), 2012; Smith et al., 2009; Wang (王应祥), 2003; Hou (侯兰新), 2000

574 / 帕米尔田鼠

Microtus juldaschi (Severtzov, 1879)

- Juniper Mountain Vole

▲ 分类地位 / Taxonomy

啮齿目 Rodentia / 仓鼠科 Cricetidae / 田鼠属 *Microtus*

科建立者及其文献 / Family Authority
Fischer, 1817

属建立者及其文献 / Genus Authority
Schrank, 1798

亚种 / Subspecies
无 None

模式标本产地 / Type Locality
中国
Xinjiang, Pamir Mtns, Kara-Kul Lake basin, near Aksu

▲ 其他名称 / Other Name(s)

其他中文名 / Other Chinese Name(s)
卡氏田鼠

其他英文名 / Other English Name(s)
Juniper Vole, Pamir Vole

同物异名 / Synonym(s)
Neodon juldaschi

▲ 形态及生境 / Morphology and Habitat

形态特征 / Morphological Characteristics

齿式：1.0.0.3/1.0.0.3=16。第一下臼齿横齿环之前仅有3个封闭的三角形齿环，和松田鼠一些种一样，所以曾被误认为是松田鼠属种类。分子系统发育上和黑田鼠有较近的亲缘关系。个体中等，平均头体长约108 mm，平均尾长约31 mm。外形与松田鼠相似。但毛色较松田鼠淡。背部毛色灰棕色，区别于松田鼠的灰黑色。腹侧毛皮浅灰褐色。尾双色，尾上部淡褐色，尾下部银白色。

Dental formula: 1.0.0.3/1.0.0.3=16. There are only 3 closed triangular rings before the transverse ring of the first lower molar, which is the same as some species of *Neodon*, so it was previously mistaken as a species of *Neodon*. It is closely related to *Microtus agrestis* in molecular phylogeny. The average head and body length is 108 mm, and the average tail length is 31 mm. Similar in appearance to other species of *Neodon*. But the color is lighter. Back coat is grayish-brown, different from the grayish-black color of *Neodon*. Ventral hairs light grayish-brown. Tail bicolored, upper part of tail light brown, lower part of tail silver white.

生境 / Habitat

高海拔草地、灌丛
Alpine grassland, shrubland

▲ 地理分布 / Geographic Distribution

国内分布 / Domestic Distribution
新疆、西藏
Xinjiang, Tibet

全球分布 / World Distribution
阿富汗、中国、吉尔吉斯斯坦、巴基斯坦、塔吉克斯坦、乌兹别克斯坦
Afghanistan, China, Kyrgyzstan, Pakistan, Tajikistan, Uzbekistan

生物地理界 / Biogeographic Realm
古北界 Palearctic

WWF 生物群系 / WWF Biome
热带和亚热带湿润阔叶林
Tropical & Subtropical Moist Broadleaf Forests

动物地理分布型 / Zoogeographic Distribution Type
Db

分布标注 / Distribution Note
非特有种 Non-Endemic

▲ 濒危状况 / Threatened Status

中国生物多样性红色名录等级 / CB RL Category (2021)
无危 LC

IUCN 红色名录 / IUCN Red List (2021)
无危 LC

威胁因子 / Threats
无 None

▲ 法律保护地位 / Legal Protection Status

国家重点保护野生动物等级 / Category of National Key Protected Wild Animals (2021)
未列入 Not listed

"三有" 名录 / TWIESSV (2023)
未列入 Not listed

CITES 附录等级 / CITES Appendix (2023)
未列入 Not listed

迁徙物种公约附录 / CMS Appendix (2020)
未列入 Not listed

保护行动 / Conservation Action
尚无保护行动 No conservation action so far

▲ 参考文献 / References

Jiang et al. (蒋志刚等), 2021; Burgin et al., 2020; IUCN, 2020; Liu et al. (刘少英等), 2020; Zheng et al. (郑智民等), 2012; Smith et al., 2009; Pan et al. (潘清华等), 2007; Wilson and Reeder, 2005; Wang (王应祥), 2003; Corbet and Hill, 1991

575 / 社田鼠

Microtus socialis (Pallas, 1773)

- Social Vole

▲ 分类地位 / Taxonomy

啮齿目 Rodentia / 仓鼠科 Cricetidae / 田鼠属 *Microtus*

科建立者及其文献 / Family Authority
Fischer, 1817

属建立者及其文献 / Genus Authority
Schrank, 1798

亚种 / Subspecies
哈萨克亚种 *M. s. graesi* Goodwin, 1934
新疆 Xinjiang

博格多亚种 *M. s. bogdoensis* Wang et Ma, 1982
新疆 Xinjiang

模式标本产地 / Type Locality
哈萨克斯坦
Kazakhstan, probably Gur'evsk Oblast

▲ 其他名称 / Other Name(s)

其他中文名 / Other Chinese Name(s)
苔原田鼠

其他英文名 / Other English Name(s)
无 None

同物异名 / Synonym(s)
无 None

▲ 形态及生境 / Morphology and Habitat

形态特征 / Morphological Characteristics

齿式：1.0.0.3/1.0.0.3=16。最显著的特点是听泡巨大，平均接近 9 mm。平均体长约 100 mm，平均尾长接近 30 mm，不及体长的三分之一。背毛淡黄褐色，体侧毛色变浅、变黄。腹毛基部灰色，毛尖浅黄色。尾双色不明显，尾上部棕黄色，下部浅棕黄色。足背白色。

Dental formula: 1.0.0.3/1.0.0.3=16. The most striking feature is the size of the auditory vesicles, averaging nearly 9 mm in daimeter. The average head and body length is about 100 mm, and the average tail length is nearly 30 mm, less than 1/3 of the body length. Dorsal hairs light yellow brown. Lateral hair color is lighter, yellowish. Bases of the abdominal hairs are gray, and the tips are light yellow. Bicolor pattern of the tail is profound, with the upper part brownish yellow, and the lower part light brown yellow. Dorsal part of feet white.

生境 / Habitat

草原、半荒漠
Grassland, semi-desert

▲ 地理分布 / Geographic Distribution

国内分布 / Domestic Distribution

新疆 Xinjiang

全球分布 / World Distribution

亚美尼亚、阿塞拜疆、中国、格鲁吉亚、伊朗、伊拉克、哈萨克斯坦、吉尔吉斯斯坦、黎巴嫩、俄罗斯、叙利亚、塔吉克斯坦、土耳其、乌克兰、乌兹别克斯坦

Armenia, Azerbaijan, China, Georgia, Iran, Iraq, Kazakhstan, Kyrgyzstan, Lebanon, Russia, Syria, Tajikistan, Turkey, Ukraine, Uzbekistan

生物地理界 / Biogeographic Realm

古北界 Palearctic

WWF 生物群系 / WWF Biome

温带草原、热带稀树草原和灌木地

Temperate Grasslands, Savannas & Shrublands

动物地理分布型 / Zoogeographic Distribution Type

Dc

分布标注 / Distribution Note

非特有种 Non-Endemic

▲ 濒危状况 / Threatened Status

中国生物多样性红色名录等级 / CB RL Category (2021)

无危 LC

IUCN 红色名录 / IUCN Red List (2021)

无危 LC

威胁因子 / Threats

无 None

▲ 法律保护地位 / Legal Protection Status

国家重点保护野生动物等级 / Category of National Key Protected Wild Animals (2021)

未列入 Not listed

“三有”名录 / TWIESSV (2023)

未列入 Not listed

CITES 附录等级 / CITES Appendix (2023)

未列入 Not listed

迁徙物种公约附录 / CMS Appendix (2020)

未列入 Not listed

保护行动 / Conservation Action

尚无保护行动 No conservation action so far

▲ 参考文献 / References

Jiang et al. (蒋志刚等), 2021; Burgin et al., 2020; IUCN, 2020; Wilson et al., 2017; Zheng et al. (郑智民等), 2012; Shayilawu and Wushiken (沙依拉吾和武什肯), 1996; Pan et al. (潘清华等), 2007; Wilson and Reeder, 2005; Wang (王应祥), 2003; Luo (罗泽珣), 2000; Zhang (张荣祖), 1997

576 / 四川田鼠

Volemys millicens (Thomas, 1911)

- Sichuan Vole

▲ 分类地位 / Taxonomy

啮齿目 Rodentia / 仓鼠科 Cricetidae / 川西田鼠属 *Volemys*

科建立者及其文献 / Family Authority
Fischer, 1817

属建立者及其文献 / Genus Authority
Zagorodnyuk, 1990

亚种 / Subspecies
无 None

模式标本产地 / Type Locality
中国
China, NW Sichuan, Weichoe

▲ 其他名称 / Other Name(s)

其他中文名 / Other Chinese Name(s)
无 None

其他英文名 / Other English Name(s)
Szechuan Vole

同物异名 / Synonym(s)
无 None

▲ 形态及生境 / Morphology and Habitat

形态特征 / Morphological Characteristics

齿式：1.0.0.3/1.0.0.3=16。牙齿和川西田鼠接近，第一下臼齿横齿环之前也有 4 个封闭三角形齿环，第二上臼齿内侧也有一个三角形齿环，但较小，不与外侧齿环形成飞鹰展翅状结构。个体较小，平均体长约 92 mm，平均尾长约 46 mm，约等于体长的 50%。毛色类似川西田鼠，但体型较小。背部毛发深褐色。腹侧毛基灰色，毛尖灰白色。尾上面灰褐色，下面白色。脚背表面为白色。

Dental formula: 1.0.0.3/1.0.0.3=16. The teeth are similar to those of Marie's Vole, *Volemys musseri*. The first molar also has 4 closed triangular rings before the transverse ring. The second upper molar also has a triangular ring inside, but it is smaller and do not form an eagle wing structure with the lateral ring. Body sizes are small, with an average head and body length of about 92 mm and tail length of about 46 mm, which is about 50% of the head and body length. Pelage color similar to *Volemys musseri*, but body size is small. Dark brown hairs on the dorsum. Ventral hairs gray. Tail is grayish brown above and white below. Dorsal surface of hind feet white.

生境 / Habitat
森林 Forest

▲ 地理分布 / Geographic Distribution

国内分布 / Domestic Distribution
四川 Sichuan

全球分布 / World Distribution
中国 China

生物地理界 / Biogeographic Realm
古北界 Palearctic

WWF 生物群系 / WWF Biome
温带针叶树森林
Temperate Conifer Forests

动物地理分布型 / Zoogeographic Distribution Type
He

分布标注 / Distribution Note
特有种 Endemic

▲ 濒危状况 / Threatened Status

中国生物多样性红色名录等级 / CB RL Category (2021)
近危 NT

IUCN 红色名录 / IUCN Red List (2021)
无危 LC

威胁因子 / Threats
未知 Unknown

▲ 法律保护地位 / Legal Protection Status

国家重点保护野生动物等级 / Category of National Key Protected Wild Animals (2021)
未列入 Not listed

"三有"名录 / TWIESSV (2023)
未列入 Not listed

CITES 附录等级 / CITES Appendix (2023)
未列入 Not listed

迁徙物种公约附录 / CMS Appendix (2020)
未列入 Not listed

保护行动 / Conservation Action
尚无保护行动 No conservation action so far

▲ 参考文献 / References

Jiang et al. (蒋志刚等), 2021; Burgin et al., 2020; IUCN, 2020; Wilson et al., 2017; Zheng et al. (郑智民等), 2012; Pan et al. (潘清华等), 2007; Wilson and Reeder, 2005; Wang (王应祥), 2003; Luo (罗泽珣), 2000; Honacki et al.,1982

577 / 川西田鼠

Volemys musseri (Lawrence, 1982)

- Marie's Vole

▲ 分类地位 / Taxonomy

啮齿目 Rodentia / 仓鼠科 Cricetidae / 川西田鼠属 *Volemys*

科建立者及其文献 / Family Authority

Fischer, 1817

属建立者及其文献 / Genus Authority

Zagorodnyuk, 1990

亚种 / Subspecies

无 None

模式标本产地 / Type Locality

中国

China, W Sichuan, Qionglai Shan

▲ 其他名称 / Other Name(s)

其他中文名 / Other Chinese Name(s)

无 None

其他英文名 / Other English Name(s)

Western Sichuan Vole

同物异名 / Synonym(s)

无 None

▲ 形态及生境 / Morphology and Habitat

形态特征 / Morphological Characteristics

牙齿结构较特殊，第一下臼齿横齿环之前有 4 个封闭三角形齿环，第二上臼齿有一个十分发达的后内角，与外侧角突共同构成一个飞鹰展翅的结构。个体较大，成体体长 95~117 mm，平均接近 110 mm。尾长较长，平均约 62 mm，超过体长之半。背部毛发深褐色。腹毛深灰色，浅黄色。尾双色，上部深棕色，下部浅黄色。

The tooth structure is special, the first lower molar has four closed triangular tooth rings before the transverse tooth ring, and the second upper molar has a very developed posterior inner horn, which together with the lateral angular process forms an eagle wing structure. The body size is large, with adult body length ranging from 95 to 117 mm, averaging close to 110 mm. The tail length is longer, averaging about 62 mm. More than half its length. Dark brown hairs on the dorsum. Abdominal hairs dark gray, or light yellow. Tail is bicolored, and the upper part is dark brown, and the lower part is light yellow.

生境 / Habitat

高海拔草地、内陆岩石区域

Alpine grassland, inland rocky area

▲ 地理分布 / Geographic Distribution

国内分布 / Domestic Distribution
四川 Sichuan

全球分布 / World Distribution
中国 China

生物地理界 / Biogeographic Realm
古北界 Palearctic

WWF 生物群系 / WWF Biome
温带阔叶和混交林
Temperate Broadleaf & Mixed Forests

动物地理分布型 / Zoogeographic Distribution Type
He

分布标注 / Distribution Note
特有种 Endemic

▲ 濒危状况 / Threatened Status

中国生物多样性红色名录等级 / CB RL Category (2021)
近危 NT

IUCN 红色名录 / IUCN Red List (2021)
无危 LC

威胁因子 / Threats
未知 Unknown

▲ 法律保护地位 / Legal Protection Status

国家重点保护野生动物等级 / Category of National Key Protected Wild Animals (2021)
未列入 Not listed

"三有"名录 / TWIESSV (2023)
未列入 Not listed

CITES 附录等级 / CITES Appendix (2023)
未列入 Not listed

迁徙物种公约附录 / CMS Appendix (2020)
未列入 Not listed

保护行动 / Conservation Action
尚无保护行动 No conservation action so far

▲ 参考文献 / References

Jiang et al. (蒋志刚等), 2021; Burgin et al., 2020; IUCN, 2020; Wilson et al., 2017; Zheng et al. (郑智民等), 2012; Smith et al., 2009; Pan et al. (潘清华等), 2007; Wilson and Reeder, 2005; Wang (王应祥), 2003; Luo (罗泽珣), 2000; Zhang (张荣祖), 1997; Honacki et al., 1982

578 / 布氏田鼠

Lasiopodomys brandtii (Radde, 1861)

• Brandt's Vole

▲ 分类地位 / Taxonomy

啮齿目 Rodentia / 仓鼠科 Cricetidae / 毛足田鼠属 *Lasiopodomys*

科建立者及其文献 / Family Authority

Fischer, 1817

属建立者及其文献 / Genus Authority

Lataste, 1887

亚种 / Subspecies

无 None

模式标本产地 / Type Locality

蒙古国

NE Mongolia, near Tarei-Nor

刘晓辉 / 供图

▲ 其他名称 / Other Name(s)

其他中文名 / Other Chinese Name(s)

布兰德田鼠、草原田鼠、沙黄田鼠

其他英文名 / Other English Name(s)

无 None

同物异名 / Synonym(s)

无 None

▲ 形态及生境 / Morphology and Habitat

形态特征 / Morphological Characteristics

齿式：1.0.0.3/1.0.0.3=16。第一下臼齿横齿环之前有5个封闭的三角形齿环，第三上臼齿简单，内侧仅有3个角突。体长110~130 mm。尾长20~30 mm。耳短，略露出毛外。体覆盖浓密毛发。体背毛沙色或者米黄色。腹毛略淡。背腹毛色无分界线。尾上下一色。前后足多毛，整个足掌被浓密的毛所覆盖，只有爪外露。爪有力，黑色。

Dental formula: 1.0.0.3/1.0.0.3=16. The transverse ring of the first lower molar is preceded by five closed triangular rings, while the third upper molar is simple with only three angular processes inside. Head and body length 110-130 mm. Tail length 20-30 mm. Ears short, slightly exposed above the hairs. Body covered with dense hairs. Sand or beige color on the dorsum. Abdominal hairs slightly lighter in color. No dividing line in the color of dorsal and abdominal hairs. Tail mono colored. Front and rear feet are hairy, and the whole foot is covered with thick hairs, only the claws exposed. Claw is strong and black.

生境 / Habitat

干旱草地 Dry steppe

▲ 地理分布 / Geographic Distribution

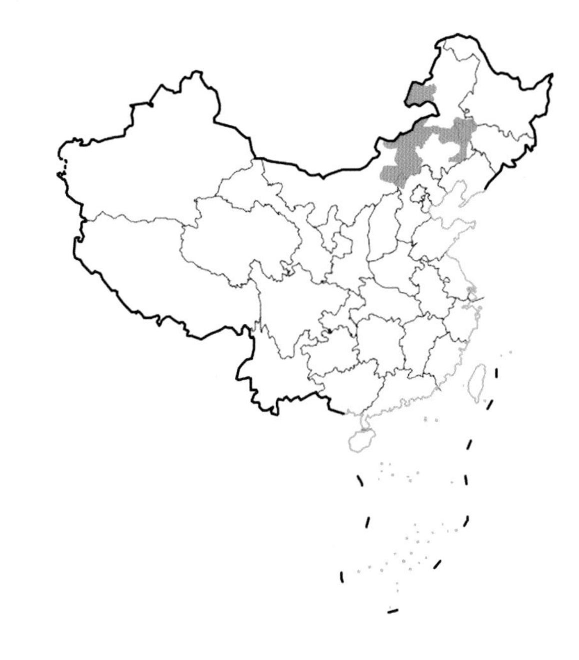

国内分布 / Domestic Distribution
黑龙江、辽宁、吉林、内蒙古、河北
Heilongjiang, Liaoning, Jilin, Inner Mongolia, Hebei

全球分布 / World Distribution
中国、蒙古国、俄罗斯
China, Mongolia, Russia

生物地理界 / Biogeographic Realm
古北界 Palearctic

WWF 生物群系 / WWF Biome
温带草原、热带稀树草原和灌木地
Temperate Grasslands, Savannas & Shrublands

动物地理分布型 / Zoogeographic Distribution Type
Dn

分布标注 / Distribution Note
非特有种 Non-Endemic

▲ 濒危状况 / Threatened Status

中国生物多样性红色名录等级 / CB RL Category (2021)
无危 LC

IUCN 红色名录 / IUCN Red List (2021)
无危 LC

威胁因子 / Threats
无 None

▲ 法律保护地位 / Legal Protection Status

国家重点保护野生动物等级 / Category of National Key Protected Wild Animals (2021)
未列入 Not listed

"三有"名录 / TWIESSV (2023)
未列入 Not listed

CITES 附录等级 / CITES Appendix (2023)
未列入 Not listed

迁徙物种公约附录 / CMS Appendix (2020)
未列入 Not listed

保护行动 / Conservation Action
尚无保护行动 No conservation action so far

▲ 参考文献 / References

Jiang et al. (蒋志刚等), 2021; Burgin et al., 2020; IUCN, 2020; Liu et al. (刘少英等), 2020; Wilson et al., 2017; Zheng et al. (郑智民等), 2012; Smith et al., 2009; Pan et al. (潘清华等), 2007; Wilson and Reeder, 2005; Wang (王应祥), 2003; Luo (罗泽珣), 2000; Zhang (张荣祖), 1997; Xia(夏武平), 1988, 1964; Shou (寿振黄), 1962

579 / 狭颅田鼠

Lasiopodomys gregalis (Pallas, 1779)

• Narrow-headed Vole

蒋卫 / 供图

▲ 分类地位 / Taxonomy

啮齿目 Rodentia / 仓鼠科 Cricetidae / 毛足田鼠属 *Lasiopodomys*

科建立者及其文献 / Family Authority

Fischer, 1817

属建立者及其文献 / Genus Authority

Lataste, 1887

亚种 / Subspecies

玛依勒亚种 *L. g. dolguschini* (Afanasie,1939)
新疆 Xinjiang

阿克赛亚种 *L. g. raddei* (Miller, 1899)
新疆 Xinjiang

呼伦贝尔亚种 *L. g. raddei* (Poliakov, 1881)
内蒙古 Inner Mongolia

河北亚种 *L. g. angustus* (Thomas, 1908)
河北和内蒙古
Hebei and Inner Mongolia
谢尔塔拉亚种 *L. g. sirtalaensis* Ma, 1965
内蒙古 Inner Mongolia

模式标本产地 / Type Locality

俄罗斯
Russia, Siberia, E of Chulym River

▲ 其他名称 / Other Name(s)

其他中文名 / Other Chinese Name(s)

无 None

其他英文名 / Other English Name(s)

无 None

同物异名 / Synonym(s)

Microtus gregalis (Pallas, 1779)

▲ 形态及生境 / Morphology and Habitat

形态特征 / Morphological Characteristics

齿式：1.0.0.3/1.0.0.3=16。个体中等，平均体长约 100 mm，最大个体可达到 115 mm，平均尾长约 30 mm。头骨狭长，颧弓狭窄，颧宽等于或小于颅全长的 1/2。体背黄褐色、米黄色，有时深棕灰色。毛根黑色。尾很短，一般不超过体长的 1/4，双色不明显，背面通常和体背同色，腹面淡黄，或灰白色。

Dental formula: 1.0.0.3/1.0.0.3=16. Body size medium, average head and body length about 100 mm, the largest individual up to 115 mm. Average tail length 30 mm. Skull long and narrow, the zygomatic arch is narrow, and the zygomatic width is equal to or less than 1/2 of the total length of the skull. Dorsal hairs yellowish brown, beige, sometimes dark brownish gray. Tail very short, usually not more than 1/4 of body length, inconspicuous bicolored, upper part of the tail usually the same color as the dorsal surface, the under part light yellow, or grayish white.

生境 / Habitat

干旱草地、草甸
Dry grassland, meadow

▲ 地理分布 / Geographic Distribution

国内分布 / Domestic Distribution
黑龙江、内蒙古、河北、新疆
Heilongjiang, Inner Mongolia, Hebei, Xinjiang

全球分布 / World Distribution
中国、哈萨克斯坦、吉尔吉斯斯坦、蒙古国、俄罗斯
China, Kazakhstan, Kyrgyzstan, Mongolia, Russia

生物地理界 / Biogeographic Realm
古北界 Palearctic

WWF 生物群系 / WWF Biome
温带草原、热带稀树草原和灌木地
Temperate Grasslands, Savannas & Shrublands

动物地理分布型 / Zoogeographic Distribution Type
U

分布标注 / Distribution Note
非特有种 Non-Endemic

▲ 濒危状况 / Threatened Status

中国生物多样性红色名录等级 / CB RL Category (2021)
无危 LC

IUCN 红色名录 / IUCN Red List (2021)
无危 LC

威胁因子 / Threats
无 None

▲ 法律保护地位 / Legal Protection Status

国家重点保护野生动物等级 / Category of National Key Protected Wild Animals (2021)
未列入 Not listed

"三有" 名录 / TWIESSV (2023)
未列入 Not listed

CITES 附录等级 / CITES Appendix (2023)
未列入 Not listed

迁徙物种公约附录 / CMS Appendix (2020)
未列入 Not listed

保护行动 / Conservation Action
尚无保护行动 No conservation action so far

▲ 参考文献 / References

Jiang et al. (蒋志刚等), 2021; Burgin et al., 2020; IUCN, 2020; Wilson et al., 2017; Zheng et al. (郑智民等), 2012; Smith et al., 2009; Pan et al. (潘清华等), 2007; Wilson and Reeder, 2005; Wang (王应祥), 2003; Luo (罗泽珣), 2000; Zhang (张荣祖), 1997

580 / 棕色田鼠

Lasiopodomys mandarinus (Milne-Edwards, 1871)

- Mandarin Vole

▲ 分类地位 / Taxonomy

啮齿目 Rodentia / 仓鼠科 Cricetidae / 毛足田鼠属 *Lasiopodomys*

科建立者及其文献 / Family Authority

Fischer, 1817

属建立者及其文献 / Genus Authority

Lataste, 1887

亚种 / Subspecies

无共识 No consensus

模式标本产地 / Type Locality

中国

China, Shanxi (Shansi), probably near Saratsi

▲ 其他名称 / Other Name(s)

其他中文名 / Other Chinese Name(s)

无 None

其他英文名 / Other English Name(s)

Chinese Vole

同物异名 / Synonym(s)

无 None

▲ 形态及生境 / Morphology and Habitat

形态特征 / Morphological Characteristics

齿式: 1.0.0.3/1.0.0.3=16。第一下臼齿横齿环之前有5个封闭三角形齿环。个体较小，体长约 100 mm，尾短，平均仅 22 mm。背部毛色从淡红棕色到深灰棕色。腹部毛皮从浅黄褐色到深灰棕色。体色较浅的标本，尾浅黄色而深色标本，尾双色：尾上部灰褐色，下部浅黄色。脚背面毛色与背部一样，从浅黄色到灰褐色不等。颜色较浅的个体很难与布氏田鼠区分。

Dental formula: 1.0.0.3/1.0.0.3=16. The transverse ring of the first lower molar is preceded by five closed triangular rings. The body size is small, about 100 mm in length, with an average tail length of only 22 mm. Color of hairs on the dorsum ranges from reddish brown to dark grayish brown. Hairs underbelly range from fawn to dark grayish brown. In the light-colored specimens, the tail is light yellow, while in the dark-colored specimens the tail bicolored: grayish-brown above and light yellow below. Dorsal part of the feet varies in color from light yellow to grayish-brown as on the dorsum. Lighter individuals are difficult to distinguish from Brandt's voles.

生境 / Habitat

草地、溪流边、灌丛

Grassland, near stream, shrubland

▲ 地理分布 / Geographic Distribution

国内分布 / Domestic Distribution

吉林、内蒙古、辽宁、河北、北京、山西、山东、河南、安徽、江苏、陕西

Jilin, Inner Mongolia, Liaoning, Hebei, Beijing, Shanxi, Shandong, Henan, Anhui, Jiangsu, Shaanxi

全球分布 / World Distribution

中国、朝鲜、韩国、俄罗斯

China, Democratic People's Republic of Korea, Republic of Korea, Russia

生物地理界 / Biogeographic Realm

古北界 Palearctic

WWF 生物群系 / WWF Biome

温带阔叶和混交林

Temperate Broadleaf & Mixed Forests

动物地理分布型 / Zoogeographic Distribution Type

X

分布标注 / Distribution Note

非特有种 Non-Endemic

▲ 濒危状况 / Threatened Status

中国生物多样性红色名录等级 / CB RL Category (2021)

无危 LC

IUCN 红色名录 / IUCN Red List (2021)

无危 LC

威胁因子 / Threats

无 None

▲ 法律保护地位 / Legal Protection Status

国家重点保护野生动物等级 / Category of National Key Protected Wild Animals (2021)

未列入 Not listed

"三有"名录 / TWIESSV (2023)

未列入 Not listed

CITES 附录等级 / CITES Appendix (2023)

未列入 Not listed

迁徙物种公约附录 / CMS Appendix (2020)

未列入 Not listed

保护行动 / Conservation Action

尚无保护行动 No conservation action so far

▲ 参考文献 / References

Jiang et al. (蒋志刚等), 2021; Burgin et al., 2020; IUCN, 2020; Wilson et al., 2017; Zheng et al. (郑智民等), 2012; Pan et al. (潘清华等), 2007; Wilson and Reeder, 2005; Wang (王应祥), 2003; Zhang (张荣祖), 1997; Wang and Xu (王廷正和许文贤), 1993

581 / 黄兔尾鼠

Eolagurus luteus (Eversmann, 1840)

- Yellow Steppe Lemming

▲ 分类地位 / Taxonomy

啮齿目 Rodentia / 仓鼠科 Cricetidae / 东方兔尾鼠属 *Eolagurus*

科建立者及其文献 / Family Authority
Fischer, 1817

属建立者及其文献 / Genus Authority
Argyropulo, 1946

亚种 / Subspecies
无 None

模式标本产地 / Type Locality
哈萨克斯坦
Kazakhstan, NW of Aral Sea

▲ 其他名称 / Other Name(s)

其他中文名 / Other Chinese Name(s)
黄草原旅鼠

其他英文名 / Other English Name(s)
无 None

同物异名 / Synonym(s)
无 None

▲ 形态及生境 / Morphology and Habitat

形态特征 / Morphological Characteristics

齿式：1.0.0.3/1.0.0.3=16。脑颅棱角分明，听泡很大。个体大，平均体长约 120 mm，尾短，平均约 15 mm，短于后足长（平均后足长约 18.5 mm）。耳短，隐于毛中。背部毛皮沙棕色，体侧为苍白的沙黄色，腹毛淡黄色，背腹毛色没有明显界线。尾很短，根部覆盖长毛，颜色和体毛一致，黄色。尖部覆盖白色的毛，末端形成毛束，白色。尾背面和腹面颜色一致。

Dental formula: 1.0.0.3/1.0.0.3=16. The brain is angular, and the auditory bubbles are very large. The body size is large with an average body length of about 120 mm. The tail is short with an average length of about 15 mm, shorter than the hind foot length (average hind foot length 18.5 mm). The ears are short and hidden in hairs. The fur on the back is sandy brown, and the side of the body is pale sandy yellow, and the abdominal hairs are light yellow, and the color of the dorsal abdominal hairs has no obvious boundary. The tail is very short, and the root is covered with long hairs, the color and body hairs yellow. Tips covered with white hairs, ends forming tufts, white. The back of the tail is the same color as the belly.

生境 / Habitat

干旱草地、半荒漠
Dry grassland, semi-desert

▲ 地理分布 / Geographic Distribution

国内分布 / Domestic Distribution
新疆 Xinjiang

全球分布 / World Distribution
中国、哈萨克斯坦、蒙古国、俄罗斯
China, Kazakhstan, Mongolia, Russia

生物地理界 / Biogeographic Realm
古北界 Palearctic

WWF 生物群系 / WWF Biome
温带草原、热带稀树草原和灌木地
Temperate Grasslands, Savannas & Shrublands

动物地理分布型 / Zoogeographic Distribution Type
Dc

分布标注 / Distribution Note
非特有种 Non-Endemic

▲ 濒危状况 / Threatened Status

中国生物多样性红色名录等级 / CB RL Category (2021)
近危 NT

IUCN 红色名录 / IUCN Red List (2021)
无危 LC

威胁因子 / Threats
未知 Unknown

▲ 法律保护地位 / Legal Protection Status

国家重点保护野生动物等级 / Category of National Key Protected Wild Animals (2021)
未列入 Not listed

"三有" 名录 / TWIESSV (2023)
未列入 Not listed

CITES 附录等级 / CITES Appendix (2023)
未列入 Not listed

迁徙物种公约附录 / CMS Appendix (2020)
未列入 Not listed

保护行动 / Conservation Action
尚无保护行动 No conservation action so far

▲ 参考文献 / References

Jiang et al. (蒋志刚等), 2021; Burgin et al., 2020; IUCN, 2020; Wilson et al., 2017; Zheng et al. (郑智民等), 2012; Pan et al. (潘清华等), 2007; Wilson and Reeder, 2005; Wang (王应祥), 2003; Ma et al. (马勇等), 1982

582 / 蒙古兔尾鼠

Eolagurus przewalskii (Büchner, 1889)

• Przewalski's Steppe Lemming

▲ 分类地位 / Taxonomy

啮齿目 Rodentia / 仓鼠科 Cricetidae / 东方兔尾鼠属 *Eolagurus*

科建立者及其文献 / Family Authority
Fischer, 1817

属建立者及其文献 / Genus Authority
Argyropulo, 1946

亚种 / Subspecies
无 None

模式标本产地 / Type Locality
中国
China, Qinghai, Tsaidam region, shore of Iche-zaidemin Nor

▲ 其他名称 / Other Name(s)

其他中文名 / Other Chinese Name(s)
黄兔尾鼠、蒙古草原旅鼠、
普氏兔尾鼠

其他英文名 / Other English Name(s)
Tibetan Yellow Steppe Lemming

同物异名 / Synonym(s)
无 None

▲ 形态及生境 / Morphology and Habitat

形态特征 / Morphological Characteristics

齿式：1.0.0.3/1.0.0.3=16。个体大，体长 110~130 mm，尾短，平均约 15 mm，短于后足长（平均后足长 19.5 mm）。耳短（约 4 mm），整个背面呈明快的棕黄色，略带灰色调。毛基灰色，毛尖棕黄色。毛较长，约 15 mm。夹杂一些柱状毛。毛向较明显。耳隐于毛中，无明显外耳郭。尾被臀部的长毛覆盖，尾背面和腹面均着生白色长毛，尾末端毛较长，形成小毛束。身体腹面，毛基灰色，毛尖白色，背腹毛色界线不明显。喉部毛较短，毛基和毛尖均白色。鼻端黑色。前后足背面和腹面均覆盖白色长毛。爪背面毛更长，几乎将爪覆盖。

Dental formula: 1.0.0.3/1.0.0.3=16. The body size is large with an average head and body length of 110-130 mm, and the tail is short with an average length of about 15 mm, shorter than the hind foot (average hind foot length of 19.5 mm). Ears short (about 4 mm), The whole dorsum is bright brown and yellow, lightly with a grey tone. Hair bases grey, with brown yellow tip. The hairs are about 15 mm long. Interspersed with some columnar hairs. Hair direction is obvious. The ears are hidden in the hairs, without obvious outer auricle. The tail is covered by the long hairs of the buttocks. Long white hairs on the back and abdomen, and long hairs at the end of the tail form little bundles of hairs. On the ventral surface of the body, the hair bases are gray, and the hair tips are white, and the color boundary of the dorsal ventral hairs is not obvious. Throat hairs are short, and bases and tips are white. Black nose tip. The dorsal and ventral surfaces of the front and back feet are covered with long white hairs. The hairs on the back of the claw are longer, almost covering the claw.

生境 / Habitat

草地、江河 Grassland, river

▲ 地理分布 / Geographic Distribution

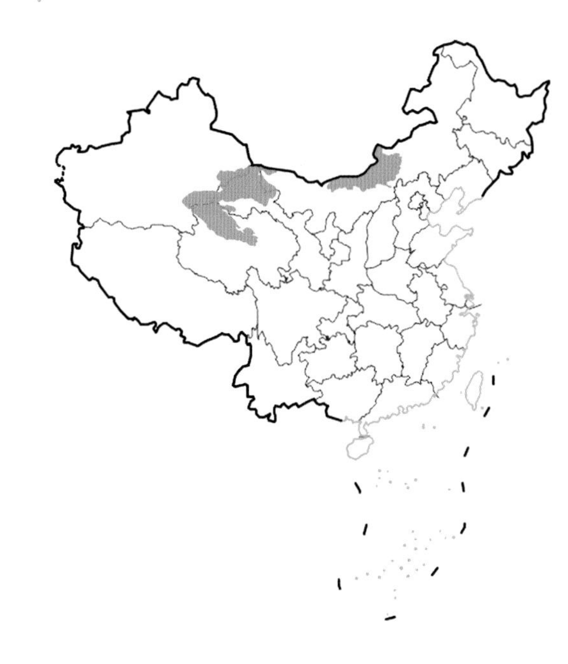

国内分布 / Domestic Distribution

新疆、青海、内蒙古、甘肃

Xinjiang, Qinghai, Inner Mongolia, Gansu

全球分布 / World Distribution

中国、蒙古国

China, Mongolia

生物地理界 / Biogeographic Realm

古北界 Palearctic

WWF 生物群系 / WWF Biome

温带荒漠草原

Temperate Desert Steppe

动物地理分布型 / Zoogeographic Distribution Type

Dd

分布标注 / Distribution Note

非特有种 Non-Endemic

▲ 濒危状况 / Threatened Status

中国生物多样性红色名录等级 / CB RL Category (2021)

近危 NT

IUCN 红色名录 / IUCN Red List (2021)

无危 LC

威胁因子 / Threats

未知 Unknown

▲ 法律保护地位 / Legal Protection Status

国家重点保护野生动物等级 / Category of National Key Protected Wild Animals (2021)

未列入 Not listed

“三有”名录 / TWIESSV (2023)

未列入 Not listed

CITES 附录等级 / CITES Appendix (2023)

未列入 Not listed

迁徙物种公约附录 / CMS Appendix (2020)

未列入 Not listed

保护行动 / Conservation Action

尚无保护行动 No conservation action so far

▲ 参考文献 / References

Jiang et al. (蒋志刚等), 2021; Burgin et al., 2020; IUCN, 2020; Liu et al. (刘少英等), 2020; Wilson et al., 2017; Zheng et al. (郑智民等), 2012; Smith et al., 2009; Pan et al. (潘清华等), 2007; Wilson and Reeder, 2005; Zhang (张荣祖), 1997, Zhao (赵肯堂), 1984

583 / 沟牙田鼠

Proedromys bedfordi Thomas, 1911

• Duke of Bedford's Vole

▲ 分类地位 / Taxonomy

啮齿目 Rodentia / 仓鼠科 Cricetidae / 沟牙田鼠属 *Proedromys*

科建立者及其文献 / Family Authority

Fischer, 1817

属建立者及其文献 / Genus Authority

Thomas, 1911

亚种 / Subspecies

无 None

模式标本产地 / Type Locality

中国

China, S Gansu,97 km SE Minchow

刘莹洵 / 供图

▲ 其他名称 / Other Name(s)

其他中文名 / Other Chinese Name(s)

甘南田鼠、甘肃田鼠

其他英文名 / Other English Name(s)

Bedford's Vole

同物异名 / Synonym(s)

无 None

▲ 形态及生境 / Morphology and Habitat

形态特征 / Morphological Characteristics

齿式：1.0.0.3/1.0.0.3=16。上门齿唇面有明显的纵沟。成体的第三上臼齿最后一个齿环呈豆状，圆形；亚成体以下，第三上臼齿为折线状。成体平均体长约 110 mm，平均尾长约 38 mm。整个背面毛色一致，从吻端至尾基毛基黑灰色，毛尖棕褐色。耳露出毛外。尾上下二色，尾背面和体背部毛色一致，棕褐色，腹面淡，灰白色，颜色分界较明显。腹部整个毛色一致，从颏部至肛门区域毛基灰色，毛尖灰白色。前足背面颜色稍深，灰色，后足背面毛色稍淡，毛基灰色，尖部灰白色。爪白色，半透明。

Dental formula: 1.0.0.3/1.0.0.3=16. The lip-side of upper incisor has obvious longitudinal groove. The last ring of the third upper molar of the adult is bean-shaped and round. In individuals younger than the subadult, the third upper molars are folded. The average adult head and body length is about 110 mm, and the average tail length is about 38 mm. The whole back of the coat is uniformly colored. From the snout to the tail, hair bases are black gray, with tan tips. The ears expose out the body hairs. Upper and down sides of the tail bicolored, the tail back is of the same brown color with the dorsum, whereas belly light gray colored. The bichrome boundary between the dorsum and belly is obvious. Hair color of abdomen is uniform, from chin to anus area, hair bases gray, with gray tips. The back of the forefoot is slightly darker and grey, while the back of the hind foot is slightly lighter, hairs with a grey base and grey tips. Claw white, translucent.

生境 / Habitat

亚热带湿润山地森林

Subtropical moist montane forest

▲ 地理分布 / Geographic Distribution

国内分布 / Domestic Distribution
四川、甘肃
Sichuan, Gansu

全球分布 / World Distribution
中国 China

生物地理界 / Biogeographic Realm
古北界 Palearctic

WWF 生物群系 / WWF Biome
温带阔叶和混交林
Temperate Broadleaf & Mixed Forests

动物地理分布型 / Zoogeographic Distribution Type
Pc

分布标注 / Distribution Note
特有种 Endemic

▲ 濒危状况 / Threatened Status

中国生物多样性红色名录等级 / CB RL Category (2021)
易危 VU

IUCN 红色名录 / IUCN Red List (2021)
无危 LC

威胁因子 / Threats
未知 Unknown

▲ 法律保护地位 / Legal Protection Status

国家重点保护野生动物等级 / Category of National Key Protected Wild Animals (2021)
未列入 Not listed

"三有"名录 / TWIESSV (2023)
未列入 Not listed

CITES 附录等级 / CITES Appendix (2023)
未列入 Not listed

迁徙物种公约附录 / CMS Appendix (2020)
未列入 Not listed

保护行动 / Conservation Action
尚无保护行动 No conservation action so far

▲ 参考文献 / References

Jiang et al. (蒋志刚等), 2021; Burgin et al., 2020; IUCN, 2020; Liu et al. (刘少英等), 2020; Wilson et al., 2017; Zheng et al. (郑智民等), 2012; Liu et al. (刘少英等), 2005a, 2005b; Wang (王应祥), 2003

584 / 凉山沟牙田鼠

Proedromys liangshanensis Liu, Sun, Zeng & Zhao, 2007

- Liangshan Vole

▲ 分类地位 / Taxonomy

啮齿目 Rodentia / 仓鼠科 Cricetidae / 沟牙田鼠属 *Proedromys*

科建立者及其文献 / Family Authority

Fischer, 1817

属建立者及其文献 / Genus Authority

Thomas, 1911

亚种 / Subspecies

无 None

模式标本产地 / Type Locality

中国

Mabian Dafengding National Nature Reserve, Sichuan

▲ 其他名称 / Other Name(s)

其他中文名 / Other Chinese Name(s)

无 None

其他英文名 / Other English Name(s)

无 None

同物异名 / Synonym(s)

无 None

▲ 形态及生境 / Morphology and Habitat

形态特征 / Morphological Characteristics

齿式：1.0.0.3/1.0.0.3=16。上门齿唇面有纵沟。臼齿由系列三角形齿环构成，第一和第二上臼齿齿环的排列方式很独特。不像其他田鼠类：其三角形齿环在中线两侧左右排列，凉山沟牙田鼠第一和第二上臼齿三角形齿环前后叠拼排列。另外一个很大的特点是，除第一下臼齿前帽外，几乎所有齿环均封闭。这种在田鼠类中是几乎没有的。第三下臼齿有4个封闭三角形。个体较大，平均体长约 120 mm，尾长，平均约 70 mm，超过体长之半。

Dental formula: 1.0.0.3/1.0.0.3=16. The upper incisor lip has longitudinal grooves. The molars consist of a series of triangular tooth rings. The first and second upper molars are arranged in a unique way. Unlike other voles, which have triangular tooth rings arranged on both sides of the midline, the triangular tooth rings of the first and second upper molars of the *Proedromys liangshanensis* are arranged backwards and forwards. Another great feature is that, except for the anterior cap of the first molar, almost all the rings are closed. This is almost unique in the voles. The third lower molar has four closed triangles. The body size is large, with an average head and body length of about 120 mm, and with an average of the tail length of about 70 mm, more than half of the body length.

生境 / Habitat

亚热带湿润山地森林

Subtropical moist montane forest

▲ 地理分布 / Geographic Distribution

国内分布 / Domestic Distribution
四川 Sichuan

全球分布 / World Distribution
中国 China

生物地理界 / Biogeographic Realm
古北界 Palearctic

WWF 生物群系 / WWF Biome
温带针叶树森林
Temperate Conifer Forests

动物地理分布型 / Zoogeographic Distribution Type
Wa

分布标注 / Distribution Note
特有种 Endemic

▲ 濒危状况 / Threatened Status

中国生物多样性红色名录等级 / CB RL Category (2021)
近危 NT

IUCN 红色名录 / IUCN Red List (2021)
无危 LC

威胁因子 / Threats
未知 Unknown

▲ 法律保护地位 / Legal Protection Status

国家重点保护野生动物等级 / Category of National Key Protected Wild Animals (2021)
未列入 Not listed

“三有”名录 / TWIESSV (2023)
未列入 Not listed

CITES 附录等级 / CITES Appendix (2023)
未列入 Not listed

迁徙物种公约附录 / CMS Appendix (2020)
未列入 Not listed

保护行动 / Conservation Action
尚无保护行动 No conservation action so far

▲ 参考文献 / References

Jiang et al. (蒋志刚等), 2021; Burgin et al., 2020; IUCN, 2020; Liu et al., 2007

585 / 长尾攀鼠

Vandeleuria oleracea (Bennett, 1832)

- Asiatic Long-tailed Climbing Mouse

▲ 分类地位 / Taxonomy

啮齿目 Rodentia / 鼠科 Muridae / 长尾攀鼠属 *Vandeleuria*

科建立者及其文献 / Family Authority

Illiger, 1811

属建立者及其文献 / Genus Authority

Gray, 1842

亚种 / Subspecies

尼泊尔亚种 *V. o. duetiola* Hodgson, 1845
云南 Yunnan

越北亚种 *V. o. scandens* Osgood, 1932
云南 Yunnan

模式标本产地 / Type Locality

印度
India, Madras, Deccan region

▲ 其他名称 / Other Name(s)

其他中文名 / Other Chinese Name(s)

无 None

其他英文名 / Other English Name(s)

Indomalayan Vandeleuria

同物异名 / Synonym(s)

无 None

▲ 形态及生境 / Morphology and Habitat

形态特征 / Morphological Characteristics

齿式：1.0.0.3/1.0.0.3=16。头体长 70~90 mm。尾长 100~120 mm。吻部触须发达。眼睛大，背部毛发红褐色，毛尖发黑。身体两侧毛色逐渐变浅，为淡黄褐色。腹部、颌下毛色为白色。尾细长，黑色，末端无簇毛。后脚较大。

Dental formula: 1.0.0.3/1.0.0.3=16. Head length 70-90 mm. Tail length 100-120 mm. Snout has developed sensory whiskers. Big eyes. Dorsal hairs reddish brown, hair tips black. On both lateral sides of the body, hair color gradually lightened to light yellowish-brown. Hairs underbelly and under jaw are white. Tail slender, black, terminal without tufts. Hind feet are large.

生境 / Habitat

森林、灌丛
Forest, shrubland

▲ 地理分布 / Geographic Distribution

国内分布 / Domestic Distribution

云南、西藏

Yunnan, Tibet

全球分布 / World Distribution

孟加拉国、不丹、柬埔寨、中国、印度、缅甸、尼泊尔、斯里兰卡、泰国、越南

Bangladesh, Bhutan, Cambodia, China, India, Myanmar, Nepal, Sri Lanka, Thailand, Vietnam

生物地理界 / Biogeographic Realm

印度马来界 Indomalaya

WWF 生物群系 / WWF Biome

热带和亚热带湿润阔叶林

Tropical & Subtropical Moist Broadleaf Forests

动物地理分布型 / Zoogeographic Distribution Type

Wa

分布标注 / Distribution Note

非特有种 Non-Endemic

▲ 濒危状况 / Threatened Status

中国生物多样性红色名录等级 / CB RL Category (2021)

近危 NT

IUCN 红色名录 / IUCN Red List (2021)

无危 LC

威胁因子 / Threats

未知 Unknown

▲ 法律保护地位 / Legal Protection Status

国家重点保护野生动物等级 / Category of National Key Protected Wild Animals (2021)

未列入 Not listed

“三有”名录 / TWIESSV (2023)

未列入 Not listed

CITES 附录等级 / CITES Appendix (2023)

未列入 Not listed

迁徙物种公约附录 / CMS Appendix (2020)

未列入 Not listed

保护行动 / Conservation Action

尚无保护行动 No conservation action so far

▲ 参考文献 / References

Jiang et al. (蒋志刚等), 2021; Burgin et al., 2020; IUCN, 2020; Wilson et al., 2017; Zheng et al. (郑智民等), 2012; Smith and Xie, 2009; Pan et al. (潘清华等), 2007; Wilson and Reeder, 2005; Wang (王应祥), 2003; Zhang (张荣祖), 1997

586 / 小狨鼠

Hapalomys delacouri Thomas, 1927

- Lesser Marmoset Rat

▲ 分类地位 / Taxonomy

啮齿目 Rodentia / 鼠科 Muridae / 狨鼠属 *Hapalomys*

科建立者及其文献 / Family Authority

Illiger, 1811

属建立者及其文献 / Genus Authority

Blyth, 1859

亚种 / Subspecies

越南亚种 *H. d. delacouri* Thormas, 1927
广西 Guangxi

海南亚种 *H. d. marmos* G. Allen, 1927
海南 Hainan

模式标本产地 / Type Locality

越南
S Vietnam, Dakto

▲ 其他名称 / Other Name(s)

其他中文名 / Other Chinese Name(s)

无 None

其他英文名 / Other English Name(s)

Delacour's Marmoset Rat

同物异名 / Synonym(s)

无 None

▲ 形态及生境 / Morphology and Habitat

形态特征 / Morphological Characteristics

齿式：1.0.0.3/1.0.0.3=16。触须长，触须向后靠在身体上时延伸到肩膀。耳朵有一簇非常长的毛，其长度是耳郭长度的两倍以上。体背毛赭色到棕色，毛长而柔软。腹侧毛纯白色，从背侧毛皮有明显的分界。尾长略长于体长，靠近尾基部毛色浅棕色，末端变为深棕色，尾末端有短簇毛，尾长约 6 mm。足短而宽；拇趾完全对生，有指甲而不是爪子。

Dental formula: 1.0.0.3/1.0.0.3=16. The whiskers are long and extend to the shoulders when resting back against the body. The auricle has a very long tuft of hair more than twice the length of the auricle. The body hairs are ochre to brown, long and soft. The ventral fur is cream white, with a distinct boundary from the dorsal fur. Tail is slightly longer than the body. The coat is light brown near the caudal of the tail, with a short tuft of hair about 6 mm long at the end. Feet short and wide. The big toe is completely opposable and has nails instead of claws.

生境 / Habitat

竹林 Bamboo grove

▲ 地理分布 / Geographic Distribution

国内分布 / Domestic Distribution

海南、广西、云南

Hainan, Guangxi, Yunnan

全球分布 / World Distribution

中国、老挝、越南

China, Laos, Vietnam

生物地理界 / Biogeographic Realm

印度马来界 Indomalaya

WWF 生物群系 / WWF Biome

热带和亚热带湿润阔叶林

Tropical & Subtropical Moist Broadleaf Forests

动物地理分布型 / Zoogeographic Distribution Type

Wa

分布标注 / Distribution Note

非特有种 Non-Endemic

▲ 濒危状况 / Threatened Status

中国生物多样性红色名录等级 / CB RL Category (2021)

易危 VU

IUCN 红色名录 / IUCN Red List (2021)

无危 LC

威胁因子 / Threats

未知 Unknown

▲ 法律保护地位 / Legal Protection Status

国家重点保护野生动物等级 / Category of National Key Protected Wild Animals (2021)

未列入 Not listed

"三有"名录 / TWIESSV (2023)

未列入 Not listed

CITES 附录等级 / CITES Appendix (2023)

未列入 Not listed

迁徙物种公约附录 / CMS Appendix (2020)

未列入 Not listed

保护行动 / Conservation Action

尚无保护行动 No conservation action so far

▲ 参考文献 / References

Jiang et al. (蒋志刚等), 2021; Burgin et al., 2020; IUCN, 2020; Wilson et al., 2017; Smith and Xie, 2009; Wang (王应祥), 2003

587 / 长尾绒鼠

Hapalomys longicaudatus (Blyth,1856)

- Long-tailed Marmoset Rat

▲ 分类地位 / Taxonomy

啮齿目 Rodentia / 鼠科 Muridae / 狨鼠属 *Hapalomys*

科建立者及其文献 / Family Authority

Illiger, 1811

属建立者及其文献 / Genus Authority

Blyth, 1859

亚种 / Subspecies

无 None

模式标本产地 / Type Locality

缅甸

Burma (Myanmar), Tenasserim, Sitang River Valley

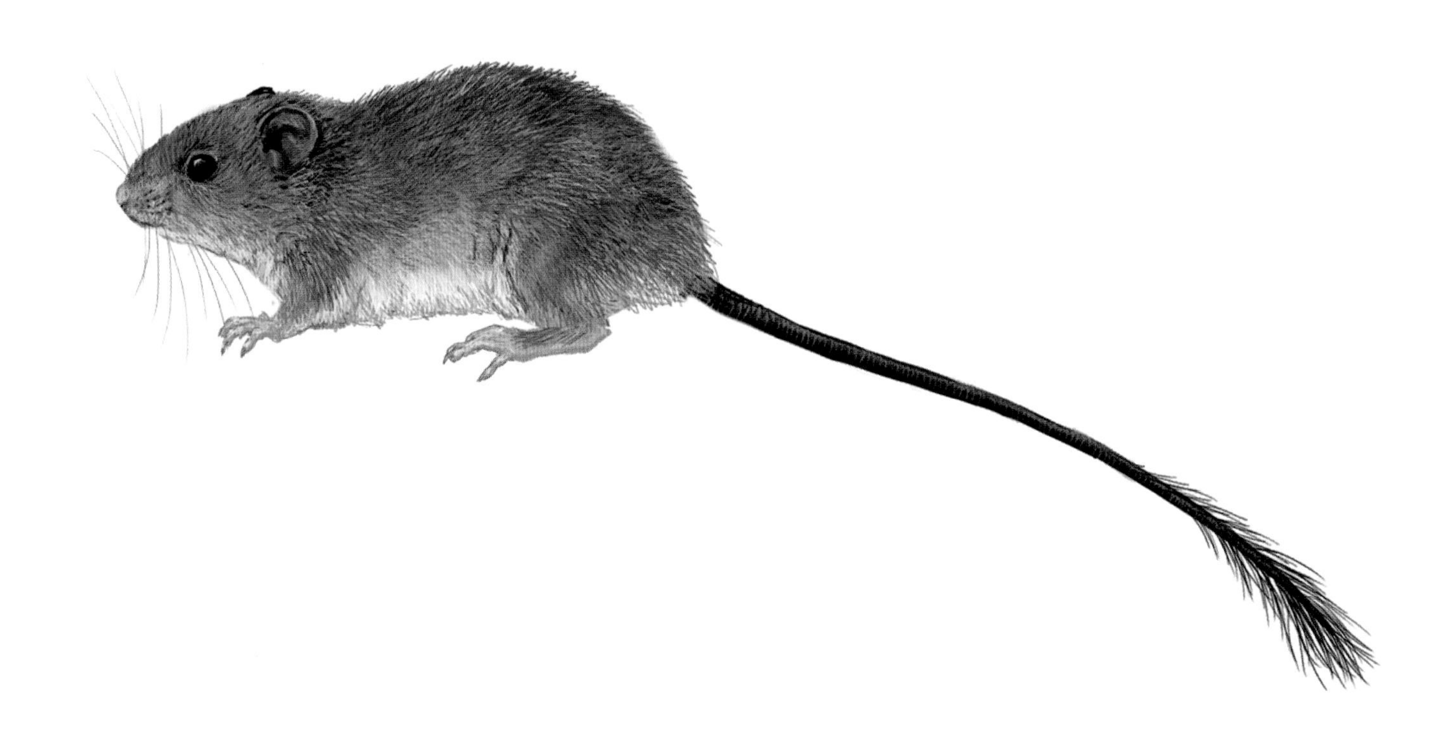

▲ 其他名称 / Other Name(s)

其他中文名 / Other Chinese Name(s)

无 None

其他英文名 / Other English Name(s)

Marmoset Rat

同物异名 / Synonym(s)

无 None

▲ 形态及生境 / Morphology and Habitat

形态特征 / Morphological Characteristics

齿式：1.0.0.3/1.0.0.3=16。口鼻部短。触须很长，平放时延伸到耳朵之外。眼大。耳朵大而圆。背毛柔软且蓬松，棕灰色。腹侧毛纯乳白色，背部腹部分界区毛色土黄色。尾有环鳞，灰褐色，有稀疏短毛，顶端具一簇黑色长毛。尾长约为头体长的一倍半。足背被毛白色，有棕色光泽。

Dental formula: 1.0.0.3/1.0.0.3=16. Nasal short. The whiskers are long and extend beyond the ears when laid flat. Big eyes. Ears big and round. Dorsal pelage is soft and fluffy, brownish grey. Ventral hairs pure milky white. Hairs in the dorsal-ventral boundary yellow earth color. Tail is ringed with scales, grayish brown, with sparse short hairs and a tuft of long black hair at the end. The tail length is about one and a half times the head and body length. The underfoot coat is white with a brown sheen.

生境 / Habitat

森林 Forest

▲ 地理分布 / Geographic Distribution

国内分布 / Domestic Distribution
云南 Yunnan

全球分布 / World Distribution
中国、马来西亚、缅甸、泰国
China, Malaysia, Myanmar, Thailand

生物地理界 / Biogeographic Realm
印度马来界 Indomalaya

WWF 生物群系 / WWF Biome
热带和亚热带湿润阔叶林
Tropical & Subtropical Moist Broadleaf Forests

动物地理分布型 / Zoogeographic Distribution Type
Wa

分布标注 / Distribution Note
非特有种 Non-Endemic

▲ 濒危状况 / Threatened Status

中国生物多样性红色名录等级 / CB RL Category (2021)
数据缺乏 DD

IUCN 红色名录 / IUCN Red List (2021)
濒危 EN

威胁因子 / Threats
未知 Unknown

▲ 法律保护地位 / Legal Protection Status

国家重点保护野生动物等级 / Category of National Key Protected Wild Animals (2021)
未列入 Not listed

"三有" 名录 / TWIESSV (2023)
未列入 Not listed

CITES 附录等级 / CITES Appendix (2023)
未列入 Not listed

迁徙物种公约附录 / CMS Appendix (2020)
未列入 Not listed

保护行动 / Conservation Action
尚无保护行动 No conservation action so far

▲ 参考文献 / References

Jiang et al. (蒋志刚等), 2021; Burgin et al., 2020; IUCN, 2020; Liu et al. (刘少英等), 2020; Wilson et al., 2017; Zheng et al. (郑智民等), 2012; Pan et al. (潘清华等), 2007; Wilson and Reeder, 2005; Wang (王应祥), 2003; Zhang (张荣祖), 1997

588 / 费氏树鼠

Chiromyscus chiropus (Thomas, 1891)

- Indochinese Chiromyscus

▲ 分类地位 / Taxonomy

啮齿目 Rodentia / 鼠科 Muridae / 笔尾树鼠属 *Chiromyscus*

科建立者及其文献 / Family Authority

Illiger, 1811

属建立者及其文献 / Genus Authority

Thomas, 1925

亚种 / Subspecies

无 None

模式标本产地 / Type Locality

缅甸

E Burma (Myanmar), Karin Hills

▲ 其他名称 / Other Name(s)

其他中文名 / Other Chinese Name(s)

无 None

其他英文名 / Other English Name(s)

Fea's Tree Rat

同物异名 / Synonym(s)

无 None

▲ 形态及生境 / Morphology and Habitat

形态特征 / Morphological Characteristics

齿式：1.0.1.2/1.0.1.2=16。触须很长，平放时延伸到耳朵之外。眼大。耳朵大，耳郭裸露。背毛棕色，杂有深棕色长毛。颌下、腹侧毛纯乳白色。尾有环鳞，深褐色，有稀疏短毛。尾长为头体长的一倍半以上。足背被毛棕色，足底白色。

Dental formula: 1.0.1.2/1.0.1.2=16. Whiskers long and extend beyond the ears when laid flat. Big eyes. Ears are large and bare. Dorsal pelage is brown, mixed with long dark brown hairs. Hairs underjaw, on venter pure cream-white. The tail is with scale rings, dark brown, with sparse short hairs. The tail is more than one and a half times the head and body length. Dorsa of the feet are brown and the soles are white.

生境 / Habitat

森林 Forest

▲ 地理分布 / Geographic Distribution

国内分布 / Domestic Distribution
云南 Yunnan

全球分布 / World Distribution
中国、老挝、缅甸、泰国、越南
China, Laos, Myanmar, Thailand, Vietnam

生物地理界 / Biogeographic Realm
印度马来界 Indomalaya

WWF 生物群系 / WWF Biome
热带和亚热带湿润阔叶林
Tropical & Subtropical Moist Broadleaf Forests

动物地理分布型 / Zoogeographic Distribution Type
Wa

分布标注 / Distribution Note
非特有种 Non-Endemic

▲ 濒危状况 / Threatened Status

中国生物多样性红色名录等级 / CB RL Category (2021)
无危 LC

IUCN 红色名录 / IUCN Red List (2021)
无危 LC

威胁因子 / Threats
无 None

▲ 法律保护地位 / Legal Protection Status

国家重点保护野生动物等级 / Category of National Key Protected Wild Animals (2021)
未列入 Not listed

“三有”名录 / TWIESSV (2023)
未列入 Not listed

CITES 附录等级 / CITES Appendix (2023)
未列入 Not listed

迁徙物种公约附录 / CMS Appendix (2020)
未列入 Not listed

保护行动 / Conservation Action
尚无保护行动 No conservation action so far

▲ 参考文献 / References

Jiang et al. (蒋志刚等), 2021; Burgin et al., 2020; IUCN, 2020; Liu et al. (刘少英等), 2020; Wilson et al., 2017; Zheng et al. (郑智民等), 2012; Smith and Xie, 2009; Pan et al. (潘清华等), 2007; Wang (王应祥), 2003

589 / 笔尾树鼠

Chiropodomys gliroides Blyth, 1856

- Indomalayan Pencil-tailed Tree Mouse

▲ 分类地位 / Taxonomy

啮齿目 Rodentia / 鼠科 Muridae / 笔尾树鼠属 *Chiropodomys*

科建立者及其文献 / Family Authority
Illiger, 1811

属建立者及其文献 / Genus Authority
Peters, 1868

亚种 / Subspecies
指名亚种 *C. g. gliroides* (Blyth, 1855)
云南 Yunnan

景东亚种 *C. g. jingdongensis* (Wu et Deng, 1984)
云南 Yunnan

模式标本产地 / Type Locality
印度
NW India (Assam), Khasi Hills, Cherrapunji

▲ 其他名称 / Other Name(s)

其他中文名 / Other Chinese Name(s)
笔尾鼠

其他英文名 / Other English Name(s)
Pencil-tailed Tree Mouse

同物异名 / Synonym(s)
Chiropodomys jingdongensis Wu & Deng, 1984

▲ 形态及生境 / Morphology and Habitat

形态特征 / Morphological Characteristics

齿式：1.0.1.2/1.0.1.2=16。口鼻端短。触须很长，平放时延伸到耳朵之外。眼大，眼周围有一圈黑毛。背毛柔软、蓬松，淡红棕色。腹侧毛纯乳白色，背侧毛分界明显。尾灰褐色，在顶端具一簇长毛。足背部白色，有棕色光泽。脚第一趾有扁平指甲，可以对握。

Dental formula: 1.0.1.2/1.0.1.2=16. Rostrum short. Sensory whiskers are long and extend beyond the ears when laid flat. Eyes large. A ring of black hair around the eyes. Dorsal hairs soft and fluffy, reddish-brown. Ventral hairs pure cream-white. Boundary between dorsal and ventral hairs clear. Tail grayish brown with a tuft of long hair at the tip. Dorsal part of feet is white with a brown sheen. The first toe of the foot has flat nails that is opposable.

生境 / Habitat

森林、次生林
Forest, secondary forest

▲ 地理分布 / Geographic Distribution

国内分布 / Domestic Distribution

云南、广西、海南

Yunnan, Guangxi, Hainan

全球分布 / World Distribution

柬埔寨、中国、印度、印度尼西亚、老挝、马来西亚、缅甸、泰国、越南

Cambodia, China, India, Indonesia, Laos, Malaysia, Myanmar, Thailand, Vietnam

生物地理界 / Biogeographic Realm

印度马来界

Indomalaya

WWF 生物群系 / WWF Biome

热带和亚热带湿润阔叶林

Tropical & Subtropical Moist Broadleaf Forests

动物地理分布型 / Zoogeographic Distribution Type

Wa

分布标注 / Distribution Note

非特有种 Non-Endemic

▲ 濒危状况 / Threatened Status

中国生物多样性红色名录等级 / CB RL Category (2021)

无危 LC

IUCN 红色名录 / IUCN Red List (2021)

无危 LC

威胁因子 / Threats

无 None

▲ 法律保护地位 / Legal Protection Status

国家重点保护野生动物等级 / Category of National Key Protected Wild Animals (2021)

未列入 Not listed

“三有”名录 / TWIESSV (2023)

未列入 Not listed

CITES 附录等级 / CITES Appendix (2023)

未列入 Not listed

迁徙物种公约附录 / CMS Appendix (2020)

未列入 Not listed

保护行动 / Conservation Action

尚无保护行动 No conservation action so far

▲ 参考文献 / References

Jiang et al. (蒋志刚等), 2021; Burgin et al., 2020; IUCN, 2020; Liu et al. (刘少英等), 2020; Wilson et al., 2017; Zheng et al. (郑智民等), 2012; Smith and Xie, 2009; Pan et al. (潘清华等), 2007; Wilson and Reeder, 2005; Wang (王应祥), 2003

590 / 南洋鼠

Chiromyscus langbianis
Robinson & Kloss, 1922

- Indochinese Arboreal Niviventer

▲ 分类地位 / Taxonomy

啮齿目 Rodentia / 鼠科 Muridae / 笔尾树鼠属 *Chiromyscus*

科建立者及其文献 / Family Authority
Illiger, 1811

属建立者及其文献 / Genus Authority
Thomas, 1925

亚种 / Subspecies
无 None

模式标本产地 / Type Locality
越南
S Vietnam, Lâm Dồng Province, Langbian Mtns (Lam Vien Plateau) Langbian Peak, 1800-2300 m

▲ 其他名称 / Other Name(s)

其他中文名 / Other Chinese Name(s)
无 None

其他英文名 / Other English Name(s)
Langbian Masked Tree Rat

同物异名 / Synonym(s)
无 None

▲ 形态及生境 / Morphology and Habitat

形态特征 / Morphological Characteristics
齿式：1.0.1.2/1.0.1.2=16。背毛黄棕色到红棕色，杂有深棕色刺毛。背侧和腹侧毛色分界明显，边界处有一模糊的淡黄色毛发带。腹侧毛发白。尾单色，棕色。足背表面淡棕色到白色，有时有一个深棕色斑点。
Dental formula: 1.0.1.2/1.0.1.2=16. Dorsal hairs yellowish-brown to reddish-brown, interspersed with dark brown guarding hairs. Dorsal and ventral hairs are clearly demarcated with a faint yellowish band at the boundary. Ventral hairs white. Tail monochrome, brown. Dorsal surface of the feet light brown to white, sometimes with a dark brown spot.

生境 / Habitat
森林 Forest

▲ 地理分布 / Geographic Distribution

国内分布 / Domestic Distribution
云南 Yunnan

全球分布 / World Distribution
中国、老挝、缅甸、泰国、越南
China, Laos, Myanmar, Thailand, Vietnam

生物地理界 / Biogeographic Realm
印度马来界 Indomalaya

WWF 生物群系 / WWF Biome
热带和亚热带湿润阔叶林
Tropical & Subtropical Moist Broadleaf Forests

动物地理分布型 / Zoogeographic Distribution Type
Wa

分布标注 / Distribution Note
非特有种 Non-Endemic

▲ 濒危状况 / Threatened Status

中国生物多样性红色名录等级 / CB RL Category (2021)
无危 LC

IUCN 红色名录 / IUCN Red List (2021)
未评定 NE

威胁因子 / Threats
无 None

▲ 法律保护地位 / Legal Protection Status

国家重点保护野生动物等级 / Category of National Key Protected Wild Animals (2021)
未列入 Not listed

“三有”名录 / TWIESSV (2023)
未列入 Not listed

CITES 附录等级 / CITES Appendix (2023)
未列入 Not listed

迁徙物种公约附录 / CMS Appendix (2020)
未列入 Not listed

保护行动 / Conservation Action
尚无保护行动 No conservation action so far

▲ 参考文献 / References

Jiang et al. (蒋志刚等), 2021; Burgin et al., 2020; IUCN, 2020; Liu et al. (刘少英等), 2020; Wilson et al., 2017; Smith and Xie, 2009; Pan et al. (潘清华等), 2007; Wilson and Reeder, 2005; Wang (王应祥), 2003; Zhang (张荣祖), 1997

591 / 滇攀鼠

Vernaya fulva (G. M. Allen, 1927)

- Vernay's Climbing Mouse

▲ 分类地位 / Taxonomy

啮齿目 Rodentia / 鼠科 Muridae / 攀鼠属 *Vernaya*

科建立者及其文献 / Family Authority

Illiger, 1811

属建立者及其文献 / Genus Authority

Vernaya, 1941

亚种 / Subspecies

无 None

模式标本产地 / Type Locality

中国

China, Yunnan, Yinpankai, Mekong River

▲ 其他名称 / Other Name(s)

其他中文名 / Other Chinese Name(s)

显孔攀鼠

其他英文名 / Other English Name(s)

Red Climbing Mouse

同物异名 / Synonym(s)

无 None

▲ 形态及生境 / Morphology and Habitat

形态特征 / Morphological Characteristics

背毛橙棕色。体侧亮黄褐色。腹毛毛根灰色，毛尖为白色，腹部呈淡棕白色。除拇趾外，所有足趾上都有尖爪。尾长约为体长的两倍。尾双色不明显，上部深棕色，下部颜色稍浅。

Dorsal hairs orange-brown. The lateral sides are bright yellow-brown. Abdominal hair roots gray, hair tips white, abdomen is light brown and white color. All toes except the big toe have sharp claws. Tail is about twice the length of the head and body. Tail bicolor is not obvious, upperpart dark brown, color of the underside of tail slightly lighter.

生境 / Habitat

森林 Forest

▲ 地理分布 / Geographic Distribution

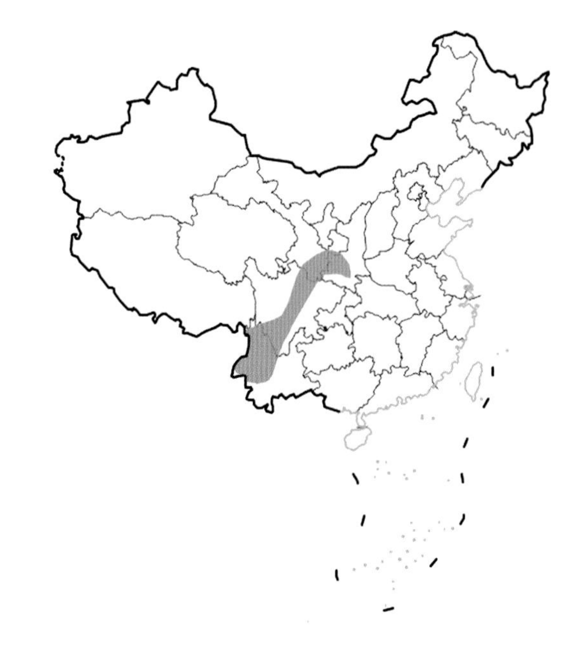

国内分布 / Domestic Distribution

云南、四川、甘肃、陕西

Yunnan, Sichuan, Gansu, Shaanxi

全球分布 / World Distribution

中国、缅甸

China, Myanmar

生物地理界 / Biogeographic Realm

古北界，印度马来界

Palearctic, Indomalaya

WWF 生物群系 / WWF Biome

热带和亚热带湿润阔叶林

Tropical & Subtropical Moist Broadleaf Forests

动物地理分布型 / Zoogeographic Distribution Type

Hc

分布标注 / Distribution Note

非特有种 Non-Endemic

▲ 濒危状况 / Threatened Status

中国生物多样性红色名录等级 / CB RL Category (2021)

濒危 EN

IUCN 红色名录 / IUCN Red List (2021)

无危 LC

威胁因子 / Threats

未知 Unknown

▲ 法律保护地位 / Legal Protection Status

国家重点保护野生动物等级 / Category of National Key Protected Wild Animals (2021)

未列入 Not listed

"三有"名录 / TWIESSV (2023)

未列入 Not listed

CITES 附录等级 / CITES Appendix (2023)

未列入 Not listed

迁徙物种公约附录 / CMS Appendix (2020)

未列入 Not listed

保护行动 / Conservation Action

尚无保护行动 No conservation action so far

▲ 参考文献 / References

Jiang et al. (蒋志刚等), 2021; Burgin et al., 2020; IUCN, 2020; Liu et al. (刘少英等), 2020; Zheng et al. (郑智民等), 2012; Smith and Xie, 2009; Li and Wang (李晓晨和王廷正), 1995

592 / 红耳巢鼠

Micromys erythroti Blyth, 1855

- Red-eared Harvest Mouse

▲ 分类地位 / Taxonomy

啮齿目 Rodentia / 鼠科 Muridae / 巢鼠属 *Micromys*

科建立者及其文献 / Family Authority

Illiger, 1811

属建立者及其文献 / Genus Authority

Dehne, 1841

亚种 / Subspecies

无 None

模式标本产地 / Type Locality

印度

Cherrapunjii, Khasi Hills in Assam

▲ 其他名称 / Other Name(s)

其他中文名 / Other Chinese Name(s)

无 None

其他英文名 / Other English Name(s)

无 None

同物异名 / Synonym(s)

无 None

▲ 形态及生境 / Morphology and Habitat

形态特征 / Morphological Characteristics

触须长。眼睛大。耳朵大，耳郭矮，耳背、背部毛青黑色。颌下、腹部毛灰白色。脚适合攀爬，五个脚趾的外侧很大，或多或少对生。尾长通常略长于体长，能卷缠。

Whiskers long. Eyes big. Ears large but auricula short. Dorsal hairs black. Hairs on the ear backs black. Grey hairs under the jaw and on the belly. The feet are adapted for climbing and the outer sides of the five toes are large and more or less opposable. Tail is usually slightly longer than the body and tail can be twisted.

生境 / Habitat

农田、竹林

Arable land, bamboo grove

▲ 地理分布 / Geographic Distribution

国内分布 / Domestic Distribution
西藏、云南、四川、重庆、贵州、广西、福建
Tibet, Yunnan, Sichuan, Chongqing, Guizhou, Guangxi, Fujian

全球分布 / World Distribution
越南、中国、缅甸、印度
China, Vietnam, Myanmar, India

生物地理界 / Biogeographic Realm
印度马来界，古北界
Indomalaya, Palearctic

WWF 生物群系 / WWF Biome
热带和亚热带湿润阔叶林
Tropical & Subtropical Moist Broadleaf Forests

动物地理分布型 / Zoogeographic Distribution Type
Wc

分布标注 / Distribution Note
非特有种 Non-Endemic

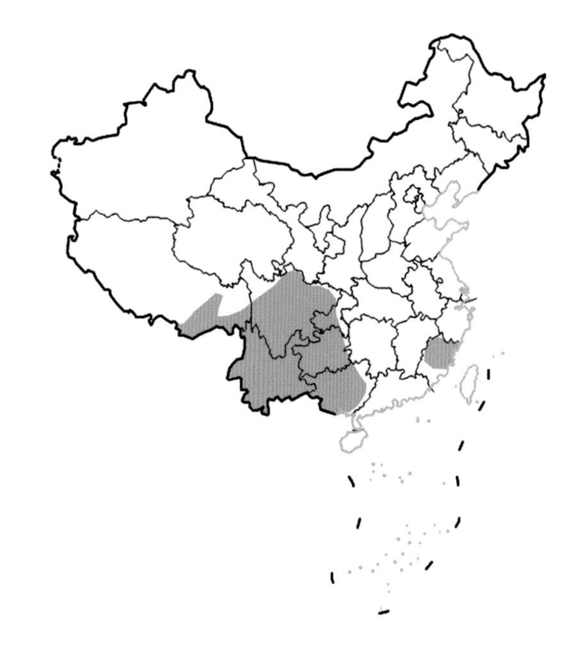

▲ 濒危状况 / Threatened Status

中国生物多样性红色名录等级 / CB RL Category (2021)
无危 LC

IUCN 红色名录 / IUCN Red List (2021)
未评定 NE

威胁因子 / Threats
无 None

▲ 法律保护地位 / Legal Protection Status

国家重点保护野生动物等级 / Category of National Key Protected Wild Animals (2021)
未列入 Not listed

“三有”名录 / TWIESSV (2023)
未列入 Not listed

CITES 附录等级 / CITES Appendix (2023)
未列入 Not listed

迁徙物种公约附录 / CMS Appendix (2020)
未列入 Not listed

保护行动 / Conservation Action
尚无保护行动 No conservation action so far

▲ 参考文献 / References

Jiang et al. (蒋志刚等), 2021; Burgin et al., 2020; IUCN, 2020; Liu et al. (刘少英等), 2020; Wilson et al., 2017; Abramov et al., 2009; Pan et al. (潘清华等), 2007; Wilson and Reeder, 2005; Wang (王应祥), 2003; Zhang (张荣祖), 1997

593 / 巢鼠

Micromys minutus (Pallas, 1771)

- Eurasian Harvest Mouse

▲ 其他名称 / Other Name(s)

其他中文名 / Other Chinese Name(s)
矮鼠、禾鼠、麦鼠

其他英文名 / Other English Name(s)
Harvest Mouse

同物异名 / Synonym(s)
无 None

▲ 分类地位 / Taxonomy

啮齿目 Rodentia / 鼠科 Muridae / 巢鼠属 *Micromys*

科建立者及其文献 / Family Authority
Illiger, 1811

属建立者及其文献 / Genus Authority
Dehne, 1841

亚种 / Subspecies
阿萨姆亚种 *M. m. erythrotis* (Blyth, 1850)
西藏 Tibet

片马亚种 *M. m. pianmaensis* Peng, 1981
云南 Yunnan

川西亚种 *M. m. pygmaeus* (Milne- Edwards, 1874)
四川、重庆、贵州、广西、广东和福建
Sichuan, Chongqing, Guizhou, Guangxi, Guangdong and Fujian

陕西亚种 *M. m. shenshiensis* Li, Wu et shao, 1965
陕西 Shaanxi

台湾亚种 *M. m. takasagoensis* Tokuda, 1941
台湾 Taiwan

浙江亚种 *M. m. zhenyiangensis* Huang, 1989
江苏、浙江、安徽和湖北
Jiangsu, Zhejiang, Anhui and Hubei

东北亚种 *M. m. ussuricus* (Barret-Hamilton, 1899)
黑龙江、吉林、辽宁和内蒙古
Heilongjiang, Jilin, Liaoning and Inner Mongolia

模式标本产地 / Type Locality
俄罗斯
Russia, Ulyanovsk. Obl. Middle Volga River, Simbirsk (now Ulyanovsk)

▲ 形态及生境 / Morphology and Habitat

形态特征 / Morphological Characteristics
背部毛红棕色，腹部毛灰白色。后足长短于 16 mm。尾长通常略长于体长。尾能卷缠。当巢鼠爬上小麦等植物后，尾可以卷缠于小麦植株上，前肢和上半身可以自由运动以便长时间取食麦粒等，并在不同植物之间移动。

Dorsal hairs reddish brown, belly hairs gray white. The hind foot length is less than 16 mm. Tail length is usually slightly longer than body length. Tail can be coiled. When Eurasian Harvest Mouse climb on plants such as wheat, its tail can be coiled around the plants, thus to free their forelimbs and upper body to feed on wheat grains for a long time and move from plant to plant.

生境 / Habitat
农田、竹林
Arable land, bamboo grove

▲ 地理分布 / Geographic Distribution

国内分布 / Domestic Distribution

黑龙江、吉林、辽宁、内蒙古、河北、陕西、甘肃、四川、贵州、新疆、江苏、安徽、浙江、湖北、湖南、江西、广东、广西、福建、台湾、重庆

Heilongjiang, Jilin, Liaoning, Inner Mongolia, Hebei, Shaanxi, Gansu, Sichuan, Guizhou, Xinjiang, Jiangsu, Anhui, Zhejiang, Hubei, Hunan, Jiangxi, Guangdong, Guangxi, Fujian, Taiwan, Chongqing

全球分布 / World Distribution

亚美尼亚、奥地利、阿塞拜疆、白俄罗斯、比利时、波斯尼亚和黑塞哥维那、保加利亚、中国、克罗地亚、捷克、丹麦、爱沙尼亚、芬兰、法国、格鲁吉亚、德国、希腊、匈牙利、印度、意大利、朝鲜、韩国、拉脱维亚、立陶宛、卢森堡、马其顿、摩尔多瓦、蒙古国、黑山、缅甸、荷兰、波兰、罗马尼亚、俄罗斯、塞尔维亚、斯洛伐克、斯洛文尼亚、西班牙、瑞士、土耳其、乌克兰、英国、越南

Armenia, Austria, Azerbaijan, Belarus, Belgium, Bosnia and Herzegovina, Bulgaria, China, Croatia, Czech, Danmark, Estonia, Finland, France, Georgia, Germany, Greece, Hungary, India, Italy, Democratic People's Republic of Korea, Republic of Korea, Latvia, Lithuania, Luxembourg, Macedonia, Moldova, Mongolia, Montenegro, Myanmar, Netherlands, Poland, Romania, Russia, Serbia, Slovakia, Slovenia, Spain, Switzerland, Turkey, Ukraine, United Kingdom, Vietnam

生物地理界 / Biogeographic Realm

古北界、印度马来界 Palearctic, Indomalaya

WWF 生物群系 / WWF Biome

北方森林 / 针叶林

Boreal Forests/Taiga

动物地理分布型 / Zoogeographic Distribution Type

Uh

分布标注 / Distribution Note

非特有种 Non-Endemic

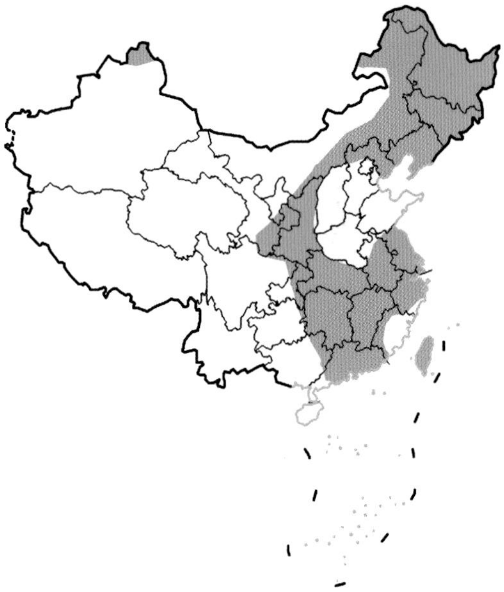

▲ 濒危状况 / Threatened Status

中国生物多样性红色名录等级 / CB RL Category (2021)

无危 LC

IUCN 红色名录 / IUCN Red List (2021)

无危 LC

威胁因子 / Threats

无 None

▲ 法律保护地位 / Legal Protection Status

国家重点保护野生动物等级 / Category of National Key Protected Wild Animals (2021)

未列入 Not listed

"三有"名录 / TWIESSV (2023)

未列入 Not listed

CITES 附录等级 / CITES Appendix (2023)

未列入 Not listed

迁徙物种公约附录 / CMS Appendix (2020)

未列入 Not listed

保护行动 / Conservation Action

尚无保护行动 No conservation action so far

▲ 参考文献 / References

Jiang et al. (蒋志刚等), 2021; Burgin et al., 2020; IUCN, 2020; Liu et al. (刘少英等), 2020; Wilson et al., 2017; Zheng et al. (郑智民等), 2012; Smith and Xie, 2009; Pan et al. (潘清华等) 2007; Wilson and Reeder, 2005; Wang (王应祥), 2003; Zhang (张荣祖), 1997

594 / 黑线姬鼠

Apodemus agrarius (Pallas, 1771)

• Striped Field Mouse

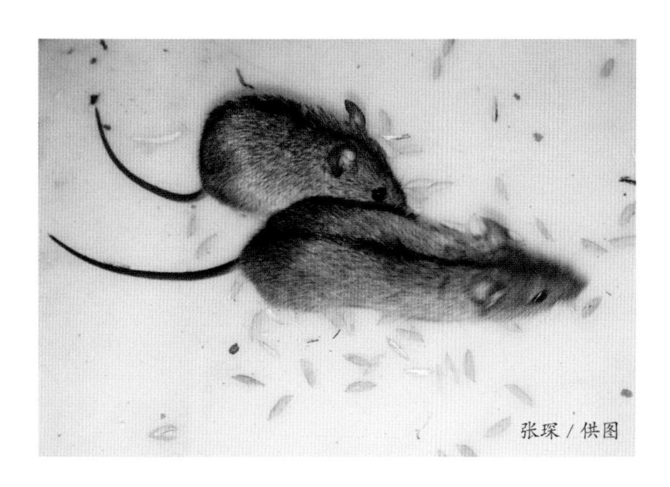

张琛 / 供图

▲ 其他名称 / Other Name(s)

其他中文名 / Other Chinese Name(s)
长尾黑线鼠、田姬鼠

其他英文名 / Other English Name(s)
无 None

同物异名 / Synonym(s)
无 None

▲ 分类地位 / Taxonomy

啮齿目 Rodentia / 鼠科 Muridae / 姬鼠属 *Apodemus*

科建立者及其文献 / Family Authority
Illiger, 1811

属建立者及其文献 / Genus Authority
Kaup, 1829

亚种 / Subspecies
指名亚种 *A. a. agrarius* (Pallas, 1771)
新疆 Xinjiang

长江亚种 *A . a. ningpoensis* (Swinhoe, 1870)
江苏、上海、浙江、安徽、江西、湖南、湖北、福建、广东、广西、贵州、四川、重庆和云南
Jiangsu, Shanghai, Zhejiang, Anhui, Jiangxi, Hunan, Hebei, Fujian, Guangdong, Guangxi, Guizhou, Sichuan, Chongqing and Yunnan

东北亚种 *A. a. mantchuricus* (Thomas, 1898)
异名 (Syn)：*A. a. pallidior* Thomas, 1808
黑龙江、吉林、辽宁、内蒙古、河北、北京、天津、山东、江苏、河南、山西、陕西、甘肃和四川
Heilongjiang, Jilin, Liaoning, Inner Mongolia, Hebei, Beijing, Tianjin, Shandong, Jiangsu, Henan, Shanxi, Shaanxi, Gansu and Sichuan

台湾亚种 *A. a. insulaemus* Tokuda, 1941
台湾 Taiwan

模式标本产地 / Type Locality
俄罗斯
Russia, Ulianovsk Obl., middle Volga River, Ulianovsk (formerly Simbirsk)

▲ 形态及生境 / Morphology and Habitat

形态特征 / Morphological Characteristics
齿式：1.0.0.3/1.0.0.3=16。体背灰黄色。背部中央有一条黑线，腹面毛基灰色，毛尖灰白色。背腹界线明显。但在中国南方，黑线姬鼠背部黑线不明显，有的个体甚至只有一个毛色较暗的区域。
Dental formula: 1.0.0.3/1.0.0.3=16. Dorsal color of the body is grayish yellow. A black line in the middle of the dorsum, abdominal hair bases gray, and hair tips gray. Dorsal abdominal boundary is well defined. However, in southern China, the black line on the dorsum of *Apodemus agrarius* is not obvious, even only one dark area presents in some individuals.

生境 / Habitat
耕地、草地、森林
Arable land, grassland, forest

▲ 地理分布 / Geographic Distribution

国内分布 / Domestic Distribution

黑龙江、吉林、辽宁、内蒙古、河北、北京、天津、山东、河南、山西、陕西、宁夏、甘肃、上海、江苏、安徽、浙江、江西、湖北、湖南、四川、贵州、云南、广西、广东、福建、台湾、新疆、重庆

Heilongjiang, Jilin, Liaoning, Inner Mongolia, Hebei, Beijing, Tianjin, Shandong, Henan, Shanxi, Shaanxi, Ningxia, Gansu, Shanghai, Jiangsu, Anhui, Zhejiang, Jiangxi, Hubei, Hunan, Sichuan, Guizhou, Yunnan, Guangxi, Guangdong, Fujian, Taiwan, Xinjiang, Chongqing

全球分布 / World Distribution

亚美尼亚、奥地利、阿塞拜疆、白俄罗斯、波斯尼亚和黑塞哥维那、保加利亚、中国、克罗地亚、捷克、丹麦、爱沙尼亚、芬兰、格鲁吉亚、德国、希腊、匈牙利、意大利、日本、哈萨克斯坦、朝鲜、韩国、吉尔吉斯斯坦、拉脱维亚、立陶宛、马其顿、摩尔多瓦、蒙古国、黑山、缅甸、波兰、罗马尼亚、俄罗斯、塞尔维亚、斯洛伐克、斯洛文尼亚、土耳其、乌克兰

Armenia, Austria, Azerbaijan, Belarus, Bosnia and Herzegovina, Bulgaria, China, Croatia, Czech, Danmark, Estonia, Finland, Georgia, Germany, Greece, Hungary, Italy, Japan, Kazakhstan, Democratic People's Republic of Korea, Republic of Korea, Kyrgyzstan, Latvia, Lithuania, Macedonia, Moldova, Montenegro, Myanmar, Poland, Romania, Russia, Serbia, Slovakia, Slovenia, Turkey, Ukraine

生物地理界 / Biogeographic Realm

古北界、印度马来界

Palearctic, Indomalaya

WWF 生物群系 / WWF Biome

北方森林 / 针叶林、热带和亚热带湿润阔叶林、山地草原和灌丛

Boreal Forests/Taiga Tropical & Subtropical, Moist Broadleaf Forests, Montane Grasslands & Shrublands

动物地理分布型 / Zoogeographic Distribution Type

Ub

分布标注 / Distribution Note

非特有种 Non-Endemic

▲ 濒危状况 / Threatened Status

中国生物多样性红色名录等级 / CB RL Category (2021)

无危 LC

IUCN 红色名录 / IUCN Red List (2021)

无危 LC

威胁因子 / Threats

无 None

▲ 法律保护地位 / Legal Protection Status

国家重点保护野生动物等级 / Category of National Key Protected Wild Animals (2021)

未列入 Not listed

"三有" 名录 / TWIESSV (2023)

未列入 Not listed

CITES 附录等级 / CITES Appendix (2023)

未列入 Not listed

迁徙物种公约附录 / CMS Appendix (2020)

未列入 Not listed

保护行动 / Conservation Action

尚无保护行动 No conservation action so far

▲ 参考文献 / References

Jiang et al. (蒋志刚等), 2021; Burgin et al., 2020; IUCN, 2020; Wilson et al., 2017; Yang et al. (杨再学等), 2013, 2007; Zheng et al. (郑智民等), 2012; Pan et al. (潘清华等), 2007; Peng and Zhong (彭基泰和钟祥清), 2005; Wilson and Reeder, 2005; Wang (王应祥), 2003; Zhang (张荣祖), 1997

595 / 高山姬鼠

Apodemus chevrieri (Milne-Edwards, 1868)

- Chevrier's Field Mouse

欧阳德才 / 供图

▲ 分类地位 / Taxonomy

啮齿目 Rodentia / 鼠科 Muridae / 姬鼠属 *Apodemus*

科建立者及其文献 / Family Authority

Illiger, 1811

属建立者及其文献 / Genus Authority

Kaup, 1829

亚种 / Subspecies

指名亚种 *A. c. chevrieri* (Milne-Edwards, 1868)
云南、四川、贵州、湖北、陕西和甘肃
Yunnan, Sichuan, Guizhou, Hubei, Shaanxi and Gansu

模式标本产地 / Type Locality

中国

China, Sichuan, Moupin

▲ 其他名称 / Other Name(s)

其他中文名 / Other Chinese Name(s)

无 None

其他英文名 / Other English Name(s)

无 None

同物异名 / Synonym(s)

无 None

▲ 形态及生境 / Morphology and Habitat

形态特征 / Morphological Characteristics

齿式：1.0.0.3/1.0.0.3=16。体背灰黄色或棕黄色，腹面略淡，背腹之间毛色界线不明显。耳长 16 mm 左右。耳壳两面均被短毛。足背灰白。尾毛短细而疏，尾上部黑棕色，尾下部白色。有些个体的尾基及四肢内侧背腹交界处有鲜艳的橙黄毛区。

Dental formula: 1.0.0.3/1.0.0.3=16. Dorsal hairs grayish-yellow or brownish-yellow, the ventral surface is slightly light, and there is no obvious boundary between the dorsum and abdomen. Ear length about 16 mm. Both sides of the auricle are covered by short hairs. Gray hairs on the dorsum of feet. Tail is covered with short, thin and sparse hairs, the upperpart of the tail black brown, the underpart white. Some individuals have bright orange hair spots on the caudal base and at the medial of dorsal-abdomen junction inside their limbs.

生境 / Habitat

耕地、草地、森林

Farmland, grassland, forest

▲ 地理分布 / Geographic Distribution

国内分布 / Domestic Distribution

陕西、甘肃、四川、湖北、贵州、云南、重庆

Shaanxi, Gansu, Sichuan, Hubei, Guizhou, Yunnan, Chongqing

全球分布 / World Distribution

中国 China

生物地理界 / Biogeographic Realm

古北界 Palearctic

WWF 生物群系 / WWF Biome

热带和亚热带湿润阔叶林

Tropical & Subtropical Moist Broadleaf Forests

动物地理分布型 / Zoogeographic Distribution Type

Sb

分布标注 / Distribution Note

特有种 Endemic

▲ 濒危状况 / Threatened Status

中国生物多样性红色名录等级 / CB RL Category (2021)

无危 LC

IUCN 红色名录 / IUCN Red List (2021)

无危 LC

威胁因子 / Threats

无 None

▲ 法律保护地位 / Legal Protection Status

国家重点保护野生动物等级 / Category of National Key Protected Wild Animals (2021)

未列入 Not listed

"三有"名录 / TWIESSV (2023)

未列入 Not listed

CITES 附录等级 / CITES Appendix (2023)

未列入 Not listed

迁徙物种公约附录 / CMS Appendix (2020)

未列入 Not listed

保护行动 / Conservation Action

尚无保护行动 No conservation action so far

▲ 参考文献 / References

Jiang et al. (蒋志刚等), 2021; Burgin et al., 2020; IUCN, 2020; Liu et al. (刘少英等), 2020; Wilson et al., 2017; Pan et al. (潘清华等), 2007; Peng and Zhong (彭基泰和钟祥清), 2005; Wilson and Reeder, 2005; Wang (王应祥), 2003; Zhang (张荣祖), 1997

596 / 中华姬鼠

Apodemus draco (Barrett-Hamilton, 1900)

- South China Field Mouse

▲ 分类地位 / Taxonomy

啮齿目 Rodentia / 鼠科 Muridae / 姬鼠属 *Apodemus*

科建立者及其文献 / Family Authority

Illiger, 1811

属建立者及其文献 / Genus Authority

Kaup, 1829

亚种 / Subspecies

无 None

模式标本产地 / Type Locality

中国

S China, NW Fujian, Kuatun

陈广磊 / 供图

▲ 其他名称 / Other Name(s)

其他中文名 / Other Chinese Name(s)

小林姬鼠、龙姬鼠

其他英文名 / Other English Name(s)

无 None

同物异名 / Synonym(s)

无 None

▲ 形态及生境 / Morphology and Habitat

形态特征 / Morphological Characteristics

齿式：1.0.0.3/1.0.0.3=16。体背毛灰色，有些体背呈淡黄棕调。腹部颜色淡，灰白色。尾长大于体长。耳长，16~19 mm。尾双色，背面黑灰色，腹面色淡，尾尖部毛稍长。足背面灰白色或棕色。爪白色，半透明，爪基部内可见灰黑色区。

Dental Formula: 1.0.0.3/1.0.0.3=16. Body back hairs gray, dorsal of some individuals with a light yellow-brown tone. The belly pelage is pale or grayish in color. Tail is longer than the body length. Ear length 16-19 mm. Tail bicolored, the upperpart dark gray, the underpart pale, hairs at the tail tip slightly longer. Dorsal part of the feet is gray or brown. Claw white, semi-transparent. Gray black area inside the base of the claw visible.

生境 / Habitat

森林 Forest

▲ 地理分布 / Geographic Distribution

国内分布 / Domestic Distribution

河北、河南、宁夏、陕西、甘肃、四川、云南、青海、西藏、贵州、安徽、浙江、江西、湖北、湖南、广东、广西、福建、台湾、重庆、北京、天津、山西、山东、上海

Hebei, Henan, Ningxia, Shaanxi, Gansu, Sichuan, Yunnan, Qinghai, Tibet, Guizhou, Anhui, Zhejiang, Jiangxi, Hubei, Hunan, Guangdong, Guangxi, Fujian, Taiwan, Chongqing, Beijing, Tianjin, Shanxi, Shandong, Shanghai

全球分布 / World Distribution

中国、缅甸、印度

China, Myanmar, India

生物地理界 / Biogeographic Realm

古北界、印度马来界

Palearctic, Indomalaya

WWF 生物群系 / WWF Biome

热带和亚热带湿润阔叶林

Tropical & Subtropical Moist Broadleaf Forests

动物地理分布型 / Zoogeographic Distribution Type

Wc

分布标注 / Distribution Note

非特有种 Non-Endemic

▲ 濒危状况 / Threatened Status

中国生物多样性红色名录等级 / CB RL Category (2021)

无危 LC

IUCN 红色名录 / IUCN Red List (2021)

无危 LC

威胁因子 / Threats

无 None

▲ 法律保护地位 / Legal Protection Status

国家重点保护野生动物等级 / Category of National Key Protected Wild Animals (2021)

未列入 Not listed

"三有"名录 / TWIESSV (2023)

未列入 Not listed

CITES 附录等级 / CITES Appendix (2023)

未列入 Not listed

迁徙物种公约附录 / CMS Appendix (2020)

未列入 Not listed

保护行动 / Conservation Action

尚无保护行动 No conservation action so far

▲ 参考文献 / References

Jiang et al. (蒋志刚等), 2021; Burgin et al., 2020; IUCN, 2020; Liu et al. (刘少英等), 2020; Li et al. (黎运喜等), 2012; Zheng et al. (郑智民等), 2012; Smith and Xie, 2009; Fu et al. (付必谦等), 2008; Peng and Zhong (彭基泰和钟祥清), 2005; Xia (夏武平), 1988, 1964

597 / 澜沧江姬鼠

Apodemus ilex Thomas, 1922

- Lancangjiang Field Mouse

▲ 分类地位 / Taxonomy

啮齿目 Rodentia / 鼠科 Muridae / 姬鼠属 *Apodemus*

科建立者及其文献 / Family Authority

Illiger, 1811

属建立者及其文献 / Genus Authority

Kaup, 1829

亚种 / Subspecies

无 None

模式标本产地 / Type Locality

中国

Salweou-JY Mekong divide at 28°20′N. Alt. 3900 ~ 4200 m

郭亮 / 供图

▲ 其他名称 / Other Name(s)

其他中文名 / Other Chinese Name(s)

无 None

其他英文名 / Other English Name(s)

无 None

同物异名 / Synonym(s)

无 None

▲ 形态及生境 / Morphology and Habitat

形态特征 / Morphological Characteristics

齿式：1.0.0.3/1.0.0.3=16。耳大，耳缘黑色。额部毛灰黑色。背毛黄褐色，后背有一个明显的黑色区域。有些个体整个背面中央均有黑色区。尾长长于体长。背腹之间界线明显。腹部毛基灰色，毛尖灰白色。尾上下二色，上部灰黑色，下部灰白色。约一半个体的尾端有毛束。足背面纯白色。前后足均为 5 指。爪上密生银白色长毛。

Dental formula: 1.0.0.3/1.0.0.3=16. Ears are large and the rims of the ears are black. Forehead is grayish black. Dorsal hairs tawny with a distinct black area on the dorsum. Some individuals have a black area throughout the central dorsal surface. Tail is longer than the head and body. The boundary between the dorsum and abdomen well defined. Abdominal hairs have gray bases and pale gray tips. Tail bicolored, gray black on the upperpart, gray white on the underpart. About half of the individuals have hair bundles at the tail. Dorsa of feet are pure white. The front and rear feet all have 5 fingers. Claws covered with densely silvery white long hairs.

生境 / Habitat

森林 Forest

▲ 地理分布 / Geographic Distribution

国内分布 / Domestic Distribution
云南 Yunnan

全球分布 / World Distribution
中国 China

生物地理界 / Biogeographic Realm
印度马来界 Indomalaya

WWF 生物群系 / WWF Biome
温带阔叶和混交林
Temperate Broadleaf & Mixed Forests

动物地理分布型 / Zoogeographic Distribution Type
Wa

分布标注 / Distribution Note
特有种 Endemic

▲ 濒危状况 / Threatened Status

中国生物多样性红色名录等级 / CB RL Category (2021)
无危 LC

IUCN 红色名录 / IUCN Red List (2021)
未评定 NE

威胁因子 / Threats
无 None

▲ 法律保护地位 / Legal Protection Status

国家重点保护野生动物等级 / Category of National Key Protected Wild Animals (2021)
未列入 Not listed

"三有"名录 / TWIESSV (2023)
未列入 Not listed

CITES 附录等级 / CITES Appendix (2023)
未列入 Not listed

迁徙物种公约附录 / CMS Appendix (2020)
未列入 Not listed

保护行动 / Conservation Action
尚无保护行动 No conservation action so far

▲ 参考文献 / References

Jiang et al. (蒋志刚等), 2021; Burgin et al., 2020; IUCN, 2020; Liu et al. (刘少英等), 2020; Wilson et al., 2017; Pan et al. (潘清华等), 2007; Wilson and Reeder, 2005; Wang (王应祥), 2003; Zhang (张荣祖), 1997

598 / 大耳姬鼠

Apodemus latronum Thomas, 1911

- Large-eared Field Mouse

▲ 分类地位 / Taxonomy

啮齿目 Rodentia / 鼠科 Muridae / 姬鼠属 *Apodemus*

科建立者及其文献 / Family Authority
Illiger, 1811

属建立者及其文献 / Genus Authority
Kaup, 1829

亚种 / Subspecies
无 None

模式标本产地 / Type Locality
中国
China, W Szechwan, Tatsienlu

杜卿 / 供图

▲ 其他名称 / Other Name(s)

其他中文名 / Other Chinese Name(s)
四川姬鼠

其他英文名 / Other English Name(s)
Sichuan Field Mouse

同物异名 / Synonym(s)
无 None

▲ 形态及生境 / Morphology and Habitat

形态特征 / Morphological Characteristics

齿式：1.0.0.3/1.0.0.3=16。背部毛深棕色，体侧毛亮红棕色。腹侧毛灰白色，体背和臀部黑色毛尖明显。耳朵深黑棕色，比头肩部毛色深。四肢背面纯白色。尾长与体长等长，尾上部黑褐色，被以短而稀的毛，可见尾鳞环，下面灰白色。趾垫和指垫均为 6 枚。爪乳白色，半透明。爪上覆以粗硬的白色长毛。

Dental formula: 1.0.0.3/1.0.0.3=16. Dorsal hairs dark brown, lateral side hairs bright reddish brown. Ventral hairs gray, and visible hairs with black tips on the dorsum and buttocks. Ears are deep dark brown, darker than the hairs on the head and shoulders. Dorsa of the limbs cream white. Tail is as long as the body length, tail scale ring visible, and the upper part of the tail is dark brown, with short and thin hairs, gray below. Six plantar pads on each fore and hind feet. Claw cream white, translucent. Claws covered with white coarse bristles.

生境 / Habitat

森林、草地
Forests, grassland

▲ 地理分布 / Geographic Distribution

国内分布 / Domestic Distribution
四川、青海、西藏、云南
Sichuan, Qinghai, Tibet, Yunnan

全球分布 / World Distribution
中国、缅甸、印度
China, Myanmar, India

生物地理界 / Biogeographic Realm
古北界，印度马来界
Palearctic, Indomalaya

WWF 生物群系 / WWF Biome
温带阔叶和混交林
Temperate Broadleaf & Mixed Forests

动物地理分布型 / Zoogeographic Distribution Type
Hc

分布标注 / Distribution Note
非特有种 Non-Endemic

▲ 濒危状况 / Threatened Status

中国生物多样性红色名录等级 / CB RL Category (2021)
无危 LC

IUCN 红色名录 / IUCN Red List (2021)
无危 LC

威胁因子 / Threats
无 None

▲ 法律保护地位 / Legal Protection Status

国家重点保护野生动物等级 / Category of National Key Protected Wild Animals (2021)
未列入 Not listed

"三有" 名录 / TWIESSV (2023)
未列入 Not listed

CITES 附录等级 / CITES Appendix (2023)
未列入 Not listed

迁徙物种公约附录 / CMS Appendix (2020)
未列入 Not listed

保护行动 / Conservation Action
尚无保护行动 No conservation action so far

▲ 参考文献 / References

Jiang et al. (蒋志刚等), 2021; Burgin et al., 2020; IUCN, 2020; Liu et al. (刘少英等), 2020; Zheng et al. (郑智民等), 2012; Fan et al. (范振鑫等), 2010; Peng and Zhong (彭基泰和钟祥清), 2005; Wang(王应祥), 2003; Chen et al. (陈志平等), 1996

599 / 黑姬鼠

Apodemus nigrus
Deyan Ge, Anderson Feijó & Qisen Yang, 2019

- Black Filed Mouse

▲ 分类地位 / Taxonomy

啮齿目 Rodentia / 鼠科 Muridae / 姬鼠属 *Apodemus*

科建立者及其文献 / Family Authority
Illiger, 1811

属建立者及其文献 / Genus Authority
Kaup, 1829

亚种 / Subspecies
无 None

模式标本产地 / Type Locality
中国
Fanjing Mountain, Guizhou and Jinfo Mountain, Chongqing, China

▲ 其他名称 / Other Name(s)

其他中文名 / Other Chinese Name(s)
无 None

其他英文名 / Other English Name(s)
无 None

同物异名 / Synonym(s)
无 None

▲ 形态及生境 / Morphology and Habitat

形态特征 / Morphological Characteristics

齿式：1.0.0.3/1.0.0.3=16。头体长 82~107 mm。尾长 87~114 mm。体重 20~33 g。周身被毛细密柔软，体背和臀部被毛黑色。腹侧被毛灰白色，耳朵深黑色，比头肩部毛色深。四肢背面白色。尾长与体长等长，尾上部黑褐色，被以短而稀的毛，可见尾鳞环，尾下部灰白色。

Dental formula: 1.0.0.3/1.0.0.3=16. Head and body length 82-107 mm. Tail length 87-114 mm. Body mass 20-33 g. The fur is fine and soft. Hairs on the dorsum and rump are black. The ventral pelage is grayish white, and the ears are dark black, darker than the head and shoulders. Dorsa of the limbs are white. Tail is slightly longer than the head and body length, and the upperpart of the tail is dark brown, with short and thin hairs, tail scale rings visible, the underpart of the tail gray white.

生境 / Habitat
森林 Forest

▲ 地理分布 / Geographic Distribution

国内分布 / Domestic Distribution
重庆、贵州
Chongqing, Guizhou

全球分布 / World Distribution
中国 China

生物地理界 / Biogeographic Realm
古北界 Palearctic

WWF 生物群系 / WWF Biome
温带阔叶和混交林
Temperate Broadleaf & Mixed Forests

动物地理分布型 / Zoogeographic Distribution Type
Pc

分布标注 / Distribution Note
特有种 Endemic

▲ 濒危状况 / Threatened Status

中国生物多样性红色名录等级 / CB RL Category (2021)
数据缺乏 DD

IUCN 红色名录 / IUCN Red List (2021)
未评定 NE

威胁因子 / Threats
未知 Unknown

▲ 法律保护地位 / Legal Protection Status

国家重点保护野生动物等级 / Category of National Key Protected Wild Animals (2021)
未列入 Not listed

“三有”名录 / TWIESSV (2023)
未列入 Not listed

CITES 附录等级 / CITES Appendix (2023)
未列入 Not listed

迁徙物种公约附录 / CMS Appendix (2020)
未列入 Not listed

保护行动 / Conservation Action
尚无保护行动 No conservation action so far

▲ 参考文献 / References

Jiang et al.(蒋志刚等), 2021; Ge et al., 2020

600 / 喜马拉雅姬鼠

Apodemus pallipes (Barrett-Hamilton, 1900)

- Himalayan Field Mouse

▲ 分类地位 / Taxonomy

啮齿目 Rodentia / 鼠科 Muridae / 姬鼠属 *Apodemus*

科建立者及其文献 / Family Authority

Illiger, 1811

属建立者及其文献 / Genus Authority

Kaup, 1829

亚种 / Subspecies

无 None

模式标本产地 / Type Locality

塔吉克斯坦

E Tajikistan, Pamir Altai, Surhad Wahkan; see Barrett-Hamilton (1900:417) and Mezhzherin (1997:38) for condition of holotype

▲ 其他名称 / Other Name(s)

其他中文名 / Other Chinese Name(s)

无 None

其他英文名 / Other English Name(s)

Ward's Field Mouse

同物异名 / Synonym(s)

Apodemus wardi (Wroughton, 1908)

▲ 形态及生境 / Morphology and Habitat

形态特征 / Morphological Characteristics

齿式：1.0.0.3/1.0.0.3=16。背毛从淡棕褐色到棕灰色。腹侧毛皮灰白色，与背侧毛皮分界明显。尾长大约等于或略长于体长。尾双色，上部棕色，下部白色。足背棕黄有白色。

Dental formula: 1.0.0.3/1.0.0.3=16. Dorsal fur light brown to grayish-brown. Ventral fur grayish-white, contracts to dorsal fur. Tail approximately equal to or slightly longer than the head and body length. Tail bicolored, brown on upperpart and white on the underside. Dorsa of the feet yellowish-brown with white hairs.

生境 / Habitat

泰加林 Taiga

▲ 地理分布 / Geographic Distribution

国内分布 / Domestic Distribution
西藏 Tibet

全球分布 / World Distribution
阿富汗、中国、印度、吉尔吉斯斯坦、尼泊尔、巴基斯坦、塔吉克斯坦
Afghanistan, China, India, Kyrgyzstan, Nepal, Pakistan, Tajikistan

生物地理界 / Biogeographic Realm
古北界 Palearctic

WWF 生物群系 / WWF Biome
热带和亚热带湿润阔叶林
Tropical & Subtropical Moist Broadleaf Forests

动物地理分布型 / Zoogeographic Distribution Type
Pa

分布标注 / Distribution Note
非特有种 Non-Endemic

▲ 濒危状况 / Threatened Status

中国生物多样性红色名录等级 / CB RL Category (2021)
数据缺乏 DD

IUCN 红色名录 / IUCN Red List (2021)
未评定 NE

威胁因子 / Threats
未知 Unknown

▲ 法律保护地位 / Legal Protection Status

国家重点保护野生动物等级 / Category of National Key Protected Wild Animals (2021)
未列入 Not listed

"三有"名录 / TWIESSV (2023)
未列入 Not listed

CITES 附录等级 / CITES Appendix (2023)
未列入 Not listed

迁徙物种公约附录 / CMS Appendix (2020)
未列入 Not listed

保护行动 / Conservation Action
尚无保护行动 No conservation action so far

▲ 参考文献 / References

Jiang et al. (蒋志刚等), 2021; Liu et al. (刘少英等), 2020; Wilson et al., 2017; Zheng et al. (郑智民等), 2012; Smith and Xie, 2009; Pan et al. (潘清华等), 2007; Wilson and Reeder, 2005; Wang (王应祥), 2003; Zhang (张荣祖), 1997

601 / 大林姬鼠

Apodemus peninsulae (Thomas, 1907)

- Korean Field Mouse

▲ 分类地位 / Taxonomy

啮齿目 Rodentia / 鼠科 Muridae / 姬鼠属 *Apodemus*

科建立者及其文献 / Family Authority

Illiger, 1811

属建立者及其文献 / Genus Authority

Kaup, 1829

亚种 / Subspecies

东北亚种 *A. p. praetor* Miller, 1914
黑龙江、吉林、辽宁和内蒙古
Heilongjiang, Jilin, Liaoning and Inner Mongolia

华北亚种 *A. p. sowerbyi* Jones, 1956
山西、河北、北京、山东和河南
Shanxi Hebei, Beijing, Shandong and Henan

青海亚种 *A. p. qinghaiensis* Zheng et Wu, 1983
青海、四川、甘肃、陕西、宁夏和西藏
Qinghai, Sichuan, Gansu, Shaanxi, Ningxia and Tibet

模式标本产地 / Type Locality

韩国
Korea, 180 km SE of Seoul, Mingyoung

▲ 其他名称 / Other Name(s)

其他中文名 / Other Chinese Name(s)

林姬鼠

其他英文名 / Other English Name(s)

无 None

同物异名 / Synonym(s)

Apodemus giliacus (Thomas, 1907), *Apodemus majusculus* (Turov, 1924), *Apodemus rufulus* (Dukelski, 1928), *Apodemus tscherga* (Kastchenko, 1899)

▲ 形态及生境 / Morphology and Habitat

形态特征 / Morphological Characteristics

齿式：1.0.0.3/1.0.0.3=16。口鼻部多触须。背毛棕黑色，毛基为深灰色，毛中段为黄棕色，带黑尖，并杂有全黑色的针毛，整体色调为棕黑色。腹部及四肢内侧为灰白色，其毛基浅灰。背腹毛色界线明显。耳被覆浓密黄棕色短毛。尾两色，上部棕褐色，下部白色。前足背面白色，后足背面多数也为白色。

Dental formula: 1.0.0.3/1.0.0.3=16. Bristles in the snout. Dorsal hairs brown and black, the hair bases dark gray, the middle sections of the hairs are yellow and brown, with black tips, interspersed with black bristles, and the whole tone is brown and black. Abdomen and the inside of the extremities are grayish white, and the hair bases are light gray. Color boundary between dorsal and abdominal hairs is clear. Ears are covered with dense yellowish-brown short hairs. Tail bicolored, upperpart brown and underside white. Dorsa of the forefeet are white, the dorsa of the hind feet are mostly white.

生境 / Habitat

灌丛、森林
Shrubland, forest

▲ 地理分布 / Geographic Distribution

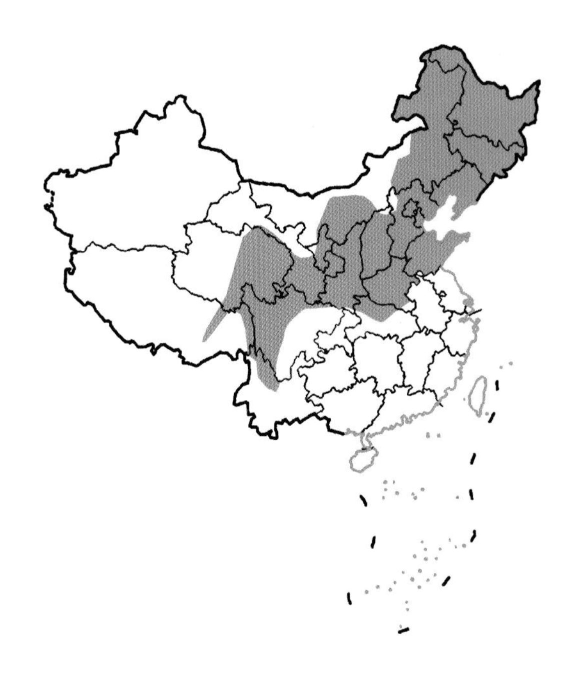

国内分布 / Domestic Distribution

黑龙江、吉林、辽宁、内蒙古、河北、天津、北京、山东、河南、山西、陕西、甘肃、宁夏、青海、四川、西藏、云南、湖北

Heilongjiang, Jilin, Liaoning, Inner Mongolia, Hebei, Tianjin, Beijing, Shandong, Henan, Shanxi, Shaanxi, Gansu, Ningxia, Qinghai, Sichuan, Tibet, Yunnan, Hubei

全球分布 / World Distribution

中国、日本、哈萨克斯坦、朝鲜、韩国、俄罗斯、

China, Japan, Kazakhstan, Democratic People's Republic of Korea, Republic of Korea, Russia

生物地理界 / Biogeographic Realm

古北界 Palearctic

WWF 生物群系 / WWF Biome

北方森林 / 针叶林

Boreal Forests/Taiga

动物地理分布型 / Zoogeographic Distribution Type

X

分布标注 / Distribution Note

非特有种 Non-Endemic

▲ 濒危状况 / Threatened Status

中国生物多样性红色名录等级 / CB RL Category (2021)

无危 LC

IUCN 红色名录 / IUCN Red List (2021)

无危 LC

威胁因子 / Threats

无 None

▲ 法律保护地位 / Legal Protection Status

国家重点保护野生动物等级 / Category of National Key Protected Wild Animals (2021)

未列入 Not listed

“三有”名录 / TWIESSV (2023)

未列入 Not listed

CITES 附录等级 / CITES Appendix (2023)

未列入 Not listed

迁徙物种公约附录 / CMS Appendix (2020)

未列入 Not listed

保护行动 / Conservation Action

尚无保护行动 No conservation action so far

▲ 参考文献 / References

Jiang et al. (蒋志刚等), 2021; Liu et al. (刘少英等), 2020; Wilson et al., 2017; Zheng et al. (郑智民等), 2012; Fu et al. (付必谦等), 2008; Pan et al. (潘清华等), 2007; Peng and Zhong (彭基泰和钟祥清), 2005; Wilson and Reeder, 2005; Wang (王应祥), 2003; Koh and Lee, 1994; Xia(夏武平), 1988, 1964

602 / 台湾姬鼠

Apodemus semotus Thomas, 1908

- Taiwan Field Mouse

▲ 分类地位 / Taxonomy

啮齿目 Rodentia / 鼠科 Muridae / 姬鼠属 *Apodemus*

科建立者及其文献 / Family Authority

Illiger, 1811

属建立者及其文献 / Genus Authority

Kaup, 1829

亚种 / Subspecies

无 None

模式标本产地 / Type Locality

中国

China, Taiwan (M.-j. Yu, 1996)

▲ 其他名称 / Other Name(s)

其他中文名 / Other Chinese Name(s)

台湾森鼠

其他英文名 / Other English Name(s)

无 None

同物异名 / Synonym(s)

无 None

▲ 形态及生境 / Morphology and Habitat

形态特征 / Morphological Characteristics

齿式：1.0.0.3/1.0.0.3=16。体型与中华姬鼠相似，背部有一道模糊的深色条带。

Dental formula: 1.0.0.3/1.0.0.3=16. It is similar in size to *Apodemus draco*. *Apodemus semotus* has a faint dark colored strip on its dorsum.

生境 / Habitat

草地、森林、竹林、灌丛

Grassland, forest, bamboo grove, shrubland

▲ 地理分布 / Geographic Distribution

国内分布 / Domestic Distribution

台湾 Taiwan

全球分布 / World Distribution

中国 China

生物地理界 / Biogeographic Realm

印度马来界 Indomalaya

WWF 生物群系 / WWF Biome

台湾亚热带常绿林
Taiwan subtropical evergreen forests

动物地理分布型 / Zoogeographic Distribution Type

J

分布标注 / Distribution Note

特有种 Endemic

▲ 濒危状况 / Threatened Status

中国生物多样性红色名录等级 / CB RL Category (2021)

无危 LC

IUCN 红色名录 / IUCN Red List (2021)

无危 LC

威胁因子 / Threats

无 None

▲ 法律保护地位 / Legal Protection Status

国家重点保护野生动物等级 / Category of National Key Protected Wild Animals (2021)

未列入 Not listed

"三有"名录 / TWIESSV (2023)

未列入 Not listed

CITES 附录等级 / CITES Appendix (2023)

未列入 Not listed

迁徙物种公约附录 / CMS Appendix (2020)

未列入 Not listed

保护行动 / Conservation Action

尚无保护行动 No conservation action so far

▲ 参考文献 / References

Jiang et al. (蒋志刚等), 2021; Wilson et al., 2017; Zheng et al. (郑智民等), 2012; Pan et al. (潘清华等), 2007; Wilson and Reeder, 2005; Liu et al. (刘晓明等), 2002; Adler, 1996

603 / 乌拉尔姬鼠

Apodemus uralensis (Pallas, 1811)

• Herb Field Mouse

▲ 分类地位 / Taxonomy

啮齿目 Rodentia / 鼠科 Muridae / 姬鼠属 *Apodemus*

科建立者及其文献 / Family Authority

Illiger, 1811

属建立者及其文献 / Genus Authority

Kaup, 1829

亚种 / Subspecies

无 None

模式标本产地 / Type Locality

俄罗斯

Russia, S Ural Mtns

邢睿 / 供图

▲ 其他名称 / Other Name(s)

其他中文名 / Other Chinese Name(s)

小眼姬鼠

其他英文名 / Other English Name(s)

Herb Field Mouse, Pygmy Field Mouse, Ural Field Mouse

同物异名 / Synonym(s)

无 None

▲ 形态及生境 / Morphology and Habitat

形态特征 / Morphological Characteristics

齿式：1.0.0.3/1.0.0.3=16。背毛沙黄色至淡红棕色。腹部毛基灰色，毛尖白色。背腹毛色分界明显。尾两色，尾背面似体背色，腹面灰白色。老龄个体毛色浅土黄色，幼体毛色偏灰。

Dental formula: 1.0.0.3/1.0.0.3=16. Dorsal hairs sand yellow to reddish brown. Underbelly hairs with gray bases and white tips. Color demarcation of dorsal and abdominal hairs is clear. Tail bicolored, color of upperpart of tail like that of the body back, the underpart gray-white. Color of the old individual is light earth yellow, while the color of the young is gray.

生境 / Habitat

森林 Forest

▲ 地理分布 / Geographic Distribution

国内分布 / Domestic Distribution

新疆 Xinjiang

全球分布 / World Distribution

亚美尼亚、奥地利、阿塞拜疆、白俄罗斯、保加利亚、中国、克罗地亚、捷克、爱沙尼亚、格鲁吉亚、匈牙利、印度、伊朗、哈萨克斯坦、吉尔吉斯斯坦、拉脱维亚、立陶宛、摩尔多瓦、黑山、尼泊尔、波兰、罗马尼亚、俄罗斯、塞尔维亚、斯洛伐克、土耳其、乌克兰

Armenia, Austria, Azerbaijan, Belarus, Bulgaria, China, Croatia, Czech, Estonia, Georgia, Hungary, India, Iran, Kazakhstan, Kyrgyzstan, Latvia, Lithuania, Moldova, Montenegro, Nepal, Poland, Romania, Russia, Serbia, Slovakia, Turkey, Ukraine

生物地理界 / Biogeographic Realm

古北界 Palearctic

WWF 生物群系 / WWF Biome

温带草原、热带稀树草原和灌木地

Temperate Grasslands, Savannas & Shrublands

动物地理分布型 / Zoogeographic Distribution Type

D

分布标注 / Distribution Note

非特有种 Non-Endemic

▲ 濒危状况 / Threatened Status

中国生物多样性红色名录等级 / CB RL Category (2021)

数据缺乏 DD

IUCN 红色名录 / IUCN Red List (2021)

无危 LC

威胁因子 / Threats

未知 Unknown

▲ 法律保护地位 / Legal Protection Status

国家重点保护野生动物等级 / Category of National Key Protected Wild Animals (2021)

未列入 Not listed

"三有"名录 / TWIESSV (2023)

未列入 Not listed

CITES 附录等级 / CITES Appendix (2023)

未列入 Not listed

迁徙物种公约附录 / CMS Appendix (2020)

未列入 Not listed

保护行动 / Conservation Action

尚无保护行动 No conservation action so far

▲ 参考文献 / References

Jiang et al. (蒋志刚等), 2021; Burgin et al., 2020; IUCN, 2020; Wilson et al., 2017; Zheng et al. (郑智民等), 2012; Smith and Xie, 2009; Pan et al. (潘清华等), 2007; Wilson and Reeder, 2005; Wang (王应祥), 2003

604 / 云南壮鼠

Hadromys yunnanensis Yang & Wang, 1987

- Yunnan Hadromys

▲ 分类地位 / Taxonomy

啮齿目 Rodentia / 鼠科 Muridae / 硕鼠属 *Hadromys*

科建立者及其文献 / Family Authority
Illiger, 1811

属建立者及其文献 / Genus Authority
Thomas, 1911

亚种 / Subspecies
无 None

模式标本产地 / Type Locality
中国
China, W Yunnan Province, Ruili County, Hulan (24E09' N, 97E51' E), 1300 m

▲ 其他名称 / Other Name(s)

其他中文名 / Other Chinese Name(s)
无 None

其他英文名 / Other English Name(s)
Yunnan Bush Rat

同物异名 / Synonym(s)
无 None

▲ 形态及生境 / Morphology and Habitat

形态特征 / Morphological Characteristics

齿式：1.0.0.3/1.0.0.3=16。头体长 123~140 mm。尾长 114~132 mm。体重 41~77 g。毛皮柔软而浓密。面颊有黄赭色斑点。背侧被毛暗灰棕色，杂有黑色、黄色或白色毛发，背脊和臀部呈红色。腹侧被毛纯白色。四肢修长。尾长短于头体长。尾部背面棕色，尾下部白色。

Dental formula: 1.0.0.3/1.0.0.3=16. Head and body length 123-140 mm. Tail length 114-132 mm. Body weighs 41-77 g. The fur is soft and thick. Cheeks are flecked with yellow-ochre. Dorsal coat is dark grayish-brown with a mix of black, yellow or white hairs. Hairs on the back and hips are reddish. Ventral coat is cream-white. Limbs long. Tail is shorter than the head and body length. The tail is brown on the dorsal side and white on the underside.

生境 / Habitat

热带季雨林、灌丛
Tropical monsoon forest, scrub

▲ 地理分布 / Geographic Distribution

国内分布 / Domestic Distribution
云南 Yunnan

全球分布 / World Distribution
中国 China

生物地理界 / Biogeographic Realm
印度马来界 Indomalaya

WWF 生物群系 / WWF Biome
热带和亚热带湿润阔叶林
Tropical & Subtropical Moist Broadleaf Forests

动物地理分布型 / Zoogeographic Distribution Type
Wa

分布标注 / Distribution Note
特有种 Endemic

▲ 濒危状况 / Threatened Status

中国生物多样性红色名录等级 / CB RL Category (2021)
近危 NT

IUCN 红色名录 / IUCN Red List (2021)
数据缺乏 DD

威胁因子 / Threats
未知 Unknown

▲ 法律保护地位 / Legal Protection Status

国家重点保护野生动物等级 / Category of National Key Protected Wild Animals (2021)
未列入 Not listed

"三有"名录 / TWIESSV (2023)
未列入 Not listed

CITES 附录等级 / CITES Appendix (2023)
未列入 Not listed

迁徙物种公约附录 / CMS Appendix (2020)
未列入 Not listed

保护行动 / Conservation Action
尚无保护行动 No conservation action so far

▲ 参考文献 / References

Jiang et al. (蒋志刚等), 2021; Burgin et al., 2020; IUCN, 2020; Wilson et al., 2017; Zheng et al. (郑智民等), 2012; Smith and Xie, 2009; Pan et al. (潘清华等), 2007; Wilson and Reeder, 2005; Wang (王应祥), 2003; Zhang (张荣祖), 1997; Yang and Wang (杨光荣和王应祥),1987

605 / 大齿鼠

Dacnomys millardi Thomas, 1916

• Millard's Rat

▲ 分类地位 / Taxonomy

啮齿目 Rodentia / 鼠科 Muridae / 大齿鼠属 *Dacnomys*

科建立者及其文献 / Family Authority
Illiger, 1811

属建立者及其文献 / Genus Authority
Thomas, 1916

亚种 / Subspecies
阿萨姆亚种 *D. m. wroughtoni* Thomas, 1916
云南 Yunnan

老挝亚种 *D. m. ingens* Osgood, 1932
云南 Yunnan

模式标本产地 / Type Locality
印度
India, West Bengal, near Darjeeling, Gopaldhara, 3440 ft (1050 m)

▲ 其他名称 / Other Name(s)

其他中文名 / Other Chinese Name(s)
无 None

其他英文名 / Other English Name(s)
Millard's Dacnomys

同物异名 / Synonym(s)
无 None

▲ 形态及生境 / Morphology and Habitat

形态特征 / Morphological Characteristics

齿式：1.0.0.3/1.0.0.3=16。头体长 228~290 mm。尾长 308~335 mm。毛皮短而薄。背面被毛深灰色棕色，有浅黄色斑点。体侧面毛色苍白，逐渐过渡到淡棕色至白色的腹部毛皮。背部和腹部皮毛之间的界线不清晰。腹毛基部为灰褐色，尖端为暗奶油白色。喉部、腋部和腹股沟部被毛纯奶油白色。尾单色，棕色，被毛稀疏。四肢背面被淡棕色疏毛。趾白色。

Dental formula: 1.0.0.3/1.0.0.3=16. Head and body length 228-290 mm. Tail length 308-335 mm. The fur is short and thin. Dorsal pelage is dark grayish brown with light yellow spots. The lateral fur is pale, which gradually transits to beige - white underbelly fur. Boundary between the fur on the dorsum and abdomen is not clear. The bases of the abdominal hairs are grayish-brown and the tips are dark cream-white. Hairs on throat, axilla and groin also cream white. Tail brown, sparsely haired. The dorsa of the feet covered with light brown sparsely hairy hairs. Toes white.

生境 / Habitat
森林 Forest

▲ 地理分布 / Geographic Distribution

国内分布 / Domestic Distribution
云南 Yunnan

全球分布 / World Distribution
中国、印度、老挝、尼泊尔、越南
China, India, Laos, Nepal, Vietnam

生物地理界 / Biogeographic Realm
印度马来界 Indomalaya

WWF 生物群系 / WWF Biome
热带和亚热带湿润阔叶林
Tropical & Subtropical Moist Broadleaf Forests

动物地理分布型 / Zoogeographic Distribution Type
Wa

分布标注 / Distribution Note
非特有种 Non-Endemic

▲ 濒危状况 / Threatened Status

中国生物多样性红色名录等级 / CB RL Category (2021)
近危 NT

IUCN 红色名录 / IUCN Red List (2021)
数据缺乏 DD

威胁因子 / Threats
未知 Unknown

▲ 法律保护地位 / Legal Protection Status

国家重点保护野生动物等级 / Category of National Key Protected Wild Animals (2021)
未列入 Not listed

"三有"名录 / TWIESSV (2023)
未列入 Not listed

CITES 附录等级 / CITES Appendix (2023)
未列入 Not listed

迁徙物种公约附录 / CMS Appendix (2020)
未列入 Not listed

保护行动 / Conservation Action
尚无保护行动 No conservation action so far

▲ 参考文献 / References

Jiang et al. (蒋志刚等), 2021; Burgin et al., 2020; IUCN, 2020; Liu et al. (刘少英等), 2020; Wilson et al., 2017; Zheng et al. (郑智民等), 2012; Smith and Xie, 2009; Pan et al. (潘清华等), 2007; Wilson and Reeder, 2005; Wang (王应祥), 2003

606 / 黑缘齿鼠

Rattus andamanensis (Blyth, 1860)

- Indochinese Forest Rat

▲ 分类地位 / Taxonomy

啮齿目 Rodentia / 鼠科 Muridae / 鼠属 *Rattus*

科建立者及其文献 / Family Authority

Illiger, 1811

属建立者及其文献 / Genus Authority

Fischer de Waldheim, 1811

亚种 / Subspecies

指名亚种 *R. s. sikkimensis* Kloss, 1919
云南、四川、广东、广西、湖南、海南和香港
Yunnan, Sichuan, Guangdong, Guangxi, Hunan, Hainan and Hong Kong

云南亚种 *R. s. sladeni* (Anderson, 1879)
云南和西藏
Yunnan and Tibet

模式标本产地 / Type Locality

印度
India, Andaman Isls, South Andaman Isl

刘少英 供图

▲ 其他名称 / Other Name(s)

其他中文名 / Other Chinese Name(s)

无 None

其他英文名 / Other English Name(s)

Sikkim Rat

同物异名 / Synonym(s)

Rattus remotus (Robinson & Kloss, 1914), *Rattus sikkimensis* Hinton, 1919

▲ 形态及生境 / Morphology and Habitat

形态特征 / Morphological Characteristics

齿式：1.0.0.3/1.0.0.3=16。背面毛色黄棕色。腹面纯白色。背腹毛色界线明显。尾黑色，环纹明显，尾尖无毛束。

Dental formula: 1.0.0.3/1.0.0.3=16. Dorsal hairs yellowish brown. Ventral hairs cream white. Color boundary between dorsal and abdominal hairs is obvious. Tail black, ring pattern distinct, tail tip without hair bundle.

生境 / Habitat

耕地、灌丛、人造建筑
Arable land, shrubland, man-made building

▲ 地理分布 / Geographic Distribution

国内分布 / Domestic Distribution
西藏、云南、贵州、四川、香港、海南、广西、广东
Tibet, Yunnan, Guizhou, Sichuan, Hong Kong, Hainan, Guangxi, Guangdong

全球分布 / World Distribution
不丹、柬埔寨、中国、印度、老挝、缅甸、尼泊尔、泰国、越南
Bhutan, Cambodia, China, India, Laos, Myanmar, Nepal, Thailand, Vietnam

生物地理界 / Biogeographic Realm
印度马来界 Indomalaya

WWF 生物群系 / WWF Biome
热带和亚热带湿润阔叶林
Tropical & Subtropical Moist Broadleaf Forests

动物地理分布型 / Zoogeographic Distribution Type
Wa

分布标注 / Distribution Note
非特有种 Non-Endemic

▲ 濒危状况 / Threatened Status

中国生物多样性红色名录等级 / CB RL Category (2021)
无危 LC

IUCN 红色名录 / IUCN Red List (2021)
无危 LC

威胁因子 / Threats
无 None

▲ 法律保护地位 / Legal Protection Status

国家重点保护野生动物等级 / Category of National Key Protected Wild Animals (2021)
未列入 Not listed

“三有”名录 / TWIESSV (2023)
未列入 Not listed

CITES 附录等级 / CITES Appendix (2023)
未列入 Not listed

迁徙物种公约附录 / CMS Appendix (2020)
未列入 Not listed

保护行动 / Conservation Action
尚无保护行动 No conservation action so far

▲ 参考文献 / References

Jiang et al. (蒋志刚等), 2021; Burgin et al., 2020; IUCN, 2020; Liu et al. (刘少英等), 2020; Wilson et al., 2017; Smith and Xie, 2009; Pan et al. (潘清华等), 2007; Wilson and Reeder, 2005; Wang (王应祥), 2003; Zhang (张荣祖), 1997

607 / 缅鼠

Rattus exulans (Peale, 1848)

- Polynesian Rat

▲ 分类地位 / Taxonomy

啮齿目 Rodentia / 鼠科 Muridae / 鼠属 *Rattus*

科建立者及其文献 / Family Authority
Illiger, 1811

属建立者及其文献 / Genus Authority
Fischer de Waldheim, 1803

亚种 / Subspecies
中南亚种 *R. e. concolor* (Blyth, 1859)
海南 Hainan

模式标本产地 / Type Locality
法属塔希提岛社会岛
Society Isls, Tahiti Isl (France)

▲ 其他名称 / Other Name(s)

其他中文名 / Other Chinese Name(s)
小缅鼠

其他英文名 / Other English Name(s)
Pacific Rat

同物异名 / Synonym(s)
无 None

▲ 形态及生境 / Morphology and Habitat

形态特征 / Morphological Characteristics

齿式：1.0.0.3/1.0.0.3=16。鼻尖，耳大。背部红褐色，腹部白色。足纤细。后脚靠近脚踝上侧有黑色边缘，脚其余部分苍白色。尾纤细、有鳞片状的环。

Dental formula: 1.0.0.3/1.0.0.3=16. Nose pointing, ears big. Dorsal hairs reddish-brown and the belly hairs white. The feet delicate. A dark outer edge on the upper side of the hind foot near the ankle while the rest of the foot is pale. Tail slender with scaly ring.

生境 / Habitat

人工环境
Anthropogenic landscape

▲ 地理分布 / Geographic Distribution

国内分布 / Domestic Distribution

台湾、西沙群岛永兴岛

Taiwan, Yongxing Island of Xisha Islands

全球分布 / World Distribution

中国、孟加拉国、柬埔寨、印度尼西亚、老挝、马来西亚、缅甸、泰国、越南、美属萨摩亚、文莱、圣诞岛、可可岛、库克群岛、斐济、法属波利尼西亚、关岛、基里巴斯、马绍尔群岛、密克罗尼西亚联邦、瑙鲁、新喀里多尼亚、新西兰、纽埃、诺福克岛、北马里亚纳群岛、帕劳、巴布亚新几内亚、菲律宾、萨摩亚、新加坡、所罗门群岛、东帝汶、托克劳、汤加、图瓦卢、美国、瓦努阿图、瓦利斯群岛和富图纳群岛

China, Bangladesh, Cambodia, Indonesia, Laos, Malaysia, Myanmar, Thailand, Vietnam, U.S. Samoa, Brunei, Christmas Island, Coco Island, Cook Islands, Fiji, French Polynesia, Guam, Kiribati, Marshall Islands, Federated States of Micronesia, Nauru, New Caledonia, New Zealand, Niue, Norfolk Island, Northern Mariana Islands, Palau, Papua New Guinea, Philippines, Samoa, Singapore, Solomon Islands, Timor-Leste, Tokelau, Tonga, Tuvalu, United States, Vanuatu, Wallis and Futuna

生物地理界 / Biogeographic Realm

印度马来界、大洋洲界

Indomalaya, Oceanian

WWF 生物群系 / WWF Biome

热带和亚热带湿润阔叶林

Tropical & Subtropical Moist Broadleaf Forests

动物地理分布型 / Zoogeographic Distribution Type

Wa

分布标注 / Distribution Note

非特有种 Non-Endemic

▲ 濒危状况 / Threatened Status

中国生物多样性红色名录等级 / CB RL Category (2021)

无危 LC

IUCN 红色名录 / IUCN Red List (2021)

无危 LC

威胁因子 / Threats

无 None

▲ 法律保护地位 / Legal Protection Status

国家重点保护野生动物等级 / Category of National Key Protected Wild Animals (2021)

未列入 Not listed

“三有”名录 / TWIESSV (2023)

未列入 Not listed

CITES 附录等级 / CITES Appendix (2023)

未列入 Not listed

迁徙物种公约附录 / CMS Appendix (2020)

未列入 Not listed

保护行动 / Conservation Action

尚无保护行动 No conservation action so far

▲ 参考文献 / References

Jiang et al. (蒋志刚等), 2021; Burgin et al., 2020; IUCN, 2020; Liu et al. (刘少英等), 2020; Wilson et al., 2017; Zheng et al. (郑智民等), 2012; Smith and Xie, 2009; Pan et al. (潘清华等), 2007; Wilson and Reeder, 2005; Wang (王应祥), 2003

608 / 黄毛鼠

Rattus losea (Swinhoe, 1871)

- Losea Rat

▲ 分类地位 / Taxonomy

啮齿目 Rodentia / 鼠科 Muridae / 鼠属 *Rattus*

科建立者及其文献 / Family Authority
Illiger, 1811

属建立者及其文献 / Genus Authority
Fischer de Waldheim, 1803

亚种 / Subspecies
华南亚种 *R. l. exignus* Howell, 1927
福建、江西、安徽、浙江、广东、广西、贵州、湖南
Fujian, Jiangxi, Anhui, Zhejiang, Guangdong, Guangxi, Guizhou, Hunan

台湾亚种 *R. l. losea* (Swinhoe, 1870)
台湾 Taiwan

海南亚种 *R. l. sakeratensis* Gyldenstolpe, 1916
海南 Hainan

模式标本产地 / Type Locality
中国
China, Taiwan

曲利明 / 供图

▲ 其他名称 / Other Name(s)

其他中文名 / Other Chinese Name(s)
罗赛鼠、田鼠、园鼠

其他英文名 / Other English Name(s)
Lesser Ricefield Rat

同物异名 / Synonym(s)
无 None

▲ 形态及生境 / Morphology and Habitat

形态特征 / Morphological Characteristics

齿式：1.0.0.3/1.0.0.3=16。背部棕黄色，毛尖部灰黑色。针毛多，近端灰白色，远端灰黑色。背腹毛色逐渐过渡，腹毛黄白色。颏部毛黄白色。尾上下一色，全为灰黑色。鳞片相对较小，组成的环纹明显，环纹内着生短而粗的毛。尾尖部毛略长。前后足腕掌骨和跗跖骨背面白色。

Dental formula: 1.0.0.3/1.0.0.3=16. Dorsal hairs brown, with gray black tips. Interspersed with bristles with proximal end gray-white, distal end gray-black. Abdominal hairs yellow and white. Gradually transition in dorsal and abdominal hair color. Chin hairs are yellow-white. Gray black on up and down sides of the tail. Scales on tail are relatively small and consist of distinct rings covered with short, coarse hairs. Tail tip hairs slightly longer. White on the back of foot carpal bone and tarsometatarsus.

生境 / Habitat

草地、灌丛、红树林、耕地
Grassland, shrubland, mangrove, arable land

▲ 地理分布 / Geographic Distribution

国内分布 / Domestic Distribution

贵州、安徽、福建、海南、浙江、江西、湖北、湖南、广东、广西、云南、台湾、香港

Guizhou, Anhui, Fujian, Hainan, Zhejiang, Jiangxi, Hubei, Hunan, Guangdong, Guangxi, Yunnan, Taiwan, Hong Kong

全球分布 / World Distribution

柬埔寨、中国、老挝、马来西亚、泰国、越南

Cambodia, China, Laos, Malaysia, Thailand, Vietnam

生物地理界 / Biogeographic Realm

印度马来界 Indomalaya

WWF 生物群系 / WWF Biome

热带和亚热带湿润阔叶林

Tropical & Subtropical Moist Broadleaf Forests

动物地理分布型 / Zoogeographic Distribution Type

Wd

分布标注 / Distribution Note

非特有种 Non-Endemic

▲ 濒危状况 / Threatened Status

中国生物多样性红色名录等级 / CB RL Category (2021)

无危 LC

IUCN 红色名录 / IUCN Red List (2021)

无危 LC

威胁因子 / Threats

无 None

▲ 法律保护地位 / Legal Protection Status

国家重点保护野生动物等级 / Category of National Key Protected Wild Animals (2021)

未列入 Not listed

"三有" 名录 / TWIESSV (2023)

未列入 Not listed

CITES 附录等级 / CITES Appendix (2023)

未列入 Not listed

迁徙物种公约附录 / CMS Appendix (2020)

未列入 Not listed

保护行动 / Conservation Action

尚无保护行动 No conservation action so far

▲ 参考文献 / References

Jiang et al. (蒋志刚等), 2021; Burgin et al., 2020; IUCN, 2020; Wilson et al., 2017; Zheng et al. (郑智民等), 2012; Smith and Xie, 2009; Pan et al. (潘清华等), 2007; Zhou et al. (周树武等), 2007; Peng and Zhong (彭基泰和钟祥清), 2005; Wilson and Reeder, 2005; Wang (王应祥), 2003; Zhang (张荣祖), 1997; Feng et al. (冯志勇等), 1990

609 / 大足鼠

Rattus nitidus (Hodgson, 1845)

• Himalayan Field Rat

▲ 分类地位 / Taxonomy

啮齿目 Rodentia / 鼠科 Muridae / 鼠属 *Rattus*

科建立者及其文献 / Family Authority

Illiger, 1811

属建立者及其文献 / Genus Authority

Fischer de Waldheim, 1803

亚种 / Subspecies

指名亚种 *R. n. nitidus* (Hodgson, 1845)
西藏、云南、四川、贵州、湖南、广西、海南、广东、福建、江西、浙江、上海、江苏、安徽、陕西和甘肃
Tibet, Yunnan, Sichuan, Guizhou, Hunan, Guangxi, Hainan, Guangdong, Fujian, Jiangxi, Zhejiang, Shanghai, Jiangsu, Anhui, Shaanxi and Gansu

西藏亚种 *R. n. losea* Liu et al., 2018
西藏 Tibet

模式标本产地 / Type Locality

尼泊尔
Nepal

曲利明 / 供图

▲ 其他名称 / Other Name(s)

其他中文名 / Other Chinese Name(s)

无 None

其他英文名 / Other English Name(s)

White-footed Indo chinese Rat

同物异名 / Synonym(s)

无 None

▲ 形态及生境 / Morphology and Habitat

形态特征 / Morphological Characteristics

齿式：1.0.0.3/1.0.0.3=16。体背毛棕黑色。多针毛。额部、侧面毛黄白色调，毛尖为淡棕黄色。背面和腹面毛色无明显界线。腹部毛显淡黄色调，毛基灰色，毛尖灰白色。前后足背面白色，有珍珠光泽。尾长和体长几相等，尾上下部皆为黑褐色。尾上鳞片组成的环纹不明显，环纹内着生短而粗的毛。尾尖部毛不长。

Dental formula: 1.0.0.3/1.0.0.3=16. Dorsal hairs brown and black. Guard hairs abundant. Lateral side hairs yellow and white color, with hair tips for light brown-yellow. Forehead, abdominal hairs show pale yellow tone, with gray white hair bases and gray hair tips. No clear boundary between dorsal and abdominal coat color. White hairs on back of front and rear feet with a pearly luster. Tail length and body length almost equal, upper side and downside of tail black brown. Indistinctive scales ring on the tail, with short, coarse hairs between the scales. Not long hair at tail tip.

生境 / Habitat

农田、溪流边 Arable land, near streams

▲ 地理分布 / Geographic Distribution

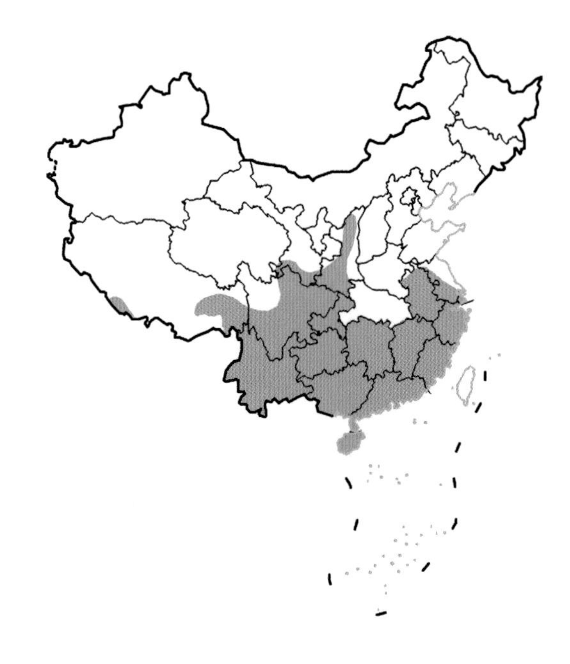

国内分布 / Domestic Distribution

四川、贵州、云南、西藏、安徽、江苏、上海、浙江、湖南、江西、广东、海南、福建、甘肃、陕西、重庆

Sichuan, Guizhou, Yunnan, Tibet, Anhui, Jiangsu, Shanghai, Zhejiang, Hunan, Jiangxi, Guangdong, Hainan, Fujian, Gansu, Shaanxi, Chongqing

全球分布 / World Distribution

不丹、中国、印度、缅甸、尼泊尔、泰国、越南、印度尼西亚、帕劳、菲律宾

Bhutan, China, India, Myanmar, Nepal, Thailand, Vietnam, Indonesia, Palau, Philippines

生物地理界 / Biogeographic Realm

古北界、印度马来界

Palearctic, Indomalaya

WWF 生物群系 / WWF Biome

热带和亚热带湿润阔叶林

Tropical & Subtropical Moist Broadleaf Forests

动物地理分布型 / Zoogeographic Distribution Type

Wd

分布标注 / Distribution Note

非特有种 Non-Endemic

▲ 濒危状况 / Threatened Status

中国生物多样性红色名录等级 / CB RL Category (2021)

无危 LC

IUCN 红色名录 / IUCN Red List (2021)

无危 LC

威胁因子 / Threats

无 None

▲ 法律保护地位 / Legal Protection Status

国家重点保护野生动物等级 / Category of National Key Protected Wild Animals (2021)

未列入 Not listed

“三有”名录 / TWIESSV (2023)

未列入 Not listed

CITES 附录等级 / CITES Appendix (2023)

未列入 Not listed

迁徙物种公约附录 / CMS Appendix (2020)

未列入 Not listed

保护行动 / Conservation Action

尚无保护行动 No conservation action so far

▲ 参考文献 / References

Jiang et al. (蒋志刚等), 2021; Burgin et al., 2020; IUCN, 2020; Wilson et al., 2017; Zheng et al. (郑智民等), 2012; Wang (王红慷), 2008; Pan et al. (潘清华等), 2007; Peng and Zhong (彭基泰和钟祥清), 2005; Wilson and Reeder, 2005; Wang (王应祥), 2003; Jiang et al. (蒋光藻等), 1999; Zhang (张荣祖), 1997; Yang et al. (杨跃敏等), 1994

610 / 褐家鼠

Rattus norvegicus (Berkenhout, 1769)

- Brown Rat

曲利明 / 供图

▲ 其他名称 / Other Name(s)

其他中文名 / Other Chinese Name(s)
大家鼠、沟鼠

其他英文名 / Other English Name(s)
White-footed Indochinese Rat, Himalayan Field Rat

同物异名 / Synonym(s)
无 None

▲ 分类地位 / Taxonomy

啮齿目 Rodentia / 鼠科 Muridae / 鼠属 *Rattus*

科建立者及其文献 / Family Authority
Illiger, 1811

属建立者及其文献 / Genus Authority
Fischer de Waldheim, 1803

亚种 / Subspecies

指名亚种 *R. n. norvegicus* (Berkenhout, 1769)
广东、澳门、海南、福建和上海
Guangdong, Macao, Hainan, Fujian and Shanghai

东北亚种 *R. n. caraco* (Pallas, 1779)
黑龙江、吉林和内蒙古
Heilongjiang, Jilin and Inner Mongolia

华北亚种 *R. n. humiliates* (Milne-Edwards, 1868)
辽宁、河北、北京、天津、山东、山西、安徽和江苏
Liaoning, Hebei, Beijing, Tianjing, Shandong, Shanxi, Anhui and Jiangsu

西南亚种 *R. n. soccer* (Miller, 1914)
甘肃、新疆、宁夏、青海、内蒙古、陕西、湖北、四川、云南、贵州、湖南、广西、福建、江西、浙江、安徽和江苏
Gansu, Xinjiang, Ningxia, Qinghai, Inner Mongolia, Shaanxi, Hubei, Sichuan, Yunnan, Guizhou, Hunan, Guangxi, Fujian, Jiangxi, Zhejiang, Anhui and Jiangsu

香港亚种 *R. n. sulfureoventris* Kuroda, 1952
香港和台湾
Hong Kong and Taiwan

模式标本产地 / Type Locality
英国
Great Britain

▲ 形态及生境 / Morphology and Habitat

形态特征 / Morphological Characteristics

齿式：1.0.0.3/1.0.0.3=16。背面被毛黑褐色，多黑色长针毛。腹部毛铅灰色。背面和腹面毛色逐渐过渡。一些个体颏部白色，一些个体胸部有一块白斑，另一些个体毛尖略显黄白色调。尾黑褐色。尾上鳞片组成的环纹明显，环纹内着生短而粗的毛。前后足背面灰白色，无珍珠光泽。

Dental formula: 1.0.0.3/1.0.0.3=16. Dorsal hairs dark brown, interspersed with much long black bristles. Belly pelage lead-gray. Dorsal and ventral hair color gradually mingles. Some individuals have a white chin, some have a white spot on the chest, and some have a yellowish-white tinge on the tips of their hairs. Tail black brown. Scales on the tail are clearly ringed with short, coarse hairs. Dorsal of the forefeet and hind feet are grayish white, without pearly luster.

生境 / Habitat

人工环境
Anthropogenic landscape

▲ 地理分布 / Geographic Distribution

国内分布 / Domestic Distribution

黑龙江、吉林、辽宁、内蒙古、北京、天津、河北、山西、山东、河南、陕西、宁夏、甘肃、青海、新疆、四川、贵州、云南、广西、广东、海南、香港、澳门、上海、江苏、浙江、安徽、江西、湖南、湖北、福建、台湾、重庆

Heilongjiang, Jilin, Liaoning, Inner Mongolia, Beijing, Tianjin, Hebei, Shanxi, Shandong, Henan, Shaanxi, Ningxia, Gansu, Qinghai, Xinjiang, Sichuan, Guizhou, Yunnan, Guangxi, Guangdong, Hainan, Hong Kong, Macao, Shanghai, Jiangsu, Zhejiang, Anhui, Jiangxi, Hunan, Hubei, Fujian, Taiwan, Chongqing

全球分布 / World Distribution

中国、日本、俄罗斯、阿尔巴尼亚、亚美尼亚、奥地利、阿塞拜疆、白俄罗斯、比利时、波斯尼亚和黑塞哥维那、文莱、保加利亚、柬埔寨、塞浦路斯、捷克、丹麦、埃及、爱沙尼亚、芬兰、法国、格鲁吉亚、德国、希腊、根西岛、匈牙利、冰岛、印度尼西亚、伊朗、爱尔兰、马恩岛、以色列、意大利、泽西岛、哈萨克斯坦、吉尔吉斯斯坦、老挝、拉脱维亚、黎巴嫩、立陶宛、马其顿、马来西亚、马耳他、蒙古国、黑山、缅甸、荷兰、挪威、巴布亚新几内亚、菲律宾、波兰、葡萄牙、罗马尼亚、圣马力诺、新加坡、斯洛伐克、斯洛文尼亚、西班牙、瑞典、瑞士、叙利亚、塔吉克斯坦、泰国、土耳其、乌克兰、英国、乌兹别克斯坦、越南

China, Japan, Russia, Albania, Armenia, Austria, Azerbaijan, Belarus, Belgium, Bosnia and Herzegovina, Brunei, Bulgaria, Cambodia, Cyprus, Czech, Danmark, Egypt, Estonia, Finland, France, Georgia, Germany, Greece, Guernsey, Hungary, Iceland, Indonesia, Iran, Ireland, Isle of Man, Israel, Italy, Jersey, Kazakhstan, Kyrgyzstan, Laos, Latvia, Lebanon, Lithuania, Macedonia, Malaysia, Malta, Mongolia, Montenegro, Myanmar, Netherlands, Norway, Papua New Guinea, Philippines, Poland, Portugal, Romania, San Marino, Singapore, Slovakia, Slovenia, Spain, Sweden, Switzerland, Syria, Tajikistan, Thailand, Turkey, Ukraine, United Kingdom, Uzbekistan, Vietnam

生物地理界 / Biogeographic Realm

古北界、大洋洲界

Palearctic, Oceanian

WWF 生物群系 / WWF Biome

热带和亚热带湿润阔叶林、温带阔叶和混交林、温带草原、热带稀树草原和灌木地

Tropical & Subtropical Moist Broadleaf Forests, Temperate Broadleaf & Mixed Forests, Temperate Grasslands, Savannas & Shrublands

动物地理分布型 / Zoogeographic Distribution Type

Ue

分布标注 / Distribution Note

非特有种 Non-Endemic

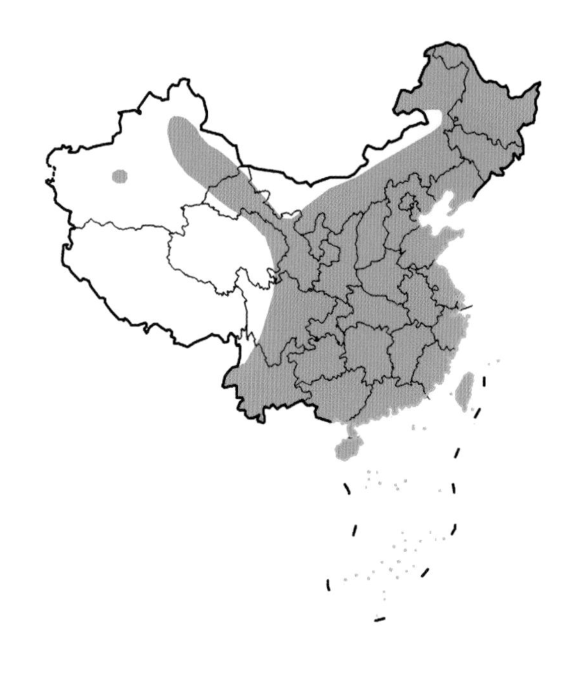

▲ 濒危状况 / Threatened Status

中国生物多样性红色名录等级 / CB RL Category (2021)

无危 LC

IUCN 红色名录 / IUCN Red List (2021)

无危 LC

威胁因子 / Threats

无 None

▲ 法律保护地位 / Legal Protection Status

国家重点保护野生动物等级 / Category of National Key Protected Wild Animals (2021)

未列入 Not listed

"三有"名录 / TWIESSV (2023)

未列入 Not listed

CITES 附录等级 / CITES Appendix (2023)

未列入 Not listed

迁徙物种公约附录 / CMS Appendix (2020)

未列入 Not listed

保护行动 / Conservation Action

尚无保护行动 No conservation action so far

▲ 参考文献 / References

Jiang et al. (蒋志刚等), 2021; Burgin et al., 2020; IUCN, 2020; Wilson et al., 2017; Deinum et al., 2015; Zhong et al. (钟宇等), 2014; Zheng et al. (郑智民等), 2012; Zhou et al. (周朝霞等), 2009; Peng and Zhong (彭基泰和钟祥清), 2005; Wang(王应祥), 2003; Li et al. (李世斌等),1993; Xia(夏武平), 1988, 1964

611 / 拟家鼠

Rattus pyctoris (Hodgson, 1845)

- Himalayan Rat

▲ 分类地位 / Taxonomy

啮齿目 Rodentia / 鼠科 Muridae / 鼠属 *Rattus*

科建立者及其文献 / Family Authority
Illiger, 1811

属建立者及其文献 / Genus Authority
Fischer de Waldheim, 1803

亚种 / Subspecies
中国分布区无亚种分化
No subspecies differentiation in China

模式标本产地 / Type Locality
尼泊尔
Nepal

▲ 其他名称 / Other Name(s)

其他中文名 / Other Chinese Name(s)
无 None

其他英文名 / Other English Name(s)
Turkestan rat

同物异名 / Synonym(s)
Rattus rattoides (Hodgson, 1845)
Rattus turkestanicus (Satunin, 1903)

▲ 形态及生境 / Morphology and Habitat

形态特征 / Morphological Characteristics

齿式：1.0.0.3./1.0.0.3.=16。颅全长 32~40 mm。耳长 19~24 mm。头体长 115~165 mm。尾长 150~188 mm, 后足长 28~29 mm。体重 37~75 g。皮毛浓密而蓬松，背毛暗灰棕色，体侧较浅。腹毛灰白色，但有时在胸部或喉部出现灰色毛发斑块。尾长约等于头体长或稍长，尾背深棕色，尾腹面浅棕色，特别是靠近尾的基部。足背毛呈暗白色。

Dental formula: 1.0.0.3./1.0.0.3.=16. Greatest skull length 32-40 mm. Ear length 19-24 mm. Head and body length 115-165 mm. Tail length 150-188 mm. Hind foot length 28-29 mm. Body weight 37-75 g. The body is small, with thick and shaggy fur, dark gray-brown hairs on the dorsum, and lighter hairs on the body's sides. The abdominal hairs are grayish-white, but sometimes patches of gray hairs appear on the chest or throat. Tail length equals to or slightly longer than the head and body length, dark brown hairs on the dorsum, and light brown on the ventral surface, especially near the base of the tail. Foot back hairs are opaque white.

生境 / Habitat

森林、岩石生境（悬崖、山顶）
Forest, Rocky areas (eg. inland cliff, mountain peak)

▲ 地理分布 / Geographic Distribution

国内分布 / Domestic Distribution

西藏 Tibet

全球分布 / World Distribution

阿富汗、孟加拉国、不丹、中国、印度、伊朗、哈萨克斯坦、吉尔吉斯斯坦、缅甸、尼泊尔、巴基斯坦、塔吉克斯坦、乌兹别克斯坦

Afghanistan, Bangladesh, Bhutan, China, India, Iran, Kazakhstan, Kyrgyzstan, Myanmar, Nepal, Pakistan, Tajikistan, Uzbekistan

生物地理界 / Biogeographic Realm

古北界 Palearctic

WWF 生物群系 / WWF Biome

温带阔叶和混交林

Temperate Broadleaf & Mixed Forests

动物地理分布型 / Zoogeographic Distribution Type

Ha

分布标注 / Distribution Note

非特有种 Non-Endemic

▲ 濒危状况 / Threatened Status

中国生物多样性红色名录等级 / CB RL Category (2021)

数据缺乏 DD

IUCN 红色名录 / IUCN Red List (2021)

无危 LC

威胁因子 / Threats

无 None

▲ 法律保护地位 / Legal Protection Status

国家重点保护野生动物等级 / Category of National Key Protected Wild Animals (2021)

未列入 Not listed

"三有"名录 / TWIESSV (2023)

未列入 Not listed

CITES 附录等级 / CITES Appendix (2023)

未列入 Not listed

迁徙物种公约附录 / CMS Appendix (2020)

未列入 Not listed

保护行动 / Conservation Action

尚无保护行动 No conservation action so far

▲ 参考文献 / References

Xie et al.(谢菲等), 2022; Burgin et al., 2020; IUCN, 2020; Wilson et al., 2017

612 / 黑家鼠

Rattus rattus (Linnaeus, 1758)

- Black Rat

▲ 分类地位 / Taxonomy

啮齿目 Rodentia / 鼠科 Muridae / 鼠属 *Rattus*

科建立者及其文献 / Family Authority
Illiger, 1811

属建立者及其文献 / Genus Authority
Fischer de Waldheim, 1803

亚种 / Subspecies
无 None

模式标本产地 / Type Locality
瑞典
Sweden, Uppsala County, Uppsala

Eduardo Blanco (naturepl.com) / 供图

▲ 其他名称 / Other Name(s)

其他中文名 / Other Chinese Name(s)
家鼠

其他英文名 / Other English Name(s)
Common House Rat, House Rat, Ship Rat

同物异名 / Synonym(s)
无 None

▲ 形态及生境 / Morphology and Habitat

形态特征 / Morphological Characteristics

齿式：1.0.0.3/1.0.0.3=16。通体被毛黑色，有光泽。腹部毛浅灰黑色。耳无毛，耳根肉色。耳郭半透明，尾与体长等长。

Dental formula: 1.0.0.3/1.0.0.3=16. Whole body pelage is black and shiny. Belly hairs grayish black. Ears hairless and the lower party of the ears flesh-colored. Earpiece is translucent, and the tail is as long as the body.

生境 / Habitat

人居环境，但也在一些自然或半自然的生境中发现

Anthropogenic landscape, but also found in a variety of natural and semi-natural habitats

▲ 地理分布 / Geographic Distribution

国内分布 / Domestic Distribution

黑龙江、吉林、辽宁、天津、河北、山东、山西、陕西、河南、安徽、江苏、浙江、湖北、重庆、四川、西藏、云南、贵州、湖南、江西、广西、广东、福建

Heilongjiang, Jilin, Liaoning, Tianjin, Hebei, Shandong, Shanxi, Shaanxi, Henan, Anhui, Jiangsu, Zhejiang, Hubei, Chongqing, Sichuan, Tibet, Yunnan, Guizhou, Hunan, Jiangxi, Guangxi, Guangdong, Fujian

全球分布 / World Distribution

阿尔巴尼亚、阿尔及利亚、奥地利、巴基斯坦、比利时、波斯尼亚和黑塞哥维那、文莱、保加利亚、柬埔寨、中国、克罗地亚、塞浦路斯、捷克、爱沙尼亚、法国、德国、希腊、匈牙利、印度尼西亚、伊朗、爱尔兰、意大利、老挝、拉脱维亚、列支敦士登、立陶宛、卢森堡、马其顿、马来西亚、马耳他、摩尔多瓦、黑山、摩洛哥、缅甸、荷兰、巴布亚新几内亚、菲律宾、波兰、葡萄牙、罗马尼亚、俄罗斯、塞尔维亚、新加坡、斯洛文尼亚、西班牙、瑞士、泰国、突尼斯、土耳其、越南

Albania, Algeria, Austria, Belgium, Bosnia and Herzegovina, Brunei, Bulgaria, Cambodia, China, Croatia, Cyprus, Czech, Estonia, France, Germany, Greece, Hungary, Indonesia, Iran, Ireland, Italy, Laos, Latvia, Liechtenstein, Lithuania, Luxembourg, Macedonia, Malaysia, Malta, Moldova, Montenegro, Morocco, Myanmar, Netherlands, Papua New Guinea, Philippines, Poland, Portugal, Romania, Russian, Serbia, Singapore, Slovenia, Spain, Switzerland, Thailand, Tunisia, Turkey, Vietnam

生物地理界 / Biogeographic Realm

古北界、大洋洲界

Palearctic, Oceanian

WWF 生物群系 / WWF Biome

热带和亚热带湿润阔叶林、温带阔叶和混交林

Tropical & Subtropical Moist Broadleaf Forests, Temperate Broadleaf & Mixed Forests

动物地理分布型 / Zoogeographic Distribution Type

Ue

分布标注 / Distribution Note

非特有种 Non-Endemic

▲ 濒危状况 / Threatened Status

中国生物多样性红色名录等级 / CB RL Category (2021)

数据缺乏 DD

IUCN 红色名录 / IUCN Red List (2021)

无危 LC

威胁因子 / Threats

无 None

▲ 法律保护地位 / Legal Protection Status

国家重点保护野生动物等级 / Category of National Key Protected Wild Animals (2021)

未列入 Not listed

"三有"名录 / TWIESSV (2023)

未列入 Not listed

CITES 附录等级 / CITES Appendix (2023)

未列入 Not listed

迁徙物种公约附录 / CMS Appendix (2020)

未列入 Not listed

保护行动 / Conservation Action

尚无保护行动 No conservation action so far

▲ 参考文献 / References

Jiang et al. (蒋志刚等), 2021; Burgin et al., 2020; IUCN, 2020; Liu et al. (刘少英等), 2020; Liu, 2018; Wilson et al., 2017; Pan et al. (潘清华等), 2007; Wilson and Reeder, 2005; Wang (王应祥), 2003; Wilson, 2003; Zhang (张荣祖), 1997

613 / 黄胸鼠

Rattus tanezumi Temminck, 1844

• Oriental House Rat

▲ 分类地位 / Taxonomy

啮齿目 Rodentia / 鼠科 Muridae / 鼠属 *Rattus*

科建立者及其文献 / Family Authority

Illiger, 1811

属建立者及其文献 / Genus Authority

Fischer de Waldheim, 1803

亚种 / Subspecies

中国亚种 *R. t. flavipectus* (Milne-edwards, 1871)

河南、陕西、四川、贵州、云南、西藏、安徽、江苏、上海、浙江、江西、湖南、湖北、广东、香港、海南、广西、福建、宁夏、甘肃、青海、新疆、重庆、辽宁、山西和台湾

Henan, Shaanxi, Sichuan, Guizhou, Yunnan, Tibet, Anhui, Jiangsu, Shanghai, Zhejiang, Jiangxi, Hunan, Hubei, Guangdong, Hong Kong, Hainan, Guangxi, Fujian, Ningxia, Gansu, Qinghai, Xinjiang, Chongqing, Liaoning, Shanxi and Taiwan

模式标本产地 / Type Locality

日本

Japan, possibly from near Nagasaki on Kyushu Isl (see Jones and Johnson, 1965)

曲利明 / 供图

▲ 其他名称 / Other Name(s)

其他中文名 / Other Chinese Name(s)

长尾鼠、黄腹鼠

其他英文名 / Other English Name(s)

Oriental Rat, Oriental Roof Rat, Tanizumi Rat

同物异名 / Synonym(s)

无 None

▲ 形态及生境 / Morphology and Habitat

形态特征 / Morphological Characteristics

齿式：1.0.0.3/1.0.0.3=16。背毛棕黑色，毛基灰色，中段黄棕色，毛尖棕黑色。背部中央至臀部毛色略深。针毛丰富，黄白色，仅尖部棕黑色。体侧毛色枯黄色。背腹毛色逐渐过渡；腹面枯草色，腹毛毛基灰色，远端枯草色。颏部毛基和毛尖均为黄白色。前足背面中央黑色，两边白色。

Dental formula: 1.0.0.3/1.0.0.3=16. Dorsal hairs brown and black, the hair bases gray, the middle part yellow and tip brown. Dark dorsal hairs from center to rump. Bristles rich, yellow and white, only the tip black brown. Dry yellow hairs on the lateral side of the body. Dorsal and abdominal hair color gradually mingle. Abdominal hairs dry grass color, with gray hair bases and dry grass colored tips. Hairs on the chin yellow-white. Black spot on center of the dorsum of the forefoot and white on both sides.

生境 / Habitat

农田 Arable land

▲ 地理分布 / Geographic Distribution

国内分布 / Domestic Distribution

河南、陕西、四川、贵州、云南、西藏、安徽、江苏、上海、浙江、江西、湖南、湖北、广东、香港、海南、广西、福建、宁夏、甘肃、青海、新疆、重庆、辽宁、山西、台湾

Henan, Shaanxi, Sichuan, Guizhou, Yunnan, Tibet, Anhui, Jiangsu, Shanghai, Zhejiang, Jiangxi, Hunan, Hubei, Guangdong, Hong Kong, Hainan, Guangxi, Fujian, Ningxia, Gansu, Qinghai, Xinjiang, Chongqing, Liaoning, Shanxi, Taiwan

全球分布 / World Distribution

阿富汗、孟加拉国、不丹、柬埔寨、中国、印度、日本、朝鲜、韩国、老挝、马来西亚、尼泊尔、泰国、越南、斐济、印度尼西亚、巴布亚新几内亚、菲律宾

Afghanistan, Bangladesh, Bhutan, Cambodia, China, India, Japan, Democratic People's Republic of Korea, Republic of Korea, Laos, Malaysia, Nepal, Thailand, Vietnam, Fiji, Indonesia, Papua New Guinea, Philippines

生物地理界 / Biogeographic Realm

古北界、印度马来界

Palearctic, Indomalaya

WWF 生物群系 / WWF Biome

热带和亚热带湿润阔叶林，温带阔叶和混交林，温带草原、热带稀树草原和灌木地

Tropical & Subtropical Moist Broadleaf Forests, Temperate Broadleaf & Mixed Forests, Temperate Grasslands, Savannas & Shrublands

动物地理分布型 / Zoogeographic Distribution Type

We

分布标注 / Distribution Note

非特有种 Non-Endemic

▲ 濒危状况 / Threatened Status

中国生物多样性红色名录等级 / CB RL Category (2021)

无危 LC

IUCN 红色名录 / IUCN Red List (2021)

无危 LC

威胁因子 / Threats

无 None

▲ 法律保护地位 / Legal Protection Status

国家重点保护野生动物等级 / Category of National Key Protected Wild Animals (2021)

未列入 Not listed

“三有”名录 / TWIESSV (2023)

未列入 Not listed

CITES 附录等级 / CITES Appendix (2023)

未列入 Not listed

迁徙物种公约附录 / CMS Appendix (2020)

未列入 Not listed

保护行动 / Conservation Action

尚无保护行动 No conservation action so far

▲ 参考文献 / References

Jiang et al. (蒋志刚等), 2021; Burgin et al., 2020; IUCN, 2020; Wilson et al., 2017; Hu et al. (胡秋波等), 2014; Li et al. (李秋阳等), 2013; Zheng et al. (郑智民等), 2012; Pan et al. (潘清华等), 2007; Peng and Zhong (彭基泰和钟祥清), 2005; Wilson and Reeder, 2005; Wang (王应祥), 2003

614 / 安氏白腹鼠

Niviventer andersoni (Thomas, 1911)

• Anderson's Niviventer

▲ 分类地位 / Taxonomy

啮齿目 Rodentia / 鼠科 Muridae / 白腹鼠属 *Niviventer*

科建立者及其文献 / Family Authority

Illiger, 1811

属建立者及其文献 / Genus Authority

J. T. Marshall, 1976

亚种 / Subspecies

指名亚种 *N. a. andersoni* (Thomas, 1911)
四川、云南、贵州和陕西
Sichuan, Yunnan, Guizhou and Shaanxi

滇西亚种 *N. a. lushuiensis* Wu et Wang, 2002
云南 Yunnan

模式标本产地 / Type Locality

中国
China, Szechwan, Moupin

▲ 其他名称 / Other Name(s)

其他中文名 / Other Chinese Name(s)

无 None

其他英文名 / Other English Name(s)

Anderson's White-bellied Rat

同物异名 / Synonym(s)

无 None

▲ 形态及生境 / Morphology and Habitat

形态特征 / Morphological Characteristics

齿式：1.0.0.3/1.0.0.3=16。背毛深黑棕色，长而柔软。面颊、颈部和体侧被毛亮赭褐色。腹侧毛皮乳白色，与背侧毛明显分界。从触须到眼睛和耳朵，有一个黑色区域。尾长长于体长。尾双色，上部深棕色，向顶端逐渐变白，下部是淡白褐色。尾末端有一簇毛。足背深褐色，侧面白色。

Dental formula: 1.0.0.3/1.0.0.3=16. Dorsal hairs dark brown, long and soft. Hairs on cheeks, neck and sides of body are bright ochre-brown. Ventral fur milky white, clearly different from dorsal fur. From the bristles to the eyes and ears, there is a black area. Tail is longer than the length of body. Tail bicolored, dark brown on top, the underside of the tail is pale brown. Tail is gradually whitened towards the tip with a tuft of hair at the end of the tail. Dark brown on the dorsa of feet and white on the sides of feet.

生境 / Habitat

森林 Forest

▲ 地理分布 / Geographic Distribution

国内分布 / Domestic Distribution
四川、云南、西藏、重庆、贵州、甘肃、陕西
Sichuan, Yunnan, Tibet, Chongqing, Guizhou, Gansu, Shaanxi

全球分布 / World Distribution
中国 China

生物地理界 / Biogeographic Realm
古北界 Palearctic

WWF 生物群系 / WWF Biome
热带和亚热带湿润阔叶林
Tropical & Subtropical Moist Broadleaf Forests

动物地理分布型 / Zoogeographic Distribution Type
Wd

分布标注 / Distribution Note
特有种 Endemic

▲ 濒危状况 / Threatened Status

中国生物多样性红色名录等级 / CB RL Category (2021)
无危 LC

IUCN 红色名录 / IUCN Red List (2021)
无危 LC

威胁因子 / Threats
无 None

▲ 法律保护地位 / Legal Protection Status

国家重点保护野生动物等级 / Category of National Key Protected Wild Animals (2021)
未列入 Not listed

"三有"名录 / TWIESSV (2023)
未列入 Not listed

CITES 附录等级 / CITES Appendix (2023)
未列入 Not listed

迁徙物种公约附录 / CMS Appendix (2020)
未列入 Not listed

保护行动 / Conservation Action
尚无保护行动 No conservation action so far

▲ 参考文献 / References

Jiang et al. (蒋志刚等), 2021; Burgin et al., 2020; IUCN, 2020; Wilson et al., 2017; Zheng et al. (郑智民等), 2012; Smith and Xie, 2009; Pan et al. (潘清华等), 2007; Peng and Zhong (彭基泰和钟祥清), 2005; Wilson and Reeder, 2005; Wang (王应祥), 2003; Feng et al. (冯祚建等),1986

615 / 梵鼠

Niviventer brahma (Thomas, 1911)

- Brahma White-bellied Rat

▲ 分类地位 / Taxonomy

啮齿目 Rodentia / 鼠科 Muridae / 白腹鼠属 *Niviventer*

科建立者及其文献 / Family Authority
Illiger, 1811

属建立者及其文献 / Genus Authority
J. T. Marshall, 1976

亚种 / Subspecies
无 None

模式标本产地 / Type Locality
中国
China, Taiwan, Mt Arizan, 2440 m

▲ 其他名称 / Other Name(s)

其他中文名 / Other Chinese Name(s)
灵家鼠

其他英文名 / Other English Name(s)
Brahman Niviventer, Mishmi White-bellied Rat, Thomas's Chestnut Rat

同物异名 / Synonym(s)
Epimys brahma Thomas, 1914, *Rattus fulvescens* (Thomas, 1914) ssp. *brahma*

▲ 形态及生境 / Morphology and Habitat

形态特征 / Morphological Characteristics

齿式：1.0.0.3/1.0.0.3=16。背毛黄棕色，杂有黑色刚毛。面部有黑褐色斑点。体侧亮黄色，腹部毛灰白色。毛色对比明显。胸部中线有黄褐色毛块。尾长约为头体长的 1.5 倍，尾背面褐色，尾腹面颜色略淡。尾尖端有毛。足背表面呈棕灰色，足趾浅棕色。

Dental formula: 1.0.0.3/1.0.0.3=16. Dorsal hairs yellowish-brown, mixed with black setae. There are dark brown spots on the face. Lateral sides of the body bright yellow, and the abdominal hairs grayish white. Color contrast is striking. There are yellowish-brown hairs on the midline of the chest. Tail is about one and a half head and body long, the back of the tail is brown, and the ventral surface of the tail is slightly lighter in color. Tail tip hairy. Dorsal surface of the feet is brownish gray, and the toes are light brown.

生境 / Habitat

亚热带湿润山地森林
Subtropical moist montane forest

▲ 地理分布 / Geographic Distribution

国内分布 / Domestic Distribution
云南 Yunnan

全球分布 / World Distribution
中国、印度、缅甸
China, India, Myanmar

生物地理界 / Biogeographic Realm
古北界、 印度马来界
Palearctic, Indomalaya

WWF 生物群系 / WWF Biome
温带阔叶和混交林
Temperate Broadleaf & Mixed Forests

动物地理分布型 / Zoogeographic Distribution Type
Hc

分布标注 / Distribution Note
非特有种 Non-Endemic

▲ 濒危状况 / Threatened Status

中国生物多样性红色名录等级 / CB RL Category (2021)
近危 NT

IUCN 红色名录 / IUCN Red List (2021)
无危 LC

威胁因子 / Threats
无 None

▲ 法律保护地位 / Legal Protection Status

国家重点保护野生动物等级 / Category of National Key Protected Wild Animals (2021)
未列入 Not listed

"三有"名录 / TWIESSV (2023)
未列入 Not listed

CITES 附录等级 / CITES Appendix (2023)
未列入 Not listed

迁徙物种公约附录 / CMS Appendix (2020)
未列入 Not listed

保护行动 / Conservation Action
尚无保护行动 No conservation action so far

▲ 参考文献 / References

Jiang et al. (蒋志刚等), 2021; Burgin et al., 2020; IUCN, 2020; Liu et al. (刘少英等), 2020; Wilson et al., 2017; Zheng et al. (郑智民等), 2012; Smith and Xie, 2009; Wilson and Reeder, 2005; Wang (王应祥), 2003

616 / 北社鼠

Niviventer confucianus
(Milne-Edwards, 1871)

- Confucian Niviventer

▲ 分类地位 / Taxonomy

啮齿目 Rodentia / 鼠科 Muridae / 白腹鼠属 *Niviventer*

科建立者及其文献 / Family Authority
Illiger, 1811

属建立者及其文献 / Genus Authority
J. T. Marshall, 1976

亚种 / Subspecies
无共识 No Consensus

模式标本产地 / Type Locality
中国
SW China, Sichuan, Omi San, 1830 m

曲利明 / 供图

▲ 其他名称 / Other Name(s)

其他中文名 / Other Chinese Name(s)
无 None

其他英文名 / Other English Name(s)
Bukit Niviventer

同物异名 / Synonym(s)
无 None

▲ 形态及生境 / Morphology and Habitat

形态特征 / Morphological Characteristics

齿式：1.0.0.3/1.0.0.3=16。背毛棕黄、淡黄，或灰黄色。腹毛白色，毛尖硫黄色。背面和腹面毛色界线明显。口鼻部有长刚毛。尾上下两色，尾背面和体背毛色一致，尾腹面白色，有些个体尾端白色，尾梢有毛。

Dental formula: 1.0.0.3/1.0.0.3=16. Dorsal hairs brown, yellowish, or grayish yellow. Abdominal hairs white, hair tips sulfur yellow. Clear color boundary between dorsum and venter. Long bristles on the snout. Tail bicolored, the color of the upperpart similar to the dorsum of the body, the ventral surface is white. Some individuals have a white tail and the tail tip has hairs.

生境 / Habitat

森林、耕地
Forest, arable land

▲ 地理分布 / Geographic Distribution

国内分布 / Domestic Distribution

山西、陕西、云南、浙江、北京、天津、河北、内蒙古、辽宁、上海、江苏、安徽、福建、江西、河南、湖北、湖南、广东、广西、四川、贵州、西藏、甘肃、青海、宁夏、吉林、重庆

Shanxi, Shaanxi, Yunnan, Zhejiang, Beijing, Tianjin, Hebei, Inner Mongolia, Liaoning, Shanghai, Jiangsu, Anhui, Fujian, Jiangxi, Henan, Hubei, Hunan, Guangdong, Guangxi, Sichuan, Guizhou, Tibet, Gansu, Qinghai, Ningxia, Jilin, Chongqing

全球分布 / World Distribution

中国、缅甸、泰国、越南

China, Myanmar, Thailand, Vietnam

生物地理界 / Biogeographic Realm

印度马来界、古北界

Indomalaya, Palearctic

WWF 生物群系 / WWF Biome

热带和亚热带湿润阔叶林

Tropical & Subtropical Moist Broadleaf Forests

动物地理分布型 / Zoogeographic Distribution Type

We

分布标注 / Distribution Note

非特有种 Non-Endemic

▲ 濒危状况 / Threatened Status

中国生物多样性红色名录等级 / CB RL Category (2021)

无危 LC

IUCN 红色名录 / IUCN Red List (2021)

无危 LC

威胁因子 / Threats

无 None

▲ 法律保护地位 / Legal Protection Status

国家重点保护野生动物等级 / Category of National Key Protected Wild Animals (2021)

未列入 Not listed

"三有"名录 / TWIESSV (2023)

未列入 Not listed

CITES 附录等级 / CITES Appendix (2023)

未列入 Not listed

迁徙物种公约附录 / CMS Appendix (2020)

未列入 Not listed

保护行动 / Conservation Action

尚无保护行动 No conservation action so far

▲ 参考文献 / References

Jiang et al. (蒋志刚等), 2021; Burgin et al., 2020; IUCN, 2020; Wilson et al., 2017; Ma et al. (马晓婷等), 2014; Peng and Guo (彭培英和郭宪国), 2014; Zhang et al. (张旭等), 2013; Zheng et al. (郑智民等), 2012; Pan et al. (潘清华等), 2007; Wilson and Reeder, 2005; Wang (王应祥), 2003

617 / 台湾白腹鼠

Niviventer coninga (Swinhoe, 1864)

- Spiny Taiwan Niviventer

▲ 分类地位 / Taxonomy

啮齿目 Rodentia / 鼠科 Muridae / 白腹鼠属 *Niviventer*

科建立者及其文献 / Family Authority

Illiger, 1811

属建立者及其文献 / Genus Authority

J. T. Marshall, 1976

亚种 / Subspecies

无 None

模式标本产地 / Type Locality

中国

China, Taiwan

林佳宏 / 供图

▲ 其他名称 / Other Name(s)

其他中文名 / Other Chinese Name(s)

刺鼠、白腹巨鼠

其他英文名 / Other English Name(s)

Coxing's Niviventer, Coxing's White-bellied Rat

同物异名 / Synonym(s)

Niviventer coxingi (Swinhoe, 1864)

▲ 形态及生境 / Morphology and Habitat

形态特征 / Morphological Characteristics

齿式：1.0.0.3/1.0.0.3=16。耳棕黑色。触须很长。体背毛柔软，杂有硬针毛。背毛红棕色至黄棕色。腹部奶油白色。背腹界线明显。尾长略短于体长，或者略长于体长。尾腹面灰白色，背面黄棕色。足背面棕色，两侧白色。趾白色。

Dental formula: 1.0.0.3/1.0.0.3=16. Bristles very long. Dorsal hairs soft, reddish brown to yellowish brown, interspersed with hard bristles. The belly pelage is creamy white. Dorsal abdominal boundary is well defined. Tail length is slightly shorter than head and body length, or slightly longer than head and body length. Caudal surface grayish white, and the underpart yellowish brown. Dorsa of feet brown, with white on the sides. Toes white.

生境 / Habitat

森林、灌丛

Forest, shrubland

▲ 地理分布 / Geographic Distribution

国内分布 / Domestic Distribution
台湾 Taiwan

全球分布 / World Distribution
中国 China

生物地理界 / Biogeographic Realm
印度马来界 Indomalaya

WWF 生物群系 / WWF Biome
热带和亚热带湿润阔叶林
Tropical & Subtropical Moist Broadleaf Forests

动物地理分布型 / Zoogeographic Distribution Type
J

分布标注 / Distribution Note
特有种 Endemic

▲ 濒危状况 / Threatened Status

中国生物多样性红色名录等级 / CB RL Category (2021)
无危 LC

IUCN 红色名录 / IUCN Red List (2021)
无危 LC

威胁因子 / Threats
无 None

▲ 法律保护地位 / Legal Protection Status

国家重点保护野生动物等级 / Category of National Key Protected Wild Animals (2021)
未列入 Not listed

"三有"名录 / TWIESSV (2023)
未列入 Not listed

CITES 附录等级 / CITES Appendix (2023)
未列入 Not listed

迁徙物种公约附录 / CMS Appendix (2020)
未列入 Not listed

保护行动 / Conservation Action
尚无保护行动 No conservation action so far

▲ 参考文献 / References

Jiang et al. (蒋志刚等), 2021; Burgin et al., 2020; IUCN, 2020; Liu et al. (刘少英等), 2020; Wilson et al., 2017; Zheng et al. (郑智民等), 2012; Li et al. (李裕冬等), 2007; Pan et al. (潘清华等), 2007; Wang (王应祥), 2003; Zhang (张荣祖), 1997; Adler, 1996; Xia (夏武平), 1988

618 / 褐尾鼠

Niviventer cremoriventer (Miller, 1900)

- Sundaic Arboreal Niviventer

▲ 分类地位 / Taxonomy

啮齿目 Rodentia / 鼠科 Muridae / 白腹鼠属 *Niviventer*

科建立者及其文献 / Family Authority

Illiger, 1811

属建立者及其文献 / Genus Authority

J. T. Marshall, 1976

亚种 / Subspecies

越北亚种 *N. c. indasinicus* Osgood, 1932

云南 Yunnan

模式标本产地 / Type Locality

中国

SW China, W Sichuan, Tatsienlu, 2744 m

▲ 其他名称 / Other Name(s)

其他中文名 / Other Chinese Name(s)

无 None

其他英文名 / Other English Name(s)

Dark-tailed Niviventer, Dark-tailed Tree Rat

同物异名 / Synonym(s)

无 None

▲ 形态及生境 / Morphology and Habitat

形态特征 / Morphological Characteristics

齿式：1.0.0.3/1.0.0.3=16。耳棕黑色。头鼻部触须长且多。体背毛柔软，杂有硬针毛。背毛棕黑色。头顶部黑色。体侧毛棕色。腹部奶油白色。背腹界线明显。

Dental formula: 1.0.0.3/1.0.0.3=16. Bristle long and abundant on snout. Dorsal hairs are soft, brown and black, interspersed with hard bristles. Hairs on the head top black. Hairs on lateral side brown color. The belly is creamy white. Dorsal abdominal boundary is well defined.

生境 / Habitat

热带亚热带森林、灌丛、耕地

Tropical subtropical forest, shrubland, arable land

▲ 地理分布 / Geographic Distribution

国内分布 / Domestic Distribution

云南 Yunnan

全球分布 / World Distribution

中国、印度尼西亚、马来西亚、新加坡、泰国

China, Indonesia, Malaysia, Singapore, Thailand

生物地理界 / Biogeographic Realm

印度马来界 Indomalaya

WWF 生物群系 / WWF Biome

热带和亚热带湿润阔叶林

Tropical & Subtropical Moist Broadleaf Forests

动物地理分布型 / Zoogeographic Distribution Type

Wb

分布标注 / Distribution Note

非特有种 Non-Endemic

▲ 濒危状况 / Threatened Status

中国生物多样性红色名录等级 / CB RL Category (2021)

易危 VU

IUCN 红色名录 / IUCN Red List (2021)

无危 LC

威胁因子 / Threats

森林砍伐、火灾、耕种

Logging, fire, farming

▲ 法律保护地位 / Legal Protection Status

国家重点保护野生动物等级 / Category of National Key Protected Wild Animals (2021)

未列入 Not listed

"三有"名录 / TWIESSV (2023)

未列入 Not listed

CITES 附录等级 / CITES Appendix (2023)

未列入 Not listed

迁徙物种公约附录 / CMS Appendix (2020)

未列入 Not listed

保护行动 / Conservation Action

尚无保护行动 No conservation action so far

▲ 参考文献 / References

Jiang et al. (蒋志刚等), 2021; Burgin et al., 2020; IUCN, 2020; Liu et al. (刘少英等), 2020; Wilson et al., 2017; Jing et al., 2007; Pan et al. (潘清华等) 2007; Wilson and Reeder, 2005; Wang (王应祥), 2003

619 / 台湾社鼠

Niviventer culturatus (Thomas, 1917)

- Soft-furred Taiwan Niviventer

▲ 分类地位 / Taxonomy

啮齿目 Rodentia / 鼠科 Muridae / 白腹鼠属 *Niviventer*

科建立者及其文献 / Family Authority

Illiger, 1811

属建立者及其文献 / Genus Authority

J. T. Marshall, 1976

亚种 / Subspecies

无 None

模式标本产地 / Type Locality

中国

Ali Mountain, Taiwan, China

颜振晖 / 供图

▲ 其他名称 / Other Name(s)

其他中文名 / Other Chinese Name(s)

无 None

其他英文名 / Other English Name(s)

Oldfield White-bellied Rat

同物异名 / Synonym(s)

无 None

▲ 形态及生境 / Morphology and Habitat

形态特征 / Morphological Characteristics

齿式：1.0.0.3/1.0.0.3=16。头鼻部触须长且多。眼周围深灰色。体背毛柔软，杂有硬针毛。背毛棕黑色。体侧毛棕色。腹部奶油白色。背腹界线明显。尾背面棕色，尾腹面奶油白色，尾背面棕色部分向尾端逐步变窄，尾端全白色。

Dental formula: 1.0.0.3/1.0.0.3=16. Dark gray hairs around the eyes. Dorsal hairs soft, brown and black, interspersed with hard bristles. Hairs on lateral side brown. Belly pelage creamy white. The dorsal abdominal boundary is well defined. Back of the tail is brown, the ventral side of the tail creamy white, the brown part gradually narrow to the tail end, which is all white.

生境 / Habitat

森林、次生林

Forest, secondary forest

▲ 地理分布 / Geographic Distribution

国内分布 / Domestic Distribution
台湾 Taiwan

全球分布 / World Distribution
中国 China

生物地理界 / Biogeographic Realm
印度马来界 Indomalaya

WWF 生物群系 / WWF Biome
热带和亚热带湿润阔叶林
Tropical & Subtropical Moist Broadleaf Forests

动物地理分布型 / Zoogeographic Distribution Type
J

分布标注 / Distribution Note
特有种 Endemic

▲ 濒危状况 / Threatened Status

中国生物多样性红色名录等级 / CB RL Category (2021)
近危 NT

IUCN 红色名录 / IUCN Red List (2021)
无危 LC

威胁因子 / Threats
无 None

▲ 法律保护地位 / Legal Protection Status

国家重点保护野生动物等级 / Category of National Key Protected Wild Animals (2021)
未列入 Not listed

"三有" 名录 / TWIESSV (2023)
未列入 Not listed

CITES 附录等级 / CITES Appendix (2023)
未列入 Not listed

迁徙物种公约附录 / CMS Appendix (2020)
未列入 Not listed

保护行动 / Conservation Action
尚无保护行动 No conservation action so far

▲ 参考文献 / References

Jiang et al. (蒋志刚等), 2021; Burgin et al., 2020; IUCN, 2020; Wilson et al., 2017; Zheng et al. (郑智民等), 2012; Pan et al. (潘清华等), 2007; Wilson and Reeder, 2005; Wang (王应祥), 2003; Zhang(张荣祖), 1997; Adler, 1996; Yu,1995, 1994

620 / 灰腹鼠

Niviventer eha (Wroughton, 1916)

- Little Himalayan Rat

▲ 分类地位 / Taxonomy

啮齿目 Rodentia / 鼠科 Muridae / 白腹鼠属 *Niviventer*

科建立者及其文献 / Family Authority
Illiger, 1811

属建立者及其文献 / Genus Authority
J. T. Marshall, 1976

亚种 / Subspecies
指名亚种 *N. e. eha* (Wroughton, 1916)
西藏 Tibet

高黎贡山亚种 *N. e. ninus* (Thomas, 1922)
云南、贵州
Yunnan, Guizhou

模式标本产地 / Type Locality
尼泊尔
Nepal, Katmandu

刘少英 / 供图

▲ 其他名称 / Other Name(s)

其他中文名 / Other Chinese Name(s)
无 None

其他英文名 / Other English Name(s)
Smoke-bellied Niviventer

同物异名 / Synonym(s)
无 None

▲ 形态及生境 / Morphology and Habitat

形态特征 / Morphological Characteristics

齿式：1.0.0.3/1.0.0.3=16。耳朵深棕色，裸露。从眼圈到鼻端毛棕色。被毛棕黑色。腹毛灰色，毛尖端暗灰白色。尾长，上部棕黑色，下部颜色稍浅，但双色不明显。尾尖有一簇毛。后足细长，背面深褐色。脚趾呈棕白色。

Dental formula: 1.0.0.3/1.0.0.3=16. Ears are dark brown and hairless. Brown hairs from the tip of the nose to the rim of the eyes. Pelage is brown and black. Abdominal hairs are gray with dark grayish-white tips. Tail long, with the upper part brownish black, the lower part slightly lighter, but not obviously bicolored. A tuft of hair at the tip of tail. Hind feet are slender and dark brown on the dorsa. Toes brown and white.

生境 / Habitat

泰加林、温带森林
Taiga, temperate forest

▲ 地理分布 / Geographic Distribution

国内分布 / Domestic Distribution
云南、西藏、广西、贵州
Yunnan, Tibet, Guangxi, Guizhou

全球分布 / World Distribution
中国、印度、缅甸、尼泊尔
China, India, Myanmar, Nepal

生物地理界 / Biogeographic Realm
印度马来界 Indomalaya

WWF 生物群系 / WWF Biome
热带和亚热带湿润阔叶林
Tropical & Subtropical Moist Broadleaf Forests

动物地理分布型 / Zoogeographic Distribution Type
Hm

分布标注 / Distribution Note
非特有种 Non-Endemic

▲ 濒危状况 / Threatened Status

中国生物多样性红色名录等级 / CB RL Category (2021)
无危 LC

IUCN 红色名录 / IUCN Red List (2021)
无危 LC

威胁因子 / Threats
无 None

▲ 法律保护地位 / Legal Protection Status

国家重点保护野生动物等级 / Category of National Key Protected Wild Animals (2021)
未列入 Not listed

“三有”名录 / TWIESSV (2023)
未列入 Not listed

CITES 附录等级 / CITES Appendix (2023)
未列入 Not listed

迁徙物种公约附录 / CMS Appendix (2020)
未列入 Not listed

保护行动 / Conservation Action
尚无保护行动 No conservation action so far

▲ 参考文献 / References

Jiang et al. (蒋志刚等), 2021; Burgin et al., 2020; IUCN, 2020; Liu et al. (刘少英等), 2020; Wilson et al., 2017; Zheng et al. (郑智民等), 2012; Jing et al., 2007; Pan et al. (潘清华等), 2007; Wilson and Reeder, 2005; Wang (王应祥), 2003

621 / 川西白腹鼠

Niviventer excelsior (Thomas, 1911)

- Sichuan Niviventer

▲ 分类地位 / Taxonomy

啮齿目 Rodentia / 鼠科 Muridae / 白腹鼠属 *Niviventer*

科建立者及其文献 / Family Authority

Illiger, 1811

属建立者及其文献 / Genus Authority

J. T. Marshall, 1976

亚种 / Subspecies

川西亚种 *N. e. excelsior* (Thomas, 1911)
四川和云南
Sichuan and Yunnan

滇西亚种 *N. e. tengchongensis* Deng et Wang, 2002
云南 Yunnan

模式标本产地 / Type Locality

中国
Anzong Valley in Mishmi Hills, 6000 ft (1830 m), Zangnan

▲ 其他名称 / Other Name(s)

其他中文名 / Other Chinese Name(s)

无 None

其他英文名 / Other English Name(s)

Large White-bellied Rat

同物异名 / Synonym(s)

无 None

▲ 形态及生境 / Morphology and Habitat

形态特征 / Morphological Characteristics

齿式：1.0.0.3/1.0.0.3=16。背毛黄褐色，腹毛纯白。背部针毛较少或缺乏。背腹毛色界线明显。尾两色，上部和身体背部毛色一致，下部浅棕色。尾梢有长毛。

Dental formula: 1.0.0.3/1.0.0.3=16. Dorsal hairs yellowish-brown and the abdominal hairs cream white. Few or no of bristles on the dorsum. Color boundary of dorsal and abdominal hairs is clear. Tail bicolored, upper side color similar to the dorsum of the body, the lower part light brown. Long hairs on the tail end.

生境 / Habitat

亚热带湿润山地森林
Subtropical moist montane forest

▲ 地理分布 / Geographic Distribution

国内分布 / Domestic Distribution
云南、四川、西藏
Yunnan, Sichuan, Tibet

全球分布 / World Distribution
中国 China

生物地理界 / Biogeographic Realm
古北界 Palearctic

WWF 生物群系 / WWF Biome
热带和亚热带湿润阔叶林
Tropical & Subtropical Moist Broadleaf Forests

动物地理分布型 / Zoogeographic Distribution Type
Hm

分布标注 / Distribution Note
特有种 Endemic

▲ 濒危状况 / Threatened Status

中国生物多样性红色名录等级 / CB RL Category (2021)
无危 LC

IUCN 红色名录 / IUCN Red List (2021)
无危 LC

威胁因子 / Threats
无 None

▲ 法律保护地位 / Legal Protection Status

国家重点保护野生动物等级 / Category of National Key Protected Wild Animals (2021)
未列入 Not listed

"三有"名录 / TWIESSV (2023)
未列入 Not listed

CITES 附录等级 / CITES Appendix (2023)
未列入 Not listed

迁徙物种公约附录 / CMS Appendix (2020)
未列入 Not listed

保护行动 / Conservation Action
尚无保护行动 No conservation action so far

▲ 参考文献 / References

Burgin et al., 2020; IUCN, 2020; Liu et al. (刘少英等), 2020; Zheng et al. (郑智民等), 2012; Li et al. (李裕冬等), 2007; Liu et al. (刘少英等), 2005; Peng and Zhong (彭基泰和钟祥清), 2005; Musser and Chiu, 1979

622 / 冯氏白腹鼠

Niviventer fengi
Ge, Feijó & Yang, 2020

- Feng's White-bellied Mouse

▲ 分类地位 / Taxonomy

啮齿目 Rodentia / 鼠科 Muridae / 白腹鼠属 *Niviventer*

科建立者及其文献 / Family Authority
Illiger, 1811

属建立者及其文献 / Genus Authority
J. T. Marshall, 1976

亚种 / Subspecies
无 None

模式标本产地 / Type Locality
中国
Jilong, Tibet, China

▲ 其他名称 / Other Name(s)

其他中文名 / Other Chinese Name(s)
无 None

其他英文名 / Other English Name(s)
Feng's Niviventer

同物异名 / Synonym(s)
无 None

▲ 形态及生境 / Morphology and Habitat

形态特征 / Morphological Characteristics

齿式：1.0.0.3/1.0.0.3=16。由 Ge et al. (2020) 利用形态学与分子系统学证据发现的白腹鼠新种。外部形态特征与其他白腹鼠相似。

Dental formula: 1.0.0.3/1.0.0.3=16. A new species of white-bellied rat of Niviventer identified by Ge et al. (2020) with morphological and molecular evidence. The external morphological characteristics are similar to those of other White-bellied Mouse.

生境 / Habitat
泰加林、草甸
Taiga, Meadow

▲ 地理分布 / Geographic Distribution

国内分布 / Domestic Distribution

西藏 Tibet

全球分布 / World Distribution

中国 China

生物地理界 / Biogeographic Realm

古北界 Palearctic

WWF 生物群系 / WWF Biome

温带针叶树森林

Temperate Conifer Forests

动物地理分布型 / Zoogeographic Distribution Type

Pa

分布标注 / Distribution Note

特有种 Endemic

▲ 濒危状况 / Threatened Status

中国生物多样性红色名录等级 / CB RL Category (2021)

未评定 NE

IUCN 红色名录 / IUCN Red List (2021)

未评定 NE

威胁因子 / Threats

未知 Unknown

▲ 法律保护地位 / Legal Protection Status

国家重点保护野生动物等级 / Category of National Key Protected Wild Animals (2021)

未列入 Not listed

"三有"名录 / TWIESSV (2023)

未列入 Not listed

CITES 附录等级 / CITES Appendix (2023)

未列入 Not listed

迁徙物种公约附录 / CMS Appendix (2020)

未列入 Not listed

保护行动 / Conservation Action

尚无保护行动 No conservation action so far

▲ 参考文献 / References

Ge et al., 2020

623 / 针毛鼠

Niviventer fulvescens (Gray, 1847)

• Chestnut White-bellied Rat

▲ 分类地位 / Taxonomy

啮齿目 Rodentia / 鼠科 Muridae / 白腹鼠属 *Niviventer*

科建立者及其文献 / Family Authority

Illiger, 1811

属建立者及其文献 / Genus Authority

J. T. Marshall, 1976

亚种 / Subspecies

指名亚种 *N. f. fulvescens* (Gray, 1847)

西藏、云南、贵州和湖南

Tibet, Yunnan, Guizhou and Hunan

模式标本产地 / Type Locality

泰国

S Peninsular Thailand, Trang Province, Trang (07°30'N, 99°18'E)

曲利明 / 供图

▲ 其他名称 / Other Name(s)

其他中文名 / Other Chinese Name(s)

刺毛黄鼠、栗鼠

其他英文名 / Other English Name(s)

Indomalayan Niviventer

同物异名 / Synonym(s)

无 None

▲ 形态及生境 / Morphology and Habitat

形态特征 / Morphological Characteristics

齿式：1.0.0.3/1.0.0.3=16。头鼻部触须多且长。背毛棕红色，多粗硬的针毛。腹面纯白色，背面和腹面毛色界线明显。尾上下两色，背面棕褐色，腹面白色，尾端白色。

Dental formula: 1.0.0.3/1.0.0.3=16. Many long vibrissae on snout. Dorsal hairs brownish-red, interspersed with coarse hard bristles. Ventral surface is pure white, and the color boundary of the dorsal and ventral pelage is clear. Upper and down sides of the tail bicolored: the upper part tan, ventral white, tail end white.

生境 / Habitat

森林、灌丛、竹林、耕地

Forest, shrubland, bamboo grove, arable land

▲ 地理分布 / Geographic Distribution

国内分布 / Domestic Distribution
西藏、云南、四川、贵州、重庆、湖南、湖北、广东、广西、海南、江西
Tibet, Yunnan, Sichuan, Guizhou, Chongqing, Hunan, Hubei, Guangdong, Guangxi, Hainan, Jiangxi

全球分布 / World Distribution
中国、印度、印度尼西亚、老挝、马来西亚、缅甸、尼泊尔、泰国
China, India, Indonesia, Laos, Malaysia, Myanmar, Nepal, Thailand

生物地理界 / Biogeographic Realm
古北界、印度马来界
Palearctic, Indomalaya

WWF 生物群系 / WWF Biome
热带和亚热带湿润阔叶林
Tropical & Subtropical Moist Broadleaf Forests

动物地理分布型 / Zoogeographic Distribution Type
Pa

分布标注 / Distribution Note
非特有种 Non-Endemic

▲ 濒危状况 / Threatened Status

中国生物多样性红色名录等级 / CB RL Category (2021)
无危 LC

IUCN 红色名录 / IUCN Red List (2021)
无危 LC

威胁因子 / Threats
无 None

▲ 法律保护地位 / Legal Protection Status

国家重点保护野生动物等级 / Category of National Key Protected Wild Animals (2021)
未列入 Not listed

"三有"名录 / TWIESSV (2023)
未列入 Not listed

CITES 附录等级 / CITES Appendix (2023)
未列入 Not listed

迁徙物种公约附录 / CMS Appendix (2020)
未列入 Not listed

保护行动 / Conservation Action
尚无保护行动 No conservation action so far

▲ 参考文献 / References

Jiang et al. (蒋志刚等), 2021; Burgin et al., 2020; IUCN, 2020; Yang et al. (杨再学等), 2014; Huang et al. (黄辉等), 2013; Zheng et al. (郑智民等), 2012; Smith and Xie, 2009

624 / 剑纹小社鼠

Niviventer gladiusmaculus
Ge, Lu, Xia, Du, Wen, Cheng, Abramov & Yang, 2018

- Least Niviventer

▲ 分类地位 / Taxonomy

啮齿目 Rodentia / 鼠科 Muridae / 白腹鼠属 *Niviventer*

科建立者及其文献 / Family Authority
Illiger, 1811

属建立者及其文献 / Genus Authority
J. T. Marshall, 1976

亚种 / Subspecies
无 None

模式标本产地 / Type Locality
中国（西藏）
China, Tibet

▲ 其他名称 / Other Name(s)

其他中文名 / Other Chinese Name(s)
无 None

其他英文名 / Other English Name(s)
无 None

同物异名 / Synonym(s)
无 None

▲ 形态及生境 / Morphology and Habitat

形态特征 / Morphological Characteristics

齿式：1.0.0.3/1.0.0.3=16。被毛细密。背毛棕栗色，颌下腹面被毛白色，四足背部毛色与背毛色相似。尾上下两色，尾背面棕栗色，尾腹面白色，尾端白色。

Dental formula: 1.0.0.3/1.0.0.3=16. The pelage is dense and fine. Dorsal hairs brown chestnut, the hairs underjaw and on the abdomen white. Hair color of dorsa of four feet is similar to the dorsal pelage color. Tail upper and down sides bicolored: the upper part chestnut brown, the underpart white, tail white.

生境 / Habitat
森林 Forest

▲ 地理分布 / Geographic Distribution

国内分布 / Domestic Distribution
西藏 Tibet

全球分布 / World Distribution
中国 China

生物地理界 / Biogeographic Realm
印度马来界 Indomalaya

WWF 生物群系 / WWF Biome
热带和亚热带湿润阔叶林
Tropical & Subtropical Moist Broadleaf Forests

动物地理分布型 / Zoogeographic Distribution Type
Hc

分布标注 / Distribution Note
特有种 Endemic

▲ 濒危状况 / Threatened Status

中国生物多样性红色名录等级 / CB RL Category (2021)
数据缺乏 DD

IUCN 红色名录 / IUCN Red List (2021)
未评定 NE

威胁因子 / Threats
未知 Unknown

▲ 法律保护地位 / Legal Protection Status

国家重点保护野生动物等级 / Category of National Key Protected Wild Animals (2021)
未列入 Not listed

“三有”名录 / TWIESSV (2023)
未列入 Not listed

CITES 附录等级 / CITES Appendix (2023)
未列入 Not listed

迁徙物种公约附录 / CMS Appendix (2020)
未列入 Not listed

保护行动 / Conservation Action
尚无保护行动 No conservation action so far

▲ 参考文献 / References

Ge et al., 2020

625 / 拟刺毛鼠

Niviventer huang Bonhote, 1905

- Eastern Spiny-haired Rat

▲ 分类地位 / Taxonomy

啮齿目 Rodentia / 鼠科 Muridae / 白腹鼠属 *Niviventer*

科建立者及其文献 / Family Authority

Illiger, 1811

属建立者及其文献 / Genus Authority

J. T. Marshall, 1976

亚种 / Subspecies

无 None

模式标本产地 / Type Locality

印度

India

▲ 其他名称 / Other Name(s)

其他中文名 / Other Chinese Name(s)

无 None

其他英文名 / Other English Name(s)

South China Niviventer

同物异名 / Synonym(s)

无 None

▲ 形态及生境 / Morphology and Habitat

形态特征 / Morphological Characteristics

齿式：1.0.0.3/1.0.0.3=16。头鼻部多长触须。背毛红褐色至黄褐色，背部针毛多而坚硬。腹部纯白色，背腹毛色界线明显。尾长显著长于体长，尾背面黄褐色，尾腹面白色。有鳞片，形成环，有短毛。尾尖毛长。

Dental formula: 1.0.0.3/1.0.0.3=16. Vibrissa on the snout. Dorsal hairs reddish-brown to yellowish-brown, interspersed with many hard bristles. Abdomen cream white. Boundaries of dorsal and abdominal hairs color well defined. Tail is significantly longer than the body length, the dorsal side of the tail is yellowish brown, and the ventral side of the tail is white, with scaly rings, and short hairs between the ring. Long hairs at the tail end.

生境 / Habitat

水塘边草丛

Sward near pond

▲ 地理分布 / Geographic Distribution

国内分布 / Domestic Distribution

四川、陕西、重庆、安徽、浙江、江西、福建、广东、广西、香港、澳门

Sichuan, Shaanxi, Chongqing, Anhui, Zhejiang, Jiangxi, Fujian, Guangdong, Guangxi, Hong Kong, Macao

全球分布 / World Distribution

中国 China

生物地理界 / Biogeographic Realm

古北界、印度马来界

Palearctic, Indomalaya

WWF 生物群系 / WWF Biome

热带和亚热带湿润阔叶林

Tropical & Subtropical Moist Broadleaf Forests

动物地理分布型 / Zoogeographic Distribution Type

Wc

分布标注 / Distribution Note

特有种 Endemic

▲ 濒危状况 / Threatened Status

中国生物多样性红色名录等级 / CB RL Category (2021)

无危 LC

IUCN 红色名录 / IUCN Red List (2021)

无危 LC

威胁因子 / Threats

无 None

▲ 法律保护地位 / Legal Protection Status

国家重点保护野生动物等级 / Category of National Key Protected Wild Animals (2021)

未列入 Not listed

"三有"名录 / TWIESSV (2023)

未列入 Not listed

CITES 附录等级 / CITES Appendix (2023)

未列入 Not listed

迁徙物种公约附录 / CMS Appendix (2020)

未列入 Not listed

保护行动 / Conservation Action

尚无保护行动 No conservation action so far

▲ 参考文献 / References

Jiang et al. (蒋志刚等), 2021; Burgin et al., 2020; IUCN, 2020; Wilson et al., 2017; Chen et al., 2017; He and Jiang, 2015

626 / 海南白腹鼠

Niviventer lotipes G. M. Allen, 1926

• Hainan Niviventer

▲ 分类地位 / Taxonomy

啮齿目 Rodentia / 鼠科 Muridae / 白腹鼠属 *Niviventer*

科建立者及其文献 / Family Authority

Illiger, 1811

属建立者及其文献 / Genus Authority

J. T. Marshall, 1976

亚种 / Subspecies

无 None

模式标本产地 / Type Locality

中国

"near Nodoa, island of Hainan, China"

▲ 其他名称 / Other Name(s)

其他中文名 / Other Chinese Name(s)

无 None

其他英文名 / Other English Name(s)

Hainan White-bellied Rat

同物异名 / Synonym(s)

Rattus confucianus lotipes G. M. Allen, 1926

▲ 形态及生境 / Morphology and Habitat

形态特征 / Morphological Characteristics

齿式：1.0.0.3/1.0.0.3=16。背毛棕褐色，毛基灰色，毛尖棕黄色，杂有刺状针毛。针毛基部灰白色，毛尖褐色。夏季背毛中刺状针毛多，背毛棕褐色。冬季背毛中刺状针毛少，背毛略显棕黄色。背脊及臀部多褐色长毛。背腹交界棕黄色。腹毛乳白色或淡黄色，背腹毛在体侧分界线明显。尾双色，尾上部棕褐色，尾腹面白色。前足背面白色，后足背面棕褐色。

Dental formula: 1.0.0.3/1.0.0.3=16. The dorsal pelage is brown, hair bases are gray, with brown hair tips, interspersed with spiny aciculate hairs. Aciculate hair bases gray, tip brown. More aciculate hairs in summer dorsal pelage, thus pelage appears deep brown tone; less aciculate hairs in winter dorsal pelage, the dorsal pelage appears slightly brownish yellow. Long brown hairs on the dorsum and rump. Lateral sides are brownish-yellow. Abdominal hairs milky white or yellow, dorsal abdominal boundary is clear. Tail bicolored, back tan, ventral white. Dorsa of the forefeet white and the dorsa of the hind feet tan.

生境 / Habitat

森林、耕地

Forest, arable land

▲ 地理分布 / Geographic Distribution

国内分布 / Domestic Distribution
海南 Hainan

全球分布 / World Distribution
中国 China

生物地理界 / Biogeographic Realm
印度马来界 Indomalaya

WWF 生物群系 / WWF Biome
热带和亚热带湿润阔叶林
Tropical & Subtropical Moist Broadleaf Forests

动物地理分布型 / Zoogeographic Distribution Type
S

分布标注 / Distribution Note
特有种 Endemic

▲ 濒危状况 / Threatened Status

中国生物多样性红色名录等级 / CB RL Category (2021)
无危 LC

IUCN 红色名录 / IUCN Red List (2021)
未评定 NE

威胁因子 / Threats
无 None

▲ 法律保护地位 / Legal Protection Status

国家重点保护野生动物等级 / Category of National Key Protected Wild Animals (2021)
未列入 Not listed

"三有"名录 / TWIESSV (2023)
未列入 Not listed

CITES 附录等级 / CITES Appendix (2023)
未列入 Not listed

迁徙物种公约附录 / CMS Appendix (2020)
未列入 Not listed

保护行动 / Conservation Action
尚无保护行动 No conservation action so far

▲ 参考文献 / References

Jiang et al. (蒋志刚等), 2021; Burgin et al., 2020; IUCN, 2020; Wilson et al., 2017; Li et al., 2008

627 / 白腹鼠

Niviventer niviventer (Hodgson, 1836)

- Himalayan White-bellied Rat

▲ 分类地位 / Taxonomy

啮齿目 Rodentia / 鼠科 Muridae / 白腹鼠属 *Niviventer*

科建立者及其文献 / Family Authority

Illiger, 1811

属建立者及其文献 / Genus Authority

J. T. Marshall, 1976

亚种 / Subspecies

无 None

模式标本产地 / Type Locality

尼泊尔

Nepal, Katmandu

▲ 其他名称 / Other Name(s)

其他中文名 / Other Chinese Name(s)

无 None

其他英文名 / Other English Name(s)

White-bellied Rat

同物异名 / Synonym(s)

无 None

▲ 形态及生境 / Morphology and Habitat

形态特征 / Morphological Characteristics

齿式：1.0.0.3/1.0.0.3=16。头体长 150~198 mm。尾长 94~269 mm。背部毛皮长而柔软。脸颊、脖子和身体两侧呈亮赭石色。背侧被毛黑色、深灰棕色。腹毛乳白色。腹毛与背部被毛界线明显。黑色斑块从触须基部延伸至眼睛及耳朵底部。尾双色，上部深棕色，下部为带淡褐色的白色。尾尖端毛色逐渐变淡，末端三分之一为白色。尾尖端有一小簇较长的毛发。四肢背面黑棕色，足趾和脚边白色。

Dental formula: 1.0.0.3/1.0.0.3=16. Head and body length 150-198 mm. Tail length 94-269 mm. Dorsal fur is long and soft. Hairs on cheeks, neck and lateral sides of the body are bright ochraceous. Dorsal pelage is black to dark grayish brown. Abdominal hairs are cream white. Abdominal hairs are demarcated from dorsal hairs. There are black patches extending from the base of the nasal to the eyes and partway to base of the ears. Tail bicolored, upperpart dark brown, lower part with light brown white. The tip of the tail lighter in color, the last one third of the tip is white. Tail has a small tuft of longer hair at the tip.

生境 / Habitat

森林、耕地

Forest, arable land

▲ 地理分布 / Geographic Distribution

国内分布 / Domestic Distribution

西藏 Tibet

全球分布 / World Distribution

中国、不丹、印度、缅甸、尼泊尔

China, Bhutan, India, Myanmar, Nepal

生物地理界 / Biogeographic Realm

印度马来界 Indomalaya

WWF 生物群系 / WWF Biome

热带和亚热带湿润阔叶林

Tropical & Subtropical Moist Broadleaf Forests

动物地理分布型 / Zoogeographic Distribution Type

Hm

分布标注 / Distribution Note

非特有种 Non-Endemic

▲ 濒危状况 / Threatened Status

中国生物多样性红色名录等级 / CB RL Category (2021)

数据缺乏 DD

IUCN 红色名录 / IUCN Red List (2021)

无危 LC

威胁因子 / Threats

无 None

▲ 法律保护地位 / Legal Protection Status

国家重点保护野生动物等级 / Category of National Key Protected Wild Animals (2021)

未列入 Not listed

"三有"名录 / TWIESSV (2023)

未列入 Not listed

CITES 附录等级 / CITES Appendix (2023)

未列入 Not listed

迁徙物种公约附录 / CMS Appendix (2020)

未列入 Not listed

保护行动 / Conservation Action

尚无保护行动 No conservation action so far

▲ 参考文献 / References

Burgin et al., 2020; IUCN, 2020; Liu et al. (刘少英等), 2020; Li et al. (李裕冬等), 2007; Choudhury, 2003

628 / 湄公针毛鼠

Niviventer mekongis Robinson & Kloss, 1922

- Mekong White-bellied Rat

▲ 分类地位 / Taxonomy

啮齿目 Rodentia / 鼠科 Muridae / 白腹鼠属 *Niviventer*

科建立者及其文献 / Family Authority

Illiger, 1811

属建立者及其文献 / Genus Authority

J. T. Marshall, 1976

亚种 / Subspecies

无 None

模式标本产地 / Type Locality

中国、越南、俄罗斯（馆藏标本）

Specimens of the Institute of Zoology, Chinese Academy of Sciences, Beijing, China(IOZCAS), the National Institute for Communicable Disease Control and Prevention, Beijing, China (ICDC) and the Zoological Institute of the Russian Academy of

▲ 其他名称 / Other Name(s)

其他中文名 / Other Chinese Name(s)

无 None

其他英文名 / Other English Name(s)

Mekong Niviventer

同物异名 / Synonym(s)

无 None

▲ 形态及生境 / Morphology and Habitat

形态特征 / Morphological Characteristics

齿式：1.0.0.3/1.0.0.3=16。由 Ge et al. (2021) 利用形态学与分子系统学证据发现的白腹鼠新种。外部形态特征与其他白腹鼠相似。

Dental formula: 1.0.0.3/1.0.0.3=16. A new species of white-bellied rat of *Niviventer* identified by Ge et al. (2021) with morphological and molecular evidence. The external morphological characteristics are similar to those of other white-bellied rats.

生境 / Habitat

森林 Forest

▲ 地理分布 / Geographic Distribution

国内分布 / Domestic Distribution

云南、广西

Yunnan, Guangxi

全球分布 / World Distribution

中国、越南

China, Vietnam

生物地理界 / Biogeographic Realm

印度马来界 Indomalaya

WWF 生物群系 / WWF Biome

热带和亚热带湿润阔叶林

Tropical & Subtropical Moist Broadleaf Forests

动物地理分布型 / Zoogeographic Distribution Type

F

分布标注 / Distribution Note

非特有种 Non-Endemic

▲ 濒危状况 / Threatened Status

中国生物多样性红色名录等级 / CB RL Category (2021)

未评定 NE

IUCN 红色名录 / IUCN Red List (2021)

未评定 NE

威胁因子 / Threats

未知 Unknown

▲ 法律保护地位 / Legal Protection Status

国家重点保护野生动物等级 / Category of National Key Protected Wild Animals (2021)

未列入 Not listed

"三有"名录 / TWIESSV (2023)

未列入 Not listed

CITES 附录等级 / CITES Appendix (2023)

未列入 Not listed

迁徙物种公约附录 / CMS Appendix (2020)

未列入 Not listed

保护行动 / Conservation Action

尚无保护行动 No conservation action so far

▲ 参考文献 / References

Ge et al., 2021

629 / 片马社鼠

Niviventer pianmaensis Li et Yang, 2009

- Pianma Niviventer

▲ 分类地位 / Taxonomy

啮齿目 Rodentia / 鼠科 Muridae / 白腹鼠属 *Niviventer*

科建立者及其文献 / Family Authority

Illiger, 1811

属建立者及其文献 / Genus Authority

J. T. Marshall, 1976

亚种 / Subspecies

无 None

模式标本产地 / Type Locality

中国

Yunnan, China

▲ 其他名称 / Other Name(s)

其他中文名 / Other Chinese Name(s)

无 None

其他英文名 / Other English Name(s)

无 None

同物异名 / Synonym(s)

无 None

▲ 形态及生境 / Morphology and Habitat

形态特征 / Morphological Characteristics

齿式：1.0.0.3/1.0.0.3=16。头体长 128~170 mm。颅全长 37~43 mm。耳长 15~23 mm。后足长 30~37 mm。尾长 179~232 mm。体重 75~150 g。Ge et al. (2018) 发现片马社鼠在社鼠系统发育树和单倍型网络图中均为一独立支系。片马社鼠的体型比中国分布的其他社鼠的体型都大。颈部有明显的棕灰色心形毛斑，毛斑不延伸到腹胸部。片马社鼠的刺毛比其他社鼠多且软。其尾部颜色上部为棕黑色，下部为白色，白色部分超过尾长的三分之一。尾具微簇毛。

Dental formula: 1.0.0.3/1.0.0.3=16. Head and body length 128-170 mm. Cranium lengths 37-43 mm. Ear length 15-23 mm. Hind foot length 30-37 mm. Tail length 179-232 mm. Body mass 75-150 g. Ge et al. (2018) found that *N. pianmaensis* is an independent clade in the phylogenetic tree and haplotype network of *Niviventer*. Body size of *Niviventer pianmaensis* is larger than that of all other *Niviventer* species of China. Fur of *Niviventer pianmaensis* is distinctly brownish-gray. A heart-shaped spot on the neck, but the spot does not extend into the thorax of the abdomen. Bristles of *N. pianmaensis* are more abundant and softer than those of other social rats. The upper part of the tail is black-brown whereas the lower part is white, and the proportion of white part is more than 1/3 of the tail length. Tail is slightly tufted.

生境 / Habitat

森林 Forest

▲ 地理分布 / Geographic Distribution

国内分布 / Domestic Distribution
云南、西藏
Yunnan, Tibet

全球分布 / World Distribution
中国 China

生物地理界 / Biogeographic Realm
印度马来界 Indomalaya

WWF 生物群系 / WWF Biome
温带针叶树森林
Temperate Conifer Forests

动物地理分布型 / Zoogeographic Distribution Type
Hm

分布标注 / Distribution Note
特有种 Endemic

▲ 濒危状况 / Threatened Status

中国生物多样性红色名录等级 / CB RL Category (2021)
未评定 NE

IUCN 红色名录 / IUCN Red List (2021)
未评定 NE

威胁因子 / Threats
未知 Unknown

▲ 法律保护地位 / Legal Protection Status

国家重点保护野生动物等级 / Category of National Key Protected Wild Animals (2021)
未列入 Not listed

"三有"名录 / TWIESSV (2023)
未列入 Not listed

CITES 附录等级 / CITES Appendix (2023)
未列入 Not listed

迁徙物种公约附录 / CMS Appendix (2020)
未列入 Not listed

保护行动 / Conservation Action
尚无保护行动 No conservation action so far

▲ 参考文献 / References

Liu et al. (刘少英等), 2020; Ge et al., 2018; Li and Yang, 2009

630 / 山东社鼠

Niviventer sacer (Thomas, 1908)

- Sacer Niviventer

▲ 分类地位 / Taxonomy

啮齿目 Rodentia / 鼠科 Muridae / 白腹鼠属 *Niviventer*

科建立者及其文献 / Family Authority
Illiger, 1811

属建立者及其文献 / Genus Authority
J. T. Marshall, 1976

亚种 / Subspecies
无 None

模式标本产地 / Type Locality
中国
Shandong, China

▲ 其他名称 / Other Name(s)

其他中文名 / Other Chinese Name(s)
无 None

其他英文名 / Other English Name(s)
Shandong Niviventer

同物异名 / Synonym(s)
无 None

▲ 形态及生境 / Morphology and Habitat

形态特征 / Morphological Characteristics

齿式：1.0.0.3/1.0.0.3=16。Thomas (1908) 首次在山东烟台发现了社鼠山东亚种（*N. c. sacer*）。Li et al.（2021）通过分子系统学和形态学分类研究，发现山东社鼠在系统发育树和单倍型网络图中均为一独立支系，条形码识别物种界定方法中也显示其为一单独种。山东社鼠与其他社鼠在形态上有一定程度分化，如刺毛和尾部白色比例：山东社鼠的刺毛比其他社鼠多且软，其尾部上部颜色为棕黑色，下部为白色，白色部分超过尾长的三分之一。北社鼠尾腹面为棕黑色，白色尾尖所占比例小于三分之一，海南白腹鼠尾较少白色毛，白色部分通常小于四分之一。但它们的头骨大小、背毛和腹部黄色斑均无显著差异。

Dental formula: 1.0.0.3/1.0.0.3=16. *N. c. sacer* was first discovered by Thomas (1908). Li et al. (2021) used molecular phylogeny and morphological classification revealed that the *N. c. sacer* is an independent clade in the phylogenetic tree and haplotype network diagram. Automatic Barcode Gap Discovery (ABGD) also shows *N. c. sacer* as a separate species. There are morphological differentiations between *N. c. sacer* and other social rodents, such as the proportion of spiny hairs and proportion of the white tail end to the whole length of the tail: *N. c. sacer* has more and softer spiny hairs than other *Niviventer*, and the upper part of its tail is brown and black, the lower part is white, and the proportion of white tail end is more than 1/3 of the tail length. Tail ventral surface is black-brown, the proportion of white tail tip is less than 1/3 of the tail length in *N. confucianus*, and the tail of *N. lotipes* has little white hairs, and the white tail end is usually less than 1/4 of the tail end. However, there are no significant differences in the skull size, dorsal hairs and the yellow patch on the abdomen of *N. sacer*, *N. confucianus* and *N. lotipes*.

生境 / Habitat

森林、耕地
Forest, arable land

▲ 地理分布 / Geographic Distribution

国内分布 / Domestic Distribution

山东 Shandong

全球分布 / World Distribution

中国 China

生物地理界 / Biogeographic Realm

古北界 Palearctic

WWF 生物群系 / WWF Biome

温带阔叶和混交林
Temperate Broadleaf & Mixed Forests

动物地理分布型 / Zoogeographic Distribution Type

Ea

分布标注 / Distribution Note

特有种 Endemic

▲ 濒危状况 / Threatened Status

中国生物多样性红色名录等级 / CB RL Category (2021)

未评定 NE

IUCN 红色名录 / IUCN Red List (2021)

未评定 NE

威胁因子 / Threats

未知 Unknown

▲ 法律保护地位 / Legal Protection Status

国家重点保护野生动物等级 / Category of National Key Protected Wild Animals (2021)

未列入 Not listed

“三有”名录 / TWIESSV (2023)

未列入 Not listed

CITES 附录等级 / CITES Appendix (2023)

未列入 Not listed

迁徙物种公约附录 / CMS Appendix (2020)

未列入 Not listed

保护行动 / Conservation Action

尚无保护行动 No conservation action so far

▲ 参考文献 / References

Li et al., 2021; Thomas, 1908

631 / 缅甸山鼠

Niviventer tenaster Thomas, 1916

- Indochinese Mountain Niviventer

▲ 分类地位 / Taxonomy

啮齿目 Rodentia / 鼠科 Muridae / 白腹鼠属 *Niviventer*

科建立者及其文献 / Family Authority
Illiger, 1811

属建立者及其文献 / Genus Authority
J. T. Marshall, 1976

亚种 / Subspecies
无 None

模式标本产地 / Type Locality
缅甸
S Burma (Myanmar) (Kayin State), Mulayit (also spelled Mooleyit, Mulaiyit, Muleyit) Taung (peak) (16°1'N/98°2'E),1525 1830 m

▲ 其他名称 / Other Name(s)

其他中文名 / Other Chinese Name(s)
无 None

其他英文名 / Other English Name(s)
Tenasserim White-bellied Rat

同物异名 / Synonym(s)
无 None

▲ 形态及生境 / Morphology and Habitat

形态特征 / Morphological Characteristics

齿式：1.0.0.3/1.0.0.3=16。耳大。背毛黄棕色，杂有深棕色刚毛。腹侧毛皮白色，腹背毛色分界明显。尾背面棕色，尾腹面浅棕色。尾双色，分界不明显。尾尖端有斑驳的白色。

Dental formula: 1.0.0.3/1.0.0.3=16. Ears large. Dorsal hairs yellowish brown, mixed with dark brown setae. The ventral fur white. Color boundary between abdomen and back is well defined. Tail upper part brown, ventral part light brown. The dichromatic boundary of tail is not obvious. Tail tip is mottled white.

生境 / Habitat

热带湿润山地森林
Tropical moist montane forest

▲ 地理分布 / Geographic Distribution

国内分布 / Domestic Distribution

海南 Hainan

全球分布 / World Distribution

柬埔寨、中国、老挝、缅甸、泰国、越南

Cambodia, China, Laos, Myanmar, Thailand, Vietnam

生物地理界 / Biogeographic Realm

印度马来界 Indomalaya

WWF 生物群系 / WWF Biome

热带和亚热带湿润阔叶林

Tropical & Subtropical Moist Broadleaf Forests

动物地理分布型 / Zoogeographic Distribution Type

Wa

分布标注 / Distribution Note

非特有种 Non-Endemic

▲ 濒危状况 / Threatened Status

中国生物多样性红色名录等级 / CB RL Category (2021)

数据缺乏 DD

IUCN 红色名录 / IUCN Red List (2021)

无危 LC

威胁因子 / Threats

无 None

▲ 法律保护地位 / Legal Protection Status

国家重点保护野生动物等级 / Category of National Key Protected Wild Animals (2021)

未列入 Not listed

"三有"名录 / TWIESSV (2023)

未列入 Not listed

CITES 附录等级 / CITES Appendix (2023)

未列入 Not listed

迁徙物种公约附录 / CMS Appendix (2020)

未列入 Not listed

保护行动 / Conservation Action

尚无保护行动 No conservation action so far

▲ 参考文献 / References

Jiang et al. (蒋志刚等), 2021; Burgin et al., 2020; IUCN, 2020; Wilson et al., 2017; Smith and Xie, 2009; Jing et al., 2007; Pan et al. (潘清华等), 2007; Wilson and Reeder, 2005; Wang (王应祥), 2003

632 / 红毛王鼠

Maxomys surifer (Miller, 1900)

• Indomalayan Maxomys

▲ 分类地位 / Taxonomy

啮齿目 Rodentia / 鼠科 Muridae / 王鼠属 *Maxomys*

科建立者及其文献 / Family Authority

Illiger, 1811

属建立者及其文献 / Genus Authority

Sody, 1936

亚种 / Subspecies

无 None

模式标本产地 / Type Locality

泰国

Peninsular Thailand, Trang

▲ 其他名称 / Other Name(s)

其他中文名 / Other Chinese Name(s)

红硬毛鼠

其他英文名 / Other English Name(s)

Red Spiny Rat, Red Maxomys, Red Spiny Maxomys

同物异名 / Synonym(s)

无 None

▲ 形态及生境 / Morphology and Habitat

形态特征 / Morphological Characteristics

齿式：1.0.0.3/1.0.0.3=16。眼睛大。耳朵大。口鼻端有长触须。背毛红棕色，无刚毛。腹侧毛白色，腹背毛色分界明显。尾被短绒毛，肉色。四足白色。

Dental formula: 1.0.0.3/1.0.0.3=16. Eye big. Ears large. Long vibrissa on the snout. Dorsal hairs reddish brown, without bristles. Ventral hairs white, the boundary between abdominal and dorsal hairs colors are clear. Tail white downy, flesh-colored. Feet white color.

生境 / Habitat

热带湿润低地森林

Tropical moist lowland forest

▲ 地理分布 / Geographic Distribution

国内分布 / Domestic Distribution

云南 Yunnan

全球分布 / World Distribution

文莱、柬埔寨、中国、印度尼西亚、老挝、马来西亚、缅甸、泰国、越南

Brunei, Cambodia, China, Indonesia, Laos, Malaysia, Myanmar, Thailand, Vietnam

生物地理界 / Biogeographic Realm

印度马来界 Indomalaya

WWF 生物群系 / WWF Biome

热带和亚热带湿润阔叶林

Tropical & Subtropical Moist Broadleaf Forests

动物地理分布型 / Zoogeographic Distribution Type

Wa

分布标注 / Distribution Note

非特有种 Non-Endemic

▲ 濒危状况 / Threatened Status

中国生物多样性红色名录等级 / CB RL Category (2021)

无危 LC

IUCN 红色名录 / IUCN Red List (2021)

无危 LC

威胁因子 / Threats

无 None

▲ 法律保护地位 / Legal Protection Status

国家重点保护野生动物等级 / Category of National Key Protected Wild Animals (2021)

未列入 Not listed

"三有"名录 / TWIESSV (2023)

未列入 Not listed

CITES 附录等级 / CITES Appendix (2023)

未列入 Not listed

迁徙物种公约附录 / CMS Appendix (2020)

未列入 Not listed

保护行动 / Conservation Action

尚无保护行动 No conservation action so far

▲ 参考文献 / References

Jiang et al. (蒋志刚等), 2021; Burgin et al., 2020; IUCN, 2020; Liu et al. (刘少英等), 2020; Wilson et al., 2017; Zheng et al. (郑智民等), 2012; Smith and Xie, 2009; Pan et al. (潘清华等), 2007; Wilson and Reeder, 2005; Wang (王应祥), 2003; Zhang (张荣祖), 1997; Wu et al., 1996

633 / 大泡灰鼠

Berylmys berdmorei (Blyth, 1851)

- Berdmore's Berylmy

▲ 分类地位 / Taxonomy

啮齿目 Rodentia / 鼠科 Muridae / 长尾巨鼠属 *Berylmys*

科建立者及其文献 / Family Authority

Illiger, 1811

属建立者及其文献 / Genus Authority

Ellerman, 1947

亚种 / Subspecies

无 None

模式标本产地 / Type Locality

缅甸

S Burma (Myanmar) (S Tenasserim), Mergui

▲ 其他名称 / Other Name(s)

其他中文名 / Other Chinese Name(s)

贝氏鼠

其他英文名 / Other English Name(s)

Small White-toothed Rat

同物异名 / Synonym(s)

无 None

▲ 形态及生境 / Morphology and Habitat

形态特征 / Morphological Characteristics

齿式：1.0.0.3/1.0.0.3=16。背毛深灰色。腹侧毛纯白色。尾长短于体长，尾上部深棕色，尾下部纯棕色到斑驳的灰白色，带黑色斑点。足背表面灰白色。

Dental formula:1.0.0.3/1.0.0.3=16. Dorsal hairs deep gray. Ventral fur cream white. Tail is shorter than the head and body length, dark brown on the upper part while pure brown to grayish-white with black spots on the lower part of the tail. Dorsal surfaces of feet are grayish white.

生境 / Habitat

森林、沼泽

Forest, swamp

▲ 地理分布 / Geographic Distribution

国内分布 / Domestic Distribution
云南 Yunnan

全球分布 / World Distribution
柬埔寨、中国、老挝、缅甸、泰国、越南
Cambodia, China, Laos, Myanmar, Thailand, Vietnam

生物地理界 / Biogeographic Realm
印度马来界 Indomalaya

WWF 生物群系 / WWF Biome
热带和亚热带湿润阔叶林
Tropical & Subtropical Moist Broadleaf Forests

动物地理分布型 / Zoogeographic Distribution Type
Wa

分布标注 / Distribution Note
非特有种 Non-Endemic

▲ 濒危状况 / Threatened Status

中国生物多样性红色名录等级 / CB RL Category (2021)
无危 LC

IUCN 红色名录 / IUCN Red List (2021)
无危 LC

威胁因子 / Threats
无 None

▲ 法律保护地位 / Legal Protection Status

国家重点保护野生动物等级 / Category of National Key Protected Wild Animals (2021)
未列入 Not listed

"三有"名录 / TWIESSV (2023)
未列入 Not listed

CITES 附录等级 / CITES Appendix (2023)
未列入 Not listed

迁徙物种公约附录 / CMS Appendix (2020)
未列入 Not listed

保护行动 / Conservation Action
尚无保护行动 No conservation action so far

▲ 参考文献 / References

Jiang et al. (蒋志刚等), 2021; Burgin et al., 2020; IUCN, 2020; Liu et al. (刘少英等), 2020; Zheng et al. (郑智民等), 2012; Smith and Xie, 2009; Xing et al. (邢雅俊等), 2008; Pan et al. (潘清华等), 2007; Wilson and Reeder, 2005; Wang (王应祥), 2003; Zhang (张荣祖), 1997

634 / 青毛巨鼠

Berylmys bowersi (Anderson, 1879)

- Bower's White-toothed Rat

▲ 分类地位 / Taxonomy

啮齿目 Rodentia / 鼠科 Muridae / 长尾巨鼠属 *Berylmys*

科建立者及其文献 / Family Authority

Illiger, 1811

属建立者及其文献 / Genus Authority

Ellerman, 1947

亚种 / Subspecies

指名亚种 *B. b. bowersi* (Anderson, 1879)

西藏、云南、四川、贵州、广西、湖南、广东、福建、江西、浙江和安徽

Tibet, Yunnan, Sichuan, Guizhou, Guangxi, Hunan, Guangdong, Fujian, Jiangxi, Zhejiang and Anhui

模式标本产地 / Type Locality

中国

China, Yunnan Province, Kakhyen Hills, Hotha, 1370 m

刘洋 / 供图

▲ 其他名称 / Other Name(s)

其他中文名 / Other Chinese Name(s)

长尾巨鼠、大山鼠、青毛硕鼠

其他英文名 / Other English Name(s)

Bower's Berylmys, Bower's Rat

同物异名 / Synonym(s)

无 None

▲ 形态及生境 / Morphology and Habitat

形态特征 / Morphological Characteristics

齿式：1.0.0.3/1.0.0.3=16。背毛灰棕色，腹毛纯白。尾背颜色和体背相似，腹面颜色稍淡，尾后端变细，颜色变深，尾尖为白色。

Dental formula: 1.0.0.3/1.0.0.3=16. Dorsal hairs grayish-brown and the belly hairs pure white. Tail back color is similar to that of the body dorsum, the ventral color of the tail slightly lighter, the rear end of the tail is thinner, the color is darker, and the tail tip is white.

生境 / Habitat

森林、次生林、灌丛、耕地

Forest, secondary forest, shrubland, arable land

▲ 地理分布 / Geographic Distribution

国内分布 / Domestic Distribution

浙江、福建、云南、广西、安徽、江西、湖南、湖北、广东、四川、贵州、西藏

Zhejiang, Fujian, Yunnan, Guangxi, Anhui, Jiangxi, Hunan, Hubei, Guangdong, Sichuan, Guizhou, Tibet

全球分布 / World Distribution

中国、印度、印度尼西亚、老挝、马来西亚、缅甸、泰国、越南

China, India, Indonesia, Laos, Malaysia, Myanmar, Thailand, Vietnam

生物地理界 / Biogeographic Realm

古北界、印度马来界

Palearctic, Indomalaya

WWF 生物群系 / WWF Biome

热带和亚热带湿润阔叶林

Tropical & Subtropical Moist Broadleaf Forests

动物地理分布型 / Zoogeographic Distribution Type

Wc

分布标注 / Distribution Note

非特有种 Non-Endemic

▲ 濒危状况 / Threatened Status

中国生物多样性红色名录等级 / CB RL Category (2021)

无危 LC

IUCN 红色名录 / IUCN Red List (2021)

无危 LC

威胁因子 / Threats

无 None

▲ 法律保护地位 / Legal Protection Status

国家重点保护野生动物等级 / Category of National Key Protected Wild Animals (2021)

未列入 Not listed

"三有"名录 / TWIESSV (2023)

未列入 Not listed

CITES 附录等级 / CITES Appendix (2023)

未列入 Not listed

迁徙物种公约附录 / CMS Appendix (2020)

未列入 Not listed

保护行动 / Conservation Action

尚无保护行动 No conservation action so far

▲ 参考文献 / References

Jiang et al. (蒋志刚等), 2021; Burgin et al., 2020; IUCN, 2020; Wilson et al., 2017; Jiang et al. (江广华等), 2013; Zheng et al. (郑智民等), 2012; Pan et al. (潘清华等), 2007; Wilson and Reeder, 2005; Wang (王应祥), 2003; Zhang (张荣祖), 1997

635 / 小泡灰鼠

Berylmys manipulus (Thomas, 1916)

- Manipur White-toothed Rat

▲ 分类地位 / Taxonomy

啮齿目 Rodentia / 鼠科 Muridae / 长尾巨鼠属 *Berylmys*

科建立者及其文献 / Family Authority

Illiger, 1811

属建立者及其文献 / Genus Authority

Ellerman, 1947

亚种 / Subspecies

无 None

模式标本产地 / Type Locality

缅甸

C Burma (Myanmar), Kabaw Valley, Kampat, 32 km west of Kindat

▲ 其他名称 / Other Name(s)

其他中文名 / Other Chinese Name(s)

澳白足鼠

其他英文名 / Other English Name(s)

Manipur Berylmys

同物异名 / Synonym(s)

无 None

▲ 形态及生境 / Morphology and Habitat

形态特征 / Morphological Characteristics

齿式：1.0.0.3/1.0.0.3=16。背毛深灰色。腹侧毛纯白色。尾长等于或稍长于体长，尾上部深棕色，末梢的一半到三分之一完全白色。足背表面白色。

Dental formula: 1.0.0.3/1.0.0.3=16. Dorsal hairs deep gray. Ventral fur pure white. The tail is equal to or nearly equal to the head and body length, dark brown on the upper part with the distal half to third entirely white. Dorsal surfaces of feet are grayish white.

生境 / Habitat

灌丛、热带湿润山地森林

Shrubland, tropical moist montane forest

▲ 地理分布 / Geographic Distribution

国内分布 / Domestic Distribution
云南 Yunnan

全球分布 / World Distribution
中国、印度、缅甸
China, India, Myanmar

生物地理界 / Biogeographic Realm
印度马来界 Indomalaya

WWF 生物群系 / WWF Biome
热带和亚热带湿润阔叶林
Tropical & Subtropical Moist Broadleaf Forests

动物地理分布型 / Zoogeographic Distribution Type
He

分布标注 / Distribution Note
非特有种 Non-Endemic

▲ 濒危状况 / Threatened Status

中国生物多样性红色名录等级 / CB RL Category (2021)
数据缺乏 DD

IUCN 红色名录 / IUCN Red List (2021)
无危 LC

威胁因子 / Threats
无 None

▲ 法律保护地位 / Legal Protection Status

国家重点保护野生动物等级 / Category of National Key Protected Wild Animals (2021)
未列入 Not listed

"三有"名录 / TWIESSV (2023)
未列入 Not listed

CITES 附录等级 / CITES Appendix (2023)
未列入 Not listed

迁徙物种公约附录 / CMS Appendix (2020)
未列入 Not listed

保护行动 / Conservation Action
尚无保护行动 No conservation action so far

▲ 参考文献 / References

Jiang et al. (蒋志刚等), 2021; Burgin et al., 2020; IUCN, 2020; Liu et al. (刘少英等), 2020; Wilson et al., 2017; Zheng et al. (郑智民等), 2012; Smith and Xie, 2009; Xing et al. (邢雅俊等), 2008; Pan et al. (潘清华等), 2007; Wilson and Reeder, 2005; Wang (王应祥), 2003; Zhang (张荣祖), 1997

636 / 白腹巨鼠

Leopoldamys edwardsi (Thomas, 1882)

• Edward's Rat

▲ 分类地位 / Taxonomy

啮齿目 Rodentia / 鼠科 Muridae / 小泡巨鼠属 *Leopoldamys*

科建立者及其文献 / Family Authority

Illiger, 1811

属建立者及其文献 / Genus Authority

Ellerman, 1947

亚种 / Subspecies

指名亚种 *L. e. edwardsi* (Thomas, 1882)
浙江、安徽、江西、福建、广东、广西、湖南和贵州
Zhejiang, Anhui, Jiangxi, Fujian, Guangdong, Guangxi, Hunan and Guizhou

四川亚种 *L. e. gigas* (Satunin, 1903)
重庆、四川、甘肃、陕西和湖北
Chongqing, Sichuan, Gansu, Shaanxi and Hubei

泰国亚种 *L. e. milleti* Robison et Kloss, 1922 云南 Yunnan

海南亚种 *L. e. hainanensis* Xu et Yu, 1985 海南 Hainan

模式标本产地 / Type Locality

中国
China, mountains of W Fujian (probably Kuatun)

曲利明 / 供图

▲ 其他名称 / Other Name(s)

其他中文名 / Other Chinese Name(s)

无 None

其他英文名 / Other English Name(s)

Edwards's Leopoldamys

同物异名 / Synonym(s)

无 None

▲ 形态及生境 / Morphology and Habitat

形态特征 / Morphological Characteristics

齿式：1.0.0.3/1.0.0.3=16。头体长 240~320 mm。最大体重 800 g。背毛棕褐色。腹部纯白色，背腹毛色界线明显，尾两色，尾背面和身体背部颜色一致，腹面白色，尾端毛稍长。

Dental formula: 1.0.0.3/1.0.0.3=16. Head and body length 240-320 mm. The maximum body mass 800 g. Dorsal hairs dark brown. Abdominal hairs cream white, the color boundary between dorsal and abdominal hairs is clearly defined. Tail bicolored, the back of the tail is the same color as the dorsum of the body, the lower side of the tail is white, and the hairs at the tail end are slightly longer.

生境 / Habitat

热带、亚热带湿润低地山地森林
Tropical subtropical moist lowland montane forest

▲ 地理分布 / Geographic Distribution

国内分布 / Domestic Distribution

西藏、云南、甘肃、贵州、广东、广西、海南、福建、浙江、重庆、湖北、湖南、四川、安徽、江西、陕西

Tibet, Yunnan, Gansu, Guizhou, Guangdong, Guangxi, Hainan, Fujian, Zhejiang, Chongqing, Hubei, Hunan, Sichuan, Anhui, Jiangxi, Shaanxi

全球分布 / World Distribution

中国、印度、老挝、马来西亚、缅甸、泰国、越南

China, India, Laos, Malaysia, Myanmar, Thailand, Vietnam

生物地理界 / Biogeographic Realm

古北界、印度马来界

Palearctic, Indomalaya

WWF 生物群系 / WWF Biome

热带和亚热带湿润阔叶林

Tropical & Subtropical Moist Broadleaf Forests

动物地理分布型 / Zoogeographic Distribution Type

Wd

分布标注 / Distribution Note

非特有种 Non-Endemic

▲ 濒危状况 / Threatened Status

中国生物多样性红色名录等级 / CB RL Category (2021)

无危 LC

IUCN 红色名录 / IUCN Red List (2021)

无危 LC

威胁因子 / Threats

无 None

▲ 法律保护地位 / Legal Protection Status

国家重点保护野生动物等级 / Category of National Key Protected Wild Animals (2021)

未列入 Not listed

“三有”名录 / TWIESSV (2023)

未列入 Not listed

CITES 附录等级 / CITES Appendix (2023)

未列入 Not listed

迁徙物种公约附录 / CMS Appendix (2020)

未列入 Not listed

保护行动 / Conservation Action

尚无保护行动 No conservation action so far

▲ 参考文献 / References

Jiang et al. (蒋志刚等), 2021; Burgin et al., 2020; IUCN, 2020; Liu et al. (刘少英等), 2020; Wilson et al., 2017; Zheng et al. (郑智民等), 2012; Liu et al. (刘鑫等), 2011; Lu and Liu (路纪琪和刘彬), 2008; Xia (夏武平), 1964

637 / 耐氏大鼠

Leopoldamys neilli (J. T. Marshall Jr., 1976)

- Neill's Long-tailed Giant Rat

▲ 分类地位 / Taxonomy

啮齿目 Rodentia / 鼠科 Muridae / 小泡巨鼠属 *Leopoldamys*

科建立者及其文献 / Family Authority

Illiger, 1811

属建立者及其文献 / Genus Authority

Ellerman, 1947

亚种 / Subspecies

无 None

模式标本产地 / Type Locality

泰国

Thailand, Saraburi Prov, Kaengkhoi Dist., "outside the entrance to the bat cave, half-way up the face of a wooded limestone cliff, 200 meters altitude"

▲ 其他名称 / Other Name(s)

其他中文名 / Other Chinese Name(s)

无 None

其他英文名 / Other English Name(s)

Herbert's Leopoldamys

同物异名 / Synonym(s)

无 None

▲ 形态及生境 / Morphology and Habitat

形态特征 / Morphological Characteristics

齿式：1.0.0.3/1.0.0.3=16。触须发达，长及耳朵。鼻部膨大，鼻端裸露。耳大，直立。耳郭背部毛色与身体背部毛色相同，耳郭内部裸露无毛。背毛棕褐色，有光泽，多深褐色长毛。颌下、腹部被毛乳白色或浅灰黄色。体侧毛色棕黄色。尾粗，有环鳞。尾长超过头体长。

Dental formula: 1.0.0.3/1.0.0.3=16. Vibrissae are well developed which, can reach to the ears. Nose is enlarged and the tip of the nose is exposed. Ears are large and erect. The back color of the auricle is the same as the dorsum color of the body, and the inner part of the auricle is bare and hairless. Dorsal pelage is brown and shiny, with many dark brown long hairs. Under cheek and belly fur milky white or light pale yellow. The lateral sides of the body are brown and yellow in color. The tail is thick and ringed with scales. Tail length is longer than the head and body length.

生境 / Habitat

森林、内陆岩石区域

Forest, inland rocky area

▲ 地理分布 / Geographic Distribution

国内分布 / Domestic Distribution
云南 Yunnan

全球分布 / World Distribution
中国、泰国
China, Thailand

生物地理界 / Biogeographic Realm
印度马来界 Indomalaya

WWF 生物群系 / WWF Biome
热带和亚热带湿润阔叶林
Tropical & Subtropical Moist Broadleaf Forests

动物地理分布型 / Zoogeographic Distribution Type
Wa

分布标注 / Distribution Note
非特有种 Non-Endemic

▲ 濒危状况 / Threatened Status

中国生物多样性红色名录等级 / CB RL Category (2021)
濒危 EN

IUCN 红色名录 / IUCN Red List (2021)
无危 LC

威胁因子 / Threats
未知 Unknown

▲ 法律保护地位 / Legal Protection Status

国家重点保护野生动物等级 / Category of National Key Protected Wild Animals (2021)
未列入 Not listed

"三有"名录 / TWIESSV (2023)
未列入 Not listed

CITES 附录等级 / CITES Appendix (2023)
未列入 Not listed

迁徙物种公约附录 / CMS Appendix (2020)
未列入 Not listed

保护行动 / Conservation Action
尚无保护行动 No conservation action so far

▲ 参考文献 / References

Jiang et al. (蒋志刚等), 2021; Burgin et al., 2020; IUCN, 2020; Liu et al. (刘少英等), 2020; Wilson et al., 2017; Chen et al. (陈鹏等), 2014; Wilson and Reeder, 2005

638 / 印度小鼠

Mus booduga (Gray, 1837)

- Little Indian Field Mouse

▲ 分类地位 / Taxonomy

啮齿目 Rodentia / 鼠科 Muridae / 小鼠属 *Mus*

科建立者及其文献 / Family Authority
Illiger, 1811

属建立者及其文献 / Genus Authority
Linnaeus, 1758

亚种 / Subspecies
无 None

模式标本产地 / Type Locality
印度
India, S Mahratta

▲ 其他名称 / Other Name(s)

其他中文名 / Other Chinese Name(s)
无 None

其他英文名 / Other English Name(s)
无 None

同物异名 / Synonym(s)
无 None

▲ 形态及生境 / Morphology and Habitat

形态特征 / Morphological Characteristics

齿式：1.0.0.3/1.0.0.3=16。头体长 70 mm。尾长 60 mm。口鼻部尖锐。触须长。上门牙向后弯曲。耳大而圆。背部被毛浅棕色，有光泽。体侧被毛逐渐褪色为灰白色。腹部被毛白色。胸部有浅棕色条纹或斑点。尾双色。尾上部被毛黑色，下部被毛浅色。

Dental formula: 1.0.0.3/1.0.0.3=16. Head and body length 70 mm. Tail length 60 mm. Muzzle rather pointed with long vibrissae. Upper incisors curve backwards. Ears are big and round. Dorsal pelage is light brown and shiny. Hairs in lateral parts fade to grayish white. Underbelly fur is white. Light brown strips or spots on the chest. Tail bicolored. Upper part is black and the lower part is light colored.

生境 / Habitat

分布于海拔 4000 m 以下的多种生境之中
Live in various habitats below 4000 m above sea level

▲ 地理分布 / Geographic Distribution

国内分布 / Domestic Distribution
西藏 Tibet

全球分布 / World Distribution
孟加拉国、中国、印度、缅甸、尼泊尔、巴基斯坦、斯里兰卡
Bangladesh, China, India, Myanmar, Nepal, Pakistan, Sri Lanka

生物地理界 / Biogeographic Realm
印度马来界 Indomalaya

WWF 生物群系 / WWF Biome
热带和亚热带湿润阔叶林
Tropical & Subtropical Moist Broadleaf Forests

动物地理分布型 / Zoogeographic Distribution Type
Hc

分布标注 / Distribution Note
非特有种 Non-Endemic

▲ 濒危状况 / Threatened Status

中国生物多样性红色名录等级 / CB RL Category (2021)
无危 LC

IUCN 红色名录 / IUCN Red List (2021)
无危 LC

威胁因子 / Threats
无 None

▲ 法律保护地位 / Legal Protection Status

国家重点保护野生动物等级 / Category of National Key Protected Wild Animals (2021)
未列入 Not listed

“三有”名录 / TWIESSV (2023)
未列入 Not listed

CITES 附录等级 / CITES Appendix (2023)
未列入 Not listed

迁徙物种公约附录 / CMS Appendix (2020)
未列入 Not listed

保护行动 / Conservation Action
尚无保护行动 No conservation action so far

▲ 参考文献 / References

Jiang et al. (蒋志刚等), 2021; Burgin et al., 2020; IUCN, 2020; Liu et al. (刘少英等), 2020; Wilson et al., 2017; Pan et al. (潘清华等), 2007; Wilson and Reeder, 2005; Choudhury, 2003

639 / 卡氏小鼠

Mus caroli Bonhote, 1902

- Ryukyu Mouse

▲ 分类地位 / Taxonomy

啮齿目 Rodentia / 鼠科 Muridae / 小鼠属 *Mus*

科建立者及其文献 / Family Authority
Illiger, 1811

属建立者及其文献 / Genus Authority
Linnaeus, 1758

亚种 / Subspecies
指名亚种　*M. c. caroli* Bonhote, 1902
异名 (Syn)：*M . c. formosanus* Kurode, 1925

福建、台湾、广东、香港、澳门、广西、海南、贵州和云南
Fujian, Taiwan, Guangdong, Hong Kong, Macao, Guangxi, Hainan, Guizhou and Yunnan

模式标本产地 / Type Locality
琉球群岛
Ryukyu (Liukiu) Isls, Okinawa Isl

刘全生 / 供图

▲ 其他名称 / Other Name(s)

其他中文名 / Other Chinese Name(s)
无 None

其他英文名 / Other English Name(s)
Ricefield Mouse

同物异名 / Synonym(s)
无 None

▲ 形态及生境 / Morphology and Habitat

形态特征 / Morphological Characteristics
齿式：1.0.0.3/1.0.0.3=16。背毛浅灰棕色至浅黄棕色，杂有粗硬针毛。腹面浅灰白色。尾明显双色，尾背面和体背毛色一致，尾腹面灰白色。前后足背面灰白色。
Dental Formula: 1.0.0.3/1.0.0.3=16. Dorsal hairs light grayish brown to light yellowish brown, interspersed with coarser bristles. Ventral surface grayish white. Tail sharply bicolored, tail back color is consistent with that on the body dorsum, while color of the underpart of the tail gray white. Pale gray on the dorsa of forefeet and hind feet.

生境 / Habitat
农田、草地、灌丛、次生林
Arable land, grassland, shrubland, secondary forest

▲ 地理分布 / Geographic Distribution

国内分布 / Domestic Distribution

福建、台湾、贵州、广西、云南、广东、海南、香港

Fujian, Taiwan, Guizhou, Guangxi, Yunnan, Guangdong, Hainan, Hong Kong

全球分布 / World Distribution

柬埔寨、中国、老挝、缅甸、泰国、越南

Cambodia, China, Laos, Myanmar, Thailand, Vietnam

生物地理界 / Biogeographic Realm

印度马来界 Indomalaya

WWF 生物群系 / WWF Biome

热带和亚热带湿润阔叶林

Tropical & Subtropical Moist Broadleaf Forests

动物地理分布型 / Zoogeographic Distribution Type

Wb

分布标注 / Distribution Note

非特有种 Non-Endemic

▲ 濒危状况 / Threatened Status

中国生物多样性红色名录等级 / CB RL Category (2021)

无危 LC

IUCN 红色名录 / IUCN Red List (2021)

无危 LC

威胁因子 / Threats

无 None

▲ 法律保护地位 / Legal Protection Status

国家重点保护野生动物等级 / Category of National Key Protected Wild Animals (2021)

未列入 Not listed

“三有”名录 / TWIESSV (2023)

未列入 Not listed

CITES 附录等级 / CITES Appendix (2023)

未列入 Not listed

迁徙物种公约附录 / CMS Appendix (2020)

未列入 Not listed

保护行动 / Conservation Action

尚无保护行动 No conservation action so far

▲ 参考文献 / References

Jiang et al. (蒋志刚等), 2021; Burgin et al., 2020; IUCN, 2020; Wilson et al., 2017; Zheng et al. (郑智民等), 2012; Wilson and Reeder, 2005; Wang(王应祥), 2003; Wu (吴爱国), 2002; Zhang (张荣祖), 1997; Wu et al. (吴德林等), 1995

640 / 仔鹿小鼠

Mus cervicolor Hodgson, 1845

• Fawn-colored Mouse

▲ 分类地位 / Taxonomy

啮齿目 Rodentia / 鼠科 Muridae / 小鼠属 *Mus*

科建立者及其文献 / Family Authority
Illiger, 1811

属建立者及其文献 / Genus Authority
Linnaeus, 1758

亚种 / Subspecies
无 None

模式标本产地 / Type Locality
尼泊尔
Nepal

▲ 其他名称 / Other Name(s)

其他中文名 / Other Chinese Name(s)
鼷鼠

其他英文名 / Other English Name(s)
无 None

同物异名 / Synonym(s)
无 None

▲ 形态及生境 / Morphology and Habitat

形态特征 / Morphological Characteristics

齿式：1.0.0.3/1.0.0.3=16。背毛柔软，橙棕色到棕色灰色。腹毛乳白色，毛具淡灰色基部。尾长短于体长，尾上下部双色明显：上部深棕色，下部白色。足背面白色。与卡氏小鼠 *Mus caroli* 同域分布，但体型较卡氏小鼠小，尾长较卡氏小鼠短。

Dental formula: 1.0.0.3/1.0.0.3=16. Dorsal hairs soft, orange-brown to brownish-gray. Abdominal hairs cream white with light gray bases. Tail is shorter than the head and body length, and the upper and lower parts of the tail bicolored: dark brown on the upper part and white on the lower part. Dorsa of feet are white. Sympatric with Ryukyu Mouse *Mus caroli*, but smaller in body size and shorter in tail.

生境 / Habitat

次生林、草地、灌丛、农田
Secondary forest, grassland, shrubland, arable land

▲ 地理分布 / Geographic Distribution

国内分布 / Domestic Distribution

云南 Yunnan

全球分布 / World Distribution

中国、柬埔寨、印度、老挝、缅甸、尼泊尔、巴基斯坦、斯里兰卡、泰国、越南

China, Cambodia, India, Laos, Myanmar, Nepal, Pakistan, Sri Lanka, Thailand, Vietnam

生物地理界 / Biogeographic Realm

印度马来界 Indomalaya

WWF 生物群系 / WWF Biome

热带和亚热带湿润阔叶林

Tropical & Subtropical Moist Broadleaf Forests

动物地理分布型 / Zoogeographic Distribution Type

Wa

分布标注 / Distribution Note

非特有种 Non-Endemic

▲ 濒危状况 / Threatened Status

中国生物多样性红色名录等级 / CB RL Category (2021)

无危 LC

IUCN 红色名录 / IUCN Red List (2021)

无危 LC

威胁因子 / Threats

无 None

▲ 法律保护地位 / Legal Protection Status

国家重点保护野生动物等级 / Category of National Key Protected Wild Animals (2021)

未列入 Not listed

"三有"名录 / TWIESSV (2023)

未列入 Not listed

CITES 附录等级 / CITES Appendix (2023)

未列入 Not listed

迁徙物种公约附录 / CMS Appendix (2020)

未列入 Not listed

保护行动 / Conservation Action

尚无保护行动 No conservation action so far

▲ 参考文献 / References

Jiang et al. (蒋志刚等), 2021; Burgin et al., 2020; IUCN, 2020; Liu et al. (刘少英等), 2020; Wilson et al., 2017; Smith and Xie, 2009; Pan et al. (潘清华等), 2007; Wilson and Reeder, 2005; Wang (王应祥), 2003; Zhang (张荣祖), 1997; Marshall, 1977

641 / 丛林小鼠

Mus cookii Ryley, 1914

- Cook's Mouse

▲ 分类地位 / Taxonomy

啮齿目 Rodentia / 鼠科 Muridae / 小鼠属 *Mus*

科建立者及其文献 / Family Authority

Illiger, 1811

属建立者及其文献 / Genus Authority

Linnaeus, 1758

亚种 / Subspecies

指名亚种 *M. c. cookie* Ryley, 1914
云南 Yunnan

模式标本产地 / Type Locality

缅甸
N Burma (Myanmar), Shan States, Gokteik, 650 m

▲ 其他名称 / Other Name(s)

其他中文名 / Other Chinese Name(s)

库氏小家鼠

其他英文名 / Other English Name(s)

Ryley's Spiny Mouse

同物异名 / Synonym(s)

Paruromys dominator (Thomas, 1921)

▲ 形态及生境 / Morphology and Habitat

形态特征 / Morphological Characteristics

齿式：1.0.0.3/1.0.0.3=16。丛林小鼠是小家鼠中稍小的一种，眼球清晰突出。耳郭圆形至椭圆形，较大，紧贴头部。尾长等于头体长。背面毛色为灰红色，腹部为淡白色。

Dental formula: 1.0.0.3/1.0.0.3=16. The Cook's Mouse *Mus cookii* is a smaller type of house mouse with clear and protruding eyes. Ears pinnae round to oval, large, close to the head. Tail length is equal to the head length. Dorsal hairs color is grayish red and the abdomen is pale white.

生境 / Habitat

农田 Arable land

▲ 地理分布 / Geographic Distribution

国内分布 / Domestic Distribution

云南 Yunnan

全球分布 / World Distribution

孟加拉国、不丹、中国、印度、老挝、缅甸、尼泊尔、泰国、越南

Bangladesh, Bhutan, China, India, Laos, Myanmar, Nepal, Thailand, Vietnam

生物地理界 / Biogeographic Realm

印度马来界 Indomalaya

WWF 生物群系 / WWF Biome

热带和亚热带湿润阔叶林

Tropical & Subtropical Moist Broadleaf Forests

动物地理分布型 / Zoogeographic Distribution Type

Hm

分布标注 / Distribution Note

非特有种 Non-Endemic

▲ 濒危状况 / Threatened Status

中国生物多样性红色名录等级 / CB RL Category (2021)

无危 LC

IUCN 红色名录 / IUCN Red List (2021)

无危 LC

威胁因子 / Threats

无 None

▲ 法律保护地位 / Legal Protection Status

国家重点保护野生动物等级 / Category of National Key Protected Wild Animals (2021)

未列入 Not listed

"三有"名录 / TWIESSV (2023)

未列入 Not listed

CITES 附录等级 / CITES Appendix (2023)

未列入 Not listed

迁徙物种公约附录 / CMS Appendix (2020)

未列入 Not listed

保护行动 / Conservation Action

尚无保护行动 No conservation action so far

▲ 参考文献 / References

Jiang et al. (蒋志刚等), 2021; Burgin et al., 2020; IUCN, 2020; Liu et al. (刘少英等), 2020; Wilson et al., 2017; Zheng et al. (郑智民等), 2012; Pan et al. (潘清华等), 2007; Wilson and Reeder, 2005; Wang (王应祥), 2003; Zhang(张荣祖), 1997; Marshall, 1977

642 / 小家鼠

Mus musculus Linnaeus, 1758

- House Mouse

▲ 分类地位 / Taxonomy

啮齿目 Rodentia / 鼠科 Muridae / 小鼠属 *Mus*

科建立者及其文献 / Family Authority

Illiger, 1811

属建立者及其文献 / Genus Authority

Linnaeus, 1758

亚种 / Subspecies

指名亚种 *M. m. musculus* Linnaeus, 1758
黑龙江、内蒙古和北京
Heilongjiang, Inner Mongolia and Beijing

东北亚种 *M. m. mancus* Thomas, 1909
异名 (Syn)：*M. m. molossinus* Temmincxk, 1845
吉林、辽宁和河北
Jilin, Liaoning and Hebei

喜马拉雅亚种 *M. m. homourus* Hodgson, 1845
西藏，重庆、江苏、上海、河南和山东
Tibet, Chongqing, Jiangsu, Shanghai, Henan and Shandong

甘肃亚种 *M. m. gansuensis* Satunin, 1903
甘肃、青海、宁夏、陕西、山西、山东、河北和北京
Gansu, Qinghai, Ningxia, Shaanxi, Shanxi, Shandong, Hebei and Beijing

华南亚种 *M. m. castaneus* Waterhouse, 1834
云南、贵州、湖南、广西、海南、广东、香港、澳门、福建、台湾、江西和浙江
Yunnan, Guizhou, Hunan, Guangxi, Hainan, Guangdong, Hong Kong, Macao, Fujian, Taiwan, Jiangxi and Zhejiang

川陕亚种 *M. m. tantillus* G. Allen, 1927
重庆、四川、湖北、陕西和甘肃
Chongqing, Sichuan, Hubei, Shaanxi and Gausu

北疆亚种 *M. m. decolor* Argyropulo, 1932
新疆 Xinjiang

南疆亚种 *M. m. wagneri* Eversman, 1848
新疆 Xinjiang

模式标本产地 / Type Locality

瑞典

Sweden, Uppsala County, Uppsala

▲ 其他名称 / Other Name(s)

其他中文名 / Other Chinese Name(s)

无 None

其他英文名 / Other English Name(s)

无 None

同物异名 / Synonym(s)

Mus abbotti Waterhouse, 1837,
Mus domesticus Rutty, 1772

▲ 形态及生境 / Morphology and Habitat

形态特征 / Morphological Characteristics

齿式：1.0.0.3/1.0.0.3=16。不同区域的小家鼠毛色有差别。北方小家鼠背毛棕黄色，腹部白色；南方小家鼠背毛灰棕色或灰色，腹面灰白色，毛基淡灰色。背面和腹面毛色界线较明显。尾上下两色：上部淡褐色，下部污白色。

Dental formula: 1.0.0.3/1.0.0.3=16. Color of *Mus musculus* varies in regions. Dorsal hairs of individuals from the north are brownish yellow with white belly. Dorsal hairs of individuals from the south are grayish brown or gray with grayish belly and pale grey hair bases. The color boundary between dorsum and abdomen is distinctive. Upper and down sides of the tail bicolored: the upper part light brown, the lower part dirt white.

生境 / Habitat

人工环境 Anthropagenic landscape

▲ 地理分布 / Geographic Distribution

国内分布 / Domestic Distribution

黑龙江、吉林、辽宁、内蒙古、河北、北京、天津、山东、河南、山西、陕西、甘肃、宁夏、青海、四川、贵州、云南、西藏、上海、江苏、浙江、安徽、新疆、江西、湖北、湖南、广西、广东、海南、福建、台湾、重庆、香港、澳门

Heilongjiang, Jilin, Liaoning, Inner Mongolia, Hebei, Beijing, Tianjin, Shandong, Henan, Shanxi, Shaanxi, Gansu, Ningxia, Qinghai, Sichuan, Guizhou, Yunnan, Tibet, Shanghai, Jiangsu, Zhejiang, Anhui, Xinjiang, Jiangxi, Hubei, Hunan, Guangxi, Guangdong, Hainan, Fujian, Taiwan, Chongqing, Hong Kong, Macao

全球分布 / World Distribution

阿富汗、阿尔巴尼亚、阿尔及利亚、安道尔、亚美尼亚、奥地利、阿塞拜疆、巴林、白俄罗斯、比利时、波斯尼亚和黑塞哥维那、保加利亚、克罗地亚、捷克、丹麦、埃及、厄立特里亚、爱沙尼亚、法罗群岛、芬兰、法国、格鲁吉亚、德国、直布罗陀、希腊、梵蒂冈、匈牙利、冰岛、印度、伊朗、伊拉克、爱尔兰、以色列、意大利、日本、约旦、哈萨克斯坦、朝鲜、韩国、吉尔吉斯斯坦、拉脱维亚、黎巴嫩、利比亚、列支敦士登、立陶宛、卢森堡、马其顿、马耳他、摩尔多瓦、摩纳哥、蒙古国、黑山、摩洛哥、尼泊尔、荷兰、挪威、阿曼、巴基斯坦、波兰、葡萄牙、罗马尼亚、俄罗斯、塞尔维亚、斯洛伐克、斯洛文尼亚、西班牙、瑞典、瑞士、叙利亚、塔吉克斯坦、突尼斯、土耳其、土库曼斯坦、乌克兰、阿联酋、英国、乌兹别克斯坦、也门、阿根廷、澳大利亚、玻利维亚、巴西、文莱、柬埔寨、加拿大、智利、哥伦比亚、塞浦路斯、厄瓜多尔、根西岛、印度尼西亚、马恩岛、泽西岛、老挝、马来西亚、缅甸、新西兰、巴布亚新几内亚、秘鲁、菲律宾、新加坡、南非、中国、泰国、美国、乌拉圭、委内瑞拉、越南

Afghanistan, Albania, Algeria, Andorra, Armenia, Austria, Azerbaijan, Bahrain, Belarus, Belgium, Bosnia and Herzegovina, Bulgaria, Croatia, Czech, Danmark, Egypt, Eritrea, Estonia, Faroe Islands, Finland, France, Georgia, Germany, Gibraltar, Greece, Vatican, Hungary, Iceland, India, Iran, Iraq, Ireland, Israel, Italy, Japan, Jordan, Kazakhstan, Democratic People's Republic of Korea, Republic of Korea, Kyrgyzstan, Latvia, Lebanon, Libya, Liechtenstein, Lithuania, Luxembourg, Macedonia, Malta, Moldova, Monaco, Mongolia, Montenegro, Morocco, Nepal, Netherlands, Norway, Oman, Pakistan, Poland, Portugal, Romania, Russia, Serbia, Slovakia, Slovenia, Spain, Sweden, Switzerland, Syria, Tajikistan, Tunisia, Turkey, Turkmenistan, Ukraine, United Arab Emirates, United Kingdom, Uzbekistan, Yemen, Argentina, Australia, Bolivia, Brazil, Brunei, Cambodia, Canada, Chile, Colombia, Cyprus, Ecuador, Guernsey, Indonesia, Isle of Man, Jersey, Laos, Malaysia, Myanmar, New Zealand, Papua New Guinea, Peru, Philippines, Singapore, South Africa, China, Thailand, United States, Uruguay, Venezuela, Vietnam

生物地理界 / Biogeographic Realm

古北界、非洲热带界、印度马来界

Palearctic, Afrotropical, Indomalaya

WWF 生物群系 / WWF Biome

北方森林 / 针叶林、热带和亚热带湿润阔叶林、山地草原和灌丛、温带草原、热带稀树草原和灌木地

Boreal Forests/Taiga, Tropical & Subtropical Moist Broadleaf Forests, Montane Grasslands & Shrublands, Temperate Grasslands, Savannas & Shrublands

动物地理分布型 / Zoogeographic Distribution Type

Uh

分布标注 / Distribution Note

非特有种 Non-Endemic

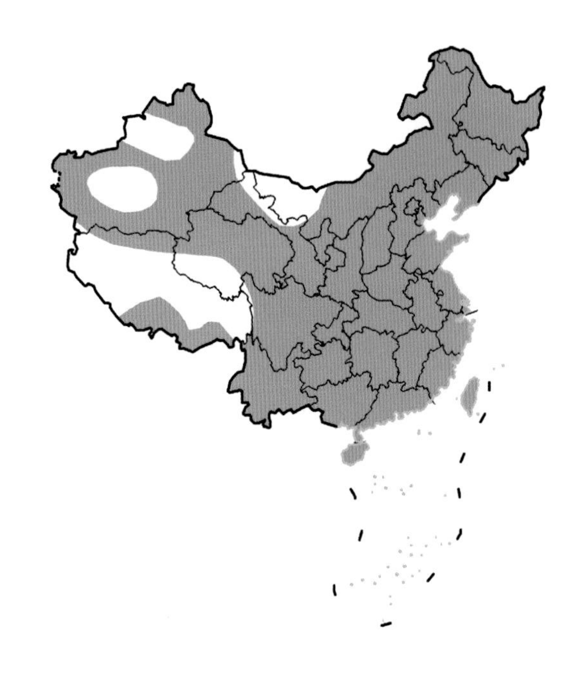

▲ 濒危状况 / Threatened Status

中国生物多样性红色名录等级 / CB RL Category (2021)

无危 LC

IUCN 红色名录 / IUCN Red List (2021)

无危 LC

威胁因子 / Threats

无 None

▲ 法律保护地位 / Legal Protection Status

国家重点保护野生动物等级 / Category of National Key Protected Wild Animals (2021)

未列入 Not listed

"三有"名录 / TWIESSV (2023)

未列入 Not listed

CITES 附录等级 / CITES Appendix (2023)

未列入 Not listed

迁徙物种公约附录 / CMS Appendix (2020)

未列入 Not listed

保护行动 / Conservation Action

尚无保护行动 No conservation action so far

▲ 参考文献 / References

Jiang et al. (蒋志刚等), 2021; Burgin et al., 2020; IUCN, 2020; Wilson et al., 2017; Zhu et al. (朱琼蕊等), 2014; Zheng et al. (郑智民等), 2012; Pan et al. (潘清华等), 2007; Wilson and Reeder, 2005; Wang (王应祥), 2003; Macholán, 1999; Zhang (张荣祖), 1997; Yan and Zhong (严志堂和钟明明), 1984; Xia (夏武平), 1988, 1964

643 / 锡金小鼠

Mus pahari Thomas, 1916

- Gairdner's Shrewmouse

▲ 分类地位 / Taxonomy

啮齿目 Rodentia / 鼠科 Muridae / 小鼠属 *Mus*

科建立者及其文献 / Family Authority
Illiger, 1811

属建立者及其文献 / Genus Authority
Linnaeus, 1758

亚种 / Subspecies
指名亚种 *M. p. pahari* Thomas, 1916
西藏 Tibet

滇西亚种 *M. p. gairdneri* Kloss, 1920
云南 Yunnan

印支亚种 *M. p. jacksoniae* Thomas, 1921
广西、贵州和四川
Guangxi, Guizhou and Sichuan

模式标本产地 / Type Locality
印度
India, Sikkim, Batasia,1830 m

▲ 其他名称 / Other Name(s)

其他中文名 / Other Chinese Name(s)
库氏小家鼠

其他英文名 / Other English Name(s)
Indochinese Shrewlike Mouse

同物异名 / Synonym(s)
Leggada jacksoniae Thomas, 1921 *Mus pahari* (Thomas, 1921) ssp. *jacksoniae*

▲ 形态及生境 / Morphology and Habitat

形态特征 / Morphological Characteristics
齿式: 1.0.0.3/1.0.0.3=16。体型像鼩鼱，腰部塌陷。鼻长，眼睛小，耳朵短。背毛深蓝灰色，成体有刺。腹毛银灰色。背部与腹部毛色界线清楚。尾长等于或稍短于头体长。尾双色，上部深蓝色，下部白色。足背表面为白色。

Dental formula: 1.0.0.3/1.0.0.3=16. Shaped like a shrew with a sagging waist. Long nose, small eyes and short ears. Dorsal hairs dark blue-gray, with spines in adults. Abdominal hairs silvery grey. Clear color boundary between dorsal and belly hairs. Tail equal to or slightly shorter than the length of the head and body. A bicolored tail: dark blue above, white below. Dorsal surfaces of the feet are white.

生境 / Habitat
森林 Forest

▲ 地理分布 / Geographic Distribution

国内分布 / Domestic Distribution
四川、贵州、云南、西藏、广西
Sichuan, Guizhou, Yunnan, Tibet, Guangxi

全球分布 / World Distribution
老挝、不丹、柬埔寨、中国、印度、缅甸、泰国、越南
Laos, Bhutan, Cambodia, China, India, Myanmar, Thailand, Vietnam

生物地理界 / Biogeographic Realm
印度马来界 Indomalaya

WWF 生物群系 / WWF Biome
热带和亚热带湿润阔叶林
Tropical & Subtropical Moist Broadleaf Forests

动物地理分布型 / Zoogeographic Distribution Type
Wc

分布标注 / Distribution Note
非特有种 Non-Endemic

▲ 濒危状况 / Threatened Status

中国生物多样性红色名录等级 / CB RL Category (2021)
无危 LC

IUCN 红色名录 / IUCN Red List (2021)
无危 LC

威胁因子 / Threats
无 None

▲ 法律保护地位 / Legal Protection Status

国家重点保护野生动物等级 / Category of National Key Protected Wild Animals (2021)
未列入 Not listed

"三有"名录 / TWIESSV (2023)
未列入 Not listed

CITES 附录等级 / CITES Appendix (2023)
未列入 Not listed

迁徙物种公约附录 / CMS Appendix (2020)
未列入 Not listed

保护行动 / Conservation Action
尚无保护行动 No conservation action so far

▲ 参考文献 / References

Jiang et al. (蒋志刚等), 2021; Burgin et al., 2020; IUCN, 2020; Pan et al. (潘会等), 2012; Zheng et al. (郑智民等), 2012; Wang (王应祥), 2003

644 / 道氏东京鼠

Tonkinomys davovantien
Musser, Lunde & Son, 2006

- Daovantien's Limestone Rat

▲ 分类地位 / Taxonomy

啮齿目 Rodentia / 鼠科 Muridae / 东京鼠属 *Tonkinomys*

科建立者及其文献 / Family Authority
Illiger, 1811

属建立者及其文献 / Genus Authority
Linnaeus, 1758

亚种 / Subspecies
无 None

模式标本产地 / Type Locality
越南
in the vicinity of La^n Đa˘t Village (21°40'52"/106°20'28"E), 150 m, Hu, u˘ Lie^n Nature Reserve, Hu, u˘ Lie^n Commune, Hu, u˘ Lun˘g District, Lang So, n Province, Vietnam

▲ 其他名称 / Other Name(s)

其他中文名 / Other Chinese Name(s)
无 None

其他英文名 / Other English Name(s)
无 None

同物异名 / Synonym(s)
无 None

▲ 形态及生境 / Morphology and Habitat

形态特征 / Morphological Characteristics

齿式：1.0.0.3/1.0.0.3=16。触须发达，长及耳朵。鼻部膨大，鼻端裸露。耳大而圆，直立。耳郭内部裸露无毛。鼻梁正中至前额有一道白斑。背毛黑色，有光泽。颌下、腹部被毛乳白色或浅灰黄色。尾粗，有环鳞。足趾裸露。尾前半部被毛颜色与背部被毛相同，后半部被覆稀疏白毛。尾长约等于头体长。

Dental formula: 1.0.0.3/1.0.0.3=16. Vibrissae are well developed which, can reach the ears. Nose is enlarged and the tip of the nose is exposed. Ears are large, round and erect. Inner part of the auricle is bare and glabrous. There is a white spot from the middle of the nose bridge to the forehead. Dorsal hairs black and shiny. Creamy white or grayish yellow hairs on the underjaw and belly. Tail is thick and ringed with scales. Toes are bare and hairless. The front part of the tail is the same color as the dorsal pelage, and the back part of the tail is covered with sparse white hairs. Tail length is approximately equal to the head and body length.

生境 / Habitat
森林 Forest

▲ 地理分布 / Geographic Distribution

国内分布 / Domestic Distribution

云南 Yunnan

全球分布 / World Distribution

中国、越南 China, Vietnam

生物地理界 / Biogeographic Realm

印度马来界 Indomalaya

WWF 生物群系 / WWF Biome

热带和亚热带湿润阔叶林

Tropical & Subtropical Moist Broadleaf Forests

动物地理分布型 / Zoogeographic Distribution Type

Wa

分布标注 / Distribution Note

非特有种 Non-Endemic

▲ 濒危状况 / Threatened Status

中国生物多样性红色名录等级 / CB RL Category (2021)

数据缺乏 DD

IUCN 红色名录 / IUCN Red List (2021)

未评定 NE

威胁因子 / Threats

未知 Unknown

▲ 法律保护地位 / Legal Protection Status

国家重点保护野生动物等级 / Category of National Key Protected Wild Animals (2021)

未列入 Not listed

"三有"名录 / TWIESSV (2023)

未列入 Not listed

CITES 附录等级 / CITES Appendix (2023)

未列入 Not listed

迁徙物种公约附录 / CMS Appendix (2020)

未列入 Not listed

保护行动 / Conservation Action

尚无保护行动 No conservation action so far

▲ 参考文献 / References

Jiang et al. (蒋志刚等), 2021; Burgin et al., 2020; IUCN, 2020; Liu et al. (刘少英等), 2020; Cheng et al. (成市等), 2018; Wilson et al., 2017

645 / 小板齿鼠

Bandicota bengalensis (Gray, 1835)

- Lesser Bandicoot Rat

▲ 分类地位 / Taxonomy

啮齿目 Rodentia / 鼠科 Muridae / 板齿鼠属 *Bandicota*

科建立者及其文献 / Family Authority

Illiger, 1811

属建立者及其文献 / Genus Authority

Gray, 1873

亚种 / Subspecies

指名亚种 *B. b. bengalensis* (Gray, 1835)
西藏 Tibet

克什米尔亚种 *B. b. wardi* (Wroughton, 1908)
西藏和新疆
Tibet and Xinjiang

模式标本产地 / Type Locality

印度
India, Bengal

▲ 其他名称 / Other Name(s)

其他中文名 / Other Chinese Name(s)

无 None

其他英文名 / Other English Name(s)

Indian Mole-rat, Sind Rice Rat

同物异名 / Synonym(s)

无 None

▲ 形态及生境 / Morphology and Habitat

形态特征 / Morphological Characteristics

齿式：1.0.0.3/1.0.0.3=16。头体长约 250 mm。眼睛大。耳大，被覆极短绒毛，肉色。口鼻端有长触须。背部皮毛为深色，很少数个体被毛浅棕色，偶尔为黑色，腹部皮毛为浅色至深灰色。尾呈均匀的深色，短于头体长。

Dental formula: 1.0.0.3/1.0.0.3=16. Eyes big. Ears large, covered with very short fuzz, flesh-colored. There are long bristles on the muzzle. Dorsal coat dark color, light brown in some individuals, occasionally black. Ventral side light to dark gray. Tail uniformly dark, shorter than the head and body length.

生境 / Habitat

农田，民居
Arable land, man-made building

▲ 地理分布 / Geographic Distribution

国内分布 / Domestic Distribution
西藏、新疆
Tibet, Xinjiang

全球分布 / World Distribution
中国、印度、孟加拉国、斯里兰卡
China, India, Bangladesh, Sri Lanka

生物地理界 / Biogeographic Realm
印度马来界 Indomalaya

WWF 生物群系 / WWF Biome
热带和亚热带湿润阔叶林
Tropical & Subtropical Moist Broadleaf Forests

动物地理分布型 / Zoogeographic Distribution Type
Hc

分布标注 / Distribution Note
非特有种 Non-Endemic

▲ 濒危状况 / Threatened Status

中国生物多样性红色名录等级 / CB RL Category (2021)
无危 LC

IUCN 红色名录 / IUCN Red List (2021)
无危 LC

威胁因子 / Threats
未知 Unknown

▲ 法律保护地位 / Legal Protection Status

国家重点保护野生动物等级 / Category of National Key Protected Wild Animals (2021)
未列入 Not listed

“三有”名录 / TWIESSV (2023)
未列入 Not listed

CITES 附录等级 / CITES Appendix (2023)
未列入 Not listed

迁徙物种公约附录 / CMS Appendix (2020)
未列入 Not listed

保护行动 / Conservation Action
尚无保护行动 No conservation action so far

▲ 参考文献 / References

Jiang et al. (蒋志刚等), 2021; Burgin et al., 2020; IUCN, 2020; Liu et al. (刘少英等), 2020; Wilson et al., 2017; Pan et al. (潘清华等), 2007; Wilson and Reeder, 2005; Choudhury, 2003; Wang (王应祥), 2003; Zhang (张荣祖), 1997; Xia (夏武平), 1988

646 / 板齿鼠

Bandicota indica (Bechstein, 1800)

- Greater Bandicoot Rat

▲ 分类地位 / Taxonomy

啮齿目 Rodentia / 鼠科 Muridae / 板齿鼠属 *Bandicota*

科建立者及其文献 / Family Authority

Illiger, 1811

属建立者及其文献 / Genus Authority

Gray, 1873

亚种 / Subspecies

华南亚种 *B. i. nemorivagus* (Hodgson, 1836)
四川、贵州、广西、广东、香港和福建
Sichuan, Guizhou, Guangxi, Guangdong, Hong Kong and Fujian

台湾亚种 *B. i. eloquent* (Kishida, 1926)
台湾 Taiwan

泰国亚种 *B. i. mordax* Thomas, 1916
云南 Yunnan

越北亚种 *B. i. sonlaensis* Dao, 1972
云南 Yunnan

模式标本产地 / Type Locality

印度
India, Pondicherry

刘全生 / 供图

▲ 其他名称 / Other Name(s)

其他中文名 / Other Chinese Name(s)
大柜鼠、乌毛柜鼠

其他英文名 / Other English Name(s)
无 None

同物异名 / Synonym(s)
无 None

▲ 形态及生境 / Morphology and Habitat

形态特征 / Morphological Characteristics

齿式：1.0.0.3/1.0.0.3=16。背毛粗，其间杂有粗而长的黑色针毛，深棕黑色，体侧面毛色稍浅，腹部毛基部黑灰色，毛尖浅灰棕色至灰色。尾粗，覆盖黑色或灰色短毛，尾上下部颜色一致。脚背灰黑色，爪子灰白色。

Dental formula: 1.0.0.3/1.0.0.3=16. Dorsal hairs very coarse, interspersed with thick long black aciculae, dark brown-black in color, slightly light on lateral side, abdominal hairs base black gray, hair tips light gray-brown to gray. Tail is thick, covered with black and gray short hairs, and the color is the same on upper and lower parts. Dorsa of feet are grayish black, the claws are grayish white.

生境 / Habitat

城市、农田、江河岸
Urban area, arable land, riverside

▲ 地理分布 / Geographic Distribution

国内分布 / Domestic Distribution

四川、贵州、云南、广西、广东、福建、台湾、香港

Sichuan, Guizhou, Yunnan, Guangxi, Guangdong, Fujian, Taiwan, Hong Kong

全球分布 / World Distribution

孟加拉国、柬埔寨、中国、印度、老挝、马来西亚、缅甸、尼泊尔、斯里兰卡、泰国、越南

Bangladesh, Cambodia, China, India, Laos, Malaysia, Myanmar, Nepal, Sri Lanka, Thailand, Vietnam

生物地理界 / Biogeographic Realm

印度马来界 Indomalaya

WWF 生物群系 / WWF Biome

热带和亚热带湿润阔叶林

Tropical & Subtropical Moist Broadleaf Forests

动物地理分布型 / Zoogeographic Distribution Type

Wa

分布标注 / Distribution Note

非特有种 Non-Endemic

▲ 濒危状况 / Threatened Status

中国生物多样性红色名录等级 / CB RL Category (2021)

无危 LC

IUCN 红色名录 / IUCN Red List (2021)

无危 LC

威胁因子 / Threats

无 None

▲ 法律保护地位 / Legal Protection Status

国家重点保护野生动物等级 / Category of National Key Protected Wild Animals (2021)

未列入 Not listed

"三有"名录 / TWIESSV (2023)

未列入 Not listed

CITES 附录等级 / CITES Appendix (2023)

未列入 Not listed

迁徙物种公约附录 / CMS Appendix (2020)

未列入 Not listed

保护行动 / Conservation Action

尚无保护行动 No conservation action so far

▲ 参考文献 / References

Jiang et al. (蒋志刚等), 2021; Burgin et al., 2020; IUCN, 2020; Liu et al. (刘少英等), 2020; Wilson et al., 2017; Smith and Xie, 2009; Wilson and Reeder, 2005; Wang(王应祥), 2003; Wu(吴爱国), 2001; Zhang (张荣祖), 1997

647 / 印度地鼠

Nesokia indica (Gray, 1830)

- Short-tailed Bandicoot Rat

▲ 分类地位 / Taxonomy

啮齿目 Rodentia / 鼠科 Muridae / 地鼠属 *Nesokia*

科建立者及其文献 / Family Authority
Illiger, 1811

属建立者及其文献 / Genus Authority
Gray, 1842

亚种 / Subspecies
罗布泊亚种 *N. i. brachyura* Buchner, 1889
新疆 Xinjiang

南疆亚种 *N. i. scullyi* Wood- Mason, 1876
新疆 Xinjiang

模式标本产地 / Type Locality
印度
India (uncertain)

▲ 其他名称 / Other Name(s)

其他中文名 / Other Chinese Name(s)
无 None

其他英文名 / Other English Name(s)
Pest Rat, Short-tailed Nesokia

同物异名 / Synonym(s)
无 None

▲ 形态及生境 / Morphology and Habitat

形态特征 / Morphological Characteristics

齿式：1.0.0.3/1.0.0.3=16。平均体长 185 mm。尾长 110~130 mm。平均耳长 16.5 mm。前足较大，具长爪。背毛浅棕色或沙黄色，背部中央深棕色。腹面毛尖灰白色，带黄色调。尾粗壮，上面覆盖环形鳞片，鳞片间有粗短的毛。

Dental formula: 1.0.0.3/1.0.0.3=16. Average body length 185 mm. Tail length 110-130 mm. Average ear length 16.5 mm. Forefeet are large and have long claws. Dorsal hairs light brown or sandy yellow, with dark brown strip in the middle of the back. Ventral hair tips are gray and dyed with yellow tone. Tail strong, covered with annular scales, and there are stubby hairs between the scales.

生境 / Habitat

农田 Arable land

▲ 地理分布 / Geographic Distribution

国内分布 / Domestic Distribution

新疆 Xinjiang

全球分布 / World Distribution

阿富汗、孟加拉国、中国、埃及、印度、伊朗、伊拉克、以色列、约旦、巴基斯坦、巴勒斯坦、沙特阿拉伯、叙利亚、塔吉克斯坦、土库曼斯坦、乌兹别克斯坦

Afghanistan, Bangladesh, China, Egypt, India, Iran, Iraq, Israel, Jordan, Pakistan, Palestine, Saudi Arabia, Syria, Tajikistan, Turkmenistan, Uzbekistan

生物地理界 / Biogeographic Realm

古北界、非洲热带界

Palearctic, Afrotropical

WWF 生物群系 / WWF Biome

沙漠和干旱灌木地

Deserts & Xeric Shrublands

动物地理分布型 / Zoogeographic Distribution Type

Pa

分布标注 / Distribution Note

非特有种 Non-Endemic

▲ 濒危状况 / Threatened Status

中国生物多样性红色名录等级 / CB RL Category (2021)

无危 LC

IUCN 红色名录 / IUCN Red List (2021)

无危 LC

威胁因子 / Threats

无 None

▲ 法律保护地位 / Legal Protection Status

国家重点保护野生动物等级 / Category of National Key Protected Wild Animals (2021)

未列入 Not listed

“三有”名录 / TWIESSV (2023)

未列入 Not listed

CITES 附录等级 / CITES Appendix (2023)

未列入 Not listed

迁徙物种公约附录 / CMS Appendix (2020)

未列入 Not listed

保护行动 / Conservation Action

尚无保护行动 No conservation action so far

▲ 参考文献 / References

Jiang et al. (蒋志刚等), 2021; Burgin et al., 2020; IUCN, 2020; Wilson et al., 2017; Choudhury, 2003; Xia (夏武平), 1988

648 / 短耳沙鼠

Brachiones przewalskii (Büchner, 1889)

- Przewalski's Jird

▲ 分类地位 / Taxonomy

啮齿目 Rodentia / 鼠科 Muridae / 短耳沙鼠属 *Brachiones*

科建立者及其文献 / Family Authority

Illiger, 1811

属建立者及其文献 / Genus Authority

Thomas, 1925

亚种 / Subspecies

指名亚种 *B. p. przewalskii* (Buchner, 1889)
新疆和甘肃
Xinjiang and Gansu

叶尔羌亚种 *B. p. arenicolor* (Miller, 1900)
新疆 Xinjiang

内蒙古亚种 *B. p. callichrous* Hepyner, 1934
内蒙古 Inner Mongolia

模式标本产地 / Type Locality

中国
China, Xinjiang, Lob Nor

蒋卫 / 供图

▲ 其他名称 / Other Name(s)

其他中文名 / Other Chinese Name(s)

无 None

其他英文名 / Other English Name(s)

Przewalski's Gerbil

同物异名 / Synonym(s)

无 None

▲ 形态及生境 / Morphology and Habitat

形态特征 / Morphological Characteristics

齿式：1.0.0.3/1.0.0.3=16。头体长 67~103 mm。耳长 6~9 mm。尾长 56~78 mm。耳几乎隐于毛中。吻短。须白色。眼周、颊部、下颌、耳下部灰白色或白色。前肢爪发达，后足趾部被毛覆盖。体背毛皮沙色或浅灰色，腹毛纯白色。背腹界线不明显。尾肉色，末端尖。

Dental formula: 1.0.0.3/1.0.0.3=16. Head and body length 67-103 mm. Ear length 6-9 mm. Tail length 56-78 mm. Ears nearly hidden in hairs. Snout short. Whiskers white. Eyes, cheeks, jaws, lower ears are gray or white. Forelimbs have well-developed claws and the hind toes are covered with hairs. Dorsal pelage sand color or light gray, abdominal hairs pure white. Dorsal abdominal boundary is not distinctive. Tail flesh- colored and pointed.

生境 / Habitat

灌木 Shrubland

▲ 地理分布 / Geographic Distribution

国内分布 / Domestic Distribution
甘肃、新疆、内蒙古
Gansu, Xinjiang, Inner Mongolia

全球分布 / World Distribution
中国 China

生物地理界 / Biogeographic Realm
古北界 Palearctic

WWF 生物群系 / WWF Biome
热带和亚热带湿润阔叶林
Tropical & Subtropical Moist Broadleaf Forests

动物地理分布型 / Zoogeographic Distribution Type
Db

分布标注 / Distribution Note
特有种 Endemic

▲ 濒危状况 / Threatened Status

中国生物多样性红色名录等级 / CB RL Category (2021)
无危 LC

IUCN 红色名录 / IUCN Red List (2021)
无危 LC

威胁因子 / Threats
无 None

▲ 法律保护地位 / Legal Protection Status

国家重点保护野生动物等级 / Category of National Key Protected Wild Animals (2021)
未列入 Not listed

"三有"名录 / TWIESSV (2023)
未列入 Not listed

CITES 附录等级 / CITES Appendix (2023)
未列入 Not listed

迁徙物种公约附录 / CMS Appendix (2020)
未列入 Not listed

保护行动 / Conservation Action
尚无保护行动 No conservation action so far

▲ 参考文献 / References

Jiang et al.(蒋志刚等), 2021; Burgin et al., 2020; IUCN, 2020; Wilson et al., 2017; Zheng et al. (郑智民等), 2012; Smith and Xie, 2009; Zheng and Zhang (郑涛和张迎梅), 1990; Wang (王定国), 1988

649 / 郑氏沙鼠

Meriones chengi Wang, 1964

- Cheng's gerbil

▲ 分类地位 / Taxonomy

啮齿目 Rodentia / 鼠科 Muridae / 沙鼠属 *Meriones*

科建立者及其文献 / Family Authority

Illiger, 1811

属建立者及其文献 / Genus Authority

Illiger, 1811

亚种 / Subspecies

无 None

模式标本产地 / Type Locality

中国

Turpan, Xinjiang, China

▲ 其他名称 / Other Name(s)

其他中文名 / Other Chinese Name(s)

无 None

其他英文名 / Other English Name(s)

South Xinjiang Gerbil

同物异名 / Synonym(s)

无 None

▲ 形态及生境 / Morphology and Habitat

形态特征 / Morphological Characteristics

齿式：1.0.0.3/1.0.0.3=16。体型中等大小。吻部长，黄褐色。面颊灰白色或灰黄色。耳郭毛深棕色，耳郭前缘长毛为棕白色，耳后颈侧具灰白色斑。体背灰褐色。毛基深灰色，约为毛全长的四分之三。毛端部棕黄色，或多或少具有黑色，毛间杂有少许黑色长毛。体侧背腹毛界线不太明显。腹面毛全白。四肢腹面毛白色，具灰色毛基。尾背腹面毛色均为黄褐色，杂有少量黑色长毛。尾长短于体长。尾末端略呈毛束。足掌背面被毛。足掌毛灰白色，带棕色调。后足爪灰棕色。

Dental formula: 1.0.0.3/1.0.0.3=16. Body size median. Muzzle long, tan yellow brawn. Cheeks grayish white or grayish yellow. The hairs on the external ears are dark brown, and the long hairs on the leading edge of the external ears are brown and white, with gray spots on the neck side behind the ears. Dorsal pelage is grayish brown. The base of the hairs dark gray, about 3/4 of the hair length, and the hair tips are brownish yellow, more or less black at the tips, with a few long black hairs interspersed. The lateral boundary of dorsal and abdominal hairs is not very obvious. The abdominal hairs are pure white. Ventral hairs of limbs white, with gray hair bases. Hair colors of the tail back and underpart are yellow and brown, interspersed with a small amount of black long hairs. The tail is shorter than the body length and the end with a slight bundle. Foot hairs gray white, with brown tune. Dorsa of foot covered with hairs, claws on hind feet grayish brown.

生境 / Habitat

沙漠、灌丛 Desert, shrubland

▲ 地理分布 / Geographic Distribution

国内分布 / Domestic Distribution
新疆 Xinjiang

全球分布 / World Distribution
中国 China

生物地理界 / Biogeographic Realm
古北界 Palearctic

WWF 生物群系 / WWF Biome
沙漠和干旱灌木地
Deserts & Xeric Shrublands

动物地理分布型 / Zoogeographic Distribution Type
Da

分布标注 / Distribution Note
特有种 Endemic

▲ 濒危状况 / Threatened Status

中国生物多样性红色名录等级 / CB RL Category (2021)
未评定 NE

IUCN 红色名录 / IUCN Red List (2021)
无危 LC

威胁因子 / Threats
未知 Unknown

▲ 法律保护地位 / Legal Protection Status

国家重点保护野生动物等级 / Category of National Key Protected Wild Animals (2021)
未列入 Not listed

"三有"名录 / TWIESSV (2023)
未列入 Not listed

CITES 附录等级 / CITES Appendix (2023)
未列入 Not listed

迁徙物种公约附录 / CMS Appendix (2020)
未列入 Not listed

保护行动 / Conservation Action
尚无保护行动 No conservation action so far

▲ 参考文献 / References

Burgin et al., 2020; IUCN, 2020; Wilson et al., 2017

650 / 红尾沙鼠

Meriones libycus Lichtenstein, 1823

- Libyan Jird

▲ 分类地位 / Taxonomy

啮齿目 Rodentia / 鼠科 Muridae / 沙鼠属 *Meriones*

科建立者及其文献 / Family Authority

Illiger, 1811

属建立者及其文献 / Genus Authority

Illiger, 1811

亚种 / Subspecies

吐鲁番亚种 *M. l. turfanensis* (Satunin, 1903)
新疆 Xinjiang

北疆亚种 *M. l. aquilo* Thomas, 1912
新疆 Xinjiang

模式标本产地 / Type Locality

利比亚
"Libische Wuste" (Libyan Desert), as restricted by lectotype designation by Pavlinov (1982:1767); usually listed as Egypt, near Alexandria, due to the interpretation of Lichtenstein type locality by Chaworth-Musters and Ellerman (1947:485)

邢睿 / 供图

▲ 其他名称 / Other Name(s)

其他中文名 / Other Chinese Name(s)

无 None

其他英文名 / Other English Name(s)

Asiatic Hairy-footed Gerbil

同物异名 / Synonym(s)

Meriones erythrourus (Gray, 1842)

▲ 形态及生境 / Morphology and Habitat

形态特征 / Morphological Characteristics

齿式：1.0.0.3/1.0.0.3=16。背部毛色灰棕色，带灰黑色调。腹毛毛基灰色，毛尖白色。喉部、前肢内侧毛白色。后足腹面有裸露区域，爪黑色。尾长略短于体长，有些个体等于体长。尾背面从基部起着生黑色短毛，越近尾尖黑色毛越长，尾尖形成黑色毛束。

Dental formula: 1.0.0.3/1.0.0.3=16. Dorsal hairs grayish brown, with gray black tone. Ventral hairs gray with white tips. Throat, inner side of forelimbs white. There is an exposed area on dorsum of the hind foot with black claws. Tail length is slightly shorter than body length. Tail length is equal to the head and body length and in some individuals. From the proximal end of tail, short black hairs appear on the back of the tail, the black hairs get longer near the tip of the tail, form a bundle of black hair at the tip of the tail.

生境 / Habitat

沙漠 Desert

▲ 地理分布 / Geographic Distribution

国内分布 / Domestic Distribution

新疆 Xinjiang

全球分布 / World Distribution

阿富汗、阿尔及利亚、阿塞拜疆、中国、埃及、伊朗、伊拉克、约旦、哈萨克斯坦、科威特、利比亚、毛里塔尼亚、摩洛哥、巴基斯坦、卡塔尔、沙特阿拉伯、叙利亚、塔吉克斯坦、突尼斯、土耳其、土库曼斯坦、乌兹别克斯坦、西撒哈拉

Afghanistan, Algeria, Azerbaijan, China, Egypt, Iran, Iraq, Jordan, Kazakhstan, Kuwait, Libya, Mauritania, Morocco, Pakistan, Qatar, Saudi Arabia, Syria, Tajikistan, Tunisia, Turkey, Turkmenistan, Uzbekistan, Western Sahara

生物地理界 / Biogeographic Realm

古北界、非洲热带界

Palearctic, Afrotropical

WWF 生物群系 / WWF Biome

沙漠和干旱灌木地

Deserts & Xeric Shrublands

动物地理分布型 / Zoogeographic Distribution Type

Dh

分布标注 / Distribution Note

非特有种 Non-Endemic

▲ 濒危状况 / Threatened Status

中国生物多样性红色名录等级 / CB RL Category (2021)

无危 LC

IUCN 红色名录 / IUCN Red List (2021)

无危 LC

威胁因子 / Threats

无 None

▲ 法律保护地位 / Legal Protection Status

国家重点保护野生动物等级 / Category of National Key Protected Wild Animals (2021)

未列入 Not listed

"三有"名录 / TWIESSV (2023)

未列入 Not listed

CITES 附录等级 / CITES Appendix (2023)

未列入 Not listed

迁徙物种公约附录 / CMS Appendix (2020)

未列入 Not listed

保护行动 / Conservation Action

尚无保护行动 No conservation action so far

▲ 参考文献 / References

Jiang et al. (蒋志刚等), 2021; Burgin et al., 2020; IUCN, 2020; Liu et al. (刘少英等), 2020; Wilson et al., 2017; Zheng et al. (郑智民等), 2012; Li et al. (李俊等), 2007; Pan et al. (潘清华等), 2007; Wilson and Reeder, 2005;Wang (王应祥), 2003; Anwar et al. (艾尼瓦尔等),1998; Zhang (张荣祖), 1997

651 / 子午沙鼠

Meriones meridianus (Pallas, 1773)

- Mid-day Gerbil

▲ 分类地位 / Taxonomy

啮齿目 Rodentia / 鼠科 Muridae / 沙鼠属 *Meriones*

科建立者及其文献 / Family Authority

Illiger, 1811

属建立者及其文献 / Genus Authority

Illiger, 1811

亚种 / Subspecies

无共识 No Consensus

模式标本产地 / Type Locality

俄罗斯

Se Russia, Astrakhanskaya Oblast, Dosang (as restricted by Heptner, in Vinogradov et al.,1936, not Chaworth-Musters and Ellerman, 1947; see Pavlinov and Rossolimo, 1987)

邢睿 / 供图

▲ 其他名称 / Other Name(s)

其他中文名 / Other Chinese Name(s)

黄老鼠

其他英文名 / Other English Name(s)

Midday Gerbil

同物异名 / Synonym(s)

无 None

▲ 形态及生境 / Morphology and Habitat

形态特征 / Morphological Characteristics

齿式：1.0.0.3/1.0.0.3=16。眼大，触须发达。背毛沙褐色，毛基黑色。腹毛纯白色，毛基和毛尖均为纯白色，腹部正中有一条褐色条纹。足底多毛，没有裸露区域。爪黄白色。尾长等于或略超过头体长。尾上下部一色，棕黄色。尾端有黑色或灰色长毛毛束。

Dental formula: 1.0.0.3/1.0.0.3=16. Eyes large. Vibrissae well-developed. Dorsal hairs sandy brown with a black base. Abdominal hairs are cream white, the bases and tips of the abdominal hairs are all cream white, and there may be a brown stripe in the center of the abdomen. Soles of the feet are hairy with no bare areas. Paws yellow and white. Tail length equals or slightly exceeds the head and body length. The upper and lower parts of the tail are brown and yellow. Tail end has a bundle of long black or gray hair.

生境 / Habitat

沙漠、灌丛 Desert, shrubland

▲ 地理分布 / Geographic Distribution

国内分布 / Domestic Distribution

内蒙古、河北、河南、陕西、山西、新疆、甘肃、宁夏、青海

Inner Mongolia, Hebei, Henan, Shaanxi, Shanxi, Xinjiang, Gansu, Ningxia, Qinghai

全球分布 / World Distribution

阿富汗、中国、伊朗、哈萨克斯坦、吉尔吉斯斯坦、蒙古国、俄罗斯、塔吉克斯坦、土库曼斯坦、乌兹别克斯坦

Afghanistan, China, Iran, Kazakhstan, Kyrgyzstan, Mongolia, Russia, Tajikistan, Turkmenistan, Uzbekistan

生物地理界 / Biogeographic Realm

古北界 Palearctic

WWF 生物群系 / WWF Biome

沙漠和干旱灌木地

Deserts & Xeric Shrublands

动物地理分布型 / Zoogeographic Distribution Type

Da

分布标注 / Distribution Note

非特有种 Non-Endemic

▲ 濒危状况 / Threatened Status

中国生物多样性红色名录等级 / CB RL Category (2021)

无危 LC

IUCN 红色名录 / IUCN Red List (2021)

无危 LC

威胁因子 / Threats

无 None

▲ 法律保护地位 / Legal Protection Status

国家重点保护野生动物等级 / Category of National Key Protected Wild Animals (2021)

未列入 Not listed

"三有"名录 / TWIESSV (2023)

未列入 Not listed

CITES 附录等级 / CITES Appendix (2023)

未列入 Not listed

迁徙物种公约附录 / CMS Appendix (2020)

未列入 Not listed

保护行动 / Conservation Action

尚无保护行动 No conservation action so far

▲ 参考文献 / References

Jiang et al. (蒋志刚等), 2021; Burgin et al., 2020; IUCN, 2020; Liu et al. (刘少英等), 2020; Wilson et al., 2017; Huang and Zhou (黄翔和周立志), 2012; Zheng et al. (郑智民等), 2012; E et al. (鄂晋等), 2009; Pan et al. (潘清华等), 2007; Wilson and Reeder, 2005; Wang (王应祥), 2003; Zhao et al. (赵天飙等), 2001; Zhang (张荣祖), 1997

652 / 柽柳沙鼠

Meriones tamariscinus Pallas, 1773

- Tamarisk Gerbil

▲ 分类地位 / Taxonomy

啮齿目 Rodentia / 鼠科 Muridae / 沙鼠属 *Meriones*

科建立者及其文献 / Family Authority

Illiger, 1811

属建立者及其文献 / Genus Authority

Illiger, 1811

亚种 / Subspecies

敦煌亚种 *M. t. satschouensis* (Satunin, 1903)
甘肃、内蒙古和新疆
Gansu, Inner Mongolia and Xinjiang

哈萨克亚种 *M. t. jaxartensis* (Ognev, 1928)
新疆 Xinjiang

模式标本产地 / Type Locality

哈萨克斯坦
Kazakhstan, Saraitschikowski (Saraichik)

▲ 其他名称 / Other Name(s)

其他中文名 / Other Chinese Name(s)

沙耗子

其他英文名 / Other English Name(s)

无 None

同物异名 / Synonym(s)

无 None

▲ 形态及生境 / Morphology and Habitat

形态特征 / Morphological Characteristics

齿式：1.0.0.3/1.0.0.3=16。眼大，眼上缘至耳前有一白斑。触须发达。背毛棕褐色，腹毛纯白色。尾长略短于头体长。尾背和体背毛色一致，尾腹面白色。后脚脚掌有深棕色长斑，爪近白色。

Dental formula: 1.0.0.3/1.0.0.3=16. Eyes large, with a white patch from the upper edge of the eye to the ear. Vibrissae well developed. Dorsal hairs brown and the belly hairs cream white. Tail length is slightly shorter than the head and body length. Tail back and the body dorsum are of the same color, but the ventral surface white. Dark brown strips on soles of hind feet. Claws nearly white.

生境 / Habitat

沙漠、半荒漠、灌丛、盐碱沼泽地
Desert, semi-desert, shrubland, saline, brackish or alkaline marsh

▲ 地理分布 / Geographic Distribution

国内分布 / Domestic Distribution
甘肃、新疆、内蒙古
Gansu, Xinjiang, Inner Mongolia

全球分布 / World Distribution
中国、哈萨克斯坦、吉尔吉斯斯坦、蒙古国、俄罗斯、塔吉克斯坦、土库曼斯坦、乌兹别克斯坦
China, Kazakhstan, Kyrgyzstan, Mongolia, Russia, Tajikistan, Turkmenistan, Uzbekistan

生物地理界 / Biogeographic Realm
古北界 Palearctic

WWF 生物群系 / WWF Biome
沙漠和干旱灌木地
Deserts & Xeric Shrublands

动物地理分布型 / Zoogeographic Distribution Type
Dc

分布标注 / Distribution Note
非特有种 Non-Endemic

▲ 濒危状况 / Threatened Status

中国生物多样性红色名录等级 / CB RL Category (2021)
无危 LC

IUCN 红色名录 / IUCN Red List (2021)
无危 LC

威胁因子 / Threats
无 None

▲ 法律保护地位 / Legal Protection Status

国家重点保护野生动物等级 / Category of National Key Protected Wild Animals (2021)
未列入 Not listed

"三有"名录 / TWIESSV (2023)
未列入 Not listed

CITES 附录等级 / CITES Appendix (2023)
未列入 Not listed

迁徙物种公约附录 / CMS Appendix (2020)
未列入 Not listed

保护行动 / Conservation Action
尚无保护行动 No conservation action so far

▲ 参考文献 / References

Jiang et al. (蒋志刚等), 2021; Burgin et al., 2020; IUCN, 2020; Liu et al. (刘少英等), 2020; Wilson et al., 2017; Zheng et al. (郑智民等), 2012; Gu et al. (谷登芝等), 2011; Smith and Xie, 2009; Pan et al. (潘清华等), 2007; Wilson and Reeder, 2005; Wang (王应祥), 2003; Zhang (张荣祖), 1997 ; Xia (夏武平), 1988

653 / 长爪沙鼠

Meriones unguiculatus
(Milne-Edwards, 1867)

• Mongolian Gerbil

▲ 分类地位 / Taxonomy

啮齿目 Rodentia / 鼠科 Muridae / 沙鼠属 *Meriones*

科建立者及其文献 / Family Authority

Illiger, 1811

属建立者及其文献 / Genus Authority

Illiger, 1811

亚种 / Subspecies

指名亚种 *M. u. unguiculatus* Milne-Edwards, 1867
内蒙古、辽宁、河北、山西、陕西、甘肃和宁夏
Inner Mongolia, Liaoning, Hebei, Shanxi, Shaanxi, Gansu and Ningxia

模式标本产地 / Type Locality

中国
China, N Shanxi, 10 mi (16 km) NE of Tschang-Kur, Eul-che san hao (Ershi san hao)

林剑声 / 供图

▲ 其他名称 / Other Name(s)

其他中文名 / Other Chinese Name(s)

长爪土鼠、沙鼠

其他英文名 / Other English Name(s)

Clawed Jird

同物异名 / Synonym(s)

Meriones chihfengensis Mori, 1939
Meriones koslovi (Satunin, 1903)
Meriones kurauchii Mori, 1930
Pallasiomys unguiculatus Heptner, 1949 ssp.*selenginus*

▲ 形态及生境 / Morphology and Habitat

形态特征 / Morphological Characteristics

齿式：1.0.0.3/1.0.0.3=16。眼大。眼周毛黄白色。触须发达。背面黄褐色，杂有黑色针毛。腹部毛基为灰色，毛尖白色，腹面呈苍白色，爪黑色，较长。尾明显双色，背面灰棕色，尾端有黑色毛束。

Dental formula: 1.0.0.3/1.0.0.3=16. Eyes big. Yellow and white hairs around the eyes. Vibrissae well developed. Dorsal hairs yellow brown, mixed with black bristles. Abdominal hairs pale, with gray hair bases and white hair tips. Claw black, longer. Tail is clearly bicolored, tail back grayish brown. A black bundle of hair at the tail end.

生境 / Habitat

半荒漠、干旱草地
Semi-desert, dry grassland

▲ 地理分布 / Geographic Distribution

国内分布 / Domestic Distribution
内蒙古、辽宁、山西、河北、陕西、宁夏、甘肃、吉林
Inner Mongolia, Liaoning, Shanxi, Hebei, Shaanxi, Ningxia, Gansu, Jilin

全球分布 / World Distribution
中国、蒙古国、俄罗斯
China, Mongolia, Russia

生物地理界 / Biogeographic Realm
古北界 Palearctic

WWF 生物群系 / WWF Biome
沙漠和干旱灌木地
Deserts & Xeric Shrublands

动物地理分布型 / Zoogeographic Distribution Type
Dn

分布标注 / Distribution Note
非特有种 Non-Endemic

▲ 濒危状况 / Threatened Status

中国生物多样性红色名录等级 / CB RL Category (2021)
无危 LC

IUCN 红色名录 / IUCN Red List (2021)
无危 LC

威胁因子 / Threats
无 None

▲ 法律保护地位 / Legal Protection Status

国家重点保护野生动物等级 / Category of National Key Protected Wild Animals (2021)
未列入 Not listed

"三有"名录 / TWIESSV (2023)
未列入 Not listed

CITES 附录等级 / CITES Appendix (2023)
未列入 Not listed

迁徙物种公约附录 / CMS Appendix (2020)
未列入 Not listed

保护行动 / Conservation Action
尚无保护行动 No conservation action so far

▲ 参考文献 / References

Jiang et al. (蒋志刚等), 2021; Burgin et al., 2020; IUCN, 2020; Wilson et al., 2017; Zhang et al. (张晓东等), 2013; Zheng et al. (郑智民等), 2012; Ding et al. (丁贤明等), 2008; Pan et al. (潘清华等), 2007; Huang et al. (黄继荣等), 2006; Wilson and Reeder, 2005; Wang (王应祥), 2003; Zhang (张荣祖), 1997; Xia(夏武平), 1988, 1964

654 / 大沙鼠

Rhombomys opimus (Lichtenstein, 1823)

- Great Gerbil

▲ 分类地位 / Taxonomy

啮齿目 Rodentia / 鼠科 Muridae / 大沙鼠属 *Rhombomys*

科建立者及其文献 / Family Authority
Illiger, 1811

属建立者及其文献 / Genus Authority
Wagner, 1841

亚种 / Subspecies
指名亚种 *R. o. opimus* (Lichtenstein, 1823)
新疆 Xinjiang

北疆亚种 *R. o. giganteus* (Buchner, 1889)
新疆 Xinjiang

蒙古亚种 *R. o. nigrescens* (Satunin, 1902)
内蒙古和甘肃
Inner Mongolia and Gansu

敦煌亚种 *R. o. pevzovi* Heptner, 1939
甘肃、内蒙古和新疆
Gansu, Inner Mongolia and Xinjiang

模式标本产地 / Type Locality
哈萨克斯坦
Kazakhstan, Kzyl-Ordinskaya, KaraKumy Desert (see Pavlinov and Rossolimo, 1987)

王瑞卿 / 供图

牛蜀军 / 供图

▲ 其他名称 / Other Name(s)

其他中文名 / Other Chinese Name(s)
大沙土鼠

其他英文名 / Other English Name(s)
无 None

同物异名 / Synonym(s)
无 None

▲ 形态及生境 / Morphology and Habitat

形态特征 / Morphological Characteristics
齿式：1.0.0.3/1.0.0.3=16。吻端黑褐色，触须发达。眼大。喉部白色。背毛灰棕色或沙黄色，杂有灰黑色毛发。肩部淡灰黄色，腹部灰白色，毛基灰色。臀部深棕色。背腹毛色无明显分界。尾基部棕黄色。尾背面自中部起着生黑色长毛，至尾端形成黑色毛束。爪强大，黑色。
Dental formula: 1.0.0.3/1.0.0.3=16. Snout dark brown with well-developed vibrissa. Eyes big. Throat white. Dorsal hairs grayish-brown or sandy yellow, mixed with grayish-black hairs. Shoulders grayish-yellow, belly grayish-white, hair bases gray. Rump dark brown. Color of dorsal and abdominal hairs is not clearly demarcated. Tail proximate dorsal is yellowish-brown, black hairs start to grow on back of the tail from the half-length and form a black bundle at the end of the tail. Claws are strong and black.

生境 / Habitat
荒漠、半荒漠
Desert, semi-desert

▲ 地理分布 / Geographic Distribution

国内分布 / Domestic Distribution
内蒙古、新疆、甘肃
Inner Mongolia, Xinjiang, Gansu

全球分布 / World Distribution
阿富汗、中国、伊朗、哈萨克斯坦、吉尔吉斯斯坦、蒙古国、巴基斯坦、塔吉克斯坦、土库曼斯坦、乌兹别克斯坦
Afghanistan, China, Iran, Kazakhstan, Kyrgyzstan, Mongolia, Pakistan, Tajikistan, Turkmenistan, Uzbekistan

生物地理界 / Biogeographic Realm
古北界 Palearctic

WWF 生物群系 / WWF Biome
沙漠和干旱灌木地
Deserts & Xeric Shrublands

动物地理分布型 / Zoogeographic Distribution Type
Dc

分布标注 / Distribution Note
非特有种 Non-Endemic

▲ 濒危状况 / Threatened Status

中国生物多样性红色名录等级 / CB RL Category (2021)
无危 LC

IUCN 红色名录 / IUCN Red List (2021)
无危 LC

威胁因子 / Threats
无 None

▲ 法律保护地位 / Legal Protection Status

国家重点保护野生动物等级 / Category of National Key Protected Wild Animals (2021)
未列入 Not listed

“三有”名录 / TWIESSV (2023)
未列入 Not listed

CITES 附录等级 / CITES Appendix (2023)
未列入 Not listed

迁徙物种公约附录 / CMS Appendix (2020)
未列入 Not listed

保护行动 / Conservation Action
尚无保护行动 No conservation action so far

▲ 参考文献 / References

Jiang et al. (蒋志刚等), 2021; Burgin et al., 2020; IUCN, 2020; Liu et al. (刘少英等), 2020; Wilson et al., 2017; Zheng et al. (郑智民等), 2012; Qiao et al. (乔洪海等), 2011; Zhao et al. (赵天飙等), 2005; Zhou et al. (周立志等), 2000; Xia(夏武平), 1988, 1964

655 / 沙巴猪尾鼠

Typhlomys chapensis Milne-Edwards, 1877

- Sort-furred Tree Mouse

▲ 分类地位 / Taxonomy

啮齿目 Rodentia / 刺山鼠科 Platacanthomyidae / 猪尾鼠属 *Typhlomys*

科建立者及其文献 / Family Authority
Alston, 1876

属建立者及其文献 / Genus Authority
Milne-Edwards, 1877

亚种 / Subspecies
景东亚种 *T. c. jingdongensis* Wu and Wang 1984
云南景东 Yunnan (Jingdong)

广西亚种 *T. c. guangxiensis* Wang and Li, 1996
广西宾林 Guangxi (Binglin)

模式标本产地 / Type Locality
越南
Chapa, Tonkin, North Vietnamn

▲ 其他名称 / Other Name(s)

其他中文名 / Other Chinese Name(s)
无 None

其他英文名 / Other English Name(s)
Chapa Pygmy Dormouse, Vietnamese Pygmy Dormouse

同物异名 / Synonym(s)
Typhlomys chapensis Osgood, 1932

▲ 形态及生境 / Morphology and Habitat

形态特征 / Morphological Characteristics

齿式：1.0.0.3/1.0.0.3=16。整体外观呈鼠形，外部形态无性别二态性。是猪尾鼠属中已知体型第二大的。口鼻部相对短，触须长。耳突出，少毛。在尾顶端的毛发又长又硬，形成毛刷。足纤细，足趾中等长。足上的 4 根足趾有爪子，第五趾是带趾甲的退化拇趾。所有 4 只足的足底赤裸，有 6 个脚垫。

Dental formula: 1.0.0.3/1.0.0.3=16. Overall appearance is rat like. External morphology has no sexual dimorphism. This is the 2nd largest known living dormouse in the genus *Typhlomys*. Muzzle is relatively short and the sensory whiskers are long. Ears protruding, less hairy. Long stiff hairs form a brush at the tip of the tail. Feet slender, toes are medium length. Four toes of the feet have claws, and the fifth toe is a vestigial thumb with a toenail. The soles of all four feet are bare and have six pads.

生境 / Habitat
亚热带湿润低地森林
Subtropic moist lowland forest

▲ 地理分布 / Geographic Distribution

国内分布 / Domestic Distribution
云南 Yunnan

全球分布 / World Distribution
中国、越南
China, Vietnam

生物地理界 / Biogeographic Realm
印度马来界 Indomalaya

WWF 生物群系 / WWF Biome
热带和亚热带湿润阔叶林
Tropical & Subtropical Moist Broadleaf Forests

动物地理分布型 / Zoogeographic Distribution Type
Wa

分布标注 / Distribution Note
非特有种 Non-Endemic

▲ 濒危状况 / Threatened Status

中国生物多样性红色名录等级 / CB RL Category (2021)
无危 LC

IUCN 红色名录 / IUCN Red List (2021)
无危 LC

威胁因子 / Threats
无 None

▲ 法律保护地位 / Legal Protection Status

国家重点保护野生动物等级 / Category of National Key Protected Wild Animals (2021)
未列入 Not listed

“三有”名录 / TWIESSV (2023)
未列入 Not listed

CITES 附录等级 / CITES Appendix (2023)
未列入 Not listed

迁徙物种公约附录 / CMS Appendix (2020)
未列入 Not listed

保护行动 / Conservation Action
尚无保护行动 No conservation action so far

▲ 参考文献 / References

Jiang et al. (蒋志刚等), 2021; Burgin et al., 2020; IUCN, 2020; Liu et al. (刘少英等), 2020; Wilson et al., 2017; Chen et al., 2017; Pan et al. (潘清华等), 2007; Wilson and Reeder, 2005; Wang (王应祥), 2003; Zhang (张荣祖), 1997

656 / 武夷山猪尾鼠

Typhlomys cinereus Milne-Edwards, 1877

- Wuyishan Tree Mouse

▲ 分类地位 / Taxonomy

啮齿目 Rodentia / 刺山鼠科 Platacanthomyidae / 猪尾鼠属 *Typhlomys*

科建立者及其文献 / Family Authority

Alston, 1876

属建立者及其文献 / Genus Authority

Milne-Edwards, 1877

亚种 / Subspecies

无 None

模式标本产地 / Type Locality

中国

Kuatun, western Fujian, China

何锴 / 供图

▲ 其他名称 / Other Name(s)

其他中文名 / Other Chinese Name(s)

无 None

其他英文名 / Other English Name(s)

Chinese Pygmy Dormouse, Pygmy Dormouse, Soft-furred Pygmy-dormouse

同物异名 / Synonym(s)

Typhlomys chapensis Osgood, 1932

▲ 形态及生境 / Morphology and Habitat

形态特征 / Morphological Characteristics

齿式：1.0.0.3/1.0.0.3=16。鼻端裸露。触须长、白色。眼小。耳大，被覆极短细毛，耳内有白色长毛。两眼间毛色发白。背毛灰黑色，绒毛状。颌下白色。腹面毛基灰色，毛尖灰白色。尾长显著长于体长，近尾根部毛较短，远端有稀疏长毛。

Dental formula: 1.0.0.3/1.0.0.3=16. The nose is bare. Vibrissae long and white. Eyes small. Ears large, covered with very short fine hairs, long white hairs inside the ears. White hairs between the eyes. Dorsal hairs are grayish-black and downy. Underjaw and venter area white. Ventral hair bases gray and the hair tips gray and white. Tail is significantly longer than the head and body length, the hairs near the proximate end of the tail are shorter, sparse long hairs at the distal end of the tail.

生境 / Habitat

冷杉次生林

Secondary fir forest

▲ 地理分布 / Geographic Distribution

国内分布 / Domestic Distribution
福建、安徽、广西、江西、浙江
Fujian, Anhui, Guangxi, Jiangxi, Zhejiang

全球分布 / World Distribution
中国 China

生物地理界 / Biogeographic Realm
古北界 Palearctic

WWF 生物群系 / WWF Biome
热带和亚热带湿润阔叶林
Tropical & Subtropical Moist Broadleaf Forests

动物地理分布型 / Zoogeographic Distribution Type
Se

分布标注 / Distribution Note
特有种 Endemic

▲ 濒危状况 / Threatened Status

中国生物多样性红色名录等级 / CB RL Category (2021)
数据缺乏 DD

IUCN 红色名录 / IUCN Red List (2021)
未评定 NE

威胁因子 / Threats
无 None

▲ 法律保护地位 / Legal Protection Status

国家重点保护野生动物等级 / Category of National Key Protected Wild Animals (2021)
未列入 Not listed

"三有"名录 / TWIESSV (2023)
未列入 Not listed

CITES 附录等级 / CITES Appendix (2023)
未列入 Not listed

迁徙物种公约附录 / CMS Appendix (2020)
未列入 Not listed

保护行动 / Conservation Action
尚无保护行动 No conservation action so far

▲ 参考文献 / References

Jiang et al. (蒋志刚等), 2021; Burgin et al., 2020; IUCN, 2020; Liu et al. (刘少英等), 2020; Wilson et al., 2017; Chen et al., 2017

657 / 大猪尾鼠

Typhlomys daloushanensis
Wang & Li, 1996

• Daloushan Pygmy Dormouse

▲ 分类地位 / Taxonomy

啮齿目 Rodentia / 刺山鼠科 Platacanthomyidae / 猪尾鼠属 *Typhlomys*

科建立者及其文献 / Family Authority
Alston, 1876

属建立者及其文献 / Genus Authority
Milne-Edwards, 1877

亚种 / Subspecies
无 None

模式标本产地 / Type Locality
中国
Jinfoshan, Nanchuan, China

何锴 万韬 / 供图

▲ 其他名称 / Other Name(s)

其他中文名 / Other Chinese Name(s)
无 None

其他英文名 / Other English Name(s)
无 None

同物异名 / Synonym(s)
无 None

▲ 形态及生境 / Morphology and Habitat

形态特征 / Morphological Characteristics

齿式：1.0.0.3/1.0.0.3=16。鼻端裸露。触须长、白色。眼小。耳中等大小，被覆极短细毛。头顶部毛深黑色。背毛暗黑灰色。腹面毛基灰色，毛尖灰白色。背腹毛色界线明显。前后足背面暗褐色，足趾裸露。尾长为头体长的 1.5 倍。尾背腹一色，尾端形成白色毛刷。

Dental formula: 1.0.0.3/1.0.0.3=16. Nose is bare. Vibrissae long and white. Eyes small. Ears medium size and covered with very short fine hairs. Dark hairs on the top of the head. Dorsal hairs dark grey. The ventral hair bases are gray, and the hair tips are gray white. Color boundary between dorsal and abdominal hairs is clearly defined. Dorsa of the forefeet and hind feet dark brown with bare toes. Tail is about one and a half times the head and body length. Tail upperpart and underpart are of the same color, with a white hair brush at the tail end.

生境 / Habitat

山地森林 Montane forest

▲ 地理分布 / Geographic Distribution

国内分布 / Domestic Distribution

重庆、甘肃、贵州、湖北、湖南、陕西、四川

Chongqing, Gansu, Guizhou, Hubei, Hunan, Shaanxi, Sichuan

全球分布 / World Distribution

中国 China

生物地理界 / Biogeographic Realm

古北界、印度马来界

Palearctic, Indomalaya

WWF 生物群系 / WWF Biome

热带和亚热带湿润阔叶林

Tropical & Subtropical Moist Broadleaf Forests

动物地理分布型 / Zoogeographic Distribution Type

Wc

分布标注 / Distribution Note

特有种 Endemic

▲ 濒危状况 / Threatened Status

中国生物多样性红色名录等级 / CB RL Category (2021)

数据缺乏 DD

IUCN 红色名录 / IUCN Red List (2021)

未评定 NE

威胁因子 / Threats

无 None

▲ 法律保护地位 / Legal Protection Status

国家重点保护野生动物等级 / Category of National Key Protected Wild Animals (2021)

未列入 Not listed

"三有" 名录 / TWIESSV (2023)

未列入 Not listed

CITES 附录等级 / CITES Appendix (2023)

未列入 Not listed

迁徙物种公约附录 / CMS Appendix (2020)

未列入 Not listed

保护行动 / Conservation Action

尚无保护行动 No conservation action so far

▲ 参考文献 / References

Jiang et al. (蒋志刚等), 2021; Schoch CL et al. 2021; Burgin et al., 2020; IUCN, 2020; Chen et al., 2017; Wang and Li, 1996

658 / 黄山猪尾鼠

Typhlomys huangshanensis
(Hu & Zhang, 2021)

• Huangshan Tree Mouse

▲ 分类地位 / Taxonomy

啮齿目 Rodentia / 刺山鼠科 Platacanthomyidae / 猪尾鼠属 *Typhlomys*

科建立者及其文献 / Family Authority

Alston, 1876

属建立者及其文献 / Genus Authority

Milne-Edwards, 1877

亚种 / Subspecies

无 None

模式标本产地 / Type Locality

中国

Anhui, China

▲ 其他名称 / Other Name(s)

其他中文名 / Other Chinese Name(s)

无 None

其他英文名 / Other English Name(s)

无 None

同物异名 / Synonym(s)

无 None

▲ 形态及生境 / Morphology and Habitat

形态特征 / Morphological Characteristics

齿式：1.0.0.3/1.0.0.316。头体长 70~86.5 mm。颅全长 20.6~23.4 mm。耳长 11~16 mm。后足长 17~21 mm。尾长 91~107 mm。体重 12~20.4 g。猪尾鼠属中体型稍小的一种。Hu et al. (2021) 发现了黄山猪尾鼠是一个新种的分子和形态学证据。黄山猪尾鼠不同于该属内的其他种。黄山猪尾鼠颅骨扁平，不像小猪尾鼠和沙巴猪尾鼠颅骨呈穹状。黄山猪尾鼠头骨比大猪尾鼠短，眶间宽比沙巴猪尾鼠窄。上臼齿比武夷山猪尾鼠长。与大猪尾鼠后脚上覆盖黄白色毛发不同，黄山猪尾鼠后足覆盖着黑色毛发。背和腹双色：背毛棕灰色；腹毛灰色，被覆乳白色毛尖。后足背覆黑色毛。

Dental formula: 1.0.0.3/1.0.0.3=16. Head and body length 70-86.5 mm. Greatest skull length 20.6-23.4 mm. Ear length 11-16 mm. Hind foot length 17-21 mm. Tail length 91-107 mm. Body weight 12-20.4 g. A slightly smaller species in the genus *Typhlomys*. Hu et al. (2021) found molecular and morphological evidences clearly indicated that *Typhlomys huangshanensis* is a new species and it differs from all other congeners within the genus. *Typhlomys huangshanensis* has flattened braincase rather than the domed braincases of *T. nanus* and *T. chapensis*. It has a shorter skull than *T. daloushanensis* and a narrower interorbital breadth than *T. chapensis*. It has a longer upper molar than *T. cinereus*. Its hind feet are covered with black hairs, differing from the yellowish white hairs of *T. daloushanensis*. The dorsal and ventral pelage distinctively bicolored: the dorsal pelage is brownish gray, while the ventral pelage is gray and covered with creamy white hairs. The dorsal surfaces of the hind feet are covered with black hairs.

生境 / Habitat

山地森林 Montane forest

▲ 地理分布 / Geographic Distribution

国内分布 / Domestic Distribution

安徽 Anhui

全球分布 / World Distribution

中国 China

生物地理界 / Biogeographic Realm

古北界 Palearctic

WWF 生物群系 / WWF Biome

热带和亚热带湿润阔叶林

Tropical & Subtropical Moist Broadleaf Forests

动物地理分布型 / Zoogeographic Distribution Type

Wc

分布标注 / Distribution Note

特有种 Endemic

▲ 濒危状况 / Threatened Status

中国生物多样性红色名录等级 / CB RL Category (2021)

未评定 NE

IUCN 红色名录 / IUCN Red List (2021)

未评定 NE

威胁因子 / Threats

无 None

▲ 法律保护地位 / Legal Protection Status

国家重点保护野生动物等级 / Category of National Key Protected Wild Animals (2021)

未列入 Not listed

"三有"名录 / TWIESSV (2023)

未列入 Not listed

CITES 附录等级 / CITES Appendix (2023)

未列入 Not listed

迁徙物种公约附录 / CMS Appendix (2020)

未列入 Not listed

保护行动 / Conservation Action

尚无保护行动 No conservation action so far

▲ 参考文献 / References

Hu et al., 2021; Schoch CL et al., 2021

659 / 小猪尾鼠

Typhlomys nanus

Cheng, He, Chen, Zhang, Wan, Li, Zhang & Jiang, 2017

- Dwarf Tree Mouse

▲ 分类地位 / Taxonomy

啮齿目 Rodentia / 刺山鼠科 Platacanthomyidae / 猪尾鼠属 *Typhlomys*

科建立者及其文献 / Family Authority

Alston, 1876

属建立者及其文献 / Genus Authority

Milne-Edwards, 1877

亚种 / Subspecies

无 None

模式标本产地 / Type Locality

中国云南

Luquan, Yunnan

何锴 / 供图

▲ 其他名称 / Other Name(s)

其他中文名 / Other Chinese Name(s)

无 None

其他英文名 / Other English Name(s)

Nanus Tree Mouse

同物异名 / Synonym(s)

无 None

▲ 形态及生境 / Morphology and Habitat

形态特征 / Morphological Characteristics

齿式：1.0.0.3/1.0.0.3=16。个体小，体长 64~74 mm，尾长 97~106 mm，是猪尾鼠属中体型最小的。鼻端裸露。触须长、白色。眼小。耳中等大小，被覆极短细毛。耳内有白毛。背毛暗黑灰色。背面灰黑色，腹面毛尖奶油白色，毛基灰色，背腹毛色界线明显。尾长，后半段有稀疏长毛。

Dental formula: 1.0.0.3/1.0.0.3=16. Body length 64-74 mm, the tail length 97-106 mm, the smallest member of *Typhlomys*. Nose is bare. Vibrissae long and white. Eyes small. Ears medium sized, covered with very short fine hairs, with white hairs inside the ears. Dorsal hairs dark grey, the ventral hair tips are cream white, whereas the hair bases are gray. Dorsal and abdominal hair color boundary is clearly defined. Tail is long, with sparse long hairs on tail end.

生境 / Habitat

冷杉次生林 Secondary fir forest

▲ 地理分布 / Geographic Distribution

国内分布 / Domestic Distribution
云南 Yunnan

全球分布 / World Distribution
中国 China

生物地理界 / Biogeographic Realm
古北界、印度马来界
Palearctic, Indomalaya

WWF 生物群系 / WWF Biome
温带针叶树森林
Temperate Conifer Forests

动物地理分布型 / Zoogeographic Distribution Type
Wa

分布标注 / Distribution Note
特有种 Endemic

▲ 濒危状况 / Threatened Status

中国生物多样性红色名录等级 / CB RL Category (2021)
数据缺乏 DD

IUCN 红色名录 / IUCN Red List (2021)
未评定 NE

威胁因子 / Threats
无 None

▲ 法律保护地位 / Legal Protection Status

国家重点保护野生动物等级 / Category of National Key Protected Wild Animals (2021)
未列入 Not listed

"三有"名录 / TWIESSV (2023)
未列入 Not listed

CITES 附录等级 / CITES Appendix (2023)
未列入 Not listed

迁徙物种公约附录 / CMS Appendix (2020)
未列入 Not listed

保护行动 / Conservation Action
尚无保护行动 No conservation action so far

▲ 参考文献 / References

Jiang et al. (蒋志刚等), 2021; Burgin et al., 2020; IUCN, 2020; Wilson et al., 2017; Chen et al., 2017

660 / 小竹鼠

Cannomys badius (Hodgson, 1841)

- Lesser Bamboo Rat

▲ 分类地位 / Taxonomy

啮齿目 Rodentia / 鼹型鼠科 Spalacidae / 小竹鼠属 *Cannomys*

科建立者及其文献 / Family Authority

Gray, 1821

属建立者及其文献 / Genus Authority

Thomas, 1915

亚种 / Subspecies

无 None

模式标本产地 / Type Locality

尼泊尔

Nepal

李晟 / 供图

▲ 其他名称 / Other Name(s)

其他中文名 / Other Chinese Name(s)

无 None

其他英文名 / Other English Name(s)

Bay Bamboo Rat

同物异名 / Synonym(s)

无 None

▲ 形态及生境 / Morphology and Habitat

形态特征 / Morphological Characteristics

齿式：1.0.0.3/1.0.0.3=16。头体长约 200 mm。尾长约 50 mm。头骨上口鼻部较长，听泡相对较大。头骨背面人字嵴发达。耳小，隐于毛中，外面看不到明显的耳郭。个体小，一般体重不到 800 g。背毛毛色或多或少带红褐色。幼体和亚成体时为灰棕色。尾有稀疏长毛。

Dental formula: 1.0.0.3/1.0.0.3=16. Head and body length is about 200 mm. Tail length is about 50 mm long. The skull has a long snout and a relatively large auditory vesicle. The herringbone crest is well developed on the back of the skull. Ears small, hidden in the hairs, and no obvious auricles can be seen outside. Body size small, generally less than 800 g. Dorsal coat is more or less reddish-brown in color. Juveniles and subadults are grayish brown. Tail covered with sparse long hairs.

生境 / Habitat

竹林 Bamboo grove

▲ 地理分布 / Geographic Distribution

国内分布 / Domestic Distribution

云南 Yunnan

全球分布 / World Distribution

中国、柬埔寨、印度、老挝、缅甸、尼泊尔、泰国、越南

China, Cambodia, India, Laos, Myanmar, Nepal, Thailand, Vietnam

生物地理界 / Biogeographic Realm

印度马来界、古北界

Indomalaya, Palearctic

WWF 生物群系 / WWF Biome

热带和亚热带湿润阔叶林

Tropical & Subtropical Moist Broadleaf Forests

动物地理分布型 / Zoogeographic Distribution Type

Wa

分布标注 / Distribution Note

非特有种 Non-Endemic

▲ 濒危状况 / Threatened Status

中国生物多样性红色名录等级 / CB RL Category (2021)

数据缺乏 DD

IUCN 红色名录 / IUCN Red List (2021)

无危 LC

威胁因子 / Threats

无 None

▲ 法律保护地位 / Legal Protection Status

国家重点保护野生动物等级 / Category of National Key Protected Wild Animals (2021)

未列入 Not listed

"三有"名录 / TWIESSV (2023)

列入 listed

CITES 附录等级 / CITES Appendix (2023)

未列入 Not listed

迁徙物种公约附录 / CMS Appendix (2020)

未列入 Not listed

保护行动 / Conservation Action

尚无保护行动 No conservation action so far

▲ 参考文献 / References

Jiang et al. (蒋志刚等), 2021; Burgin et al., 2020; IUCN, 2020; Wilson et al., 2017; Zheng et al. (郑智民等), 2012; Smith et al., 2009; Pan et al. (潘清华等), 2007; Wilson and Reeder, 2005; Wang (王应祥), 2003; Zhang (张荣祖), 1997

661 / 银星竹鼠

Rhizomys pruinosus Blyth, 1851

- Hoary Bamboo Rat

▲ 分类地位 / Taxonomy

啮齿目 Rodentia / 鼹型鼠科 Spalacidae / 竹鼠属 *Rhizomys*

科建立者及其文献 / Family Authority

Gray, 1821

属建立者及其文献 / Genus Authority

Gray,1831

亚种 / Subspecies

无共识 No consensus

模式标本产地 / Type Locality

印度

Khasi Hills, Cherrapunji, India

冯利民 / 供图

▲ 其他名称 / Other Name(s)

其他中文名 / Other Chinese Name(s)

粗毛竹鼠、花白竹鼠

其他英文名 / Other English Name(s)

无 None

同物异名 / Synonym(s)

无 None

▲ 形态及生境 / Morphology and Habitat

形态特征 / Morphological Characteristics

齿式：1.0.0.3/1.0.0.3=16。头骨粗壮，吻部宽阔，颧弓粗大。眼小。耳小，略突出毛外。背部毛深棕色，夹杂很多白色长针毛，醒目可见。整体颜色远观为银灰白色。前足强大。尾裸露无毛。

Dental formula: 1.0.0.3/1.0.0.3=16. Skull robust, snout broad, and the zygomatic arch thick. Eyes small. Ears small, slightly protruding outside the hairs. Dorsal hairs dark brown, interspersed with many visible long white bristles. Overall body color gray silver white. Front feet robust. Tail bare without hair.

生境 / Habitat

竹林、草地 Bamboo grove, grassland

▲ 地理分布 / Geographic Distribution

国内分布 / Domestic Distribution
贵州、云南、四川、江西、湖南、广西、广东、福建
Guizhou, Yunnan, Sichuan, Jiangxi, Hunan, Guangxi, Guangdong, Fujian

全球分布 / World Distribution
柬埔寨、中国、印度、老挝、马来西亚、缅甸、泰国、越南
Cambodia, China, India, Laos, Malaysia, Myanmar, Thailand, Vietnam

生物地理界 / Biogeographic Realm
古北界、印度马来界
Palearctic, Indomalaya

WWF 生物群系 / WWF Biome
热带和亚热带湿润阔叶林
Tropical & Subtropical Moist Broadleaf Forests

动物地理分布型 / Zoogeographic Distribution Type
Wb

分布标注 / Distribution Note
非特有种 Non-Endemic

▲ 濒危状况 / Threatened Status

中国生物多样性红色名录等级 / CB RL Category (2021)
无危 LC

IUCN 红色名录 / IUCN Red List (2021)
无危 LC

威胁因子 / Threats
无 None

▲ 法律保护地位 / Legal Protection Status

国家重点保护野生动物等级 / Category of National Key Protected Wild Animals (2021)
未列入 Not listed

"三有"名录 / TWIESSV (2023)
列入 listed

CITES 附录等级 / CITES Appendix (2023)
未列入 Not listed

迁徙物种公约附录 / CMS Appendix (2020)
未列入 Not listed

保护行动 / Conservation Action
尚无保护行动 No conservation action so far

▲ 参考文献 / References

Jiang et al. (蒋志刚等), 2021; Burgin et al., 2020; IUCN, 2020; Wilson et al., 2017; Zheng et al. (郑智民等), 2012; Smith and Xie, 2009; Xu (徐龙辉), 1984; Pan et al. (潘清华等), 2007; Wilson and Reeder, 2005; Wang (王应祥), 2003; Zhang (张荣祖), 1997; Xia (夏武平), 1988, 1964

662 / 中华竹鼠

Rhizomys sinensis Gray, 1831

• Chinese Bamboo Rat

▲ 分类地位 / Taxonomy

啮齿目 Rodentia / 鼹型鼠科 Spalacidae / 竹鼠属 *Rhizomys*

科建立者及其文献 / Family Authority
Gray, 1821

属建立者及其文献 / Genus Authority
Gray,1831

亚种 / Subspecies
无共识 No consensus

模式标本产地 / Type Locality
中国
Guangdong, near Canton, China

曲利明 / 供图

▲ 其他名称 / Other Name(s)

其他中文名 / Other Chinese Name(s)
灰竹鼠、芒鼠

其他英文名 / Other English Name(s)
无 None

同物异名 / Synonym(s)
无 None

▲ 形态及生境 / Morphology and Habitat

形态特征 / Morphological Characteristics

齿式：1.0.0.3/1.0.0.3=16。鼻端裸露。耳突出毛外。身体粗壮，毛密实而柔软。背部毛色灰色，无白色长针毛。老年个体毛尖略显棕黄色。亚成体和幼体毛尖灰白色。整体色调灰色。尾裸露无毛。

Dental formula: 1.0.0.3/1.0.0.3=16. Nose is bare. Ears protrude out of the hairs. Body is stout, and the pelage is dense and soft. Dorsal color gray, no white long bristles. Old individuals have slightly brownish yellow hair tips. Subadults and juveniles have gray-white hair tips. Overall tone is gray. Tail bare without hair.

生境 / Habitat

竹林、松林 Bamboo grove, pinewood

▲ 地理分布 / Geographic Distribution

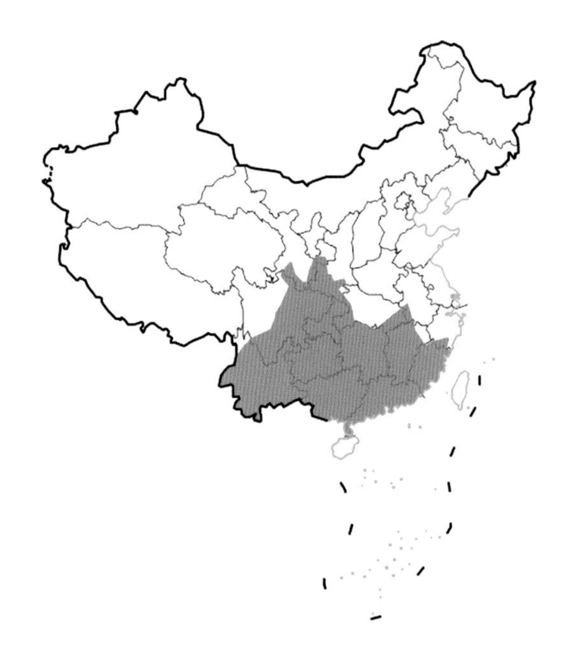

国内分布 / Domestic Distribution

云南、四川、贵州、重庆、湖南、湖北、江西、浙江、安徽、广东、广西、甘肃、陕西

Yunnan, Sichuan, Guizhou, Chongqing, Hunan, Hubei, Jiangxi, Zhejiang, Anhui, Guangdong, Guangxi, Gansu, Shaanxi

全球分布 / World Distribution

中国、缅甸、越南

China, Myanmar, Vietnam

生物地理界 / Biogeographic Realm

古北界、印度马来界

Palearctic, Indomalaya

WWF 生物群系 / WWF Biome

热带和亚热带湿润阔叶林

Tropical & Subtropical Moist Broadleaf Forests

动物地理分布型 / Zoogeographic Distribution Type

We

分布标注 / Distribution Note

非特有种 Non-Endemic

▲ 濒危状况 / Threatened Status

中国生物多样性红色名录等级 / CB RL Category (2021)

无危 LC

IUCN 红色名录 / IUCN Red List (2021)

无危 LC

威胁因子 / Threats

无 None

▲ 法律保护地位 / Legal Protection Status

国家重点保护野生动物等级 / Category of National Key Protected Wild Animals (2021)

未列入 Not listed

“三有”名录 / TWIESSV (2023)

列入 listed

CITES 附录等级 / CITES Appendix (2023)

未列入 Not listed

迁徙物种公约附录 / CMS Appendix (2020)

未列入 Not listed

保护行动 / Conservation Action

尚无保护行动 No conservation action so far

▲ 参考文献 / References

Jiang et al. (蒋志刚等), 2021; Burgin et al., 2020; IUCN, 2020; Liu et al. (刘少英等), 2020; Wilson et al., 2017; Zheng et al. (郑智民等), 2012; Smith and Xie, 2009; Tang et al. (唐中海等), 2009; Pan et al. (潘清华等), 2007; Peng and Zhong (彭基泰和钟祥清), 2005; Wilson and Reeder, 2005; Wang (王应祥), 2003; Zhang (张荣祖),1997; Xia(夏武平), 1988, 1964

663 / 大竹鼠

Rhizomys sumatrensis (Raffles, 1821)

- Indomalayan Bamboo Rat

▲ 分类地位 / Taxonomy

啮齿目 Rodentia / 鼹型鼠科 Spalacidae / 竹鼠属 *Rhizomys*

科建立者及其文献 / Family Authority

Gray, 1821

属建立者及其文献 / Genus Authority

Gray,1831

亚种 / Subspecies

无 None

模式标本产地 / Type Locality

马来西亚

Malacca, Malaysia

巫嘉伟 / 供图

▲ 其他名称 / Other Name(s)

其他中文名 / Other Chinese Name(s)

红颊竹鼠

其他英文名 / Other English Name(s)

无 None

同物异名 / Synonym(s)

无 None

▲ 形态及生境 / Morphology and Habitat

形态特征 / Morphological Characteristics

齿式：1.0.0.3/1.0.0.3=16。竹鼠中体型最大者。鼻垫粉红色，上门齿外露，外表面橘色。耳小，略露出毛外，耳缘粉红色。颊部以下至颏部为白色。背毛呈淡棕黄色。头部、脸颊至耳后均为粉红色。头顶有菱形的灰黑色斑块，其后缘和背毛相接，逐渐与背毛色相融。腹部颜色较淡，毛稀少。足大，有强大的爪。尾毛较稀疏，尾尖粉红色。

Dental formula: 1.0.0.3/1.0.0.3=16. The largest Bamboo Rat. Nasal pad pink. Upper incisors are exposed, with orange colored outer surface. Ears small, with pink pinna, slightly exposed outside the surrounding hairs. White hairs from cheek down to chin. Dorsal hairs light brown and yellow. Pink hairs on head, cheeks and behind ears. Top of the head has gray black rhomboid patch, and the end of the patch is gradually melt with black hairs on the dorsum. The belly light in color and sparsely hairy. Large feet with powerful claws. Tail hairs are sparse haired and pink-tipped.

生境 / Habitat

竹林 Bamboo grove

▲ 地理分布 / Geographic Distribution

国内分布 / Domestic Distribution

云南 Yunnan

全球分布 / World Distribution

柬埔寨、中国、印度尼西亚、老挝、马来西亚、缅甸、泰国、越南

Cambodia, China, Indonesia, Laos, Malaysia, Myanmar, Thailand, Vietnam

生物地理界 / Biogeographic Realm

印度马来界 Indomalaya

WWF 生物群系 / WWF Biome

热带和亚热带湿润阔叶林

Tropical & Subtropical Moist Broadleaf Forests

动物地理分布型 / Zoogeographic Distribution Type

Wa

分布标注 / Distribution Note

非特有种 Non-Endemic

▲ 濒危状况 / Threatened Status

中国生物多样性红色名录等级 / CB RL Category (2021)

无危 LC

IUCN 红色名录 / IUCN Red List (2021)

无危 LC

威胁因子 / Threats

无 None

▲ 法律保护地位 / Legal Protection Status

国家重点保护野生动物等级 / Category of National Key Protected Wild Animals (2021)

未列入 Not listed

“三有”名录 / TWIESSV (2023)

列入 listed

CITES 附录等级 / CITES Appendix (2023)

未列入 Not listed

迁徙物种公约附录 / CMS Appendix (2020)

未列入 Not listed

保护行动 / Conservation Action

尚无保护行动 No conservation action so far

▲ 参考文献 / References

Jiang et al. (蒋志刚等), 2021; Burgin et al., 2020; IUCN, 2020; Zheng et al. (郑智民等), 2012; Pan et al. (潘清华等), 2007; Wang (王应祥), 2003; Xia (夏武平), 1988, 1964; Shou and Zhang (寿振黄和张洁), 1958

664 / 高原鼢鼠

Eospalax bailey (Thomas, 1911)

• Plateau Zokar

▲ 分类地位 / Taxonomy

啮齿目 Rodentia / 鼹型鼠科 Spalacidae / 凸颅鼢鼠属 *Eospalax*

科建立者及其文献 / Family Authority

Gray, 1821

属建立者及其文献 / Genus Authority

Laxmann, 1769

亚种 / Subspecies

无 None

模式标本产地 / Type Locality

中国

Lintao, Gansu, China

▲ 其他名称 / Other Name(s)

其他中文名 / Other Chinese Name(s)

无 None

其他英文名 / Other English Name(s)

无 None

同物异名 / Synonym(s)

无 None

▲ 形态及生境 / Morphology and Habitat

形态特征 / Morphological Characteristics

齿式：1.0.0.31.0.0.3=16。身体圆柱形。头体长 147~270 mm，尾长 29~96 mm。体重 150~563 g。鼻吻端有少量短触须。眼睛很小，被皮毛覆盖。无外耳。皮毛柔软、厚实，灰色到浅黄色，体腹面毛色浅。四肢短，前足强壮，爪子弯曲。前足中第三爪最强壮，第一和第五趾的爪变小。前足最长的爪长至少是后足爪长的 3 倍。尾短。

Dental formula: 1.0.0.3/1.0.0.3=16. Body is cylindrically shaped. Head and body length 147-270 mm, tail length 29-96 mm. Body mass 150-563 g. A few short vibrissae on the snout. Eyes small, covered with fur. No outer ears. The pelage is soft, thick, grayish to pale yellow with a light undercoat. Short limbs. Forefeet robust, with curved claws. Third claw of the forefoot is the strongest, with smaller claws on the 1st and 5th toes. The longest claw on the forefoot is at least three times the length of the hind foot. Tail short.

生境 / Habitat

高寒草甸 Alpine meadow

▲ 地理分布 / Geographic Distribution

国内分布 / Domestic Distribution
青海、甘肃、四川
Qinghai, Gansu, Sichuan

全球分布 / World Distribution
中国 China

生物地理界 / Biogeographic Realm
古北界 Palearctic

WWF 生物群系 / WWF Biome
山地草原和灌丛
Montane Grasslands & Shrublands

动物地理分布型 / Zoogeographic Distribution Type
Pa

分布标注 / Distribution Note
特有种 Endemic

▲ 濒危状况 / Threatened Status

中国生物多样性红色名录等级 / CB RL Category (2021)
未评定 NE

IUCN 红色名录 / IUCN Red List (2021)
未评定 NE

威胁因子 / Threats
无 None

▲ 法律保护地位 / Legal Protection Status

国家重点保护野生动物等级 / Category of National Key Protected Wild Animals (2021)
未列入 Not listed

"三有"名录 / TWIESSV (2023)
未列入 Not listed

CITES 附录等级 / CITES Appendix (2023)
未列入 Not listed

迁徙物种公约附录 / CMS Appendix (2020)
未列入 Not listed

保护行动 / Conservation Action
尚无保护行动 No conservation action so far

▲ 参考文献 / References

Jiang et al. (蒋志刚等), 2021; Liu et al. (刘少英等), 2020; Wilson et al., 2017

665 / 甘肃鼢鼠

Eospalax cansus (Lyon, 1907)

- Gansu Zokor

▲ 分类地位 / Taxonomy

啮齿目 Rodentia / 鼹型鼠科 Spalacidae / 凸颅鼢鼠属 *Eospalax*

科建立者及其文献 / Family Authority
Gray, 1821

属建立者及其文献 / Genus Authority
Laxmann, 1769

亚种 / Subspecies
无 None

模式标本产地 / Type Locality
中国
China, Gansu, 40 mi (64 km) SE Tao-chou

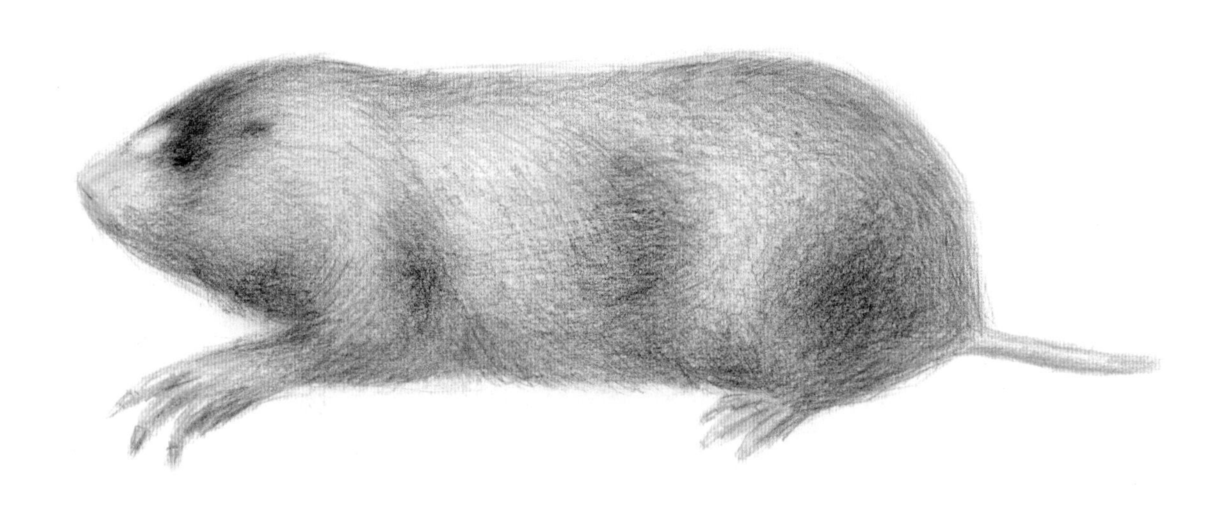

▲ 其他名称 / Other Name(s)

其他中文名 / Other Chinese Name(s)
瞎老鼠

其他英文名 / Other English Name(s)
无 None

同物异名 / Synonym(s)
无 None

▲ 形态及生境 / Morphology and Habitat

形态特征 / Morphological Characteristics

齿式: 1.0.0.31.0.0.3=16。头体长 160~190 mm。触须长。上下门齿长，外露。眼睛小而圆。无外耳。皮毛柔软、厚实，有光泽。头及体背、体侧毛灰褐色，毛尖略具锈褐色。

Dental formula: 1.0.0.3/1.0.0.3=16. The head and body length 160-190 mm. Whiskers long. Upper and lower incisors long and protruding. Eyes are small and round. No outer ears. The pelage is soft, thick and shiny. Hairs on head, body back, body sides grayish brown, with slightly rusty brown hair tips.

生境 / Habitat

森林、灌丛、草地、耕地
Forest, shrubland, grassland, arable land

▲ 地理分布 / Geographic Distribution

国内分布 / Domestic Distribution
甘肃、宁夏、陕西
Gansu, Ningxia, Shaanxi

全球分布 / World Distribution
中国 China

生物地理界 / Biogeographic Realm
古北界 Palearctic

WWF 生物群系 / WWF Biome
山地草原和灌丛
Montane Grasslands & Shrublands

动物地理分布型 / Zoogeographic Distribution Type
Ia

分布标注 / Distribution Note
特有种 Endemic

▲ 濒危状况 / Threatened Status

中国生物多样性红色名录等级 / CB RL Category (2021)
数据缺乏 DD

IUCN 红色名录 / IUCN Red List (2021)
未评定 NE

威胁因子 / Threats
无 None

▲ 法律保护地位 / Legal Protection Status

国家重点保护野生动物等级 / Category of National Key Protected Wild Animals (2021)
未列入 Not listed

"三有"名录 / TWIESSV (2023)
未列入 Not listed

CITES 附录等级 / CITES Appendix (2023)
未列入 Not listed

迁徙物种公约附录 / CMS Appendix (2020)
未列入 Not listed

保护行动 / Conservation Action
尚无保护行动 No conservation action so far

▲ 参考文献 / References

Jiang et al. (蒋志刚等), 2021; Burgin et al., 2020; IUCN, 2020; Wilson et al., 2017; Liu et al. (刘丽等), 2018; Zhang et al. (张洪峰等), 2006; Pan et al. (潘清华等), 2007; Wilson and Reeder, 2005; Wang (王应祥), 2003; Zhang (张荣祖), 1997

666 / 中华鼢鼠

Eospalax fontanierii
(Milne-Edwards, 1867)

• Chinese Zokor

▲ 分类地位 / Taxonomy

啮齿目 Rodentia / 鼹型鼠科 Spalacidae / 凸颅鼢鼠属 *Eospalax*

科建立者及其文献 / Family Authority
Gray, 1821

属建立者及其文献 / Genus Authority
G. M. Allen, 1938

亚种 / Subspecies
无 None

模式标本产地 / Type Locality
中国
China, Kansu

▲ 其他名称 / Other Name(s)

其他中文名 / Other Chinese Name(s)
高原鼢鼠

其他英文名 / Other English Name(s)
Fontanier's Zokor

同物异名 / Synonym(s)
Myospalax fontanierii (Milne-Edwards, 1867)

▲ 形态及生境 / Morphology and Habitat

形态特征 / Morphological Characteristics

齿式：1.0.0.3/1.0.0.3=16。体被毛灰褐色，略呈土黄色。体毛细软、光泽鲜亮。毛基褐色，毛尖锈红色。吻部毛灰白色或污白色。前额有一处形状、大小不定的白色毛斑。腹毛黑灰色，足背与尾稀疏被覆污白色短毛。

Dental formula: 1.0.0.3/1.0.0.3=16. Body hairs grayish brown, slightly earth yellow color. Pelage fine and shiny. Hair bases brown with the rusty red tips. Snout gray or smudgy white. There is a white patch of hairs of various shapes and sizes on the forehead. Abdominal hairs black gray. Foot back and tail sparsely covered with dirty white short hairs.

生境 / Habitat

草地 Grassland

▲ 地理分布 / Geographic Distribution

国内分布 / Domestic Distribution

内蒙古、河北、北京、山东、山西、河南、陕西、宁夏、甘肃、青海、四川

Inner Mongolia, Hebei, Beijing, Shandong, Shanxi, Henan, Shaanxi, Ningxia, Gansu, Qinghai, Sichuan

全球分布 / World Distribution

中国 China

生物地理界 / Biogeographic Realm

古北界 Palearctic

WWF 生物群系 / WWF Biome

山地草原和灌丛

Montane Grasslands & Shrublands

动物地理分布型 / Zoogeographic Distribution Type

Bc

分布标注 / Distribution Note

特有种 Endemic

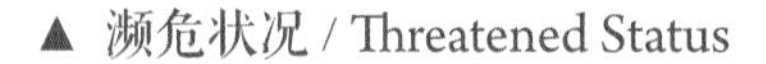

▲ 濒危状况 / Threatened Status

中国生物多样性红色名录等级 / CB RL Category (2021)

无危 LC

IUCN 红色名录 / IUCN Red List (2021)

无危 LC

威胁因子 / Threats

无 None

▲ 法律保护地位 / Legal Protection Status

国家重点保护野生动物等级 / Category of National Key Protected Wild Animals (2021)

未列入 Not listed

"三有"名录 / TWIESSV (2023)

未列入 Not listed

CITES 附录等级 / CITES Appendix (2023)

未列入 Not listed

迁徙物种公约附录 / CMS Appendix (2020)

未列入 Not listed

保护行动 / Conservation Action

尚无保护行动 No conservation action so far

▲ 参考文献 / References

Jiang et al. (蒋志刚等), 2021; Burgin et al., 2020; IUCN, 2020; Wilson et al., 2017; Zheng et al. (郑智民等), 2012; Zhang et al. (张阳等), 2011; Pan et al. (潘清华等), 2007; Peng and Zhong (彭基泰和钟祥清), 2005; Wilson and Reeder, 2005; Wang (王应祥), 2003; Zhang and Liu, 2003; Zhang (张荣祖), 1997; Li and Chen (李保国和陈服官), 1989; Xia(夏武平), 1988

667 / 木里鼢鼠

Eospalax muliensis Zhang, Chen & Shi, 2022

- Muli Zokor

▲ 分类地位 / Taxonomy

啮齿目 Rodentia / 鼹型鼠科 Spalacidae / 凸颅鼢鼠属 *Eospalax*

科建立者及其文献 / Family Authority

Gray, 1821

属建立者及其文献 / Genus Authority

G. M. Allen, 1938

亚种 / Subspecies

无 None

模式标本产地 / Type Locality

中国

Kangwu Ranch (28.135°N, 101.196°E), Muli County, Sichuan Province, China

▲ 其他名称 / Other Name(s)

其他中文名 / Other Chinese Name(s)

无 None

其他英文名 / Other English Name(s)

无 None

同物异名 / Synonym(s)

无 None

▲ 形态及生境 / Morphology and Habitat

形态特征 / Morphological Characteristics

齿式：1.0.0.3/1.0.0.3=16。头体长 145~175 mm，颅长 38~42.2 mm。1 只老年雄性头体长 204 mm，颅骨长 45.5 mm。眼睛很小，外耳缺失。嘴唇部呈白色，被覆白色短毛。鼻部呈三叶。大多数个体额头上没有白斑，少数个体有小白斑。背毛深灰棕色，头部被毛略呈肉桂色，腹毛稍淡。前爪强壮有力，第三爪最长，最结实；第二和第四个爪几乎等长，约第三爪的三分之二长；第五爪粗壮，约为第四爪的一半长；拇趾很小。手和脚背覆盖着白色短毛。尾相对长，被覆密毛，近端三分之二灰褐色，远端三分之一白色。

Dental formula: 1.0.0.3/1.0.0.3=16. Head and body length 145-175 mm. Skull length 38.-42.2 mm. One elderly male significantly larger, with a head and body length of 204 mm and skull length of 45.5 mm. Eyes very small and external ears absent. Lips and muzzle white, surrounded by short white hairs. Nose-pad trifoliate. Most individuals without white blaze on forehead, small when present. Dorsal pelage dark grayish brown, with slightly cinnamon-colored tips, ventral pelage slightly paler. Forepaws strong and powerful, third claw longest and stoutest. Second and fourth claws almost equal in length, about 2/3 of third claw; fifth claw stout, about half length of fourth finger, thumb very small. Dorsal surfaces of hands and feet covered with short white hairs. Tail relatively long, densely hairy, proximal 2/3 grayish-brown, and distal 1/3 white.

生境 / Habitat

灌丛、草地 Shrubland, grassland

▲ 地理分布 / Geographic Distribution

国内分布 / Domestic Distribution
四川 Sichuan

全球分布 / World Distribution
中国 China

生物地理界 / Biogeographic Realm
古北界 Palearctic

WWF 生物群系 / WWF Biome
山地草原和灌丛
Montane Grasslands & Shrublands

动物地理分布型 / Zoogeographic Distribution Type
Hc

分布标注 / Distribution Note
特有种 Endemic

▲ 濒危状况 / Threatened Status

中国生物多样性红色名录等级 / CB RL Category (2021)
未评定 NE

IUCN 红色名录 / IUCN Red List (2021)
未评定 NE

威胁因子 / Threats
无 None

▲ 法律保护地位 / Legal Protection Status

国家重点保护野生动物等级 / Category of National Key Protected Wild Animals (2021)
未列入 Not listed

“三有”名录 / TWIESSV (2023)
未列入 Not listed

CITES 附录等级 / CITES Appendix (2023)
未列入 Not listed

迁徙物种公约附录 / CMS Appendix (2020)
未列入 Not listed

保护行动 / Conservation Action
尚无保护行动 No conservation action so far

▲ 参考文献 / References

Zhang et al., 2022

668 / 罗氏鼢鼠

Eospalax rothschildi (Thomas, 1911)

- Rothschild's Zokor

▲ 分类地位 / Taxonomy

啮齿目 Rodentia / 鼹型鼠科 Spalacidae / 凸颅鼢鼠属 *Eospalax*

科建立者及其文献 / Family Authority
Gray, 1821

属建立者及其文献 / Genus Authority
G. M. Allen, 1938

亚种 / Subspecies
指名亚种 *M. r. rothschildi* Thomas, 1911
甘肃、陕西和四川
Gansu, Shaanxi and Sichuan

湖北亚种 *M. r. hubeiensis* Li et Chen, 1989
湖北和陕西
Hubei and Shaanxi

模式标本产地 / Type Locality
中国
China, Gansu, 40 mi (64 km) SE Tao-chou

雷钧 / 供图

▲ 其他名称 / Other Name(s)

其他中文名 / Other Chinese Name(s)
无 None

其他英文名 / Other English Name(s)
无 None

同物异名 / Synonym(s)
Myospalax rothschildi Thomas, 1911

▲ 形态及生境 / Morphology and Habitat

形态特征 / Morphological Characteristics
齿式：1.0.0.3/1.0.0.3=16。鼻垫周围通常为污白色。有些个体额部有白色毛斑。背面密生柔软短毛。成年个体毛色黄褐色至深灰褐色，毛尖锈红色。亚成体颜色黑灰色。爪小而纤细。尾短，略超过后足长。
Dental formula: 1.0.0.3/1.0.0.3=16. Nasal pads usually smudgy white. Some individuals have white hair patch on foreheads. Body surface densely covered with soft short hairs. Hairs of adult individuals yellowish-brown to dark grayish-brown with rust-red hair tips. Hairs of subadults black and gray in color. Claws small and slender. Tail short, slightly longer than hind feet.

生境 / Habitat
森林、灌丛、草地、耕地
Forest, shrubland, grassland, arable land

▲ 地理分布 / Geographic Distribution

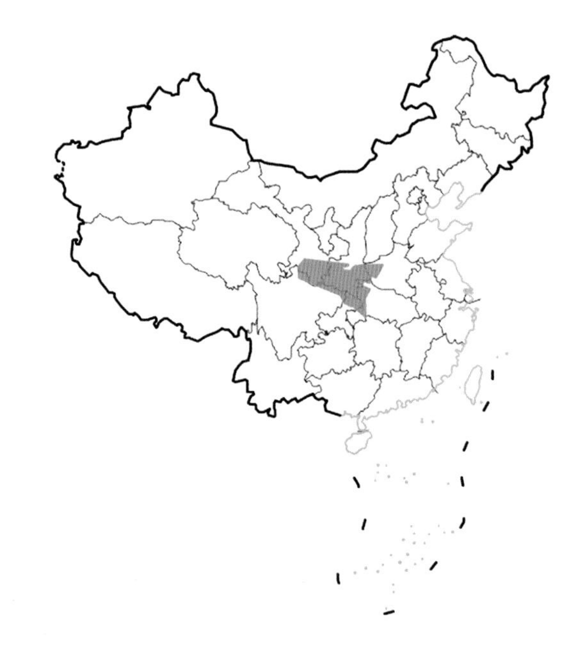

国内分布 / Domestic Distribution
河南、陕西、甘肃、四川、湖北、重庆
Henan, Shaanxi, Gansu, Sichuan, Hubei, Chongqing

全球分布 / World Distribution
中国 China

生物地理界 / Biogeographic Realm
古北界 Palearctic

WWF 生物群系 / WWF Biome
温带阔叶和混交林
Temperate Broadleaf & Mixed Forests

动物地理分布型 / Zoogeographic Distribution Type
O

分布标注 / Distribution Note
特有种 Endemic

▲ 濒危状况 / Threatened Status

中国生物多样性红色名录等级 / CB RL Category (2021)
无危 LC

IUCN 红色名录 / IUCN Red List (2021)
无危 LC

威胁因子 / Threats
无 None

▲ 法律保护地位 / Legal Protection Status

国家重点保护野生动物等级 / Category of National Key Protected Wild Animals (2021)
未列入 Not listed

“三有”名录 / TWIESSV (2023)
未列入 Not listed

CITES 附录等级 / CITES Appendix (2023)
未列入 Not listed

迁徙物种公约附录 / CMS Appendix (2020)
未列入 Not listed

保护行动 / Conservation Action
尚无保护行动 No conservation action so far

▲ 参考文献 / References

Jiang et al. (蒋志刚等), 2021; Burgin et al., 2020; IUCN, 2020; Wilson et al., 2017; Zheng et al. (郑智民等), 2012; Zhang et al. (张三亮等), 2008; Li (李瑛), 1997; Pan et al. (潘清华等), 2007; Wang (王应祥), 2003; Li and Chen (李保国和陈服官), 1989

669 / 秦岭鼢鼠

Eospalax rufescens J. Allen, 1909

- Qinling Mountian Zokor

▲ 分类地位 / Taxonomy

啮齿目 Rodentia / 鼹型鼠科 Spalacidae / 凸颅鼢鼠属 *Eospalax*

科建立者及其文献 / Family Authority

Gray, 1821

属建立者及其文献 / Genus Authority

G. M. Allen, 1938

亚种 / Subspecies

无 None

模式标本产地 / Type Locality

中国

Taibai, Shaanxi, China

张冬茵 / 供图

▲ 其他名称 / Other Name(s)

其他中文名 / Other Chinese Name(s)

无 None

其他英文名 / Other English Name(s)

无 None

同物异名 / Synonym(s)

无 None

▲ 形态及生境 / Morphology and Habitat

形态特征 / Morphological Characteristics

齿式：1.0.0.3/1.0.0.3=16。鼻垫僧帽状。额部无白斑。被毛灰褐色，毛尖铁锈色。一些老年个体被毛鲜亮锈红色。尾及后足背覆盖褐色密毛。

Dental formula: 1.0.0.3/1.0.0.3=16. Nose pad cap shaped. No white spot on the forehead. Pelage grayish-brown with rusty tips. Some old individuals have bright rusty red hairs. Tail and hind foot back covered with brown thick hairs.

生境 / Habitat

森林、灌丛、草地、耕地

Forest, shrubland, grassland, arable land

▲ 地理分布 / Geographic Distribution

国内分布 / Domestic Distribution
青海、甘肃、宁夏、陕西、四川
Qinghai, Gansu, Ningxia, Shaanxi, Sichuan

全球分布 / World Distribution
中国 China

生物地理界 / Biogeographic Realm
古北界 Palearctic

WWF 生物群系 / WWF Biome
温带阔叶和混交林
Temperate Broadleaf & Mixed Forests

动物地理分布型 / Zoogeographic Distribution Type
O

分布标注 / Distribution Note
特有种 Endemic

▲ 濒危状况 / Threatened Status

中国生物多样性红色名录等级 / CB RL Category (2021)
数据缺乏 DD

IUCN 红色名录 / IUCN Red List (2021)
未评定 NE

威胁因子 / Threats
无 None

▲ 法律保护地位 / Legal Protection Status

国家重点保护野生动物等级 / Category of National Key Protected Wild Animals (2021)
未列入 Not listed

"三有"名录 / TWIESSV (2023)
未列入 Not listed

CITES 附录等级 / CITES Appendix (2023)
未列入 Not listed

迁徙物种公约附录 / CMS Appendix (2020)
未列入 Not listed

保护行动 / Conservation Action
尚无保护行动 No conservation action so far

▲ 参考文献 / References

Jiang et al. (蒋志刚等), 2021; Burgin et al., 2020; IUCN, 2020; Wilson et al., 2017; Zheng et al. (郑智民等), 2012; Lu et al. (鲁庆彬等), 2011; He et al. (何娅等), 2009; Pan et al. (潘清华等), 2007; Wilson and Reeder, 2005; Wang (王应祥), 2003; Zhang (张荣祖), 1997

670 / 斯氏鼢鼠

Eospalax smithii (Thomas, 1911)

- Smith's Zokor

▲ 分类地位 / Taxonomy

啮齿目 Rodentia / 鼹型鼠科 Spalacidae / 凸颅鼢鼠属 *Eospalax*

科建立者及其文献 / Family Authority

Gray, 1821

属建立者及其文献 / Genus Authority

G. M. Allen, 1938

亚种 / Subspecies

无 None

模式标本产地 / Type Locality

中国

China, Gansu, 30 mi (48 km) SE Tao-chou

何锴 / 供图

▲ 其他名称 / Other Name(s)

其他中文名 / Other Chinese Name(s)

无 None

其他英文名 / Other English Name(s)

无 None

同物异名 / Synonym(s)

Myospalax smithii Thomas, 1911

▲ 形态及生境 / Morphology and Habitat

形态特征 / Morphological Characteristics

齿式：1.0.0.3/1.0.0.3=16。鼻部裸露。眼睛和耳退化。全身体毛为绒毛状且密实。成体，尤其老年个体毛色棕褐色，毛尖红褐色。但青年个体或者亚成体、幼体，体毛青灰色，没有棕色色调。前足强大，爪相对中华鼢鼠 *Eospalax fontanierii* 和罗氏鼢鼠 *Eospalax rothschildi* 的爪较小。尾覆盖密毛。

Dental formula: 1.0.0.3/1.0.0.3=16. Nose bare. Eyes and ears degraded. The pelage villous and dense. Adults, especially elderly individuals, have brown and reddish-brown hair tips. However, body hairs of young individuals or subadults, juveniles are bluish-gray, without brown tone. Forefeet are robust and the claws are smaller than those of *Eospalax fontanierii* and *E. rothschildi*. Tail covered with thick hairs.

生境 / Habitat

干旱草地、耕地

Dry grassland, arable land

▲ 地理分布 / Geographic Distribution

国内分布 / Domestic Distribution
甘肃、宁夏、陕西、四川
Gansu, Ningxia, Shaanxi, Sichuan

全球分布 / World Distribution
中国 China

生物地理界 / Biogeographic Realm
古北界 Palearctic

WWF 生物群系 / WWF Biome
温带阔叶和混交林
Temperate Broadleaf & Mixed Forests

动物地理分布型 / Zoogeographic Distribution Type
O

分布标注 / Distribution Note
特有种 Endemic

▲ 濒危状况 / Threatened Status

中国生物多样性红色名录等级 / CB RL Category (2021)
近危 NT

IUCN 红色名录 / IUCN Red List (2021)
无危 LC

威胁因子 / Threats
未知 Unknown

▲ 法律保护地位 / Legal Protection Status

国家重点保护野生动物等级 / Category of National Key Protected Wild Animals (2021)
未列入 Not listed

“三有”名录 / TWIESSV (2023)
未列入 Not listed

CITES 附录等级 / CITES Appendix (2023)
未列入 Not listed

迁徙物种公约附录 / CMS Appendix (2020)
未列入 Not listed

保护行动 / Conservation Action
尚无保护行动 No conservation action so far

▲ 参考文献 / References

Jiang et al. (蒋志刚等), 2021; Burgin et al., 2020; IUCN, 2020; Liu et al. (刘少英等), 2020; Wilson et al., 2017; He et al. (何娅等), 2012; Zheng et al. (郑智民等), 2012; Smith and Xie, 2009; Pan et al. (潘清华等), 2007; Wilson and Reeder, 2005; Wang (王应祥), 2003; Zhang (张荣祖), 1997; Qin (秦长育), 1991

671 / 草原鼢鼠

Myospalax aspalax (Pallas, 1776)

- False Zoko

▲ 分类地位 / Taxonomy

啮齿目 Rodentia / 鼹型鼠科 Spalacidae / 平颅鼢鼠属 *Myospalax*

科建立者及其文献 / Family Authority

Gray, 1821

属建立者及其文献 / Genus Authority

Laxmann, 1769

亚种 / Subspecies

无 None

模式标本产地 / Type Locality

俄罗斯

Russia, Transbaikalia, Dauuria ("Doldogo, on Onon River, below Atchinsk," Ellerman and Morrison-Scott, 1951:652)

▲ 其他名称 / Other Name(s)

其他中文名 / Other Chinese Name(s)

外贝加尔鼢鼠、达乌尔黑鼢鼠

其他英文名 / Other English Name(s)

无 None

同物异名 / Synonym(s)

Myospalax armandii (Milne-Edwards, 1867), *Myospalax dybowskii* Tscherski, 1873, *Myospalax talpinus* Pallas, 1811, *Myospalax zokor* (Desmarest, 1822)

▲ 形态及生境 / Morphology and Habitat

形态特征 / Morphological Characteristics

齿式：1.0.0.3/1.0.0.3=16。鼻端被覆白色毛。前额有一处形状、大小不定的白色毛斑。背毛淡灰黄色，略带浅棕色。背部毛基部灰色。腹毛灰白色。尾和后腿上方覆盖着白色短毛。

Dental formula: 1.0.0.3/1.0.0.3=16. The nose is covered with white hairs. A white patch of hairs of various shapes and sizes on forehead. Dorsal hairs grayish yellow with a light brown tinge. Dorsal hair bases gray. Abdominal hairs grayish white. Tail and upper side of hind legs covered with short white hairs.

生境 / Habitat

草地、耕地

Grassland, arable land

▲ 地理分布 / Geographic Distribution

国内分布 / Domestic Distribution
黑龙江、吉林、辽宁、内蒙古、河北、山西
Heilongjiang, Jilin, Liaoning, Inner Mongolia, Hebei, Shanxi

全球分布 / World Distribution
中国、蒙古国、俄罗斯
China, Mongolia, Russia

生物地理界 / Biogeographic Realm
古北界 Palearctic

WWF 生物群系 / WWF Biome
温带草原、热带稀树草原和灌木地
Temperate Grasslands, Savannas & Shrublands

动物地理分布型 / Zoogeographic Distribution Type
Dn

分布标注 / Distribution Note
非特有种 Non-Endemic

▲ 濒危状况 / Threatened Status

中国生物多样性红色名录等级 / CB RL Category (2021)
无危 LC

IUCN 红色名录 / IUCN Red List (2021)
无危 LC

威胁因子 / Threats
无 None

▲ 法律保护地位 / Legal Protection Status

国家重点保护野生动物等级 / Category of National Key Protected Wild Animals (2021)
未列入 Not listed

“三有”名录 / TWIESSV (2023)
未列入 Not listed

CITES 附录等级 / CITES Appendix (2023)
未列入 Not listed

迁徙物种公约附录 / CMS Appendix (2020)
未列入 Not listed

保护行动 / Conservation Action
尚无保护行动 No conservation action so far

▲ 参考文献 / References

Jiang et al. (蒋志刚等), 2021; Burgin et al., 2020; IUCN, 2020; Liu et al. (刘少英等), 2020; Wilson et al., 2017; Zheng et al. (郑智民等), 2012; Smith and Xie, 2009; Pan et al. (潘清华等), 2007; Wang (王应祥), 2003; Xia (夏武平), 1988, 1964; Schauer, 1987

672 / 阿尔泰鼢鼠

Myospalax myospalax (Laxmann, 1773)

- Siberian Zokor

▲ 分类地位 / Taxonomy

啮齿目 Rodentia / 鼹型鼠科 Spalacidae / 平颅鼢鼠属 *Myospalax*

科建立者及其文献 / Family Authority

Gray, 1821

属建立者及其文献 / Genus Authority

Laxmann, 1769

亚种 / Subspecies

无 None

模式标本产地 / Type Locality

俄罗斯

Russia, Altai Krai, 100 km SE of Barnaul, Sommaren, near Paniusheva on Alei River

▲ 其他名称 / Other Name(s)

其他中文名 / Other Chinese Name(s)

鼢鼠、瞎老鼠

其他英文名 / Other English Name(s)

Altai Zokor

同物异名 / Synonym(s)

Myospalax laxmanni Beckmann, 1769

▲ 形态及生境 / Morphology and Habitat

形态特征 / Morphological Characteristics

齿式：1.0.0.3/1.0.0.3=16。眼睛很小，被皮毛覆盖，无外耳。身体长圆柱形。被毛柔软、厚实，灰色到浅黄色，鼻端少量短触须。腹面毛色比背面苍白。四肢短，足宽而强壮，爪子弯曲。前足中第三爪最强壮，第一和第五趾的爪变小。前足最长的爪长至少是后足爪长的 3 倍。尾短。

Dental formula: 1.0.0.3/1.0.0.3=16. Eyes small, covered by hairs. No external ears. Body long, cylindrically shaped. Furs soft, thick, gray to light yellow, with a few short bristles at the tip of the nose. Hairs on the ventral side paler than the dorsal side. The legs are short, the feet wide and strong, the claws curved. The third claw of the forefoot is the strongest, with smaller claws on the 1st and 5th toes. The longest claw on the forefoot is at least three times the length of the hind foot. Tail is short.

生境 / Habitat

灌丛、草地 Shrubland, grassland

▲ 地理分布 / Geographic Distribution

国内分布 / Domestic Distribution
新疆 Xinjiang

全球分布 / World Distribution
中国、蒙古国、俄罗斯
China, Mongolia, Russia

生物地理界 / Biogeographic Realm
古北界 Palearctic

WWF 生物群系 / WWF Biome
温带草原和灌木地
Temperate Grasslands, Savannas & Shrublands

动物地理分布型 / Zoogeographic Distribution Type
Di

分布标注 / Distribution Note
非特有种 Non-Endemic

▲ 濒危状况 / Threatened Status

中国生物多样性红色名录等级 / CB RL Category (2021)
易危 VU

IUCN 红色名录 / IUCN Red List (2021)
无危 LC

威胁因子 / Threats
未知 Unknown

▲ 法律保护地位 / Legal Protection Status

国家重点保护野生动物等级 / Category of National Key Protected Wild Animals (2021)
未列入 Not listed

"三有"名录 / TWIESSV (2023)
未列入 Not listed

CITES 附录等级 / CITES Appendix (2023)
未列入 Not listed

迁徙物种公约附录 / CMS Appendix (2020)
未列入 Not listed

保护行动 / Conservation Action
尚无保护行动 No conservation action so far

▲ 参考文献 / References

Jiang et al. (蒋志刚等), 2021; Burgin et al.,2020; IUCN, 2020; Liu et al. (刘少英等), 2020; Wilson et al., 2017; Smith and Xie, 2009; Pan et al. (潘清华等), 2007; Wilson and Reeder, 2005; Wang (王应祥), 2003; Zhang (张荣祖), 1997

673 / 东北鼢鼠

Myospalax psilurus (Milne-Edwards, 1874)

- Transbaikal Zokor

▲ 分类地位 / Taxonomy

啮齿目 Rodentia / 鼹型鼠科 Spalacidae / 平颅鼢鼠属 *Myospalax*

科建立者及其文献 / Family Authority

Gray, 1821

属建立者及其文献 / Genus Authority

Laxmann, 1769

亚种 / Subspecies

无 None

模式标本产地 / Type Locality

中国

China, Chihli (Hebei), south of Beijing

▲ 其他名称 / Other Name(s)

其他中文名 / Other Chinese Name(s)

盲鼠

其他英文名 / Other English Name(s)

North China Zokor

同物异名 / Synonym(s)

Myospalax epsilanus Thomas, 1912

▲ 形态及生境 / Morphology and Habitat

形态特征 / Morphological Characteristics

齿式：1.0.0.3/1.0.0.3=16。体型圆粗。头吻部宽扁。吻鼻部与面部毛色浅。眼小。耳小，隐于被毛之下。背毛黄褐色，毛尖铁锈红色，体侧毛色渐淡，腹部淡灰色，毛基深灰色。额顶常有一块大小形状不定的白斑。前脚掌宽大，前指爪长长于指长。爪呈镰刀状，适于打洞和在洞穴内行走。尾细短。

Dental formula: 1.0.0.3/1.0.0.3=16. Body round and robust. The head is wide and flat. Hairs on the nose and face light colored. Smaller eyes. Ears are small and hidden under the fur. Dorsal hairs are brown, with rusty red hair tips. Lateral side hair color gradually turns pale, the abdomen is light gray, with dark gray hair bases. There is often a white spot of variable size and shape at the top of the forehead. The forefoot is wide and the forefinger claw is longer than the finger. Claws are sickle-shaped, which are suitable for digging and moving in burrows. Tail short and slime.

生境 / Habitat

低地草地、农田

Lowland grassland, arable land

▲ 地理分布 / Geographic Distribution

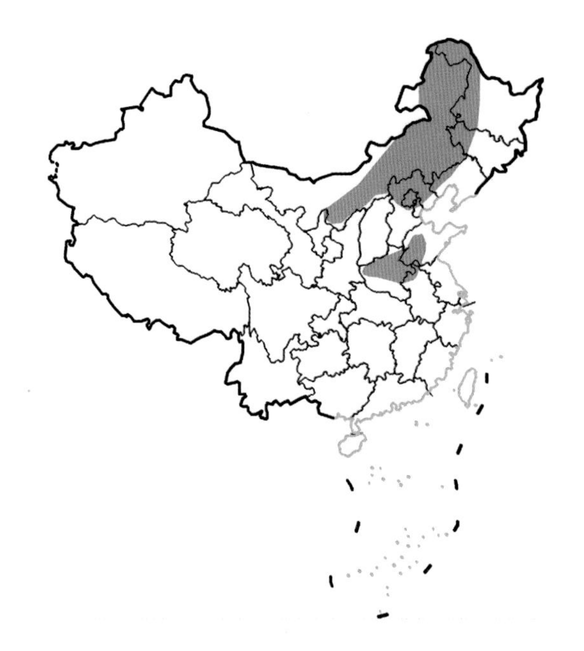

国内分布 / Domestic Distribution

黑龙江、吉林、辽宁、内蒙古、河北、北京、天津、山东、河南、安徽

Heilongjiang, Jilin, Liaoning, Inner Mongolia, Hebei, Beijing, Tianjin, Shandong, Henan, Anhui

全球分布 / World Distribution

中国、蒙古国、俄罗斯

China, Mongolia, Russia

生物地理界 / Biogeographic Realm

古北界 Palearctic

WWF 生物群系 / WWF Biome

温带草原、热带稀树草原和灌木地

Temperate Grasslands, Savannas & Shrublands

动物地理分布型 / Zoogeographic Distribution Type

Bc

分布标注 / Distribution Note

非特有种 Non-Endemic

▲ 濒危状况 / Threatened Status

中国生物多样性红色名录等级 / CB RL Category (2021)

无危 LC

IUCN 红色名录 / IUCN Red List (2021)

无危 LC

威胁因子 / Threats

无 None

▲ 法律保护地位 / Legal Protection Status

国家重点保护野生动物等级 / Category of National Key Protected Wild Animals (2021)

未列入 Not listed

"三有"名录 / TWIESSV (2023)

未列入 Not listed

CITES 附录等级 / CITES Appendix (2023)

未列入 Not listed

迁徙物种公约附录 / CMS Appendix (2020)

未列入 Not listed

保护行动 / Conservation Action

尚无保护行动 No conservation action so far

▲ 参考文献 / References

Jiang et al. (蒋志刚等), 2021; Burgin et al., 2020; IUCN, 2020; Liu et al. (刘少英等), 2020; Wilson et al., 2017; Zheng et al. (郑智民等), 2012; Smith and Xie, 2009; Pan et al. (潘清华等), 2007; Wilson and Reeder, 2005; Wang (王应祥), 2003; Zhang (张荣祖), 1997; Liu et al. (刘仁华等), 1989; Xia(夏武平), 1988, 1964

674 / 林睡鼠

Dryomys nitedula (Pallas, 1778)

- Forest Dormouse

▲ 分类地位 / Taxonomy

啮齿目 Rodentia / 睡鼠科 Gliridae / 林睡鼠属 *Dryomys*

科建立者及其文献 / Family Authority

Muirhead, 1819

属建立者及其文献 / Genus Authority

Thomas, 1906

亚种 / Subspecies

伊犁亚种 *D. n. angelus* (Thomas, 1906)
新疆 Xinjiang

博格多亚种 *D. n. milleri* Thomas, 1912
新疆 Xinjiang

模式标本产地 / Type Locality

俄罗斯
lower Volga River, Russia

▲ 其他名称 / Other Name(s)

其他中文名 / Other Chinese Name(s)

睡鼠

其他英文名 / Other English Name(s)

Dormouse

同物异名 / Synonym(s)

Dryomys aspromontis von Lehmann, 1963
Dryomys nitedula ssp. *aspromontis* von Lehmann, 1963
Dryomys nitedula ssp. *pictus* Blanford, 1875
Dryomys pictus (Blanford, 1875)
Mus nitedula Pallas, 1778
Myoxus pictus Blanford, 1875

▲ 形态及生境 / Morphology and Habitat

形态特征 / Morphological Characteristics

齿式：1.0.0.3/1.0.0.3=16。体型中等。头体长 80~100 mm。尾长等于或略长于头体长。耳前至眼前及眼周围有一道明显的灰黑色斑纹。背部毛色棕灰色，脊背、头顶、枕部毛色呈赤褐色调。腹面毛基灰色，毛尖淡黄色，背腹毛色界线明显。尾毛厚密而蓬松，深棕灰色。尾两侧的毛比尾背面和腹面的毛长。

Dental formula: 1.0.0.3/1.0.0.3=16. Body size medium. Head and body length 80-100 mm. Tail length equal to or slightly longer than head and body length. There is a distinct grayish-black stripe from ears to eyes and around the eyes. Dorsal hairs brown and gray. Hairs on the back, the top of the head and the occipital are russet. Ventral hair bases are gray, with pale yellow hair tips. the dorsal and abdominal hair color boundary is clear. Tail hairs thick and fluffy, dark brown gray. Hairs on both sides of the tail longer than the hairs on the upper and under parts of the tail.

生境 / Habitat

针叶阔叶混交林
Coniferous broad-leaved mixed forest

▲ 地理分布 / Geographic Distribution

国内分布 / Domestic Distribution

新疆 Xinjiang

全球分布 / World Distribution

阿富汗、阿尔巴尼亚、奥地利、阿塞拜疆、白俄罗斯、波斯尼亚和黑塞哥维那、保加利亚、中国、克罗地亚、捷克、格鲁吉亚、德国、希腊、匈牙利、伊朗、伊拉克、以色列、意大利、哈萨克斯坦、吉尔吉斯斯坦、拉脱维亚、列支敦士登、立陶宛、马其顿、摩尔多瓦、蒙古国、黑山、巴基斯坦、波兰、罗马尼亚、俄罗斯、塞尔维亚、斯洛伐克、斯洛文尼亚、瑞士、叙利亚、塔吉克斯坦、土耳其、土库曼斯坦、乌克兰、乌兹别克斯坦

Afghanistan, Albania, Austria, Azerbaijan, Belarus, Bosnia and Herzegovina, Bulgaria, China, Croatia, Czech Republic, Georgia, Germany, Greece, Hungary, Iran, Iraq, Israel, Italy, Kazakhstan, Kyrgyzstan, Latvia, Liechtenstein, Lithuania, Macedonia, Moldova, Mongolia, Montenegro, Pakistan, Poland, Romania, Russia, Serbia, Slovakia, Slovenia, Switzerland, Syria, Tajikistan, Turkey, Turkmenistan, Ukraine, Uzbekistan

生物地理界 / Biogeographic Realm

古北界 Palearctic

WWF 生物群系 / WWF Biome

温带阔叶和混交林

Temperate Broadleaf & Mixed Forests

动物地理分布型 / Zoogeographic Distribution Type

U

分布标注 / Distribution Note

非特有种 Non-Endemic

▲ 濒危状况 / Threatened Status

中国生物多样性红色名录等级 / CB RL Category (2021)

近危 NT

IUCN 红色名录 / IUCN Red List (2021)

无危 LC

威胁因子 / Threats

未知 Unknown

▲ 法律保护地位 / Legal Protection Status

国家重点保护野生动物等级 / Category of National Key Protected Wild Animals (2021)

未列入 Not listed

“三有”名录 / TWIESSV (2023)

未列入 Not listed

CITES 附录等级 / CITES Appendix (2023)

未列入 Not listed

迁徙物种公约附录 / CMS Appendix (2020)

未列入 Not listed

保护行动 / Conservation Action

尚无保护行动 No conservation action so far

▲ 参考文献 / References

Americam Mammalogist Society (AMS), 2023; Jiang et al. (蒋志刚等), 2021; Burgin et al., 2020; IUCN, 2020; Liu et al. (刘少英等), 2020; Wilson et al., 2017; An et al. (安冉等), 2015; Zheng et al. (郑智民等), 2012; Pan et al. (潘清华等), 2007; Wilson and Reeder, 2005; Wang (王应祥), 2003; Zhang (张荣祖), 1997; Ma et al. (马勇等), 1981

675 / 四川毛尾睡鼠

Chaetocauda sichuanensis
Wang, 1985

• Sichuan Dormouse

▲ 分类地位 / Taxonomy

啮齿目 Rodentia / 睡鼠科 Gliridae / 毛尾睡鼠属 *Chaetocauda*

科建立者及其文献 / Family Authority
Muirhead, 1819

属建立者及其文献 / Genus Authority
Wang, 1985

亚种 / Subspecies
无 None

模式标本产地 / Type Locality
中国
Wang-lang Natural Reserve, Pinwu county, China

▲ 其他名称 / Other Name(s)

其他中文名 / Other Chinese Name(s)
无 None

其他英文名 / Other English Name(s)
Chinese Dormouse

同物异名 / Synonym(s)
Dryomys sichuanensis (Wang, 1985)

▲ 形态及生境 / Morphology and Habitat

形态特征 / Morphological Characteristics

齿式：1.0.0.3/1.0.0.3=16。头体长 90~91 mm。尾长 92~102 mm。体重 24~36 g。触须长达 31 mm。眼睛大，眼周有深栗色毛斑。背部被毛浅红棕色。腹部、四肢内侧和足部被毛白色。尾圆，尾尖覆盖着浓密毛发，形成毛刷状。

Dental formula: 1.0.0.3/1.0.0.3=16. Head and body length 90-91 mm. Tail length 92-102 mm. Body mass 24-36 g. Whiskers are 31 mm long. Eyes are large with dark chestnut patches around them. Dorsal hairs are reddish-brown. Hairs on the belly, inner extremities and feet are white. Tail is round and the tip of the tail is covered with thick hairs, forming a brush-like end.

生境 / Habitat

针叶阔叶混交林
Coniferous broad-leaved mixed forest

▲ 地理分布 / Geographic Distribution

国内分布 / Domestic Distribution
四川 Sichuan

全球分布 / World Distribution
中国 China

生物地理界 / Biogeographic Realm
古北界 Palearctic

WWF 生物群系 / WWF Biome
温带针叶树森林
Temperate Conifer Forests

动物地理分布型 / Zoogeographic Distribution Type
He

分布标注 / Distribution Note
特有种 Endemic

▲ 濒危状况 / Threatened Status

中国生物多样性红色名录等级 / CB RL Category (2021)
濒危 EN

IUCN 红色名录 / IUCN Red List (2021)
数据缺乏 DD

威胁因子 / Threats
未知 Unknown

▲ 法律保护地位 / Legal Protection Status

国家重点保护野生动物等级 / Category of National Key Protected Wild Animals (2021)
未列入 Not listed

"三有"名录 / TWIESSV (2023)
未列入 Not listed

CITES 附录等级 / CITES Appendix (2023)
未列入 Not listed

迁徙物种公约附录 / CMS Appendix (2020)
未列入 Not listed

保护行动 / Conservation Action
尚无保护行动 No conservation action so far

▲ 参考文献 / References

Jiang et al. (蒋志刚等), 2021; Burgin et al., 2020; IUCN, 2020; Wilson et al., 2017; Zheng et al. (郑智民等), 2012; Liu et al. (刘少英等), 2005; Pan et al. (潘清华等), 2007; Wilson and Reeder, 2005; Wang (王应祥), 2003; Wang (王酉之), 1985

676 / 长尾蹶鼠

Sicista caudata Thomas, 1907

- Long-tailed Birch Mouse

▲ 分类地位 / Taxonomy

啮齿目 Rodentia / 蹶鼠科 Sminthidae / 蹶鼠属 *Sicista*

科建立者及其文献 / Family Authority
Fischer de Waldheim, 1817

属建立者及其文献 / Genus Authority
Gray, 1827

亚种 / Subspecies
无 None

模式标本产地 / Type Locality
俄罗斯
Russia, Sakhalin Oblast, Sakhalin Isl, 17 miles NW Korsakov

▲ 其他名称 / Other Name(s)

其他中文名 / Other Chinese Name(s)
无 None

其他英文名 / Other English Name(s)
无 None

同物异名 / Synonym(s)
无 None

▲ 形态及生境 / Morphology and Habitat

形态特征 / Morphological Characteristics

齿式：1.0.0.3/1.0.0.3=16。头体长 59~67 mm。尾长 96~115 mm。体重 8 g。触须发达。背毛呈带黄调的灰棕色。沿着脊柱有稀疏黑色或具棕色尖端的毛。腹侧为略呈黄调的脏白色。长尾上下部为均匀的淡黄灰色。

Dental formula: 1.0.0.3/1.0.0.3=16. Whiskers long. Head and body length 59 -67 mm. Tail length 96-115 mm. Body mass 8 g. Dorsal pelage is grayish-brown with a yellow tint. Slightly black or brown-tipped hairs along the spine. Ventral side is dirty white with yellowish tinge. The upper and lower parts of the long tail are even yellowish gray.

生境 / Habitat

泰加林、针叶阔叶混交林
Taiga, coniferous and broad-leaved mixed forest

▲ 地理分布 / Geographic Distribution

国内分布 / Domestic Distribution
吉林、黑龙江
Jilin, Heilongjiang

全球分布 / World Distribution
中国、俄罗斯
China, Russia

生物地理界 / Biogeographic Realm
古北界 Palearctic

WWF 生物群系 / WWF Biome
温带阔叶和混交林
Temperate Broadleaf & Mixed Forests

动物地理分布型 / Zoogeographic Distribution Type
Xa

分布标注 / Distribution Note
非特有种 Non-Endemic

▲ 濒危状况 / Threatened Status

中国生物多样性红色名录等级 / CB RL Category (2021)
数据缺乏 DD

IUCN 红色名录 / IUCN Red List (2021)
数据缺乏 DD

威胁因子 / Threats
无 None

▲ 法律保护地位 / Legal Protection Status

国家重点保护野生动物等级 / Category of National Key Protected Wild Animals (2021)
未列入 Not listed

"三有"名录 / TWIESSV (2023)
未列入 Not listed

CITES 附录等级 / CITES Appendix (2023)
未列入 Not listed

迁徙物种公约附录 / CMS Appendix (2020)
未列入 Not listed

保护行动 / Conservation Action
尚无保护行动 No conservation action so far

▲ 参考文献 / References

Jiang et al. (蒋志刚等), 2021; Burgin et al., 2020; IUCN, 2020; Wilson et al., 2017; Zheng et al. (郑智民等), 2012; Smith and Xie, 2009; Pan et al. (潘清华等), 2007; Wilson and Reeder, 2005; Wang (王应祥), 2003; Zhang (张荣祖), 1997

677 / 中国蹶鼠

Sicista concolor (Büchner, 1892)

- Chinese Birch Mouse

▲ 分类地位 / Taxonomy

啮齿目 Rodentia / 蹶鼠科 Sminthidae / 蹶鼠属 *Sicista*

科建立者及其文献 / Family Authority
Fischer de Waldheim, 1817

属建立者及其文献 / Genus Authority
Gray, 1827

亚种 / Subspecies
指名亚种 *S. c. concolor* (Buchner, 1892)
青海、甘肃、陕西
Qinghai, Gansu and Shaanxi

克什米尔亚种 *S. c. leathemi* Thomas 1893
新疆 Xinjiang

川西亚种 *S. c. weigoldi* Jacobi, 1923
四川、云南
Sichuan, Yunnan

模式标本产地 / Type Locality
中国
N slope of the mountains of Guiduisha, Xining, Qinghai, China

李波 / 供图

李波 / 供图

▲ 其他名称 / Other Name(s)

其他中文名 / Other Chinese Name(s)
无 None

其他英文名 / Other English Name(s)
Gansu Birch Mouse, Kashmir Birch Mouse, Sichuan Birch Mouse

同物异名 / Synonym(s)
Sicista concolor (Thomas, 1893) ssp. *leathemi*
Sicista concolor (True, 1894) ssp. *flavus*
Sminthus concolor Buchner, 1892
Sminthus flavus True, 1894
Sminthus leathemi Thomas, 1893

▲ 形态及生境 / Morphology and Habitat

形态特征 / Morphological Characteristics

齿式：1.0.0.3/1.0.0.3=16。平均体长 62 mm。平均尾长 128 mm。平均体重 8.5 g。耳褐色。背毛黄褐色，杂有黑色毛。腹毛毛基灰色，毛尖灰白色。后足显著长于前足。足趾黄白色，跗跖部及腕掌部灰褐色。尾覆盖短毛，上下一色，尾端无毛束。

Dental formula: 1.0.0.3/1.0.0.3=16. Average body length is 62 mm. Average tail length is 128 mm. Average weight is 8.5 g. Ears brown. Dorsal hairs yellowish-brown, mixed with black hairs. Abdominal hair bases gray, with hairs tips gray-white. Hind feet are significantly longer than the forefeet. Toes yellow and white, hairs on tarsometatarsus and wrist grayish-brown. Tail covered with short hairs, with a uniform upper and lower color, no hair bundle at the tail end.

生境 / Habitat

温带森林、灌木、草地
Temperate forest, shrubland, grassland

▲ 地理分布 / Geographic Distribution

国内分布 / Domestic Distribution
新疆、甘肃、青海、四川、陕西、云南
Xinjiang, Gansu, Qinghai, Sichuan, Shaanxi, Yunnan

全球分布 / World Distribution
中国、印度、巴基斯坦
China, India, Pakistan

生物地理界 / Biogeographic Realm
古北界 Palearctic

WWF 生物群系 / WWF Biome
热带和亚热带湿润阔叶林
Tropical & Subtropical Moist Broadleaf Forests

动物地理分布型 / Zoogeographic Distribution Type
U

分布标注 / Distribution Note
非特有种 Non-Endemic

▲ 濒危状况 / Threatened Status

中国生物多样性红色名录等级 / CB RL Category (2021)
无危 LC

IUCN 红色名录 / IUCN Red List (2021)
无危 LC

威胁因子 / Threats
无 None

▲ 法律保护地位 / Legal Protection Status

国家重点保护野生动物等级 / Category of National Key Protected Wild Animals (2021)
未列入 Not listed

"三有"名录 / TWIESSV (2023)
未列入 Not listed

CITES 附录等级 / CITES Appendix (2023)
未列入 Not listed

迁徙物种公约附录 / CMS Appendix (2020)
未列入 Not listed

保护行动 / Conservation Action
尚无保护行动 No conservation action so far

▲ 参考文献 / References

Jiang et al. (蒋志刚等), 2021; Burgin et al., 2020; IUCN, 2020; Wilson et al., 2017; Zheng et al. (郑智民等), 2012; Smith and Xie, 2009; Pan et al. (潘清华等), 2007; Liu et al. (刘少英等), 2005; Wilson and Reeder, 2005; Wang (王应祥), 2003; Zhang (张荣祖), 1997

678 / 灰蹶鼠

Sicista pseudonapaea Strautman, 1949

- Gray Birch Mouse

▲ 分类地位 / Taxonomy

啮齿目 Rodentia / 蹶鼠科 Sminthidae / 蹶鼠属 *Sicista*

科建立者及其文献 / Family Authority

Fischer de Waldheim, 1817

属建立者及其文献 / Genus Authority

Gray, 1827

亚种 / Subspecies

无 None

模式标本产地 / Type Locality

哈萨克斯坦

Altai Mtns, N slope of Narymskiy Range, Katon-Karagay

▲ 其他名称 / Other Name(s)

其他中文名 / Other Chinese Name(s)

无 None

其他英文名 / Other English Name(s)

无 None

同物异名 / Synonym(s)

无 None

▲ 形态及生境 / Morphology and Habitat

形态特征 / Morphological Characteristics

齿式：1.0.0.3/1.0.0.3=16。背部毛发呈黄灰色，毛发有棕色光泽，腹部被毛呈淡灰黄色。一条黑色条纹沿着背脊从头部一直延伸到尾根。能发出尖锐哨叫。在地面上跳跃运动，也善于用尾作为额外支撑以攀缘。生活在欧亚大陆北方森林、灌丛、亚高山草甸和草原区，杂食性，既吃植物也吃昆虫。从秋天到春天都在地下洞穴冬眠。Sokolov et al.（1982, 1987）依据核型、精子和生殖器特征，将灰蹶鼠与 *S. napaea* 和 *S. betulina* 区分开来。*Sicista pseudonapaea* 被 Wilson（2005）承认，但 Wilson 认为该种需要进一步研究。

Dental formula: 1.0.0.3/1.0.0.3=16. The dorsal pelage is yellowish-grey with a brown sheen and the abdominal fur is a pale greyish-yellow. A black stripe runs along the spine from the head to the base of the tail. Its voice is a high-pitched whistle. They live in the northern forests, thickets, and subalpine meadows and steppes of Eurasia, eat both plant material and insects, live in burrows, and hibernate underground from fall into spring. All travel on the ground by leaping, but they are also good climbers, using their tails as additional support. Sokolov et al. (1982, 1987) gave karyological, spermatozoal, and phallic characters that distinguished this species from *S. napaea* and *S. betulina*. *Sicista pseudonapaea* is recognized by Wilson(2005), but requires further documentation about the species.

生境 / Habitat

森林、灌丛、草地

Forest, shrubland, grassland

▲ 地理分布 / Geographic Distribution

国内分布 / Domestic Distribution
新疆 Xinjiang

全球分布 / World Distribution
中国、哈萨克斯坦、吉尔吉斯斯坦
China, Kazakhstan, Kyrgyzstan

生物地理界 / Biogeographic Realm
古北界 Palearctic

WWF 生物群系 / WWF Biome
山地草原和灌丛
Montane Grasslands & Shrublands

动物地理分布型 / Zoogeographic Distribution Type
D

分布标注 / Distribution Note
非特有种 Non-Endemic

▲ 濒危状况 / Threatened Status

中国生物多样性红色名录等级 / CB RL Category (2021)
未评定 NE

IUCN 红色名录 / IUCN Red List (2021)
数据缺乏 DD

威胁因子 / Threats
未知 Unknown

▲ 法律保护地位 / Legal Protection Status

国家重点保护野生动物等级 / Category of National Key Protected Wild Animals (2021)
未列入 Not listed

"三有"名录 / TWIESSV (2023)
未列入 Not listed

CITES 附录等级 / CITES Appendix (2023)
未列入 Not listed

迁徙物种公约附录 / CMS Appendix (2020)
未列入 Not listed

保护行动 / Conservation Action
尚无保护行动 No conservation action so far

▲ 参考文献 / References

Burgin et al., 2020; IUCN, 2020; Wilson et al., 2017; Wilson, 2005; Sokolov et al., 1987, 1982

679 / 草原蹶鼠

Sicista subtilis (Pallas, 1773)

- Southern Birch Mouse

▲ 分类地位 / Taxonomy

啮齿目 Rodentia / 蹶鼠科 Sminthidae / 蹶鼠属 *Sicista*

科建立者及其文献 / Family Authority
Fischer de Waldheim, 1817

属建立者及其文献 / Genus Authority
Gray, 1827

亚种 / Subspecies
暗灰亚种 *S. s. vagus* (Pallas, 1773)
新疆 Xinjiang

模式标本产地 / Type Locality
俄罗斯
Kurgan Oblast, Russia

▲ 其他名称 / Other Name(s)

其他中文名 / Other Chinese Name(s)
无 None

其他英文名 / Other English Name(s)
Pale Birch Mouse

同物异名 / Synonym(s)
无 None

▲ 形态及生境 / Morphology and Habitat

形态特征 / Morphological Characteristics

齿式：1.0.0.3/1.0.0.3=16。背面毛色不一，从深灰色、稻棕色到浅灰色，略带稻黄色调。有一条纵向黑色条纹从头部延伸到尾部基部，背部条纹黑色比头部更深，两侧平行有浅稻黄灰色条纹。腹毛呈白色，间有灰色或轻微的黄色调。尾背面灰褐色，尾腹面带白色。

Dental formula: 1.0.0.3/1.0.0.3=16. Dorsal hair color varies from dark grey, straw-brown to light grey with a straw-yellow tint. There is a longitudinal black stripe extending from the head to the base of the tail, the back stripe is darker than that on the head, and there are light straw-gray stripes parallel on the both sides. Abdominal hairs are white with gray or a slight yellow tinge. Tail abaxial grayish-brown, caudal ventral white.

生境 / Habitat

草地、半荒漠、草甸
Grassland, semi-desert, meadow

▲ 地理分布 / Geographic Distribution

国内分布 / Domestic Distribution

新疆 Xinjiang

全球分布 / World Distribution

中国、保加利亚、匈牙利、哈萨克斯坦、罗马尼亚、俄罗斯、塞尔维亚、斯洛伐克、乌克兰

China, Bulgaria, Hungary, Kazakhstan, Romania, Russia, Serbia, Slovakia, Ukraine

生物地理界 / Biogeographic Realm

古北界 Palearctic

WWF 生物群系 / WWF Biome

温带草原和灌木地

Temperate Grasslands & Shrublands

动物地理分布型 / Zoogeographic Distribution Type

O

分布标注 / Distribution Note

非特有种 Non-Endemic

▲ 濒危状况 / Threatened Status

中国生物多样性红色名录等级 / CB RL Category (2021)

无危 LC

IUCN 红色名录 / IUCN Red List (2021)

无危 LC

威胁因子 / Threats

无 None

▲ 法律保护地位 / Legal Protection Status

国家重点保护野生动物等级 / Category of National Key Protected Wild Animals (2021)

未列入 Not listed

"三有"名录 / TWIESSV (2023)

未列入 Not listed

CITES 附录等级 / CITES Appendix (2023)

未列入 Not listed

迁徙物种公约附录 / CMS Appendix (2020)

未列入 Not listed

保护行动 / Conservation Action

尚无保护行动 No conservation action so far

▲ 参考文献 / References

Jiang et al. (蒋志刚等), 2021; Burgin et al., 2020; IUCN, 2020; Wilson et al., 2017; Cserkész, et al., 2016; Zheng et al. (郑智民等), 2012; Smith and Xie, 2009; Pan et al. (潘清华等), 2007; Liu et al. (刘少英等), 2005; Wilson and Reeder, 2005; Wang (王应祥), 2003

680 / 天山蹶鼠

Sicista tianshanica (Salensky, 1903)

- Tien Shan Birch Mouse

▲ 分类地位 / Taxonomy

啮齿目 Rodentia / 蹶鼠科 Sminthidae / 蹶鼠属 *Sicista*

科建立者及其文献 / Family Authority

Fischer de Waldheim, 1817

属建立者及其文献 / Genus Authority

Gray, 1827

亚种 / Subspecies

无 None

模式标本产地 / Type Locality

中国

South slope of Tien Shan Mts., Xinjiang, China

蒋卫 / 供图

▲ 其他名称 / Other Name(s)

其他中文名 / Other Chinese Name(s)

无 None

其他英文名 / Other English Name(s)

无 None

同物异名 / Synonym(s)

无 None

▲ 形态及生境 / Morphology and Habitat

形态特征 / Morphological Characteristics

齿式：1.0.0.3/1.0.0.3=16。耳小，被毛。下颌与喉部白色。背毛灰褐色，毛尖发白。腹毛灰色，毛尖浅黄色。与长尾蹶鼠 *Sicista caudata* 和草原蹶鼠 *Sicista subtilis* 的区别是背面中央没有黑线。尾长大于体长的1.5倍。尾背面毛色和体背一致，尾腹面毛色灰白色，界线不显著。

Dental formula: 1.0.0.3/1.0.0.3=16. Ears small, hairy. Chin and throat white. Dorsal hairs grayish-brown, with white hair tips. Abdominal hairs gray, with light yellow hair tips. The difference from the Long-tailed Birch Mouse *Sicista caudata* and Southern Birch Mouse *Sicistasubtilis* is that there is no black line on the ridge of the back. Tail length is greater than one and half the head and body length. Color of the tail dorsal is the same as that of the dorsal body, and the color of the ventral side of the tail is grayish white, nevertheless, the boundary is not obvious.

生境 / Habitat

森林、草甸 Forest, meadow

▲ 地理分布 / Geographic Distribution

国内分布 / Domestic Distribution
新疆 Xinjiang

全球分布 / World Distribution
中国、哈萨克斯坦、吉尔吉斯斯坦
China, Kazakhstan, Kyrgyzstan

生物地理界 / Biogeographic Realm
古北界 Palearctic

WWF 生物群系 / WWF Biome
热带和亚热带湿润阔叶林
Tropical & Subtropical Moist Broadleaf Forests

动物地理分布型 / Zoogeographic Distribution Type
Df

分布标注 / Distribution Note
非特有种 Non-Endemic

▲ 濒危状况 / Threatened Status

中国生物多样性红色名录等级 / CB RL Category (2021)
无危 LC

IUCN 红色名录 / IUCN Red List (2021)
无危 LC

威胁因子 / Threats
无 None

▲ 法律保护地位 / Legal Protection Status

国家重点保护野生动物等级 / Category of National Key Protected Wild Animals (2021)
未列入 Not listed

“三有”名录 / TWIESSV (2023)
未列入 Not listed

CITES 附录等级 / CITES Appendix (2023)
未列入 Not listed

迁徙物种公约附录 / CMS Appendix (2020)
未列入 Not listed

保护行动 / Conservation Action
尚无保护行动 No conservation action so far

▲ 参考文献 / References

Jiang et al.(蒋志刚等), 2021; Burgin et al., 2020; IUCN, 2020; Wilson et al., 2017; Zheng et al. (郑智民等), 2012; Ye and Lei (叶生荣和雷刚), 2010; Smith and Xie, 2009; Shenbrot et al., 1995

681 / 四川林跳鼠

Eozapus setchuanus (Pousargues, 1896)

- Chinese Jumping Mouse

▲ 分类地位 / Taxonomy

啮齿目 Rodentia / 林跳鼠科 Zopodidae / 林跳鼠属 *Eozapus*

科建立者及其文献 / Family Authority

Fischer de Waldheim, 1817

属建立者及其文献 / Genus Authority

Preble, 1899

亚种 / Subspecies

指名亚种 *E. s. setchuanus* (Pousargues, 1896)
四川 Sichuan

甘肃亚种 *E. s. vicinius* Thomas, 1912
甘肃 Gansu

模式标本产地 / Type Locality

中国
Tatsienlu (Kangding), Sichuan Prov., China

▲ 其他名称 / Other Name(s)

其他中文名 / Other Chinese Name(s)

中国林跳鼠

其他英文名 / Other English Name(s)

Sichuan Jumping Mouse

同物异名 / Synonym(s)

无 None

▲ 形态及生境 / Morphology and Habitat

形态特征 / Morphological Characteristics

齿式：1.0.0.3/1.0.0.3=16。头体长 65~86 mm。体背毛棕色，体侧毛黄色，腹部毛纯白色。有时背面中部有一道宽阔的黑褐色带。背部、体侧与腹部界线明显。后足长 27~31 mm，适于跳跃。尾长 121~146 mm，有鳞片环，环间着生短毛。

Dental formula: 1.0.0.3/1.0.0.3=16. Body length is 65-86 mm. Dorsal hairs are brown, the lateral side hairs are yellow, the abdominal hair color is white. Some individual have a broad dark brown band in the middle of the back. Clear dorsal and abdominal hair color boundaries. Hind foot length 27-31 mm, suitable for jumping. Tail length 121-146 mm, with scales and short hairs between the rings.

生境 / Habitat

灌丛、草地、草甸

Shrubland, grassland, meadow

▲ 地理分布 / Geographic Distribution

国内分布 / Domestic Distribution

陕西、甘肃、青海、宁夏、四川、云南

Shaanxi, Gansu, Qinghai, Ningxia, Sichuan, Yunnan

全球分布 / World Distribution

中国 China

生物地理界 / Biogeographic Realm

古北界 Palearctic

WWF 生物群系 / WWF Biome

热带和亚热带湿润阔叶林

Tropical & Subtropical Moist Broadleaf Forests

动物地理分布型 / Zoogeographic Distribution Type

Pe

分布标注 / Distribution Note

特有种 Endemic

▲ 濒危状况 / Threatened Status

中国生物多样性红色名录等级 / CB RL Category (2021)

无危 LC

IUCN 红色名录 / IUCN Red List (2021)

无危 LC

威胁因子 / Threats

无 None

▲ 法律保护地位 / Legal Protection Status

国家重点保护野生动物等级 / Category of National Key Protected Wild Animals (2021)

未列入 Not listed

"三有"名录 / TWIESSV (2023)

未列入 Not listed

CITES 附录等级 / CITES Appendix (2023)

未列入 Not listed

迁徙物种公约附录 / CMS Appendix (2020)

未列入 Not listed

保护行动 / Conservation Action

尚无保护行动 No conservation action so far

▲ 参考文献 / References

Cheng et al. (程继龙等), 2021; Jiang et al. (蒋志刚等), 2021; Burgin et al., 2020; IUCN, 2020; Wilson et al., 2017; Zheng et al. (郑智民等), 2012; Fan et al. (范振鑫等), 2009; Smith and Xie, 2009; Pan et al. (潘清华等), 2007; Liu et al. (刘少英等), 2005; Peng and Zhong (彭基泰和钟祥清), 2005; Wilson and Reeder, 2005; Wang (王应祥), 2003; Zhang (张荣祖), 1997

682 / 五趾心颅跳鼠

Cardiocranius paradoxus Satunin, 1903

- Five-toed Pygmy Jerboa

▲ 分类地位 / Taxonomy

啮齿目 Rodentia / 跳鼠科 Dipodidae / 五趾心颅跳鼠属 *Cardiocranius*

科建立者及其文献 / Family Authority

Fischer de Waldheim, 1817

属建立者及其文献 / Genus Authority

Satunin, 1903

亚种 / Subspecies

无 None

模式标本产地 / Type Locality

中国

China, NW Gansu, Nan Shan, Shargol-Dzhin

▲ 其他名称 / Other Name(s)

其他中文名 / Other Chinese Name(s)

心颅跳鼠

其他英文名 / Other English Name(s)

Five-toed Dwarf Jerboa, Satunin's Jerboa

同物异名 / Synonym(s)

无 None

▲ 形态及生境 / Morphology and Habitat

形态特征 / Morphological Characteristics

齿式：1.0.0.3/1.0.0.3=16。黑色触须发达。眼大，耳小。鼻端裸露。脸颊毛白色。被毛有丝绸质感，夏季毛色棕色，杂有许多黑毛。腹毛纯白。后脚长，前脚短，尾被稀疏长毛。尾基近端在秋季显著膨大，贮存脂肪。

Dental formula: 1.0.0.3/1.0.0.3=16. Black whiskers well developed. Eyes big, ears small. The nose is bare, flesh color. Hairs on the cheeks white. Pelage has a silky texture and is brown in summer with many black hairs. Abdominal hairs are pure white. Hind feet are long whereas the forefeet are short. Tail is sparsely covered with hairs. Proximal caudal expands significantly in autumn to store fat.

生境 / Habitat

荒漠 Desert

▲ 地理分布 / Geographic Distribution

国内分布 / Domestic Distribution
内蒙古、甘肃、宁夏、新疆
Inner Mongolia, Gansu, Ningxia, Xinjiang

全球分布 / World Distribution
中国、哈萨克斯坦、蒙古国、俄罗斯
China, Kazakhstan, Mongolia, Russia

生物地理界 / Biogeographic Realm
古北界 Palearctic

WWF 生物群系 / WWF Biome
山地草原和灌丛
Montane Grasslands & Shrublands

动物地理分布型 / Zoogeographic Distribution Type
Dc

分布标注 / Distribution Note
非特有种 Non-Endemic

▲ 濒危状况 / Threatened Status

中国生物多样性红色名录等级 / CB RL Category (2021)
无危 LC

IUCN 红色名录 / IUCN Red List (2021)
无危 LC

威胁因子 / Threats
无 None

▲ 法律保护地位 / Legal Protection Status

国家重点保护野生动物等级 / Category of National Key Protected Wild Animals (2021)
未列入 Not listed

“三有”名录 / TWIESSV (2023)
未列入 Not listed

CITES 附录等级 / CITES Appendix (2023)
未列入 Not listed

迁徙物种公约附录 / CMS Appendix (2020)
未列入 Not listed

保护行动 / Conservation Action
尚无保护行动 No conservation action so far

▲ 参考文献 / References

Cheng et al. (程继龙等), 2021; Jiang et al. (蒋志刚等), 2021; Burgin et al., 2020; IUCN, 2020; Wilson et al., 2017; Zheng et al. (郑智民等), 2012; Hou and Ouyang (侯兰新和欧阳霞辉), 2010; Pan et al. (潘清华等), 2007; Wilson and Reeder, 2005; Wang (王应祥), 2003; Zhang (张荣祖), 1997; Zhao (赵肯堂), 1977; Xia (夏武平), 1964

683 / 肥尾心颅跳鼠

Salpingotus crassicauda Vinogradov, 1924

- Thick-tailed Pygmy Jerboa

▲ 分类地位 / Taxonomy

啮齿目 Rodentia / 跳鼠科 Dipodidae / 三趾心颅跳鼠属 *Salpingotus*

科建立者及其文献 / Family Authority

Fischer de Waldheim, 1817

属建立者及其文献 / Genus Authority

Vinogradov, 1922

亚种 / Subspecies

无 None

模式标本产地 / Type Locality

中国

China, N Xinjiang, Altai Gobi, near Schara-sum (Sharasume), approx. 160km S Russia-Mongolian border. Most authors list the type locality as being in W Mongolia, but it is actually in N Xinjiang, China (G. Shenbrot, pers. comm.)

▲ 其他名称 / Other Name(s)

其他中文名 / Other Chinese Name(s)

无 None

其他英文名 / Other English Name(s)

Dzungarian Thick-tailed Pygmy Jerboa, Gobi Thick-tailed Pygmy Jerboa

同物异名 / Synonym(s)

无 None

▲ 形态及生境 / Morphology and Habitat

形态特征 / Morphological Characteristics

齿式：1.0.0.3/1.0.0.3=16。头体长 41~47 mm。外耳小而圆，耳长仅 10 mm 左右。尾长 93~126 mm。体背毛色灰色，腹面毛色白色。跖骨长 20~25 mm。每只后足有 3 个脚趾。每个脚趾下都有一簇毛发。尾近肉色，被覆短毛，近端肿胀以储存脂肪，末端变细。

Dental formula: 1.0.0.3/1.0.0.3=16. Head and body length 41-47 mm. Outer ears small and round, only about 10 mm long. Tail length 93-126 mm. Dorsum of the body is gray and the ventral surface is white. Metatarsal bone is 20-25 mm long. Hind feet have only three toes, with a tuft of hair under each toe. Tail is nearly flesh-colored, covered with short hairs. The proximate tail end swollens to store fat, and tail tapered at the end.

生境 / Habitat

植被稳定的沙地

Tibba with vegetative cover

▲ 地理分布 / Geographic Distribution

国内分布 / Domestic Distribution
新疆、甘肃、内蒙古
Xinjiang, Gansu, Inner Mongolia

全球分布 / World Distribution
中国、哈萨克斯坦、蒙古国
China, Kazakhstan, Mongolia

生物地理界 / Biogeographic Realm
古北界 Palearctic

WWF 生物群系 / WWF Biome
山地草原和灌丛
Montane Grasslands & Shrublands

动物地理分布型 / Zoogeographic Distribution Type
Dc

分布标注 / Distribution Note
非特有种 Non-Endemic

▲ 濒危状况 / Threatened Status

中国生物多样性红色名录等级 / CB RL Category (2021)
无危 LC

IUCN 红色名录 / IUCN Red List (2021)
无危 LC

威胁因子 / Threats
无 None

▲ 法律保护地位 / Legal Protection Status

国家重点保护野生动物等级 / Category of National Key Protected Wild Animals (2021)
未列入 Not listed

"三有"名录 / TWIESSV (2023)
未列入 Not listed

CITES 附录等级 / CITES Appendix (2023)
未列入 Not listed

迁徙物种公约附录 / CMS Appendix (2020)
未列入 Not listed

保护行动 / Conservation Action
尚无保护行动 No conservation action so far

▲ 参考文献 / References

Cheng et al. (程继龙等), 2021; Jiang et al. (蒋志刚等), 2021; Burgin et al., 2020; IUCN, 2020; Wilson et al., 2017; Cha et al. (查木哈等), 2013; Zheng et al. (郑智民等), 2012; Hou and Ouyang (侯兰新和欧阳霞辉), 2010; Smith and Xie, 2009; Pan et al. (潘清华等), 2007; Wilson and Reeder, 2005; Wang (王应祥) 2003; Zhang (张荣祖), 1997

684 / 三趾心颅跳鼠

Salpingotus kozlovi Vinogradov, 1922

• Kozlov's Pygmy Jerboa

▲ 分类地位 / Taxonomy

啮齿目 Rodentia / 跳鼠科 Dipodidae / 三趾心颅跳鼠属 *Salpingotus*

科建立者及其文献 / Family Authority

Fischer de Waldheim, 1817

属建立者及其文献 / Genus Authority

Vinogradov, 1922

亚种 / Subspecies

指名亚种 *S. h. kozlovi* Vinogradov, 1922
新疆、内蒙古、陕西、甘肃和宁夏
Xinjiang, Inner Mongolia, Shaanxi, Gansu and Ningxia

南疆亚种 *S. k. xiangi* Jiang, 1994
新疆 Xinjiang

模式标本产地 / Type Locality

中国
China: Gobi Desert, Khara-Khoto

邢睿 / 供图

▲ 其他名称 / Other Name(s)

其他中文名 / Other Chinese Name(s)
长尾心颅跳鼠、柯氏三趾矮跳鼠、倭三趾跳鼠

其他英文名 / Other English Name(s)
Three-toed Dwarf Jerboa

同物异名 / Synonym(s)
无 None

▲ 形态及生境 / Morphology and Habitat

形态特征 / Morphological Characteristics

齿式：1.0.0.3/1.0.0.3=16。头体长 50~56 mm。平均尾长 120 mm。耳高 12 mm。体重 10 g。触须发达，白色。脸颊部有白色毛斑。夏季被毛有丝绸质感，毛色黄色，腹毛纯白。秋季毛色变淡至灰白色，尾被稀疏白色长毛。尾基近端在秋季显著膨大，贮存脂肪。冬季尾毛束呈灰棕色。

Dental formula: 1.0.0.3/1.0.0.3=16. Head and body length 50-56 mm. Average tail length 120 mm. Ear length 12 mm. Body mass 10 g. White whiskers well developed. There are white hair patches on the cheeks. In summer, the pelage has a silky texture, yellow color, abdominal hairs pure white. In autumn, the pelage changes to pale to grayish white. Tail is covered with sparse white long hairs. Proximal caudal base swollens significantly in autumn to store fat. Tail hair bundle grayish-brown in winter.

生境 / Habitat

荒漠 Desert

▲ 地理分布 / Geographic Distribution

国内分布 / Domestic Distribution
内蒙古、甘肃、陕西、宁夏、新疆
Inner Mongolia, Gansu, Shaanxi, Ningxia, Xinjiang

全球分布 / World Distribution
中国、蒙古国
China, Mongolia

生物地理界 / Biogeographic Realm
古北界 Palearctic

WWF 生物群系 / WWF Biome
山地草原和灌丛
Montane Grasslands & Shrublands

动物地理分布型 / Zoogeographic Distribution Type
Db

分布标注 / Distribution Note
非特有种 Non-Endemic

▲ 濒危状况 / Threatened Status

中国生物多样性红色名录等级 / CB RL Category (2021)
无危 LC

IUCN 红色名录 / IUCN Red List (2021)
无危 LC

威胁因子 / Threats
无 None

▲ 法律保护地位 / Legal Protection Status

国家重点保护野生动物等级 / Category of National Key Protected Wild Animals (2021)
未列入 Not listed

“三有”名录 / TWIESSV (2023)
未列入 Not listed

CITES 附录等级 / CITES Appendix (2023)
未列入 Not listed

迁徙物种公约附录 / CMS Appendix (2020)
未列入 Not listed

保护行动 / Conservation Action
尚无保护行动 No conservation action so far

▲ 参考文献 / References

Jiang et al. (蒋志刚等), 2021; Burgin et al., 2020; IUCN, 2020; Wilson et al., 2017; Zheng et al. (郑智民等), 2012; Hou and Ouyang (侯兰新和欧阳霞辉), 2010; Pan et al. (潘清华等), 2007; Shuai et al. (帅凌鹰等), 2006; Wilson and Reeder, 2005; Wang (王应祥), 2003; Zhang (张荣祖),1997

685 / 长耳跳鼠

Euchoreutes naso Sclater, 1891

- Long-eared Jerboa

▲ 分类地位 / Taxonomy

啮齿目 Rodentia / 跳鼠科 Dipodidae / 长耳跳鼠属 *Euchoreutes*

科建立者及其文献 / Family Authority

Fischer de Waldheim, 1817

属建立者及其文献 / Genus Authority

Vinogradov, 1922

亚种 / Subspecies

指名亚种 *E. n. naso* Sclater, 1891
新疆 Xinjiang

阿拉善亚种 *E. n. alaschanicus* Howe, 1928
内蒙古、宁夏、甘肃和青海
Inner Mongolia, Ningxia, Gansu and Qinghai

伊吾亚种 *E. n. yiwuensis* Ma et Li, 1979
新疆 Xinjiang

模式标本产地 / Type Locality

中国

NW China; W Xinjiang, W of Taklimakan Shamo (Takla-Makan Desert), near Shache (Yarkand)

邢睿 / 供图

邢睿 / 供图

▲ 其他名称 / Other Name(s)

其他中文名 / Other Chinese Name(s)

无 None

其他英文名 / Other English Name(s)

无 None

同物异名 / Synonym(s)

无 None

▲ 形态及生境 / Morphology and Habitat

形态特征 / Morphological Characteristics

齿式：1.0.1.3/1.0.0.3=18。头体长 80~90 mm。耳长 40~50 mm。尾长 140~180 mm。耳向后折可达腰部。背毛灰色，毛尖黑色。从颏部到尾根，毛色为纯白色。后足长是前足长的 3 倍，有 5 趾，第一趾、第五趾完全退化。尾着生长毛。尾端有毛簇，尾梢部为白色。

Dental formula: 1.0.1.3/1.0.0.3=18. Head and body length 80-90 mm. Ear length 40-50 mm. Tail length 140-180 mm. The ears can be folded back to the waist. Dorsal hairs are grey with long black tips. From the chin to the root of the tail, the ventral hair color is cream white. The hind foot is 3 times as long as the forefoot, with 5 toes, and the 1st and 5th toes are completely degenerated. Sparse hairs grow on the tail. Hair tufts at the tail end with a white tail tip.

生境 / Habitat

荒漠、绿洲 Desert, oasis

▲ 地理分布 / Geographic Distribution

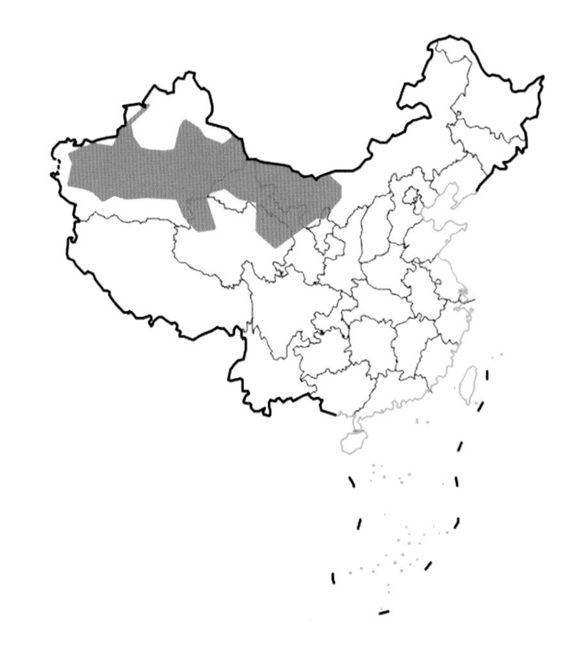

国内分布 / Domestic Distribution
内蒙古、新疆、甘肃、青海
Inner Mongolia, Xinjiang, Gansu, Qinghai

全球分布 / World Distribution
中国、蒙古国
China, Mongolia

生物地理界 / Biogeographic Realm
古北界 Palearctic

WWF 生物群系 / WWF Biome
山地草原和灌丛
Montane Grasslands & Shrublands

动物地理分布型 / Zoogeographic Distribution Type
Da

分布标注 / Distribution Note
非特有种 Non-Endemic

▲ 濒危状况 / Threatened Status

中国生物多样性红色名录等级 / CB RL Category (2021)
无危 LC

IUCN 红色名录 / IUCN Red List (2021)
无危 LC

威胁因子 / Threats
无 None

▲ 法律保护地位 / Legal Protection Status

国家重点保护野生动物等级 / Category of National Key Protected Wild Animals (2021)
未列入 Not listed

"三有"名录 / TWIESSV (2023)
未列入 Not listed

CITES 附录等级 / CITES Appendix (2023)
未列入 Not listed

迁徙物种公约附录 / CMS Appendix (2020)
未列入 Not listed

保护行动 / Conservation Action
尚无保护行动 No conservation action so far

▲ 参考文献 / References

Cheng et al. (程继龙等), 2021; Jiang et al. (蒋志刚等), 2021; Burgin et al., 2020; IUCN, 2020; Wilson et al., 2017; Zheng et al. (郑智民等), 2012; Smith and Xie, 2009; Wu et al. (武晓东等), 2003; Ma and Li (马勇和李思华), 1979

686 / 巴里坤跳鼠

Allactaga balikunica Hsia & Fang, 1964

- Balikun Jerboa

▲ 分类地位 / Taxonomy

啮齿目 Rodentia / 跳鼠科 Dipodidae / 五趾跳鼠属 *Allactaga*

科建立者及其文献 / Family Authority
Fischer de Waldheim, 1817

属建立者及其文献 / Genus Authority
F. Cuvier, 1836

亚种 / Subspecies
无 None

模式标本产地 / Type Locality
中国
China, Xinjiang, Balikun

Klein & Hubert (naturepl.com) / 供图

▲ 其他名称 / Other Name(s)

其他中文名 / Other Chinese Name(s)
无 None

其他英文名 / Other English Name(s)
无 None

同物异名 / Synonym(s)
Allactaga nataliae Sokolov, 1981

▲ 形态及生境 / Morphology and Habitat

形态特征 / Morphological Characteristics

齿式：1.0.0.3/1.0.0.3=16。背部有黑色条纹。背毛黄色、棕色或灰色。毛基部灰色，毛中段黄色，毛尖端深棕色。臀部颜色较深，体两侧毛色趋向灰白色。前肢和后肢内侧被毛纯白色，后肢为沙黄灰色。尾具一簇深色毛，尾基部腹侧没有白色毛。

Dental formula: 1.0.0.3/1.0.0.3=16. Black stripes on the back. Dorsal hairs are yellow, brown or gray. The bases of the hairs are gray, the middle parts of the hairs are yellow, and the tips are dark brown. The rump darker and the hair color on lateral sides of the body tends to be grayish white. Forelimbs and hind limbs are covered with pure white hairs, while the hairs on hind limbs are sandy yellow gray. Tail with a tuft of dark hair, no white hair on the ventral base of the tail.

生境 / Habitat

半荒漠草原
Desert grassland

▲ 地理分布 / Geographic Distribution

国内分布 / Domestic Distribution
新疆、内蒙古
Xinjiang, Inner Mongolia

全球分布 / World Distribution
中国、蒙古国
China, Mongolia

生物地理界 / Biogeographic Realm
古北界 Palearctic

WWF 生物群系 / WWF Biome
山地草原和灌丛
Montane Grasslands & Shrublands

动物地理分布型 / Zoogeographic Distribution Type
Df

分布标注 / Distribution Note
非特有种 Non-Endemic

▲ 濒危状况 / Threatened Status

中国生物多样性红色名录等级 / CB RL Category (2021)
数据缺乏 DD

IUCN 红色名录 / IUCN Red List (2021)
无危 LC

威胁因子 / Threats
无 None

▲ 法律保护地位 / Legal Protection Status

国家重点保护野生动物等级 / Category of National Key Protected Wild Animals (2021)
未列入 Not listed

"三有"名录 / TWIESSV (2023)
未列入 Not listed

CITES 附录等级 / CITES Appendix (2023)
未列入 Not listed

迁徙物种公约附录 / CMS Appendix (2020)
未列入 Not listed

保护行动 / Conservation Action
尚无保护行动 No conservation action so far

▲ 参考文献 / References

Cheng et al. (程继龙等), 2021; Jiang et al. (蒋志刚等), 2021; Burgin et al., 2020; IUCN, 2020; Zheng et al. (郑智民等), 2012; Smith and Xie, 2009; Pan et al. (潘清华等), 2007; Wilson and Reeder, 2005; Wang (王应祥), 2003; Zhang (张荣祖), 1997

687 / 巨泡五趾跳鼠

Allactaga bullata Allen, 1925

- Gobi Jerboa

▲ 分类地位 / Taxonomy

啮齿目 Rodentia / 跳鼠科 Dipodidae / 五趾跳鼠属 *Allactaga*

科建立者及其文献 / Family Authority

Fischer de Waldheim, 1817

属建立者及其文献 / Genus Authority

F. Cuvier, 1836

亚种 / Subspecies

指名亚种 *A. b. bullata* G. Allen, 1925
内蒙古、宁夏、甘肃和新疆
Inner Mongolia, Ningxia, Gansu and Xinjiang

巴里坤亚种 *A. b. balikunica* Xia et Fang, 1964
新疆 Xinjiang

模式标本产地 / Type Locality

蒙古国
Mongolia, Altai Gobi, Tsagan-Nur (Tsagaan Nuur)

▲ 其他名称 / Other Name(s)

其他中文名 / Other Chinese Name(s)
无 None

其他英文名 / Other English Name(s)
无 None

同物异名 / Synonym(s)
无 None

▲ 形态及生境 / Morphology and Habitat

形态特征 / Morphological Characteristics

齿式：1.0.0.3/1.0.0.3=16。背部毛色浅黄色。上唇、腹面、前臂和后肢被毛纯白。臀部有一条明显的条纹。尾上有一簇毛。毛簇腹面白色，尾下部黑色，有白色中间纵条纹，尾部远端纯白色。

Dental formula: 1.0.0.3/1.0.0.3=16. Dorsal hairs light yellow. Hairs on upper lip, ventral, forearms and hind limbs white. There is a distinct stripe on the hips. A tuft of hair at the end of tail, the underside of which is white. Underpart of the tail is black with a white longitudinal stripe in the middle, and the end of the tail is pure white.

生境 / Habitat

灌丛、荒漠
Shrubland, desert

▲ 地理分布 / Geographic Distribution

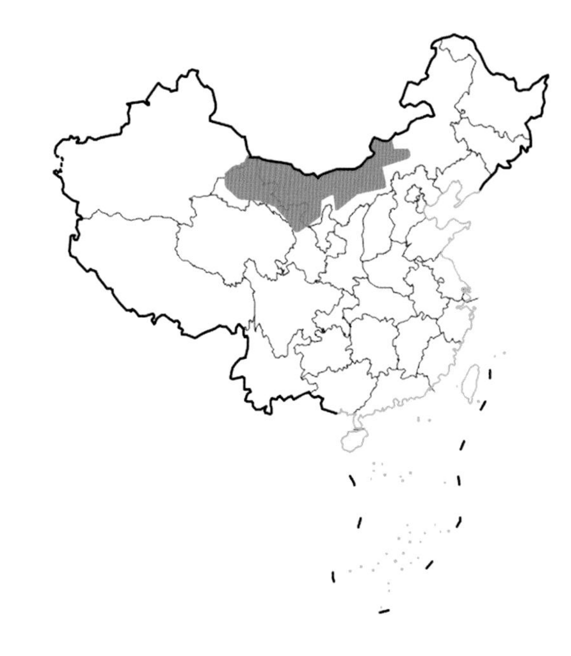

国内分布 / Domestic Distribution
内蒙古、新疆、宁夏和甘肃
Inner Mongolia, Xinjiang, Ningxia and Gansu

全球分布 / World Distribution
中国、蒙古国
China, Mongolia

生物地理界 / Biogeographic Realm
古北界 Palearctic

WWF 生物群系 / WWF Biome
山地草原和灌丛
Montane Grasslands & Shrublands

动物地理分布型 / Zoogeographic Distribution Type
Da

分布标注 / Distribution Note
非特有种 Non-Endemic

▲ 濒危状况 / Threatened Status

中国生物多样性红色名录等级 / CB RL Category (2021)
无危 LC

IUCN 红色名录 / IUCN Red List (2021)
无危 LC

威胁因子 / Threats
无 None

▲ 法律保护地位 / Legal Protection Status

国家重点保护野生动物等级 / Category of National Key Protected Wild Animals (2021)
未列入 Not listed

"三有"名录 / TWIESSV (2023)
未列入 Not listed

CITES 附录等级 / CITES Appendix (2023)
未列入 Not listed

迁徙物种公约附录 / CMS Appendix (2020)
未列入 Not listed

保护行动 / Conservation Action
尚无保护行动 No conservation action so far

▲ 参考文献 / References

Cheng et al. (程继龙等), 2021; Jiang et al. (蒋志刚等), 2021; Burgin et al., 2020; IUCN, 2020; Zheng et al. (郑智民等), 2012; Fu et al. (付和平等), 2003; Pan et al. (潘清华等), 2007; Wilson and Reeder, 2005; Wang et al. (王思博等), 2000; Wang and Sun (王思博和孙玉珍), 1997; Xia and Fang (夏武平和方喜业), 1964

688 / 小五趾跳鼠

Allactaga elater (H. Lichtenstein, 1825)

- Small Five-toed Jerboa

▲ 分类地位 / Taxonomy

啮齿目 Rodentia / 跳鼠科 Dipodidae / 五趾跳鼠属 *Allactaga*

科建立者及其文献 / Family Authority
Fischer de Waldheim, 1817

属建立者及其文献 / Genus Authority
F. Cuvier, 1836

亚种 / Subspecies
准噶尔亚种 *A. e. dzungariae* Thomas, 1912
新疆 Xinjiang

模式标本产地 / Type Locality
哈萨克斯坦
W Kazakhstan, Kirgiz Steppe. The type locality given by Lichtenstein (1828) is in W Kazakhstan, according to Vinogradov (1937), Kuznetsov (1944, 1965), and Ognev (1963), not E Kazakhstan as reported by Ellerman and Morrison-Scott (1951:529) and Cor

王献新 / 供图

▲ 其他名称 / Other Name(s)

其他中文名 / Other Chinese Name(s)
无 None

其他英文名 / Other English Name(s)
无 None

同物异名 / Synonym(s)
Allactaga elater (H. Lichtenstein, 1825), *Dipus elater* H. Lichtenstein, 1825

▲ 形态及生境 / Morphology and Habitat

形态特征 / Morphological Characteristics

齿式：1.0.0.3/1.0.0.3=16。耳大。后足长度是前足的3倍。夏季体背深灰到暗灰色，体侧面棕黄色。冬季背部毛色灰黄白色，体侧毛色灰白色。腹面从颏部到尾根为纯白色。后足5趾，中间3趾的趾两侧有硬刚毛。尾长约为体长的1.5倍。尾背中央有一条白线。尾端簇毛黑色呈毛笔状，尾梢部为白色。

Dental formula: 1.0.0.3/1.0.0.3=16. Big ears. The hind feet are three times as long as the forefeet. In summer, dorsal hairs deep gray to dark gray, and the lateral sides brownish-yellow. In winter, dorsal hairs yellow-white, flank gray-white. Ventral surface is pure white from the chin to the root of the tail. Hind foot has 5 digits, and the middle 3 digits have hard bristles on both sides of the toes. Tail is about 1.5 times the length of the body with a white line in the middle of the dorsum. Tail tufts are black and brush-like, and the tail tip is white.

生境 / Habitat

沙漠、半荒漠 Desert, semi-desert

▲ 地理分布 / Geographic Distribution

国内分布 / Domestic Distribution

新疆 Xinjiang

全球分布 / World Distribution

阿富汗、亚美尼亚、阿塞拜疆、中国、格鲁吉亚、伊朗、哈萨克斯坦、吉尔吉斯斯坦、蒙古国、巴基斯坦、俄罗斯、塔吉克斯坦、土耳其、土库曼斯坦、乌兹别克斯坦

Afghanistan, Armenia, Azerbaijan, China, Georgia, Iran, Kazakhstan, Kyrgyzstan, Mongolia, Pakistan, Russia, Tajikistan, Turkey, Turkmenistan, Uzbekistan

生物地理界 / Biogeographic Realm

古北界 Palearctic

WWF 生物群系 / WWF Biome

山地草原和灌丛

Montane Grasslands & Shrublands

动物地理分布型 / Zoogeographic Distribution Type

Dc

分布标注 / Distribution Note

非特有种 Non-Endemic

▲ 濒危状况 / Threatened Status

中国生物多样性红色名录等级 / CB RL Catcgory (2021)

无危 LC

IUCN 红色名录 / IUCN Red List (2021)

无危 LC

威胁因子 / Threats

无 None

▲ 法律保护地位 / Legal Protection Status

国家重点保护野生动物等级 / Category of National Key Protected Wild Animals (2021)

未列入 Not listed

"三有"名录 / TWIESSV (2023)

未列入 Not listed

CITES 附录等级 / CITES Appendix (2023)

未列入 Not listed

迁徙物种公约附录 / CMS Appendix (2020)

未列入 Not listed

保护行动 / Conservation Action

尚无保护行动 No conservation action so far

▲ 参考文献 / References

Cheng et al. (程继龙等), 2021; Jiang et al. (蒋志刚等), 2021; Burgin et al., 2020; IUCN, 2020; Wilson et al., 2017; Bao et al. (包新康等), 2014; Zheng et al. (郑智民等), 2012; Smith and Xie, 2009; Pan et al. (潘清华等), 2007; Wilson and Reeder, 2005; Zhou et al. (周旭东等), 2005; Wang (王应祥), 2003; Zhang (张荣祖), 1997

689 / 大五趾跳鼠

Allactaga major (Kerr, 1792)

- Great Jerboa

▲ 分类地位 / Taxonomy

啮齿目 Rodentia / 跳鼠科 Dipodidae / 五趾跳鼠属 *Allactaga*

科建立者及其文献 / Family Authority
Fischer de Waldheim, 1817

属建立者及其文献 / Genus Authority
F. Cuvier, 1836

亚种 / Subspecies
无 None

模式标本产地 / Type Locality
哈萨克斯坦
Kazakhstan, between Caspian Sea and Irtysh River

▲ 其他名称 / Other Name(s)

其他中文名 / Other Chinese Name(s)
无 None

其他英文名 / Other English Name(s)
无 None

同物异名 / Synonym(s)
Allactaga jaculus (Pallas, 1779)

▲ 形态及生境 / Morphology and Habitat

形态特征 / Morphological Characteristics

齿式：1.0.0.3/1.0.0.3=16。胡须发育良好。耳长 27~42 mm。耳道口有一簇毛发，防止沙子进入耳道。背毛与地理位置有关，有红色、沙色或黑色。腹部白色。5 个脚趾中有 2 个脚趾退化，后足底部有一簇毛。尾末端有一簇黑白相间的毛。

Dental formula: 1.0.0.3/1.0.0.3=16. Whiskers are well developed. Ear length range from 27 to 42 mm. The opening of the ear is covered with a tuft of hair that prevents sands from entering the ear canal. Dorsal hairs are red, sandy or black depends on the geographic location, and the belly is white. Two of the five toes are degenerated and there is a tuft of hair on the pelma of the hind feet. A tuft of black and white hair at the end of the tail.

生境 / Habitat
沙漠、草地
Desert, grassland

▲ 地理分布 / Geographic Distribution

国内分布 / Domestic Distribution
新疆 Xinjiang

全球分布 / World Distribution
中国、哈萨克斯坦、俄罗斯、乌克兰、乌兹别克斯坦
China, Kazakhstan, Russia, Ukraine, Uzbekistan

生物地理界 / Biogeographic Realm
古北界 Palearctic

WWF 生物群系 / WWF Biome
山地草原和灌丛
Montane Grasslands & Shrublands

动物地理分布型 / Zoogeographic Distribution Type
Df

分布标注 / Distribution Note
非特有种 Non-Endemic

▲ 濒危状况 / Threatened Status

中国生物多样性红色名录等级 / CB RL Category (2021)
无危 LC

IUCN 红色名录 / IUCN Red List (2021)
无危 LC

威胁因子 / Threats
无 None

▲ 法律保护地位 / Legal Protection Status

国家重点保护野生动物等级 / Category of National Key Protected Wild Animals (2021)
未列入 Not listed

“三有”名录 / TWIESSV (2023)
未列入 Not listed

CITES 附录等级 / CITES Appendix (2023)
未列入 Not listed

迁徙物种公约附录 / CMS Appendix (2020)
未列入 Not listed

保护行动 / Conservation Action
尚无保护行动 No conservation action so far

▲ 参考文献 / References

Jiang et al. (蒋志刚等), 2021; Burgin et al., 2020; IUCN, 2020; Smith and Xie, 2009; Pan et al. (潘清华等), 2007; Wilson and Reeder, 2005; Wang (王应祥), 2003; Zhang (张荣祖) 1997

690 / 五趾跳鼠

Allactaga sibirica (Forster, 1778)

• Siberian Jerboa

王瑞 / 供图

▲ 其他名称 / Other Name(s)

其他中文名 / Other Chinese Name(s)
蒙古五趾跳鼠

其他英文名 / Other English Name(s)
Mongolian Five-toed Jerboa

同物异名 / Synonym(s)
Alactaga salicus Ognev, 1924
Alactaga suschkini Satunin, 1900
Allactaga alactaga (Olivier, 1800)
Allactaga grisescens Hollister, 1912
Allactaga mongolica (Radde, 1861)
Allactaga semideserta Bannikov, 1947
Dipus brachyurus Blainvile, 1817
Dipus halticus Illiger, 1825
Dipus saltator Eversmann, 1848

▲ 分类地位 / Taxonomy

啮齿目 Rodentia / 跳鼠科 Dipodidae / 五趾跳鼠属 *Allactaga*

科建立者及其文献 / Family Authority
Fischer de Waldheim, 1817

属建立者及其文献 / Genus Authority
F. Cuvier, 1836

亚种 / Subspecies
指名亚种 *A. s. sibirica* (Forster, 1778)
黑龙江、吉林和河北
Heilongjiang, Jilin and Hebei

内蒙古亚种 *A. s. annulatus* (Milner-Edwards,1867)
内蒙古、河北、山西、宁夏、甘肃和青海
Inner Mongolia, Hebei, Shanxi, Ningxia, Gansu and Qinghai

北疆亚种 *A. s. suschkini* Satunin, 1900
新疆 Xinjiang

天山亚种 *A. s. autorun* Ognev, 1946
新疆 Xinjiang

蒙古亚种 *A. s. semideserta* Bannikov, 1954
新疆 Xinjiang

模式标本产地 / Type Locality
俄罗斯

▲ 形态及生境 / Morphology and Habitat

形态特征 / Morphological Characteristics
齿式：1.0.0.3/1.0.0.3=16。头体长通常在 130 mm 以上。平均耳长 47 mm。后足长 65~75 mm。平均尾长 200 mm。背面灰棕褐色，杂有黑色毛，腹面纯白色。后足为前足的 3~4 倍，有 5 趾。后足中间 3 趾两侧被覆褐色长毛。尾末端有黑白相间的簇毛，近体段为白色或灰白色，中间为黑色，尾端白色。

Dental formula: 1.0.0.3/1.0.0.3=16. Head and body length is usually more than 130 mm. Average ear length 47 mm. Hind foot length 65-75 mm. Average tail length is 200 mm. Dorsal hairs gray brown, mixed with black hairs, abdominal pure white. Hind feet have 5 toes and are 3-4 times as long as the forefeet. On both sides of the middle 3 toes of the hind feet covered with long brown hairs. There is a black and white tufts at the end of the tail, white or grayish-white near the body, black in the middle and white at the tail end.

生境 / Habitat
沙漠、半沙漠
Desert, semi-desert

▲ 地理分布 / Geographic Distribution

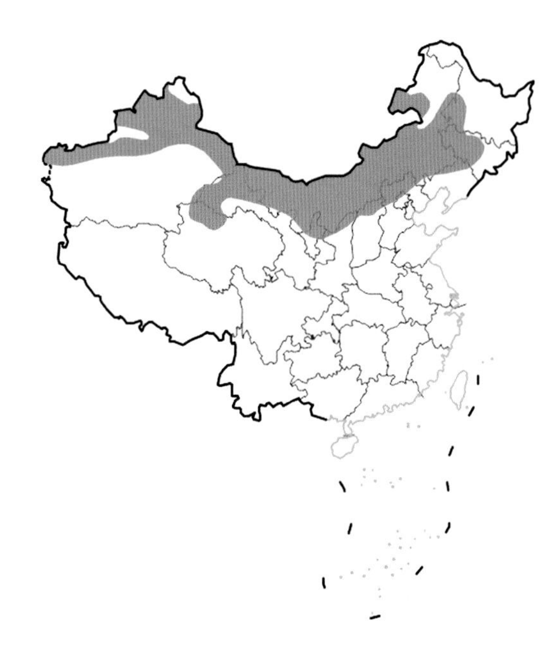

国内分布 / Domestic Distribution

黑龙江、吉林、辽宁、内蒙古、河北、山西、陕西、甘肃、宁夏、青海、新疆

Heilongjiang, Jilin, Liaoning, Inner Mongolia, Hebei, Shanxi, Shaanxi, Gansu, Ningxia, Qinghai, Xinjiang

全球分布 / World Distribution

中国、哈萨克斯坦、吉尔吉斯斯坦、蒙古国、俄罗斯、土库曼斯坦、乌兹别克斯坦

China, Kazakhstan, Kyrgyzstan, Mongolia, Russia, Turkmenistan, Uzbekistan

生物地理界 / Biogeographic Realm

古北界 Palearctic

WWF 生物群系 / WWF Biome

山地草原和灌丛

Montane Grasslands & Shrublands

动物地理分布型 / Zoogeographic Distribution Type

Dc

分布标注 / Distribution Note

非特有种 Non-Endemic

▲ 濒危状况 / Threatened Status

中国生物多样性红色名录等级 / CB RL Category (2021)

无危 LC

IUCN 红色名录 / IUCN Red List (2021)

无危 LC

威胁因子 / Threats

无 None

▲ 法律保护地位 / Legal Protection Status

国家重点保护野生动物等级 / Category of National Key Protected Wild Animals (2021)

未列入 Not listed

"三有"名录 / TWIESSV (2023)

未列入 Not listed

CITES 附录等级 / CITES Appendix (2023)

未列入 Not listed

迁徙物种公约附录 / CMS Appendix (2020)

未列入 Not listed

保护行动 / Conservation Action

尚无保护行动 No conservation action so far

▲ 参考文献 / References

Cheng et al. (程继龙等), 2021; Jiang et al. (蒋志刚等), 2021; Burgin et al., 2020; IUCN, 2020; Zheng et al. (郑智民等), 2012; Na et al. (娜日苏等), 2009; Dong et al. (董维惠等), 2006; Huang and Wu (黄英和武晓东), 2004; Pan et al. (潘清华等), 2007; Wilson and Reeder, 2005; Wang (王应祥), 2003; Zhang (张荣祖),1997; Xia (夏武平), 1988

691 / 小地兔

Pygeretmus pumilio (Kerr, 1792)

- Dwarf Fat-tailed Jerboa

▲ 分类地位 / Taxonomy

啮齿目 Rodentia / 跳鼠科 Dipodidae / 肥尾跳鼠属 *Pygeretmus*

科建立者及其文献 / Family Authority

Fischer de Waldheim, 1817

属建立者及其文献 / Genus Authority

Gloger, 1841

亚种 / Subspecies

指名亚种 *P. p. potanini* (Kerr, 1792)
内蒙古、宁夏和甘肃
Inner Mongolia, Ningxia and Gansu

北疆亚种 *P. p. aralensis* Ognev, 1948
新疆 Xinjiang

模式标本产地 / Type Locality

俄罗斯

Kazakhstan, between Caspian Sea and Irtysh River. Pavlinov and Rossolimo (1987) listed Kirghiz Steppe, "the old Russian name for Central Kazakhstan" (G. Shenbrot, in litt., 2003) as the type locality for this species

邢睿 / 供图

▲ 其他名称 / Other Name(s)

其他中文名 / Other Chinese Name(s)

矮跳鼠、小跳鼠

其他英文名 / Other English Name(s)

Lesser Five-toed Jerboa, Little Earth Hare

同物异名 / Synonym(s)

无 None

▲ 形态及生境 / Morphology and Habitat

形态特征 / Morphological Characteristics

齿式：1.0.0.3/1.0.0.3=16。无前臼齿。触须长，黑色。头体长 90~110 mm。耳长 20~30 mm。尾长 120~90 mm。体背面深灰色，杂有许多毛尖黑色的毛。后足长 50 mm，为前足的 3 倍，有 5 趾，第一趾与第五趾退化，不接触地面，中间 3 趾足底裸露。尾端毛簇小，毛簇末端白色，其余部分黑色。

Dental formula: 1.0.0.3/1.0.0.3=16. No premolars. Whisker long, black. Head and body length 90-110 mm. Ear length 20-30 mm. Tail length 120-190 mm. Dorsum of the body is dark gray, mixed with many black hair tips. Hind foot is 50 mm long and 3 times as long as the forefoot, with 5 toes, the first and the fifth toes degenerate, can not touch the ground, and the middle three toes are exposed. Caudal tufts are small, the tufts end is white and the rest parts are black.

生境 / Habitat

沙漠、半沙漠、草地 Desert, semi-desert, grassland

▲ 地理分布 / Geographic Distribution

国内分布 / Domestic Distribution
内蒙古、新疆、宁夏
Inner Mongolia, Xinjiang, Ningxia

全球分布 / World Distribution
中国、伊朗、哈萨克斯坦、蒙古国、俄罗斯
China, Iran, Kazakhstan, Mongolia, Russia

生物地理界 / Biogeographic Realm
古北界 Palearctic

WWF 生物群系 / WWF Biome
山地草原和灌丛
Montane Grasslands & Shrublands

动物地理分布型 / Zoogeographic Distribution Type
Dc

分布标注 / Distribution Note
非特有种 Non-Endemic

▲ 濒危状况 / Threatened Status

中国生物多样性红色名录等级 / CB RL Category (2021)
无危 LC

IUCN 红色名录 / IUCN Red List (2021)
无危 LC

威胁因子 / Threats
无 None

▲ 法律保护地位 / Legal Protection Status

国家重点保护野生动物等级 / Category of National Key Protected Wild Animals (2021)
未列入 Not listed

"三有"名录 / TWIESSV (2023)
未列入 Not listed

CITES 附录等级 / CITES Appendix (2023)
未列入 Not listed

迁徙物种公约附录 / CMS Appendix (2020)
未列入 Not listed

保护行动 / Conservation Action
尚无保护行动 No conservation action so far

▲ 参考文献 / References

Burgin et al., 2020; IUCN, 2020; Zheng et al. (郑智民等), 2012; Wang et al. (王开锋等), 2010; Wang (王应祥), 2003

692 / 奇美跳鼠

Chimaerodipus auritus
Shenbrot, Bannikova, Giraudoux, Quere, Raoul & Lebedev, 2018

- Ningxia Three-toed Jerboa

▲ 分类地位 / Taxonomy

啮齿目 Rodentia / 跳鼠科 Dipodidae / 奇美跳鼠属 *Chimaerodipus*

科建立者及其文献 / Family Authority
Fischer de Waldheim, 1817

属建立者及其文献 / Genus Authority
F. Raoul et al., 2017

亚种 / Subspecies
无 None

模式标本产地 / Type Locality
中国
Southern Ningxia, China

▲ 其他名称 / Other Name(s)

其他中文名 / Other Chinese Name(s)
无 None

其他英文名 / Other English Name(s)
无 None

同物异名 / Synonym(s)
无 None

▲ 形态及生境 / Morphology and Habitat

形态特征 / Morphological Characteristics

齿式：1.0.1.3/1.0.0.3=18。头体长 98~118 mm。耳长 28~32 mm。后足长 48~53 mm。尾长 137~184 mm。体重 36~68 g。体型比三趾跳鼠小。口吻部相对长，鼻部发育不良。耳很长。耳向前弯曲，能完全覆盖住眼睛。头部和背部皮毛颜色为深赭褐色，有明显的深色纵向条纹。腹部、脚前部和侧面被毛纯白色。尾长约为头体长的一倍半，不增厚，尾背部有一条深色纵向窄条纹。末端有一簇不发达、狭窄的尾旗。尾旗顶端的白色部分比其棕黑色的基部短。尾旗腹侧棕黑色条纹不完整，被沿尾杆的宽白色条纹分开。后肢为三趾，中趾明显长于外侧的第二趾和第四趾，后足刷为黑色，由单一、柔软、相对短的毛发组成，向前偏转。指下皮肤垫发育良好，明显分为三到四个叶。趾底的圆锥形胼胝体发育良好。趾爪直而尖锐。

Dental formula: 1.0.1.3/1.0.0.3=18. Head and body length 98-118 mm. Ear length 28 -32 mm. Hind foot length 48-53 mm. Tail length 137-184 mm. Body mass 36-68 g. The body size is smaller than in other three-toed jerboas. The muzzle is relatively elongated with a poorly developed snout. The ears are long. When it is bent forward, the ear completely covers the eye. The fur color on the head and dorsum is dark ocherous-brown, with a sharp dark longitudinal spray. The underside of the body and the front and lateral surfaces of the feet are pure white. The tail is about one and half the head and body length, and not thickened, with a dark longitudinal strips on the dorsal surface and a terminal tuft forming a relatively poorly developed, narrow and weakly flattened banner. The white terminal part of the banner is relatively small, shorter than its brownish-black basal band. The brownish-black band on the ventral side of the tail banner is incomplete, being divided by the wide white stripe along the tail rod. The hindlimbs are three-toed, the third (middle) toe is appreciably longer than the lateral ones (second and fourth), the hind foot brush is black and consists of monotypic, soft, relatively short hairs, deflected forward. Subdigital skin pads are well developed and distinctly divided into three to four lobes. The conic callus at the base of the toes is well developed. Toe claws are straight and sharp.

生境 / Habitat

荒漠、半荒漠
Desert, semi-desert

▲ 地理分布 / Geographic Distribution

国内分布 / Domestic Distribution

宁夏 Ningxia

全球分布 / World Distribution

中国 China

生物地理界 / Biogeographic Realm

古北界 Palearctic

WWF 生物群系 / WWF Biome

山地草原和灌丛
Montane Grasslands & Shrublands

动物地理分布型 / Zoogeographic Distribution Type

D

分布标注 / Distribution Note

特有种 Endemic

▲ 濒危状况 / Threatened Status

中国生物多样性红色名录等级 / CB RL Category (2021)

未评定 NE

IUCN 红色名录 / IUCN Red List (2021)

未评定 NE

威胁因子 / Threats

未知 Unknown

▲ 法律保护地位 / Legal Protection Status

国家重点保护野生动物等级 / Category of National Key Protected Wild Animals (2021)

未列入 Not listed

“三有”名录 / TWIESSV (2023)

未列入 Not listed

CITES 附录等级 / CITES Appendix (2023)

未列入 Not listed

迁徙物种公约附录 / CMS Appendix (2020)

未列入 Not listed

保护行动 / Conservation Action

尚无保护行动 No conservation action so far

▲ 参考文献 / References

Cheng et al. (程继龙等), 2021; Wilson et al., 2017; Shenbrot et al., 1995

693 / 塔里木跳鼠

Dipus deasyi Barrett-Hamilton, 1900

- Qaidam Three-toed Jerboa

▲ 分类地位 / Taxonomy

啮齿目 Rodentia / 跳鼠科 Dipodidae / 三趾跳鼠属 *Dipus*

科建立者及其文献 / Family Authority
Fischer de Waldheim, 1817

属建立者及其文献 / Genus Authority
Zimmermann, 1780

亚种 / Subspecies
无 None

模式标本产地 / Type Locality
中国
Xinjiang, China

▲ 其他名称 / Other Name(s)

其他中文名 / Other Chinese Name(s)
无 None

其他英文名 / Other English Name(s)
无 None

同物异名 / Synonym(s)
无 None

▲ 形态及生境 / Morphology and Habitat

形态特征 / Morphological Characteristics

齿式：1.0.1.3/1.0.0.3=18。头体长 100~145 mm。体重 53~123 g。体背毛有棕黄色、灰棕色或灰黄色，随地点、季节变化。腹面从颌部到尾根为纯白色。平均后足长 57 mm，是前足长的 3 倍。后足第一趾、第五趾完全退化，足底有长刷状的密刚毛。尾根棕黄色，近尾端颜色变深，尾端毛呈毛笔状，棕色，尾梢部为白色。

Dental formula: 1.0.1.3/1.0.0.3=18. Head and body length 100-145 mm. Body mass 53-123 g. Dorsal hair color ranges from tan, gray-brown to gray-yellow, varies with the location, season. From chin to tail root, abdominal pelage is pure white. Average hind foot length is 57 mm, which is 3 times longer than the forefoot. The first and fifth toes of the hind foot are completely degenerated, and the sole of the foot has long brush like dense bristles. Caudal base is brownish yellow, the color becomes darker near the end, the tail hairs are brush like, black-brown, and the tail tip is white.

生境 / Habitat

荒漠、半荒漠 Desert, semi-desert

▲ 地理分布 / Geographic Distribution

国内分布 / Domestic Distribution
新疆、青海
Xinjiang, Qinghai

全球分布 / World Distribution
中国 China

生物地理界 / Biogeographic Realm
古北界 Palearctic

WWF 生物群系 / WWF Biome
山地草原和灌丛
Montane Grasslands & Shrublands

动物地理分布型 / Zoogeographic Distribution Type
Da

分布标注 / Distribution Note
特有种 Endemic

▲ 濒危状况 / Threatened Status

中国生物多样性红色名录等级 / CB RL Category (2021)
未评定 NE

IUCN 红色名录 / IUCN Red List (2021)
未评定 NE

威胁因子 / Threats
未知 Unknown

▲ 法律保护地位 / Legal Protection Status

国家重点保护野生动物等级 / Category of National Key Protected Wild Animals (2021)
未列入 Not listed

"三有"名录 / TWIESSV (2023)
未列入 Not listed

CITES 附录等级 / CITES Appendix (2023)
未列入 Not listed

迁徙物种公约附录 / CMS Appendix (2020)
未列入 Not listed

保护行动 / Conservation Action
尚无保护行动 No conservation action so far

▲ 参考文献 / References

Cheng et al. (程继龙等), 2021; Burgin et al., 2021; Schoch et al. 2021

694 / 三趾跳鼠

Dipus sagitta (Pallas, 1773)

• Hairy-footed Jerboa

▲ 分类地位 / Taxonomy

啮齿目 Rodentia / 跳鼠科 Dipodidae / 三趾跳鼠属 *Dipus*

科建立者及其文献 / Family Authority
Fischer de Waldheim, 1817

属建立者及其文献 / Genus Authority
Zimmermann, 1780

亚种 / Subspecies
指名亚种 *D. s. sagitta* (Pallas, 1773)
新疆 Xinjiang

兔足亚种 *D. s. lagopus* Lichtenstein, 1823
新疆 Xinjiang

南疆亚种 *D. s. deasyi* Barrett-Hamilton, 1900
新疆 Xinjiang

华北亚种 *D. s. sowerbyi* Thomas, 1908
吉林、辽宁、内蒙古和陕西
Jinlin, Liaoning, Inner Mongolia and Shaanxi

阿克苏亚种 *D. s. aksuensis* Wang, 1964
新疆 Xinjiang

库尔勒亚种 *D. s. fuscocanus* Wang, 1964
新疆 Xinjiang

北疆亚种 *D. s. zaissanensis* Selewin, 1934
新疆 Xinjiang

模式标本产地 / Type Locality
哈萨克斯坦
N Kazakhstan, Pavlodarskaya Oblast, right bank of Irtysh River near Yamyshevskaya at Podpusknoi (see Ellerman and Morrison-Scott, 1951:535)

▲ 其他名称 / Other Name(s)

其他中文名 / Other Chinese Name(s)
毛脚跳鼠、三趾跳兔

其他英文名 / Other English Name(s)
Northern Three-toed Jerboa

同物异名 / Synonym(s)
无 None

▲ 形态及生境 / Morphology and Habitat

形态特征 / Morphological Characteristics

齿式：1.0.1.3/1.0.0.3=18。上前臼齿发达。体毛色随地点、季节变化。体背毛色多变，从棕黄色、灰棕色到灰黄色，腹面从颏部到尾根为纯白色。平均后足长 57 mm，是前足长的 3 倍。后足第 1 趾、第 5 趾完全退化，足底有长刷状的密刚毛。尾棕黄色，近尾端颜色变深，尾端毛呈毛笔状，尾梢部为白色。

Dental formula: 1.0.1.3/1.0.0.3=18. Upper premolars well developed. Body hair color varies with location and season. Color of dorsal hairs varies from brownish-yellow to grayish brown to grayish-yellow. Ventral hairs are cream-white from the chin to the tail root. Average length of the hind foot is 57 mm, which is three times the length of the front foot. The first toe of hind foot, the fifth toe is completely degenerated, dense long bristle brush on the pelma of hind feet. Tail brownish yellow, hair color near the proximate tail end is darker, tail hairs are shaped like a brush, tail tip white.

生境 / Habitat
荒漠、半荒漠
Desert, semi-desert

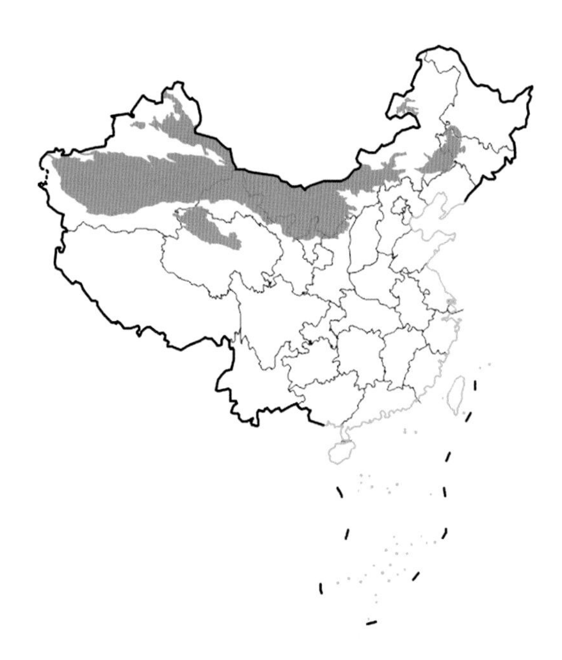

▲ 地理分布 / Geographic Distribution

国内分布 / Domestic Distribution

黑龙江、吉林、辽宁、内蒙古、陕西、宁夏、甘肃、青海、新疆
Heilongjiang, Jilin, Liaoning, Inner Mongolia, Shaanxi, Ningxia, Gansu, Qinghai, Xinjiang

全球分布 / World Distribution

中国、伊朗、哈萨克斯坦、吉尔吉斯斯坦、蒙古国、俄罗斯、土库曼斯坦、乌兹别克斯坦
China, Iran, Kazakhstan, Kyrgyzstan, Mongolia, Russia, Turkmenistan, Uzbekistan

生物地理界 / Biogeographic Realm

古北界 Palearctic

WWF 生物群系 / WWF Biome

山地草原和灌丛
Montane Grasslands & Shrublands

动物地理分布型 / Zoogeographic Distribution Type

Dg

分布标注 / Distribution Note

非特有种 Non-Endemic

▲ 濒危状况 / Threatened Status

中国生物多样性红色名录等级 / CB RL Category (2021)

无危 LC

IUCN 红色名录 / IUCN Red List (2021)

无危 LC

威胁因子 / Threats

无 None

▲ 法律保护地位 / Legal Protection Status

国家重点保护野生动物等级 / Category of National Key Protected Wild Animals (2021)

未列入 Not listed

“三有”名录 / TWIESSV (2023)

未列入 Not listed

CITES 附录等级 / CITES Appendix (2023)

未列入 Not listed

迁徙物种公约附录 / CMS Appendix (2020)

未列入 Not listed

保护行动 / Conservation Action

尚无保护行动 No conservation action so far

▲ 参考文献 / References

Cheng et al. (程继龙等), 2021; Jiang et al. (蒋志刚等), 2021; Burgin et al., 2020; IUCN, 2020; Zheng et al. (郑智民等), 2012; Ji et al. (吉晟男等), 2009; Dong et al. (董维惠等), 2008; Shuai et al. (帅凌鹰等), 2006; Xia (夏武平), 1988

695 / 内蒙羽尾跳鼠

Stylodipus andrewsi Allen, 1925

- Andrews's Three-toed Jerboa

▲ 分类地位 / Taxonomy

啮齿目 Rodentia / 跳鼠科 Dipodidae / 羽尾跳鼠属 *Stylodipus*

科建立者及其文献 / Family Authority
Fischer de Waldheim, 1817

属建立者及其文献 / Genus Authority
G. M. Allen, 1925

亚种 / Subspecies
无 None

模式标本产地 / Type Locality
蒙古国
S Mongolia, near Mt. Uskuk (Ussuk), Camp Ondai Sair (Andrews, 1932:101)

▲ 其他名称 / Other Name(s)

其他中文名 / Other Chinese Name(s)
蒙古羽尾跳鼠

其他英文名 / Other English Name(s)
Mongolian Three-toed Jerboa

同物异名 / Synonym(s)
Scirtopoda andrewsi (Allen, 1925)

▲ 形态及生境 / Morphology and Habitat

形态特征 / Morphological Characteristics

齿式：1.0.1.3/1.0.0.3=18。体长 113~130 mm。体重约 60 g。头顶毛灰色，眼睛上方和耳背面有白色斑点。被毛淡灰色。一条白毛带横跨臀部。腹部白色。后脚中足趾最长，足底有毛。尾长长于头体长，尾基近端皮下脂肪组织增厚，尾短扁平，有浓密黑色毛束。

Dental formula: 1.0.1.3/1.0.0.3=18. Body length 113-130 mm. Body mass about 60 g. Gray hairs on the top of the head, with white spots above the eyes and behind the ears. Pelage light grey. A strip of white hairs runs across the buttocks. Belly is white. The middle toe of hind foot is the longest and the pelma is hairy. Tail is longer than the head and body length. Subcutaneous adipose tissue deposited at the proximal end of the tail. Tail end flattened, black bushy.

生境 / Habitat

半荒漠、草地、泰加林、灌丛
Semi-desert, grasslands taiga, shrubland

▲ 地理分布 / Geographic Distribution

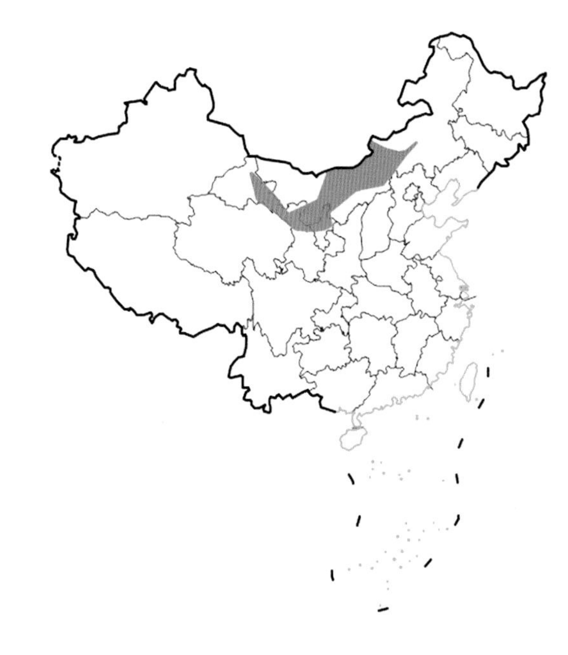

国内分布 / Domestic Distribution
甘肃、宁夏、内蒙古
Gansu, Ningxia, Inner Mongolia

全球分布 / World Distribution
中国、蒙古国
China, Mongolia

生物地理界 / Biogeographic Realm
古北界 Palearctic

WWF 生物群系 / WWF Biome
山地草原和灌丛
Montane Grasslands & Shrublands

动物地理分布型 / Zoogeographic Distribution Type
Dn

分布标注 / Distribution Note
非特有种 Non-Endemic

▲ 濒危状况 / Threatened Status

中国生物多样性红色名录等级 / CB RL Category (2021)
无危 LC

IUCN 红色名录 / IUCN Red List (2021)
无危 LC

威胁因子 / Threats
无 None

▲ 法律保护地位 / Legal Protection Status

国家重点保护野生动物等级 / Category of National Key Protected Wild Animals (2021)
未列入 Not listed

"三有"名录 / TWIESSV (2023)
未列入 Not listed

CITES 附录等级 / CITES Appendix (2023)
未列入 Not listed

迁徙物种公约附录 / CMS Appendix (2020)
未列入 Not listed

保护行动 / Conservation Action
尚无保护行动 No conservation action so far

▲ 参考文献 / References

Cheng et al. (程继龙等), 2021; Jiang et al. (蒋志刚等), 2021; Burgin et al., 2020; IUCN, 2020; Wilson et al., 2017; Zheng et al. (郑智民等), 2012; Yuan et al. (袁帅等),2011; Smith and Xie, 2009; Xia (夏武平), 1988

696 / 准噶尔羽尾跳鼠

Stylodipus sungorus
Sokolov et Shenbrot, 1987

- Dzungaria Three-toed Jerboa

▲ 分类地位 / Taxonomy

啮齿目 Rodentia / 跳鼠科 Dipodidae / 羽尾跳鼠属 *Stylodipus*

科建立者及其文献 / Family Authority
Fischer de Waldheim, 1817

属建立者及其文献 / Genus Authority
G. M. Allen, 1925

亚种 / Subspecies
无 None

模式标本产地 / Type Locality
中国
Xinjiang, China

▲ 其他名称 / Other Name(s)

其他中文名 / Other Chinese Name(s)
无 None

其他英文名 / Other English Name(s)
无 None

同物异名 / Synonym(s)
Scirtopoda sungorus (Sokolov & Shenbrot, 1987)

▲ 形态及生境 / Morphology and Habitat

形态特征 / Morphological Characteristics

齿式：1.0.1.3/1.0.0.3=18。头顶毛棕灰色，吻端、颌下、眼睛上方和耳背面白色。吻端密布触须。被毛淡棕灰色，杂有深色毛。一条白毛带横跨臀部。腹部白色。后下肢灰白色，后脚中足趾长，足底有毛。尾比身体长，尾基近端皮下脂肪组织增厚，尾有浓密黑棕色毛束。

Dental formula: 1.0.1.3/1.0.0.3=18. The hairs on the top of the head is brown-grey White hairs on the muzzle, under the jaw, above the eyes and behind the ears. The snout is covered with vibrissae. The pelage is pale brown-grey interspersed with dark hairs. A ribbon of white hair runs across the hip. White belly. The lower limbs gray, the third toe of hind foot is long, and the sole of the foot covered with hairs. The tail is longer than the body, the subcutaneous adiposity near the caudal base. The tail has a dense black-brown hair bundle.

生境 / Habitat
荒漠 Desert

▲ 地理分布 / Geographic Distribution

国内分布 / Domestic Distribution

新疆 Xinjiang

全球分布 / World Distribution

中国 China

生物地理界 / Biogeographic Realm

古北界 Palearctic

WWF 生物群系 / WWF Biome

山地草原和灌丛
Montane Grasslands & Shrublands

动物地理分布型 / Zoogeographic Distribution Type

Dc

分布标注 / Distribution Note

特有种 Endemic

▲ 濒危状况 / Threatened Status

中国生物多样性红色名录等级 / CB RL Category (2021)

未评定 NE

IUCN 红色名录 / IUCN Red List (2021)

无危 LC

威胁因子 / Threats

未知 Unknown

▲ 法律保护地位 / Legal Protection Status

国家重点保护野生动物等级 / Category of National Key Protected Wild Animals (2021)

未列入 Not listed

"三有"名录 / TWIESSV (2023)

未列入 Not listed

CITES 附录等级 / CITES Appendix (2023)

未列入 Not listed

迁徙物种公约附录 / CMS Appendix (2020)

未列入 Not listed

保护行动 / Conservation Action

尚无保护行动 No conservation action so far

▲ 参考文献 / References

Cheng et al. (程继龙等), 2021; Burgin et al., 2020; IUCN, 2020

697 / 羽尾跳鼠

Stylodipus telum (Lichtenstein, 1823)

- Thick-tailed Three-toed Jerboa

▲ 分类地位 / Taxonomy

啮齿目 Rodentia / 跳鼠科 Dipodidae / 羽尾跳鼠属 *Stylodipus*

科建立者及其文献 / Family Authority

Fischer de Waldheim, 1817

属建立者及其文献 / Genus Authority

G. M. Allen, 1925

亚种 / Subspecies

北疆亚种 *S. t. karelini* (Selewin,1934)
新疆 Xinjiang

模式标本产地 / Type Locality

哈萨克斯坦
Kazakhstan, steppe along NE shore of Aral Sea (Ognev, 1963:303)

▲ 其他名称 / Other Name(s)

其他中文名 / Other Chinese Name(s)

蒙古羽尾跳鼠

其他英文名 / Other English Name(s)

Thick-tail Jerboa

同物异名 / Synonym(s)

无 None

▲ 形态及生境 / Morphology and Habitat

形态特征 / Morphological Characteristics

齿式：1.0.1.3/1.0.0.3=18。头顶毛色深暗。背毛底色为淡灰黄色，杂有尖端完全黑灰色的护毛，形成黑色斑点。体侧毛色为淡稻黄色，杂有尖端黑灰色的护毛。一条白毛条纹横跨臀部。

Dental formula: 1.0.1.3/1.0.0.3=18. Dark hairs on the head top. Dorsal pelage has a pale grayish yellow background with hairs of completely black-gray tips, forming black flecks. Lateral sides pelage color pale straw-yellow, mixed with tip completely black-gray bristles. A stripe of white hairs runs across the hips.

生境 / Habitat

沙漠、高海拔草地

Desert, alpine grassland

▲ 地理分布 / Geographic Distribution

国内分布 / Domestic Distribution
新疆 Xinjiang

全球分布 / World Distribution
中国、哈萨克斯坦、俄罗斯、土库曼斯坦、乌克兰、乌兹别克斯坦
China, Kazakhstan, Russia, Turkmenistan, Ukraine, Uzbekistan

生物地理界 / Biogeographic Realm
古北界 Palearctic

WWF 生物群系 / WWF Biome
山地草原和灌丛
Montane Grasslands & Shrublands

动物地理分布型 / Zoogeographic Distribution Type
Dc

分布标注 / Distribution Note
非特有种 Non-Endemic

▲ 濒危状况 / Threatened Status

中国生物多样性红色名录等级 / CB RL Category (2021)
无危 LC

IUCN 红色名录 / IUCN Red List (2021)
无危 LC

威胁因子 / Threats
无 None

▲ 法律保护地位 / Legal Protection Status

国家重点保护野生动物等级 / Category of National Key Protected Wild Animals (2021)
未列入 Not listed

“三有”名录 / TWIESSV (2023)
未列入 Not listed

CITES 附录等级 / CITES Appendix (2023)
未列入 Not listed

迁徙物种公约附录 / CMS Appendix (2020)
未列入 Not listed

保护行动 / Conservation Action
尚无保护行动 No conservation action so far

▲ 参考文献 / References

Cheng et al. (程继龙等), 2021; Jiang et al. (蒋志刚等), 2021; Burgin et al., 2020; IUCN, 2020; Wilson et al., 2016; Zheng et al. (郑智民等), 2012; Pan et al. (潘清华等), 2007; Wilson and Reeder, 2005; Wang (王应祥), 2003; Zhang (张荣祖), 1997; Li and Han (李枝林和韩建芳), 1988; Zhao (赵肯堂), 1981

698 / 帚尾豪猪

Atherurus macrourus (Linnaeus, 1758)

• Asiatic Brush-tailed Porcupine

▲ 分类地位 / Taxonomy

啮齿目 Rodentia / 豪猪科 Hystricidae / 帚尾豪猪属 *Atherurus*

科建立者及其文献 / Family Authority

G. Fischer, 1817

属建立者及其文献 / Genus Authority

F. Cuvier, 1829

亚种 / Subspecies

指名亚种 *A. m. macrourus* (Linnaeus, 1758)
云南、贵州、四川、湖北、湖南和广西
Yunnan, Guizhou, Sichuan, Hubei, Hunan and Guangxi

海南亚种 *A. m. hainanus* J. Allen, 1906
海南 Hainan

越南亚种 *A. m. stevensi* Thomas, 1925
广西 Guangxi

模式标本产地 / Type Locality

马来西亚
"Habitat in Asia", restricted to Malaysia, Malacca by Lyon (1907:584)

蒋志刚 / 供图

▲ 其他名称 / Other Name(s)

其他中文名 / Other Chinese Name(s)

长尾箭猪、刷尾豪猪

其他英文名 / Other English Name(s)

Asian Brush-tailed Porcupine

同物异名 / Synonym(s)

Atherurus assamensis Thomas, 1921
Atherurus macrourus (Thomas, 1921) ssp. *assamensis*
Hystrix macroura (Linnaeus, 1758)
Hystrix macrourus Linnaeus, 1758

▲ 形态及生境 / Morphology and Habitat

形态特征 / Morphological Characteristics

齿式：1.0.1.3/ 1.0.1.3=20。体长 350~520 mm，体型瘦长。耳短圆。全身有棘刺，身体背面的棘刺扁，棘刺上部有沟，腹部棘刺柔软。前后足粗短。尾长 150~250 mm。尾末端有扫帚状的白色棘刺束。

Dental formula: 1.0.1.3/1.0.1.3=20. Body slim and long. Body length is 350-520 mm. Ears short and round. Whole body covered with quills. Quills are flat on the dorsum of the body, but those on the upper part of the body have grooves. Abdominal quills soft. Forefeet and hind feet robust and short. Tail is 150-250 mm long. Tail end has a bundle of broomstick like white quills.

生境 / Habitat

森林 Forest

▲ 地理分布 / Geographic Distribution

国内分布 / Domestic Distribution

广西、海南、湖北、四川、贵州、云南、重庆

Guangxi, Hainan, Hubei, Sichuan, Guizhou, Yunnan, Chongqing

全球分布 / World Distribution

孟加拉国、中国、印度、老挝、马来西亚、缅甸、泰国、越南

Bangladesh, China, India, Laos, Malaysia, Myanmar, Thailand, Vietnam

生物地理界 / Biogeographic Realm

古北界，印度马来界

Palearctic, Indomalaya

WWF 生物群系 / WWF Biome

热带和亚热带湿润阔叶林

Tropical & Subtropical Moist Broadleaf Forests

动物地理分布型 / Zoogeographic Distribution Type

Wc

分布标注 / Distribution Note

非特有种 Non-Endemic

▲ 濒危状况 / Threatened Status

中国生物多样性红色名录等级 / CB RL Category (2021)

无危 LC

IUCN 红色名录 / IUCN Red List (2021)

无危 LC

威胁因子 / Threats

无 None

▲ 法律保护地位 / Legal Protection Status

国家重点保护野生动物等级 / Category of National Key Protected Wild Animals (2021)

未列入 Not listed

"三有"名录 / TWIESSV (2023)

列入 listed

CITES 附录等级 / CITES Appendix (2023)

未列入 Not listed

迁徙物种公约附录 / CMS Appendix (2020)

未列入 Not listed

保护行动 / Conservation Action

尚无保护行动 No conservation action so far

▲ 参考文献 / References

Jiang et al. (蒋志刚等), 2021; Burgin et al., 2020; IUCN, 2020; Wilson et al., 2016; Zheng et al. (郑智民等), 2012; Smith and Xie, 2009; Pan et al. (潘清华等), 2007; Wilson and Reeder, 2005; Wang (王应祥), 2003; Zhang (张荣祖), 1997

699 / 马来豪猪

Hystrix brachyura Lichtenstein, 1823

- Malayan Porcupine

李一凡 / 供图

▲ 分类地位 / Taxonomy

啮齿目 Rodentia / 豪猪科 Hystricidae / 豪猪属 *Hystrix*

科建立者及其文献 / Family Authority
G. Fischer, 1817

属建立者及其文献 / Genus Authority
Linnaeus, 1758

亚种 / Subspecies
滇西亚种 *H. b. yunnanensis* Anderson, 1878
云南 Yunnan

华南亚种 *H. b. subcristata* Swinhoe, 1870
云南、四川、重庆、贵州、湖南、广西、广东、香港、福建、江西、浙江、上海、江苏、安徽、河南、湖北、陕西和甘肃
Yunnan, Sichuan, Chongqing, Guizhou, Hunan, Guangxi, Guangdong, Hong Kong, Fujian, Jiangxi, Zhejiang, Shanghai, Jiangsu, Anhui, Henan, Hubei, Shaanxi and Gansu

海南亚种 *H. b. papae* G. Allen, 1927
海南 Hainan

模式标本产地 / Type Locality
马来西亚
Malaysia, Malacca

▲ 其他名称 / Other Name(s)

其他中文名 / Other Chinese Name(s)
箭猪、普通豪猪

其他英文名 / Other English Name(s)
Himalayan Crestless Porcupine, Hodgson's Porcupine

同物异名 / Synonym(s)
无 None

▲ 形态及生境 / Morphology and Habitat

形态特征 / Morphological Characteristics
齿式：1.0.1.3/ 1.0.1.3=20。全身呈黑色或黑褐色。体侧和胸部有扁平棘刺。头部和颈部有细长、向后弯曲的鬃毛。背部、臀部和尾部有黑棕色和白色相间纺锤形棘刺。刺下生有稀疏的白色长刚毛。臀部刺长而密集，四肢和腹面覆短小柔软的刺。尾端棘刺演化成硬毛。
Dental formula: 1.0.1.3/1.0.1.3=20. The body is black or dark brown color. Quills on the lateral sides and chest are flat shaped. The head and neck have slender, backward curving mane. Black-brown and white striped long fusiformed quills on the back, buttocks and tail. There are sparse white long bristles under the quills. Quills on the rump are long and dense, and the limbs and abdomen are covered with short, soft quills. Caudal spines evolve into bristles.

生境 / Habitat
森林 Forest

▲ 地理分布 / Geographic Distribution

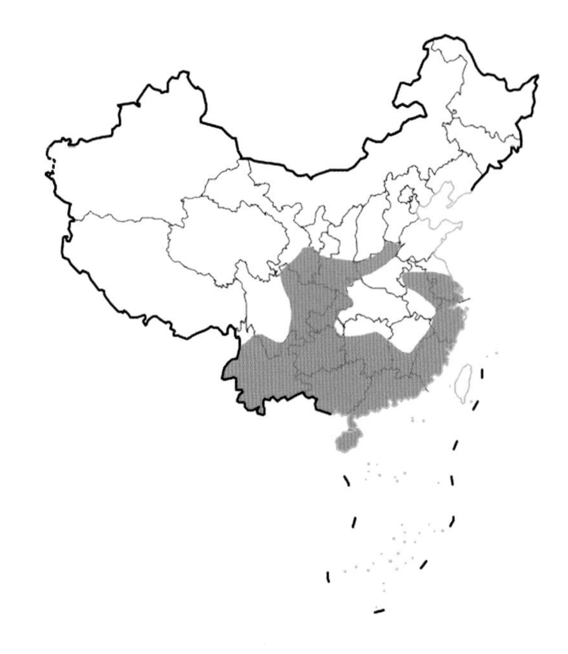

国内分布 / Domestic Distribution

云南、四川、重庆、贵州、湖南、广西、广东、香港、福建、江西、浙江、上海、江苏、安徽、河南、湖北、陕西、甘肃、海南

Yunnan, Sichuan, Chongqing, Guizhou, Hunan, Guangxi, Guangdong, Hong Kong, Fujian, Jiangxi, Zhejiang, Shanghai, Jiangsu, Anhui, Henan, Hubei, Shaanxi, Gansu, Hainan

全球分布 / World Distribution

孟加拉国、中国、印度、印度尼西亚、老挝、马来西亚、缅甸、尼泊尔、泰国、越南

Bangladesh, China, India, Indonesia, Laos, Malaysia, Myanmar, Nepal, Thailand, Vietnam

生物地理界 / Biogeographic Realm

古北界，印度马来界

Palearctic, Indomalaya

WWF 生物群系 / WWF Biome

热带和亚热带湿润阔叶林

Tropical & Subtropical Moist Broadleaf Forests

动物地理分布型 / Zoogeographic Distribution Type

Wa

分布标注 / Distribution Note

非特有种 Non-Endemic

▲ 濒危状况 / Threatened Status

中国生物多样性红色名录等级 / CB RL Category (2021)

无危 LC

IUCN 红色名录 / IUCN Red List (2021)

无危 LC

威胁因子 / Threats

无 None

▲ 法律保护地位 / Legal Protection Status

国家重点保护野生动物等级 / Category of National Key Protected Wild Animals (2021)

未列入 Not listed

"三有"名录 / TWIESSV (2023)

列入 listed

CITES 附录等级 / CITES Appendix (2023)

未列入 Not listed

迁徙物种公约附录 / CMS Appendix (2020)

未列入 Not listed

保护行动 / Conservation Action

尚无保护行动 No conservation action so far

▲ 参考文献 / References

Jiang et al. (蒋志刚等), 2021; Burgin et al., 2020; IUCN, 2020; Zheng et al. (郑智民等), 2012; Pan et al. (潘清华等), 2007; Chung and Corlett, 2006; Peng and Zhong(彭基泰和钟祥清), 2005

700 / 高山鼠兔

Ochotona alpina (Pallas, 1773)

- Alpine Pika

▲ 分类地位 / Taxonomy

兔形目 Lagomorpha / 鼠兔科 Ochotonidae / 鼠兔属 *Ochotona*

科建立者及其文献 / Family Authority

Thomas, 1896

属建立者及其文献 / Genus Authority

Link, 1795

亚种 / Subspecies

阿尔泰亚种 *O. a. nitida* Hollistor, 1912

新疆 Xinjiang

模式标本产地 / Type Locality

俄罗斯

Russia

邢睿 / 供图

▲ 其他名称 / Other Name(s)

其他中文名 / Other Chinese Name(s)

无 None

其他英文名 / Other English Name(s)

Altai Pika, Eastern Sayan Pika, Eversmann's Altai Pika, Middle-Altai Pika, Tuva Pika

同物异名 / Synonym(s)

无 None

▲ 形态及生境 / Morphology and Habitat

形态特征 / Morphological Characteristics

齿式: 2.0.3.2/1.0.2.3=26。头个体大，体长 150~240 mm。夏季体背棕褐色，杂有黑色毛尖，杂有长毛，呈黑色调。体侧毛棕黄色或锈红色。腹面淡棕色或米黄色。冬毛背毛淡褐色，体侧毛淡棕色，有些个体头顶或者背面有大块灰黑毛斑块。腹面淡黄色。

Dental formula: 2.0.3.2/1.0.2.3=26. Body size large. Head and body length 150-240 mm. Summer dorsal hairs brown, interspersed with long hairs of black tips, thus appears a black tone. Lateral hairs brownish-yellow, or rusty red. abdominal hairs light brown, or beige. Winter dorsal hairs light brown, lateral hairs light brown, some individuals have large gray-black patches on the top of the head. Abdominal hairs pale yellow in winter.

生境 / Habitat

森林、内陆岩石区域

Forest, inland rocky area

▲ 地理分布 / Geographic Distribution

国内分布 / Domestic Distribution
新疆 Xinjiang

全球分布 / World Distribution
中国、哈萨克斯坦、蒙古国、俄罗斯
China, Kazakhstan, Mongolia, Russia

生物地理界 / Biogeographic Realm
古北界 Palearctic

WWF 生物群系 / WWF Biome
温带针叶树森林、岩石和冰原
Temperate Conifer Forests, Rock and Ice

动物地理分布型 / Zoogeographic Distribution Type
O

分布标注 / Distribution Note
非特有种 Non-Endemic

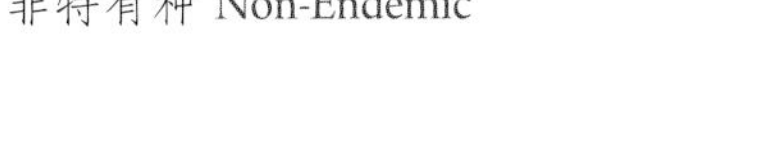

▲ 濒危状况 / Threatened Status

中国生物多样性红色名录等级 / CB RL Category (2021)
无危 LC

IUCN 红色名录 / IUCN Red List (2021)
无危 LC

威胁因子 / Threats
未知 Unknown

▲ 法律保护地位 / Legal Protection Status

国家重点保护野生动物等级 / Category of National Key Protected Wild Animals (2021)
未列入 Not listed

"三有"名录 / TWIESSV (2023)
未列入 Not listed

CITES 附录等级 / CITES Appendix (2023)
未列入 Not listed

迁徙物种公约附录 / CMS Appendix (2020)
未列入 Not listed

保护行动 / Conservation Action
尚无保护行动 No conservation action so far

▲ 参考文献 / References

Jiang et al. (蒋志刚等), 2021; Burgin et al., 2020; IUCN, 2020; Liu et al., 2020; Wilson et al., 2016; Zheng et al. (郑智民等), 2012; Lissovsky et al., 2007; Pan et al. (潘清华等), 2007; Wilson and Reeder, 2005; Wang (王应祥), 2003; Zhang (张荣祖), 1997

701 / 贺兰山鼠兔

Ochotona argentata (Howell, 1928)

- Silver Pika

▲ 分类地位 / Taxonomy

兔形目 Lagomorpha / 鼠兔科 Ochotonidae / 鼠兔属 *Ochotona*

科建立者及其文献 / Family Authority
Thomas, 1896

属建立者及其文献 / Genus Authority
Link, 1795

亚种 / Subspecies
无 None

模式标本产地 / Type Locality
中国
Ningxia, China

王旭明 / 供图

王旭明 / 供图

▲ 其他名称 / Other Name(s)

其他中文名 / Other Chinese Name(s)
无 None

其他英文名 / Other English Name(s)
Helan Shan Pika

同物异名 / Synonym(s)
Ochotona helanshanensis Zheng, 1987 [in Wang 1990]
Ochotona pallasi ssp. helanshanensis Zheng, 1987 [in Wang 1990]

▲ 形态及生境 / Morphology and Habitat

形态特征 / Morphological Characteristics

齿式：2.0.3.2/1.0.2.3=26。个体较大，平均体重 220 g，平均体长约 200 mm。夏毛整个背面为一致的棕红色，腹面毛基灰色，毛尖白色。耳灰色，边缘灰白色。冬毛整个背面为灰色或灰黑色，有些个体臀部带黄白色，仅有头部，包括额部、顶部、颊部，为棕红色或者赭色；耳颜色和夏季同，略带黄棕色色调。腹面毛和夏毛一致。前后足毛灰白色，有时带淡黄色调。足底裸露。头骨腹面腭孔和门齿孔清楚地分为 2 个孔，眶间宽较大。

Dental formula: 2.0.3.2/1.0.2.3=26. Individuals are large, with an average body weight of 220 g and average body length of about 200 mm. The whole back of summer hairs is uniformly brownish red, the ventral hair bases are gray, and the hair tips are white. The ears are grey and the ear rims are grey. Winter hairs on the back of the entire gray, gray black, some individuals with yellowish white buttocks. Only the head, including the forehead, top, cheek are brownish red, or ochre. Ear color and summer with a yellowish brown hue. The abdomen is consistent with summer hairs. Before and after the foot hairs gray, sometimes brush with light yellow. Soles bare. The palatal foramen and incisor foramen on the ventral surface of the skull are clearly divided into two foramen, with a large interorbital width.

生境 / Habitat
内陆岩石区域
Inland Rocky Area

▲ 地理分布 / Geographic Distribution

国内分布 / Domestic Distribution
宁夏 Ningxia

全球分布 / World Distribution
中国 China

生物地理界 / Biogeographic Realm
古北界 Palearctic

WWF 生物群系 / WWF Biome
山地森林和灌丛
Montane Grasslands & Shrublands

动物地理分布型 / Zoogeographic Distribution Type
Dn

分布标注 / Distribution Note
特有种 Endemic

▲ 濒危状况 / Threatened Status

中国生物多样性红色名录等级 / CB RL Category (2021)
数据缺乏 DD

IUCN 红色名录 / IUCN Red List (2021)
濒危 EN

威胁因子 / Threats
未知 Unknown

▲ 法律保护地位 / Legal Protection Status

国家重点保护野生动物等级 / Category of National Key Protected Wild Animals (2021)
二级 Category II

“三有”名录 / TWIESSV (2023)
未列入 Not listed

CITES 附录等级 / CITES Appendix (2023)
未列入 Not listed

迁徙物种公约附录 / CMS Appendix (2020)
未列入 Not listed

保护行动 / Conservation Action
尚无保护行动 No conservation action so far

▲ 参考文献 / References

Jiang et al. (蒋志刚等), 2021; Burgin et al., 2020; IUCN, 2020

702 / 间颅鼠兔

Ochotona cansus Lyon, 1907

- Gansu Pika

▲ 分类地位 / Taxonomy

兔形目 Lagomorpha / 鼠兔科 Ochotonidae / 鼠兔属 *Ochotona*

科建立者及其文献 / Family Authority
Thomas, 1896

属建立者及其文献 / Genus Authority
Link, 1795

亚种 / Subspecies
指名亚种 *O. c. cansus* Lyon, 1907
甘肃和青海 Gansu and Qinghai

四川亚种 *O. c. stevensi* Osgood, 1932
四川和青海 Sichuan and Qinghai

秦岭亚种 *O. c. morosa* Thomas, 1912
陕西 Shaanxi

模式标本产地 / Type Locality
中国
"Taocheo, Kan-su, China" (Lintan, Gannan A. D., Gansu, China)

韦晔 / 供图

▲ 其他名称 / Other Name(s)

其他中文名 / Other Chinese Name(s)
甘肃鼠兔

其他英文名 / Other English Name(s)
Gray Pika

同物异名 / Synonym(s)
无 None

▲ 形态及生境 / Morphology and Habitat

形态特征 / Morphological Characteristics
齿式：2.0.3.2/1.0.2.3=26。门齿孔和腭孔合并为一个大孔，眶间宽小于 4 mm。个体偏小，平均体长 145 mm。耳圆。额部、头顶部、颊部为棕红色或赭色。夏季背部皮毛有变异，为深褐色、茶褐色或暗灰浅黄色。从胸部到腹部有一条浅条纹。腹部皮毛浅白色，略浅褐色。冬天皮毛灰褐色的。背毛棕灰色，杂有具黑色毛尖的长毛。四足被覆白色短毛。
Dental formula: 2.0.0.2/1.0.2.3 =26. The incisordontic foramen and palatal foramen merged into a large foramen with an interorbital width of less than 4 mm. Body size relatively small. Average head body length 145 mm. Round ears. The forehead, the top of the head and the cheek are brownish-red or ochre. In summer, the color of dorsal fur varies from dark brown, tawny to dark grayish buff. There is a light stripe from the chest to the abdomen. Underbelly fur pale-white, slightly beige. The winter coat is grayish brown. Back hairs brown-gray, mixed with long black tip hairs. Four feet covered with short white hairs.

生境 / Habitat
草甸、灌丛、森林
Meadow, shrubland

▲ 地理分布 / Geographic Distribution

国内分布 / Domestic Distribution
甘肃、青海、四川、陕西、山西
Gansu, Qinghai, Sichuan, Shaanxi, Shanxi

全球分布 / World Distribution
中国 China

生物地理界 / Biogeographic Realm
古北界 Palearctic

WWF 生物群系 / WWF Biome
温带针叶树森林
Temperate Conifer Forests

动物地理分布型 / Zoogeographic Distribution Type
Pc

分布标注 / Distribution Note
特有种 Endemic

▲ 濒危状况 / Threatened Status

中国生物多样性红色名录等级 / CB RL Category (2021)
无危 LC

IUCN 红色名录 / IUCN Red List (2021)
无危 LC

威胁因子 / Threats
无 None

▲ 法律保护地位 / Legal Protection Status

国家重点保护野生动物等级 / Category of National Key Protected Wild Animals (2021)
未列入 Not listed

"三有"名录 / TWIESSV (2023)
未列入 Not listed

CITES 附录等级 / CITES Appendix (2023)
未列入 Not listed

迁徙物种公约附录 / CMS Appendix (2020)
未列入 Not listed

保护行动 / Conservation Action
尚无保护行动 No conservation action so far

▲ 参考文献 / References

Jiang et al. (蒋志刚等), 2021; Burgin et al., 2020; IUCN, 2020; Wilson et al., 2016; Liu et al. (刘少英等, 2017); Zheng et al. (郑智民等), 2012; Smith et al., 2009; Zhou et al. (周立志等), 2002

703 / 中国鼠兔

Ochotona chinensis Thomas, 1911

• Chinese Pika

▲ 分类地位 / Taxonomy

兔形目 Lagomorpha / 鼠兔科 Ochotonidae / 鼠兔属 *Ochotona*

科建立者及其文献 / Family Authority

Thomas, 1896

属建立者及其文献 / Genus Authority

Link, 1795

亚种 / Subspecies

无 None

模式标本产地 / Type Locality

中国

Sichuan, China

刘少英、廖锐 / 供图

刘少英、廖锐 / 供图

▲ 其他名称 / Other Name(s)

其他中文名 / Other Chinese Name(s)

无 None

其他英文名 / Other English Name(s)

无 None

同物异名 / Synonym(s)

尽管一般认为中国鼠兔为大耳鼠兔之亚种 *Ochotona macrotis* Thomas，1911 (Wilson et al.，2016)，但是，刘少英团队（Tang et al.，2022；Wang et al.，2020）据采集标本的形态和基因组研究均支持中国鼠兔的种级地位

Though it is generally accepted that the Chinese pika is a subspecies of the Large-eared Pika *Ochotona macrotis* Thomas 1911 (Wilson et al., 2016), the morphological and genomic studies of the specimens collected so far by Shaoying Liu's research group (Tang et al., 2022, Wang et al., 2020) support the species status of the Chinese pika

▲ 形态及生境 / Morphology and Habitat

形态特征 / Morphological Characteristics

齿式：2.0.3.2/1.0.2.3=26。个体中等，体长平均 180 mm，耳大，平均 30 mm。冬毛整个身体前半部为棕褐色，胸部以后为灰色。眼睛上方有灰白斑。耳前有一束较长的白色毛发，耳灰白色，耳缘黑色。腹部灰白色。前后足背面白色。夏毛一些个体和冬毛一致，一些个体背面整体灰色调更明显。门齿孔和腭孔合并为一个大孔，额骨上有卵圆孔。和大耳鼠兔的区别是个体较小，头骨的腭长小于 17 mm，而大耳鼠兔的腭长在 17.5 mm 以上。

Dental formula: 2.0.3.2/1.0.2.3=26. Individual body size medium, average body length 180 mm, large ears, average ear length 30 mm. Winter hairs of the whole front half of the body brown, of the body below the chest covered with gray hairs. Gray spots above the eyes. There is a bunch of long white hair in front of each ear, the ears are gray, the ear rims are black. The abdomen is grey and white. White back of front and rear feet. Some individuals of summer coat are consistent with winter coat, while other individuals have a more distinct overall gray tone on the dorsum. The foramen incisor and the foramen palatine merged into a large foramen, and there was a foramen ovale in the frontal bone. The difference between the pika and Big-eared Pika is that the individual of the Chinese Pika is small, and the jaw length of the skull is less than 17 mm, while the jaw length is more than 17.5 mm in the Big-eared Pika.

生境 / Habitat

草甸、灌丛 Meadow, shrubland

▲ 地理分布 / Geographic Distribution

国内分布 / Domestic Distribution
四川 Sichuan

全球分布 / World Distribution
中国 China

生物地理界 / Biogeographic Realm
古北界 Palearctic

WWF 生物群系 / WWF Biome
山地草原和灌丛、岩石和冰原
Montane Grasslands & Shrublands, Rock and Ice

动物地理分布型 / Zoogeographic Distribution Type
Hm

分布标注 / Distribution Note
特有种 Endemic

▲ 濒危状况 / Threatened Status

中国生物多样性红色名录等级 / CB RL Category (2021)
未评定 NE

IUCN 红色名录 / IUCN Red List (2021)
未评定 NE

威胁因子 / Threats
未知 Unknown

▲ 法律保护地位 / Legal Protection Status

国家重点保护野生动物等级 / Category of National Key Protected Wild Animals (2021)
未列入 Not listed

"三有"名录 / TWIESSV (2023)
未列入 Not listed

CITES 附录等级 / CITES Appendix (2023)
未列入 Not listed

迁徙物种公约附录 / CMS Appendix (2020)
未列入 Not listed

保护行动 / Conservation Action
尚无保护行动 No conservation action so far

▲ 参考文献 / References

Tang et al., 2022; Wang et al., 2020; Liu et al. (刘少英等), 2020; Wilson et al., 2016

704 / 长白山鼠兔

Ochotona coreana Allen et Andrews, 1913

• Changbaishan Pika

▲ 分类地位 / Taxonomy

兔形目 Lagomorpha / 鼠兔科 Ochotonidae / 鼠兔属 *Ochotona*

科建立者及其文献 / Family Authority

Thomas, 1896

属建立者及其文献 / Genus Authority

Link, 1795

亚种 / Subspecies

无 None

模式标本产地 / Type Locality

朝鲜

Pochong, Democratic People's Republic of Korea

▲ 其他名称 / Other Name(s)

其他中文名 / Other Chinese Name(s)

朝鲜鼠兔

其他英文名 / Other English Name(s)

Korean Pika, Korean Piping Hare

同物异名 / Synonym(s)

无 None

▲ 形态及生境 / Morphology and Habitat

形态特征 / Morphological Characteristics

齿式：2.0.3.2/1.0.2.3=26。体较大，体长约 190 mm（185~215 mm）。身体背面黑褐色，腰背部毛色较深，黑色色调更显。鼻端至头顶中央有一颜色更深的黑褐色色区。腹面淡黄色，一些个体胸部中央有一深褐色带。耳整体颜色较深，背面灰黑色，前面靠边缘有短的白色毛覆盖，其余部分灰黑色。唇周和鼻部为黑色。前后足背面黄白色，一些个体为枯草黄色。前后足足底灰黑色。爪露出毛外。

Dental formula: 2.0.3.2/1.0.2.3=26. The body size is large, about 190 mm (185-215 mm) in length. The dorsum is black and brown, and the hair color on the back of the waist is darker and the black tone is more obvious. There is a darker dark-brown area from the tip of the nose to the center of the head. Ventrally pale yellow, with a dark brown band in the center of the chest in some individuals. The ears are dark in color, gray black on the backs, covered with short white hairs on the front edges, and gray-black on the rests of the ears. The lips and nose are black. Front and back feet abaxial yellowish- white, withery-yellow in some individuals. Soles of feet gray-black. The claws expose outside the hairs.

生境 / Habitat

草甸、灌丛 Meadow, shrubland

▲ 地理分布 / Geographic Distribution

国内分布 / Domestic Distribution
吉林 Jilin

全球分布 / World Distribution
中国、朝鲜
China, Democratic People's Republic of Korea

生物地理界 / Biogeographic Realm
古北界 Palearctic

WWF 生物群系 / WWF Biome
温带阔叶和混交林
Temperate Broadleaf & Mixed Forests

动物地理分布型 / Zoogeographic Distribution Type
Xa

分布标注 / Distribution Note
非特有种 Non-Endemic

▲ 濒危状况 / Threatened Status

中国生物多样性红色名录等级 / CB RL Category (2021)
易危 VU

IUCN 红色名录 / IUCN Red List (2021)
数据缺乏 DD

威胁因子 / Threats
未知 Unknown

▲ 法律保护地位 / Legal Protection Status

国家重点保护野生动物等级 / Category of National Key Protected Wild Animals (2021)
未列入 Not listed

“三有”名录 / TWIESSV (2023)
未列入 Not listed

CITES 附录等级 / CITES Appendix (2023)
未列入 Not listed

迁徙物种公约附录 / CMS Appendix (2020)
未列入 Not listed

保护行动 / Conservation Action
尚无保护行动 No conservation action so far

▲ 参考文献 / References

Jiang et al. (蒋志刚等), 2021; Burgin et al., 2020; IUCN, 2020; Liu et al. (刘少英等), 2017; Lissovsky, 2014

705 / 高原鼠兔

Ochotona curzoniae (Hodgson, 1858)

- Plateau Pika

▲ 分类地位 / Taxonomy

兔形目 Lagomorpha / 鼠兔科 Ochotonidae / 鼠兔属 *Ochotona*

科建立者及其文献 / Family Authority
Thomas, 1896

属建立者及其文献 / Genus Authority
Link, 1795

亚种 / Subspecies
无 None

模式标本产地 / Type Locality
中国
"district of Chumbi", Chumbi Valley, Tibet, China

邢睿 / 供图

▲ 其他名称 / Other Name(s)

其他中文名 / Other Chinese Name(s)
黑唇鼠兔

其他英文名 / Other English Name(s)
Black-lipped Pika

同物异名 / Synonym(s)
Ochotona melanostoma (Büchner, 1890)

▲ 形态及生境 / Morphology and Habitat

形态特征 / Morphological Characteristics

齿式：2.0.3.2/1.0.2.3=26。头骨显著隆突，门齿孔和腭孔合并为一个大孔。个体较大，平均体长 165 mm。唇周和鼻部为黑色。耳大、圆，被覆短毛，可见耳内黑色皮肤。体毛淡沙褐色。颈部颜色稍淡。腹部毛灰白色或淡沙黄色。足底多毛，爪隐蔽于毛中。

Dental formula: 2.0.3.2/1.0.2.3=26. The skull is markedly carina, and the foramen incisor and palatal foramen merge into one large foramen. Body size relatively large. Average body length 165 mm. White whiskers are well developed. Black around the lips and nose. Ears large, round and covered with short hairs, with black skin visible within the ears. Pelage is light sandy-brown. The neck is slightly lighter in color. Abdominal hair color is grayish-white or light sandy yellow. Pelma hairy and the claws are concealed in the hairs.

生境 / Habitat

草甸、草地、荒漠
Meadow, grassland, desert

▲ 地理分布 / Geographic Distribution

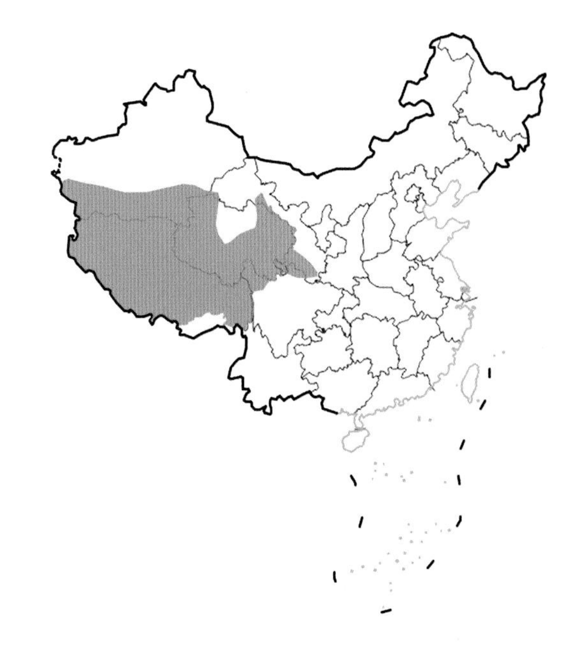

国内分布 / Domestic Distribution
青海、新疆、四川、甘肃、西藏
Qinghai, Xinjiang, Sichuan, Gansu, Tibet

全球分布 / World Distribution
中国、印度、尼泊尔
China, India, Nepal

生物地理界 / Biogeographic Realm
古北界 Palearctic

WWF 生物群系 / WWF Biome
山地草原和灌丛、岩石和冰原
Montane Grasslands & Shrublands, Rock and Ice

动物地理分布型 / Zoogeographic Distribution Type
P

分布标注 / Distribution Note
非特有种 Non-Endemic

▲ 濒危状况 / Threatened Status

中国生物多样性红色名录等级 / CB RL Category (2021)
无危 LC

IUCN 红色名录 / IUCN Red List (2021)
无危 LC

威胁因子 / Threats
无 None

▲ 法律保护地位 / Legal Protection Status

国家重点保护野生动物等级 / Category of National Key Protected Wild Animals (2021)
未列入 Not listed

“三有”名录 / TWIESSV (2023)
未列入 Not listed

CITES 附录等级 / CITES Appendix (2023)
未列入 Not listed

迁徙物种公约附录 / CMS Appendix (2020)
未列入 Not listed

保护行动 / Conservation Action
尚无保护行动 No conservation action so far

▲ 参考文献 / References

Jiang et al. (蒋志刚等), 2021; Burgin et al., 2020; IUCN, 2020; Zheng et al. (郑智民等), 2012; Xing et al. (邢雅俊等), 2008; Zhong et al., 2008; Pech et al., 2007; Dai et al. (戴强等), 2006; Lai and Smith, 2003; Xia (夏武平), 1988, 1964

706 / 达乌尔鼠兔

Ochotona daurica (Pallas, 1776)

• Daurian Pika

惠营 / 供图

▲ 其他名称 / Other Name(s)

其他中文名 / Other Chinese Name(s)
无 None

其他英文名 / Other English Name(s)
Eastern Daurian Pika, Uvs Nuur Daurian Pika

同物异名 / Synonym(s)
无 None

▲ 分类地位 / Taxonomy

兔形目 Lagomorpha / 鼠兔科 Ochotonidae / 鼠兔属 *Ochotona*

科建立者及其文献 / Family Authority
Thomas, 1896

属建立者及其文献 / Genus Authority
Link, 1795

亚种 / Subspecies
指名亚种 *O. d. daurica* (Pallas, 1776)
内蒙古、辽宁、河北和陕西
Inner Mongolia, Liaoning, Hebei and Shaanxi

甘肃亚种 *O. d. annectens* Miller, 1911
宁夏、青海、甘肃
Ningxia, Qinghai, Gansu

山西亚种 *O. d. bedfordi* Thomas, 1908
山西、河南和陕西
Shanxi, Henan and Shaanxi

宜川亚种 *O. d. shaanxiensis* Wang, 1993
陕西 Shaanxi

模式标本产地 / Type Locality
俄罗斯
Kulusutai, Onon River, Eastern Siberia" (Chitinsk. Obl. Russia)

▲ 形态及生境 / Morphology and Habitat

形态特征 / Morphological Characteristics
齿式：2.0.3.2/1.0.2.3=26。个体较大，平均体长约 170 mm，头骨较隆突，门齿孔和腭孔合并为一个大孔。耳黑棕色，有白边。夏季背毛为黄棕色到草灰色。冬毛沙灰色或者沙黄色、灰黄色，厚实。腹毛白色或灰白色。胸部有米黄色毛斑。体侧毛尖米黄色。足多毛，爪几乎隐于毛中。

Dental formula: 2.0.3.2/1.0.2.3=26. White vibrissae. Body size large, average body length about 170 mm. The skull is more protuberant, and the foramen incisor and palatal foramen merge into one large foramen. Black brown ears with white rims. In summer, the pelage is yellowish brown to grassy gray. Winter fur sandy-gray or sandy yellow, grayish-yellow. Abdominal hairs white or grayish-white. A beige hair patch on the chest. Lateral hair tips beige. Feet hairy, claw almost hidden in hairs.

生境 / Habitat
荒漠、草地
Desert, grassland

▲ 地理分布 / Geographic Distribution

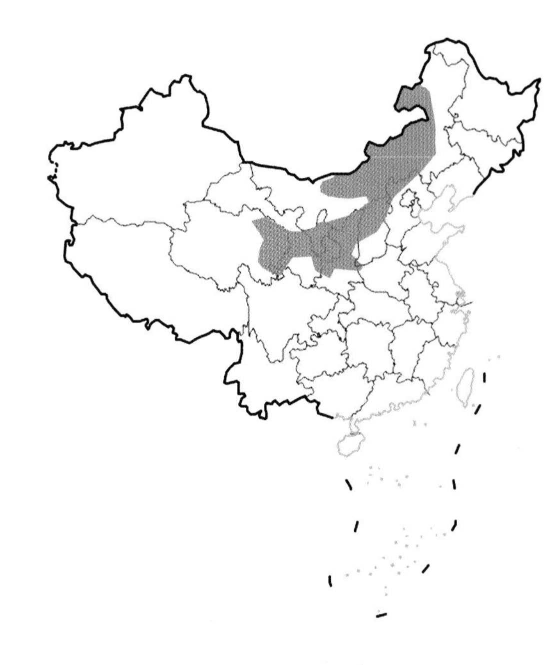

国内分布 / Domestic Distribution
陕西、山西、河北、内蒙古、河南、甘肃、青海、宁夏
Shaanxi, Shanxi, Hebei, Inner Mongolia, Henan, Gansu, Qinghai, Ningxia

全球分布 / World Distribution
中国、蒙古国、俄罗斯
China, Mongolia, Russia

生物地理界 / Biogeographic Realm
古北界 Palearctic

WWF 生物群系 / WWF Biome
温带草原和灌木地
Temperate Grasslands & Shrublands

动物地理分布型 / Zoogeographic Distribution Type
Dn

分布标注 / Distribution Note
非特有种 Non-Endemic

▲ 濒危状况 / Threatened Status

中国生物多样性红色名录等级 / CB RL Category (2021)
无危 LC

IUCN 红色名录 / IUCN Red List (2021)
未评定 NE

威胁因子 / Threats
无 None

▲ 法律保护地位 / Legal Protection Status

国家重点保护野生动物等级 / Category of National Key Protected Wild Animals (2021)
未列入 Not listed

"三有"名录 / TWIESSV (2023)
未列入 Not listed

CITES 附录等级 / CITES Appendix (2023)
未列入 Not listed

迁徙物种公约附录 / CMS Appendix (2020)
未列入 Not listed

保护行动 / Conservation Action
尚无保护行动 No conservation action so far

▲ 参考文献 / References

Jiang et al. (蒋志刚等), 2021; Burgin et al., 2020; IUCN, 2020; Chen et al. (陈立军等), 2014; Xing et al. (邢雅俊等), 2008; Xia (夏武平), 1988, 1964

707 / 红耳鼠兔

Ochotona erythrotis (Büchner, 1890)

- Chinese Red Pika

▲ 分类地位 / Taxonomy

兔形目 Lagomorpha / 鼠兔科 Ochotonidae / 鼠兔属 *Ochotona*

科建立者及其文献 / Family Authority

Thomas, 1896

属建立者及其文献 / Genus Authority

Link, 1795

亚种 / Subspecies

无 None

模式标本产地 / Type Locality

中国

Not specified; restricted by Allen (1938:535) to "Burchan-Budda", East Tibet, China

亚嘉伟 / 供图

▲ 其他名称 / Other Name(s)

其他中文名 / Other Chinese Name(s)

中国红鼠兔

其他英文名 / Other English Name(s)

Red-eared Pika

同物异名 / Synonym(s)

无 None

▲ 形态及生境 / Morphology and Habitat

形态特征 / Morphological Characteristics

齿式：2.0.3.2/1.0.2.3=26。脑颅相对平直，门齿孔和腭孔分开，额骨上有卵圆孔。个体较大，平均头体长约 185 mm。背部毛呈铁锈红色，腹部毛呈肉桂黄色。整个身体毛呈亮锈红色，冬季体毛可能变成灰黑色，但耳仍然为红色。腹部为纯白色。足背面白色。足底毛较短，爪露出毛外。

Dental formula: 2.0.3.2/1.0.2.3=26. The cranium is relatively straight, the foramen incisor is separated from the foramen palatine, and there is a foramen ovale on the frontal bone. Body size relatively large, average head and body length 185 mm. Dorsal hairs rusty red and the abdominal hairs cinnamon-yellow. Pelage bright rusty-red. In winter, the body hairs may turn grayish-black, but the hairs on the ears remain red. Belly hairs are pure white. Back of feet is white covered with shorter hairs, and the claw is exposed.

生境 / Habitat

内陆岩石区域

Inland rocky area

▲ 地理分布 / Geographic Distribution

国内分布 / Domestic Distribution
甘肃、青海、四川、云南
Gansu, Qinghai, Sichuan, Yunnan

全球分布 / World Distribution
中国 China

生物地理界 / Biogeographic Realm
古北界 Palearctic

WWF 生物群系 / WWF Biome
山地草原和灌丛、岩石和冰原
Montane Grasslands & Shrublands, Rock and Ice

动物地理分布型 / Zoogeographic Distribution Type
Pf

分布标注 / Distribution Note
特有种 Endemic

▲ 濒危状况 / Threatened Status

中国生物多样性红色名录等级 / CB RL Category (2021)
无危 LC

IUCN 红色名录 / IUCN Red List (2021)
无危 LC

威胁因子 / Threats
无 None

▲ 法律保护地位 / Legal Protection Status

国家重点保护野生动物等级 / Category of National Key Protected Wild Animals (2021)
未列入 Not listed

"三有"名录 / TWIESSV (2023)
未列入 Not listed

CITES 附录等级 / CITES Appendix (2023)
未列入 Not listed

迁徙物种公约附录 / CMS Appendix (2020)
未列入 Not listed

保护行动 / Conservation Action
尚无保护行动 No conservation action so far

▲ 参考文献 / References

Jiang et al. (蒋志刚等), 2021; Burgin et al., 2020; IUCN, 2020; Zheng et al. (郑智民等), 2012; Li et al., 2003; Wang (王应祥), 2003; Xia (夏武平), 1988

708 / 扁颅鼠兔

Ochotona flatcalvariam
Liu, Jin, Liao, Sun, Liu, 2017

- Flat-cranium Pika

▲ 分类地位 / Taxonomy

兔形目 Lagomorpha / 鼠兔科 Ochotonidae / 鼠兔属 *Ochotona*

科建立者及其文献 / Family Authority
Thomas, 1896

属建立者及其文献 / Genus Authority
Link, 1795

亚种 / Subspecies
无 None

模式标本产地 / Type Locality
中国
Tangjiahe National Nature Reserve, Sichuan, China

▲ 其他名称 / Other Name(s)

其他中文名 / Other Chinese Name(s)
中国红鼠兔

其他英文名 / Other English Name(s)
无 None

同物异名 / Synonym(s)
无 None

▲ 形态及生境 / Morphology and Habitat

形态特征 / Morphological Characteristics

齿式：2.0.3.2/1.0.2.3=26。个体小，平均体长约 130 mm。耳圆形。耳内有稀疏白色长毛，耳缘有白色边缘，而内侧上缘有异耳屏。鼻吻端灰色。鼻部上部至前颊被褐色毛。脑颅非常扁平。腹面、颏部至喉部毛短，毛基灰色，毛尖灰白色。胸部毛基灰色，尖端黄白色。腹部至鼠蹊部毛基黑色，毛尖黄白色。背腹间毛色逐渐过渡。四足被覆白色毛。

Dental formula: 2.0.3.2/1.0.2.3=26. Body size small, average body length 130 mm. Round ears. There are sparse white hairs inside the ears with white ear rims. Snout is gray. Brown hairs on the upper part of the nose to the front cheeks. Forehead is flat. Ventral, chin to throat hairs short, bases gray, tips gray. Chest hair bases are gray with yellow and white tips. Abdominal to groin hair bases black, with yellow white tips. Color between the dorsal belly gradually changes. Four feet covered with white hairs.

生境 / Habitat
草原、岩石区域
Grasslands and rocky area

▲ 地理分布 / Geographic Distribution

国内分布 / Domestic Distribution
重庆、四川
Chongqing, Sichuan

全球分布 / World Distribution
中国 China

生物地理界 / Biogeographic Realm
古北界 Palearctic

WWF 生物群系 / WWF Biome
山地草原和灌丛
Montane Grasslands & Shrublands

动物地理分布型 / Zoogeographic Distribution Type
Hb

分布标注 / Distribution Note
特有种 Endemic

▲ 濒危状况 / Threatened Status

中国生物多样性红色名录等级 / CB RL Category (2021)
濒危 EN

IUCN 红色名录 / IUCN Red List (2021)
未评定 NE

威胁因子 / Threats
未知 Unknown

▲ 法律保护地位 / Legal Protection Status

国家重点保护野生动物等级 / Category of National Key Protected Wild Animals (2021)
未列入 Not listed

"三有"名录 / TWIESSV (2023)
未列入 Not listed

CITES 附录等级 / CITES Appendix (2023)
未列入 Not listed

迁徙物种公约附录 / CMS Appendix (2020)
未列入 Not listed

保护行动 / Conservation Action
尚无保护行动 No conservation action so far

▲ 参考文献 / References

Jiang et al. (蒋志刚等), 2021; Wang et al. 2020; Liu et al. (刘少英等), 2017

709 / 灰颈鼠兔

Ochotona forresti Thomas, 1923

- Forrest's Pika

▲ 分类地位 / Taxonomy

兔形目 Lagomorpha / 鼠兔科 Ochotonidae / 鼠兔属 *Ochotona*

科建立者及其文献 / Family Authority

Thomas, 1896

属建立者及其文献 / Genus Authority

Link, 1795

亚种 / Subspecies

指名亚种 *O. f. forresti* Thomas, 1923
云南 Yunnan

高黎贡山亚种 *O. f. osgoodi* Anthony, 1941
云南 Yunnan

模式标本产地 / Type Locality

中国
Yunnan, China

董磊 / 供图

▲ 其他名称 / Other Name(s)

其他中文名 / Other Chinese Name(s)
无 None

其他英文名 / Other English Name(s)
Gaoligong Pika, Black Pika

同物异名 / Synonym(s)
无 None

▲ 形态及生境 / Morphology and Habitat

形态特征 / Morphological Characteristics

齿式：2.0.3.2/1.0.2.3=26。脑颅较平直，门齿孔和腭孔合并为一个大孔。个体中等，平均体长 164 mm。体背毛发灰黑色为主，颈部有白色项圈，腹部毛灰白色。高黎贡山北段的标本，体背毛发红棕色，颈部有一个黄白色项圈。高黎贡山南部的灰颈鼠兔，毛色以淡红棕色为主，也有一个黄白色的项圈，有些个体身体被毛全部为黑色，仅颈部毛色略淡。

Dental formula: 2.0.3.2/1.0.2.3=26. The cranium is relatively flat and straight, and the foramen incisor and palatal foramen merge into a large foramen. Body size median, average body length 164 mm. Hairs of the type specimen mainly grayish-black on the back, with a white collar on the neck and grayish-white hairs on the abdomen. Specimens from the northern section of Gaoligong Mountains have a reddish-brown back and a yellow-white collar around the neck. In the south section of Gaoligong Mountains, the specimens are mainly reddish brown, but also has a yellow-white collar. Some individual bodies are black, only the neck is slightly lighter.

生境 / Habitat

针叶林、灌丛
Coniferous forest, shrubland

▲ 地理分布 / Geographic Distribution

国内分布 / Domestic Distribution
云南、西藏
Yunnan, Tibet

全球分布 / World Distribution
不丹、中国、印度、缅甸
Bhutan, China, India, Myanmar

生物地理界 / Biogeographic Realm
古北界 Palearctic

WWF 生物群系 / WWF Biome
温带针叶树森林
Temperate Conifer Forests

动物地理分布型 / Zoogeographic Distribution Type
He

分布标注 / Distribution Note
非特有种 Non-Endemic

▲ 濒危状况 / Threatened Status

中国生物多样性红色名录等级 / CB RL Category (2021)
近危 NT

IUCN 红色名录 / IUCN Red List (2021)
无危 LC

威胁因子 / Threats
未知 Unknown

▲ 法律保护地位 / Legal Protection Status

国家重点保护野生动物等级 / Category of National Key Protected Wild Animals (2021)
未列入 Not listed

"三有"名录 / TWIESSV (2023)
未列入 Not listed

CITES 附录等级 / CITES Appendix (2023)
未列入 Not listed

迁徙物种公约附录 / CMS Appendix (2020)
未列入 Not listed

保护行动 / Conservation Action
尚无保护行动 No conservation action so far

▲ 参考文献 / References

Jiang et al. (蒋志刚等), 2021; Burgin et al., 2020; IUCN, 2020; Wilson et al., 2016; Ge et al., 2012; Zheng et al. (郑智民等), 2012; Chen and Li (陈晓澄和李文靖), 2009; Huang et al. (黄薇等), 2008; Pan et al. (潘清华等), 2007; Wilson and Reeder, 2005; Wang (王应祥), 2003; Zhang (张荣祖), 1997

710 / 川西鼠兔

Ochotona gloveri Thomas, 1922

• Glover's Pika

巫嘉伟 / 供图

邢睿 / 供图

▲ 分类地位 / Taxonomy

兔形目 Lagomorpha / 鼠兔科 Ochotonidae / 鼠兔属 *Ochotona*

科建立者及其文献 / Family Authority

Thomas, 1896

属建立者及其文献 / Genus Authority

Link, 1795

亚种 / Subspecies

指名亚种 *O. g. gloveri* Thomas, 1922
四川 Sichuan

青海亚种 *O. g. brookei* G. Allen, 1937
青海和西藏
Qinghai and Tibet

云南亚种 *O. g. calloceps* Pen et Feng, 1962
云南和西藏
Yunnan and Tibet

模式标本产地 / Type Locality

中国
Nagchuka [Nyagquka (Yajiang), W Sichuan, China"

▲ 其他名称 / Other Name(s)

其他中文名 / Other Chinese Name(s)

格氏鼠兔、粟耳鼠兔

其他英文名 / Other English Name(s)

Muli Pika

同物异名 / Synonym(s)

无 None

▲ 形态及生境 / Morphology and Habitat

形态特征 / Morphological Characteristics

齿式：2.0.3.2/1.0.2.3=26。门齿孔和腭孔分开，额骨上有2个卵圆孔。个体较大，平均体长约185 mm。耳大，平均耳长29 mm。耳、鼻部棕红色。不同亚种毛色有一定差异，分布于青海三江源的 *O. g. brookei*，整个身体毛色呈鲜艳的红褐色，云南和四川的亚种身体背部被毛灰褐色。腹面被毛灰白色。前后足背面被毛白色。耳前基部有一束白色的长毛。

Dental formula: 2.0.3.2/1.0.2.3=26. There are two foramen ovale on the frontal bone. Body size is large, averaging 185 mm in length. Vibrissae Long. Ears large, averagely 29 mm long. Ears and nose are covered with reddish brown hairs. Pelage may vary among subspecies. *O. g. brookei* in Sanjiangyuan, Qinghai, with bright reddish-brown pelage, but subspecies in Yunnan and Sichuan are gray-brown on the back and grayish on venter. Back of front and rear feet covered with white hairs. There is a long strand of white hairs in the front of the ears.

生境 / Habitat

干旱河谷灌丛及森林
Shrubland and forest in dry valley

▲ 地理分布 / Geographic Distribution

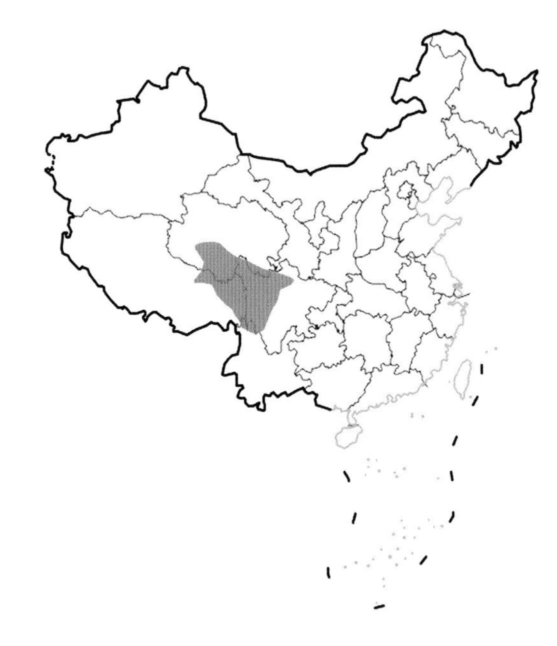

国内分布 / Domestic Distribution

四川、青海、云南

Sichuan, Qinghai, Yunnan

全球分布 / World Distribution

中国 China

生物地理界 / Biogeographic Realm

古北界 Palearctic

WWF 生物群系 / WWF Biome

亚热带

Subtropical Moist Broadleaf Forests

动物地理分布型 / Zoogeographic Distribution Type

Pc

分布标注 / Distribution Note

特有种 Endemic

▲ 濒危状况 / Threatened Status

中国生物多样性红色名录等级 / CB RL Category (2021)

无危 LC

IUCN 红色名录 / IUCN Red List (2021)

无危 LC

威胁因子 / Threats

无 None

▲ 法律保护地位 / Legal Protection Status

国家重点保护野生动物等级 / Category of National Key Protected Wild Animals (2021)

未列入 Not listed

"三有"名录 / TWIESSV (2023)

未列入 Not listed

CITES 附录等级 / CITES Appendix (2023)

未列入 Not listed

迁徙物种公约附录 / CMS Appendix (2020)

未列入 Not listed

保护行动 / Conservation Action

尚无保护行动 No conservation action so far

▲ 参考文献 / References

Burgin et al., 2020; IUCN, 2020; Liu et al. (刘少英等), 2020, 2017; Lissovsky, 2014; Pan et al. (潘清华等), 2007; Wilson and Reeder, 2005; Wang (王应祥), 2003; Zhang (张荣祖), 1997

711 / 喜马拉雅鼠兔

Ochotona himalayana Feng, 1973

- Himalayan pika

▲ 分类地位 / Taxonomy

兔形目 Lagomorpha / 鼠兔科 Ochotonidae / 鼠兔属 *Ochotona*

科建立者及其文献 / Family Authority

Thomas, 1896

属建立者及其文献 / Genus Authority

Link, 1795

亚种 / Subspecies

无 None

模式标本产地 / Type Locality

中国

Tibet, China

▲ 其他名称 / Other Name(s)

其他中文名 / Other Chinese Name(s)

无 None

其他英文名 / Other English Name(s)

无 None

同物异名 / Synonym(s)

Smith and Bhattacharyya (2016) 认为喜马拉雅鼠兔是灰鼠兔的四个亚种之一

Smith and Bhattacharyya (2016) considered the species as one of the four subspecies of Royle's Pika *Ochotona roylei* (Ogilby, 1839) *himalayana*

▲ 形态及生境 / Morphology and Habitat

形态特征 / Morphological Characteristics

齿式：2.0.3.2/1.0.2.3=26。头体长 140~186 mm。体重 120~175 g。耳后有白斑。耳带有模糊的白色边缘。颈部和肩部背侧有红褐色或深棕色斑点。背部毛皮深茶色。腹部灰黄色。足的上部被毛灰黄色或灰白色。额骨没有卵圆孔，门齿孔和腭孔合并为一个大孔。

Dental formula: 2.0.3.2/1.0.2.3=26. There is no foramen ovale in the frontal bone, and the foramen incisor and the foramen palatine merge into one large foramen. The head and body length 140-186 mm. Body mass 120-175 g. White spots behind ears. Ears with fuzzy white rims. Reddish-brown or dark brown spots on neck and dorsal side of shoulders. Back fur dark tan. Hairs on the abdomen are grayish yellow. Upper part of the feet are covered with grayish yellow or grayish white hairs.

生境 / Habitat

针叶阔叶混交林、灌丛木、泰加林

Coniferous and broad-leaved mixed forest, shrubland, taiga

▲ 地理分布 / Geographic Distribution

国内分布 / Domestic Distribution
西藏 Tibet

全球分布 / World Distribution
中国、印度、尼泊尔、巴基斯坦
China, India, Nepal, Pakistan

生物地理界 / Biogeographic Realm
古北界 Palearctic

WWF 生物群系 / WWF Biome
山地草原和灌丛、岩石和冰原
Montane Grasslands & Shrublands, Rock and Ice

动物地理分布型 / Zoogeographic Distribution Type
Ha

分布标注 / Distribution Note
非特有种 Non-Endemic

▲ 濒危状况 / Threatened Status

中国生物多样性红色名录等级 / CB RL Category (2021)
未评定 NE

IUCN 红色名录 / IUCN Red List (2021)
无危 LC

威胁因子 / Threats
未知 Unknown

▲ 法律保护地位 / Legal Protection Status

国家重点保护野生动物等级 / Category of National Key Protected Wild Animals (2021)
未列入 Not listed

"三有"名录 / TWIESSV (2023)
未列入 Not listed

CITES 附录等级 / CITES Appendix (2023)
未列入 Not listed

迁徙物种公约附录 / CMS Appendix (2020)
未列入 Not listed

保护行动 / Conservation Action
尚无保护行动 No conservation action so far

▲ 参考文献 / References

Jiang et al. (蒋志刚等), 2021; Burgin et al., 2020; IUCN, 2020; Wang et al., 2020; Smith and Bhattacharyya, 2016; Lissovsky, 2014

712 / 黄龙鼠兔

Ochotona huanglongensis Liu, Jin, Liao, Sun, Liu, 2017

- Huanglong Pika

▲ 分类地位 / Taxonomy

兔形目 Lagomorpha / 鼠兔科 Ochotonidae / 鼠兔属 *Ochotona*

科建立者及其文献 / Family Authority

Thomas, 1896

属建立者及其文献 / Genus Authority

Link, 1795

亚种 / Subspecies

无 None

模式标本产地 / Type Locality

中国

Huanglong Nature Reserve, Sichuan. N: 32°49'22", E: 103°55'8". Elevation 3100 m

▲ 其他名称 / Other Name(s)

其他中文名 / Other Chinese Name(s)

无 None

其他英文名 / Other English Name(s)

Yellow Pika

同物异名 / Synonym(s)

无 None

▲ 形态及生境 / Morphology and Habitat

形态特征 / Morphological Characteristics

齿式：2.0.3.2/1.0.2.3=26。个体中等，平均体长 150 mm。耳大，异耳屏三角形，顶端圆形。体毛长而粗糙，背部毛最长达 26 mm。灰色，肩部、臀部被毛呈黄棕色。腹面毛色以灰白为主。足背面毛灰白色，足底黑灰色。趾垫大，被毛橘黄色，爪黄白色，露出毛外，半透明。

Dental formula: 2.0.3.2/1.0.2.3=26. Body size median, average body size 150 mm. Vibrissae long. Ears large, the tragus is triangular, with round apex. Body hairs gray, long and rough, the longest back hair is up to 26 mm long. Shoulders and rumps covered with yellow-brown hairs. Ventral hairs mainly gray and white. Hairs on the foot dorsum are gray and those on the pelma are black and gray. Toe pad big, covered with orange color. Claw yellow-white, translucent, exposed outside the hairs.

生境 / Habitat

针叶阔叶混交林、灌丛木

Coniferous and broad-leaved mixed forest, shrubland

▲ 地理分布 / Geographic Distribution

国内分布 / Domestic Distribution
四川 Sichuan

全球分布 / World Distribution
中国 China

生物地理界 / Biogeographic Realm
古北界 Palearctic

WWF 生物群系 / WWF Biome
亚热带针叶林
Temperate Conifer Forests

动物地理分布型 / Zoogeographic Distribution Type
Ha

分布标注 / Distribution Note
特有种 Endemic

▲ 濒危状况 / Threatened Status

中国生物多样性红色名录等级 / CB RL Category (2021)
数据缺乏 DD

IUCN 红色名录 / IUCN Red List (2021)
未评定 NE

威胁因子 / Threats
无 None

▲ 法律保护地位 / Legal Protection Status

国家重点保护野生动物等级 / Category of National Key Protected Wild Animals (2021)
未列入 Not listed

"三有"名录 / TWIESSV (2023)
未列入 Not listed

CITES 附录等级 / CITES Appendix (2023)
未列入 Not listed

迁徙物种公约附录 / CMS Appendix (2020)
未列入 Not listed

保护行动 / Conservation Action
尚无保护行动 No conservation action so far

▲ 参考文献 / References

Liu et al. (蒋志刚等), 2012; Jiang et al. (蒋志刚等), 2021; Burgin et al., 2020; IUCN, 2020; Liu et al. (刘少英等), 2017

713 / 伊犁鼠兔

Ochotona iliensis Li & Ma, 1986

- Ili Pika

▲ 分类地位 / Taxonomy

兔形目 Lagomorpha / 鼠兔科 Ochotonidae / 鼠兔属 *Ochotona*

科建立者及其文献 / Family Authority

Thomas, 1896

属建立者及其文献 / Genus Authority

Link, 1795

亚种 / Subspecies

无 None

模式标本产地 / Type Locality

中国

"Tienshan Mountain (Borokhoro Shan), Nilka (County), Xinjiang, China, alt. 3200 m."

李维东 供图

▲ 其他名称 / Other Name(s)

其他中文名 / Other Chinese Name(s)

无 None

其他英文名 / Other English Name(s)

无 None

同物异名 / Synonym(s)

无 None

▲ 形态及生境 / Morphology and Habitat

形态特征 / Morphological Characteristics

齿式：2.0.3.2/1.0.2.3=26。耳长 36~37 mm，多毛，耳缘毛赤褐色。脸部多毛，靠近耳朵处毛长而浓密。头额、顶部及颈两侧有 3 块鲜艳的锈棕色斑。冬季体背淡黄色，夏季背部毛色灰色。后足底部有厚实的黄色毛。

Dental formula: 2.0.3.2/1.0.2.3=26. Ears 36-37 mm long, hairy, with rims of russet hairs. Face is hairy, the hairs near the ears are long and dense. Three bright rusty-brown spots on the forehead, head top and both sides of the neck. Winter dorsal hairs light yellow, summer dorsal hairs gray. Thick yellow hairs on the pelma of hind feet.

生境 / Habitat

内陆岩石区域

Inland rocky areas

▲ 地理分布 / Geographic Distribution

国内分布 / Domestic Distribution
新疆 Xinjiang

全球分布 / World Distribution
中国 China

生物地理界 / Biogeographic Realm
古北界 Palearctic

WWF 生物群系 / WWF Biome
山地草原和灌丛、岩石和冰原
Montane Grasslands & Shrublands, Rock and Ice

动物地理分布型 / Zoogeographic Distribution Type
D

分布标注 / Distribution Note
特有种 Endemic

▲ 濒危状况 / Threatened Status

中国生物多样性红色名录等级 / CB RL Category (2021)
濒危 EN

IUCN 红色名录 / IUCN Red List (2021)
濒危 EN

威胁因子 / Threats
家畜放牧、气候变化、繁殖能力低
Livestock ranching, climate change, low reproductive capacity

▲ 法律保护地位 / Legal Protection Status

国家重点保护野生动物等级 / Category of National Key Protected Wild Animals (2021)
二级 Category II

"三有"名录 / TWIESSV (2023)
未列入 Not listed

CITES 附录等级 / CITES Appendix (2023)
未列入 Not listed

迁徙物种公约附录 / CMS Appendix (2020)
未列入 Not listed

保护行动 / Conservation Action
已经建立自然保护区
Nature reserve established

▲ 参考文献 / References

Jiang et al. (蒋志刚等), 2021; Burgin et al., 2020; IUCN, 2020; Cui et al. (崔鹏等), 2014; Zheng et al. (郑智民等), 2012; Li and Smith, 2005; Li and Ma, 1986

714 / 柯氏鼠兔

Ochotona koslowi (Büchner, 1894)

• Kozlov's Pika

▲ 分类地位 / Taxonomy

兔形目 Lagomorpha / 鼠兔科 Ochotonidae / 鼠兔属 *Ochotona*

科建立者及其文献 / Family Authority

Thomas, 1896

属建立者及其文献 / Genus Authority

Link, 1795

亚种 / Subspecies

无 None

模式标本产地 / Type Locality

中国

"Dolina Vetrov" [Valley of the Winds; pass between Guldsha Valley and valley of Dimnalyk River, tributary of Chechen, Tarim Basin, Xinjiang, China, (37E55'N, 87E50'E; 4267 m)]

▲ 其他名称 / Other Name(s)

其他中文名 / Other Chinese Name(s)

突颅鼠兔

其他英文名 / Other English Name(s)

Koslov's Pika

同物异名 / Synonym(s)

无 None

▲ 形态及生境 / Morphology and Habitat

形态特征 / Morphological Characteristics

齿式：2.0.3.2/1.0.2.3=26。个体较大，平均体长 230 mm。被毛厚，夏季毛淡棕灰色，冬季毛米黄色。腹面毛米黄色或灰白色。耳较短，不超过 20 mm，比外形相似的黑唇鼠兔耳短，多毛，有白边。唇周灰色，不同于黑唇鼠兔的黑色。头骨方面，额骨高高隆起，比黑唇鼠兔还要隆突，因此又叫突颅鼠兔。门齿孔和腭孔合并为一个大孔，额骨没有卵圆小孔。

Dental formula: 2.0.3.2/1.0.2.3=26. The average body length is 230 mm. The coat is thick and pale brownish-gray in summer and beige in winter. Ventral hair coat color beige or off-white. The ears are shorter, not more than 20 mm long, shorter than those of the similarly shaped Black-lipped Pika, hairy and with white edges. The lip is grey, unlike the blacklip of the Black-lipped Pika. In terms of the skull, the frontal bone is high and protruding more than the Black-lipped Pika, so it is also called *Ochotona protuberosus*. The foramen incisor and the palatal foramen merged into one large foramen, and there was no ovale in the frontal bone.

生境 / Habitat

亚寒带草地

Subarctic grassland

▲ 地理分布 / Geographic Distribution

国内分布 / Domestic Distribution
新疆 Xinjiang

全球分布 / World Distribution
中国 China

生物地理界 / Biogeographic Realm
古北界 Palearctic

WWF 生物群系 / WWF Biome
山地草原和灌丛、岩石和冰原
Montane Grasslands & Shrublands, Rock and Ice

动物地理分布型 / Zoogeographic Distribution Type
Pg

分布标注 / Distribution Note
特有种 Endemic

▲ 濒危状况 / Threatened Status

中国生物多样性红色名录等级 / CB RL Category (2021)
濒危 EN

IUCN 红色名录 / IUCN Red List (2021)
濒危 EN

威胁因子 / Threats
种植一年生和多年生非木材作物，狩猎和诱捕陆生动物
Annual & perennial non-timber crops, hunting & trapping terrestrial animals

▲ 法律保护地位 / Legal Protection Status

国家重点保护野生动物等级 / Category of National Key Protected Wild Animals (2021)
未列入 Not listed

"三有"名录 / TWIESSV (2023)
未列入 Not listed

CITES 附录等级 / CITES Appendix (2023)
未列入 Not listed

迁徙物种公约附录 / CMS Appendix (2020)
未列入 Not listed

保护行动 / Conservation Action
保护地内种群得到保护 Populations in protected areas are protected

▲ 参考文献 / References

Liu et al. (刘少英等), 2022; Jiang et al. (蒋志刚等), 2021; Burgin et al., 2020; IUCN, 2020; Wilson et al., 2016; Zheng et al. (郑智民等), 2012; Pan et al. (潘清华等), 2007; Li et al., 2006; Wilson and Reeder, 2005; Wang (王应祥), 2003; Zhang (张荣祖), 1997

715 / 拉达克鼠兔

Ochotona ladacensis (Günther, 1875)

- Ladak Pika

▲ 分类地位 / Taxonomy

兔形目 Lagomorpha / 鼠兔科 Ochotonidae / 鼠兔属 *Ochotona*

科建立者及其文献 / Family Authority
Thomas, 1896

属建立者及其文献 / Genus Authority
Link, 1795

亚种 / Subspecies
无 None

模式标本产地 / Type Locality
克什米尔地区
"Chagra, 4267.2 m above the sea" (Changra, Ladak, Kashmir, India; 4267 m)

刘洋 / 供图

▲ 其他名称 / Other Name(s)

其他中文名 / Other Chinese Name(s)
无 None

其他英文名 / Other English Name(s)
无 None

同物异名 / Synonym(s)
无 None

▲ 形态及生境 / Morphology and Habitat

形态特征 / Morphological Characteristics

齿式：2.0.3.2/1.0.2.3=26。额部棕色。唇周乌黑色。耳背面棕色。夏季被毛沙黄色，夹杂明显的棕色毛。腹部灰白色，颈部颜色较淡。冬季被毛无棕色色调。额部、耳棕红色，腹部淡橘黄色。足掌覆盖浓密灰白色毛，爪灰黑色，几乎被长毛覆盖。

Dental formula: 2.0.3.2/1.0.2.3=26. Forehead brown. Lips black. Back of the ears are brown. In summer, pelage is yellow with clear brown hairs. Hairs on neck and belly pale. Winter pelage without brown tint, hairs on the forehead, ears brownish-red, on the abdomen light orange. Feet covered with dense gray-white hairs, while the claws are gray-black and nearly covered with long hairs.

生境 / Habitat

灌丛、草甸 Shrubland, meadow

▲ 地理分布 / Geographic Distribution

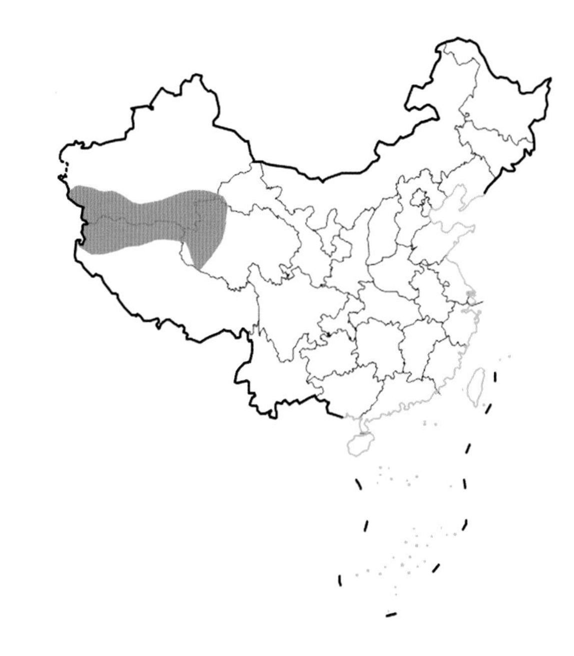

国内分布 / Domestic Distribution
新疆、青海、西藏
Xinjiang, Qinghai, Tibet

全球分布 / World Distribution
中国、印度、巴基斯坦
China, India, Pakistan

生物地理界 / Biogeographic Realm
古北界 Palearctic

WWF 生物群系 / WWF Biome
山地草原和灌丛、岩石和冰原
Montane Grasslands & Shrublands, Rock and Ice

动物地理分布型 / Zoogeographic Distribution Type
Pe

分布标注 / Distribution Note
非特有种 Non-Endemic

▲ 濒危状况 / Threatened Status

中国生物多样性红色名录等级 / CB RL Category (2021)
无危 LC

IUCN 红色名录 / IUCN Red List (2021)
无危 LC

威胁因子 / Threats
无 None

▲ 法律保护地位 / Legal Protection Status

国家重点保护野生动物等级 / Category of National Key Protected Wild Animals (2021)
未列入 Not listed

“三有”名录 / TWIESSV (2023)
未列入 Not listed

CITES 附录等级 / CITES Appendix (2023)
未列入 Not listed

迁徙物种公约附录 / CMS Appendix (2020)
未列入 Not listed

保护行动 / Conservation Action
尚无保护行动 No conservation action so far

▲ 参考文献 / References

Jiang et al. (蒋志刚等), 2021; Burgin et al., 2020; IUCN, 2020; Liu et al. (刘少英等), 2020; Wilson et al., 2016; Zheng et al. (郑智民等), 2012; Huang et al. (黄薇等), 2008; Huang et al. (黄薇等), 2007; Pan et al. (潘清华等), 2007; Wilson and Reeder, 2005; Wang (王应祥), 2003; Zhou et al. (周立志等), 2002; Zhang (张荣祖), 1997

716 / 大耳鼠兔

Ochotona macrotis (Günther, 1875)

- Large-eared Pika

▲ 分类地位 / Taxonomy

兔形目 Lagomorpha / 鼠兔科 Ochotonidae / 鼠兔属 *Ochotona*

科建立者及其文献 / Family Authority

Thomas, 1896

属建立者及其文献 / Genus Authority

Link, 1795

亚种 / Subspecies

指名亚种 *O. m. macrotis* (Günther, 1875)
新疆、青海、甘肃和西藏
Xinjiang, Qinghai, Gansu and Tibet

尼泊尔亚种 *O. m. wollastoni* Thomas and Hinton, 1922
西藏 Tibet

模式标本产地 / Type Locality

中国
37°45'N, 77°05'E, W Xinjiang, China

阎旭光 / 供图

▲ 其他名称 / Other Name(s)

其他中文名 / Other Chinese Name(s)

无 None

其他英文名 / Other English Name(s)

Big-eared Pika

同物异名 / Synonym(s)

无 None

▲ 形态及生境 / Morphology and Habitat

形态特征 / Morphological Characteristics

齿式：2.0.3.2/1.0.2.3=26。腭长超过 17.5 mm，耳大，平均耳长 28 mm。个体较大，平均体长超过 180 mm。体毛有褐色、灰色、灰黑色，颜色变异较大。腹部毛色较浅，毛基灰色，毛尖灰白色，有的标本腹部毛尖白色。西藏日土的大耳鼠兔个体最大，毛色整体灰色，头顶和背部有大块黄褐色斑块。大耳鼠兔不同于灰鼠兔的特点是耳上毛长、多而密实。

Dental formula: 2.0.3.2/1.0.2.3=26. The jaw is over 17.5 mm long and the ears are large, averaging about 28 mm in size. The individual is large, with an average body length of more than 180 mm long. Pelage vary from brown, gray, gray-black. Abdominal hairs light colored, with hair bases gray, hair tips gray white. Abdominal hair tips white in some specimens. The largest specimen was found in Ritu, Tibet, grey in color, with large patches of yellowish-brown on the head top and back. Different from the Grey Pika, the Large-eared Pika is characterized by long, plentiful and dense hairs on its ears.

生境 / Habitat

草原岩石区域
Inland rocky area

▲ 地理分布 / Geographic Distribution

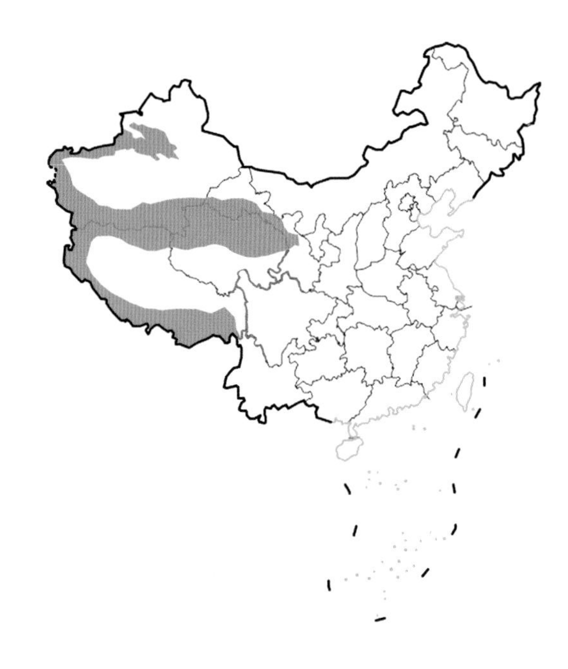

国内分布 / Domestic Distribution

西藏、新疆、甘肃、青海

Tibet, Xinjiang, Gansu, Qinghai

全球分布 / World Distribution

阿富汗、不丹、中国、印度、哈萨克斯坦、吉尔吉斯斯坦、尼泊尔、巴基斯坦、塔吉克斯坦

Afghanistan, Bhutan, China, India, Kazakhstan, Kyrgyzstan, Nepal, Pakistan, Tajikistan

生物地理界 / Biogeographic Realm

古北界 Palearctic

WWF 生物群系 / WWF Biome

山地草原和灌丛、岩石和冰原

Montane Grasslands & Shrublands, Rock and Ice

动物地理分布型 / Zoogeographic Distribution Type

Pa

分布标注 / Distribution Note

非特有种 Non-Endemic

▲ 濒危状况 / Threatened Status

中国生物多样性红色名录等级 / CB RL Category (2021)

无危 LC

IUCN 红色名录 / IUCN Red List (2021)

无危 LC

威胁因子 / Threats

无 None

▲ 法律保护地位 / Legal Protection Status

国家重点保护野生动物等级 / Category of National Key Protected Wild Animals (2021)

未列入 Not listed

"三有"名录 / TWIESSV (2023)

未列入 Not listed

CITES 附录等级 / CITES Appendix (2023)

未列入 Not listed

迁徙物种公约附录 / CMS Appendix (2020)

未列入 Not listed

保护行动 / Conservation Action

尚无保护行动 No conservation action so far

▲ 参考文献 / References

Jiang et al. (蒋志刚等), 2021; Burgin et al., 2020; IUCN, 2020; Wang et al., 2020; Liu et al. (刘少英等), 2017; Wilson et al., 2016; Zheng et al. (郑智民等), 2012

717 / 满洲里鼠兔

Ochotona mantchurica Thomas, 1909

• Manchurian Pika

▲ 分类地位 / Taxonomy

兔形目 Lagomorpha / 鼠兔科 Ochotonidae / 鼠兔属 *Ochotona*

科建立者及其文献 / Family Authority

Thomas, 1896

属建立者及其文献 / Genus Authority

Link, 1795

亚种 / Subspecies

无 None

模式标本产地 / Type Locality

蒙古国

The Kentei Mts., Ussuri. Mongolia

郭亮 / 供图

▲ 其他名称 / Other Name(s)

其他中文名 / Other Chinese Name(s)

无 None

其他英文名 / Other English Name(s)

Skorodumov's Pika

同物异名 / Synonym(s)

Ochotona alpina ssp. *cinereofusca*, *Ochotona hyperborea*, *Ochotona scorodumovi*

▲ 形态及生境 / Morphology and Habitat

形态特征 / Morphological Characteristics

齿式：2.0.3.2/1.0.2.3=26。个体较大，平均体长约 175 mm。耳小，耳高 17~22 mm。耳沿有窄白边。门齿孔和腭孔分开，额骨没有卵圆孔。夏季背毛肉桂色。体侧毛淡黄棕色。腹毛颜色较浅，淡赭色或淡黄色。冬季背毛颜色较浅，淡棕色。有些个体头部和肩部有灰色斑块。头顶毛色较深。臀部土灰色。腹毛暗灰白色。

Dental formula: 2.0.3.2/1.0.2.3=26. The individual is large, with an average body length of 175 mm. Small ears, ear height 17-22 mm. The ear has a narrow white rim. There is no foramen ovale in the frontal bone. Summer hairs on the dorsum cinnamon colored. Lateral hairs yellowish-brown. Abdominal hairs lighter in color, pale ochre, or pale yellow. Winter dorsal hairs light brown. Some individuals have gray patches on the head and shoulders. Hairs on the top of the head is darker. Hip hairs earthy gray. Abdominal hairs dark grayish-white.

生境 / Habitat

草原岩石区域

Grasslands and rocky area

▲ 地理分布 / Geographic Distribution

国内分布 / Domestic Distribution
黑龙江、内蒙古
Heilongjiang, Inner Mongolia

全球分布 / World Distribution
中国、俄罗斯
China, Russia

生物地理界 / Biogeographic Realm
古北界 Palearctic

WWF 生物群系 / WWF Biome
温带针叶树森林
Temperate Conifer Forests

动物地理分布型 / Zoogeographic Distribution Type
Ga

分布标注 / Distribution Note
非特有种 Non-Endemic

▲ 濒危状况 / Threatened Status

中国生物多样性红色名录等级 / CB RL Category (2021)
无危 LC

IUCN 红色名录 / IUCN Red List (2021)
无危 LC

威胁因子 / Threats
无 None

▲ 法律保护地位 / Legal Protection Status

国家重点保护野生动物等级 / Category of National Key Protected Wild Animals (2021)
未列入 Not listed

"三有"名录 / TWIESSV (2023)
未列入 Not listed

CITES 附录等级 / CITES Appendix (2023)
未列入 Not listed

迁徙物种公约附录 / CMS Appendix (2020)
未列入 Not listed

保护行动 / Conservation Action
尚无保护行动 No conservation action so far

▲ 参考文献 / References

Jiang et al. (蒋志刚等), 2021; Burgin et al., 2020; IUCN, 2020; Liu et al. (刘少英等), 2017; Lissovsky, 2014; Pan et al. (潘清华等), 2007; Wang (王应祥), 2003

718 / 奴布拉鼠兔

Ochotona nubrica Thomas, 1922

- Nubra Pika

▲ 分类地位 / Taxonomy

兔形目 Lagomorpha / 鼠兔科 Ochotonidae / 鼠兔属 *Ochotona*

科建立者及其文献 / Family Authority

Thomas, 1896

属建立者及其文献 / Genus Authority

Link, 1795

亚种 / Subspecies

指名亚种 *O. n. nubrica* Thomas, 1922
西藏 Tibet

拉萨亚种 *O. n. lhasaensis* Feng et Kao, 1974
西藏 Tibet

模式标本产地 / Type Locality

克什米尔地区
[Tuggur, Nubra Valley, 10, 000 ft (3, 050 m)]

王昌大 / 供图

▲ 其他名称 / Other Name(s)

其他中文名 / Other Chinese Name(s)

无 None

其他英文名 / Other English Name(s)

无 None

同物异名 / Synonym(s)

无 None

▲ 形态及生境 / Morphology and Habitat

形态特征 / Morphological Characteristics

齿式：2.0.3.2/1.0.2.3=26。个体小，平均体长 154 mm，耳小，平均耳长 22 mm。头骨稍微隆突，门齿孔和腭孔合并为一个大孔。鼻孔周围黑色。耳短圆，耳背黑色，耳沿有窄白边。背毛棕灰色，杂有短的红毛或黑毛。脚的毛色与背毛相似。前足底多毛，爪几乎隐于毛中。

Dental formula: 2.0.3.2/1.0.2.3=26. The body size is small with an average body length of 154 mm and ear length of 22 mm. The skull is slightly protuberant, and the foramen incisor and palatal foramen merge into one large foramen. Appearance similar to the Plateau Pika. Black hairs around nostrils. Ears short and round. Hairs on the ear backs are black with very narrow white rims. Dorsal hairs are brownish-gray, mixed with short red or black hairs. Color of the hairs on the feet are similar to that of the dorsal hairs. Pelma of forefoot is hairy, and the claws are almost hidden in the hairs.

生境 / Habitat

荒漠、灌丛 Desert, Shrubland

▲ 地理分布 / Geographic Distribution

国内分布 / Domestic Distribution
西藏 Tibet

全球分布 / World Distribution
中国、印度
China, India

生物地理界 / Biogeographic Realm
古北界 Palearctic

WWF 生物群系 / WWF Biome
温带阔叶和混交林
Temperate Broadleaf & Mixed Forests

动物地理分布型 / Zoogeographic Distribution Type
Pa

分布标注 / Distribution Note
非特有种 Non-Endemic

▲ 濒危状况 / Threatened Status

中国生物多样性红色名录等级 / CB RL Category (2021)
无危 LC

IUCN 红色名录 / IUCN Red List (2021)
无危 LC

威胁因子 / Threats
无 None

▲ 法律保护地位 / Legal Protection Status

国家重点保护野生动物等级 / Category of National Key Protected Wild Animals (2021)
未列入 Not listed

“三有”名录 / TWIESSV (2023)
未列入 Not listed

CITES 附录等级 / CITES Appendix (2023)
未列入 Not listed

迁徙物种公约附录 / CMS Appendix (2020)
未列入 Not listed

保护行动 / Conservation Action
尚无保护行动 No conservation action so far

▲ 参考文献 / References

Jiang et al. (蒋志刚等), 2021; Burgin et al., 2020; IUCN, 2020; Liu et al. (刘少英等), 2020, 2017; Pan et al. (潘清华等), 2007; Wilson and Reeder, 2005; Wang (王应祥), 2003; Zhang (张荣祖), 1997

719 / 蒙古鼠兔

Ochotona pallasi (Gray, 1867)

- Pallas's Pika

▲ 分类地位 / Taxonomy

兔形目 Lagomorpha / 鼠兔科 Ochotonidae / 鼠兔属 *Ochotona*

科建立者及其文献 / Family Authority
Thomas, 1896

属建立者及其文献 / Genus Authority
Link, 1795

亚种 / Subspecies
蒙古亚种 *O. p. pricei* Thomas, 1911
新疆 Xinjiang

哈密亚种 *O. p. hamica* Thomas, 1912
新疆 Xinjiang

阿尔泰亚种 *O. p. sushkini* Thomas, 1924
新疆 Xinjiang

内蒙古亚种 *O. p. sunidica* Ma, Lin *et* Li, 1980
内蒙古 Inner Mongolia

模式标本产地 / Type Locality
哈萨克斯坦
Karagandinsk Obl., (Kazakhstan 49°E, 75°N)

黄亚慧 / 供图

▲ 其他名称 / Other Name(s)

其他中文名 / Other Chinese Name(s)
帕氏鼠兔、褐斑鼠兔

其他英文名 / Other English Name(s)
Mongolian Pika

同物异名 / Synonym(s)
无 None

▲ 形态及生境 / Morphology and Habitat

形态特征 / Morphological Characteristics

齿式：2.0.3.2/1.0.2.3=26。个体较大，平均体长 200 mm，耳大，平均耳长 26 mm。整体颜色灰色，有些个体背部毛尖染淡黄色。在头侧耳下方，一般有一条短的棕黄色带。腹毛灰白色，尖染淡黄色。耳和背面毛色一致。

Dental formula: 2.0.3.2/1.0.2.3=26. The body size is large, with body length averaging 200 mm, and the ears large, averaging 26 mm in length. Overall color gray, some individuals dorsal hair tips dyed light yellow. There is usually a short brownish-yellow band below the head and ears. Abdominal hairs gray, dyed light yellow tip. The ears are the same color as the back.

生境 / Habitat

内陆岩石区域、荒漠、草地
Inland rocky area, desert, grassland

▲ 地理分布 / Geographic Distribution

国内分布 / Domestic Distribution
新疆、内蒙古
Xinjiang, Inner Mongolia

全球分布 / World Distribution
中国、哈萨克斯坦、蒙古国、俄罗斯
China, Kazakhstan, Mongolia, Russia

生物地理界 / Biogeographic Realm
古北界 Palearctic

WWF 生物群系 / WWF Biome
山地草原和灌丛
Montane Grasslands & Shrublands

动物地理分布型 / Zoogeographic Distribution Type
D

分布标注 / Distribution Note
非特有种 Non-Endemic

▲ 濒危状况 / Threatened Status

中国生物多样性红色名录等级 / CB RL Category (2021)
无危 LC

IUCN 红色名录 / IUCN Red List (2021)
无危 LC

威胁因子 / Threats
无 None

▲ 法律保护地位 / Legal Protection Status

国家重点保护野生动物等级 / Category of National Key Protected Wild Animals (2021)
未列入 Not listed

"三有"名录 / TWIESSV (2023)
未列入 Not listed

CITES 附录等级 / CITES Appendix (2023)
未列入 Not listed

迁徙物种公约附录 / CMS Appendix (2020)
未列入 Not listed

保护行动 / Conservation Action
尚无保护行动 No conservation action so far

▲ 参考文献 / References

Jiang et al. (蒋志刚等), 2021; Burgin et al., 2020; IUCN, 2020; Liu et al. (刘少英等), 2020, 2017; Wilson, Lacher and Mittermeier, 2016

720 / 草原鼠兔

Ochotona pusilla (Pallas, 1769)

- Steppe Pika

▲ 分类地位 / Taxonomy

兔形目 Lagomorpha / 鼠兔科 Ochotonidae / 鼠兔属 *Ochotona*

科建立者及其文献 / Family Authority

Thomas, 1896

属建立者及其文献 / Genus Authority

Link, 1795

亚种 / Subspecies

无 None

模式标本产地 / Type Locality

俄罗斯

Samarsk Steppe, near Buzuluk, left bank of Samara River [Orenburgsk Obl. Russia

▲ 其他名称 / Other Name(s)

其他中文名 / Other Chinese Name(s)

小鼠兔

其他英文名 / Other English Name(s)

Little Pika, Small pika

同物异名 / Synonym(s)

无 None

▲ 形态及生境 / Morphology and Habitat

形态特征 / Morphological Characteristics

齿式：2.0.3.2/1.0.2.3=26。体长中等，平均体长约 170 mm，耳小，平均耳长约 19 mm。耳沿有宽白毛边，下有窄黑毛带。背毛基部灰黑色，中段棕黄色，尖部黑色，总体色调为灰黑色。有些个体背毛中段黄棕色突出，总体色调则为黄棕色。腹毛黄白色，胸部黄色调显著。背腹毛色界线明显。前后足均覆盖密毛，几乎将爪遮盖。

Dental formula: 2.0.3.2/1.0.2.3=26. Body length median. Average body length 170 mm. Ears small, average ear length 19 mm. Ear edge with a wide white fur, under a narrow black ribbon. The bases of the dorsal hairs are gray and black, the middle parts are brown and yellow, and the tips are black. Overall tone is mainly gray and black. In some individuals, the yellow-brown middle part of dorsal hairs are prominent, and the overall tone is yellow-brown. Abdominal hairs are yellow and white, and the chest yellow toned significantly. Boundary between dorsal and abdominal hairs is distinctive. Front and rear feet are covered with thick hairs, which almost cover the claws.

生境 / Habitat

半荒漠灌丛生境。

Shrubland in semidesert zone

▲ 地理分布 / Geographic Distribution

国内分布 / Domestic Distribution
新疆 Xinjiang

全球分布 / World Distribution
中国、哈萨克斯坦、吉尔吉斯斯坦、俄罗斯
China, Kazakhstan, Kyrgyzstan, Russia

生物地理界 / Biogeographic Realm
古北界 Palearctic

WWF 生物群系 / WWF Biome
温带草原和灌木地
Temperate Grasslands & Shrublands

动物地理分布型 / Zoogeographic Distribution Type
Da

分布标注 / Distribution Note
非特有种 Non-Endemic

▲ 濒危状况 / Threatened Status

中国生物多样性红色名录等级 / CB RL Category (2021)
数据缺乏 DD

IUCN 红色名录 / IUCN Red List (2021)
无危 LC

威胁因子 / Threats
无 None

▲ 法律保护地位 / Legal Protection Status

国家重点保护野生动物等级 / Category of National Key Protected Wild Animals (2021)
未列入 Not listed

"三有"名录 / TWIESSV (2023)
未列入 Not listed

CITES 附录等级 / CITES Appendix (2023)
未列入 Not listed

迁徙物种公约附录 / CMS Appendix (2020)
未列入 Not listed

保护行动 / Conservation Action
尚无保护行动 No conservation action so far

▲ 参考文献 / References

Jiang et al. (蒋志刚等), 2021; Burgin et al., 2020; IUCN, 2020; Liu et al. (刘少英等), 2017; Sokolov et al., 1994 (Hoffmann et al., 2009, translated from Russian)

721 / 邛崃鼠兔

Ochotona qionglaiensis
Liu, Jin, Liao, Sun, 2017

- Qionglai Pika

▲ 分类地位 / Taxonomy

兔形目 Lagomorpha / 鼠兔科 Ochotonidae / 鼠兔属 *Ochotona*

科建立者及其文献 / Family Authority
Thomas, 1896

属建立者及其文献 / Genus Authority
Link, 1795

亚种 / Subspecies
无 None

模式标本产地 / Type Locality
中国
Jiajin Moutain, Baoxing county, Sichuan

▲ 其他名称 / Other Name(s)

其他中文名 / Other Chinese Name(s)
无 None

其他英文名 / Other English Name(s)
无 None

同物异名 / Synonym(s)
无 None

▲ 形态及生境 / Morphology and Habitat

形态特征 / Morphological Characteristics

齿式：2.0.3.2/1.0.2.3=26。大小及头骨和藏鼠兔很相似，但该种和藏鼠兔的显著不同是眶间宽狭窄，平均为 4 mm（3.6~4.2 mm）；而藏鼠兔眶间宽一般超过 4.2 mm，平均为 4.5 mm。该种毛色为沙色带黄色调，毛粗长，前后足背面有显著的草黄色。

Dental formula: 2.0.3.2/1.0.2.3=26. The size and skull of the pika are similar to that of the Tibet Pika, but the significant difference between the pika and the Tibet Pika is that the narrow orbital width, with an average width of 4 mm (3.6-4.2 mm), while the orbital width of the Tibet Pika is generally more than 4.2 mm, with an average of 4.5 mm. The hair color is sand color with yellow tone, thick and long hairs; abaxial surfaces of fore and hind feet marked with grassy-yellow.

生境 / Habitat

草原岩石区域。

Grassland and rocky area

▲ 地理分布 / Geographic Distribution

国内分布 / Domestic Distribution
四川 Sichuan

全球分布 / World Distribution
中国 China

生物地理界 / Biogeographic Realm
古北界 Palearctic

WWF 生物群系 / WWF Biome
温带草原、稀树草原和灌丛地
Temperate Grasslands, Savannas & Shrublands

动物地理分布型 / Zoogeographic Distribution Type
Hm

分布标注 / Distribution Note
特有种 Endemic

▲ 濒危状况 / Threatened Status

中国生物多样性红色名录等级 / CB RL Category (2021)
无危 LC

IUCN 红色名录 / IUCN Red List (2021)
未评定 NE

威胁因子 / Threats
无 None

▲ 法律保护地位 / Legal Protection Status

国家重点保护野生动物等级 / Category of National Key Protected Wild Animals (2021)
未列入 Not listed

“三有”名录 / TWIESSV (2023)
未列入 Not listed

CITES 附录等级 / CITES Appendix (2023)
未列入 Not listed

迁徙物种公约附录 / CMS Appendix (2020)
未列入 Not listed

保护行动 / Conservation Action
尚无保护行动 No conservation action so far

▲ 参考文献 / References

Jiang et al. (蒋志刚等), 2021; Burgin et al., 2020; IUCN, 2020; Liu et al. (刘少英等), 2020, 2017

722 / 灰鼠兔

Ochotona roylei (Ogilby, 1839)

- Royle's Pika

▲ 分类地位 / Taxonomy

兔形目 Lagomorpha / 鼠兔科 Ochotonidae / 鼠兔属 *Ochotona*

科建立者及其文献 / Family Authority

Thomas, 1896

属建立者及其文献 / Genus Authority

Link, 1795

亚种 / Subspecies

无 None

模式标本产地 / Type Locality

印度

"Choor Mountain, Lat. 30. Elev. 3505 m", (96 km N of Saharanpur; 3505 m), Punjab, India

▲ 其他名称 / Other Name(s)

其他中文名 / Other Chinese Name(s)

无 None

其他英文名 / Other English Name(s)

Himalayan Pika

同物异名 / Synonym(s)

Smith and Bhattacharyya (2016) 认为喜马拉雅鼠兔是灰鼠兔的四个亚种之一

Smith and Bhattacharyya (2016) considered the species as one of the four subspecies of Royle's Pika *Ochotona roylei* (Ogilby, 1839) *himalayana*

▲ 形态及生境 / Morphology and Habitat

形态特征 / Morphological Characteristics

齿式：2.0.3.2/1.0.2.3=26。个体较大，平均体长约 180 mm，耳小，平均耳长不到 25 mm。门齿孔和腭孔合并为一个大孔，额骨上有卵圆孔。腭长小于 17 mm。夏季毛色从铁灰色、深灰色到棕黄色，以灰黑色为主要色调。鼻部、额部通常有铁锈色斑块。腹面毛基灰色，毛尖灰白色。前后足背被覆稀疏白色，爪露出毛外。

Dental formula: 2.0.3.2/1.0.2.3=26. Body size is large, an average body length of about 180 mm and small ears, an average length of less than 25 mm. The foramen incisor and the palatal foramen merge into one large foramen, and there is a foramen ovale in the frontal bone. The palate is less than 17 mm long. Color of summer pelage ranges from iron gray to dark gray to tan, with gray and black as the main tones. Rusty spots are usually found on the nose and forehead. Ventral hair bases are gray with gray and white tips. Sparse white hairs on dorsum of front and rear feet and the claws are exposed.

生境 / Habitat

内陆岩石区域、人造建筑

Inland rocky area, residential area

▲ 地理分布 / Geographic Distribution

国内分布 / Domestic Distribution
西藏 Tibet

全球分布 / World Distribution
中国、尼泊尔、巴基斯坦
China, Nepal, Pakistan

生物地理界 / Biogeographic Realm
古北界 Palearctic

WWF 生物群系 / WWF Biome
温带草原和灌木地、岩石和冰原
Temperate Grasslands & Shrublands, Rock and Ice

动物地理分布型 / Zoogeographic Distribution Type
Hm

分布标注 / Distribution Note
非特有种 Non-Endemic

▲ 濒危状况 / Threatened Status

中国生物多样性红色名录等级 / CB RL Category (2021)
近危 NT

IUCN 红色名录 / IUCN Red List (2021)
无危 LC

威胁因子 / Threats
家畜放牧 Livestock ranching

▲ 法律保护地位 / Legal Protection Status

国家重点保护野生动物等级 / Category of National Key Protected Wild Animals (2021)
未列入 Not listed

“三有”名录 / TWIESSV (2023)
未列入 Not listed

CITES 附录等级 / CITES Appendix (2023)
未列入 Not listed

迁徙物种公约附录 / CMS Appendix (2020)
未列入 Not listed

保护行动 / Conservation Action
尚无保护行动 No conservation action so far

▲ 参考文献 / References

Jiang et al. (蒋志刚等), 2021; Burgin et al., 2020; IUCN, 2020; Liu et al. (刘少英等), 2020, 2017; Smith and Bhattacharyya, 2016; Wilson et al., 2016; Zheng et al. (郑智民等), 2012; Wilson and Reeder, 2005; Wang (王应祥), 2003

723 / 红鼠兔

Ochotona rutila Severtzov, 1873

- Turkestan Red Pika

▲ 分类地位 / Taxonomy

兔形目 Lagomorpha / 鼠兔科 Ochotonidae / 鼠兔属 *Ochotona*

科建立者及其文献 / Family Authority

Thomas, 1896

属建立者及其文献 / Genus Authority

Link, 1795

亚种 / Subspecies

无 None

模式标本产地 / Type Locality

哈萨克斯坦

Valley of Maly Alma-atinsk River, Zailisk Alatau Mtns, Kazakhstan (43°05'N, 77°10'E)

▲ 其他名称 / Other Name(s)

其他中文名 / Other Chinese Name(s)

无 None

其他英文名 / Other English Name(s)

Red Pika, Turkestan Red Pika

同物异名 / Synonym(s)

无 None

▲ 形态及生境 / Morphology and Habitat

形态特征 / Morphological Characteristics

齿式：2.0.3.2/1.0.2.3=26。个体较大，体长 190~220 mm，耳高 26~30 mm。耳大而圆，有白边。耳朵后有一个宽的奶油色毛发项圈，背侧变窄。体毛长度 80~94 mm。背部呈铁锈红色，腰部呈黄色。腹毛淡灰色，喉部白色。冬毛灰色，但额部棕褐色，腹部白色。

Dental formula: 2.0.3.2/1.0.2.3=26. Body size is large, 190-220 mm in length, ear height 26-30 mm. The ears are large and have white rims. A wide cream-colored hair collar behind the ears, which is narrowed at the back. Body hairs length 80-94 mm. Hairs on dorsum are rusty red and the loins yellow. Winter fur is grey with dark brown spots.

生境 / Habitat

内陆岩石区域

Inland rocky area

▲ 地理分布 / Geographic Distribution

国内分布 / Domestic Distribution
新疆 Xinjiang

全球分布 / World Distribution
中国、哈萨克斯坦、吉尔吉斯斯坦、塔吉克斯坦
China, Kazakhstan, Kyrgyzstan, Tajikistan

生物地理界 / Biogeographic Realm
古北界 Palearctic

WWF 生物群系 / WWF Biome
温带草原和灌木地
Temperate Grassland & Shrublands

动物地理分布型 / Zoogeographic Distribution Type
O

分布标注 / Distribution Note
非特有种 Non-Endemic

▲ 濒危状况 / Threatened Status

中国生物多样性红色名录等级 / CB RL Category (2021)
近危 NT

IUCN 红色名录 / IUCN Red List (2021)
无危 LC

威胁因子 / Threats
未知 Unknown

▲ 法律保护地位 / Legal Protection Status

国家重点保护野生动物等级 / Category of National Key Protected Wild Animals (2021)
未列入 Not listed

"三有"名录 / TWIESSV (2023)
未列入 Not listed

CITES 附录等级 / CITES Appendix (2023)
未列入 Not listed

迁徙物种公约附录 / CMS Appendix (2020)
未列入 Not listed

保护行动 / Conservation Action
尚无保护行动 No conservation action so far

▲ 参考文献 / References

Jiang et al. (蒋志刚等), 2021; Burgin et al., 2020; IUCN, 2020; Smith et al., 2009; Huang et al. (黄薇等), 2007; Niu et al., 2004; Wang (王应祥), 2003; Smith et al., 1990; Ognev, 1940

724 / 峨眉鼠兔

Ochotona sacraria (Thomas, 1923)

- Ermei Pika

▲ 分类地位 / Taxonomy

兔形目 Lagomorpha / 鼠兔科 Ochotonidae / 鼠兔属 *Ochotona*

科建立者及其文献 / Family Authority

Thomas, 1896

属建立者及其文献 / Genus Authority

Link, 1795

亚种 / Subspecies

无 None

模式标本产地 / Type Locality

中国

Mt. Omi-san, Omi-hsien, Sze-chwan

▲ 其他名称 / Other Name(s)

其他中文名 / Other Chinese Name(s)

无 None

其他英文名 / Other English Name(s)

Sacred Pika

同物异名 / Synonym(s)

无 None

▲ 形态及生境 / Morphology and Habitat

形态特征 / Morphological Characteristics

齿式：2.0.3.2/1.0.2.3=26。个体小，平均体长 140 mm。原来作为藏鼠兔的亚种。刘少英等（2017）通过比较形态解剖特征与分子系统学证据将其提升为种。体型中等大小。脑颅扁平，有异耳屏。耳短而圆。背毛毛基深灰色，上段淡黄色，毛尖黑褐色。腹部被毛灰褐色，毛基灰色，毛尖淡黄褐色。爪细小。

Dental formula: 2.0.3.2/1.0.2.3=26. Originally taken as a subspecies of the Tibetan Pika *O. thibetana*. Liu et al. (2017) promoted it to the full status of species by comparing morphological, anatomical and molecular phylogenetic features of samples. *Ochotona sacraria* is of medium body size with short and round ears. Skull flat. Heterotragus present. Dorsal hairs with dark gray hair bases, and light yellow upper sections, black brown hair tips. Abdominal hairs are grayish-brown, with gray hair bases, and light yellow brown hair tips. Claws are small and the tail is very short.

生境 / Habitat

内陆岩石区域

Inland rocky area

▲ 地理分布 / Geographic Distribution

国内分布 / Domestic Distribution
四川 Sichuan

全球分布 / World Distribution
中国 China

生物地理界 / Biogeographic Realm
古北界 Palearctic

WWF 生物群系 / WWF Biome
热带和亚热带湿润阔叶林
Tropical & Subtropical Moist Broadleaf Forests

动物地理分布型 / Zoogeographic Distribution Type
Id

分布标注 / Distribution Note
特有种 Endemic

▲ 濒危状况 / Threatened Status

中国生物多样性红色名录等级 / CB RL Category (2021)
易危 VU

IUCN 红色名录 / IUCN Red List (2021)
未评定 NE

威胁因子 / Threats
未知 Unknown

▲ 法律保护地位 / Legal Protection Status

国家重点保护野生动物等级 / Category of National Key Protected Wild Animals (2021)
未列入 Not listed

"三有"名录 / TWIESSV (2023)
未列入 Not listed

CITES 附录等级 / CITES Appendix (2023)
未列入 Not listed

迁徙物种公约附录 / CMS Appendix (2020)
未列入 Not listed

保护行动 / Conservation Action
尚无保护行动 No conservation action so far

▲ 参考文献 / References

Liu et al. (刘少英等), 2022, 2020, 2017; Jiang et al. (蒋志刚等), 2021; Schoch et al., 2021; Burgin et al., 2020; IUCN, 2020

725 / 锡金鼠兔

Ochotona sikimaria (Thomas, 1922)

- Sikim Pika

▲ 其他名称 / Other Name(s)

其他中文名 / Other Chinese Name(s)
无 None

其他英文名 / Other English Name(s)
Sijin Pika

同物异名 / Synonym(s)
无 None

▲ 分类地位 / Taxonomy

兔形目 Lagomorpha / 鼠兔科 Ochotonidae / 鼠兔属 *Ochotona*

科建立者及其文献 / Family Authority
Thomas, 1896

属建立者及其文献 / Genus Authority
Link, 1795

亚种 / Subspecies
无 None

模式标本产地 / Type Locality
印度
Lachen, 2682m. Sikkim

▲ 形态及生境 / Morphology and Habitat

形态特征 / Morphological Characteristics

齿式：2.0.3.2/1.0.2.3=26。锡金鼠兔 *Ochotona sikimaria* 与藏鼠兔 *O. thibetana* 非常相似，但比藏鼠兔小，锡金鼠兔平均体长 146 mm，和间颅鼠兔 *O. cansus* 差不多（间颅鼠兔平均体长 145 mm），藏鼠兔平均体长接近 160 mm。但锡金鼠兔眶间宽较大，平均 4.1 mm，间颅鼠兔平均 3.7 mm，藏鼠兔平均 4.5 mm。它们之间有显著区别。但产于尼泊尔的锡金鼠兔和藏鼠兔的所有的形态测量值都有重叠。锡金鼠兔的个体头骨变异在藏鼠兔的变异范围之中。两个种之间的差异是其听泡的大小和听泡之间的距离，藏鼠兔的听泡大。锡金鼠兔和甘肃鼠兔 *O. cansus* 的标本主要在头骨宽度上有差异，甘肃鼠兔的头骨较宽。

Dental formula: 2.0.3.2/1.0.2.3=26. The average body length of Sikkim Pika is 146 mm, similar to that of *O. cansus* (average body length of *O. cansus* is 145 mm). The average body length of Tibetan Pika is close to 160 mm. However, the interorbital width of Sikkim Pika is larger, with an average of 4.1 mm, *O. cansus* 3.7 mm, and Tibetan Pika 4.5 mm; there are significant differences between them. The Sikkim Pika *O. sikimaria* is very similar to *O. thibetana*. All the morphometric values of the samples form nepal overlap. The individual skull variation of Sikkim pika is within the range of variation of *O. thibetana*. The difference between the two species is the size of their auditory vesicles and the distance between them, *O. thibetana's* auditory vesicles are larger. Morphometric values of Sikkim Pika and *O. cansus* specimens are mainly different in skull width, skull of *O. cansus* is wider.

生境 / Habitat
草原岩石区域
Grassland and rocky area

▲ 地理分布 / Geographic Distribution

国内分布 / Domestic Distribution
西藏 Tibet

全球分布 / World Distribution
中国、印度
China, India

生物地理界 / Biogeographic Realm
古北界 Palearctic

WWF 生物群系 / WWF Biome
山地草原和灌丛
Montane Grasslands & Shrublands

动物地理分布型 / Zoogeographic Distribution Type
Ha

分布标注 / Distribution Note
非特有种 Non-Endemic

▲ 濒危状况 / Threatened Status

中国生物多样性红色名录等级 / CB RL Category (2021)
无危 LC

IUCN 红色名录 / IUCN Red List (2021)
未评定 NE

威胁因子 / Threats
无 None

▲ 法律保护地位 / Legal Protection Status

国家重点保护野生动物等级 / Category of National Key Protected Wild Animals (2021)
未列入 Not listed

“三有”名录 / TWIESSV (2023)
未列入 Not listed

CITES 附录等级 / CITES Appendix (2023)
未列入 Not listed

迁徙物种公约附录 / CMS Appendix (2020)
未列入 Not listed

保护行动 / Conservation Action
尚无保护行动 No conservation action so far

▲ 参考文献 / References

Jiang et al. (蒋志刚等), 2021; Burgin et al., 2020; IUCN, 2020; Dahal et al., 2017; Liu et al. (刘少英等), 2017

726 / 秦岭鼠兔

Ochotona syrinx Thomas, 1911

- Tsing-Ling Pika

▲ 分类地位 / Taxonomy

兔形目 Lagomorpha / 鼠兔科 Ochotonidae / 鼠兔属 *Ochotona*

科建立者及其文献 / Family Authority

Thomas, 1896

属建立者及其文献 / Genus Authority

Link, 1795

亚种 / Subspecies

无 None

模式标本产地 / Type Locality

中国

Shaanxi, China

▲ 其他名称 / Other Name(s)

其他中文名 / Other Chinese Name(s)

循化鼠兔

其他英文名 / Other English Name(s)

Xunhua Pika

同物异名 / Synonym(s)

无 None

▲ 形态及生境 / Morphology and Habitat

形态特征 / Morphological Characteristics

齿式：2.0.3.2/1.0.2.3=26。头体长 125~176 mm，体重 52~108 g，头骨较扁平，有异耳屏。平均耳高 18 mm。耳朵边缘有白色长毛。夏季背部被毛深棕色或栗子色，杂有带黑色毛尖的长毛，背面呈明显的黑色。喉颈至胸部下部毛色淡黄。腹部被毛毛基灰色，毛尖多为白色。冬天被毛以灰色为基调。

Dental formula: 2.0.3.2/1.0.2.3=26. Head and body length 125-176 mm. Body mass 52-108 g. The body weight ranges 52-108 g, and the average head length is close to 150 mm. The skull is relatively flat, There are heterotragus. Average ear height 18 mm. Ears have white hair rims. Summer dorsal pelage dark brown or chestnut color, mixed with long hairs with black tips. hairs on the body back are apparently black. Form the throat to the lower part of the chest is pale yellow. The hair bases are grey, and the tip is mostly white. Winter coat has a greyish tone.

生境 / Habitat

内陆岩石区域

Inland rocky area

▲ 地理分布 / Geographic Distribution

国内分布 / Domestic Distribution
陕西、四川、重庆
Shaanxi, Sichuan, Chongqing

全球分布 / World Distribution
中国 China

生物地理界 / Biogeographic Realm
古北界 Palearctic

WWF 生物群系 / WWF Biome
热带和亚热带湿润阔叶林
Tropical & Subtropical Moist Broadleaf Forests

动物地理分布型 / Zoogeographic Distribution Type
Qd

分布标注 / Distribution Note
特有种 Endemic

▲ 濒危状况 / Threatened Status

中国生物多样性红色名录等级 / CB RL Category (2021)
未评定 NE

IUCN 红色名录 / IUCN Red List (2021)
无危 LC

威胁因子 / Threats
未知 Unknown

▲ 法律保护地位 / Legal Protection Status

国家重点保护野生动物等级 / Category of National Key Protected Wild Animals (2021)
未列入 Not listed

"三有"名录 / TWIESSV (2023)
未列入 Not listed

CITES 附录等级 / CITES Appendix (2023)
未列入 Not listed

迁徙物种公约附录 / CMS Appendix (2020)
未列入 Not listed

保护行动 / Conservation Action
尚无保护行动 No conservation action so far

▲ 参考文献 / References

Burgin et al., 2020; IUCN, 2020; Wang et al., 2020. Smith and Lissovsky, 2016; Liu et al. (刘少英等), 2017

727 / 藏鼠兔

Ochotona thibetana
(Milne-Edwards, 1871)

- Moupin Pika

▲ 分类地位 / Taxonomy

兔形目 Lagomorpha / 鼠兔科 Ochotonidae / 鼠兔属 *Ochotona*

科建立者及其文献 / Family Authority
Thomas, 1896

属建立者及其文献 / Genus Authority
Link, 1795

亚种 / Subspecies
指名亚种 *O. t. thibetana* (Milne-Edwards, 1871)
四川、西藏和云南
Sichuan, Tibet and Yunnan

玉树亚种 *O. t. nanggenica* Zheng et al., 1980
青海 Qinghai

模式标本产地 / Type Locality
中国
"mountain near Moupin" (Baoxing, Ya'an County, Sichuan, China)

邢睿 / 供图

▲ 其他名称 / Other Name(s)

其他中文名 / Other Chinese Name(s)
西藏鼠兔

其他英文名 / Other English Name(s)
Xunhua Pika

同物异名 / Synonym(s)
无 None

▲ 形态及生境 / Morphology and Habitat

形态特征 / Morphological Characteristics
齿式：2.0.3.2/1.0.2.3=26。头骨的门齿孔和腭孔合并为一个大孔。个体中等，平均体长接近 160 mm，耳高中等，平均约 20 mm。眶间宽大，平均 4.5 mm。耳边沿有白毛。体毛颜色变异大，灰色、黄褐色、茶褐色、黑褐色均有。不同体色个体的背部毛色基本一致，颈部毛色和背部差别不大。腹面毛色大多数为淡黄褐色。足底毛少，爪露出毛外。

Dental formula: 2.0.3.2/1.0.2.3=26. The incisor and palatal foramen of the skull merge into one large foramen. Body size medium, average body length close to 160 mm, ears median size, average about 20 mm. White hair rims along the ears. Body hair color varies from gray, tan, to black-brown. Dorsal hair color of different body color type basically the same, neck hair color is not much different from that on the body back. Most of the ventral coat color is yellowish-brown. Less hairs on the pelma of the foot and the claws are exposed.

生境 / Habitat
草原中的岩石地带
Rocky area in grassland

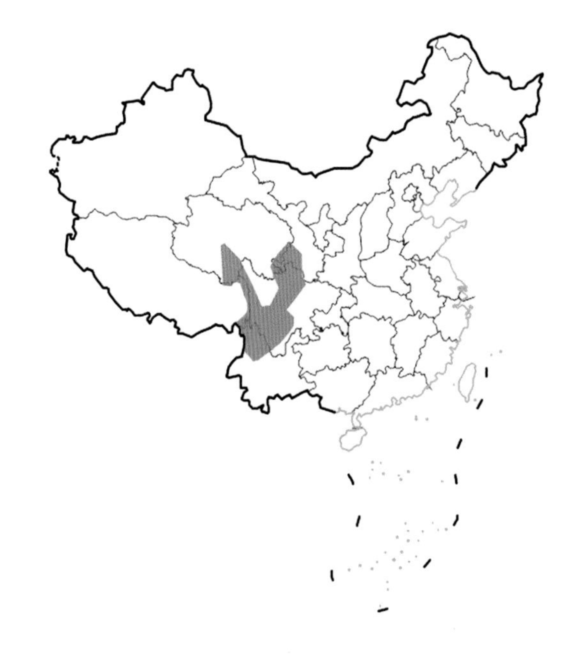

▲ 地理分布 / Geographic Distribution

国内分布 / Domestic Distribution
甘肃、四川、云南、西藏、青海
Gansu, Sichuan, Yunnan, Tibet, Qinghai

全球分布 / World Distribution
不丹、中国、印度、缅甸
Bhutan, China, India, Myanmar

生物地理界 / Biogeographic Realm
古北界 Palearctic

WWF 生物群系 / WWF Biome
热带和亚热带湿润阔叶林
Tropical & Subtropical Moist Broadleaf Forests

动物地理分布型 / Zoogeographic Distribution Type
Hc

分布标注 / Distribution Note
非特有种 Non-Endemic

▲ 濒危状况 / Threatened Status

中国生物多样性红色名录等级 / CB RL Category (2021)
无危 LC

IUCN 红色名录 / IUCN Red List (2021)
无危 LC

威胁因子 / Threats
无 None

▲ 法律保护地位 / Legal Protection Status

国家重点保护野生动物等级 / Category of National Key Protected Wild Animals (2021)
未列入 Not listed

“三有”名录 / TWIESSV (2023)
未列入 Not listed

CITES 附录等级 / CITES Appendix (2023)
未列入 Not listed

迁徙物种公约附录 / CMS Appendix (2020)
未列入 Not listed

保护行动 / Conservation Action
尚无保护行动 No conservation action so far

▲ 参考文献 / References

Jiang et al. (蒋志刚等), 2021; Schoch et al., 2021; Burgin et al., 2020; IUCN, 2020; Zheng et al. (郑智民等), 2012; Huang et al. (黄薇等), 2007; Li et al., 2003; Giraudoux et al., 1998; Yu et al., 1997

728 / 狭颅鼠兔

Ochotona thomasi Argyropulo, 1948

- Thomas's Pika

▲ 分类地位 / Taxonomy

兔形目 Lagomorpha / 鼠兔科 Ochotonidae / 鼠兔属 *Ochotona*

科建立者及其文献 / Family Authority

Thomas, 1896

属建立者及其文献 / Genus Authority

Link, 1795

亚种 / Subspecies

无 None

模式标本产地 / Type Locality

中国

"Valley of Alyk-nor." Restricted by Formosov (in A. T. Smith et al., 1990) to Alang-nor Lake, NE Qinghai, China (35E35'N, 97E25'E); see also Corbet (1978)

▲ 其他名称 / Other Name(s)

其他中文名 / Other Chinese Name(s)

托氏鼠兔

其他英文名 / Other English Name(s)

无 None

同物异名 / Synonym(s)

Ochotona ciliana Bannikov, 1940

▲ 形态及生境 / Morphology and Habitat

形态特征 / Morphological Characteristics

齿式：2.0.3.2/1.0.2.3=26。头骨的腭孔和门齿孔合并为一个大孔，头骨非常狭窄，颧宽在 14.6 mm 以下，颧宽和颅全长的比例不超过 41.1%。个体小，平均体长约 140 mm，平均耳高 18.5 mm。夏季背毛沙色。腹毛微白色或浅黄色。冬季灰色。腹毛有黑色毛尖。足部毛浓密，指（趾）垫隐于毛中，只露爪尖。

Dental formula: 2.0.3.2/1.0.2.3=26. The palatal foramen and incisor foramen of the skull are combined into a large foramen. The skull is very narrow, with a zygomatic width of 14.6 mm or less. Zygomatic width/total cranial length ratio is less than 41.1%. The body size is small, with an average body length of 140 mm. Ear height 18.5 mm. Summer dorsal hairs sand color. Abdominal hairs whitish or light yellow. Winter dorsal hairs gray. Abdominal hairs with black tips. Feet are covered with thick hairs, finger (toe) pad hidden in hairs, only the tip of claws exposed.

生境 / Habitat

灌丛 Shrubland

▲ 地理分布 / Geographic Distribution

国内分布 / Domestic Distribution
青海 Qinghai

全球分布 / World Distribution
中国 China

生物地理界 / Biogeographic Realm
古北界 Palearctic

WWF 生物群系 / WWF Biome
温带草原和灌丛
Temperate Broadleaf & Mixed Forests

动物地理分布型 / Zoogeographic Distribution Type
Pc

分布标注 / Distribution Note
特有种 Endemic

▲ 濒危状况 / Threatened Status

中国生物多样性红色名录等级 / CB RL Category (2021)
近危 NT

IUCN 红色名录 / IUCN Red List (2021)
无危 LC

威胁因子 / Threats
未知 Unknown

▲ 法律保护地位 / Legal Protection Status

国家重点保护野生动物等级 / Category of National Key Protected Wild Animals (2021)
未列入 Not listed

“三有”名录 / TWIESSV (2023)
未列入 Not listed

CITES 附录等级 / CITES Appendix (2023)
未列入 Not listed

迁徙物种公约附录 / CMS Appendix (2020)
未列入 Not listed

保护行动 / Conservation Action
尚无保护行动 No conservation action so far

▲ 参考文献 / References

Jiang et al. (蒋志刚等), 2021; Burgin et al., 2020; IUCN, 2020; Liu et al. (刘少英等), 2020, 2017; Zheng et al. (郑智民等), 2012; Smith et al., 2009

729 / 粗毛兔

Caprolagus hispidus (Pearson, 1839)

- Hispid Hare

▲ 分类地位 / Taxonomy

兔形目 Lagomorpha / 兔科 Leporidae / 粗毛兔属 *Caprolagus*

科建立者及其文献 / Family Authority

Fischer, 1817

属建立者及其文献 / Genus Authority

Blyth, 1845

亚种 / Subspecies

无 None

模式标本产地 / Type Locality

印度

"... Assam, ... base of the Boutan (Bhutan) mountains" (India)

▲ 其他名称 / Other Name(s)

其他中文名 / Other Chinese Name(s)

无 None

其他英文名 / Other English Name(s)

Assam Rabbit, Bristly Rabbit

同物异名 / Synonym(s)

无 None

▲ 形态及生境 / Morphology and Habitat

形态特征 / Morphological Characteristics

齿式：2.0.3.3/1.0.2.3=28。平均体重 2500 g，体长 405 ~538 mm。尾短，平均 53 mm，平均耳长 70 mm，平均后足长 100 mm。眼睛小。耳朵短而宽，被毛两层：外层为粗糙刚毛，下层细短毛。外层刚毛深棕色，底层毛发棕白色。尾巴被覆粗糙刚毛和细短毛两层被毛，粗糙刚毛为深棕色，下层短毛色浅。后腿比前肢短，粗壮，爪强壮。

Dental formula: 22.0.3.3/1.0.2.3=28. Body length 405-538 mm. Average weight 2500 g. Tail short, average 53 mm long. Average ear length 70 mm. Average hind foot length 100 mm. Eyes small. Ears short and wide. Pelage has two layers of hairs: the outer layer is coarse bristles, and the lower layer is fine short hairs. Bristles in outer layer is dark brown and the underlying hairs are brown and white. Tail is also covered with two layers: coarse bristles and fine hairs. Coarse bristles are dark brown and the undercoat is lighter color. Hind legs are shorter and stout than the forelimbs, with strong claws.

生境 / Habitat

生活在演替早期的当地称为象草的高草草原

Occupies tracts of early successional tall grassland which locally termed elephant grass

▲ 地理分布 / Geographic Distribution

国内分布 / Domestic Distribution
西藏 Tibet

全球分布 / World Distribution
中国、印度、尼泊尔、不丹
China, India, Nepal, Bhutan

该种曾分布于包括西藏在内的喜马拉雅山脉南部山麓地区 (Bell et al.，1990；Maheswaran，2002；Churdary，2003；Jnawali et al.，2011)。目前仅在 Shuklaphanta 国家公园、Bardia 国家公园、Chitwan 国家公园（尼泊尔）、Jaldapara 国家公园、Manas 国家公园（印度）和 Royal Manas 国家公园（不丹）发现，分布在西藏的粗毛兔可能已经局部灭绝 (Yadav et al.，2008；Aryal et al.，2012；Tandan et al.，2013；Nath and Machary，2015；Nidup et al.，2015；Khadka et al.，2017；IUCN，2019)。在这些公园中，其高度专门化栖息地正受到多种因素的威胁。大多数调查只在不同地区海拔 100~250 米之间的潜在栖息地中，找到少量分布在高度分散的种群中的粗毛兔 (Jordan et al.，2005)
Hispid Hare was once distributed in the foothills of the southern Himalayas including Tibet (Bell et al., 1990; Choudhury, 2003; Jnawali et al., 2011). Currently found only in Shuklaphanta National Park, Bardia National Park, Chitwan National Park (Nepal), Jaldapara National Park and Manas National Park (India) and Royal Manas National Park (Bhutan), Hispid Hare distributed in the Tibet may have been locally extinct (Yadav et al., 2008; Aryal et al., 2012; Tandan et al., 2013; Nath and Machary, 2015; Nidup et al., 2015; Khadka et al., 2017; IUCN, 2019). In these parks, their highly specialized habitats are under threat from a number of factors. Most surveys have found only small numbers of Hispid Hare in highly dispersed populations in potential habitats between 100 and 250 m above sea level in different regions (Jordan et al., 2005)

生物地理界 / Biogeographic Realm
古北界 Palearctic

WWF 生物群系 / WWF Biome
山地草原和灌丛
Montane Grasslands & Shrublands

动物地理分布型 / Zoogeographic Distribution Type
Ha

分布标注 / Distribution Note
非特有种 Non-Endemic

▲ 濒危状况 / Threatened Status

中国生物多样性红色名录等级 / CB RL Category (2021)
濒危 EN

IUCN 红色名录 / IUCN Red List (2021)
濒危 EN

威胁因子 / Threats
未知 Unknown

▲ 法律保护地位 / Legal Protection Status

国家重点保护野生动物等级 / Category of National Key Protected Wild Animals (2021)
未列入 Not listed

“三有”名录 / TWIESSV (2023)
未列入 Not listed

CITES 附录等级 / CITES Appendix (2023)
I

迁徙物种公约附录 / CMS Appendix (2020)
未列入 Not listed

保护行动 / Conservation Action
尚无保护行动 No conservation action so far

▲ 参考文献 / References

Jiang et al. (蒋志刚等), 2021; Burgin et al., 2020; IUCN, 2020; Wilson et al., 2016; Wilson and Reeder, 2005; Choudhury, 2003

730 / 云南兔

Lepus comus Allen, 1927

- Yunnan Hare

▲ 其他名称 / Other Name(s)

其他中文名 / Other Chinese Name(s)

无 None

其他英文名 / Other English Name(s)

无 None

同物异名 / Synonym(s)

无 None

▲ 分类地位 / Taxonomy

兔形目 Lagomorpha / 兔科 Leporidae / 兔属 *Lepus*

科建立者及其文献 / Family Authority

Fischer, 1817

属建立者及其文献 / Genus Authority

Linnaeus, 1758

亚种 / Subspecies

滇西亚种 *L. c. comus* Allen, 1927
云南 Yunnan

丽江亚种 *L. c. pygmaeus* Wang et Feng, 1985
云南 Yunnan

云贵高原亚种 *L. c. peni* Wang et Luo, 1985
云南、贵州和四川
Yunnan, Guizhou and Sichuan

模式标本产地 / Type Locality

中国

"Teng-yueh (Tengueh), Yunnan Province, China, 1676 m altitude"

▲ 形态及生境 / Morphology and Habitat

形态特征 / Morphological Characteristics

齿式：2.0.3.3/1.0.2.3=28。体重 1.8~2.5 kg，体长 320~480 mm，尾长 95~110 mm，后足长 98~130 mm，耳高 100~140 mm。从吻部到耳基部有一条灰白色条纹。耳长，耳尖毛色黑色。耳内毛发淡灰色。背部毛长，杂有黑色长毛。柔软，不似高原兔毛浓密而卷曲，灰棕色。从胸部外侧开始，向后经腹侧到臀侧，被毛呈棕黄色调。腹部白色。尾背面棕黄色，没有条纹。

Dental formula: 2.0.3.3/1.0.2.3=28. Body weight 1.8-2.5 kg, body length 320-480 mm, tail length 95-110 mm, hind foot length 98-130 mm, ear height 100-140 mm. A grayish-white stripe from the snout to the base of the ear. Ears long, with black hair tips. Hairs inside ears pale gray. Dorsal hairs long and soft, gray brown, interspersed with long black hairs, unlike the thick and curly fur of the highland rabbit. From the lateral side of the chest to the gluteal side, hairs show marked brownish yellow tint. The belly is white. Tail back is brownish yellow without stripes.

生境 / Habitat

草甸、灌丛

Meadows, shrubland

▲ 地理分布 / Geographic Distribution

国内分布 / Domestic Distribution
云南、四川、贵州
Yunnan, Sichuan, Guizhou

全球分布 / World Distribution
中国、缅甸
China, Myanmar

生物地理界 / Biogeographic Realm
印度马来界 Indomalaya

WWF 生物群系 / WWF Biome
热带和亚热带湿润阔叶林
Tropical & Subtropical Moist Broadleaf Forests

动物地理分布型 / Zoogeographic Distribution Type
Yc

分布标注 / Distribution Note
非特有种 Non-Endemic

▲ 濒危状况 / Threatened Status

中国生物多样性红色名录等级 / CB RL Category (2021)
近危 NT

IUCN 红色名录 / IUCN Red List (2021)
无危 LC

威胁因子 / Threats
未知 Unknown

▲ 法律保护地位 / Legal Protection Status

国家重点保护野生动物等级 / Category of National Key Protected Wild Animals (2021)
未列入 Not listed

"三有"名录 / TWIESSV (2023)
列入 Listed

CITES 附录等级 / CITES Appendix (2023)
未列入 Not listed

迁徙物种公约附录 / CMS Appendix (2020)
未列入 Not listed

保护行动 / Conservation Action
尚无保护行动 No conservation action so far

▲ 参考文献 / References

Jiang et al. (蒋志刚等), 2021; Burgin et al., 2020; IUCN, 2020; Wilson et al., 2016; Zheng et al. (郑智民等), 2012; Wu et al., 2000; Chen et al. (陈志平等), 1993; Wang et al. (王应祥等), 1985

731 / 高丽兔

Lepus coreanus Thomas, 1892

- Korean Hare

▲ 分类地位 / Taxonomy

兔形目 Lagomorpha / 兔科 Leporidae / 兔属 *Lepus*

科建立者及其文献 / Family Authority
Fischer, 1817

属建立者及其文献 / Genus Authority
Linnaeus, 1758

亚种 / Subspecies
无 None

模式标本产地 / Type Locality
韩国
Seoul, Korea

▲ 其他名称 / Other Name(s)

其他中文名 / Other Chinese Name(s)
无 None

其他英文名 / Other English Name(s)
无 None

同物异名 / Synonym(s)
无 None

▲ 形态及生境 / Morphology and Habitat

形态特征 / Morphological Characteristics

齿式：2.0.3.3/1.0.2.3=28。中等个头的野兔，体重平均 1.7 kg，体长 430~490 mm，尾长 60~75 mm，后足长 108~122 mm，耳高 70~80 mm。毛皮厚。背毛棕色或灰褐色，毛尖棕色。头部被毛与背部被毛颜色一致。腹侧毛苍白色或白色。尾背面和末端呈浅棕色，尾腹面纯白色。公兔比母兔略小。

Dental formula: 2.0.3.3/1.0.2.3=28. Medium sized hare with a thick coat. Average body weight is 1.7 kg, body length ranges 430-490 mm, tail length ranges 60-75 mm, and hind foot length ranges 108-122 mm, and ear height is 70-80 mm. Dorsal hairs brown or grayish-brown, with brown tips. Hairs on the head are the same color as the dorsum. Hairs on ventral side are pale or white. Dorsum and end of the tail hairs are light brown and the underside of the tail is pure white. Male rabbit is slightly smaller than the female.

生境 / Habitat

草甸、灌丛、森林
Meadow, shrubland, forest

▲ 地理分布 / Geographic Distribution

国内分布 / Domestic Distribution
吉林 Jilin

全球分布 / World Distribution
中国、朝鲜、韩国
China, Democratic People's Republic of Korea, Republic of Korea

生物地理界 / Biogeographic Realm
古北界 Palearctic

WWF 生物群系 / WWF Biome
温带草原和灌木地
Temperate Grasslands, & Shrublands

动物地理分布型 / Zoogeographic Distribution Type
Xa

分布标注 / Distribution Note
非特有种 Non-Endemic

▲ 濒危状况 / Threatened Status

中国生物多样性红色名录等级 / CB RL Category (2021)
无危 LC

IUCN 红色名录 / IUCN Red List (2021)
无危 LC

威胁因子 / Threats
无 None

▲ 法律保护地位 / Legal Protection Status

国家重点保护野生动物等级 / Category of National Key Protected Wild Animals (2021)
未列入 Not listed

"三有"名录 / TWIESSV (2023)
列入 listed

CITES 附录等级 / CITES Appendix (2023)
未列入 Not listed

迁徙物种公约附录 / CMS Appendix (2020)
未列入 Not listed

保护行动 / Conservation Action
尚无保护行动 No conservation action so far

▲ 参考文献 / References

Jiang et al. (蒋志刚等), 2021; Burgin et al., 2020; IUCN, 2020; Wilson et al., 2016; Yu et al., 2013; Smith et al., 2009; Pan et al. (潘清华等), 2007; Wilson and Reeder, 2005; Wang (王应祥), 2003; Zhang (张荣祖), 1997

732 / 海南兔

Lepus hainanus Swinhoe, 1870

- Hainan Hare

▲ 分类地位 / Taxonomy

兔形目 Lagomorpha / 兔科 Leporidae / 兔属 *Lepus*

科建立者及其文献 / Family Authority

Fischer, 1817

属建立者及其文献 / Genus Authority

Linnaeus, 1758

亚种 / Subspecies

无 None

模式标本产地 / Type Locality

中国

Hainan Isl, "in the neighbourhood of the capital city" (Hainan Province, China)

唐万玲 / 供图

▲ 其他名称 / Other Name(s)

其他中文名 / Other Chinese Name(s)

草兔

其他英文名 / Other English Name(s)

无 None

同物异名 / Synonym(s)

无 None

▲ 形态及生境 / Morphology and Habitat

形态特征 / Morphological Characteristics

齿式：2.0.3.3/1.0.2.3=28。体重 1.3~1.8 kg，体长 350~390 mm，尾长 45~70 mm，后足长 76~97 mm，耳高 80~100 mm。小型兔类，毛柔软，色调明快，背部毛茶褐棕色，染以栗棕色或者棕黑色的毛尖。眼睛上部由面颊到鼻端被毛灰白色。颌下被毛白色。耳部前沿有白色长毛。胸前和前肢毛色枯黄，腹毛灰白色。尾黄褐色。

Dental formula: 2.0.3.3/1.0.2.3=28. Body weight 1.3-1.8 kg, body length 350-390 mm, tail length 45-70 mm, hind foot length 76-97 mm, ear height 80-100 mm. A small rabbit, soft hair, bright color, back color tea brown, dyed with chestnut brown or brown-black tip. A white hair strip runs from the upper part of the eyes through the cheeks to the tip of the nose. Hairs underjaw are white. White hair turf inside the ears. Hairs on the chest and the front of forelimbs are dull yellow, and the abdominal hairs gray white. Tail yellowish brown.

生境 / Habitat

灌丛、草地

Shrubland, Grassland

▲ 地理分布 / Geographic Distribution

国内分布 / Domestic Distribution
海南 Hainan

全球分布 / World Distribution
中国 China

生物地理界 / Biogeographic Realm
印度马来界 Indomalaya

WWF 生物群系 / WWF Biome
热带和亚热带湿润阔叶林
Tropical & Subtropical Moist Broadleaf Forests

动物地理分布型 / Zoogeographic Distribution Type
J

分布标注 / Distribution Note
特有种 Endemic

▲ 濒危状况 / Threatened Status

中国生物多样性红色名录等级 / CB RL Category (2021)
极危 CR

IUCN 红色名录 / IUCN Red List (2021)
无危 LC

威胁因子 / Threats
未知 Unknown

▲ 法律保护地位 / Legal Protection Status

国家重点保护野生动物等级 / Category of National Key Protected Wild Animals (2021)
二级 Category II

"三有"名录 / TWIESSV (2023)
未列入 Not listed

CITES 附录等级 / CITES Appendix (2023)
未列入 Not listed

迁徙物种公约附录 / CMS Appendix (2020)
未列入 Not listed

保护行动 / Conservation Action
位于保护地内的种群得到保护
The populations in protected areas are protected

▲ 参考文献 / References

Jiang et al. (蒋志刚等), 2021; Burgin et al., 2020; IUCN, 2020; Zheng et al. (郑智民等), 2012; Smith et al., 2009; Pan et al. (潘清华等), 2007

733 / 东北兔

Lepus mandshuricus Radde, 1861

- Manchurian Hare

▲ 分类地位 / Taxonomy

兔形目 Lagomorpha / 兔科 Leporidae / 兔属 *Lepus*

科建立者及其文献 / Family Authority
Fischer, 1817

属建立者及其文献 / Genus Authority
Linnaeus, 1758

亚种 / Subspecies
无 None

模式标本产地 / Type Locality
俄罗斯
"Im Chy (Gebirge)" Bureya Mtns (Khabarovskii Krai, Russia)

冯利民 / 供图

▲ 其他名称 / Other Name(s)

其他中文名 / Other Chinese Name(s)
东北黑兔、草兔、黑兔

其他英文名 / Other English Name(s)
无 None

同物异名 / Synonym(s)
Lepus melainus (Li & Luo, 1979)

▲ 形态及生境 / Morphology and Habitat

形态特征 / Morphological Characteristics

齿式：2.0.3.3/1.0.2.3=28。个体大，体重 1300~2500 g。头体长 400~550 mm。尾长 50~80 mm，后足长 110~145 mm，耳长 80~120 mm。耳红褐色。被毛长，柔软，密实，黑色调明显，有灰黑色，棕黑色至锈棕色。曾发现全黑个体。胸部、腹侧和腿上部被毛为肉桂色。颈部锈棕色。腹部被毛白色。尾背面被毛棕黑色。腹面被毛暗白色。冬季被毛灰白色。

Dental formula: 2.0.3.3/1.0.2.3=28. Body size is large, body weight 1300-2500 g. Head and body length 400-550 mm. Tail length 50-80 mm, hind feet length 110-145 mm, ear length 80-120 mm. Ears reddish-brown. The coat is long, soft, dense, with prominent black tones, gray-black, brown-black to rust-brown. Ears reddish-brown. Pelage is long, soft and dense and marked by a black tint. Individuals with black pelage found. Some individuals are slightly rusty-brown. Chest, ventral side and upper leg coat cinnamon colored. Neck is rusty-brown. Hairs on the belly are white. Dorsal part of the tail is brown and underside of the tail is black. Abdomen grey white. Winter pelage grey white.

生境 / Habitat
森林 Forest

▲ 地理分布 / Geographic Distribution

国内分布 / Domestic Distribution
黑龙江、吉林、辽宁、内蒙古
Heilongjiang, Jilin, Liaoning, Inner Mongolia

全球分布 / World Distribution
中国、俄罗斯
China, Russia

生物地理界 / Biogeographic Realm
印度马来界 Indomalaya

WWF 生物群系 / WWF Biome
温带草原、稀树草原和灌丛
Temperate Grasslands, Savannas & Shrublands

动物地理分布型 / Zoogeographic Distribution Type
Mb

分布标注 / Distribution Note
非特有种 Non-Endemic

▲ 濒危状况 / Threatened Status

中国生物多样性红色名录等级 / CB RL Category (2021)
无危 LC

IUCN 红色名录 / IUCN Red List (2021)
无危 LC

威胁因子 / Threats
未知 Unknown

▲ 法律保护地位 / Legal Protection Status

国家重点保护野生动物等级 / Category of National Key Protected Wild Animals (2021)
未列入 Not listed

"三有"名录 / TWIESSV (2023)
列入 listed

CITES 附录等级 / CITES Appendix (2023)
未列入 Not listed

迁徙物种公约附录 / CMS Appendix (2020)
未列入 Not listed

保护行动 / Conservation Action
尚无保护行动 No conservation action so far

▲ 参考文献 / References

Jiang et al. (蒋志刚等), 2021; Burgin et al., 2020; IUCN, 2020; Wilson et al., 2016; Zheng et al. (郑智民等), 2012; Ren and Huang (任梦非和黄海娇), 2009; Smith et al., 2009; Wang (王应祥), 2003; Xia (夏武平), 1988; Li and Luo, 1979

734 / 尼泊尔黑兔

Lepus nigricollis F. Cuvier, 1823

- Indian Hare

▲ 分类地位 / Taxonomy

兔形目 Lagomorpha / 兔科 Leporidae / 兔属 *Lepus*

科建立者及其文献 / Family Authority
Fischer, 1817

属建立者及其文献 / Genus Authority
Linnaeus, 1758

亚种 / Subspecies
阿萨姆亚种 *L. n. sadiya* Kloss, 1918
西藏 Tibet

模式标本产地 / Type Locality
印度
"Malabar" (Madras), India

▲ 其他名称 / Other Name(s)

其他中文名 / Other Chinese Name(s)
黑颈兔

其他英文名 / Other English Name(s)
Black-naped Hare

同物异名 / Synonym(s)
无 None

▲ 形态及生境 / Morphology and Habitat

形态特征 / Morphological Characteristics

齿式：2.0.3.3/1.0.2.3=28。体重 1.35~7 kg，体长 330~530 mm，尾长 10~90 mm，后足长 89~103 mm，耳高 100~120 mm。背部和面部被毛灰棕色，夹杂黑毛遍布全身。颈后有较多黑毛，亦被称为黑颈兔。腿部和胸部毛棕色，尾顶部被毛黑色，腹部和下巴被毛白色。但不同亚种变化较大，共计 7 个亚种，中国分布的为阿萨姆亚种。

Dental formula: 2.0.3.3/1.0.2.3=28. Body weight 1.35-7 kg, head and body length 330-530 mm, tail length 10-90 mm, hind foot length 89-103 mm, ear height 100-120 mm. The pelage on the dorsum and face is grayish-brown, with black hairs scattered all over the body. The back of the neck has more black hairs, thus known as the Black-necked Rabbit. Brown fur on legs and chest, black fur on top of tail, white fur on abdomen and chin, but there are variations among different subspecies. There are 7 subspecies in total and the Assam subspecies *L. n. sadiya* is the subspecies distributes in China.

生境 / Habitat

有少量灌丛的空旷的荒漠，矮草原、裸地、农田和森林道路

Desert with sparse shrub, forest of many types such as short grassland, barren agricultural fields, crop field, and forest road

▲ 地理分布 / Geographic Distribution

国内分布 / Domestic Distribution
西藏 Tibet

全球分布 / World Distribution
孟加拉国、中国、印度、印度尼西亚、尼泊尔、巴基斯坦、斯里兰卡
Bangladesh, China, India, Indonesia, Nepal, Pakistan, Sri Lanka

生物地理界 / Biogeographic Realm
印度马来界 Indomalaya

WWF 生物群系 / WWF Biome
热带和亚热带湿润阔叶林
Tropical & Subtropical Moist Broadleaf Forests

动物地理分布型 / Zoogeographic Distribution Type
Ha

分布标注 / Distribution Note
非特有种 Non-Endemic

▲ 濒危状况 / Threatened Status

中国生物多样性红色名录等级 / CB RL Category (2021)
无危 LC

IUCN 红色名录 / IUCN Red List (2021)
无危 LC

威胁因子 / Threats
未知 Unknown

▲ 法律保护地位 / Legal Protection Status

国家重点保护野生动物等级 / Category of National Key Protected Wild Animals (2021)
未列入 Not listed

"三有"名录 / TWIESSV (2023)
未列入 Not listed

CITES 附录等级 / CITES Appendix (2023)
未列入 Not listed

迁徙物种公约附录 / CMS Appendix (2020)
未列入 Not listed

保护行动 / Conservation Action
尚无保护行动 No conservation action so far

▲ 参考文献 / References

Jiang et al. (蒋志刚等), 2021; Burgin et al., 2020; IUCN, 2020; Wilson et al., 2016; Wilson and Reeder, 2005; Choudhury, 2003

735 / 灰尾兔

Lepus oiostolus Hodgson, 1840

- Woolly Hare

巫嘉伟 / 供图

▲ 其他名称 / Other Name(s)

其他中文名 / Other Chinese Name(s)
高原兔、绒毛兔

其他英文名 / Other English Name(s)
Black-naped Hare

同物异名 / Synonym(s)
无 None

▲ 分类地位 / Taxonomy

兔形目 Lagomorpha / 兔科 Leporidae / 兔属 *Lepus*

科建立者及其文献 / Family Authority
Fischer, 1817

属建立者及其文献 / Genus Authority
Linnaeus, 1758

亚种 / Subspecies

指名亚种 *L. o. oiostolus* Hodgson, 1840
西藏和青海
Tibet and Qinghai

川西亚种 *L. o. sechuenensis* de Winton et Styan, 1899
四川、云南、青海和西藏
Sichuan, Yunnan, Qinghai and Tibet

康定亚种 *L. o. graham* Howel, 1928
四川 Sichuan

玉树亚种 *L. o. kozlovi* Satunin, 1907
青海 Qinghai

柴达木亚种 *L. o. przewalskii* Satunin, 1907
青海 Qinghai

曲松亚种 *L. o. qusongensis* Cai et Feng, 1982
西藏 Tibet

青海亚种 *L. o. qinghaiensis* Cai et Feng, 1982
青海和四川
Qinghai and Sichuan

模式标本产地 / Type Locality
中国
"... the snowy region of the Hemalaya, and perhaps also Tibet"

▲ 形态及生境 / Morphology and Habitat

形态特征 / Morphological Characteristics

齿式：2.0.3.3/1.0.2.3=28。个体大，体重 2~4 kg。体长 400~550 mm，尾长 65~125 mm，后足长 102~140 mm，耳高 110~160 mm。眼周有浅白色圈。耳大，耳尖和耳缘黑色，耳背面灰白色，耳内有白色长毛。体毛灰白色调，臀部蓝灰色调。体毛长，卷曲。头顶黑色明显，胸部染淡黄色。尾下有一个灰白色臀斑。尾白色，背面中央有一条灰棕色条纹，尾腹面白色。

Dental formula: 2.0.3.3/1.0.2.3=28. Body size larger. Body weight 2-4 kg. Body length 400-550 mm. Tail length 65-125 mm. Hindleg length 102-140 mm. Ear length 110-160 mm. There are pale white hair circles around the eyes. Ears large, tips and ear rims black, the back of the ears grayish-white. Blue grey tones on hips. Long white hairs inside the ears. Body hairs gray and white in tone, long and curly. Head top black and the chest pale yellow. A grayish-white rump spot under the tail. Tail white, with a grayish-brown stripe in the middle of the dorsal surface, and white on the ventral surface.

生境 / Habitat

高海拔草地、草甸、灌丛、荒漠。
High altitude grassland, meadow, shrubland, desert

▲ 地理分布 / Geographic Distribution

国内分布 / Domestic Distribution
四川，青海、西藏、新疆、甘肃、云南
Sichuan, Qinghai, Tibet, Xinjiang, Gansu, Yunnan

全球分布 / World Distribution
中国、印度、尼泊尔
China, India, Nepal

生物地理界 / Biogeographic Realm
古北界 Palearctic

WWF 生物群系 / WWF Biome
山地草原和灌丛
Montane Grasslands & Shrublands

动物地理分布型 / Zoogeographic Distribution Type
Pa

分布标注 / Distribution Note
非特有种 Non-Endemic

▲ 濒危状况 / Threatened Status

中国生物多样性红色名录等级 / CB RL Category (2021)
无危 LC

IUCN 红色名录 / IUCN Red List (2021)
无危 LC

威胁因子 / Threats
未知 Unknown

▲ 法律保护地位 / Legal Protection Status

国家重点保护野生动物等级 / Category of National Key Protected Wild Animals (2021)
未列入 Not listed

"三有"名录 / TWIESSV (2023)
列入 listed

CITES 附录等级 / CITES Appendix (2023)
未列入 Not listed

迁徙物种公约附录 / CMS Appendix (2020)
未列入 Not listed

保护行动 / Conservation Action
尚无保护行动 No conservation action so far

▲ 参考文献 / References

Jiang et al. (蒋志刚等), 2021; Burgin et al., 2020; IUCN, 2020; Wilson et al., 2016; Zheng et al. (郑智民等), 2012; Lu, 2011; Smith et al., 2009; Pan et al. (潘清华等), 2007; Wilson and Reeder, 2005; Wang (王应祥), 2003; Zhang (张荣祖), 1997; Gao and Feng (高耀亭和冯祚建), 1964

736 / 华南兔

Lepus sinensis Gray, 1832

- Chinese Hare

▲ 分类地位 / Taxonomy

兔形目 Lagomorpha / 兔科 Leporidae / 兔属 *Lepus*

科建立者及其文献 / Family Authority

Fischer, 1817

属建立者及其文献 / Genus Authority

Linnaeus, 1758

亚种 / Subspecies

指名亚种 *L. s. sinensis* Gray, 1832

安徽、浙江、江西、福建、广东、湖南、广西、贵州和湖北

Anhui, Zhejiang, Jiangxi, Fujian, Guangdong, Hunan, Guangxi, Guizhou and Hubei

台湾亚种 *L. s. formosus* Thomas, 1908

台湾 Taiwan

模式标本产地 / Type Locality

中国

"China". Restricted by G. Allen (1938:559) to "more or less in the region of Canton." (Guangzhou, Guangdong Province, China)

陈泰宇 / 供图

▲ 其他名称 / Other Name(s)

其他中文名 / Other Chinese Name(s)

短耳兔

其他英文名 / Other English Name(s)

无 None

同物异名 / Synonym(s)

无 None

▲ 形态及生境 / Morphology and Habitat

形态特征 / Morphological Characteristics

齿式：2.0.3.3/1.0.2.3=28。个体稍小，体重 1.0~1.9 kg，头体长 350~450 mm，尾长 40~57 mm，后足长 81~110 mm，耳高 60~80 mm。耳短，眼周有环纹。耳尖有明显的黑色斑块。毛色艳丽，红褐色或黄褐色。毛短、粗糙而直立，腹毛米黄色。尾黄褐色。冬毛较淡，浅黄色，杂有黑色。

Dental formula: 2.0.3.3/1.0.2.3=28. Body size is smaller, body weight 1.0-1.9 kg, head and body length 350-450 mm, tail length 40-57 mm, hind feet leng 81-110 mm, ear height 60-80 mm. Ears short. There are rings of lighter colored hairs around the eyes. Pelage bright colored, reddish-brown or yellow-brown. Hairs short, coarse and erect. Pelage short, with aciculate hairs. Abdominal hairs beige. Tail yellowish brown. Winter pelage light yellow, mixed with black hairs.

生境 / Habitat

草地、林地 Grassland, forest

▲ 地理分布 / Geographic Distribution

国内分布 / Domestic Distribution

广东、广西、安徽、福建、贵州、湖南、江苏、江西、浙江、台湾
Guangdong, Guangxi, Anhui, Fujian, Guizhou, Hunan, Jiangsu, Jiangxi, Zhejiang, Taiwan

全球分布 / World Distribution

中国、越南
China, Vietnam

生物地理界 / Biogeographic Realm

古北界，印度马来界
Palearctic, Indomalaya

WWF 生物群系 / WWF Biome

热带和亚热带湿润阔叶林
Tropical & Subtropical Moist Broadleaf Forests

动物地理分布型 / Zoogeographic Distribution Type

Sc

分布标注 / Distribution Note

非特有种 Non-Endemic

▲ 濒危状况 / Threatened Status

中国生物多样性红色名录等级 / CB RL Category (2021)

无危 LC

IUCN 红色名录 / IUCN Red List (2021)

无危 LC

威胁因子 / Threats

未知 Unknown

▲ 法律保护地位 / Legal Protection Status

国家重点保护野生动物等级 / Category of National Key Protected Wild Animals (2021)

未列入 Not listed

“三有”名录 / TWIESSV (2023)

列入 listed

CITES 附录等级 / CITES Appendix (2023)

未列入 Not listed

迁徙物种公约附录 / CMS Appendix (2020)

未列入 Not listed

保护行动 / Conservation Action

尚无保护行动 No conservation action so far

▲ 参考文献 / References

Jiang et al. (蒋志刚等), 2021; Burgin et al., 2020; IUCN, 2020; Wilson et al., 2016; Ding et al., 2014; Zheng et al. (郑智民等), 2012; Smith et al., 2009; Pan et al. (潘清华等), 2007; Wilson and Reeder, 2005; Xia (夏武平), 1988,1964

737 / 中亚兔

Lepus tibetanus Waterhouse, 1841

- Desert Hare

▲ 分类地位 / Taxonomy

兔形目 Lagomorpha / 兔科 Leporidae / 兔属 *Lepus*

科建立者及其文献 / Family Authority
Fischer, 1817

属建立者及其文献 / Genus Authority
Linnaeus, 1758

亚种 / Subspecies
无共识 No consensus

模式标本产地 / Type Locality
克什米尔地区
"Little Thibet." Fixed as Baltistan, Kashmir, by Ellerman and Morrison-Scott (1955)

郭亮 / 供图

▲ 其他名称 / Other Name(s)

其他中文名 / Other Chinese Name(s)
藏兔

其他英文名 / Other English Name(s)
Thibet Hare

同物异名 / Synonym(s)
无 None

▲ 形态及生境 / Morphology and Habitat

形态特征 / Morphological Characteristics

齿式：2.0.3.3/1.0.2.3=28。体重 1.6~2.5 kg，体长 400~480 mm。尾长 87~109 mm。后足长 109~135 mm，耳长 80~110 mm。耳宽阔，前缘有束毛。耳尖黑色。体背沙黄色或者黄褐色。臀部浅灰色。后腿外侧和前足白色。尾背面中央黑色。眼周灰白。

Dental formula: 2.0.3.3/1.0.2.3=28. Body weight1.6-2.5 kg. Body length 400-480 mm. Tail length 87-109 mm. Hind leg length 109-135 mm. Ear length 80-110 mm. Gray hairs around eyes. Ears broad, with a tuft of hair at the leading edge. Ear tips black. Dorsum of the body is sandy yellow or yellowish brown. Rump light gray. Outsides of hind legs and forefeet white. Tail black on the middle of dorsal part.

生境 / Habitat

荒漠、半荒漠、干旱草地、灌丛
Desert, semi-desert, dry grassland, shrubland

▲ 地理分布 / Geographic Distribution

国内分布 / Domestic Distribution
甘肃、新疆、内蒙古
Gansu, Xinjiang, Inner Mongolia

全球分布 / World Distribution
阿富汗、中国、蒙古国、巴基斯坦
Afghanistan, China, Mongolia, Pakistan

生物地理界 / Biogeographic Realm
古北界 Palearctic

WWF 生物群系 / WWF Biome
高山灌丛和荒漠草原
Deserts & Xeric Shrublands

动物地理分布型 / Zoogeographic Distribution Type
D

分布标注 / Distribution Note
非特有种 Non-Endemic

▲ 濒危状况 / Threatened Status

中国生物多样性红色名录等级 / CB RL Category (2021)
无危 LC

IUCN 红色名录 / IUCN Red List (2021)
无危 LC

威胁因子 / Threats
未知 Unknown

▲ 法律保护地位 / Legal Protection Status

国家重点保护野生动物等级 / Category of National Key Protected Wild Animals (2021)
未列入 Not listed

"三有"名录 / TWIESSV (2023)
未列入 Not listed

CITES 附录等级 / CITES Appendix (2023)
未列入 Not listed

迁徙物种公约附录 / CMS Appendix (2020)
未列入 Not listed

保护行动 / Conservation Action
尚无保护行动 No conservation action so far

▲ 参考文献 / References

Jiang et al. (蒋志刚等), 2021; Burgin et al., 2020; IUCN, 2020; Liu et al. (刘少英等), 2020; Wilson et al., 2016; Zheng et al. (郑智民等), 2012; Smith et al., 2009; Pan et al. (潘清华等), 2007; Wilson and Reeder, 2005; Wang(王应祥), 2003; Zhang (张荣祖), 1997

738 / 雪兔

Lepus timidus Linnaeus, 1758

• Mountain Hare

▲ 分类地位 / Taxonomy

兔形目 Lagomorpha / 兔科 Leporidae / 兔属 *Lepus*

科建立者及其文献 / Family Authority
Fischer, 1817

属建立者及其文献 / Genus Authority
Linnaeus, 1758

亚种 / Subspecies
指名亚种 *L. t. timidus* Linnaeus, 1758
新疆 Xinjiang

鲜卑亚种 *L. t. sibiricorum* Johanssen, 1923
新疆 Xinjiang

外贝加尔亚种 *L. t. transbaicalicus* Ognev, 1929
内蒙古 Inner Mongolia

乌苏里亚种 *L. t. mordeni* Goodwin, 1933
黑龙江 Heilongjiang

模式标本产地 / Type Locality
瑞典
"in Europa" (Uppsala, Sweden)

高云江 / 供图

刘璐 / 供图

▲ 其他名称 / Other Name(s)

其他中文名 / Other Chinese Name(s)
白兔、变色兔

其他英文名 / Other English Name(s)
Arctichare

同物异名 / Synonym(s)
无 None

▲ 形态及生境 / Morphology and Habitat

形态特征 / Morphological Characteristics
齿式：2.0.3.3/1.0.2.3=28。个体较大，体重 2.4~3.4 kg，体长 450~625 mm，尾长 59~65 mm，后足长 159~165 mm，耳高 90~100 mm。吻部粗短。足底毛长，呈刷状。尾长不到后足长的 40%。夏季棕褐色，但尾和腹部白色。冬季被毛全白，仅耳尖黑色。

Dental formula: 2.0.3.3/1.0.2.3=28. Body size is large, body weight 2.4-3.4 kg, Body length 450-625 mm. Tail length 59-65 mm long, the hind feet length 159-165 mm, and the ear high 90-100 mm. Snout short and robust. Hairs on pelma long and brush-like. Tail length not exceed 80 mm, less than 40% of the hind foot length. Summer pelage brown but the tail and underbelly are white. Winter pelage all white, only the tips of ears are black.

生境 / Habitat

泰加林、草地 Taiga, grassland

▲ 地理分布 / Geographic Distribution

国内分布 / Domestic Distribution

新疆、内蒙古、黑龙江

Xinjiang, Inner Mongolia, Heilongjiang

全球分布 / World Distribution

奥地利、白俄罗斯、中国、爱沙尼亚、芬兰、法国、德国、爱尔兰、意大利、日本、哈萨克斯坦、拉脱维亚、列支敦士登、立陶宛、蒙古国、挪威、波兰、俄罗斯、斯洛文尼亚、瑞典、瑞士、乌克兰、英国

Austria, Belarus, China, Estonia, Finland, France, Germany, Ireland, Italy, Japan, Kazakhstan, Latvia, Liechtenstein, Lithuania, Mongolia, Norway, Poland, Russia, Slovenia, Sweden, Switzerland, Ukraine, United Kingdom

生物地理界 / Biogeographic Realm

古北界 Palearctic

WWF 生物群系 / WWF Biome

北方森林、针叶林

Boreal Forests, Taiga

动物地理分布型 / Zoogeographic Distribution Type

Ca

分布标注 / Distribution Note

非特有种 Non-Endemic

▲ 濒危状况 / Threatened Status

中国生物多样性红色名录等级 / CB RL Category (2021)

无危 LC

IUCN 红色名录 / IUCN Red List (2021)

无危 LC

威胁因子 / Threats

未知 Unknown

▲ 法律保护地位 / Legal Protection Status

国家重点保护野生动物等级 / Category of National Key Protected Wild Animals (2021)

二级 Category II

“三有”名录 / TWIESSV (2023)

未列入 Not listed

CITES 附录等级 / CITES Appendix (2023)

未列入 Not listed

迁徙物种公约附录 / CMS Appendix (2020)

未列入 Not listed

保护行动 / Conservation Action

法律保护 Protected by law

▲ 参考文献 / References

Jiang et al. (蒋志刚等), 2021; Burgin et al., 2020; IUCN, 2020; Wilson et al., 2016; Zheng et al. (郑智民等), 2012; Smith et al., 2009; Pan et al. (潘清华等), 2007; Wilson and Reeder, 2005; Luo and Li (罗泽珣和李振营), 1982

739 / 蒙古兔

Lepus tolai Pallas, 1778

- Tolai Hare

▲ 分类地位 / Taxonomy

兔形目 Lagomorpha / 兔科 Leporidae / 兔属 *Lepus*

科建立者及其文献 / Family Authority
Fischer, 1817

属建立者及其文献 / Genus Authority
Linnaeus, 1758

亚种 / Subspecies
无共识 No consensus

模式标本产地 / Type Locality
俄罗斯
"Caeterum in montibus aprecis campisque rupestribus vel arenosis circa Selengam..." Restricted by Ognev (1940:162) to "... valley of the Selenga River...."(Russia). According to Ellerman and Morrison-Scott (1951:430) the type locality is" Adinscholo

▲ 其他名称 / Other Name(s)

其他中文名 / Other Chinese Name(s)
无 None

其他英文名 / Other English Name(s)
无 None

同物异名 / Synonym(s)
无 None

▲ 形态及生境 / Morphology and Habitat

形态特征 / Morphological Characteristics

齿式：2.0.3.3/1.0.2.3=28。体重 1.7~2.7 kg。体长 400~590 mm。尾长 72~110 mm。后足长 110~127 mm。耳高 80~120 mm。吻部粗短。耳较短，耳尖部黑色。整体色调为草黄色。体腹被毛白色。臀斑灰白色或淡黄色。尾背面中央有一条长而宽的黑色或棕黑色条纹，尾侧和尾腹面毛色为白色。不同区域个体毛色有变异。

Dental formula: 2.0.3.3/1.0.2.3=28. Body length 400-550 mm. Body weight 1.7-2.7 kg, body length 400-590 mm, tail length 72-110 mm, hind foot length 110-127 mm, ear height 80-120 mm. Snout short and robust. Ears short with black tips. Overall tone of pelage is grass yellow. Belly hairs white. Rump spot grayish-white or light yellow. There is a long and wide black or brownish-black stripe in the middle of the tail's back, and the hairs on the underside of the tail is white. Individuals pelage may vary in different regions.

生境 / Habitat
灌丛、草地
Shrubland, grassland

▲ 地理分布 / Geographic Distribution

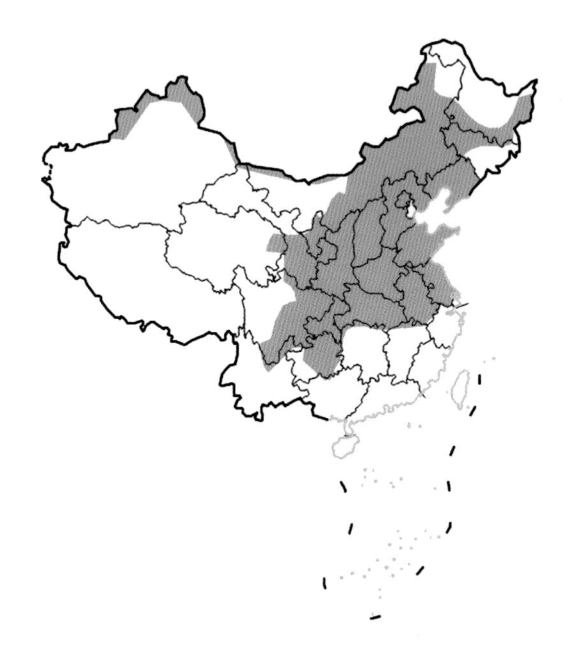

国内分布 / Domestic Distribution

黑龙江、吉林、辽宁、北京、河北、内蒙古、甘肃、青海、山西、陕西、宁夏、新疆、四川、云南、山东、河南、湖北、江苏、山东、安徽
Heilongjiang, Jilin, Liaoning, Beijing, Hebei, Inner Mongolia, Gansu, Qinghai, Shanxi, Shaanxi, Ningxia, Xinjiang, Sichuan, Yunnan, Shandong, Henan, Hubei, Jiangsu, Shandong, Anhui

全球分布 / World Distribution

阿富汗、中国、伊朗、哈萨克斯坦、吉尔吉斯斯坦、蒙古国、俄罗斯、土库曼斯坦、乌兹别克斯坦
Afghanistan, China, Iran, Kazakhstan, Kyrgyzstan, Mongolia, Russia, Turkmenistan, Uzbekistan

生物地理界 / Biogeographic Realm

古北界 Palearctic

WWF 生物群系 / WWF Biome

温带草原、热带稀树草原和灌木地
Temperate Grasslands, Savannas & Shrublands

动物地理分布型 / Zoogeographic Distribution Type

Ga

分布标注 / Distribution Note

非特有种 Non-Endemic

▲ 濒危状况 / Threatened Status

中国生物多样性红色名录等级 / CB RL Category (2021)

无危 LC

IUCN 红色名录 / IUCN Red List (2021)

无危 LC

威胁因子 / Threats

未知 Unknown

▲ 法律保护地位 / Legal Protection Status

国家重点保护野生动物等级 / Category of National Key Protected Wild Animals (2021)

未列入 Not listed

“三有”名录 / TWIESSV (2023)

列入 listed

CITES 附录等级 / CITES Appendix (2023)

未列入 Not listed

迁徙物种公约附录 / CMS Appendix (2020)

未列入 Not listed

保护行动 / Conservation Action

尚无保护行动 No conservation action so far

▲ 参考文献 / References

Jiang et al. (蒋志刚等), 2021; Burgin et al., 2020; IUCN, 2020; Wilson et al., 2016; Smith et al., 2009; Wilson and Reeder, 2005

740 / 塔里木兔

Lepus yarkandensis Günther, 1875

- Yankand Lepus

▲ 分类地位 / Taxonomy

兔形目 Lagomorpha / 兔科 Leporidae / 兔属 *Lepus*

科建立者及其文献 / Family Authority
Fischer, 1817

属建立者及其文献 / Genus Authority
Linnaeus, 1758

亚种 / Subspecies
无 None

模式标本产地 / Type Locality
中国
"neighbourhood of Yarkand" (24 km, E, Xinjiang, China)

邢睿 / 供图

▲ 其他名称 / Other Name(s)

其他中文名 / Other Chinese Name(s)
莎车兔

其他英文名 / Other English Name(s)
Yarkand Hare

同物异名 / Synonym(s)
无 None

▲ 形态及生境 / Morphology and Habitat

形态特征 / Morphological Characteristics

齿式：2.0.3.3/1.0.2.3=28。体重 1~2 kg。体长 280~450 mm，尾长 55~86 mm。后足长 90~110 mm。平均耳长 100 mm。小型兔类，体型苗条，被毛柔软，无针毛。颊部毛色浅。眼周围沙褐色。眼周至耳前方呈黄白色。耳背毛色沙褐色，耳边缘有白色长毛，无黑色耳尖。颏毛全白。颈部沙黄色。夏毛背部沙褐色，体侧毛色沙黄色。腹毛全白。冬毛背毛浅沙棕色。尾背面中央有沙褐色斑块，尾腹面毛色纯白。

Dental formula: 2.0.3.3/1.0.2.3=28. Body mass 1-2 kg. Body length 280-450 mm. Tail length 55-86 mm. Hindleg length 90-110 mm. Average length of ears 100 mm. A small, slender rabbit. Hairs soft, without bristles. Cheeks are light in color. Sand brown around the eyes. Yellowish-white around the eyes to the front of the ears. Back of ears sand brown in color. Ear rims with long white hairs. No black ear tips. Chin hairs are white. Hairs on the neck is sandy-yellow. Dorsal hairs sandy-brown in summer, lateral side sand yellow and abdominal hairs are completely white. Dorsal hairs change to light sand brown in winter. Sand brown patch on the center of dorsal part of the tail, caudal ventral hairs pure white.

生境 / Habitat

荒漠、半荒漠、干旱草地、灌丛
Desert, semi-desert, dry grassland, shrubland

▲ 地理分布 / Geographic Distribution

国内分布 / Domestic Distribution
新疆 Xinjiang

全球分布 / World Distribution
中国 China

生物地理界 / Biogeographic Realm
古北界 Palearctic

WWF 生物群系 / WWF Biome
沙漠和干旱灌木地
Deserts & Xeric Shrublands

动物地理分布型 / Zoogeographic Distribution Type
Db

分布标注 / Distribution Note
特有种 Endemic

▲ 濒危状况 / Threatened Status

中国生物多样性红色名录等级 / CB RL Category (2021)
近危 NT

IUCN 红色名录 / IUCN Red List (2021)
近危 NT

威胁因子 / Threats
未知 Unknown

▲ 法律保护地位 / Legal Protection Status

国家重点保护野生动物等级 / Category of National Key Protected Wild Animals (2021)
二级 Category II

“三有”名录 / TWIESSV (2023)
未列入 Not listed

CITES 附录等级 / CITES Appendix (2023)
未列入 Not listed

迁徙物种公约附录 / CMS Appendix (2020)
未列入 Not listed

保护行动 / Conservation Action
已经建立保护区 Nature Reserve established

▲ 参考文献 / References

Jiang et al. (蒋志刚等), 2021; Burgin et al., 2020; IUCN, 2020; Wilson et al., 2016; Zheng et al. (郑智民等), 2012; Smith et al., 2009; Pan et al. (潘清华等), 2007; Wilson and Reeder, 2005; Wang (王应祥), 2003; Xia (夏武平), 1988

参考文献 / References

阿不都热合曼·吐尔逊，余亮，艾尼瓦尔·吐米尔，张大铭，2008. 新疆北部干旱地区鼠类群落空间结构差异的比较研究 [J]. 新疆大学学报 (自然科学版)，25: 211-218. Tursun A, Yu L, Tumur A, Zhang DM, 2008. Comparative study on the spatial structure differences of the rodent communities from arid areas in northern Xinjiang[J]. *Journal of Xinjiang University* (Natural Science Edition), 25: 211-218. (In Chinese with English Abstract)

阿布力米提·阿布都卡迪尔，时琨，吐尔迅·吐拉克，高行宜，阿布都如苏力，阿西木·亚森，2010. 阿克苏拜城天山区盘羊和北山羊的分布与种群资源现状 [J]. 野生动物学报，31: 270-275. Ablimit A, Shi K, Tursun T, Gao X, Abdurusul Y, 2010. Distribution and population resources of Argali Sheep and Ibex in Baicheng of Aksu Tianshan Mountains[J]. *Chinese Journal of Wildlife*, 31: 270-275. (In Chinese with English Abstract)

阿布力米提·阿布都卡迪尔，2002. 新疆哺乳类 (兽纲) 名录 [J]. 干旱区研究，19 (增刊): 1-75. Abulimiti A, 2002. List of Mammals in Xinjiang[J]. *Dryland Research*, 19 (Expansion): 1-75. (In Chinese with English Abstract)

艾尼瓦尔·铁木尔，张大铭，苏力旦，艾热提，1998. 新疆阿拉山口地区鼠类群落物种多样性的初步研究 [J]. 新疆大学学报 (自然科学版)，15: 73-76. Tiemur, Zhang D, Su L, Ai E, 1998. A preliminary study on species diversity of rodent community in Alashankou, Xinjiang[J]. *Journal of Xinjiang University* (Natural Science Edition), 15: 73-76. (In Chinese with English Abstract)

安冉，刘斌，徐艺玫，黎歌，廖力夫，2015. 林睡鼠幼鼠的活动规律和行为初步观察 [J]. 兽类学报，35: 170-175. An R, Liu B, Xu Y, Li G, Liao L, 2015. Observations of activity patterns and behavior of *Dryomys nitedula* pups[J]. *Acta Theriologica Sinica*, 35: 170-175. (In Chinese with English Abstract)

白冰，周伟，张庆，艾怀森，李明会，2011. 高黎贡山大塘白眉长臂猿春季栖息地利用及与赧亢的比较 [J]. 四川动物，30: 25-30. Bai B, Zhou W, Zhang Q, Ai H, Li M, 2011. Habitat utilization by hoolock gibbons (*Hoolock hoolock*) at Datang, Mt Gaoligong in spring and its comparison with the situation in Nankang[J]. *Sichuan Journal of Zoology*, 30: 25-30. (In Chinese with English Abstract)

白德凤，陈颖，李俊松，陶庆，王利繁，飘优，时坤，2018. 西双版纳尚勇自然保护区哺乳动物物种多样性 [J]. 生物多样性，26: 75-78. Bai D, Chen Y, Li J, Tao Q, Wang L, Piao Y, Shi K, 2018. Mammal diversity in Shangyong Nature Reserve, Xishuangbanna, Yunnan Province[J]. *Biodiversity Science*, 26: 75-78. (In Chinese with English Abstract)

柏阳，2021. 霍氏缺齿鼩（*Chodsigoa hoffmanni*）贵州省兽类新纪录及其线粒体基因组分析 [D]. 牡丹江: 牡丹江师范学院. Bai Y, 2021. A New Record and Mitochondrial Genome analysis of Chodsigoa hoffmanni from Guizhou Province[D]. Mudanjiang: Mudanjiang Normal University.

包新康，杨增武，赵伟，石存海，杨永伟，王亮，2014. 甘肃安西国家级自然保护区脊椎动物 20 年间的变化 [J]. 生物多样性，22: 539-545. Bao X, Yang Z, Zhao W, Yang Y, Wang L, 2014. The alteration of the vertebrate resources over the past two decades in Gansu Anxi Extreme Arid National Nature Reserve[J]. *Biodiversity Science*, 22: 539-545. (In Chinese with English Abstract)

蔡桂全，冯祚建，1982. 高原兔 (*Lepus oiostolus*) 亚种补充研究 —— 包括两个新亚种 [J]. 兽类学报，2(2): 167-182. Cai G, Feng Z, 1982. A systematic revision of the subspecies of highland hare (*Lepus oiostolus*) including two new subspecies[J]. *Acta Theriologica Sinica*, 2(2): 167-182. (In Chinese with English Abstract)

蔡仁逵，黄叔怀，李金良，1959. 连云港所获长须鲸的鉴定 [J]. 南京师范学院学报 (自然科学), 1959(3): 1-4. Cai R, Huang S, Li J, 1959. Identification of baleen whales in Lianyungang[J]. *Journal of Nanjing Normal University* (Natural Science), 1959 (3): 1-4. (In Chinese with English Abstract)

曹明，周伟，白冰，张庆，王斌，陈明勇，2010. 滇南勐腊地区威氏小鼷鹿种群生境利用 [J]. 动物学研究，31: 303-309. Cao M, Zhou W, Bai B, Zhang Q, Wang B, Chen M, 2010. Habitat use of Williamson's mouse deer (*Tragulus williamsoni*) in Mengla Area, Southern Yunnan[J]. *Zoological Research*, 31: 303-309. (In Chinese with English Abstract)

曹伊凡，林恭华，卢学峰，苏建平，2009. 柯氏鼠兔的食性分析 [J]. 动物学杂志，44: 58-62. Cao Y, Lin G, Lu X, Su J, 2009. Food habits of *Ochotona koslowi*[J]. *Chinese Journal of Zoology*, 44: 58-62. (In Chinese with English Abstract)

岑业文，彭红元，2010. 广西玉林市翼手类多样性初步调查 [J]. 四川动物，29: 609-612. Chen Y, Peng Y, 2010. Research on bat diversity in Yulin city, Guangxi[J]. *Sichuan Journal of Zoology*, 29: 609-612. (In Chinese with English Abstract)

曾峰，2012. 翼手目六种蝙蝠毛发分类特征的研究 [D]. 长沙 : 湖南师范大学硕士学位论文. Zeng F, 2012. A Study on the Hair Classification of Six Species of Bats[D]. Changsha: Master's thesis of Hunan Normal University, Changsha. (In Chinese with English Abstract)

曾国仕，郑合勋，邓天鹏，2010. 河南伏牛山北坡果子狸夏季巢穴生境特征 [J]. 生态学报，20: 498-503. Zeng G, Zheng H, Deng T, 2010. A preliminary analysis on summer caves selection of Masked palm civet (*Paguma larvata*) on the north slope of Funiu Mountain[J]. *Acta Ecologica Sinica*, 20: 498-503. (In Chinese with English Abstract)

曾治高，宋延龄，2008. 秦岭羚牛的生态与保护对策 [J]. 生物学通报，43: 1-4. Zeng Z, Song Y, 2008. Ecology and conservation strategies of Golden Takin[J]. *Bulletin of Biology*, 43: 1-4. (In Chinese with English Abstract)

查木哈，袁帅，张晓东，付和平，武晓东，2013. 不同干扰下阿拉善荒漠啮齿动物群落格局的变动特征 [J]. 生态环境学报，12: 1879-1886. Zha M, Yuan S,

Zhang X, Fu H, Wu X, 2013. Research on the rodent community patterns variation features under different disturbances in Alashan Desert[J]. *Ecology and Environment Sciences,* 12: 1879-1886. (In Chinese with English Abstract)

常勇斌，贾陈喜，宋刚，雷富民，2018. 西藏错那县发现藏南猕猴 [J]. 动物学杂志，53: 243-248. Chang Y, Jia C, Song G, Lei F, 2018. Discovery of *Macaca munzala* in Cona, Tibet[J]. *Chinese Journal of Zoology,* 53: 243-248. (In Chinese with English Abstract)

陈柏承，余文华，吴毅，李锋，徐忠鲜，张秋萍，原田正史，本川雅治，彭红元，王英永，李玉春，2015. 毛翼管鼻蝠在广西和江西分布新纪录及其性二型现象 [J]. 四川动物，34: 211-215. Chen B, Yu W, Wu Y, Li F, Xu Z, Zhang Q, Harada M, Motokawa M, Peng H, Wang Y, Li Y, 2015. New record and sexual dimorphism of *Harpiocephalus harpia* in Guangxi and Jiangxi, China[J]. *Sichuan Journal of Zoology,* 34: 211-215. (In Chinese with English Abstract)

陈昌笃，康利华，张憬，2000. 都江堰生物多样性研究与保护 [M]. 成都: 四川科学技术出版社: 55-57. Chen C, Kang L, Zhang J, 2000. *Biodiversity Research and Protection in Dujiangyan* [M]. Chengdu: Sichuan Science and Technology Press: 55-57.

陈道富，全仁哲，范喜顺，苗立天，2003. 欧亚河狸的生物学特性及其保护与开发 [J]. 石河子大学学报 (自科版), 7: 84-86. Chen D, Quan R, Fan X, Miao L, 2003. Biological characteristics and protection and development of Eurasian beaver[J]. *Journal of Shihezi University* (Natural Science Edition), 7: 84-86. (In Chinese with English Abstract)

陈耕，张林源，1998. 西藏珠穆朗玛自然保护区野生动物状况与保护 [C]// 生物多样性与人类未来 —— 第二届全国生物多样性保护与持续利用研讨会论文集. 北京: 中国林业出版社: 155-160. Chen G, Zhang L, 1998. The status and protection of wild animals in Qomolangma Nature Reserve in Tibet[C]// *Biodiversity and the Future of Mankind: Proceedings of the Second National Symposium on Biodiversity Conservation and Sustainable Use.* Beijing: China Forestry Press: 155-160.

陈兼善，1969. 台湾脊椎动物志 (下册)[M] . 台北: 台湾商务印书馆 . Chen HS, 1969. *Vertebrates of Taiwan* (Vol. 2)[M]. Taipei: Taiwan Commercial Press.

陈立军，张文杰，张小倩，贾举杰，刘伟，宛新荣，2014. 典型草原区达乌尔鼠兔繁殖生态学的初步研究 [J]. 动物学杂志，49: 649-656. Chen L, Zhang W, Zhang X, Jia J, Liu W, Wan X, 2014. The Preliminary Study on Breeding Ecology of *Ochotona dauurica* in Typical Steppe[J]. *Chinese Journal of Zoology,* 49: 649-656. (In Chinese with English Abstract)

陈良，鲍毅新，张龙龙，程宏毅，张家银，周元庆，2010. 九龙山保护区黑麂栖息地选择的季节变化 [J]. 生态学报，30: 1227-1237. Chen L, Bao Y, Zhang L, Cheng Y, ZhangY, Zhou Y, 2010. Seasonal changes in habitat selection by black muntjac (*Muntiacus crinifrons*) in Jiulong Mountain Nature Reserve[J]. *Acta Ecologica Sinica,* 30: 1227-1237. (In Chinese with English Abstract)

陈敏，冯江，李振新，周江，赵辉华，张树义，盛连喜，2002. 普氏蹄蝠 (*Hipposideros pratti*) 回声定位声波、形态及捕食策略 [J]. 应用生态学报，13: 1629-1632. Chen M, Feng J, Li Z, Zhou J, Zhao H, Zhang S, Sheng L, 2002. Echolocation sound waves, morphological features and foraging strategies in Hipposideros pratti[J]. *Journal of Applied Ecology,* 13: 1629-1632. (In Chinese with English Abstract)

陈敏，2003. 七种蝙蝠回声定位行为生态研究 [D]. 长春: 东北师范大学. Chen M, 2003. *Study on Echolocation Behavior of Seven Bats*[D]. Changchun: Master's Thesis of Northeast Normal University. (In Chinese with English Abstract)

陈敏杰，毕超贤，余梁哥，杨士剑，2014. 倭蜂猴生物学特性、生存现状及保护对策 [J]. 生物学通报，49: 7-10. Chen M, Bi C, Yu L, Yang S, 2014. Biological characteristics, status and conservation policy of pygmy loris[J]. *Biology Bulletin,* 49: 7-10. (In Chinese with English Abstract)

陈鹏，师杜鹃，2013. 长青自然保护区金猫垂直分布和季节性活动规律研究 [J]. 陕西林业科技，(1): 22-24. Chen P, Shi D, 2013. The vertical distribution and seasonal activity patterns of Asian Golden Cat in Changqing National Nature Reserve[J]. *Shaanxi Forest Science and Technology,* (1): 22-24. (In Chinese with English Abstract)

陈鹏，王应祥，林苏，蒋学龙，2014. 中国兽类新纪录 —— 耐氏大鼠 *Leopoldamys neilli*[J]. 四川动物，33: 858-864. Chen P, Wang Y, Lin S, Jiang X, 2014. A new record of mammals in China-*Leopoldamys neilli*[J]. *Sichuan Journal of Zoology,* 33: 858-864. (In Chinese with English Abstract)

陈水华，诸葛阳，1993. 臭鼩染色体的研究 [J]. 兽类学报，2: 8. Chen S, Zhuge Y, 1993. Chromosome studies of house shrew, *Suncus murinus* (Soricidae)[J]. *Acta Theriologica Sinica,* 2: 8. (In Chinese with English Abstract)

陈顺德，陈丹，唐刻意，秦伯鑫，谢菲，付长坤，刘洋，刘少英，2021. 东阳江麝鼩与黄山小麝鼩分类地位商榷 [J]. 兽类学报，41: 108-114. Chen S, Chen D, Tang K, Qin B, Xie F, Fu C, Liu Y, Liu S, 2021. Discussion of taxonomic status of *Crocidura dongyangjiangensis* and *Crocidura huangshanensis*[J]. *Acta Theriologica Sinica,* 41: 108-114.

陈万里，谌利民，马文虎，李英，葛宝明，2013. 四川羚牛繁殖期集群类型及海拔分布 [J]. 四川动物，32: 841-845. Chen W, Chen L, Ma W, Li Y, Ge B, 2013. Group type and distribution of *Budorcas taxicolor tibetana* in rutting season[J]. *Sichuan Journal of Zoology,* 32: 841-845. (In Chinese with English Abstract)

陈小荣，许大明，鲍毅新，章书声，2013. G-f 指数测度百山祖兽类物种多样性 [J]. 生态学杂志，32: 421-1427. Chen X, Xu D, Bao Y, Zhang S, 2013. Mammalian species diversity in Baishanzu National Nature Reserve, Zhejiang Province of East China based on GF Index[J]. *Chinese Journal of Ecology,* 32: 1421-1427. (In Chinese with English Abstract)

陈晓澄，李文靖，2009. 西藏东南部灰颈鼠兔 (*Ochotona forresti*) 一新亚种 [J]. 兽类学报，29: 101-105. Chen X, Li W, 2009. A new subspecies of *Ochotona forresti* in southeastern Tibet, China[J]. *Acta Theriologica Sinica,* 29: 101-105. (In Chinese with English Abstract)

陈延熹，黄文几，唐仕敏，1987. 赣北翼手类区系调查 [J]. 兽类学报，7: 13-19. Chen Y, Huang W, Tang S, 1987. The Chiropteran fauna of the north Jiangxi[J]. *Acta Theriologica Sinica,* 7: 13-19. (In Chinese with English Abstract)

陈延熹，黄文几，唐子英，1989. 赣南翼手类区系调查 [J]. 兽类学报，9: 226-227. Chen Y, Huang W, Tang Z, 1989. The in vestigation of Chiroptera in Jiangxi[J]. *Acta Theriologica Sinica,* 9: 226-227. (In Chinese with English Abstract)

陈毅，刘奇，谭梁静，沈琪琦，陈振明，龚粤宁，向左甫，张礼标，2013. 广东省发现南蝠 [J]. 动物学杂志，48: 287-291. Chen Y, Liu Q, Tan L, Shen Q, Chen Z, Gong Y, Xiang Z, 2013. *Ia io* was dicovered in Guangdong Province[J]. *Chinese Journal of Zoology,* 48: 287-291. (In Chinese with English Abstract)

陈永春，肖林，李学友，2013. 白马雪山中华鬣羚种群数量和分布初步调查 [J]. 野生动物，34: 253-255. Chen Y, Xiao L, Li X, 2013. Preliminary study on the population abundance and distribution of Chinese Serow (*Capricornis milneedwardsii*) at Baima Xueshan Reserve[J]. *Chinese Wildlife,* 34: 253-255. (In Chinese with English Abstract)

陈志平，王应祥，冯庆，蒋学龙，林苏，1996. 云南西双版纳片断热带雨林鼠形啮齿类的物种多样性研究 [J]. 动物学研究，17: 451-458. Chen Z,Wang Y,Feng Q, Jiang X, Lin S, 1996. The studies on species diversity of myomorpha rodents in the fragmental tropical rainforest in Xishuangbanna,Yunnan[J]. *Zoological Research,* 17: 451-458. (In Chinese with English Abstract)

陈志平，王应祥，刘瑞清，1993. 云南兔 (*Lepus comus*) 的染色体研究 [J]. 兽类学报，13: 188-192. Chen Z, Wang Y, Liu R, 1993. Studies on the chromosomes of Yunnan hare (*Lepus comus*)[J]. *Acta Theriologica Sinica,* 13: 188-192. (In Chinese with English Abstract)

陈智，黄乘明，周岐海，李友邦，冯永新，戴冬亮，2008. 白头叶猴 (*Trachypithecus leucocephalus*) 栖息地景观格局的时空变化 [J]. 生态学报，28: 587-594. Chen Z, Huang C, Zhou Q, Li Y, Feng Y, Dai D, 2008. Spatial temporal changes of habitat of *Trachypithecus leucocephalus*[J]. *Acta Ecologica Sinica,* 28: 587-594. (In Chinese with English Abstract)

陈中正，唐肖凡，唐宏谊，赵涵韬，缪巧丽，石子凡，吴海龙，2021. 安徽省兽类一属、种新纪录——侯氏猬 [J]. 兽类学报. DOI: 10.16829/j.slxb.150318. Chen Z, Tang X, Tang H, Zhao H, Miao Q, Shi Z, Wu H, 2021. First record of genus *Mesechinus* (Mammalia: Erinaceidae) in Anhui Province, China—*Mesechinus hughi*[J]. *Acta Theriologica Sinica*. DOI: 10.16829/j.slxb.150318.

陈忠，蒙以航，周锋，李玉春，2005. 海南岛棕果蝠的活动节律与食性 [J]. 兽类学报，27: 112-119. Chen Z, Meng Y, Zhou F, Li Y, 2007. Activity rhythms and food habits of Leschenault's rousette *Rousettus leschenaulti* on Hainan Island[J]. *Acta Theriologica Sinica,* 27: 112-119. (In Chinese with English Abstract)

陈子禧，吴毅，余文华，黎舫，朱剑兰，龚彩敏，徐嘉宽，胡宜峰，李玉春，2018. 哈氏管鼻蝠在中国大陆地区的又一新发现——江西省分布新纪录 [J]. 西部林业科学，47(2): 75-80. Chen Z, Wu Y, Yu W, Li F, Zhu J, Gong C, Xu J, Hu Y, Li Y, 2018. A new discovery of *Murina harrisoni* in Mainland China-a new record in Jiangxi Province[J]. *Journal of Western Forestry Sciences,* 47(2): 75-80.

成市，陈中正，程峰，李佳琦，万韬，李权，李学友，吴海龙，蒋学龙，2018. 中国啮齿类一属、种新纪录——道氏东京鼠 [J]. 兽类学报，38: 309-314. Cheng S, Chen Z, Cheng F, Li J, Wan T, Li Q, Wu H, Jiang X, 2018. New record of a rodent genus (*Murinae*) in China—*Tonkinomys daovantieni*[J]. *Acta Theriologica Sinica,* 38: 309-314. (In Chinese with English Abstract)

程峰，陈中正，张斌，何锴，蒋学龙，2018. 云南兽类鼠科一新纪录——南洋鼠 [J]. 兽类学报. DOI: 10.16829/j.slxb.150124. Cheng F, Chen Z, Zhang B, He K, Jiang X, 2018. First records of Indochinese arboreal niviventer (*Chiromyscus langbianis*) in Yunnan Province, China[J]. *Acta Theriologica Sinica*. DOI: 10.16829/j.slxb.150124.

程宏毅，鲍毅新，陈良，胡知渊，葛宝明，2008. 黑麂 (*Muntiacus crinifrons*) 栖息地片断化对种群基因流的影响 [J]. 生态学报，28: 1109-1119. Cheng H, Bao Y, Chen L, Hu Z, Ge B, 2008. Effects of habitat fragmentation on gene flow of the black muntjac (*Muntiacus crinifrons*)[J]. *Acta Ecologica Sinica,* 28: 1109-1119. (In Chinese with English Abstract)

程继龙，夏霖，温知新，张乾，葛德燕，杨奇森，2021，中国跳鼠总科物种的系统分类学研究进展 [J]. 兽类学报，41: 275-283. Cheng J, Xia L, Wen Z, Zhang Q, Ge D, Yang Q, 2021. Review on the systematic taxonomy of Dipodoidea in China[J]. *Acta Theriologica Sinica,* 41: 275-283.

程泽信，刘武，2000. 我国野生猪獾资源及其开发利用初探 [J]. 经济动物学报，(4): 33-35. Cheng Z, Liu W, 2000. A preliminary study on wild hog badger resources and their exploitation and utilization in China[J]. *Journal of Economic Animal,* (4): 33-35. (In Chinese with English Abstract)

程志营，卢贞燕，梁显堂，2011. 广西翼手目动物布氏球果蝠新记录 [J]. 广西科学，18: 312-313. Cheng Z, Lu Z, Liang X, 2011. A new record of *Sphaerias blanfordi* of Chiroptera in Guangxi[J]. *Guangxi Sciences,* 18: 312-313. (In Chinese with English Abstract)

初雯雯，蒋志刚，李 凯，胡德夫，陈刚，初红军，2020. 阿尔泰山中蒙边境地区的雪豹及其保护意义 [J]. 生物多样性，28 (4): 00-00. DOI: 10.17520/biods.2019100. Chu W, Jiang Z, Li K, Hu D, Chen G, Chu H, 2020. The snow leopards discovered at the Sino-Mongolian Border region and itssignificance to conservation. Biodiversity Science, 28(4): 00-00. DOI: 10.17520/biods.2019100.

褚新洛，1989. 云南省志. 卷六: 动物志 [M]. 昆明: 云南人民出版社: 1-401. Chu X, 1989. *Annals of Yunnan Province. Vol. 6: Fauna*[M]. Kunming: Yunnan People's Publishing House: 1-401.

崔茂欢，杨国斌，杨士剑，2014. 兰坪云岭省级自然保护区兽类资源调查 [J]. 大理学院学报，13: 48-53. Cui M, Yang, Yang S, 2014. Mammals survey of Lanping Yunling Provincial Nature Reserve[J]. *Journal of Dali University,* 13: 48-53. (In Chinese with English Abstract)

崔鹏，徐海根，吴军，丁晖，曹铭昌，卢晓强，雍凡，陈冰，2014. 中国脊椎动物红色名录指数评估 [J]. 生物多样性，22: 589-595. Cui P, Xu H, Wu J, Ding H, Cao M, Lu X, Yong F, Chen B, 2014. Assessing the Red List Index for vertebrate species in China[J]. *Biodiversity Science,* 22: 589-595. (In Chinese with English Abstract)

崔庆虎，蒋志刚，连新明，张同作，苏建平，2005. 根田鼠栖息地选择的影响因素 [J]. 兽类学报，25: 45-51. Cui Q, Jiang Z, Lian X, Zhang T, Su J, 2005. Factors influencing habitat selection of root voles *Microtus oeconomus*[J]. *Acta Theriologica Sinica,* 25: 45-51. (In Chinese with English Abstract)

崔绍朋，罗晓，李春旺，胡慧建，蒋志刚，2018. 基于 MaxEnt 模型预测白唇鹿的潜在分布区 [J]. 生物多样性，26: 171-176. Cui S, Luo X, Li C, Hu H, Jiang Z, 2018. Predicting the potential distribution of white-lipped deer using the Max-Ent model[J]. *Biodiversity Science,* 26: 171-176. (In Chinese with English Abstract)

戴强，袁佐平，张晋东，杨勇，张明，张强，顾海军，刘志君，蹇依，王跃招，2006. 道路及道路施工对若尔盖高寒湿地小型兽类及鸟类生境利用的影响 [J]. 生物多样性，14: 121-127. Dai Q, Yuan Z, Zhang J, Yang Y, Zhang M, Zhang Q, Gu H, Liu Z, Jian Y, Wang Y, 2006. Road and road construction effects on habitat use of small mammals and birds in Zoige alpine wetland[J]. *Biodiversity Science,* 14: 121-127. (In Chinese with English Abstract)

单文娟，马合木提 · 哈力克，2013. 塔里木兔种群遗传多样性初探 [J]. 生物技术，(3): 46-49. Shan W, Haric M, 2013. Genetic diversity of *Lepus yarkandensis* population[J]. *Biotechnology*, (3): 46-49. (In Chinese with English Abstract)

党飞红，余文华，王晓云，郭伟健，庄卓升，梅廷媛，张秋萍，李锋，李玉春，吴毅，2017. 中国渡濑氏鼠耳蝠种名订正 [J]. 四川动物，36: 7-13. Dang F, Yu W, Wang X, Guo W, Zhuang Z, Zhang Q, Li F, Li Y, Wu Y, 2017. Taxonomic Clarification of *Myotis rufoniger* from China[J]. *Sichuan Journal of Zoology*, 36: 7-13. (In Chinese with English Abstract)

邓可，张利周，李权，李学友，蒋学龙，2013. 云南天池自然保护区兽类资源调查 [J]. 四川动物，32: 458-463. Deng K, Zhang L, Li Q, Li X, Jiang X, 2013. Mammal Survey of Tienchi Nature Reserve, Yunnan Province[J]. *Sichuan Journal of Zoology*, 32: 458-463. (In Chinese with English Abstract)

邓庆伟，刘胜祥，奚蓉，焦开红，李海南，罗泉，戴宗兴，2008. 湖北省兽类一新纪录——贵州菊头蝠 [J]. 四川动物，27: 411. Deng Q, Liu S, Xi R, Jiao K, Li H, Luo Q, Dai Z, 2008. A new record of mammal in Hubei Province-*Rhinolophus rex*[J]. *Sichuan Journal of Zoology*, 27: 411. (In Chinese with English Abstract)

丁晨晨，胡一鸣，李春旺，蒋志刚，2018, 印度野牛在中国的分布及其栖息地适宜性分析 [J]. 生物多样性，26: 37-47. Ding C, Hu Y, Li C, Jiang Z, 2018 Distribution and habitat suitability assessment of the gaur Bos gaurus in China[J]. *Biodiversity Sciences,* 26: 37-47.

丁铁明，王作义，1989. 井冈山自然保护区发现斑蝠 [J]. 江西林业科技，1989 (01): 32. Ding T, Wang Z, 1989. *Scotomanes ornatus* found in Jinggangshan Nature Reserve[J]. *Jiangxi Forestry Science and Technology*, 1989 (01): 32.

丁贤明，钱宝珍，Matsuda Junichiro, Koura Minako, 萨晓婴，施张奎，2008. 长爪沙鼠的遗传多样性分析 [J]. 遗传，30: 877-884. Ding X, Qian B, Matsuda J, Koura M, Sa X, Shi Z, 2008. Genetic diversity of Mongolian gerbils (*Meriones unguiculatus*)[J]. *Hereditas*, 30: 877-884. (In Chinese with English Abstract)

董金海，王广洁，丁正凰，宋光泽，1977. 在我国胶州湾内首获成体抹香鲸 [J]. 海洋科学，1977 (1) : 14-15. Dong J, Wang G, Ding Z, Song G, 1977. First adult sperm whale in Jiaozhou Bay, China[J]. *Ocean Science*, 1977 (1): 14-15.

董维惠，侯希贤，杨玉平，2006. 内蒙古中西部地区五趾跳鼠种群数量动态研究 [J]. 中国媒介生物学及控制杂志，17: 444-446. Dong W, Hou X, Yang Y, 2006. A Study on the population dynamics of *Allactage sibirica* jerboa in the central and western region of Inner Mongoia[J]. *Chines Journal of Vector Biology and Control*, 17: 444-446. (In Chinese with English Abstract)

董维惠，侯希贤，杨玉平，2008. 三趾跳鼠种群数量动态及预测研究 [J]. 中华卫生杀虫药械，14: 181-184. Dong W, Hou X, Yang Y, 2008. Population dynamics and prediction for northern three-toed jerbod[J]. *Chinese Journal of Hygienic Insecticides & Equipments,* 14: 181-184. (In Chinese with English Abstract)

董聿茂，诸葛阳，黄美华，1989. 浙江动物志 : 兽类[M]. 杭州: 浙江科学技术出版社. Dong Y, Zhu G, Huang M, 1989. *Fauna of Zhejiang: Mammal*[M]. Hangzhou: Zhejiang Science and Technology Press. (In Chinese with English Abstract)

段海生，杨振琼，刘亦仁，2011. 中国食虫动物名录修定及分布 [J]. 华中师范大学学报(自然科学版)，45: 466-471. Duan Ha, Yang Z, Liu Y, 2011. List revision of insectivorous in China and its distribution[J]. *Journal of Central China Normal University(Natural Science),* 45: 466-471. (In Chinese with English Abstract)

段艳芳，谢朝晖，胡建业，李文博，干萍，2012. 蜂猴、倭蜂猴的现状与保护策略 [J]. 生物学通报，47: 4-7. Duan Y, Xie Z, Hu J, Li W, Gan P, 2012.

Status and conservation strategies of loris and pygmy loris[J]. *Bulletin of Biology*, 47: 4-7. (In Chinese with English Abstract)

鄂晋，张福顺，余奕东，付和平，2009. 荒漠区开垦干扰下子午沙鼠种群数量动态与繁殖特征 [J]. 内蒙古农业大学学报 (自然科学版)，30: 140-144. Jin E, Zhang F, Yu Y, He F, 2009. Population dynamics and reproduction characteristic of mid-day gerbil under farmland disturbance in desert region[J]. *Journal of Inner Mongolia Agricultural University (Natural Science Edition),* 30: 140-144. (In Chinese with English abstract)

樊龙锁，刘焕金，1998. 历山自然保护区 30 种鸟类繁殖特性及成效的研究 [J]. 山西林业科技，1998 (3): 27-31. Fan L, Liu H, 1998. Reproductive characteristics and effects of 30 species of birds in Lishan Nature Reserve[J]. *Shanxi Forestry Science and Technology*, 1998 (3): 27-31. (In Chinese with English abstract)

范朋飞，2012. 中国长臂猿科动物的分类和保护现状 [J]. 兽类学报，232: 248-258. Fan P, 2012. Taxonomy and conservation status of gibbons in China[J]. *Acta Theriologica Sinica,* 232: 248-258. (In Chinese with English abstract)

范振鑫，刘少英，郭聪，岳碧松，2009. 林跳鼠亚科的系统学研究述评 [J]. 四川动物，28: 157-159. Fan Z, Liu S, Guo C, Yue B, 2009. A Review on the phylogenetic study of the subfamily Zapodinae[J]. *Sichuan Journal of Zoology,* 28: 157-159. (In Chinese with English abstract)

范振鑫，王璐萱，张修月，刘少英，2010. 基于线粒体细胞色素 b 基因对大耳姬鼠和龙姬鼠分类关系的探讨 [J]. 四川动物，29: 878-881. Fan Z, Wang L, Zhang X, Liu S, 2010. The taxonomic relationship between *Apodemus latronum* and *Apodemus draco* based on the Cytochrome b gene[J]. *Sichuan Journal of Zoology*, 29: 878-881. (In Chinese with English abstract)

冯江，李振新，陈敏，周江，赵辉华，张树义，2002. 同一山洞中五种蝙蝠的回声定位比较及生态位的分化 [J]. 生态学报，22: 150-155. Feng J, Li Z, Chen M, Zhou J, Zhao H, Zhang S, 2002. The Echolocation comparison and the differentiation of ecology niche of five species bats live in one cave[J]. *Acta Ecologica Sinica*, 22: 50-155. (In Chinese with English abstract)

冯江，李振新，陈敏，刘颖，张喜臣，周江，张树义，2003. 拖网式食鱼蝠 —— 大足鼠耳蝠的形态、回声定位声波及捕食策略 [J]. 生态学报，23: 1712-1718. Feng J, Li Z, Chen M, Liu Y, Zhang X, Zhou J, Zhang S, 2003. Morphological features, echolocation calls and foraging strategy in the trawling piscivorous bat: Rickett's big-footed bat Myotis ricketti[J]. *Acta Ecologica Sinica*, 23: 1712-1718. (In Chinese with English abstract)

冯磊，吴倩倩，余子寒，刘钊，柳勇，王璐，邓学建，2019. 湖南省翼手目新记录 —— 金黄鼠耳蝠 [J]. 四川动物，38: 107. Feng Lei, Wu Qianqian, Yu Zihan, Liu Zhao, Liu Yong, Wang Lu, Deng Xuejian, 2019. A new record of Chiroptera from Hunan Province[J]. *Sichuan Journal of Zoology*, 38: 107.

冯磊，吴倩倩，余子寒，刘钊，柳勇，邓学建，2019. 湖南衡东发现东亚水鼠耳蝠 [J]. 动物学杂志，54: 22 -29. Feng L, Wu Q, Yu Z, Liu Z, Liu Y, Deng X, 2019. Eastern Daubenton's Myotis (*Myotis petax*) Discovered in Hengdong County Hunan Province[J]. *Chinese Journal of Zoology*, 54: 22 -29.

冯利民，王利繁，王斌，Smith JLD, 张立，2013. 西双版纳尚勇自然保护区野生印支虎及其三种主要有蹄类猎物种群现状调查 [J]. 兽类学报，33: 308 -318. Feng L, Wang L, Wang B, Smith JLD, Zhang L, 2013. Population status of the Indochinese tiger (*Panthera tigris cobetti*) and density of the three primary ungulate prey species in Shangyong Nature Reserve, Xishuangbanna,China[J]. *Acta Theriologica Sinica*, 33: 3018-3318. (In Chinese with English abstract)

冯利民，王志胜，林柳，杨绍兵，周宾，李春华等，2010. 云南南滚河国家级自然保护区亚洲象种群旱季生境选择及保护策略 [J]. 兽类学报，30: 1-10. Feng L, Wang Z, Lin L, Yang S, Zhou B, Li C, Xiong Y, Zhang L, 2010. Habitat selection in dry season of Asian elephant (*Elephas maximus*) and conservation strategies in Nangunhe National Nature Reserve, Yunnan, China[J]. *Acta Theriologica Sinica*, 30: 1-10. (In Chinese with English abstract)

冯庆，蒋学龙，李松，王应祥，2006, 中国翼手类一属、两种新纪录 [J]. 动物分类学报，31: 224-230. Feng Q, Jiang X, 2006. A new record genus Megaerops and its two species of bat in China(Chiroptera, pteropodidae)[J]. *Acta Zootaxonomica Sinica,* 31: 224-230. (In Chinese with English abstract)

冯庆，蒋学龙，王应祥，2008. 亚洲南部球果蝠 *Sphaerias blanfordi* (Thomas, 1891) 的亚种分化 [J]. 兽类学报，28: 367-374. Feng Q, Jiang X, Wang Y, 2008. Subspecies differentiation for Blanford's fruit bat, *Sphaerias blanfordi* (Thomas, 1891) in southern Asia[J]. *Acta Theriologica Sinica*, 28: 367-374. (In Chinese with English abstract)

冯庆，王应祥，林苏，2007. 中国安氏长舌果蝠的分类记述 [J]. 动物学研究，28: 647-653. Feng Q, Wang Y, Lin S, 2007. Notes of Greater long-tongued fruit bat *Macroglossus sobrinus* in China[J]. *Zoological Research,* 28: 647-653. (In Chinese with English abstract)

冯志勇，黄秀清，陈美梨，帅应垣，1990. 黄毛鼠种群时空动态和近年来鼠害上升的原因的研究 [J]. 生态科学，1990 (1): 78-83. Feng Z, Huang X, Chen M, Shuai Y, 1990. Spatio-temporal dynamics of the population of the yellow rats *Rattus losea* and the causes of the increase of rodent damage in recent years[J]. *Ecological Science*, 1990 (1): 78-83. (In Chinese with English abstract)

冯祚建，蔡桂全，郑昌琳，1984. 西藏哺乳类名录 [J]. 兽类学报，4: 341-358. Feng Z, Cai G, a Zheng C, 1984. A checklist of the mammals of Xizang (Tibet) [J]. *Acta Theriologica Sinica*, 4: 341-358. (In Chinese with English abstract)

冯祚建，郑昌琳，1985. 中国鼠兔属 (*Ochotona*) 的研究 —— 分类与分布 [J]. 兽类学报，5: 269-289. Feng Z, Zheng C, 1985. Studies on the Pikas (genus *Ochotona*) -Taxonomic notes and distribution[J]. *Acta Theoriologica Sinica*, 5: 269-289.

冯祚建，蔡桂全，郑昌林，1986. 西藏哺乳类 [M]. 北京: 科学出版社. Feng Z, Cai G, Zheng C, 1986. *Mammals of Tibet*[M]. Beijing: Science Press. (In Chinese)

符丹凤，张佑祥，蒋洵，刘志霄，阎中军，杨伟伟，曾卫湘，2010. 西南鼠耳蝠湖南分布新纪录 [J]. 吉首大学学报 (自然科学版)，31: 106-108. Fu F, Zhang Y, Jiang X, Liu Z, Yan Z, Yang, W, Zeng W, 2010. Distribution record of *Myotis altarium* Thomas in Hunan Province of China[J]. *Journal of Jishou University* (Natural Sciences Edition), 31: 106-108. (In Chinese with English abstract)

符建荣，雷开明，孙治宇，刘洋，廖锐，侯全芬，涂飞云，刘少英，2012. 西藏小型兽类二新纪录 [J]. 四川动物，31: 123-124. Fu Ji, Lei K, Sun Z, Liu Y, Liao R, Hou Q, Tu F, Liu S, 2012. Two new records of small animals in Tibet[J]. *Sichuan Journal of Zoology*, 31: 123-124. (In Chinese with English abstract)

付必谦，陈卫，王磊，杨益民，高武，仲雨霞，2008. 北京地区中华姬鼠与大林姬鼠的数量分类研究 [J]. 生物数学学报，23: 668-676. Fu B, Chen W, Wang L, Yang Y, Gao W, Zhong Y, 2008. Quantitative Classification of Mice *A. draco* and *A. peninsulae* from Beijing[J]. *Journal of Biomathematics*, 23: 668-676. (In Chinese with English abstract)

付和平，郭志成，董清，吴平，苏德，李爱斌，2003. 内蒙古阿拉善右旗、额济纳旗啮齿动物区系 [J]. 草原与草业，2003 (3): 5-7. Fu Heping, Guo Z, Dong Q, Wu P, Su D, Li Aibin, 2003. Rodent fauna of Alashan Right Banner and Ejin Banner in Inner Mongolia[J]. *Grassland and Grass Industry*, 2003 (3): 5-7. (In Chinese with English abstract)

付和平，武晓东，杨泽龙，2005. 阿拉善地区不同生境小型兽类群落多样性研究 [J]. 兽类学报，25: 32-38. Fu H, Wu X, Yang Z, 2005. Diversity of small mammals communities at different habitats in Alashan region, Inner Mongolia[J]. *Acta Theriologica Sinica*, 25: 32-38. (In Chinese with English abstract)

甘宏协，胡华斌，2008. 基于野牛生境选择的生物多样性保护廊道设计: 来自西双版纳的案例 [J]. 生态学杂志，27: 2153-2158. Gan H, Hu H, 2008. Biodiversity conservation corridor design based on habitat selection of Gaur (*Bos Gaurus*): a case study from Xishuangbanna, China[J]. *Chinese Journal of Ecology*, 27: 2153-2158. (In Chinese with English abstract)

高安利，周开亚，1995. 中国水域江豚外形的地理变异和江豚的三亚种 [J]. 兽类学报，15: 81-92. Gao A, Zhou K, 1995. Geographical variation in morphology of finless porpoise and 3 subspecies of the finless porpoise in Chinese waters[J]. *Acta Theriologica Sinica*, 15: 81-92.

高安利，1991. 江豚不同种群的形态差异和地理变异 [D]. 南京 : 南京师范大学博士学位论文 . Gao A, 1991. Morphological and Geographical Variation of Different Populations of Finless Porpoise[D]. Nanjing: Doctoral Dissertation of Nanjing Normal University. (In Chinese with English abstract)

高晶，2006. 吉林和云南马铁菊头蝠线粒体 DNA 部分序列变异及其系统发育关系 [D]. 长春 : 东北师范大学硕士学位论文. Gao J, 2006. Sequence Variation and Phylogenetic Analysis of Greater Horseshoe Bat *Rhinolophus ferrumequinum* in Yunnan and Jiin Provinces Based on Partial Mitochondrial DNA [D]. Changchun: Master's Thesis of Northeast Normal University. (In Chinese with English abstract)

高倩，王存富，薛慧良，徐来祥，2008. 三个不同地理种群大仓鼠的遗传多样性 [J]. 曲阜师范大学学报 (自然科学版)，34: 93-97. Qian G, Wang C, Xue H, Xu L, 2008. Genetic diversity of cricetulus triton de Winton for three different populations[J]. *Journal of Qufu Normal University* (Natural Science), 34: 93-97. (In Chinese with English abstract)

高武，陈卫，傅必谦，1996. 北京地区翼手类的区系及其分布 [J]. 河北大学学报 (自然科学版)，16: 49-52. Gao W, Chen W, Fu B, 1996. The fauna and distribution of Chiropteran in Beijing Area[J]. *Journal of Hebei University* (Natural Science Edition), 16: 49-52. (In Chinese with English abstract)

高行宜，姚军，2006. 新疆哈密盆地初冬鹅喉羚的地理分布与种群数量 [J]. 干旱区地理，29: 53-58. Gao, X, Yao J, 2006. Study on the geography distribution and population of *Gazella subgutturosa* in the Hami Basin, Xinjiang in early winter[J]. *Arid Land Geography*, 29: 53-58. (In Chinese with English abstract)

高耀亭，冯祚建，1964. 中国灰尾兔亚种的研究 [J]. 动物分类学报，1: 21-32. Gao Y, Feng Z, 1964. Subspecies of *Lepus oiostolus* in China[J]. *Acta Zootaxonomica Sinica,* 1: 21-32. (In Chinese with English abstract)

高耀亭，陆长坤，张洁，汪松，1962. 云南西双版纳兽类调查报告 [J]. 动物学报，14: 180-196. Gao Y, Lu C, Zhang J, Wang S, 1962. Mammal survey report of Xishuangbanna, Yunnan[J]. *Acta Zoologica Sinica*, 14: 180-196. (In Chinese with English abstract)

高耀亭，汪松，王申裕，王应祥，叶宗耀，徐龙辉，李贵辉，吴家炎，1987. 中国动物志. 兽纲. 食肉目 [M]. 北京: 科学出版社. Gao Y, et al., 1987. *Fauna Sinica. Mammalia. Vol. 8 Carnivora*[M]. Beijing Science Press .

高志英，2008. 吉林省蝙蝠科三种蝙蝠的核型研究 [D]. 长春 : 吉林农业大学硕士学位论文. Gao Z, 2008. Study on Karyotypes of three Species of Vespertilionidae Bats from Jilin [D]. Changchun: Master's Thesis of Jilin Agricultural University. (In Chinese with English abstract)

高中信，2006. 中国狼研究进展 [J]. 动物学杂志，41: 134-136. Gao Z, 2006. Review of the research on wolf in China[J]. *Chinese Journal of Zoology,* 41: 134-136. (In Chinese with English abstract)

葛小芳，孟凡露，王朋，盛岩，王卫平，冯金朝，薛达元，孟秀祥，2015. 大兴安岭驯鹿 (*Rangifer tarandus*) 的春季生境选择 [J]. 生态学报，35: 5000-5008. Ge X, Meng F, Wang P, Sheng Y, Wang W, Feng Jo, Xue D, Meng X, 2015. The spring habitat selection of reindeer (*Rangifer tarandus*) in Great Xing'anling of China[J]. *Acta Ecologica Sinica*, 35: 5000-5008. (In Chinese with English abstract)

龚立新，顾浩，孙淙南，马青，江廷磊，冯江，2018. 贵州发现毛翼管鼻蝠和华南菊头蝠及其回声定位声波特征 [J]. 动物学杂志，53(3): 329-338. Gong L,

Gu H, 2018. Two New Records of the Chiroptera in Guizhou Province (China) and Their Echolocation Calls[J]. *Chinese Journal of Zoology*, 53(3): 329-338.

龚晓俊，陈贵春，刘昭兵，黄红武，田珍灶，2013. 贵州省啮齿动物分布及名录 [J]. 医学动物防制，29: 1-9. Gong X, Chen G, Liu Z, Huang H, Tian Z, 2013. Rodent distribution and list in Guizhou Province[J]. *Control of Medical Animals*, 29 1-9. (In Chinese with English abstract)

龚正达，王应祥，李章鸿，李四全，2000. 中国鼠兔一新种 —— 片马黑鼠兔 [J]. 动物学研究，21: 204-209. Gong Z, Wang Y, Li Z, Li S, 2000. A new species of pika: Pianma Blacked Pika, *Ochotona nigritia* (Lagomorpha: Ochotonidae) fom Yunnan, China[J]. *Zoological Research,* 21: 204-209.

龚正达，吴厚永，段兴德，冯锡光，和应天，刘泉，2001. 云南玉龙雪山自然保护区小型兽类群落系统聚类分析与区系研究 [J]. 疾病预防控制通报，2001: 67-73. Gong Z, Wu H, Duan X, Feng X, He Y, Liu Q, 2001. Cluster analysis and floristic study of small animal community in Yulong Snow Mountain Nature Reserve, Yunnan[J]. *Chinese Journal of Disease Control and Prevention,* 2001 (1): 67-73. (In Chinese with English abstract)

龚正达，吴厚永，2001. 云南横断山区小型兽类物种多样性与地理分布趋势 [J]. 生物多样性，9: 73-79. Gong Z, Wu H, Duan X, Feng X, Zhang Y, Liu Q, 2001. The species diversity and distribution trends of small mammals in Hengduan Mountains, Yunnan[J]. *Biodiversity Science,* 9: 73-79. (In Chinese with English abstract)

谷登芝，周立志，马勇，宁恕龙，侯银续，张保卫，2011. 中国柽柳沙鼠线粒体 DNA 的地理变异及其亚种分化 [J]. 兽类学报，31: 347-357. Gu D, Zhou L, Ma Y, Ning S, Hou Y, Zhang B, 2011. Geographic variation in mitochondrial DNA sequences and subspecies divergence of the Tamarisk Gerbil (*Meriones tamariscinus*) in China[J]. *Acta Theriologica Sinica*, 31: 347-357. (In Chinese with English abstract)

谷晓明，路静，韩建领，彭有，涂云燕，2003. 蝙蝠科七种蝙蝠的核型 [J]. 兽类学报，23: 127-132. Gu X, Lu J, Han J, Peng Y, Tu Y, 2003. Karyotypes of Seven Species of Vespertilionidae Bats[J]. *Acta Theriologica Sinica,* 23: 127-132. (In Chinese with English abstract)

谷晓明，涂云彦，蒋大池，杨华矶，汪莹，2003. 贵州五种菊头蝠的核型分析 [J]. 动物学杂志，38: 18-22. Gu X, Tu Y, Jiang D, Yang H, Wang Y, 2003. Karyotype analysis of five *Rhinolophus* species from Guizhou[J]. *Chinese Journal of Zoology,* 38: 18-22. (In Chinese with English abstract)

广东省昆虫研究所动物室，中山大学生物系，1983. 海南岛的鸟兽 [M]. 北京：科学出版社: 1-426. Animal Laboratory of Guangdong Institute of Entomology, Department of Biology, Sun Yat-Sen University, 1983. *Mammals and Birds on the Hainan Island* [M]. Beijing: Science Press: 1-426.

郭郛，钱燕文，马建章，2004. 中国动物学发展史 [M]. 哈尔滨：东北林业大学出版社 . Ge F, Qian Y, Ma J, 2004. *The Developing History of China's Zoology*[M]. Harbin: Northeast China Forestry University Press. (In Chinese).

郭建荣，2003. 山西芦芽山自然保护区岩松鼠生态的初步观察 [J]. 四川动物，22: 171-172. Guo J, 2003. Ecology of *Sciurotamias davidianus* in Luya Mountain Nature Reserve, Shanxi Province[J]. *Sichuan Journal of Zoology*, 22: 171-172. (In Chinese with English abstract)

郭柯，方精云，王国宏，唐志尧，谢宗强，沈泽昊，王仁卿，强胜，梁存柱，达良俊，于丹，2020. 中国植被分类系统修订方案 [J]. 植物生态学报，44: 111-127. Guo K, Fang J, Wang G, Tang Z, Xie Z, Shen Z, Wang R, Qiang S, Liang C, Da L, Yu D, 2020. Revised plan of vegetation classification system in China[J]. *Chinese Journal of Plant Ecology*, 44: 111- 127.

郭世芳，梁栓柱，1997. 内蒙古哺乳动物的种类和分布 [J]. 内蒙古林业调查设计，1997 (2): 64-69. Guo S, Liang S, 1997. Species and distribution of mammals in Inner Mongolia[J]. *Inner Mongolia Forestry Survey and Design,* 1997 (2): 64-69. (In Chinese with English abstract)

郭宪，阎萍，程胜利，杨博辉，曾玉峰，梁春年，2007. 中国野牦牛遗传资源的保存与利用 [J]. 家畜生态学报，28: 96-98. Guo X, Yan P, Cheng S, Yang B, Zeng Y, Liang C, 2007. Conservation and utilization of genetic Resources of wild yak in China[J]. *Acta Ecologiae Animalis Domastici*, 28(5): 96-98. (In Chinese with English abstract)

郭延蜀，2000. 四川梅花鹿的分布、数量及栖息环境的调查 [J]. 兽类学报，20: 81-87. Guo Y, 2000. Distribution, numbers and habitat of Sichuan sika deer (*Cervus nippon sichuanicus*)[J]. *Acta Theriologica Sinica*, 20: 81-87. (In Chinese with English abstract)

韩宝银，贺红早，2012. 贵州飞龙洞南蝠的种群研究 [J]. 安徽农业科学，40: 558-648. Han B, He H, 2012. Study of the great evening bats (*Ia io*) populations in Feilong Cave of Guizhou Province[J]. *Journal of Anhui Agricultural Sciences,* 40: 558-648. (In Chinese with English abstract)

郝海邦，刘少英，张修月，刘洋，陈伟才，岳碧松，2011. 凉山田鼠分子系统进化 [C]. 四川省动物学会第九次会员代表大会暨第十届学术研讨会论文集. Hao Hai-Bang, Liu Shao-Ying, Zhang Xiu-Yue, Liu Yang, Chen Wei-Cai, Yue Bi-Song, 2011. Molecular phylogeny of *Proedromys liangshanensis*[C]. Proceedings of the 9th Member Congress and 10th Symposium of Sichuan Zoological Society.

郝玉江，王克雄，韩家波，郑劲松，先义杰，姚志平，鹿志创，李海燕，张先锋，2011. 中国海兽研究概述 [J]. 兽类学报，31: 20-36. Hao Y, Wang K, Han J, Zheng J, Xian Y, Yao Z, Lu Z, Li H, Zhang X, 2011. Marine mammal researches in China[J]. *Acta Theriologica Sinica*, 31: 20-36. (In Chinese with English abstract)

何锴，邓可，蒋学龙，2012. 中国兽类鼩鼱科一新纪录 —— 高氏缺齿鼩 [J]. 动物学研究，33: 542-544. He K, Deng K, Jiang X, 2012. First record of Van sung's shrew (*Chodsigoa caovansunga*) in China[J]. *Zoological Researc*, 33: 542-544. (In Chinese with English abstract)

何小瑞，杨向东，李涛，1991. 中国小竹鼠生态的初步研究 [J]. 动物学研究，12: 41-48. He X, Yang X, Li T, 1991. A preliminary studies on the ecology of the lesser bamboo rat (*Cannomys badius*) in China[J]. *Zoological Research*, 12: 41 - 48. (In Chinese with English abstract)

何晓瑞，杨德华，1982. 我国菲氏叶猴生物学的初步研究 [J]. 动物学研究，3(增刊): 349-354. He X, Yang D, 1982. Peliminary studies on the biology of *Presbytis phayrei*[J]. *Zoological Research*, 3(Supplementary): 349-354. (In Chinese with English abstract)

何晓瑞，1999. 无尾蹄蝠在云南再次发现 [J]. 四川动物，18: 183. He X, 1999. *Coelops frithi* rediscovered in Yunnan[J]. *Sichuan Journal of Zoology*, 18: 183. (In Chinese with English abstract)

何新焕，2011. 河南周边省份马铁菊头蝠的种下分类研究 [D]. 新乡: 河南师范大学硕士学位论文 . He X, 2011. Subspecies Classification of Horseshoe Bats *Rhinolophus ferrumequinum* in Surrounding Provinces of Henan [D]. Xinxiang: Master's Thesis of Henan Normal University. (In Chinese with English abstract)

何娅，周材权，刘国库，陈林，张阳，潘立，2012. 斯氏鼢鼠物种地位有效性的探讨 [J]. 兽类学报，37: 36-43. He Y, Zhou C, Liu G, Chen L, Zhang Y, Pan L, 2012. Research on the validity of *Eospalax smithii* inferred from molecular and morphological evdience[J]. *Acta Zootaxonomica Sinica*, 37: 36-43. (In Chinese with English abstract)

何娅，周材权，潘立，2009. 四川兽类新纪录——秦岭鼢鼠线粒体 cyt b 基因的克隆及其比较研究 [J]. 西华师范大学学报 (自然科学版)，30: 8-12. He Y, Zhou C, Pan L, 2009. New mammalian record in Sichuan Province-*Eospalax Rufesens* mitochondrion Cyt b gene's clone and comparative analysis[J]. *Journal of China West Normal University* (Natural Sciences), 30: 8-12. (In Chinese with English abstract)

何业恒，1993. 中国珍稀兽类的历史变迁 [M]. 长沙: 湖南科学技术出版社. He Y, 1993. *Historical Changes of Rare Animals in China*[M]. Changsha: Hunan Science and Technology Press.

何志超，毕俊怀，陈绍勇，霍明晨，揭志良，付明霞，2015. 基于红外相机对额仁淖尔苏木盘羊 (*Ovis ammon*) 生存现状的研究 [J]. 野生动物学报，36: 5-10. He Z, Bi J, Chen S, Huo M, Jie Z, Fu M, 2015. Research on argali *Ovis ammon* from the E'ren Nao'er Region of Inner Mongolia using infrared cameras[J]. *Chinese Journal of Wildlife*, 36: 5-10. (In Chinese with English abstract)

贺新平，卜艳珍，周会先，赵乐桢，牛红星，2014. 云南省保山市发现莱氏蹄蝠 *Hipposideros lylei*[J]. 四川动物，33: 865-873. He X, Bu Y, Zhou H, Zhao L, Niu H, 2014. *Hipposideros lylei* found in Baoshan City, Yunnan Province[J]. *Sichuan Journal of Zoology*, 33: 865-873. (In Chinese with English abstract)

洪体玉，周善义，叶建平，周志勤，朱光剑，谭敏，张礼标，2009. 广西发现局部白化中蹄蝠幼仔一例 [J]. 动物学杂志，44: 138-140. Hong T, Zhou S, Ye J, Zhou Z, Zhu G, Tan M, Zhang L, 2009. A partial albino pup of *Hipposideros larvatus* found in Guangxi Province[J]. *Chinese Journal of Zoology*, 44: 138-140. (In Chinese with English abstract)

洪伟，2005. 黑龙江兽类物种多样性研究 [J]. 国土与自然资源研究，3: 77-78. Zhang J, Yu H, 2005. Research species diversity of mammals in northeast of China[J]. *Territory & Natural Resources Stuty*, 3: 77-78. (In Chinese with English abstract)

侯兰新，欧阳霞辉，2010. 心颅跳鼠亚科 (Cardiocraniinae) 在中国的分布和分类 [J]. 西北民族大学学报 (自然科学版)，31: 64-67. Hou L, Ouyang, X, 2010. Distribution and taxonomy of subfamily cardiocraniinae in China[J]. *Journal of Northwest University for Nationalities* (Natural Science), 31: 64-67. (In Chinese with English abstract)

侯兰新，1995. 中国的跳鼠家族浅谈 [J]. 生物学通报，30: 14-14. Hou L, 1995. A brief discussion on the Chinese jerboa[J]. *Biology Bulletin*, 30: 14-14. (In Chinese with English abstract)

侯兰新，2000. 新疆伊犁地区兽类调查报告 [J]. 兽类学报，20: 233-238. Hou L, 2000. Investigation report on mammals in Yili, Xinjiang[J]. *Acta Zoologica Sinica*, 20: 233-238. (In Chinese with English abstract)

侯立冰，丁晶晶，丁玉华，任义军，刘彬，2012. 江苏大丰麋鹿种群及管理模式探讨 [J]. 野生动物学报，33: 254-257. Hou L, Ding J, Ding Y, Ren Y, Liu B, 2012. Manegement of Père David's deer at Dafeng Milu National Nature Reserve[J]. *Chinese Journal of Wildlife*, 33: 254-257. (In Chinese with English abstract)

侯希贤，董维惠，杨玉平，2003. 鄂尔多斯沙地草场小毛足鼠种群数量动态分析 [J]. 中国媒介生物学及控制杂志，14: 177-180. Hou X, Dong W, Yang Y, 2003. Population dynamics analysis of *Phodopus roborovskii* in sandy land of Ordos[J]. *Chinese Journal of Vector Biology and Control*, 14: 177-180. (In Chinese with English abstract)

侯希贤，董维惠，周延林，王利民，鲍伟东，2000. 鄂尔多斯沙地草场小毛足鼠种群数量动态及预测 [J]. 中国媒介生物学及控制杂志，11: 7-10. Hou X, Dong W, Yang Y, 2003. Analysis on the population dynamics of desert hamster in Ordos Sandland[J]. *Chinese Journal of Vector Biology and Control*, 11: 7-10. (In Chinese with English abstract)

胡刚，董鑫，罗洪章，苏欣慰，黎大勇，周材权，2011. 过去二十年贵州黑叶猴分布与种群动态及致危因子分析 [J]. 兽类学报，31: 306-311. Hu G, Dong X, Luo H, Su X, Li D, Zhou C, 2011. The distribution and population dynamics of Francois' langur over the past two decades in Guizhou, China and threats to its survival[J]. *Acta Theriologica Sinica*, 31: 306-311.

胡刚，杜勇，2002. 云南省小熊猫 (*Ailurus fulgens*) 资源分布及保护现状 [J]. 西北林学院学报，17: 67-71. Hu G, Du Y, 2002. The current distribution, population and conservation status of *Ailurus fulgens* in Yunnan[J]. *Journal of Northwest Forestry College*, 17: 67-71. (In Chinese with English abstract)

胡刚，1998. 山蝠、绒山蝠和爪哇伏翼乳酸脱氢酶同工酶的比较研究 [J]. 四川师范学院学报 (自然科学版)，19: 3-9. Hu G, 1998. A comparative study of tissue lactate dehydrogenase isoenzyme among noctule, villus noctule and Javan pipistrelle[J]. *Journal of Sichuan Teachers College* (Natural Science), 19: 135-141. (In Chinese with English abstract)

胡锦矗，胡杰，2007. 四川兽类名录新订 [J]. 西华师范大学学报 (自然科学版)，28: 165-171. Hu J, Hu J, 2007. Newly edited catalogue of Sichuan mammals[J]. *Journal of China West Normal University* (Natural Sciences), 28: 165-171. (In Chinese with English abstract)

胡锦矗，吴毅，1993. 四川伏翼属 3 种蝙蝠新记录 [J]. 四川师范学院学报 (自然科学版)，14: 236-238. Hu J, Wu Y, 1993. New records of bat's three species of pipistrelle in Sichuan Province[J]. *Journa of China West Normal University* (Natural Sciences), 28: 165-171. (In Chinese with English abstract)

胡锦矗，2001. 大熊猫研究 [M]. 上海: 上海科技教育出版社. Hu J, 2001. *Giant Panda Research*[M]. Shanghai: Shanghai Science and Technology Education Press.

胡开良，杨剑，谭梁静，张礼标，2012. 同地共栖三种鼠耳蝠食性差异及其生态位分化 [J]. 动物学研究，33: 177-181. Hu K, Yang J, Tan L, Zhang L, 2012. Dietary differences and niche partitioning in three sympatric *Myotis* species[J]. *Zoological Reseach*, 33: 177-181. (In Chinese with English abstract)

胡秋波，吴太平，蒋洪，2014. 黄胸鼠生态及防治研究进展 [J]. 中华卫生杀虫药械，20: 180-184. Hu Q, Wu T, Jiang H, 2014. A review of ecology and control of *Rattus tanezumi*[J]. *Chinese Journal of Hygienic Insecticides & Equipments* 20: 180-184. (In Chinese with English abstract)

胡诗佳，彭建军，于冬梅，王利利，辛翠娜，张宇姝，2010. 中华穿山甲的研究及保护现状 [J]. 四川动物，29: 673-675. Hu S, Peng J, Yu D, Wang L, Xin C, Zhang Y, 2010. Research and conservation status in Chinese pangolin (*Manis pentadactyla*)[J]. *Sichuan Journal of Zoology*. 29: 673-675.

胡一鸣，李玮琪，蒋志刚，刘务林，梁健超，林宜舟，黄志文，覃海华，金崑，胡慧建，2018. 羌塘、可可西里无人区野牦牛种群数量和分布现状 [J]. 生物多样性，26: 185-190. Hu Y, Li W, Jiang Z, Liu W, Liang J, Lin Y, Huang Z, Qin H, Jin K, Hu H, 2018. A wild yak survey in Chang Tang of Tibet Autonomous Region and Hoh Xil of Qinghai Province[J]. Biodiversity Science, 26: 185-190. (In Chinese with English abstract)

胡一鸣，梁健超，金崑，丁志锋，周智鑫，胡慧建，蒋志刚，2018. 喜马拉雅山哺乳动物物种多样性垂直分布格局 [J]. 生物多样性，26: 191-201. Hu Y, Liang J, Jin K, Ding Z, Zhou Z, Hu H, Jiang Z, 2018. The elevational patterns of mammalian richness in the Himalayas[J]. *Biodiversity Science*, 26: 191-201.

胡一鸣，姚志军，黄志文，田园，李海滨，普琼，杨道德，胡慧建，2014. 西藏珠穆朗玛峰国家级自然保护区哺乳动物区系及其垂直变化 [J]. 兽类学报，34: 28-37. Hu Y, Yao Z, Huang Z, Tian Y, Li H, Pu Q, Yang D, Hu H, 2014. Mammalian fauna and its vertical changes in Mt. Qomolangma National Nature Reserve, Tibet, China[J]. *Acta Theriologica Sinica*, 34: 28-37. (In Chinese with English abstract)

胡宜峰，黎舫，吴毅，李玉春，余文华，2018. 海南省蝙蝠新记录 —— 毛翼管鼻蝠 [J]. 浙江林业科技，38: 85-88. Hu Y, Li F, Wu Y, Li Y, Yu W, 2018. A new bat record from Hainan Province: The *Harpiocephalus harpia*[J]. *Zhejiang Forestry Science and Technology*, 38: 85-88.

华朝朗，杨东，毕艳玲，阎璐，宋劲忻，郑进烜，2013. 云南省西黑冠长臂猿现状及保护对策 [J]. 林业调查规划，38: 55-60. Hua Z, Yang D, Bi Y, Yan L, Song J, Zheng J, 2013. Status and conservation of western black crested gibbon in Yunnan[J]. *Forest Inventory and Planning*, 38: 55-60. (In Chinese with English abstract)

黄乘明，周岐海，李友邦，2018. 黑头叶猴的行为生态学与保护生物学 [M]. 上海: 上海科学技术出版社. Huang X, Zhou Q, Li Y, 2018. *Behavioral Ecology and Conservation Biology of Black-headed Langurs*[M]. Shanghai: Shanghai Science and Technology Press.

黄辉，郭宪国，朱琼蕊，2013. 我国针毛鼠的研究进展 [J]. 医学动物防制，29: 1086-1090. Huang H, Guo X, Zhu Q, 2013. Research progress of *Rattus fulvescens* in China[J]. *Control of Medical Animals*, 29: 1086-1090. (In Chinese with English abstract)

黄继荣，王炎，李联涛，2006. 长爪沙鼠生物学特性调查研究 [J]. 宁夏农林科技，2006 (6): 36-37. Huang J, Wang Y, Li L, 2006. Investigation and study on biological characteristics of *Meriones unguicutatus*[J]. *Ningxia Agroforestry Science and Technology*, 2006 (6): 36-37. (In Chinese with English abstract)

黄继展，谭梁静，杨剑，陈毅，刘奇，沈琪琦，徐敏贞，邓耀民，张礼标，2013. 澳门翼手类物种多样性调查 [J]. 兽类学报，33: 123-132. Wong K, Tan L, Yang J, Chen Y, Liu Q, Shen Q, Choi M, Tang L, Zhang L, 2013. A recent survey of bat diversity (Mammalia: Chiroptera) in Macau[J]. *Acta Theriologica Sinica*, 33: 123-132. (In Chinese with English abstract)

黄乃伟，王卓聪，罗玉梅，王超，蔡凤坤，巩振才，邰志娟，睢亚橙，朴正吉，2012. 人类经济活动对长白山自然保护区动物多样性的影响 [J]. 北华大学学报 (自然科学版)，13: 444-450. Huang N, Wang Z, Luo Y, Wang C, Cai F, Gong Z, Tai Z, Sui Y, Piao Z, 2012. Impact of human economic activities on animal diversity in Changbai Mountain Nature Reserve[J]. *Journal of Beihua University* (Natural Science), 13: 444-450. (In Chinese with English abstract)

黄太福，龚小燕，吴涛，彭乐，张佑祥，张礼标，刘志霄，2018. 梵净山管鼻蝠在湖南省的分布新纪录 [J]. 兽类学报，38(03): 315-317. Huang T, Gong X, Wu T, Peng L, Zhang Y, Zhang L, Liu Z, 2018. New record of *Murina fanjingshanensis* in Hunan Province, China[J]. *Acta Theriologica*

Sinica, 38(03): 315-317.

黄薇，夏霖，冯祚建，杨奇森，2007. 新疆兽类分布格局及动物地理区划探讨 [J]. 兽类学报，27: 325-337. Huang W, Xia L, Feng Z, Yang Q, 2007. Distribution pattern and zoogeographical discussion on mammals in Xinjiang[J]. *Acta Theriologica Sinica*, 27: 325-337. (In Chinese with English abstract)

黄薇，夏霖，杨奇森，冯祚建，2008. 青藏高原兽类分布格局及动物地理区划 [J]. 兽类学报，28: 375-394. Huang W, Xia L, Yang Q, Feng Z, 2008. Distribution pattern and zoogeographical division on mammals on the Qinghai-Tibet Plateau[J]. *Acta Theriologica Sinica*, 28: 375-394. (In Chinese with English abstract)

黄湘元，张兴超，陈辈乐，李飞，2019. 云南腾冲发现贡山麂 [J]. 兽类学报，39: 595-598. Huang X, Zhang X, Chan PLB, Li F, 2019. Discovery of Gongshan Muntjac (*Muntiacus gongshanensis*) in Tengchong, Yunnan Provinc[J]. *Acta Theriologica Sinica*, 39: 595-598.

黄翔，周立志，2012. 蒙新区子午沙鼠种群的遗传多样性和遗传结构 [J]. 兽类学报，32: 179-187. Huang X, Zhou L, 2012. Genetic diversity and genetic structure of the mid-day gerbil population in Inner Mongolia-Xinjiang Plateau[J]. *Acta Theriologica Sinica*, 32: 179-187. (In Chinese with English abstract)

黄英，武晓东，2004. 内蒙古五趾跳鼠种下数量分类初步研究 [J]. 内蒙古农业大学学报 (自然科学版)，25: 46-52. Ying H, Wu X, 2004. Primary study on numerical classification of infer-species of *Allactaga sibirica* in Inner Mongolia[J]. *Neimenggu Nongye Daxue Xuebao* (Edition of Natural Science), 25: 46-52. (In Chinese with English abstract)

霍晟，杨君兴，向左甫，马世来，2003. 中国灵猫科的支序系统学分析 [J]. 动物学研究，24: 413-420. Huo S, Yang J, Xiang Z, Ma S, 2003. Cladistic analysis of the family Viverridae (Carnivora) from China[J]. *Zoological Research*, 24: 413-420. (In Chinese with English abstract)

吉晟男，武晓东，余奕东，张福顺，袁帅，鄂晋，曹丰海，2009. 荒漠区不同干扰下三趾跳鼠种群数量动态 [J]. 内蒙古农业大学学报 (自然科学版)，30: 145-150. Ji S, Wu X, Yu Y Zhang F, Yuan S, Er J, Cao F, 2009. Population dynamics of northern three-toed jerboa under different disturbance in desert region[J]. *Journal of Inner Mongolia Agricultural University* (Natural Science Edition), 30: 145-150. (In Chinese with English abstract)

江广华，肖春芳，祝友春，向明喜，索建中，谢延平，邢文锋，2013. 湖北省啮齿类新纪录 —— 青毛硕鼠 [J]. 四川动物，32: 267-268. Jiang G, Xiao C, Zhu Y, Xiang M, Suo J, Xie Y, Xing W, 2013. A New Rodent Record in Hubei Province, China: *Berylmys bowersi*[J]. *Sichuan Journal of Zoology*, 32: 267-268. (In Chinese with English abstract)

江廷磊，冯江，朱旭，姜云垒，2008. 贵州省发现大足鼠耳蝠分布 [J]. 东北师大学报 (自然科学版)，40: 103-106. Jiang T, Feng J, Zhu X, Jiang Y, 2008. A new record of Rickett's big-footed bat *Myotis ricketti* in Guizhou province[J]. *Journal of Northeast Normal University* (Natural Science Edition), 40: 103-106. (In Chinese with English abstract)

江廷磊，冯江，2011. 中国特有种大卫鼠耳蝠回声定位声波的地理变化：一个社群适应的案例 [C]. 第七届全国野生动物生态与资源保护学术研讨会 . Jiang Tinglei, Feng Jiang, 2011. Geographic changes of echolocation of *Myotis davidii*: a case study of community adaptation[C]. 7th National Symposium on Wildlife Ecology and Resource Conservation.

江廷磊，刘颖，冯江，2008. 中国翼手类一新纪录种 [J]. 动物分类学报，33: 212-216. Jiang T, Liu Y, Feng J, 2008. A new Chinese record species[J]. *Acta Zootaxonomica Sinica*, 33: 212-216. (In Chinese with English abstract)

江廷磊，赵华斌，何彪，张礼标，罗金红，刘颖，孙克萍，余文华，吴毅，冯江，2020. 中国蝙蝠生物学研究进展及其保护对策 [J]. 兽类学报. DOI: 10.16829/j.slxb.150430. Jiang T, Zhao H, He B, Zhang L, Luo J, Liu Y, Sun K, Yu W, Wu Y, Feng J, 2020. Research progress of bat biology and conservation strategies in China[J]. *Acta Theriologica Sinica*. DOI: 10.16829/j.slxb.150430.

姜雪松，李艳红，胡杰，2013. 四川勿角自然保护区的兽类组成与区系 [J]. 西华师范大学学报 (自然科学版)，34: 5-10. Jiang X, Li Y, Hu J, 2013. The mammalian fauna and composition in Sichuan Wujiao Nature Reserve[J]. *Journal of China West Normal University* (Natural Sciences), 34: 5-10. (In Chinese with English abstract)

蒋光藻，曾录书，倪健英，李国权，1999. 大足鼠的生物学特性及分布 [J]. 西南农业学报，12: 82-85. Jiang G, Zeng L, Ni J, Li G, 1999. Study on the biology and distribution of *Rattus nitidus*[J]. *Southwest China Journal of Agricultural Sciences*, 12: 82-85. (In Chinese with English abstract)

蒋学龙，李权，陈中正，万韬，张斌，2017. 云南哺乳动物名录[M]// 李德铢（主编）. 云南省生物多样性名录 . 昆明: 云南人民出版社: 581-588. Jiang X, Li Q, Chen Z, Wan T, Zhang B, 2017. Checklist of mammals in Yunnan Province[M]// Li DZ(Ed.). *Checklist of Biodiversity in Yunnan Province*. Kunming: Yunnan People's Publishing House: 581-588.

蒋学龙，王应祥，马世来，1993. 中国熊猴的分类整理 [J]. 动物学研究，14: 110-117. Jiang X, Wang Y, Ma S, 1993. Taxonomic revision of *Macaca assamensis*[J]. *Zoological Research*, 14: 110-117. (In Chinese with English abstract)

蒋学龙，王应祥，王歧山，1996. 藏酋猴的分类与分布 [J]. 动物学研究，17: 361-369. Jiang X, Wang Y, Wang Q, 1996. Taxonomy and distribution of Tibetan macaque (*Macaca thibetana*)[J]. *Zoological Research*, 17: 361-369. (In Chinese with English abstract)

蒋志刚，2014. 天际线扫描: 环境与生物多样性保护研究的新方法 [J]. 生物多样性，22: 115-116. Jiang Z, 2014. Horizon Scanning: a new method for environmental and biodiversity conservation[J]. *Biodiversity Science*, 22: 115-116. (In Chinese with English abstract)

蒋志刚，江建平，王跃招，张鹗，张雁云，蔡波，2020. 国家濒危物种红色名录的生物多样性保护意义 [J]. 生物多样性，28. DOI 10.17520/biods.2020149. Jiang ZG, Jiang JP, Wang YZ, Zhang E, Zhang YY, Cai B, 2020. Significance of the country red list of endangered species in conserving biodiversity[J]. *Biodiversity Science*, 28. DOI 10.17520/biods.2020149. (in Chinese with English abstract).

蒋志刚，雷润华，刘丙万，李春旺，2003. 普氏原羚研究概述 [J]. 动物学杂志，38: 129-132. Jiang Z, Lei R, Liu B, Li C, 2003. A review on the researches of Przewalski's gazelle[J]. *Chinese Journal of Zoology*, 38: 129-132. (In Chinese with English abstract)

蒋志刚，李立立，胡一鸣，胡慧建，李春旺，平晓鸽，罗振华，2018. 青藏高原有蹄类动物多样性和特有性: 演化与保护 [J]. 生物多样性，26: 158-170. Jiang Z, Li L, Hu Y, Hu H, Li C, Ping X, Luo Z, 2018. Diversity and endemism of ungulates on the Qinghai-Tibetan Plateau: Evolution and conservation[J]. *Biodiversity Science*, 26: 158-170. (In Chinese with English abstract)

蒋志刚，罗振华，2012. 物种受威胁状况评估: 研究进展与中国的案例 [J]. 生物多样性，20: 612-622. Jiang Z, Luo Z, 2012. Assessing species endangerment status: progress in research and an example from China[J]. *Biodiversity Science*, 20: 612-622. (In Chinese with English abstract)

蒋志刚，马克平，2014. 保护生物学原理 [M]. 北京: 科学出版社: 2-6. Jiang Z G, Ma K P, 2014. *Principles in Conservation Biology* (in Chinese)[M]. Beijing: Science Press: 2-6.

蒋志刚，马勇，吴毅，王应祥，冯祚建，周开亚，刘少英，罗振华，李春旺，2015. 中国哺乳动物多样性 [J]. 生物多样性，23: 351-364. Jiang Z, Ma Y, Wu Y, Wang Y, Feng Z, Zhou K, Liu S, Luo Z, Li C, 2015. China's mammalian diversity[J]. *Biodiversity Science*, 23: 351-364. (In Chinese with English abstract)

蒋志刚，马勇，吴毅，王应祥，周开亚，刘少英，冯祚建，2015. 中国哺乳动物多样性及地理分布 [M]. 北京: 科学出版社. Jiang Z, Ma Y, Wu Y, Wang Y, Zhou K, Liu S, Feng Z, 2015. *China's Mammal Diversity and Geographic Distribution*[M]. Beijing: Science Press. (In both Chinese and English)

蒋志刚，张林源，杨戎生，夏经世，饶成刚，丁玉华，2001. 中国麋鹿种群密度制约现象与发展策略 [J]. 动物学报，47: 53-58. Jiang Z, Zhang L, Yang R, Xia J, Rao C, Ding Y, 2001. Density dependent growth and population management strategy for Père David's deer in China[J]. *Acta Zoologica Sinica*, 47: 53-58. (In Chinese with English abstract)

蒋志刚，刘少英，吴毅，蒋学龙，周开亚，2017. 中国哺乳动物多样性 (第 2 版)[J] . 生物多样性，25: 886-895. Jiang Z, Liu S, Wu Y, Jiang X, Zhou K, 2017. China's mammal diversity (2nd edition)[J]. *Biodiversity Science*, 25: 886-895. (In Chinese with English abstract)

蒋志刚，吴毅，刘少英，周开亚，蒋学龙，胡慧建，2021. 中国生物多样性红色名录 (脊椎动物) 哺乳动物卷 [M]. 北京: 科学出版社. Jiang Z, Wu Y, Liu S, Zhou K, Jiang X, Hu H, 2021. *China's Biodiversity Red List. Veterbrates: Mammals*[M]. Beijing: Science Press.

蒋志刚，2004. 普氏野马 (*Equus przewalskii*)[J]. 动物学杂志，39: 100-101. Jiang Z, 2004. Wild Horse (*Equus przewalskii*)[J]. *Chinese Journal of Zoology*, 39: 100-101.

蒋志刚，2004. 中国普氏原羚 [M]. 北京: 中国林业出版社. Jiang Z, 2004. *Przewalski's Gazelle*[M]. Beijing: China Forestry Press.

蒋志刚，2009. 江西桃红岭梅花鹿国家级自然保护区生物多样性研究 [M]. 北京: 清华大学出版社 . Jiang Z, 2009. *Biodiversity Study of Sika Deer National Nature Reserve in Taohong Mountain, Jiangxi*[M]. Beijing: Tsinghua University Press.

蒋志刚，2016. 论"濒危物种"与"保护物种"概念的异同 [J]. 生物多样性，24: 1082-1083. Jiang Z, 2016. On the similarity and dissimilarity of "Endangered Species" and "Pro-tected Species"[J]. *Biodiversity Science*, 24: 1082-1083.

蒋志刚，2016a. 中国脊椎动物生存状况研究 [J]. 生物多样性，24: 495-499. Jiang Z, 2016a. Assessing the surviving status of vertebrates in China[J]. *Biodiversity Science*, 24: 495-499.

蒋志刚，2016b. 地球上有多少物种 ?[J] 科学通报，61: 2337-2343. Jiang Z, 2016b. How many species are there on the Earth[J]? Chinese *Science Bulletin*, 61: 2337-2343.

蒋志刚，2018. 探索青藏高原生物多样性分布格局与保育途径 [J]. 生物多样性，26: 107-110. Jiang Z, 2018. Exploring the distribution patterns and conservation approaches of biodiversity on the Qinghai-Tibetan Plateau[J]. *Biodiversity Science*, 26: 107-110.

蒋志刚，2019. 中国重点保护物种名录、标准与管理 [J]. 生物多样性，27: 698-703. Jiang Z, 2019. China's key protected species lists, their criteria and management[J]. *Biodiversity Science*, 27: 698-703.

金崑，刘世荣，顾志宏，张远东，2005. 我国川金丝猴的重要栖息地及自然保护区 [C]. 中国科协 2005 年学术年会. Jin K, Liu S, Gu Z, Zhang Y, 2005. Important habitat and nature reserve of golden snub-nosed monkey in China[C]. Annual Meeting of China Association for Science and Technology. 2005.

金崑，马建章，2004. 中国黄羊资源的分布、数量、致危因素及保护 [J]. 东北林业大学学报，32: 104-106. Jin K, Ma J, 2004. Distribution and quantity threatening factors and protection of Mongolian gazelle[J]. *Journal of Northeast Forestry University*, 32: 104-106. (In Chinese with English abstract)

金一，魏世宝，苗婷婷，高兴善，2007. 中华鼯鼠的分类与分布 [J]. 经济动物学报，11: 175-178. Jin Y, Wei S, Miao T, Gao X, 2007. Classification and Distribution of Chinese Flying Squirrel[J]. *Journal of Economic Animal*, 11: 175-178. (In Chinese with English abstract)

鞠丹，杨娇，施路一，2013. 大兴安岭猞猁冬季生境选择 [J]. 林业科技，38: 56-58. Ju D, Yang J, Shi L, 2013. Habitat selection of *Felis lynx* during winter in the Daxing'anling[J]. *Forestry Science & Technology*, 38: 56-58. (In Chinese with English abstract)

孔令雪，张虹，任娟，钟雪，孙玉波，宋鹏飞，郭聪，2011. 繁殖期不同时段赤腹松鼠巢域的变化 [J]. 兽类学报，31: 251-256. Kong L, Zhang H, Ren J, Zhong X, Sun Y, Song P, Guo C, 2011. Variations in home range of *Callosciurus erythraeus* during different breeding periods[J]. *Acta Theriologica Sinica*, 31: 251-256. (In Chinese with English abstract)

乐佩琦，陈宜瑜，1998. 中国濒危动物红皮书: 鱼类 [M]. 北京: 科学出版社. Yue P, Chen Y, 1998. *Red Book of Endangered Animals in China: Fishes*[M]. Beijing: Science Press. (in Chinese)

雷博宇，崔继法，岳阳，吴楠，吉晟男，舒化伟，余文华，周友兵，2019. 湖北兴山发现霍氏缺齿鼩 [J]. 动物学杂志，54(6): 820-824. Lei B, Cui J, Yue Y, Wu N, Ji S, Shu H, Yu Wa, Zhou Y, 2019. The Chodsigoa hoffmanni was found in Xingshan, Hubei Province[J]. *Chinese Journal of Zoology*, 54(6): 820-824.

雷俊宏，1991. 棕熊亚种一新纪录 [J]. 八一农学院学报，1991 (2): 10-12. Lei J, 1991. A new record of subspecies of brown bear in China[J]. *Journal of Bayi College of Agriculture*, 1991 (2): 10-12.

雷伟，李玉春，2008. 水獭的研究与保护现状 [J]. 生物学杂志，25: 47-50. Lei W, Li Y, 2008. Study and conservation status of otters[J]. *Journal of Biology*, 25: 47-50. (In Chinese with English abstract)

黎舫，王晓云，余文华，郭伟健，胡宜峰，李玉春，吴毅，2017. 罗蕾莱管鼻蝠在模式产地外的发现 —— 云南分布新纪录 [J]. 动物学杂志，52: 727-736. Li F, Wang X, Yu W, Guo W, Hu Y, Lu C, Wu Y, 2017. Discovery of Murina lorelieae Beyond Its Type Locality- a New Murina Record from Yunnan, China[J]. *Chinese Journal of Zoology*, 52: 727-736.

黎运喜，张泽钧，孙宜然，谌利民，彭仕扬，杨学贵，胡锦矗，2011. 四川唐家河自然保护区黑腹绒鼠对夏季生境的选择 [J]. 四川动物，30: 161-165. Li Y, Zhang Z, Sun Y, Chen L., Peng S, Yang X, Hu J, 2011. Summer habitat selection by *Eothenomys melanogaster* in Tangjiahe Nature Reserve, Sichuan Province[J]. *Sichuan Journal of Zoology*, 30: 161-165. (In Chinese with English abstract)

黎运喜，张泽钧，孙宜然，谌利民，杨学贵，胡锦矗，2012. 唐家河自然保护区高山姬鼠和中华姬鼠夏季生境选择的比较 [J]. 生态学报，32: 1241-1248. Li Y, Zhang Z, Sun Y, Chen L, Yang X, Hu J, 2012. A comparison of summer habitats selected by sympatric *Apodemus chevrieri* and *A. draco* in Tangjiahe Nature Reserve, China[J]. *Acta Ecologic Sinica*, 32: 1241-1248. (In Chinese with English abstract)

李保国，陈服官，1989. 鼢鼠属凸颅亚属 (*Eospalax*) 的分类研究及一新亚种 [J]. 动物学报，35: 89-95. Li B, Chen F, 1989. A taxonomic study and new subspecies of the subgenus *Eospalax*, genus Myospalax[J]. *Acta Zoologica Sinica*, 35: 89-95. (In Chinese with English abstract)

李成涛，2011. 达赉湖保护区赤狐 (*Vulpes vulpes*) 的生境选择和景观特征分析 [D]. 曲阜 : 曲阜师范大学博士学位论文. Li C, 2011. Habitat Selection and Landscape Feature Analysis of *Vulpes vulpes* in Dalai Lake Reserve[D]. Qufu: Doctoral Dissertation of Qufu Normal University. (In Chinese with English abstract)

李春旺，蒋志刚，周嘉樀，曾岩，2002. 内蒙古巴彦淖尔盟蒙古野驴的数量，分布和保护对策 [J]. 兽类学报，22: 1-6. Li C, Jiang Z, Zhou J, Zeng Y, 2002. Distribution, numbers and conservation of Mongolian wild ass *Equus hemionus hemionus* in west Inner Mongolia[J]. *Acta Theriologica Sinica*, 22: 1-6. (In Chinese with English abstract)

李德浩，王祖祥，吴翠珍，1989. 青海经济动物志 [M]. 西宁: 青海人民出版社. Li D, Wang Z, Wu C, 1989. *Economic Animals of Qinghai*[M]. Xining: Qinghai People's Publishing House.

李德伟，尹锋，曾玉，张园，张信文，2010. 海南岛翼手类地理分布格局的聚类分析 [J]. 生物学杂志，27: 16-20. Li D, Yin F, Zeng Y, Zhang Y, Zhang X, 2010. Cluster analysis on the distribution patterns of Chiroptera on Hainan Island[J]. *Journal of Biology*, 27: 16-20. (In Chinese with English abstract)

李飞，郑玺，张华荣，杨剑焕，陈辈乐，2017. 广东省珠海市近海诸岛水獭现状与保护建议 [J]. 生物多样性，25: 840-846. Fei L, Xi Z, Zhang H, Yang J, Chen B, 2017. The current status and conservation of otters on the coastal islands of Zhuhai, Guangdong Province, China[J]. *Biodiversity Science*, 25: 840-846. (In Chinese with English abstract)

李飞虹，杨奇森，温知新，夏霖，张锋，Alexei, Abramov, 葛德燕，2020. 安氏白腹鼠的形态分化与分布范围修订 [J]. 兽类学报. DOI: 10.16829/j.slxb.150243. Li F, Yang Q, Wen Z, Xia L, Zhang F, Abramov A, Ge D, 2020. A study on morphological variation and geographical range of Anderson's white-bellied rat[J]. *Acta Theriologica Sinica*, DOI: 10.16829/j.slxb.150243.

李国红，2010. 贵州马铁菊头蝠群体遗传结构的微卫星分析 [J]. 贵州师范大学学报 (自然科学版)，28: 19-21. Li G, 2010. Genetic structure of a population of *Rhinolophus ferrumequinum* in Guizhou using microsatellite markers[J]. *Journal of Guizhou Normal University* (Natural Science), 28: 19-21. (In Chinese with English abstract)

李国军，石杲，李保荣，2013. 内蒙古啮齿目松鼠科种类鉴别与分类探讨 [J]. 医学动物防制，(2): 198-199. Li G, Shi G, Li B, 2013. Identification and classification of Sciuridae, Rodentia in Inner Mongolia[J]. *Medical Animal Control*, (2): 198-199. (In Chinese with English abstract)

李国松，杨显明，张宏雨，李伟，2011. 云南新平哀牢山西黑冠长臂猿分布与群体数量 [J]. 动物学研究，32: 675-683. Li G, Yang X, Zhang H, Li W, 2011. Population and distribution of western black crested gibbon (*Nomascus concolor*) at Ailao Mountain, Xinping, Yunnan[J]. *Zoological Research*, 32: 675-683. (In Chinese with English abstract)

李健雄，王应祥，1992. 中国橙腹长吻松鼠种下分类的探讨 [J]. 动物学研究，13: 235-244. Li J, Wang Y, 1992. Taxonomic study on subspecies of *Dremomys lokriah* (Sciuridae, Rodent) from Southwest China--Note with a new subspecies[J]. *Zoological Research*, 13: 235-244. (In Chinese with English abstract)

李俊，阿布力，阿不都，卡迪尔，2007, 红尾沙鼠 (*Meriones libycus*) 的年龄鉴定及种群年龄组成 [J]. 干旱区研究，24: 43-48. Li J, Abdukadir A, 2007. Study on the age identification and the population age composition of *Meriones libycus*[J]. *Arid Zone Research*, 24: 43-48. (In Chinese with English abstract)

李俊生，吴建平，姜兆文，2001. 呼伦贝尔草原黄羊体况的初步评价 [J]. 兽类学报，21: 81-87. Li, J, Wu J, Jiang, Z, 2001. A preliminary value on body condition in Mongolian gazelle (*Procapra gutturosa*) in Hulunbeier grassland[J]. *Acta Theriologica Sinica*, 21: 81-87. (In Chinese with English abstract)

李秋阳，赵秀兰，杨滨，2013. 云南省沧源县黄胸鼠种群年龄组的划分及分析 [J]. 中国媒介生物学及控制杂志，24: 39-42. Li Q, Zhao X, Yang B, 2013. *Rattus tanezumi* age divisions and population analysis in Cangyuan County, Yunnan Province, China[J]. *Chinese Journal of Vector Biology and Control*, 24: 39-42. (In Chinese with English abstract)

李世斌，陈安国，李波，郭聪，王勇，刘辉芬，1993. 洞庭平原褐家鼠年龄分组及种群年龄动态分析 [J]. 兽类学报，13: 123-130. Li S, Chen A, Li B, Wang Y, Guo C, Liu H, 1993. Age determination and age composition of *Rattus norvegicus* population on dongtiong plain[J]. *Acta Theriologica Sinica*, 13: 123-130. (In Chinese with English abstract)

李思华，1989.1949-1988 年我国兽类新种、新亚种暨新纪录 [J]. 兽类学报，9: 71-77. Li S, 1989. The new species new subspecies and new records of mammals in China during 1949-1988[J]. *Acta Theriologica Sinica*, 9: 71-77. (In Chinese with English abstract)

李松，杨君兴，蒋学龙，王应祥，2008. 中国巨松鼠 *Ratufa bicolor* (Sciuridae: Ratufinae) 头骨形态的地理学变异 [J]. 兽类学报，28: 201-206. Li S, Yang J, Jiang X, Wang Y, 2008. Geographic variation in giant squirrels *Ratufa bicolor* (Sciuridae: Ratufinae) from China based on cranial measurable variables[J]. *Acta Theriologica Sinica*, 28: 201-206. (In Chinese with English abstract).

李伟东，胡凯津，曾毅龙，徐溶霜，张鹏，2019. 利用红外相机对深圳野生兽类鸟类多样性的调查 [J]. 兽类学报. DOI: 10.16829/j.slxb.150261. Li W, Hu K, Zeng Y, Xu R, Zhang P, 2019. Camera trap survey on the diversity of mammals and birds in Shenzhen, Guangdong Province[J]. *Acta Theriologica Sinica*. DOI: 10.16829/j.slxb.150261.

李文靖，曲家鹏，陈晓澄，2009. 青海省翼手目类一新纪录 —— 东方蝙蝠 [J]. 四川动物，28: 738. Li W, Qu J, Chen X, 2009. A new record of Chiroptera in Qinghai Province: *Vespertilio sinensis*[J]. *Sichuan Journal of Zoology*, 28: 738. (In Chinese with English abstract)

李晓晨，王廷正，1995. 攀鼠的分类商榷 [J]. 动物学研究，16: 325-328. Li X, Wang T, 1995. Discussion of taxonomy of vernaya's climbing mouse[J]. *Zoological Research*, 16: 325-328. (In Chinese with English abstract)

李言阔，单继红，李佳，袁芳凯，缪泸君，谢光勇，2013. 獐 (*Hydropotes inermis*) 生态学研究进展 [J]. 野生动物学报，34: 270-273. Li Y, Shan J, Li J, Yuan F, Miao L, Xie G, 2013. Research advances on the ecology of Chinese water deer (*Hydropotes inermis*)[J]. *Chinese Wildlife*, 34: 270-273. (In Chinese with English abstract)

李彦男，岳阳，张翰博， 钟韦凌，石红艳，吴毅，余文华，2020. 贵州蝙蝠分布新记录 —— 圆耳管鼻蝠 [J]. 广州大学学报 (自然科学版), 019(3): 71-75. Li Y, Yue Y, Zhang H, Zhang X, Zhong W, Shi H, Wu Y, Yu W, 2020. A new record of bat distribution in Guizhou-Round-eared Tube-nosed Ba[J]t. *Journal of Guangzhou University* (Natural Science), 019(3): 71-75.

李艳红，关进科，黎大勇，胡杰，2013. 白马雪山自然保护区灰头小鼯鼠的巢址特征 [J]. 生态学报，33: 6035-6040. Li Y, Guan J, Li D, Hu J, 2013. Nest site characteristics of *Petaurista caniceps* in Baima Snow Mountain Nature Reserve[J]. *Acta Ecologica Sinica*, 33: 6035-6040. (In Chinese with English abstract)

李艳红，吴攀文，胡杰，2007. 四川栗子坪自然保护区的兽类区系与资源 [J]. 四川动物，26: 841-845. Li Y, Wu P, Hu J, 2007. Mammalian fauna and resources in Liziping Nature Reserve, Sichuan[J]. *Sichuan Journal of Zoology*, 26: 841-845. (In Chinese with English abstract)

李艳丽，张佑祥，刘志霄，张礼标，2012. 湖南省翼手目新纪录 —— 大耳菊头蝠 [J]. 四川动物，31: 825-827. Li Y, Zhang Y, Liu Z, Zhang L, 2012. A new record of *Rhinolophus macrotis* in Hunan Province[J]. *Sichuan Journal of Zoology*, 31: 825-827. (In Chinese with English abstract)

李义明，李典谟，1994. 人为活动对舟山群岛大中型兽的影响 —— 大中型兽受威胁状态分析 [J]. 生物多样性，2: 140-145. Li Y, Li D, 1994. The effects of human activities on large and middle mammals on Zhoushan Islands-Analysis of threatened status of large and middle mammals[J]. *Chinese Biodiversity*, 2: 140-145. (In Chinese with English abstract)

李义明，廖明尧，喻杰，杨敬元，2005. 社群大小的年变化、气候和人类活动对神农架自然保护区川金丝猴日移动距离的影响 [J]. 生物多样性，13: 432-438. Li Y, Liao M, Yu J, Yang J, 2005. ffects of annual change in group size, human disturbances and weather on daily travel distance of a group in

Sichuan snub-nosed monkey (*Rhinopithecus roxellana*) in Shennongjia Nature Reserve, China[J]. *Biodiversity Science*, 13: 432-438. (In Chinese with English abstract)

李瑛，1997. *Eospalax* 亚属的地理分布变迁 [J]. 陕西师范大学学报 (自然科学)，(s1): 42-47. Li Ying, 1997. Changes of the geographical distribution of subgenus *Eospalax*[J]. *Journal of Shaanxi Normal University* (Natural Science Edition), (s1): 42-47. (In Chinese with English abstract)

李永项，2012. 羊寨中更新世食虫类及其动物地理与环境变迁研究 [D]. 西安 : 西北大学博士学位论文. Li Y, 2012. Study on the Biogeography and Environmental Changes of Middle Pleistocene Insectivores in Yangzhai[D]. Xi'an: Doctoral Dissertation Of Northwestern University. (In Chinese with English abstract)

李友邦，黄乘明，韦振逸，苏勇，2009. 广西猕猴分布数量及其保护 [J]. 广西师范大学学报 (自然科学版)，27: 79-83. Li Y, Huang J, Wei Z, Su Y, 2009. Distribution and protection of macaques in Guangxi[J]. *Journal of Guangxi Normal University* (Natural Science Edition), 27: 79-83. (In Chinese with English abstract)

李友邦，韦振逸，2012. 广西扶绥弄邓黑叶猴种群数量和保护 [J]. 安徽农业科学，40(26). Li Y, Wei Z, 2012. Survey on distribution and population of *Trachypithecus francoisi* in Nongdeng, Fusui of Guangxi[J]. *Journal of Anhui Agricultural Sciences*, 40(26). (In Chinese with English abstract)

李玉春，吴毅，陈忠，2006. 海南岛发现大足鼠耳蝠分布新记录 [J]. 兽类学报，26: 211-212. Li, Y, Wu Y, Chen Z, 2006. A new record of Rickett's big-footed bat *Myotis ricketti* on Hainan Island of China[J]. *Acta theriologica Sinica*, 26: 211-212. (In Chinese with English abstract)

李裕冬，刘少英，曾宗永，2007. 白腹鼠属几个相似种的差异探讨 [J]. 四川动物，26: 41-45. Li Y, Liu S, Zeng Z, 2007. Discussion about different characters of four species in *Niviventer*[J]. *Sichuan Journal of Zoology*, 26: 41-45. (In Chinese with English abstract)

李月辉，胡志斌，冷文芳，常禹，胡远满，2007. 大兴安岭呼中区紫貂生境格局变化及采伐的影响 [J]. 生物多样性，15: 232-240. Li Y, Hu Z, Leng W, Chang Y, Hu Y, 2007. Habitat pattern change of *Martes zibellina* and the impact of timber harvest in Huzhong Area in Greater Ching'an Mountains, Northeast China[J]. *Biodiversity Science*, 15: 232-240. (In Chinese with English abstract)

李云秀，潘莉，曾涛，刘洋，王铁，2012. 四川木里鸭咀自然保护区兽类资源调查 [J]. 四川林业科技，33: 56-60. Li Y, Pan L, Zeng T, Liu Y, Wang T, 2012. Surveys of mammals in Muli Yazui Nature Reserve, Sichuan Province[J]. *Journal of Sichuan Forestry Science and Technology*, 33: 56-60. (In Chinese with English abstract)

李枝林，韩建芳，1988. 羽尾跳鼠自然繁殖情况的初步观察 [J]. 四川动物，7: 19. Li Z, Han J, 1988. A preliminary observation on the natural reproduction of *Scirtopoda telum*[J]. *Sichuan Journal of Zoology*, 7: 19. (In Chinese with English abstract)

李志刚，魏辅文，周江，2010. 海南长臂猿线粒体 D-loop 区序列分析及种群复壮 [J]. 生物多样性，18: 523-527. Li Z, Wei F, Zhou J, 2010. Mitochondrial DNA D-loop sequence analysis and population rejuvenation of Hainan gibbons (*Nomascus hainanus*)[J]. *Biodiversity Science*, 18: 523-527. (In Chinese with English abstract)

李致祥，林正玉，1983. 云南灵长类的分类和分布 [J]. 动物学研究，4: 111-20. Li Z, Lin Z, 1983. Classification and distribution of living primates in Yunnan China[J]. *Zoological Research*, 4: 111-120. (In Chinese with English abstract)

李致祥，1981. 中国麝一新种的记述 [J], 动物学研究，2: 157-161. Li Z, 1981. On a new species of musk-deer from China[J]. *Zoological Research*, 2: 157 - 161. (In Chinese with English abstract)

李宗智，吴建平，滕丽微，刘振生，王宝昆，刘延成，徐涛 . 獐在吉林省的重新发现 [J]. 动物学杂志，54(01): 108-112. Li Z, Wu J, Teng L, Liu Z, Wand B, Liu Y, Xu T, 2019. Rediscovery of Hydropotes inermis in Jilin, China[J]. Chinese Journal of Zoology, 54(1): 108-112. (In Chinese)

梁仁济，董永文，1984. 皖南地区翼手类初步研究 [J]. 兽类学报，4: 440-442. Liang R, Dong Y, 1984. Bat from south Anhui[J]. *Acta Theriologica Sinica*, 4: 440-442. (In Chinese with English abstract)

梁仁济，董永文，1985. 绒山蝠生态的初步调查 [J]. 兽类学报，5: 11-15. Liang R, Dong Y, 1985. On the ecology of *Nyctalus velutinus*[J]. *Acta Theriologica Sinica*, 5: 11-15. (In Chinese with English abstract)

梁仁济，李炳华，陈菲菲，肖凤，1983. 安徽省翼手类新记录 [J]. 安徽师大学报 (自然科学版)，1983 (1): 58-63. Liang R, Li B, Chen F, Xiao F, 1983. New records of bats in Anhui Province[J]. *Journal of Anhui Normal University* (Natural Science Edition), 1983(1): 58-63. (In Chinese with English abstract)

梁艺于，胡杰，杨志松，周材权，王卓，李茂华，2009. 四川甘洛马鞍山自然保护区兽类初步调查 [J]. 西华师范大学学报 (自然科学版)，30: 246-252. Liang Y, Hu J, Yang Z, Zhou C, Wang Z, Li M, 2009. A preliminary survey of mammals in Maanshan Nature Reserve in Ganluo, Sichuan, China[J]. *Journal of China West Normal University* (Natural Sciences), 30: 246-252. (In Chinese with English abstract)

廖锐，郭光普，刘洋，靳伟，刘少英，2015. 西藏墨脱县小型兽类多样性研究 [J]. 四川林业科技，36: 6-10. Liao R, Guo G, Liu Y, Jin W, Liu S, 2015. Biodiversity of small mammals in Modog, Tibet of China[J]. *Sichuan Forestry Science and Technology*, 36: 6-10. (In Chinese with English abstract)

廖炎发，1988. 青海荒漠猫的一些生物学资料 [J]. 兽类学报，8: 128-131. Liao Y, 1988. Some biological information of desert cat in Qinghai[J]. *Acta Theriologica Sinica*, 8: 128-131. (In Chinese with English abstract)

林爱青，王磊，刘森，由玉岩，冯江，2009. 江苏省蝙蝠新纪录——皮氏菊头蝠 [J]. 动物学杂志，44: 113-117. Lin A, Wang L, Liu S, Yu Y, Feng J, 2009. A new record of *Rhinolophus pearsoni* in Jiangsu Province[J]. *Chinese Journal of zoology*, 44: 113-117. (In Chinese with English abstract)

林洪军，尹皓，齐彤辉，张稳，施利民，冯江，2012. 高颅鼠耳蝠回声定位声波特征与分析 [J]. 四川动物，31: 6-9. Lin H, Yin H, Qi T, Zhang W, Shi L, Feng J, 2012. Characteristics and analysis of echolocation calls by *Myotis siligorensis*[J]. *Sichuan Journal of Zoology*, 31: 6-9. (In Chinese with English abstract)

林纪春，张渝疆，张兰英，1989. 长尾黄鼠年龄鉴定及其种群年龄组成的研究 [J]. 兽类学报，9: 216-220. Lin J, Zhang Y, Zhang L, 1989. Age determination and composition in a population of *Citellus undulatus*[J]. *Acta Theriologica Sinica*, 9: 216-220. (In Chinese with English abstract)

林杰，徐文轩，杨维康，刘伟，夏参军，徐峰，2011. 亚洲野驴生态生物学研究现状 [J]. 生态学杂志，30: 2351-2358. Lin J, Xu W, Yang W, Xia C, Xu F, 2011. Present situation of eco-biological study on *Equus hemionus*[J]. *Chinese Journal of Ecology*, 30: 2351-2358. (In Chinese with English abstract)

林良恭，2000. 台湾陆生哺乳动物多样性与保育 [J]. 生物多样性季刊，2000: 106-115. Lin L, 2000. Terrestrial mammal diversity and conservation in Taiwan[J]. *Biodiversity* (Quarterly), 2000: 106-115.

林良恭，2002. 台湾外来种脊椎动物现状 [J]. 全球变迁通讯杂志，33: 8-13. Lin L, 2002. Current status of exotic vertebrates from Taiwan[J]. *Journal of Global Change*, 33: 8-13.

林柳，张龙田，罗爱东，王利繁，张立，2011. 尚勇保护区亚洲象种群数量动态、种群结构及季节分布格局 [J]. 兽类学报，31: 226-234. Lin L, Zhang L, Luo A, Wang L, Zhang L, 2011. Population dynamics, structure and seasonal distribution pattern of Asian elephant (*Elephas maximus*) in Shangyong Protected Area, Yunnan, China[J]. *Acta Theriologica Sinica*, 31: 226-234. (In Chinese with English abstract)

刘丰，宋雨，颜识涵，罗金红，冯江，2009. 大趾鼠耳蝠线粒体 DNA 控制区结构及变异 [J]. 动物学杂志，44: 19-27. Liu F, Song Y, Yan S, Luo J, Feng J, 2009. Structure and Sequence Variation of the Mitochondrial DNA Control Region in *Myotis macrodactylus*[J]. *Chinese Journal of Zoology*, 44: 19-27. (In Chinese with English abstract)

刘昊，石红艳，王刚，2010. 中华鼠耳蝠的分布及研究现状 [J]. 绵阳师范学院学报，29: 66-73. Liu H, Shi H, Wang G, 2010. Distribution and Research Progress of Myotis Chinensis[J]. *Journal of Mianyang Normal University*, 29: 66-73. (In Chinese with English abstract)

刘鹤，李乐，马强，万冬梅，张树清，祝业平，2011. 野猪研究进展 [J]. 四川动物，30: 310-314. Liu H, Li L, Ma Q, Wan D, Zhang S, Zhu Y, 2011. Review on wild boar research[J]. *Sichuan Journal of Zoology*, 30: 310-314. (In Chinese with English abstract)

刘嘉恒，路纪琪，2019. 中国哺乳动物地理分布的多元相似性聚类分析 [J]. 兽类学报，40: 271-281. Liu J, Lu J, 2019. Multivariate similarity clustering analysis on zoogeographical distribution of mammals in China[J]. *Acta Theriologica Sinica*, 40: 271-281.

刘丽，周延山，楚彬，王贵珍，花立民，2018. 基于线粒体基因、形态学和栖息地指标的两种鼢鼠分类研究 [J]. 兽类学报，38: 402-410. Liu L, Zhou Y, Chu B, Wang G, Hua L, 2018. Classification of two zokor species based on mitochondrial gene, morphological and habitat indices[J]. *Acta Theriologica Sinica*, 38: 402-410. (In Chinese with English abstract)

刘奇，陈珉，陈毅，沈琪琦，孙云霄，张礼标，2014. 湖北省和江苏省发现尼泊尔鼠耳蝠 [J]. 动物学杂志，49: 483-489. Liu Q, Chen M, Chen Y, Shen Q, Sun Y, Zhang L, 2014. *Myotis nipalensis* discovered in Hubei and Jiangsu Provinces, China[J]. *Journal of Zoology*, 49: 483-489. (In Chinese with English abstract)

刘仁华，陈曦，高从政，高明臣，迟树桓，王俊森，张淑清，柳劲松，王凌极，齐恒玉，1989. 东北鼢鼠种群结构及繁殖初步研究 [J]. 齐齐哈尔师范学院学报（自然科学版），1989 (2): 13-20. Liu R, Chen X, Gao J, Gao M, Chi S, Wang, Zhang S, Liu, Wang, Qi H, 1989. A preliminary study on population structure and propagation of *Myospalax psilurus*[J]. *Journal of Qiqihar Normal University* (Natural Science Edition), 1989 (2): 13-20. (In Chinese with English abstract)

刘森，江廷磊，施利民，叶根先，冯江，2008. 无尾蹄蝠的回声定位声波特征及分析 [J]. 动物学研究，29: 95-98. Liu S, Jiang T, Feng J, 2008. Characteristics and analysis of echolocation calls by *Coelops frithi*[J]. *Zoological Research*, 29: 95-98. (In Chinese with English abstract)

刘少英，靳伟，廖锐，孙治宇，曾涛，符建荣，刘洋，王新，李盼峰，唐明坤，谌利民，董立，韩明德，苟丹，2017. 基于 Cyt b 基因和形态学的鼠兔属系统发育研究及鼠兔属 1 新亚属 5 新种描述 [J]. 兽类学报，37: 1-43. Liu S, Jin W, Liao R, Sun Z, Zeng T, Fu J, Liu Y, Wang X, Li P, Tang M, Chen L, Dong L, Han M, Gou D, 2017. Phylogenetic study of *Ochotona* based on mitochondrial Cyt b and morphology with a description of one new subgenus and five new species[J]. *Acta Theriologica Sinica*, 37: 1-43. (In Chinese with English abstract)

刘少英，靳伟，唐明坤，2021. 中国䶄亚科田鼠族 (Microtini) 分类学研究进展与中国已知种类 [J]. 兽类学报. DOI: 10.16829/j.slxb.150351. Liu S, Jin W, Tang M, 2021. Review on the taxonomy of Microtini (Arvicolinae: Cricetidae) with a catalogue of species occurring in China[J]. *Acta Theriologica Sinica*. DOI: 10.16829/j.slxb.150351.

刘少英，刘莹洵，蒙冠良，周程冉，刘洋，廖锐，2020. 中国兽类一新纪录白尾高山䶄及西藏、湖北和四川兽类各一省级新纪录 [J]. 兽类学报，

DOI: 10.16829/j.slxb.150354. Liu S, Liu Y, Meng G, Zhou C, Liu Y, Liao R, 2020. A new record of a mammal in China and new provincial records in Xizang, Hubei and Sichuan[J]. *Acta Theriologica Sinica*. DOI: 10.16829/j.slxb.150354.

刘少英，冉江洪，林强，刘世昌，刘志君，2001. 三峡工程重庆库区翼手类研究 [J]. 兽类学报，21: 123-131. Liu S, Ran J, Lin Q, Liu S, Liu Z, 2001. Bats in Three Gorges Reservoir area, Chongqing[J]. *Acta Theriologica Sinica*, 21: 123-131. (In Chinese with English abstract)

刘少英，孙治宇，冉江洪，刘洋，符建荣，蔡永寿，雷开明，2005. 四川九寨沟自然保护区兽类调查 [J]. 兽类学报，25: 273-281. Liu S, Sun Z, Ran J, Liu Y, Fu J, Cai Y, Lei K, 2005. Mammalian survey of Jiuzhaigou National Nature Reserve, Sichuan Province[J]. *Acta Theriologica Sinica*, 25: 273-281. (In Chinese with English abstract)

刘少英，吴毅，2020. 中国兽类图鉴 [M]. 福州：海峡书局 . Liu S, Wu Y, 2020. *Handbook of the Mammals of China*[M]. Fuzhou: The Straits Publishing House.

刘少英，吴毅，2022. 中国兽类图鉴（第 2 版）[M]. 福州：海峡书局 . Liu S, Wu Y, 2022. *Handbook of the Mammals of China*. 2nd Ed[M]. Fuzhou: The Straits Publishing House.

刘少英，吴毅，李晟，2023. 中国兽类图鉴（第 3 版）[M]. 福州：海峡书局 . Liu S, Wu Y. Li S, 2023. *Handbook of the Mammals of China*. 3rd Ed[M]. Fuzhou: The Straits Publishing House.

刘少英，2023. 四川兽类志 [M]. 北京：中国农业出版社 . Liu S, 2023. *Faunan of Sichuan* [M]. Beijing: China Agricultural Publishing House.

刘姝，初红军，王渊，陶永善，邵长亮，刘冬志，2013. 普氏野马 (*Equus przewalskii*) 重引入区域的社区保护意识调查分析 [J]. 干旱区研究，30: 135-143. Liu S, Chu H, Wang Y, Tao Y, Shao C, Liu D, 2013. Survey and analysis of the awareness of nomads in the peripheral communities in protecting the wild-back *Equus przewalski*[J]. *Dryland Research*, 30: 135-143. (In Chinese with English abstract)

刘伟，2012. 太行山南段洞栖蝙蝠研究 [D]. 新乡：河南师范大学硕士学位论文. Liu W, 2012. Cave Dwelling Bats in South Section of Taihang Mountain[D]. Xinxiang: Master's Thesis of Henan Normal University. (In Chinese with English abstract)

刘伟石，胡德夫，郜二虎，2007. 甘肃省豹的生存现状调查 [J]. 四川动物，26: 86-88. Liu W, Hu D, Hao E, 2007. Surviving status of leopard (*Panthera pardus*) in Gansu Province[J]. *Sichuan Journal of Zoology*, 26: 86-88. (In Chinese with English abstract)

刘文超，2009. 普氏蹄蝠 (*Hipposideros pratti*) 微卫星位点的筛选及交叉种扩增 [D]. 上海：华东师范大学硕士学位论文. Liu W, 2009. Selection and Cross-species Amplification of *Hipposideros pratti* Microsatellite Loci[D]. Shanghai: Master's Thesis of East China Normal University. (In Chinese with English abstract)

刘文华，佟建明，2005. 中国的麝资源及其保护与利用现状分析 [J]. 中国农业科技导报，7(4): 28-32. Liu W, Tong J, 2005. Analysis on protection and utilization of musk deer resources in China[J]. *Review of China Agricultural Science and Technology*, 7(4): 28-32. (In Chinese with English abstract)

刘务林，乔治 ·B· 夏勒，2003. 野牦牛的分布和现状 [J]. 西藏科技，2003 (11): 17-23. Liu H, Schaller GB, 2003. Distribution and status of wild yak[J]. *Tibet Science and Technology*, 2003 (11): 17-23. (In Chinese with English abstract)

刘曦庆，彭建军，高赛飞，于冬梅，高凌甫，王利利，胡诗佳，傅美兰，2011. 穿山甲的走私贸易概况、物种鉴定与形态比较 [J]. 林业科技通讯，2011(5): 11-14. Liu X, Peng J, Gao S, Yu D, Gao L, Wang L, Hu S, Fu M, 2011. Overview of pangolin smuggling trade, species identification and morphological comparison[J]. *Practical Forestry Technology*, 2011 (5): 11-14. (In Chinese with English abstract)

刘晓明，魏辅文，李明，冯祚建，2002. 中国姬鼠属的系统学研究述评 [J]. 兽类学报，22: 46-52. Liu X, Wei F, Li M, Feng Z, 2002. A Review of the Phylogenetic Study on the Genus *Apodemus* of China[J]. *Acta Theriologica Sinica*, 22: 46-52. (In Chinese with English abstract)

刘鑫，王政昆，肖治术，2011. 小泡巨鼠和社鼠对珍稀濒危植物红豆树种子的捕食和扩散作用 [J]. 生物多样性，19: 93-96. Liu X, Wang Z, Xiao Z, 2011. Patterns of seed predation and dispersal of an endangered rare plant Or-mosia hosiei by Edward's long-tailed rats and Chinese white-bellied rats[J]. *Biodiversity Science*, 19: 93-96. (In Chinese with English abstract)

刘旭，马鸣，徐福军，熊喜武，朱世兵，崔绍朋，蒋志刚，张同，郭宏，叶勒波拉提. 托流汉，2018. 新疆貂熊种群数量的初步调查 [J]. 兽类学报，38: 519-524. Liu X, Ma M, Xu F, Xiong X, Zhu S, Cui S, Jiang Z, Zhang T, Guo H, Yelepolati T, 2018. A preliminary survey on the population of wovernes in Xinjiang[J]. *Acta Theriologica Sinica,* 38: 59-524.

刘延德，周昭敏，周材权，胡锦矗，2006. 四川产中菊头蝠喜马拉雅亚种和马铁菊头蝠日本亚种外部形态及头骨的比较 [J]. 动物学杂志，41: 103-107. Liu Y, Zhou Z, Zhou C, 2006. Comparison of morphological and skull of *Rhinolophus affinis himalayanus* and *R. ferrumequinum nippon*[J]. *Chinese Journal of Zoology*, 41: 103-107. (In Chinese with English abstract)

刘艳华，张明海，2009. 黑龙江省不同山系狍种群遗传多样性分析 [J]. 动物学研究，30: 113-120. Liu Y, Zhang M, 2009. Population genetic diversity of roe deer (*Capreolus pygargus*) in mountains of Heilongjiang Province[J]. *Zoological Research*, 30: 13-120. (In Chinese with English abstract)

刘洋，陈顺德，刘保权，廖锐，刘滢珣，刘少英，2020. 中国浙江麝鼩属（劳亚食虫目: 鼩鼱科）一新种描记 [J]. 兽类学报. 1:1-12. Liu Y, Chen S, Liu B,

Liao R, Liu Y, Liu S, 2020. A new species of the genus Crocidura (Eulipotyphla: Soricidae) from Zhejiang Pvovince, eastern China[J]. *Acta Theriologica Sinica*. 1:1-12.

刘洋，刘少英，孙治宇，郭鹏，范振鑫，Murphy, R.W, 2013. 鼩鼹亚科 (Talpidae: Uropsilinae) 一新种 [J]. 兽类学报，33: 113-122. Liu Y, Liu S, Sun Z, Guo P, Fan Z, Murphy RW, 2013. A new species of Uropsilus (Talpidae: Uropsilinae) from Sichuan China[J]. *Acta Theriologica Sinica*, 33: 113-122. (In Chinese with English abstract)

刘洋，刘少英，孙治宇，唐明坤，侯全芬，廖锐，2011. 山西省兽类一新纪录 —— 川西缺齿鼩鼱 [J]. 四川动物，30: 967-968. Liu Y, Liu S, Sun Z, Tang M, Hou, Q, Liao R, 2011. A new record of *Chodsigoa hypsibia* in Shanxi Province[J]. *Sichuan Journal of Zoology*, 30: 967-968. (In Chinese with English abstract)

刘洋，王昊，刘少英，2010. 苔原鼩鼱 (*Sorex tundrensis*) 在中国分布的首次证实 [J]. 兽类学报，30: 439-443. Liu Y, Wang H, Liu S, 2010. First confirmation of the distribution of tundra shrew (*Sorex tundrensis*) in China[J]. *Acta Theriologica Sinica*, 30: 439-443. (In Chinese with English abstract)

刘洋，张惠，刘应雄，王铁，2013. 四川卡莎湖自然保护区兽类资源调查 [J]. 四川林业科技，34: 39-43. Liu Y, Zhang H, Liu Y, Wang T, 2013. A preliminary survey of mammal fauna of Kasha Lake Nature Reserve, Sichuan Province[J]. *Journal of Sichuan Forestry Science and Technology*, 34: 39-43.

刘应雄，张惠，刘洋，2014. 四川千佛山自然保护区兽类资源调查 [J]. 四川林业科技，35: 65-69. Liu Y, Zhang H, Liu Y, 2014. Survey of veterinary resources in Qianfo Mountain Nature Reserve, Sichuan Province. Sichuan Forestry Science and Technology, 35: 65-69.

刘颖，冯江，陈敏，赵辉华，周江，张树义，2003. 毛腿鼠耳蝠回声定位声波的分析 [J]. 东北师大学报 (自然科学版)，35: 113-116. Liu Y, Feng J, Chen M, Zhao H, Zhou J, Zhang S, 2003. The analysis on echolocation calls of *Myotis fimbriatus* (Chiroptera: Vespertilionidae)[J]. *Journal of Northeast Normal University* (Natural Sciences Edition), 35: 113-116. (In Chinese with English abstract)

刘长乐，邹琦，郜二虎，华春蕾，刘伟石，2009. 福建省豹的分布调查 [J]. 林业科技，34: 35-37. Liu C, Zou Q, Gao E, Hua C, Liu W, 2009. The distribution of leopard (*Panthera pardus*) in Fujian Province[J]. *Forestry Science & Technology*, 34: 35-37. (In Chinese with English abstract)

刘正祥，洪梅，杨桂荣，宋志忠，高子厚，孙绍华，徐友谊，2013. 香格里拉县小型兽类垂直空间生态位初步研究 [J]. 动物学杂志，48(4): 619-625. Lu Z, Hong M, Yang G, Song Z, Gao Z, Sun S, Xu Y, 2013. Preliminary study on vertical spatial niche of small mammals in Shangrila County of Yunnan Province[J]. *Chinese Journal of Zoology*, 48(4): 619-625. (In Chinese with English abstract)

刘志霄，盛和林，1998. 栖息地片段化与隔离对兽类种群的影响 [J]. 生物学通报，33: 18-20. Liu Z, Sheng H, 1998. Effects of habitat fragmentation and isolation on animal populations[J]. *Chinese Journal of Biology*, 33: 18-20. (In Chinese with English abstract)

刘志霄，盛和林，2000. 我国麝的生态研究与保护问题概述 [J]. 动物学杂志，35(3): 54-57. Liu Z, Sheng H, 2000. Ecological research and protection of musk deer in China[J]. *Chinese Journal of Zoology*, 35(3): 54-57. (In Chinese with English abstract)

刘志霄，张佑祥，张礼标，2013. 中国翼手目动物区系分类与分布研究进展、趋势与前景 [J]. 动物学研究，34: 687-693. Liu Z, Zhang Y, Zhang L, 2013. Research perspectives and achievements in taxonomy and distribution of bats in China[J]. *Zoological Research*, 34: 687-693. (In Chinese with English abstract)

刘铸，解瑞雪，刘欢，金志民，2016. 黑龙江省横道河子地区发现细鼩鼱 (食虫目: 鼩鼱科)[J]. 动物学杂志，51: 487-491. Liu Z, Xie R, Jin Z, 2016. The Slender Shrew (Insetivora: Soricidae) was found in Hengdaohezi of Heilongjiang Province, China[J]. *Chinese Journal of Zoology*, 51: 487-491. (In Chinese with English abstract)

卢学理，袁喜才，彭建军，李善元，张海，2008. 海南坡鹿种群发展动态与保护建议 [J]. 四川动物，27: 138-141. Lu X, Yuan X, Peng J, Li S, Zhang H, 2008. Dynamics and Conservation Suggestions of Hainan Eld's Deer[J]. *Sichuan Journal of Zoology*, 27: 138-141. (In Chinese with English abstract)

鲁庆彬，张阳，周材权，2010. 秦岭鼢鼠的洞穴选择与危害防控 [J]. 生态学报，31: 1993-2001. Lu Q, Zhang Y, Zhou C, 2010. Cave-site selection of Qinling zokors with their prevention and control[J]. *Acta Ecologica Sinica*, 31: 1993-2001. (In Chinese with English abstract)

陆雪，袁兴勤，余依建，胡锦矗，2007. 鬣羚分类与分布的初步研究 [J]. 四川动物，26: 929-930. Lu X, Yuan X, Yu Y, Hu J, 2007. Preliminary analysis of *Capriconis sumatraensis* classification and distribution[J]. *Sichuan Journal of Zoology*, 26: 929-930. (In Chinese with English abstract)

陆长坤，王宗祎，全国强，金善科，马德惠，1965. 云南西部临沧地区兽类的研究 [J]. 动物分类学报，2: 279-295. Lu C, Wang Z, Guo G, Jin S, Ma D, 1965. Mammals in Lincang, western Yunnan[J]. *Acta Zootaxonomica Sinica*, 2: 279-295. (In Chinese with English abstract)

路纪琪，刘彬，2008. 河南省哺乳动物分布新纪录 —— 小泡巨鼠 [J]. 四川动物，27: 435-435. Lu J, Liu B, 2008. A new record of mammals in Henan Province—*Leopoldamys edwardsi*[J]. *Sichuan Journal of Zoology*, 27: 435-435. (In Chinese with English abstract)

罗键，高红英，2002. 重庆市翼手类调查及保护建议 [J]. 四川动物，21: 45-46. Luo J, Gao Y, 2002. Investigation on bats in Chongqing[J]. *Sichuan Journal of Zoology*, 21: 45-46. (In Chinese with English abstract)

罗键，高红英，2006. 在重庆和辽宁发现绯鼠耳蝠 *Myotis formosus*[J]. 四川动物，25: 131-132. Luo J, Gao H, 2006. *Myotis formosus*, a record new of Chiroptera in Chongqing and Liaoning[J]. *Sichuan Journal of Zoology*, 25: 131-132. (In Chinese with English abstract)

罗金红，颜识涵，宋雨，刘丰，冯江，2009. 大趾鼠耳蝠回声定位声波特征与分析 [J]. 动物学杂志，44: 133-138. Luo J, Yan S, Song Y, Liu F, Feng J, 2009. Characters of echolocation calls in *Myotis macrodactylus*[J]. *Chinese Journal of Zoology,* 44: 133-138. (In Chinese with English abstract)

罗娟娟，秦家慧，李佳琦，兰广成，郭志宏，徐永恒，宋森，2019. 宁夏兽类新纪录 —— 小麂 (*Muntiacus reevesi* Ogilby, 1839)[J]. 兽类学报. DOI: 10.16829/j.slxb.150262. Luo J, Qin Jiahui, Li J, Lan G, Guo Z, Xu Y, Song S, 2019. A new record of mammals in Ningxia Hui Autonomous Region—Reeve's muntjac (*Muntiacus reevesi* Ogilby, 1839)[J]. *Acta Theriologica Sinica*. DOI: 10.16829/j.slxb.150262.

罗丽，卢冠军，罗金红，孙克萍，江廷磊，罗波，冯江，2011. 湖南省蝙蝠新纪录 —— 大足鼠耳蝠 [J]. 动物学杂志，46: 148-152. Luo L, Lu J, Luo J, Sun K, Jiang T, Luo B, Feng J, 2011. *Myotis ricketti* - a new bat record of Hunan Province[J]. *Chinese Journal of Zoology*, 46: 148-152. (In Chinese with English abstract)

罗丽，2011. 基于微卫星标记的中国马铁菊头蝠种群遗传多样性与遗传结构研究 [D]. 长春 : 东北师范大学硕士学位论文. Luo L, 2011. Genetic Diversity and Population Structure of *Rhinolophus ferrumequinum* in China Based on Microsatellites[D]. Changchun: Master's Thesis Of Northeast Normal University. (In Chinese with English abstract)

罗蓉，1993. 贵州兽类志 [M]. 贵阳: 贵州科技出版社. Luo R, 1993. *Mammals in Guizhou*[M]. Guiyang: Guizhou Science and Technology Press.

罗晓，李峰，陈静，蒋志刚，2016. 青海湖地区狗獾分类地位和狗獾属进化历史探讨 [J]. 生物多样性，24: 694-700. Luo X, Li F, Chen J, Jiang Z, 2016. The taxonomic status of badgers in the Qinghai Lake area and evolutionary history of Meles[J]. *Biodiversity Science*, 24: 694-700. (In Chinese with English abstract)

罗一宁，1987. 我国兽类新记录 —— 缺齿鼠耳蝠 [J]. 兽类学报，7: 159. Luo Y, 1987. A new record of mammal in China - *Myotis annectans* in Yunnan[J]. *Acta Theriologica Sinica*, 7: 159. (In Chinese with English abstract)

罗泽珣，李振营，1982. 我国雪兔的分类研究 [J]. 东北林业大学学报，10: 159-167. Luo Z, Li Z, 1982. A systematic review of the Chinese varying hare, *Lepus timidus* Linnaeus[J]. *Journal of Northeast Forestry University,* 10: 159-167. (In Chinese with English abstract)

罗泽珣，2000. 中国动物志兽纲第六卷啮齿目下册仓鼠科 [M]. 北京: 科学出版社. Luo Z, 2000. *Fauna Sinica Vol. 6 Rodentia (II) Cricetidae*[M]. Beijing: Science Press.

罗忠华，2011. 云南无量山国家级自然保护区西部黑冠长臂猿景东亚种的群体数量与分布调查 [J]. 四川动物，30: 283-287. Luo Z, 2011. Survey on populations and distribution of western black crested Gibbons (*Nomascus concolor jingdongensis*) from Wuliang Shan National Nature Reservge[J]. *Sichuan Journal of Zoology,* 30: 283-287. (In Chinese with English abstract)

麻应太，王西峰，2008. 秦岭羚牛资源现状与保护 [J]. 陕西林业科技，2008 (2): 80-83. Ma Y, Wang X, 2008. Current status and protection measures of Golden Takin (*Budorcas taxicolor bedfordi*) in Qinling Mountain Ranges[J]. *Shaanxi Forest Science and Technology,* 2008 (2): 80-83. (In Chinese with English abstract)

马建章，李津友，1979. 西伯利亚旱獭生态调查研究 [J]. 东北林业大学学报，7: 63-71. Ma J, Li J, 1979. An ecological investigation of Siberian marmot[J]. *Journal of Northeast Forestry University,* 7: 63-71. (In Chinese with English abstract)

马建章，戎可，宗诚，2008. 松鼠生态学研究现状与展望 [J]. 动物学杂志，43: 159-164. Ma J, Rong K, Zong C, 2008. The ecology of Eurasian red squirrels: recent advances and future prospects[J]. *Chinese Journal of Zoology*, 43: 159-164. (In Chinese with English abstract)

马杰，梁冰，张劲硕，张俊鹏，张树义，2005. 北京地区大足鼠耳蝠主要食物及其食性组成的季节变化 [J]. 动物学报，51: 7-11. Ma J, Liang B, Zhang J, Zhang J, Zhang S, 2005. Major item and seasonal variation in the diet of Rickett's big--footed bat *Myotis ricketti* in Beijing[J]. *Acta Zoologica Sinica,* 51: 7-11. (In Chinese with English abstract)

马强，苏化龙，2004. 黑叶猴 (*Trachypithecus francoisi*)[J]. 动物学杂志，39: 32. Ma Q, Su H, 2004. Francois's Leaf Monkey(*Trachypithecus francoisi*)[J]. *Chinese Journal of Zoology*, 39: 32. (In Chinese with English abstract)

马瑞俊，蒋志刚，2006. 青海湖流域环境退化对野生陆生脊椎动物的影响 [J]. 生态学报，26: 3066-3073. Ma R, Jiang Z, 2006. Impacts of environmental degradation on wild vertebrates in the Qinghai Lake drainage[J]. *Acta Ecologica Sininca*, 26: 3066-3073. (In Chinese with English abstract)

马世来，王应祥，施立明，1990. 麂属 (*Muntiacus*) 一新种 [J]. 动物学研究，11: 47-53. Ma S, Wang Y, Shi L, 1990. A new species of the genus *Muntiacus* from Yunnan, China[J]. *Zoological Research*, 11: 47-53. (In Chinese with English abstract)

马晓婷，黄玲，刘玉静，解卫海，靖美东，2014. 社鼠 (*Niviventer confucianus*) 线粒体基因组全序列分析 [J]. 中国细胞生物学学报，36: 1084-1091. Ma X, Huang L, Liu Y, Jie W, Jing M, 2014. Sequence Analysis of the Complete Mitochondrial Genome of *Niviventer confucianus*[J]. *Chinese Journal of Cell Biology*, 36: 1084-1091(In Chinese with English abstract)

马逸清，胡锦矗，1998. 中国熊类资源数量估计及保护对策 [J]. 生命科学研究，2: 205-211. Ma Y, Hu J, 1998. On the resources and conservation of bears in China[J]. *Life Science Research*, 2: 205-211. (In Chinese with English abstract)

马勇，李思华，1979. 长耳跳鼠一新亚种 [J]. 动物分类学报，4: 109-111. Ma Y, Li S, 1979. A new subspecies of the long-eared jerboa from Xinjiang[J]. *Acta Zootaxonomica Sinica*, 4: 109-111. (In Chinese with English abstract)

马勇，王逢桂，金善科，李思华，林永烈，叶宗耀，1981. 新疆北部地区啮齿动物 (Glires) 的分类研究 [J]. 兽类学报，1: 177-188. Ma Y, Wang F, Jin S, Li S, Lin Y, Ye Z, 1981. On the glires of Northern Xinjiang[J]. *Acta Theriologica Sinica*, 1: 177-188. (In Chinese with English abstract)

马勇，王逢桂，金善科，李思华，孙崇潞，郝守身，1982. 新疆黄兔尾鼠的分布及其生态习性的初步观察 [J]. 兽类学报. 2: 81-88. Ma Y, Wang F, Jin S, Li S, Sun C, Hao S, 1982. On Distribution and ecology of Yellow Steppe Lemming (*Lagurus luteus*) of Xinjiang[J]. *Acta Theriologica Sinica*, 2: 81-88. (In Chinese with English abstract)

马勇，杨奇森，周立志，2008. 中国啮齿动物分类学与地理分布[M]// 郑智民，姜志宽，陈安国 (主编). 啮齿动物学 . 上海: 上海交通大学出版社: 35-42. Ma Y, Yang Q, Zhou L, 2008. Taxonomy and geographical distribution of Chinese rodents. [M]// Zheng Z, Jiang Z, Chen A (Ed). *Rodent Zoology*. Shanghai: Shanghai Jiaotong University Press: 35-42.

马勇，1964. 山西短棘猬属的一个新种 [J]. 动物分类学报，1: 31-36. Ma Y, 1964. A new species of hedgehog from Shansi Province, *Hemiechinus sylvaticus* sp. nov[J]. *Acta Zootaxonomica Sinica*, 1: 31-36. (In Chinese with English abstract)

马志强，韩家波，姜大为，张伟，2007. 渤海虎平岛周围海域的斑海豹种群动态初步调查 [J]. 水产科学，26: 455-457. Ma Z, Han J, Jiang D, Zhang W, 2007. Population dynamics of spotted seals in the waters around Huping island in the Bohai Sea[J]. *Fisheries Science*, 26: 455-457. (In Chinese with English abstract)

买尔旦 · 吐尔干，2006. 吐鲁番盆地鼠类群落结构与多样性研究 [D]. 北京 : 中国科学院新疆生态与地理研究所硕士学位论文. Turkan M, 2006. Rodent Community Structure and Diversity in Turpan Basin[D]. Beijing: Mastor Thesis of Xinjiang Institute of Ecology and Geography, Chinese Academy Of Sciences. (In Chinese with English abstract)

毛秀光，2010. 皮氏菊头蝠与云南菊头蝠系统地理学研究 [D]. 上海 : 华东师范大学博士学位论文. Mao X, 2010. Phylogeography of *Rhinolophus pearsoni* and *Rhinolophus yunnanensis*[D]. Shanghai: Doctoral Dissertation of East China Normal University. (In Chinese with English abstract)

门兴元，郭宪国，董文鸽，钱体军，2006. 珀氏长吻松鼠和赤腹松鼠在保护区与非保护区各年龄松林内的种群动态 [J]. 动物学研究，27: 29-33. Men X, Guo X, Dong W, Qian T, 2007. Population dynamics of *Dremomys pernyi* and *Callosciurus erythraeus* in protective and non-protective pine forests at different ages[J]. *Zoological Research*, 27: 29-33. (In Chinese with English abstract)

孟超，张洪海，陈玉才，2008. 中国狼 (*Canis lupus chanco*) 线粒体全基因组序列分析 [J]. 中国生物化学与分子生物学报，24: 1170-1176. Meng C, Zhang H, Chen Y, 2008. Sequencing and analysis of mitochondrial genome of Chinese Grey Wolf (*Canis lupus chanco*)[J]. *Chinese Journal of Biochemistry and Molecular Biology*, 24: 1170-1176. (In Chinese with English abstract)

孟玉萍，胡德夫，何东阳，陈金良，张峰，2009. 中国新疆放归普氏野马的繁殖状况 [J]. 生物学通报，44: 1-4. Meng Y, Hu D, He D, Chen J, Zhang F, 2009. Breeding status of *Equus przewalskii* released from xinjiang, China[J]. *Bulletin of Biology*, 44: 1-4. (In Chinese with English abstract)

米景川，于少祥，潘井坤，2003. 达乌尔黄鼠的种群年龄动态及其生命表研究 [J]. 医学动物防制，19: 264-267. Mi J, Yu S, Pan J, 2003. Population age dynamics and life table of *Spermophilus dauricus*[J]. *Control of Medical Animals*, 19: 264-267. (In Chinese with English abstract)

娜日苏，苏和，武晓东，2009. 五趾跳鼠的植物性食物选择与其栖息地植被的关系 [J]. 草地学报，17: 383-388. Na R, Su H, Wu X, 2009. Botanic food preference of *Allactaga sibirica* Forster and its relationship with the vegetation conditions of their habitat[J]. *Acta Agrestia Sinica*, 17: 383-388.

牛红星，张学成，马惠霞，2008. 河南省菊头蝠科 1 新纪录 —— 皮氏菊头蝠 *Rhinolophus pearsoni*[J]. 河南师范大学学报 (自然科学版)，36: 147-148. Niu H, Zhang X, Ma H, 2008. New record of bat in Henan Province — *Rhinolophus pearsoni*[J]. *Journal of Henan Normal University* (Natural Science), 36: 147-148. (In Chinese with English abstract)

牛红星，2008. 河南省翼手类区系分布与系统学研究 [D]. 石家庄 : 河北师范大学硕士学位论文. Niu H, 2008. Distribution and Systematics of Chiroptera in Henan Province[D]. Shijiazhuang: Master's Thesis of Hebei Normal University. (In Chinese with English abstract)

潘会，周显明，杨再学，李月胜，杨全怀，2012. 关岭县锡金小家鼠种群生态特征初步探讨 [J]. 山地农业生物学报，31: 381-384. Pan H, Zhou X, Yang Z, Li Y, Yang Q, 2012. Preliminary investigation in ecological characteristics of *Mus pahari* population in Guanling County[J]. *Journal of Mountain Agriculture and Biology*, 31: 381-384. (In Chinese with English abstract)

潘清华，王应祥，岩崑，2007. 中国哺乳动物彩色图鉴 [M]. 北京: 中国林业出版社. Pan Q, Wang Y, Yan K, 2007. *A Field Guide to Mammals of China*[M]. Beijing: China Forestry Press.

裴俊峰，冯祁君，2014. 陕西省发现大足鼠耳蝠 [J]. 动物学杂志，49(3): 443-446. Pei J, Feng Q, 2014. Myotis ricketti Found in Shaanxi Province[J]. *Chinese Journal of Zoology*, 49(3): 443-446.

裴俊峰，2011. 陕西省翼手类新纪录 —— 大菊头蝠 [J]. 动物学杂志，46: 130-133. Pei J, 2011. A new record of woolly horseshoe bat (*Rhinolophus luctus*) in Shaanxi Province[J]. *Chinese Journal of Zoology*, 46: 130-133. (In Chinese with English abstract)

裴俊峰，2012. 陕西省翼手类新纪录 —— 西南鼠耳蝠 [J]. 四川动物，31: 290-292. Pei J, 2012. A New record of *Myotis altarium* in Shaanxi Province[J]. *Sichuan Journal of Zoology*, 31: 290-292. (In Chinese with English abstract)

裴枭鑫，曲潍滢，张敏，邵江山，方磊，陈中正，2021. 中国巢鼠属分类与分布的讨论 [J]. 兽类学报. DOI: 10.16829/j.slxb.150554. Pei X, Qu W, Zhang M, Shao J, Fang L, Chen Z, 2021. Taxonomy and distribution of Micromys in China[J]. *Acta Theriologica Sinica*. DOI: 10.16829/j.slxb.150554.

彭红元，陈伟才，张修月，2010. 麝的系统发育学研究进展 [J]. 四川动物，29: 666-671. Peng H, Chen W, Zhang X, 2010. A review on the phylogenetic study of musk deer[J]. *Sichuan Journal of Zoology*, 29: 666-671. (In Chinese with English abstract)

彭基泰，周华明，刘伟，2007. 青藏高原东南横断山脉甘孜地区哺乳动物调查及区系研究报告 [J]. 四川动物，25: 747-753. Peng J, Zhou H, Liu W, 2006. Investigation on mammal and fauna in Ganzi Prefecture in Hengduan Mountains, southeast of Qinghai-Tibet Plateau[J]. *Sichuan Journal of Zoology*, 25: 747-753. (In Chinese with English abstract)

彭基泰、钟祥清，2005. 四川甘孜藏族自治州哺乳类野外识别保护手册 [M]. 成都: 四川科技出版社. Peng J and Zhong X, 2005. *A Guide to Identification and Conservation of Wild Mammals in Ganzi Tibetan Autonomous Prefecture of Sichuan Province*[M]. Chengdu: Sichuan Science and technology Press.

彭培英，郭宪国，2014. 社鼠的研究现状及进展 [J]. 四川动物，33: 792-800. Peng P, Guo X, 2014. The research status and progresses of *Niviventer confucianus*[J]. *Sichuan Journal of Zoology*, 33: 792-800. (In Chinese with English abstract)

彭亚君，王以凡，钱周兴，沈宏，王火根，2009. 石浦海域齿鲸类一新纪录种记述 [J]. 海洋学研究，27: 117-120. Peng Y, Wang Y, Qian Z, Shen H, Wang H, 2009. Description of a new record species of whales from Chinese coastal waters[J]. *Journal of Marine Sciences*, 27: 117-120. (In Chinese with English abstract)

彭燕章，叶智彰，张耀平，潘汝亮，1988. 金丝猴分类及系统发育关系 [J]. 动物学研究，9: 239-248. Peng Y, Ye Z, Zhang Y, Pan R, 1988. The classification and phylogeny of snub-nosed monkey (*Rhinopithecus* spp.) based on gross morphological characters[J]. *Zoological Research*, 9: 239-248. (In Chinese with English abstract)

平晓鸽，李春旺，李春林，汤宋华，方红霞，崔绍朋，陈静，王恩光，何玉邦，蔡平，张毓，吴永林，蒋志刚，2018. 普氏原羚分布、种群和保护现状 [J]. 生物多样性，26: 177-184. Ping X, Li C, Li C, Tang S, Fang H, Cui S, Chen J, Wang E, He Y, Cai P, Zhang Y, Wu Y, Jiang Z, 2018. The distribution, population and conservation status of Przewalski's gazelle, Procapra przewalskii[J]. *Biodiversity Science*, 26: 177-184.

朴仁峰，俞曙林，1990. 长白瀑布水流下游首次发现水鼩鼱 [J]. 延边农学院学报，1990(1): 58-60. Pu R, Yu S, 1990. Water shrews were first found in the lower reaches of Changbai Waterfall[J]. *Journal of Yanbian Agricultural University*, 1990(1): 58-60. (In Chinese with English abstract)

朴正吉，睢亚臣，崔志刚，张国利，王群，傅学魁，2011. 长白山自然保护区猫科动物种群数量变化及现状 [J]. 动物学杂志，46: 78-84. Piao Z, Sui Y, Cui Z, Zhang G, Wang Q, Fu X, 2011. The history and current status of felid population in Changbai Mountain Nature Reserve[J]. *Chinese Journal of Zoology*, 46: 78-84. (In Chinese with English abstract)

普缨婷，蒋海军，王旭明，唐刻意，王琼，廖锐，陈顺德，刘少英 [J]. 宁夏兽类一属、种新纪录 —— 淡灰豹鼩 (*Pantherina griselda* Thomas, 1912). 兽类学报. DOI: 10.16829/j.slxb.150358. Pu Y, Jiang H, Wang X, Tang K, Wang Q, Liao R, Chen S, Liu S. A new record of genus *Pantherina* in Ningxia Hui Autonomous Region, China—Pantherina griselda (Thomas, 1912)[J]. *Acta Theriologica Sinica*. DOI: 10.16829/j.slxb.150358.

乔洪海，刘伟，杨维康，徐文轩，夏参军，David Blank，2011. 大沙鼠行为生态学研究现状 [J]. 生态学杂志，30: 603-610. Qiao H, Liu W, Yang W, Xu W, Xia H, Blank D, 2011. Behavior ecology of great gerbil Rhombomys opimus: A review[J]. *Chinese Journal of Ecology*, 30: 603-610. (In Chinese with English abstract)

秦岭，孟祥明，Kryukov A, Korablev V, Pavlenko M, 杨兴中，王应祥，蒋学龙，2007. 陕西秦岭平河梁自然保护区小型兽类的组成与分布 [J]. 动物学研究，3: 231-242. Qin L, Meng X, Vladimir Korablev V, Pavlenko, MK, Yang X, Wang Y, Jiang X, 2007. Species and distribution patterns of small mammals in the Pingheliang Nature Reserve of Qinling Mountain, Shaanxi[J]. *Zoological Research*, 28: 231-242. (In Chinese with English abstract)

秦瑜，张明海，2009. 中国马鹿的研究现状及展望 [J]. 野生动物学报，30: 100-104. Qin Y, Zhang, M, 2009. Review of researches of red deer (*Cervus elaphus*) and perspects in China[J]. *Chinese Journal of Wildlife*, 30: 100-104. (In Chinese with English abstract)

秦长育，1991. 宁夏啮齿动物区系及动物地理区划 [J]. 兽类学报，11: 143-151. Qin C, 1991. On the faunistics and regionalization of glires in Ningxia Autonomous Region, China[J]. *Acta Theriologica Sinica*, 11: 143-151. (In Chinese with English abstract)

秦长育，1985. 阿拉善黄鼠数量分布及有关生态学调查分析 [J]. 动物学杂志，20: 14-18. Qin C, 1985. Population distribution and related ecological investigation and analysis of *Spermophilus alaschanicus*[J]. *Chinese Journal of Zoology*, 20: 14-18. (In Chinese with English abstract)

邱广龙，周浩郎，覃秋荣，范航清，2013. 海草生态系统与濒危海洋哺乳动物儒艮的相互关系 [J]. 海洋环境科学，32: 970-974. Qiu G, Zhou H, Qin Q, Fan H, 2013. Interactions between seagrass ecosystem and the endangered marine mammal dugong[J]. *Marine Environmental Science*, 32: 970-974. (In Chinese with English abstract)

裘丽，冯祚建，2004. 青藏公路沿线白昼交通运输等人类活动对藏羚羊迁徙的影响 [J]. 动物学报，50: 669-674. Qiu L, Feng Z, 2004. Effects of traffic during daytime and other human activities on the migration of Tibetan Antelope along the Qinghai-Tibet highway, Qinghai-Tibet Plateau[J]. *Acta Zoologica Sinica*, 50: 669-674. (In Chinese with English abstract)

任宝平，李明，魏辅文，龙勇诚，2004. 滇金丝猴 (*Rhinopithecus bieti*)[J]. 动物学杂志，39: 111-111. Ren B, Li M, Wei F, 2004. The Yunnan snub-nosed monkey (*Rhinopithecus bieti*)[J]. *Chinese Journal of Zoology*, 39: 111-111. (In Chinese with English abstract)

任梦非，黄海娇，2009. 完达山东部林区冬季东北兔的生境选择 [J]. 野生动物学报，30: 302-304. Ren M, Huang H, 2009. Winter habitat selection of Manchurian Hare in forest region of East Wandashan[J]. *Chinese Journal of Wildlife*, 30: 302-304. (In Chinese with English abstract)

任锐君，石胜超，吴倩倩，邓学建，陈意中，2017. 湖南省衡东县发现大卫鼠耳蝠 [J]. 动物学杂志，52(5): 870-876. Wu R, Shi S, Wu Q, Deng X, Chen Y, 2017. David's Myotis *(Myotis davidii)* Found in Hengdong County Hunan Province, China[J]. *Chinese Journal of Zoology* 52(5): 870-876.

沙伊拉吾，穆晨，倪亦菲，木合塔尔·波拉提，2009. 新疆加依尔山发现草原鼠兔[J]. 动物学杂志，44: 152-154. Shayrave, Mu C, Ni Y, Muhtar·Borati, 2009. New record of *Ochotona pusilla* in Jayer Mountain, Xinjiang[J]. *Chinese Journal of Zoology*, 44: 152-154. (In Chinese with English abstract)

沙依拉吾，武什肯，1996. 社田鼠生物学特性的观察[J]. 动物学杂志，31: 25-27. Shayrave, Wu S, 1996. Observations on the biological characteristics of *Microtus socialis*[J]. *Chinese Journal of Zoology*, 31: 25-27. (In Chinese with English abstract)

莎莉，郭凤清，1999. 内蒙古大兴安岭林区啮齿动物名录[J]. 中国地方病防治杂志，1999 (3): 174-175. Li S, Guo F, 1999. Rodent list in the Greater Khingan range of Inner Mongolia[J]. *Chinese Journal of Endemic Disease Control*, 1999 (3): 174-175. (In Chinese with English abstract)

邵伟伟，华攀玉，周善义，陈金平，2007. 棕果蝠微卫星位点的筛选及其对近缘种的通用性[J]. 兽类学报，27: 385-388. Shao W, Hua P, Zhou S, Chen J, 2007. The isolation of new microsatellite loci in *Rousettus leschenaulti* and their applicability in closely related species[J]. *Acta Theriologica Sinica*, 27: 385-388. (In Chinese with English abstract)

盛和林，陆厚基，1982. 黄鼬的产仔环境和鼬巢密度调查[J]. 兽类学报，2: 29-34. Sheng H, Lu H, 1982. The Environment preference of nesting and nest density of the Female Weaseis (*Mustela sibirica*)[J]. *Acta Theriologica Sinica*, 2: 29-34. (In Chinese with English abstract)

盛和林，1983. 哺乳动物学概论 [M]. 上海: 华东师范大学出版社. Sheng H, 1983. *Introduction to Mammology*[M]. Shanghai: East China Normal University Press .

盛和林，等，1998. 中国野生哺乳动物 [M]. 北京: 中国林业出版社. Sheng H, et al., 1998. *Wild Mammals of China*[M]. Beijing: China Forestry Press.

师蕾，陈新文，敬凯，胡建生，杨士剑，2013. 云南省德钦县兽类区系调查 [J]. 云南师范大学学报 (自然科学版)，33: 64-70. Shi L, Chen X, Jing K, Hu J, Yang S, 2013. Investigation of animal fauna in Deqin County of Yunnan Province[J]. *Journal of Yunnan Normal University* (Natural Science Edition), 33: 64-70. (In Chinese with English abstract)

施白南，赵尔宓，1980. 四川资源动物志 [M]. 成都: 四川人民出版社. Shi B, Zhao E, 1980. *Animal Resources of Sichuan*[M]. Chengdu: Sichuan People's Publishing House.

施立明，陈玉泽，1989. 鼷鹿云南亚种 (*Tragulus javanicus williamsoni*) 的核型分析 [J]. 动物学报，35: 41-44. Shi L, Chen Y, 1989. The karyotype analysis of Yunnan Mouse Deer (*Tragulus javanicus williamsoni*)[J]. *Acta Zoologica Sinica*, 35: 41-44. (In Chinese with English abstract)

施银柱，边疆晖，王权业，张堰铭，1991. 高寒草甸地区小哺乳动物群落多样性的初步研究 [J]. 兽类学报，11: 279-284. Shi Y, Bian J, Wang Q, Zhang Y, 1991. Studies on species diversity of small mammal community at alpine meadow[J]. *Acta Theriologica Sinica*, 11: 279-284. (In Chinese with English abstract)

施友仁，王秀玉，1978. 我国黄海北部发现的黑露脊鲸 [J]. 水产科技，1978 (1): 25-27. Shi Y, Wang X, 1978. Black right whale found in northern Yellow Sea of China[J]. *Aquatic Science and Technology*, 1978 (1): 25-27.

石红艳，吴毅，胡锦矗，2000. 中华山蝠的研究进展及保护对策 [J]. 四川动物，19: 39-40. Shi H, Wu Y, Hu J, 2000. Research advances and conservation strategy on *Nyctalus velutinus*[J]. *Sichuan Journal of Zoology*, 19: 39-40. (In Chinese with English abstract)

史荣耀，郎彩琴，2000. 长尾仓鼠生态的观察 [J]. 四川动物，19: 33-34. Shi R, Lang C, 2000. Observation on ecology of *Cricetulus longicandatus*[J]. *Sichuan Journal of Zoology*, 19: 33-34. (In Chinese with English abstract)

史文博，王慧，朱立峰，朱琼琼，韩德民，常青，张保卫，2010. 晚更新世气候波动及长江阻隔对小麂皖南种群和大别山种群遗传分化与基因流模式的影响 [J]. 兽类学报，30: 390-399. Shi W, Wang H, Zhu L, Zhu Q, Han D, Chang Q, Zhang B, 2010. The genetic divergence and gene flow pattern of two muntjac deer (*Muntiacus reevesii*) populations, Wannan and Dabie Mountains, from the effect of Yangtze River and the late Pleistocene glacial oscillations[J]. *Acta Theriologica Sinica*, 30: 390-399. (In Chinese with English abstract)

寿振黄，汪松，1959. 海南食虫目 (Insectivora) 之一新属新种，海南新毛猬 (*Neohylomys hainanensis* gen. et sp. nov.)[J]. 动物学报，11: 422-426. Shou Z, Wang S, 1959. New genus and new species of Hainan Insectivora: *Neohylomys hainanensis* gen. et sp. nov[J]. *Acta Zoologica Sinica*, 11: 422-426. (In Chinese with English abstract)

寿振黄，汪松等，1966. 海南岛的兽类调查 [J]. 动物分类学报，3: 260-276. Shou Z, Wang S et al., 1966. Mammals on Hainan Island[J]. *Acta Zootaxonomica Sinica*, 3: 260-276. (In Chinese with English abstract)

寿振黄，张洁，1958. 大竹鼠的初步调查 [J]. 生物学通报，1958 (2): 28-30. Shou Z, Zhang J, 1958. Preliminary investigation on giant bamboo rats[J]. Bulletin of Biology, 1958 (2): 28-30. (In Chinese with English abstract)

寿振黄，1962. 中国经济动物志: 兽类 [M]. 北京: 科学出版社. Shou Z, 1962. *China Economic Animals: Mammals*[M]. Beijing: Science Press.

帅凌鹰，宋延龄，李俊生，曾治高，刘建泉，2006. 黑河流域中游地区荒漠—绿洲景观区啮齿动物群落结构 [J]. 生物多样性，14: 525-533. Shuai L, Song Y, Li J, Zeng Z, Liu J, 2006. Rodent community structure of desert-oasis landscape in the middle reaches of the Heihe River[J]. *Biodiversity Science*, 14: 525-533. (In Chinese with English abstract)

宋华，2009. 基于线粒体 16SrDNA 的贵州菊头蝠属 (翼手目: 菊头蝠科) 的分子系统进化关系 [D]. 贵阳 : 贵州师范大学硕士学位论文. Song H, 2009. Molecular Phylogenetic Relationship of the Genus Rhinolophus (Chiroptera: Rhinolophidae) Based on Mitochondrial 16SrDNA[D]. Guiyang: Master's Thesis of Guizhou Normal University. (In Chinese with English abstract)

宋先华，陈建，周江，2014. 贵州省发现高鞍菊头蝠 [J]. 动物学杂志，49: 126-131. Song X, Chen J, Zhou J, 2014. *Rhinolophus paradoxolophus* discovered in Guizhou Province[J]. *Chinese Journal of Zoology*, 49: 126-131. (In Chinese with English abstract)

宋延龄，李俊生，曾治高，张津生，2002. 甘肃河西走廊不同生境中鼠类群落结构初步研究 [J]. 生物多样性，10: 386-392. Song Y, Li J, Zeng Z, Zhang J, 2002. Diversity of rodents communities in different habitats in Hexi Corridor, Gansu Province[J]. *Biodiversity Science*, 10: 386-392. (In Chinese with English abstract)

苏旭坤，董世魁，刘世梁，刘颖慧，石建斌，吴娱，张翔，许东华，阿尔金山自然保护区土地利用 / 覆被变化对藏野驴栖息地的影响 [J]. 生态学杂志，33: 141-148. Su X, Dong S, Liu S, Liu Y, Shi J, Wu Y, Zhang X, Xu D, Effects of land use/land cover change (LUCC) on habitats of Tibetan wild donkey in Aerjin Mountain National Nature Reserve[J]. *Chinese Journal of Ecology*, 33: 141-148. (In Chinese with English abstract)

粟海军，蔡静芸，冉景丞，卢自勇，任艺，2013. 贵州佛顶山自然保护区兽类资源及其特征分析 [J]. 四川动物，32: 137-142. Su H, Cai J, Ran J, Lu Z, Ren Y, 2013. A field survey and analysis on mammal resources of Fodingshan Nature Reserve in Guizhou Province[J]. *Sichuan Journal of Zoology*, 32: 137-142. (In Chinese with English abstract)

孙崇烁，高耀亭，1976. 我国猫科新纪录 —— 云猫 (*Pardofelis marmorata*) [J]. 动物学报，3: 015. Sun C, Gao Y, 1976[J]. A new record of Felidae in China: *Pardofelis marmorata*[J]. *Acta Zoologica Sinica*, 3: 015. (In Chinese with English abstract)

孙国政，倪庆永，黄蓓，管振华，李小平，蒋学龙，2012. 西黑冠长臂猿的种群数量、分布与现状 [J]. 林业建设，2012(1): 38-44. Sun G, Ni Q, Huang B, Guan Z, Li X, Jiang X, 2012. Population, distribution and status of the west black crested gibbon[J]. *Forestry Construction*, 2012 (1): 38-44.

孙克萍，冯江，金龙如，刘颖，姜云垒，2006. 依据回声定位声波参数判别同域栖息的蝙蝠种类 [J]. 东北师大学报 (自然科学版)，38: 109-114. Sun K, Feng J, Jin L, Liu Y, Jiang Y, 2006. Identification of sympatric bat species by the echolocation calls[J]. *Journal of Northeast Normal University* (Natural Science), 38: 109-114. (In Chinese with English abstract)

孙孟军，鲍毅新，2001. 浙江省獐的分布与资源调查 [J]. 浙江林业科技，21: 20-24. Sun M, Bao, Y, 2001. Investigation on distribution and resources of *Hydropotes inermis* in Zhejiang Province[J]. *Journal of Zhejiang Forestry Science and Technology*, 21: 20-24. (In Chinese with English abstract)

孙铭娟，高行宜，邵明勤，2002. 鹅喉羚 (*Gazella subgutturosa*) 研究动态 [J]. 干旱区研究，19: 75-80. Sun M, Gao X, Abdukadir S, Shao M, 2002. Study Trends about *Gazella subgutturosa*[J]. *Arid Zone Research*, 19: 75-80. (In Chinese with English abstract)

孙平，魏万红，赵亚军，徐世晓，赵同标，赵新全，2005. 局部环境增温对根田鼠冬季种群的影响 [J]. 兽类学报，25: 261-268. Sun P, Wei W, Zhao Y, Xu S, Zhao T, Zhao X, 2005. Effects of locally environmental warming on root vole population in winter[J]. *Acta Theriologica Sinica*, 25: 261-268. (In Chinese with English abstract)

孙涛，王博石，刘志瑾，阙腾程，黄乘明，周岐海，李明，2010. 近缘种扩增法对黑叶猴微卫星位点的筛选及特征分析 [J]. 兽类学报，30: 351-353. Sun T, Wang B, Liu Z, Que, Huang C, Zhou Q, Li, M, 2010. Identification and characterization of microsatellite markers via cross-species amplification from François' langur (*Trachypithecus francoisi*)[J]. *Acta Theriologica Sinica*, 30: 351-353. (In Chinese with English abstract)

孙治宇，刘少英，郭延蜀，刘洋，廖锐，郭振伟，2013. 二郎山小型兽类区系及分布格局 [J]. 兽类学报，33: 82-89. Sun Z, Liu S, Guo Y, Liu Y, Liao R, Guo Z, 2013. The faunal composition and distribution of small mammals in Erlang Mountains[J]. *Acta Theriologica Sinica*, 33: 82-89. (In Chinese with English abstract)

谈建文，冯顺柏，张淑君，陈玮，杨仕煊，任华美，2005. 神农架野生猕猴及其生境现状 [J]. 湖北林业科技，2005 (5): 27-29. Tan J, Feng S, Zhang S, Chen W, Yang S, Ren H, 2005. Current status of wild *Macaca mulatta* and its habitat in Shennongjia[J]. *Hubei Forestry Science and Technology*, 2005 (5): 27-29. (In Chinese with English abstract)

谭邦杰，1955. 哺乳类动物图鉴 [M]. 北京: 科学出版社. Tan B, 1955. *A Guide to Mammals*[M]. Beijing: Science Press.

谭邦杰，1992. 哺乳动物分类名录 [M]. 北京: 中国医药科技出版社. Tan B, 1992. *Classification Lists of Mammals*[M]. Beijing: China Medical Science and Technology Press.

谭敏，朱光剑，洪体玉，叶建平，张礼标，2009. 中国翼手类新记录 —— 小蹄蝠 [J]. 动物学研究，30: 204-208. Tan M, Zhu G, Hong Tx, Ye, J, Zhang L, 2009. New record of a bat species from China, *Hipposideros cineraceus*[J]. *Zoological Research*, 30: 204-208. (In Chinese with English abstract)

唐华兴，陈天波，刘晟源，农登攀，蒙渊君，陆茂新，2011. 广西弄岗自然保护区黑叶猴的种群动态 [J]. 四川动物，30: 136-140. Tang H, Chen T, Liu S, Nong D, Meng Y, Lu M, 2011. The population dynamics of Francois Langur *Trachypithecus francoisi* in Nonggang Nature Reserve, Guangxi, China[J]. *Sichuan Journal of Zoology*, 30: 136-140. (In Chinese with English abstract)

唐明坤，陈志宏，王新，陈治兴，何志强，刘少英，2021. 中国森林田鼠族系统分类研究进展 (啮齿目: 仓鼠科: 䶄亚科)[J]. 兽类学报，41: 71-81. Tang M, Chen Z, Wang X, Chen Z, He Z, Liu S, 2021. A summary of phylogenetic systematics studies of Myodini in China (Rodentia: Cricetidae: Arvicolinae)[J]. *Acta Theriologica Sinica*, 41: 71-81.

唐占辉，盛连喜，曹敏，梁冰，张树义，2005. 西双版纳地区犬蝠和棕果蝠食性的初步研究 [J]. 兽类学报，25: 367-372. Tang Z, Sheng L, Cao M, Liang B, Zhang S, 2005. Diet of *Cynopterus sphinx* and *Rousettus leschenaulti* in Xishuangbanna[J]. *Acta Theriologica Sinica*, 25: 367-372. (In Chinese with English abstract)

唐中海，彭波，游章强，刘昊，石红艳，2009. 中华竹鼠的洞穴结构及其生境利用特征 [J]. 动物学杂志，44: 36-40. Tang Z, Peng B, You Z, Liu H, Shi H, 2009. Habitation Selection and Den Structure Characteristics of *Rhizomys sinensis* in Piankou Natural Reserve[J]. *Chinese Journal oF Zoology*, 44: 36-40.

滕丽微，刘振生，宋延龄，曾治高，李善元，林贤梅，2005. 海南大田保护区内赤麂的种群数量和特征 [J]. 兽类学报，25: 138-142. Teng L, Liu Z, Song Y, Zeng Z, Li S, Lin X, 2005, Population size and characteristics of Indian Muntjac (*Muntiacus muntjak*) at Hainan Datian National Nature Reserve[J]. *Acta Theriologica Sinica*, 25: 138-142. (In Chinese with English abstract)

田贵全，宋沿东，刘强，宗雪梅，张学杰，孟祥亮，耿德江，曹振杰，2012. 山东省濒危物种多样性调查与评价 [J]. 生态环境学报，21: 27-32. Tian G, Song Y, Liu Q, Zong X, Zhang X, Meng X, Geng D, Cao Z, 2012. Investigation and evaluation of endangered species diversity in Shandong Province[J]. *Ecology and Environment Sciences*, 21: 27-32. (In Chinese with English abstract)

田瑜，邬建国，寇晓军，李钟汶，王天明，牟溥，葛剑平，2009. 东北虎种群的时空动态及其原因分析 [J]. 生物多样性，17: 211-225. Tian Y, Wu J, Kou X, Li Z, Wang T, Mou P, Ge J, 2009. Spatiotemporal pattern and major causes of the Amur tiger population dynamics[J]. *Biodiversity Science*, 17: 211-225. (In Chinese with English abstract)

仝磊，路纪琪，2010. 黄胸鼠对假海桐和截头石栎种子的贮藏和取食 [J]. 兽类学报，30: 270-277. Tong L, Lu J, 2010. Hoarding and consumption on seeds of *Pittosporopsis kerrii* and *Lithocarpus truncates* by Buff-breasted rat (*Rattus flavipectus*)[J]. *Acta Theriologica Sinica,* 30: 270-277. (In Chinese with English abstract)

仝磊，路纪琪，2010. 西双版纳地区小型哺乳动物群落结构及其季节变动 [J]. 生态学杂志，29: 1770-1776. Tong L, Lu J, 2010. Community structure and its seasonal variation of small mammals in Xishuangbanna of Yunnan, China[J]. *Chinese Journal of Ecology*, 29: 1770-1776. (In Chinese with English abstract)

涂飞云，韩卫杰，刘晓华，孙志勇，黄晓凤，黄挺，2014. 江西哺乳动物组成及区系研究 [J]. 江西农业大学学报，36: 848-854. Tu F, Han W, Liu X, Sun Z, Huang X Huang T, 2014. A study of mammal species composition and fauna in Jiangxi Province, China[J]. *Journal of Jiangxi Agricultural University,* 36: 848-854. (In Chinese with English abstract)

汪巧云，肖皓云，刘少英，陈顺德，杨立，肖飞，张璐，何锴，2020. 利安德水鼩在中国地理分布范围的讨论与修订 [J]. 兽类学报. DOI: 10.16829/j.slxb.150380. Wang Q, Xiao H, Liu S, Chen S, Yang L, Xiao F, Zhang L, He K, 2020. Discussed and revised geographical distribution of Chimarrogale leander in China[J]. *Acta Theriologica Sinica.* DOI: 10.16829/j.slxb.150380.

汪松，解焱，2004. 中国物种红色名录 [M]. 北京: 高等教育出版社. Wang S, Xie Y, 2004. *China Species Red List*[M]. Beijing: Higher Education Press.

汪松，1958. 食虫目. 见中国科学院动物研究所兽类组: 东北兽类调查报告 [M]. 北京: 科学出版社. Wang S, 1958. *Insectivora. See Mamamal Group of Institute of Zoology, Chinese Academy of Sciences: Northeast Mammals Survey Report*[M]. Beijing: Science Press.

汪松，1959. 东北兽类补遗 [J]. 动物学报，11: 344-348. Wang S, 1959. Addendum to the mammals of northeast China[J]. *Acta Zoologica Sinica,* 11: 344-348. (In Chinese with English abstract)

汪松，1998. 中国濒危动物红皮书: 兽类 [M]. 北京: 科学出版社. Wang S, 1998. *Red Book of Endangered Animals in China: Mammals*[M]. Beijing: Science Press.

王德忠，罗宁，谷景和，张国祺，1998. 赛加羚羊 (*Saiga tatarica*) 在我国原产地的引种驯养 [J]. 生物多样性，6: 309-311. Wang D, Luo N, Gu J, Zhang G, 1998. The introduction and domestication of Saiga (*Saiga tatarica*) in its original distribution area of China[J]. *Biodiversity Sciences*, 6: 309-311. (In Chinese with English abstract)

王定国，1988. 额济纳旗和肃北马鬃山北部边境地区啮齿动物调查 [J]. 动物学杂志，23: 24-27. Wang D, 1988. Rodent survey in the northern border area of Ejinaqi and Mazong mountain, subei[J]. *Chinese Journal of Zoology*, 23: 24-27. (In Chinese with English abstract)

王东风，1993. 黑龙江省兽类新纪录 —— 水鼩鼱 [J]. 野生动物，4: 22-25 . Wang D, 1993. New animal record of Heilongjiang province-water shrew[J]. *Chinese Journal of Wildlife*, 4: 22-25. (In Chinese with English abstract)

王福麟，王小非，1995. 中国的复齿鼯鼠 [J]. 生物学通报，1995 (7): 11-13. Wang F, Wang X, 1995. *Trogopterus xanthipes* in China[J]. *Bulletin of Biology*, 1995 (7): 11-13.

王好峰，路纪琪，汤发友，刘金栋，孔茂才，2008. 太行山猕猴自然保护区金钱豹资源现状及其保护 [J]. 河南林业科技，28: 94-95. Wand H, Lu J, Tang F, Liu J, Kong M, 2008. Resources status and protection of *Pantera pardus* in Taihangshan Mountains National Reseve, Jiyuan, China[J]. *Journal of Henan Forestry Science & Technology*, 28: 94-95.

王昊，李松岗，潘文石，2002. 秦岭野生大熊猫 (*Ailuropoda melanoleuca*) 的种群存活力分析 [J]. 北京大学学报 (自然科学版)，38: 756-761. Wang H, Li S, Pan W, 2002. Population Viability Analysis of giant panda (*Ailuropoda melanoleuca*) in Qinling Mountains[J]. *Journal of Peking University* (Natural Science), 38: 756-761. (In Chinese with English abstract)

王红娜，2010. 河流不同生境中大趾鼠耳蝠回声定位声波研究 [D]. 长春 : 东北师范大学硕士学位论文. Wang H, 2010. Echolocation of *Myotis macrodactylus* in Different Habitats of Rivers[D]. Changchun: Master's Thesis of Northeast Normal University. (In Chinese with English abstract)

王红愫，2008. 大足鼠 (*Rattus nitidus*) 种群动态和繁殖特性研究 [J]. 云南大学学报 (自然科学版)，(S1): 180-183+201. Wang H, 2008. Population dynamics and reproductive characteristics of *Rattus nitidus*[J]. *Journal of Yunnan University*(Natural Science Edition), (S1): 180-183+201. (In Chinese with English abstract)

王会，李娜，熬磊，谷晓明，2009. 毛腿鼠耳蝠的核型、G- 带和 C- 带研究 [J]. 贵州师范大学学报 (自然科学版)，27: 12-14. Wang H, Li N, Ao L, Gu X, 2009. A study on karyotypes, G-bands and C-bands of *Myotis fimbriatus*[J]. *Journal of Guizhou Normal University* (Natural Sciences), 27: 12-14. (In Chinese with English abstract)

王火根，范忠勇，2004. 浙江海兽及其分布 [J]. 动物学杂志，39: 60-63. Wang H, Fan Z, 2004. Marine mammals and their distributions in coastal waters of Zhejiang[J]. *Chinese Journal of Zoology,* 39: 60-63. (In Chinese with English abstract)

王火根，王宇，1998. 东海发现的贝氏喙鲸 [J]. 水产科学，1998 (5): 11-13. Wang H, Wang Y, 1998. A Baird's beaked whale from the East China Sea[J]. *Aquatic Science*, 1998(5): 11-13. (In Chinese with English abstract)

王健，刘群秀，唐登奎，江广华，索建中，郑志章，2009. 湖北后河自然保护区果子狸栖息地选择的初步研究 [J]. 兽类学报，29: 216-222. Wang J, Liu Q, Tang D, Jiang G, Suo Jianzhong, Zheng Z, 2009. Habitat selection of masked palm civet in Houhe Nature Reserve, Hubei[J]. *Acta Theriologica Sinica*, 29: 216-222. (In Chinese with English abstract)

王静，Tiunov MP, 江廷磊，许立杰，张桢珍，申岑，冯江，2009. 吉林省新纪录东方蝙蝠 *Vespertilio sinensis* (Peters,1880) 的回声定位声波特征与分析 [J]. 兽类学报，29: 321-325. Wang J,Tiunov MP, Jiang T, Xu L, Zhang Z, Shen C, Feng J, 2009. Spectrum analysis of the echolocation calls of a new record species *Vespertilio sinensis* (Peters,1880) from Jilin Province, China[J]. *Acta Theriologica Sinica*, 29: 321-325. (In Chinese with English abstract)

王静，王新华，江廷磊，王磊，卢冠军，由玉岩，刘颖，李丹，冯江，2010. 马铁菊头蝠捕食活动与猎物资源的关系 [J]. 兽类学报，30: 157-162. Wang J,Wang X, Jiang T,Wang L, Lu G,You Y, Liu Y, Li D, Feng J, 2010. Relationships between foraging activity of greater horseshoe bat (*Rhinolophus ferrumequinum*) and prey resources[J]. *Acta Theriologica Sinica*, 30: 157-162. (In Chinese with English abstract)

王静，2009. 多空间尺度下马铁菊头蝠生境选择与空间分布预测 [D]. 长春 : 东北师范大学博士学位论文. Wang J, 2009. Habitat selection and spatial distribution prediction of *Rhinolophus ferrumequinum* on multi-spatial scales[D]. Changchun: Doctoral Dissertation of Northeast Normal University. (In Chinese with English abstract)

王君，时坤，Riordan P, 2012. 新疆塔什库尔干岩羊和北山羊种群密度调查 [J]. 野生动物学报，33: 113-117. Wang J, Shi K, Riordan P, 2012. Study on population density of ungulates in Taxkorgan, Xinjiang, China[J]. *Chinese Journal of Wildlife,* 33: 113-117. (In Chinese with English abstract)

王开锋，靳铁治，齐晓光，边坤，刘楚光，王艳，张广平，翟嫚，刘利军，李保国，2010. 甘肃马鬃山发现小地兔 [J]. 动物学杂志，45: 145-148. Wang K, Jin T, Qi X, Bian K, Liu C, Wang Y, Zhang G, Zai M, Liu L, Li B, 2010. Little Earth Hare (*Pygeretmus pumilio*)was found in Mazongshan, Gansu Province[J]. *Chinese Journal of Zoology*, 45: 145-148. (In Chinese with English abstract)

王兰萍，耿荣庆，常洪，冀德君，李永红，常春芳，2009. 大额牛起源与系统地位的遗传学分析 [J]. 云南农业大学学报 (自然科学)，24: 231-234. Wang L, Geng R, Chang H, Ji D, Li Y, Chang C, 2009. Genetic analysis on origin and phylogenetic status of gayal (*Bos frontalis*)[J]. *Journal of Yunnan Agricultural University* (Natural Science), 24: 231-234. (In Chinese with English abstract)

王磊，江廷磊，孙克萍，王应祥，Tiunov MP, 冯江，2010. 东亚水鼠耳蝠形态描述与分类 [J]. 动物分类学报，35: 360-365. Wang L, Jiang T, Sun K, Wang Y, Tiunov MP, Feng J, 2010. Morphological description and taxonomical status of *Myotis petax*[J]. *Acta Zootaxonomica Sinica*, 35: 360-365. (In Chinese with English abstract)

王力军，邢志刚，汪继超，梁伟，洪美玲，史海涛，2010. 海南文昌椰林湾发现儒艮的尸体及死亡原因分析 [J]. 兽类学报，30: 354-356. Wang L, Xing Z, Wang J, Liang W Hong M, Shi H, 2010. The recovered carcass of a dugong (*Dugong dugon*) in Yelin Bay of Wenchang City, Hainan Province and its cause of death[J]. *Acta Theriologica Sinica*, 30: 354-356. (In Chinese with English abstract)

王丕烈，韩家波，马志强，2008. 黄渤海斑海豹种群现状调查 [J]. 野生动物学报，29: 29-31. Wang P, Han J, Ma Z, 2008. Status survey of spotted seals (*Phoca largha*) in Bohai and Yellow Sea[J]. *China Journal of Wildlife*, 29: 29-31. (In Chinese with English abstract)

王丕烈，韩家波，2007. 中国水域中华白海豚种群分布现状与保护 [J]. 海洋环境科学，26: 484-487. Wang P, Han J, 2007. Present status of distribution and protection of Chinese white dolphin (*Sousa chinensis*) population in Chinese waters[J]. *Marine Environmental Science*, 26: 484-487. (In Chinese with English abstract)

王丕烈，鹿志创，2009. 中国水域灰鲸种群历史记录和现状分析 [J]. 水产科学，28: 767-771. Wang P, Lu Z, 2009. Historical records and current status of Western Gray Whale in China's waters[J]. *Fisheries Science*, 28: 767-771. (In Chinese with English abstract)

王丕烈，童慎汉，袁红梅，2007. 福建漳浦搁浅的小抹香鲸 [J]. 水产科学，26: 671-674. Wang P, Tong S, Yuan H, 2007. Stranding of pygmy sperm whale in Zhangpu, Fujian Province[J]. *Fisheries Science*, 26: 671-674. (In Chinese with English abstract)

王丕烈，2011. 中国鲸类 [M]. 北京: 化学工业出版社. Wang P, 2011. *Chinese Cetaceans*[M]. Beijing: Chemical Industry Press.

王岐山，李进华，杨兆芬，1994. 中国的短尾猴 [J]. 生物学通报，29: 5-7. Wang Q, Li J, Yang Z, 1994. Stump-tailed macaque in China[J]. *Bulletin of Biology*, 29: 5-7. (In Chinese with English abstract)

王歧山，李进华，李明，1994. 短尾猴种群生态学研究 I . 短尾猴种群动态及分析 [J]. 兽类学报，14: 161-165. Wang Q, Li J, Li M, 1994. Studies on population ecology of Tibetan monkeys (*Macaca thibetana*) I. Population dynamics and analysis of Tibetan monkeys[J]. *Acta Theriologica Sinica*, 14: 161-165. (In Chinese with English abstract)

王思博，孙玉珍，1997. 巨泡五趾跳鼠 *Allactaga bullata* Allen 分布区范围及界限 [J]. 疾病预防控制通报，1997 (2): 87-92. Wang S, Sun Y, 1997. On the areal limits and bounds of bullae enlarged jeboa *Allactaga bullata* Allen[J]. *Endemic Diseases Bulletin*, 1997 (2): 87-92.

王思博，黎唯，蒋卫，张兰英，阿布力米提，2000. 新疆啮齿动物新种新亚种新记录种与某些鼠种的新分布 [J]. 干旱区研究，17: 23-187. Wang S, Li W, Jiang W, Zhang L, Abrimiti, 2000. New species, new subspecies and newly recorded species of rodents and new distribution of some mice species of the Xinjiang in the recent years[J]. *Arid Zone Research*, 17: 23-187. (In Chinese with English abstract)

王廷正，许文贤，1993. 陕西啮齿动物志 [M]. 西安: 陕西师范大学出版社. Wang T, Xu W, 1993. *Rodents in Shaanxi*[M]. Xi'an: Shaanxi Normal University Press.

王婉莹，2007. 普氏蹄蝠、鲁氏菊头蝠、长翼蝠的生态、形态及耳蜗结构和听觉功能的研究 [D]. 西安：陕西师范大学硕士学位论文. Wang W, 2007. *Ecology, Morphology, Cochlear Structure and Auditory Function of* Hipposideros pratti, Rhinolophus rouxii, Miniopterus Schrebersi[D]. Xi'an: Master's Thesis of Shaanxi Normal University. (In Chinese with English abstract)

王先艳，吴福星，妙星，牟剑锋，童慎汉，祝茜，2013. 福建平潭一头误捕灰鲸的部分形态学记录 [J]. 兽类学报，33: 18-27. Wang X, Wu F, Miao X, Mu J, Tong S, Zhu Q, 2013. Partial morphological records of a gray whale (*Eschrichtius robustus*) incidentally caught at Pingtan, Fujian Province, China[J]. *Acta Theriologica Sinica*, 33: 18-27. (In Chinese with English abstract)

王香亭，1991. 甘肃脊椎动物志 [M]. 兰州: 甘肃科学技术出版社. Wang X, 1991. *Vertebrates in Gansu*[M]. Lanzhou: Gansu Science and Technology Press. (In Chinese with English abstract)

王晓云，张秋萍，郭伟健，李锋，陈柏承，徐忠鲜，王英永，吴毅，余文华，李玉春，2016. 水甫管鼻蝠在模式产地外的发现——广东和江西省新纪录 [J]. 兽类学报，36: 118-122. Wang X, Zhang Q, Guo W, Li F, Chen B, Xu Z, Wang Y, Wu Y, Yu W, Li Y, 2016. Discovery of *Murina shuipuensis* outside of its type locality - new record from Guangdong and Jiangxi Provinces, China[J]. *Acta Theriologica Sinica*, 36: 118-122.

王新华，2008. 马铁菊头蝠活动与其食物资源关系研究 [D]. 长春：吉林农业大学硕士学位论文. Wang X, 2008. Study on the Relationship Between the Activities of *Rhinolophus ferrumequinum* and Their Food Resources[D]. Changchun: Master's Thesis of Jilin Agricultural University. (In Chinese with English abstract)

王亚明，薛亚东，夏友福，2011. 滇西北滇金丝猴栖息地景观格局分析及其破碎化评价 [J]. 林业调查规划，36: 34-37. Wang Y, Xue Y, Xia Y, 2011. Landscape pattern and its fragmentation evaluation of habitat of *Rhinopithecus bieti* in Northwest Yunnan[J]. *Forest Inventory and Planning*, 36: 34-37. (In Chinese with English abstract)

王延校，王芳，高伶丽，刘伟，牛红星，2012. 山西省菊头蝠科 1 新纪录 —— 大耳菊头蝠 *Rhinolophus macrotis*[J]. 河南师范大学学报（自然科学版），40: 147-148. Wang Y., Wang F, Gao L, Liu W, Niu H, 2012. New record of Rhinolophidae in Shanxi Province --*Rhinolophus macrotis*[J]. *Journal of Henan Normal University* (Natural Science Edition), 40: 147-148.

王延校，2012. 云南南部洞栖蝙蝠初步调查 [D]. 新乡：河南师范大学硕士学位论文. Wang Y, 2012. Preliminary Investigation on Cave Dwelling Bats in

Southern Yunnan[D]. Xinxiang: Master's Thesis of Henan Normal University.

王应祥，蒋学龙，冯庆，陈志平，王为民，1997. 云南豹猫资源量的可持续利用与保护 [J]. 兽类学报，17: 31-42. Wang Y, Jiang X, Feng Q, Chen Z, Wang W, 1997. Abundance, sustainable utilization and conservation of leopard cat In Yunnan[J]. *Acta Theriologica Sinica*, 17: 31-42. (In Chinese with English abstract)

王应祥，蒋学龙，冯庆，1999. 中国叶猴类的分类、现状与保护 [J]. 动物学研究，20: 306-315. Wang Y, Jiang X, Feng Q, 1999. Taxonomy, status and conservation of Leaf Monkeys in China[J]. *Zoological Research*, 20: 306 - 315. (In Chinese with English abstract)

王应祥，李崇云，陈志平，1996. 猪尾鼠的分类、分布与分化 [J]. 兽类学报，16: 54-66. Wang Y, Li C, Chen Z, 1996. Taxonomy, distribution and differentiation on *Typhlomys cinereus* (Platacant homyidae, Mammalia)[J]. *Acta Theriologica Sinica*, 16: 54-66. (In Chinese with English abstract)

王应祥，罗泽珣，冯祚建，1985. 云南兔 *Lepus comus* G. Allen 的分类订正 —— 包括两个新亚种的描记 [J]. 动物学研究，6: 802-804. Wang Y, Luo Z, Feng Z, 1985. Taxonomic revision of Yunnan Hare, *Lepus comus* G. Allen with description of two new subspecies[J]. *Zoological Research*, 6: 802-804.

王应祥，2003. 中国哺乳动物种与亚种分类名录与分布大全 [M]. 北京: 中国林业出版社. Wang Y, 2003. *A Complete Checklist of Mammal Species and Subspecies in China-A Taxonomic and Geographic Reference*[M]. Beijing: China Forestry Publishing House. (In Chinese with English abstract)

王酉之，胡锦矗，1999. 四川兽类原色图鉴 [M]. 北京: 中国林业出版社. Wang Y, Hu J, 1999. *Coloured Field Guide of Mammals in Sichuan*[M]. Beijing: China Forestry Press.

王酉之，1985. 睡鼠科一新属新种 —— 四川毛尾睡鼠 [J]. 兽类学报，5: 67-75. Wang Y, 1985. A new genus and species of Gliridae-*Chaetocauda sichuanensis* gen. et sp. nov[J]. *Acta Theriologica Sinica*, 5: 67-75. (In Chinese with English abstract)

王于玫，刘泽昕，张闻捷，孔令明，本川雅治，原田正史，吴毅，李玉春，2014. 短尾鼩江西省分布新纪录及其地理分布范围的探讨 [J]. 兽类学报，34: 200-204. Wang Y, Liu Z, Zhang W, Kong L, Masaharu M, Masashi H, Wu Y, Li Y, 2014. A new record of *Anourosorex squamipes* in Jiangxi Province with a discussion of its geographical range[J]. *Acta Theriologica Sinica*, 34: 200-204. (In Chinese with English abstract)

王玉玺，张淑云，1993. 中国兽类分布名录 (一)[J] . 野生动物，4: 12-17. Wang Y, Zhang S, 1993. Distribution mammals in China (I)[J]. *Chinese Journal of Wildlife*, 14: 12-17.

王淯，胡锦矗，谌利民，张汉峰，胡忠军，徐玲，徐宏发，2006. 唐家河自然保护区小哺乳动物空间生态位初步研究 [J]. 兽类学报，25: 379-384. Wang Y, Hu J, Chen L, Zhang H, Hu Z, Xu L, Xu H, 2005. Preliminary study on spatial niches of small mammals in Tangjiahe Nature Reserve[J]. *Acta Theriologica Sinica*, 25: 379-384. (In Chinese with English abstract)

王渊，初红军，韩丽丽，陶永善，布兰，刘钊，蒋志刚，2015. 野放普氏野马 (*Equus przewalskii*) 家域面积及其影响因素 [J]. 生态学报，36: 545-553. Wang Y, Chu H, Han L, Tao Y, Bulan, Liu Z, Jiang Z, 2015. Populations, home ranges and affecting stabilities factors analysis of the reintroducing *Equus przewalskii* in Mt. Kalamaili Ungulate Nature Reserve[J]. *Acta Ecologica Sinica*, 36: 545-553. (In Chinese with English abstract)

王渊，刘务林，李锋，李晟，朱雪林，蒋志刚，冯利民，李炳章，2019. 西藏墨脱孟加拉虎种群数量调查 [J]. 兽类学报，39: 504-513. Wang Y, Liu W, Liu F, Li S, Zhu X, Jiang Z, Feng L, Li B, 2019. Investigation on the population of wild Bengal tiger (*Panthera tigris tigris*) in Medog, Tibet[J]. *Acta Theriologica Sinica*, 39: 504-513.

王正寰，王小明，鲁庆斌，2004. 四川省石渠县藏狐昼间行为特征观察 [J]. 兽类学报，24: 357-360. Wang Z, Wang X, Lu Q, 2004. Observation on the daytime behaviour of Tibetan for (*Vulpes ferrilata*) in Shiqu county, Sichuan Province, China[J]. *Acta Theriologica Sinica*, 24: 357-360. (In Chinese with English abstract)

王志伟，谢梦洁，赵言文，2010. 江苏省生物多样性及其保育 [J]. 江苏农业科学，2010(4): 341-344. Wang Z, Xie M, Zhao Y, 2010. Biodiversity and its conservation in Jiangsu Province[J]. *Jiangsu Agricultural Science*, 2010 (4): 341-344.

王宗祎，汪松，1962. 青海发现的大狐蝠 (*Pteropus giganteus* Brünnich)[J]. 动物学报，14: 63. Wang Z, Wang S, 1962. The discovery of a flying fox (*Pteropus giganteus Brünnich*) from Chin-Hai Province, Northwestern China[J]. *Acta Zoologica Sinica*, 14: 63.

韦力，甘雨满，李周全，林植华，洪体玉，张礼标，2011. 六种共栖蝙蝠的回声定位信号及翼型特征的比较 [J]. 兽类学报，31: 155-163. Wei L, Gan Y, Li Z, Lin Z, Hong T, Zhang L, 2011. Comparisons of echolocation calls and wing morphology among six sympatric bat species[J]. *Acta Theriologica Sinica*, 31: 155-163. (In Chinese with English abstract)

韦力，周善义，张礼标，梁冰，洪体玉，张树义，2006. 三种共栖蝙蝠的回声定位信号特征及其夏季食性的比较 [J]. 动物学研究，27: 235-241. Wei L, Zhou S, Zhang L, Liang B, Hong T, Zhang S, 2006. Characteristics of echolocation calls and summer diet of three sympatric insectivorous bat species[J]. *Zoological Research*, 27: 235-241. (In Chinese with English abstract)

韦力，2007. 黑髯墓蝠的食性、回声定位信号特征及其出飞时间的研究 [D]. 桂林：广西师范大学硕士学位论文. Wei L, 2007. Study on the Feeding Habits, Echolocation Signal Characteristics and Flight-out Time of Taphozous melanopogon[D]. Guilin: Master's Thesis of Guangxi Normal University. (In Chinese with English abstract)

魏辅文，杨奇森，吴毅，蒋学龙，刘少英，李保国，杨光，李明，周江，李松，胡义波，葛德燕，李晟，余文华，陈炳耀，张泽钧，周材权，吴诗宝，张立，陈中正，陈顺德，邓怀庆，江廷磊，张礼标，石红艳，卢学理，李权，刘铸，崔雅倩，李玉春，2021. 中国兽类名录 (2021 版)[J]. 兽类学报，41: 487-501. Wei F, Yang Q, Wu Y, Jiang X, Liu S, Li B, Yang G, Li M, Zhou J, Li S, Hu Y, Ge D, Li S, Yu W, Chen B, Zhang Z, Zhou C, Wu S, Zhang L, Chen Z, Chen S, Deng H, Jiang T, Zhang L, Shi H, Lu X, Li Q, Liu Z, Cui Y, Li Y, 2021. Catalogue of mammals in China[J]. *Acta Theriologica Sinica,* 41: 487-501. (in Chinese with English abstract)

魏学文，2013. 基于核基因的中国大耳菊头蝠复合体 (*Rhinolophus macrotis* complex) 比较分子系统地理学研究 [D]. 长春：东北师范大学硕士学位论文. Wei X, 2013. Comparative Molecular Phylogeography of *Rhinolophus macrotis* Complex in China Based on Nuclear Genes[D]. Changchun: Master's Thesis of Northeast Normal University. (In Chinese with English abstract)

温立嘉，时坤，黄建，宋阳，郭玉民，2014. 西藏墨脱鸟兽红外相机监测初报 [J]. 生物多样性，22: 798-799. Wen L, Shi K, Huang J, Song Y, Guo Y, 2014. Preliminary analysis of mammal and bird diversity monitored with camera traps in Medog, Tibet[J]. *Biodiversity Science*, 22: 798-799. (In Chinese with English abstract)

温知新，尹三军，冉江洪，祁明大，2010. 四川洪雅县赤腹松鼠巢址选择研究 [J]. 四川动物，29: 540-545. Wen Z, Yin S, Ran J, Qi M, 2010. Nest-site selection by the red-bellied squirrel (*Callosciueus erythraeus*) in Hongya County, Sichuan Province[J]. *Sichuan Journal of Zoology,* 29: 540-545. (In Chinese with English abstract)

文榕生，2016. 再探历史时期新疆分布的虎 [J]. 四川动物，35: 311-320. Wen R, 2016. Historical distribution of tiger in Xinjiang Uygur Autonomous Region[J]. *Sichuan Journal of Zoology*, 35: 311-320.

吴爱国，2001. 板齿鼠的种群数量变动 [J]. 中国媒介生物学及控制杂志，12: 14-15. Wu A, 2001. Variation of the population density of *Bandicota indica*[J]. *Chinese Journal of Vector Biology and Control,* 12: 14-15.

吴爱国，2002. 卡氏小鼠的种群数量变动 [J]. 中国媒介生物学及控制杂志，13: 255-256. Wu A, 2002. Variation of the population density of *Mus caroli*[J]. *Chinese Journal of Vector Biology and Control*, 13: 255-256.

吴德林，奉勇，窦秦川，张良佐，1995. 卡氏小鼠种群数量变动特征及其与环境因子的关系 [J]. 兽类学报，15: 60-64. Wu D, Feng Y, Dou Q, Zhang L, 1995. The population fluctuation characteristics and relations to environmental factors in *Mus caroli*[J]. *Acta Theriologica Sinica*, 15: 60-64. (In Chinese with English abstract)

吴家炎，裴俊峰，2007. 白唇鹿的研究现状及保护策略 [J]. 野生动物学报，28: 36-39. Wu J, Pei J, 2007. Present status of research of white-lipped deer and its conservation strategy[J]. *China Journal of Wildlife,* 28: 36-39. (In Chinese with English abstract)

吴家炎，裴俊峰，2011. 秦岭和大巴山区翼手类及其动物地理分布特征 [J]. 兽类学报，31: 358-370. Wu J, Pei J, 2011. Bats (Chiroptera) and their zoogeographic distribution characteristics in the Qinling and Daba Mountain ranges[J]. *Acta Theriologica Sinica*, 31: 358-370. (In Chinese with English abstract)

吴家炎，王伟，2006. 中国麝类 [M]. 北京: 中国林业出版社. Wu J, Wang W, 2006. *Chinese Musk Deer*[M]. Beijing: China Forestry Press.

吴建国，吕佳佳，2009. 气候变化对滇金丝猴分布的潜在影响 [J]. 气象与环境学报，25: 1-10. Wu J, Lv J, 2009. Potential effects of climate change on the distributions of Yunnan snub-nosed monkey (*Pygathrix bieti*) in China[J]. *Journal of Meteorology and Environment*, 25: 1-10. (In Chinese with English abstract)

吴梦柳，万艺林，陈子禧，张昌友，叶复华，王晓云，郭伟健，余文华，李玉春，吴毅，2017. 菲氏管鼻蝠在广东和江西省分布新纪录 [J]. 四川动物，36: 436-440. Wu M, Wan Y, Chen Z, Zhang C, Ye F, Wang X, Guo W, Yu W, Li Y, Wu Y, 2017. New Record of *Murina feae* in Guangdong and Jiangxi Provinces, China[J]. *Sichuan Journal of Zoology,* 36: 436-440.

吴鹏举，张恩迪，2006. 西藏慈巴沟自然保护区羚牛栖息地选择 [J]. 兽类学报，26: 152-158. Wu, P, Zhang E, 2006. Habitat selection of takin (*Budorcas taxicolor*) in Cibagou Nature Reserve of Tibet, China[J]. *Acta Theriologica Sinica*, 26: 152-158. (In Chinese with English abstract)

吴诗宝，王应祥，冯庆，2005. 中国兽类一新纪录 —— 爪哇穿山甲 [J]. 动物分类学报，30: 440-443. Wu S, Wang Y, Feng Q, 2005. A new record of Mammalia in China: *Manis javanica*[J]. *Acta Zootaxonomica Sinica,* 30: 440-443. (In Chinese with English abstract)

吴逸群，刘科科，2010. 川金丝猴生态生物学研究进展 [J]. 陕西林业科技，2010 (6): 42-44. Wu, Liu, 2010. Ecological biology of Sichuan snub-nosed Monkey[J]. *Shaanxi Forest Science And Technology,* 2010 (6): 42-44.

吴毅，本川雅治，李玉春，龚粤宁，新宅勇太，原田正史，2011. 广东省二种兽类新纪录 —— 鼩猬 (*Neotetracus sinensis*) 和短尾鼩 (*Anourosorex squamipes*)[J]. 兽类学报，31: 317-319. Wu Y, Motokawa M, Li Y, Gong Y, Shintaku Y, Harada M, 2011. New records of shrew gymnure (*Neotetracus sinensis*) and Chinese mole shrew (*Anourosorex squamipes*) from Guangdong Province[J]. *Acta Theriologica Sinica*, 31: 317-319. (In Chinese with English abstract)

吴毅，陈子禧，王晓云，黎舫，胡宜峰，郭伟健，余文华，李玉春，2017. 哈氏管鼻蝠在广东的新发现及南岭树栖蝙蝠物种多样性 [J]. 广州大学学报 (自然科学版), 16: 1-7. Wu Y, Chen Z, Wang X, Li F, Hu Y, Guo W, Yu W, Li Y, 2017. A new discovery of *Murina harrisoni* in Guangdong and the species diversity of arboreal bat in Nanling[J]. *Journal of Guangzhou University (*Natural Science*)* 16: 1-7.

吴毅，侯万儒，胡锦矗，成英，李军，2000. 四川地区大蹄蝠某些年龄特征的比较研究 [J]. 兽类学报，20: 284-288. Wu Y, Hou W, Hu J, Cheng Y, Li J, 2000. Comparative study on some age characteristic of *Hipposideros armiger* in Sichuan area[J]. *Acta Theriologica Sinica*, 20: 284-288. (In Chinese with English abstract)

吴毅，胡锦矗，张国修，李洪成，1988. 四川省兽类新纪录 [J]. 四川动物，7: 39. Wu Y, Hu J, Zhang G, Li H, 1988. New mammal records in Sichuan[J]. *Sichuan Journal of Zoology*, 7: 39.

吴毅，梁颖华，尤君丽，王志针，2001. 广东省蝙蝠三新记录 [J]. 四川动物，20: 91. Wu Y, Liang Y, You J, Wang Z, 2001. Three new records of bats in Guangdong Province[J]. *Sichuan Journal of Zoology*, 20: 91.

吴毅，魏辅文，袁重桂，胡锦矗，1990. 两种纹背鼩鼱鉴别特征的探讨 [J]. 四川动物，1: 26. Wu Y, Wei F, Yuan Z, Hu J, 1990. Identification of two species of stripe-backed shrew[J]. *Sichuan Journal of Zoology*, 1: 26.

吴毅，杨奇森，夏霖，彭洪元，周昭敏，2004. 中国蝙蝠新记录 —— 马氏菊头蝠 [J]. 动物学杂志，39: 109-110. Wu Y, Yang Q, Xia L, Peng H, Zhou Z, 2004. New record of Chinese bats: *Rhinolophus marshalli*[J]. *Chinese Journal of Zoology*, 39: 109-110. (In Chinese with English abstract)

吴毅，余嘉明，曾凡，庄卓升，余文华，王英永，张礼标，李玉春，2014. 广东兽类新纪录 —— 褐扁颅蝠及其中国的地理分布 [J]. 广州大学学报 (自然科学版)，13: 23-27. Wu Y, Yu J, Zeng F, Zhuang Z, Yu W, Wang Y, Zhang L, Li Y, 2014. First record of *Tylonycteris robustula* in Guangdong Province with a discussion of its geographical range in China[J]. *Journal of Guangzhou University* (Natural Science), 13: 23-27. (In Chinese with English abstract)

吴毅，余文华，李小琼，2005. 小黄蝠 (*Scotophilus kuhlii*) 生态的初步研究 [C]. 第二届全国野生动物生态与资源保护学术讨论会. Wu Y, Yu W, Li X, 2005. A preliminary study on the ecology of *Scotophilus kuhlii*[C]. The 2nd National Symposium on Wildlife Ecology and Resource Conservation.

吴毅，张成菊，梁智文，易祖盛，2007. 广州市区翼手类物种多样性的研究 [J]. 广州大学学报 (自然科学版)，6: 14-17. Wu Y, Zhang C, Liang Z, Yi Z, 2007. Study on species diversity of Chiroptera in Guangzhou[J]. *Journal of Guangzhou University* (Natural Science Edition), 6: 14-17. (In Chinese with English abstract)

吴毅，张成菊，余文华，陈瑞红，梁智文，2006. 广州市蝙蝠的多样性及在农业生态环境中的作用 [J]. 华南农业大学学报，27: 47-51. Wu Y, Zhang C, Yu W, Chen R, Liang Z, 2006. Research on bat diversity and its agricultural eco-environment function in Guangzhou City[J]. *Journal of South China Agricultural University*, 27: 47-51. (In Chinese with English abstract)

吴毅，郑福军，李艳，陈莹，肖玲，2004. 广州地区濒危物种扁颅蝠 *Tylonycteris pachypus* 的种群数量变化与环境因素的关系 [J]. 中山大学学报 (自然科学版)，43: 91-94. Wu Y, Zheng F, Li Y, Chen Y, Xiao L, 2004. The relationship of quantitative change of *Tylonycteris pachypus* population with factors of environment in Guangzhou[J]. *Journal of Sun Yat-Sen University* (Natural Science Edition), 43: 91-94. (In Chinese with English abstract)

武明录，王秀辉，安春林，赵静，付芸生，毛富玲，尚辛亥，王振鹏，2006. 河北省兽类资源调查 [J]. 河北林业科技，2006 (2): 20-23. Wu M, Wang X, An C, Zhao J, Fu Y, Mao F, Shang X, Wang Z, 2006. Animals resources investigation of Hebei province[J]. *The Journal of Hebei Forestry Science and Technology*, 2006 (2): 20-23. (In Chinese with English abstract)

武文华，付和平，武晓东，杨玉平，董维惠，徐胜利，2007. 应用马尔可夫链模型预测长爪沙鼠和黑线仓鼠种群数量 [J]. 动物学杂志，42: 69-78. Wu W, Fu H, Wu X, Ynag Y, Dong W, Xu S, 2007. Forecasting the population dynamics of *Meriones unguiculatus* and *Cricetulus barabansis* by applying Markov model[J]. *Chinese Journal of Zoology,* 42: 69-78. (In Chinese with English abstract)

武晓东，傅和平，苏吉安，陈善科，王长命，杨宗山，张春锋，2002. 两种小型兽类在我国的新分布区 [J]. 动物学杂志，37: 67-68. Wu X, Fu H, Su J, Chen S, Wang C, Yang Z, Zhang C, 2002. The new area of distribution of two small mammals in China[J]. *Chinese Journal of Zoology*, 37: 67-68. (In Chinese with English abstract)

武晓东，傅和平，庄光辉，王长命，李凤臻，2003. 内蒙古阿拉善地区啮齿动物的地理分布及区划 [J]. 动物学杂志，38: 27-31. Wu X, Fu H, Zhuang G, Wang C, Li F, 2003. Geographical distribution of rodents in the Alashan Region of Inner Mongolia[J]. *Chinese Journal of Zoology,* 38: 27-31. (In Chinese with English abstract)

夏霖，杨奇森，魏辅文，李明，2004. 马麝诸种群地理分化初步探讨 [J]. 兽类学报，24: 1-5. Xia L, Yang Q, Wei F, Li M, 2004. Study on geographical division of alpine musk deer (*Moschus sifanicus*)[J]. *Acta Theriologica Sinica*, 24: 1-5. (In Chinese with English abstract)

夏武平，方喜业，1964. 巨泡五趾跳鼠 (跳鼠科) 之一新亚种 [J]. 动物分类学报，1: 18-20. Xia W, Fang X, 1964. A new subspecies of *Allactaga bullata* (Diplodidae)[J]. *Acta Zootaxonomica Sinica,* 1: 18-20. (In Chinese with English abstract)

夏武平，1964. 中国动物图谱: 兽类 [M]. 北京: 科学出版社. Xia W, 1964. *Album of China's Animals: Mammals*[M]. Beijing: Science Press.

夏武平，1988. 中国动物图谱: 兽类 (修订版)[M]. 北京: 科学出版社. Xia W, 1964. *Album of China's Animals: Mammals* 2nd Ed[M]. Beijing: Science Press.

夏亚军，2011. 雾灵山动物垂直分布 [J]. 河北林业科技，2011 (1): 29-30. Xia Y, 2011. Study on vertical distribution of the animals in Wuling mountain[J]. *Hebei Forestry Science and Technology,* 2011 (1): 29-30.

肖红，侯兰新，刘坪，赵炎秋，康林江，2003. 伊犁地区兽类区系调查 [J]. 陕西师范大学学报 (自然科学版)，(s2): 14-20. Xiao H, Hou L, Liu P, Zhao Y, Kang L, 2003. Fauna survey of Yili area[J]. *Journal of Shaanxi Normal University*, (Natural Science Edition), (s2): 14-20.

肖宁，邓怀庆，李燕玲，陈健，周江，2017. 贵州省发现翼手目动物——高颅鼠耳蝠 [J]. 动物学杂志，52(6): 980-986. Xiao N, Deng H, Li Y, Chen J, Zhou J, 2017. Chiroptera Animal *Myotis siligorensis* was Found in Guizhou Province[J]. *Chinese Journal of Zoology*, 52(6): 980-986.

谢菲，万韬，唐刻意，陈顺德，刘少英，2022. 中国拟家鼠分类与分布厘订 [J]. 兽类学报，42: 270-285. Xie F, Wan T, Tang K, Chen S, Liu S, 2022. Taxonomic and distribution revision of *Rattus pyctoris* in China[J]. *Acta Theriologica Sinica*, 42: 270-285.

谢文华，杨锡福，李俊年，陶双伦，肖治术，2014. 八大公山自然保护区地栖性小兽多样性初步研究 [J]. 生物多样性，22: 216-222. Xie W, Yang X, Li J, Tao S, Xiao X, 2014. A preliminary study of the biodiversity of ground-dwelling small mammals in Badagongshan National Nature Reserve, Hunan Province[J]. *Biodiversity Science*, 22: 216-222. (In Chinese with English abstract)

辛景禧，邱梦辞，1990. 臭鼩鼱 (*Suncus murinus*) 的繁殖生物学初步研究 [J]. 生态科学，1990 (1): 129-140. Xin J, Qiu M, 1990. Preliminary study on reproductive biology of *Suncus murinus*[J]. *Ecological Science*, 1990 (1): 129-140.

邢雅俊，周立志，马勇，2008. 中国湿润半湿润地区啮类动物的分布格局 [J]. 动物学杂志，43: 51-61. Xing Y, Zhou L, Ma Y, 2008. Geographical distribution pattern of glires species in the humid and semi-humid Region of China[J]. *Chinese Journal of Zoology*, 43: 51-61. (In Chinese with English abstract)

徐爱春，斯幸峰，王彦平，丁平，2014. 千岛湖片段化栖息地地栖哺乳动物的红外相机监测及最小监测时长 [J]. 生物多样性，22: 764-772. Xu A, Si X, Wang Y, Ding P, 2014. Camera traps and the minimum trapping effort for ground-dwelling mammals in fragmented habitats in the Thousand Island Lake, Zhejiang Province[J]. *Biodiversity Science*, 22: 764-772. (In Chinese with English abstract)

徐纯柱，张洪海，马建章，2010. 紫貂线粒体基因组全序列结构及其进化 [J]. 北京林业大学学报，32: 82-88. Xu C, Zhang H, Ma J, 2010. Organization of the complete mitochondrial genome and its evolution in sable[J]. *Journal of Beijing Forestry University*, 32: 82-88. (In Chinese with English abstract)

徐峰，马鸣，吴逸群，2011. 新疆托木尔峰国家级自然保护区雪豹的种群密度 [J]. 兽类学报，31: 205-210. Xu F, Ma M, Wu Y, 2011. Population density of snow leopards (*Panthera uncia*) in Tomur National Nature Reserve of Xinjiang, China[J]. *Acta Theriologica Sinica*, 31: 205-210. (In Chinese with English abstract)

徐海龙，2012. 大蹄蝠、大菊头蝠及红白鼯鼠线粒体全基因组序列分析 [D]. 成都 : 四川农业大学硕士学位论文. Xu H, 2012. Mitochondrial Genome Sequence Analysis of *Hipposideros armiger, Rhinolophus luctus* and *Petaurista alborufus*[D]. Chengdu: Master's Thesis Of Sichuan Agricultural University. (In Chinese with English abstract)

徐剑，邹佩贞，温彩燕，陈建荣，吴毅，2002. 广东省大陆翼手目动物区系与地理区划 [J]. 中山大学学报 (自然科学版)，41: 77-80. Xu J, Zhou P, Wen C, Chen J, Wu Y, 2002. A study on the fauna and geographic distribution of Chiroptera in continent of Guangdong Province[J]. *Journal of Sun Yat-Sen University* (Natural Science Edition), 41: 77-80. (In Chinese with English abstract)

徐金会，王琳琳，薛慧良，王玉山，徐来祥，2009. 喜马拉雅旱獭种群微卫星变异及遗传多样性 [J]. 动物学杂志，44: 34-40. Xux J, Wang L, Xue H, Wang Y, Xu L, 2009. Microsatellite variation and genetic diversity in *Marmota himalayana*[J]. *Chinese Journal of Zoology*, 44: 34-40. (In Chinese with English abstract)

徐龙辉，1984. 花白竹鼠 (*Rhizomys pruinosus*) 的生物学研究 [J]. 兽类学报，4: 99-105. Xu L, 1984. Biological study on *Rhizomys pruinosus*[J]. *Acta Theriologica Sinica*, 4: 99-105. (In Chinese with English abstract)

徐伟霞，周昭敏，章敬旗，吴毅，李玉春，胡锦矗，2005. 中华菊头蝠头骨形态特征地理差异的研究 [J]. 四川动物，24: 31-34. Xu W, Zhou Z, Zhang J, Wu Y, Li Y, Hu J, 2005. Study on geographical variations of skull morphology of *Rhinolophus sinicus*[J]. *Sichuan Journal of Zoology*, 24: 31-34. (In Chinese with English abstract)

徐文轩，乔建芳，刘伟，杨维康，2008. 鹅喉羚生态生物学研究现状 [J]. 生态学杂志，27: 257-262. Xu W, Qiao J, Liu W, Yang W, 2008. Ecology and biology of *Gazella subgutturosa*: Current situation of studies[J]. *Chinese Journal of Ecology*, 27: 257-262. (In Chinese with English abstract)

徐学良，1975. 分布在黑龙江省的白鼬 [J]. 动物学杂志，10: 28-29. Xu X, 1975. White Stoats distributed in Heilongjiang Province[J]. *Chinese Journal of Zoology*, 10: 28-29. (In Chinese with English abstract)

徐亚君，陈炳功，方德安，汪林，1984. 安徽省徽州地区翼手类及其越冬生态的初步观察 [J]. 兽类学报，5: 86-94. Xu Y, Chen B, Fang D, Wang L, 1984. A preliminary observation on Chiroptera in Huizhou region, Anhui province and their overwintering ecology[J]. *Acta Theriologica Sinica*, 5: 86-94. (In Chinese with English abstract)

徐亚君，程炳功，方德安，汪琳，1982. 宽耳犬吻蝠 (*Tadarida teniotis* Rafinesoque) 在安徽的发现 [J]. 兽类学报，1: 200. Xu Y, Cheng B, Fang D, Wang L, 1982. On discovering the *Tadarida teniotis* Rafinesque in Anhui[J]. *Acta Theriologica Sinica*, 1: 200.

徐肇华，黄文几，1982. 仓鼠属三个种的核型分析 [J]. 兽类学报，2: 201-210. Xu Z, Huang W, 1982. On the karyotypes of three species of *Cricetulus*[J]. *Acta Theriologica Sinica*, 2: 201-210. (In Chinese with English abstract)

徐忠鲜，余文华，吴毅，李锋，陈柏承，原田正史，本川雅治，龚粤宁，李玉春，2014. 艾氏管鼻蝠种群遗传结构初步研究及其分类探讨 [J]. 兽类学报，34: 270-277. Xu Z, Yu W, Wu Y, Li F, Chen B, Harada M, Mota-Kawa M, Gong Y, Li, Y, 2014. Preliminary study on population genetic structure and taxonomy of Elery's tubenosed bat (*Murina eleryi*)[J]. *Acta Theriologica Sinica*, 34: 270-277. (In Chinese with English abstract)

徐忠鲜，余文华，吴毅，王英永，陈春泉，赵健，张忠，李玉春，2013. 江西省翼手目一新纪录 —— 无尾蹄蝠 [J]. 四川动物，32: 263-266+268. Xu Z, Yu Wa, Wu Y, Wang Y, Chen C, Zhao J, Zhang Z, Li Y, 2013. A new record bat of *Coelops frithi* in Jiangxi Province, China[J]. *Sichuan Journal of Zoology*, 32: 263-266+268..

许立杰，冯江，刘颖，孙克萍，施利民，江廷磊，2008. 小菊头蝠和单角菊头蝠分类地位的探讨 [J]. 东北师大学报 (自然科学版)，40: 95-99. Xu L, Feng J, Liu Y, Sun K, Shi L, Jiang, T, 2008. Taxonomic status of *Rhinolophus blythi* and *R. monoceros*[J]. *Journal of Northeast Normal University* (Natural Science Edition), 40: 95-99. (In Chinese with English abstract)

许凌，范宇，蒋学龙，姚永刚，2013. 树鼩进化分类地位的分子证据 [J]. 动物学研究，34: 70-76. Xu L, Fan Y, Jiang X, Yao Y, 2013. Molecular evidence on the phylogenetic position of tree shrews[J]. *Zoological Research*, 34: 70-76. (In Chinese with English abstract)

许再富，2000. 历史上向 " 天朝 " 上贡对滇南犀牛灭绝和亚洲象濒危过程的影响 [J]. 生物多样性，8: 112-119. Xu Z, 2000. The effects of paying tribute to the imperial court in the history on rhinoceros' extinction and elephant's endangerment in Southern Yunnan[J]. *Biodiversity Sciences*, 8: 112-119. (In Chinese with English abstract)

严旬，2006. 野生大熊猫现状、面临的挑战及展望 [J]. 兽类学报，25: 402-406. Yan X, 2005. Status, challenge and prospect of wild giant pandas[J]. *Acta Theriologica Sinica*, 25: 402-406.

严志堂，钟明明，1984. 小家鼠 (*Mus musculus*) 种群动态预测及机制的探讨 [J]. 兽类学报，4: 139-146. Yan Z, Zhong M, 1984. The prediction to fluctuations in Home Mouse (*Mus musculus*) population[J]. *Acta Theriologica Sinica,* 4: 139-146. (In Chinese with English abstract)

杨道德，马建章，何振，李鹏飞，温华军，蒋志刚，2007. 湖北石首麋鹿国家级自然保护区麋鹿种群动态 [J]. 动物学报，53: 947-952. Yang D, Ma J, He Z, Li P, Wen H, Jiang Z, 2007. Population dynamics of the Père David's deer *Elaphurus davidianus* in Shishou Milu National Nature Reserve, Hubei Province, China[J]. *Acta Zoologica Sinica*, 53: 947-952. (In Chinese with English abstract)

杨德华，张家银，李纯，1988. 云南野牛的数量分布 [J]. 动物学杂志，23: 39-41+57. Yang D, Zhang J, Li C, 1988. Population distribution of wild ox in Yunnan[J]. *China Journal of Zoology*, 23: 39-41+57. (In Chinese with English abstract)

杨德华，1993. 西双版纳动物志 [M]. 昆明: 云南大学出版社: 1-299. Yang D et al., 1993. *Fauna of Xishuangbanna*[M]. Kunming: Yunnan University Press: 1-299.

杨光，徐士霞，陈炳耀，单磊，2020. 中国海兽研究进展 [J]. 兽类学报. DOI: 10.16829/j.slxb.150254. Yang G, Xu S, Chen B, Shan L, 2020. Advances in marine mammal research in China[J]. *Acta Theriologica Sinica*. DOI: 10.16829/j.slxb.150254.

杨光，周开亚，1996. 误捕及其对海兽种群的影响 [J]. 应用生态学报，7: 326-331. Yang G, Zhou K, 1996. Incidental catch and its impact on marine mammal populations[J]. *Chinese Journal of Applied Ecology,* 7: 326-331. (In Chinese with English abstract)

杨光荣，王应祥，1987. 休氏壮鼠 (*Hadromys humei*) 一新亚种 [J]. 兽类学报，7: 46-50. Yang G, Wang Y, 1987. A new subspecies of *Hadromys humei* (Muridae, Mammalia) from Yunnan, China[J]. *Acta Theriologica Sinica*, 7: 46-50.

杨光荣，杨学时，1985. 大绒鼠的生物学资料 [J]. 动物学杂志，20: 38-44. Yang G, Yang X, 1985. Biological information of *Eothenomys miletus*[J]. *Chinese Journal of Zoology,* 20: 38-44. (In Chinese with English abstract)

杨光照，2007. 云南省的猕猴资源现状及其保护与开发利用 [J]. 西部林业科学，36: 147-149. Yang G, 2007. Present resource situation of *Macaca mulatta* and its protection and utilization[J]. *Western Forestry Science*, 36: 147-149.

杨海龙，李迪强，朵海瑞，马剑，2010. 梵净山国家级自然保护区植被分布与黔金丝猴生境选择 [J]. 林业科学研究，23: 393-398. Yang H, Li D, Duo H, Ma J, 2010. Vegetation distribution in Fanjing Mountain National Nature Reserve and habitat selection of Guizhou Golden Monkey[J]. *Forest Science and Technology Research*, 23: 393-398. (In Chinese with English abstract)

杨鸿嘉，1976. 台湾产鲸类之研究 [J]. 台湾省立博物馆科学季刊，19: 131-178. Yang H, 1976. Research on cetaceans from Taiwan[J]. *Taiwan Provincial Museum Science Quarterly*, 19: 131-178.

杨锐，孙俊杰，王福勋，2010. 不同地区大菊头蝠的比较与发现 [C]. 2010 年中国西部声学学术交流会. Yang R, Sun J, Wang F, 2010. Comparison and discovery of greater horseshoe bats in different regions[C]. Proceedings of 2010 Western China Acoustics Academic Exchange Conference.

杨士剑，诸葛阳，1989. 臭鼩的繁殖和种群年龄结构 [J]. 兽类学报，9: 195-210. Yang S, Zhuge Y, 1989. Studies on reproduction and population age structure of *Suncus murinus*[J]. *Acta Theriologica Sinica*, 9: 195-210. (In Chinese with English abstract)

杨跃敏，曾宗永，罗明澍，宋志明，梁俊书，1994. 大足鼠种群动态的非线性模型及逐步回归分析 [J]. 兽类学报，14: 130-137. Yang Y, Zeng Z, Luo

M, Song Z, Liang J, 1994. Nonlinear model and stepwise regression of population dynamics of *Rattus nitidus*[J]. *Acta Theriologica Sinica*, 14: 130-137. (In Chinese with English abstract)

杨再学，雷邦海，金星，郭永旺，杨通武，2013. 凯里市黑腹绒鼠种群数量变动规律 [J]. 中国农学通报，29: 378-381. Yang Z, Lei B, Jin X, Guo Y, Yang T, 2013. Fluctuation law of population quantity of *Eothenomys melanogaster* in Kaili City[J]. *Chinese Agricultural Science Bulletin*, 29: 378-381. (In Chinese with English abstract)

杨再学，雷邦海，金星，郑元利，田勇，文炳智，2014. 针毛鼠的形态及其种群生态特征 [J]. 四川动物，33: 393-398. Yang Z, Lei B, Jin X, Zheng Y, Tian Y, Wen B, 2014. Morphology of *Niviventer fulvescens* and its population ecological characteristics[J]. *Sichuan Journal of Zoology*, 33: 393-398. (In Chinese with English abstract)

杨再学，郑元利，金星，2007. 黑线姬鼠 (*Apodemus agrarius*) 的种群繁殖参数及其地理分异特征 [J]. 生态学报，27: 2425-2434. Yang Z, Zheng Y, Jin X, 2007. Species reproductive parameters and the comparison of geography variation in *Apodemus agrarius*[J]. *Acta Ecologica Sinica*, 27: 2425-2434. (In Chinese with English abstract)

姚积生，2009. 甘肃安南坝野骆驼国家级自然保护区野骆驼现状及其保护对策 [J]. 甘肃林业科技，34: 46-49. Yao J, 2009. Resources protection countermeasures for *Camelus ferus* national nature reserve in Annan Dam in Gansu[J]. *Gansu Forestry Science and Technology*, 34: 46-49.

叶生荣，雷刚，2010. 新疆呼图壁县发现天山蹶鼠 [J]. 疾病预防控制通报，(1): 24-24. Ye S, Lei G, 2010. *Sicista tianshanica* found in Hutubi County, Xinjiang[J]. *Chinese Journal of Disease Control and Prevention*, (1): 24-24.

叶晓堤，马勇，张津生，王重力，王政昆，2002. 绒鼠类系统学研究 (啮齿目: 仓鼠科: 田鼠亚科)[J]. 动物分类学报，27: 173-182. Ye X, Ma Y, Zhang J, Wang Z, Wang Z, 2002. A summary of *Eothenomi* (Rodentia: Cricetidae: Microtinae)[J]. *Acta Zootaxonomica Sinica*, 27: 173-182. (In Chinese with English abstract)

殷宝法，于智勇，杨生妹，淮虎银，张镱锂，魏万红，2007. 青藏公路对藏羚羊、藏原羚和藏野驴活动的影响 [J]. 生态学杂志，26: 810-816. Yin B, Yu Z, Yang S, 2007. Effects of Qinghai-Tibetan highway on the activities of *Pantholops hodgsoni*. *Procapra picticaudata* and *Equus kiang*[J]. *Chinese Journal of Ecology*, 26: 810-816. (In Chinese with English abstract)

尹皓，林洪军，齐彤辉，张稳，冯江，施利民，2011. 大卫鼠耳蝠回声定位声波、翼型特征及夏季食性分析 [J]. 动物学杂志，46: 34-39. Yin H, Lin H, Qi T, Zhang W, Feng J, Shi L, 2011. Echolocation calls, wing shape and summer diet of *Myotis davidii*[J]. *Chinese Journal of Zoology*, 46: 34-39. (In Chinese with English abstract)

由玉岩，杜江峰，2011. 中国特有蝙蝠大卫鼠耳蝠种群长距离殖民事件 [J]. 应用生态学报，22: 773-778. You Y, Du J, 2011. A long distance colonization event of Chinese endemic bat *Myotis davidii*[J]. *The Journal of Applied Ecology*, 22: 773-778. (In Chinese with English abstract)

由玉岩，刘森，王磊，江廷磊，冯江，2009. 山东省翼手目一新纪录 —— 宽耳犬吻蝠 [J]. 动物学杂志，44: 122-126. You Y, Liu S, Wang Y, Jiang Y, Feng J, 2009. A new record of the Chiroptera in Shandong Province—*Tadarida teniotis*[J]. *Chinese Journal of Zoology*, 44: 122-126. (In Chinese with English abstract)

由玉岩，2013. 栖息洞穴干扰对特有种大卫鼠耳蝠种群数量和基因丰富度的影响 [J]. 生物学杂志，30: 28-32. You Y, 2013. Influence on endemic bat *Myotis davidii* population size and genetic richness by the habitat cave interference[J]. *Journal of Biology*, 30: 28-32. (In Chinese with English abstract)

游章强，唐中海，杨远斌，杨丽红，石红艳，刘昊，甘潇，郑天才，蒋志刚，2014. 察青松多白唇鹿国家级自然保护区白唇鹿对夏季生境的选择 [J]. 兽类学报，34: 46-53. You Z,Tang Z, Yang Y, Yang L, Shi H, Liu H, Gan X, Zheng T, Jiang Z, 2014. Summer habitat selection by white-lipped deer (*Cervus albirostris*)in Chaqingsongduo White-lipped Deer National Nature Reserve[J]. *Acta Theriologica Sinica*, 34: 46-53. (In Chinese with English abstract)

于晓东，罗天宏，伍玉明，周红章，2006. 长江流域兽类物种多样性的分布格局 [J]. 动物学研究，27: 121-143. Yu X, Lou T, Wu Y, Zhou H, 2006. A large-scale pattern in species diversity of mammals in the Yangtze River Basin[J]. *Zoological Research*, 27: 121-143. (In Chinese with English abstract)

余国春，陈浒，周江，王云，文正红，2014. 施秉喀斯特兽类物种多样性价值与保护 [J]. 贵州师范大学学报 (自然科学版)，32: 29-33. Yu G, Chen H, Zhou J, Wang Y, Wen Z, 2014. Value and conservation on mammal species diversity in Shibing Karst[J]. *Journal of Guizhou Normal University* (Natural Science), 32: 29-33. (In Chinese with English abstract)

余梁哥，陈敏杰，杨士剑，李学友，师蕾，2013. 利用红外相机调查屏边县大围山倭蜂猴、蜂猴及同域兽类 [J]. 四川动物，32: 814-818. Yu L, Chen M, Yang S, Li X, Shi L, 2013. Camera Ttrapping survey of *Nyticebus pygmaeus*, *Nyticebus coucang* and Other sympatric mammals at Dawei Mountain, Yunnan[J]. *Sichuan Journal of Zoology*, 32: 814-818. (In Chinese with English abstract)

余文华，胡宜锋，郭伟健，黎舫，王晓云，李玉春，吴毅，2017. 毛翼管鼻蝠在湖南的新发现及中国适生分布区预测 [J]. 广州大学学报 (自然科学版) 16: 15-20. Yu W, Hu Y, Guo W, Li F, Wang X, Li Y, Wu Y, 2017. New discovery of *Harpiocephalus harpia* in Hunan and prediction of its suitable distribution in China[J]. *Journal of Guangzhou University (*Natural Science edition*)*, 16: 15-20.

余文华，吴毅，李玉春，江海声，陈忠，2008. 海南岛发现褐扁颅蝠 (*Tylonycteris robustula*) 分布新纪录 [J]. 广州大学学报 (自然科学版)，7: 30-33. Yu W, Wu Y, Li Y, Jiang H, Chen Z, 2008. A new record of greater bamboo bat *Tylonycteris robustula* on the Hainan Island[J]. *Journal of Guangzhou University*

(Natural Science Edition), 7: 30-33. (In Chinese with English abstract)

袁帅，武晓东，付和平，杨泽龙，张福顺，张晓东，2011. 不同干扰下荒漠啮齿动物群落多样性的多尺度分析 [J]. 生态学报，31: 1982-1992. Yuan S, Wu X, Fu H, Yang Z, Zhang F, Zhang X, 2011. Multi-scales analysis on diversity of desert rodent communities under different disturbances[J]. *Acta Ecologica Sinica,* 31: 1982-1992. (In Chinese with English abstract)

岳阳，胡宜峰，雷博宇，吴毅，吴华，刘宝权，余文华，2019. 毛翼管鼻蝠性二型特征及其在湖北和浙江的分布新纪录 [J]. 兽类学报，39: 34-46. Yue Y, Hu Y, Lei B, Wu Y, Wu H, Liu B, Yu W, 2019. Sexual dimorphism in Harpiocephalus harpia and its new records from Hubei and Zhejiang, China[J]. *Acta Theriologica Sinica*, 39: 34-46.

扎史其，陈新文，敬凯，胡建生，杨士剑，2014. 维西县哺乳动物区系调查 [J]. 林业调查规划，39: 73-77. Zha S, Chen X, Jing K, Hu J, Yang S, 2014. Investigation of mammal fauna in Weixi County[J]. *Forest Inventory and Planning,* 39: 73-77.

张斌，王昊，周华明，刘洋，赵杰，符建荣，2014. 九龙北部贡嘎山区小型兽类调查 [J]. 四川林业科技，35: 79-80. Zhang B, Wang H, Zhou H, Liu Y, Zhao J, Fu J, 2014. Survey of small mammals in the Gongga Mountain Area in Northern Jiulong County[J]. *Sichuan Forestry Science and Technology*, 35: 79-80.

张婵，王艳梅，牛红星 2013. 河南省栾川县伏牛山发现翼手目物种大菊头蝠 [J]. 动物学杂志，48: 650-654. Zhang C, Wang Y, Niu H, 2013. *Rhinolophus luctus* found in Funiu Mountain, Luanchuan Country, Henan Province[J]. *Chinese Journal of Zoology,* 48: 650-654. (In Chinese with English abstract)

张词祖，盛和林，陆厚基，1984. 我国西藏的菲氏麂 (*Muntiacus feae*)[J]. 兽类学报，4: 88-88. Zhang Z, Sheng H, Lu H, 1984. On the Fea's muntjak from Xizang (Tibet), China[J]. *Acta Theriologica Sinica*, 4: 88-88. (In Chinese with English abstract)

张冬冬，朱洪强，姜春艳，李成，张晓东，刘存发，等，2014. 原麝生境选择影响因子的研究概况 [J]. 经济动物学报，18: 44-46. Zhang D, Zhu H, Jiang C, Li C, Zhang X, Liu C, et al., 2014. Research Situation of Impact Factors on Habitat Selection of Siberian *Moschus moschiferus*[J]. *Journal of Economic Animal*, 18: 44-46. (In Chinese with English abstract)

张峰，胡德夫，李凯，曹杰，陈金良，Waltraut Z，等，2009. 普氏野马繁殖群在组建和放归初期的争斗行为与社群等级建立 [J]. 动物学杂志，44: 58-63. Zhang F, Hu D, Li K, Cao J, Chen J, Waltraut Z, etal, 2009. The agonistic behavior and hierarchical formation of the *Equus przewalskii* herd in the individual coalition and initial releasing period[J]. *Chinese Journal of Zoology*, 44: 58-63. (In Chinese with English abstract)

张海龙，吴建平，刘永志，张勇，2008. 大兴安岭原麝夏季的生境选择 [J]. 生态学杂志，27: 1313-1316. Zhang H, Wu J, Liu Y, Zhang, Y, 2008. Habitat selection by *Moschus moschiferus* in summer in Daxing'an Mountains[J]. *Chinese Journal of Ecology*, 27: 1313-1316. (In Chinese with English abstract)

张洪峰，王开锋，靳铁治，2006. 宁夏宁南山区红庄林场甘肃鼢鼠分布密度与危害研究 [J]. 四川动物，25: 870-872. Zhang H, Wang K, Jin T, 2006. Density of distribution and harm of Gansu zoker in the Hongzhuang tree farm of Ninan mountain area[J]. *Sichuan Journal of Zoology,* 25: 870-872. (In Chinese with English abstract)

张洪海，窦华山，翟红昌，吴牧仁，2006. 三种犬科动物春季洞穴特征 [J]. 生态学报，26: 3980-3988. Zhang H, Dou H, Zhai H, Wu M, 2006. Characteristics of dens in spring of three species of canids[J]. *Acta Ecologica Sinica*, 26: 3980-3988. (In Chinese with English abstract)

张洪海，马建章，2000. 紫貂春季和夏季生境选择的初步研究 [J]. 动物学报，46: 399-406. Zhang H, Ma J, 2000. Preliminary research on the habitat selection of sable in spring and summer[J]. *Acta Zoologica Sinica*, 46: 399-406. (In Chinese with English abstract)

张洪亮，李芝喜，王人潮，张军，孟鸣，2000. 基于 GIS 的贝叶斯统计推理技术在印度野牛生境概率评价中的应用 [J]. 遥感学报，4: 66-70. Zhang H, Li Z, Wang R, Zhang J, Aand Meng, M., 2000. Application of Bayesian statistics inference techniques based on GIS to the evaluation of habitat probabilities of *Bos gaurus* Readei[J]. *Journal of Remote Sensing*, 4: 66-70. (In Chinese with English abstract)

张建军，2000. 黄喉貂生态特性的初步观察 [J]. 河北林果研究，2000(S1): 195-196. Zhang J, 2000. Preliminary observation on ecological characteristics of yellow-throated marten[J]. *Hebei Journal of Forestry and Orchard Research,* 2000(S1): 195-196.

张杰，于洪伟，2006. 黑龙江兽类物种多样性研究 [J]. 国土与自然资源研究，3: 77-78. Zhang J, Yu W, 2005. Research species diversity of mammals in northeast of China[J]. *Territory & Natural Resources Study,* 3: 77-78.

张进，2014. 中国犬科动物线粒体基因组研究及系统发育分析 [D]. 曲阜：曲阜师范大学硕士学位论文. Zhang J, 2014. Mitochondrial Genome Research and Phylogenetic Analysis of Canidae Species in China[D]. Qufu: Master's Thesis of Qufu Normal University. (In Chinese with English abstract)

张劲硕， Lynch E, Krejca KH, Ficco M, 2009. 重庆翼手类一新纪录 —— 三叶蹄蝠 [J]. 动物学杂志，44: 46. Zhang J, Lynch E, Krejca Kh, Ficco M, 2009. A new record for bats in Chongqing: *Aselliscus stoliczkanus*[J]. *Chinese Journal of Zoology,* 44: 46.

张劲硕，张礼标，赵辉华，梁冰，张树义，2005. 中国翼手类新记录 —— 小褐菊头蝠 [J]. 动物学杂志，40: 96-98. Zhang J, Zhang L, Zhao H, Liang B, Zhang S, 2005. First record of Chinese bats: *Rhinolophus stheno*[J]. *Chinese Journal of Zoology*, 40: 96-98.

张君，黄小富，周材权，2010. 四川东阳沟自然保护区兽类区系调查 [J]. 西华师范大学学报：自然科学版，31: 327-332. Zhang J, Huang X, Zhou C, 2004. Preliminary report on mammal fauna of Yele Nature Reserve, Sichuan[J]. *Sichuan Journal of Zoology*, 31: 327-332.

张礼标，巩艳艳，朱光剑，洪体玉，赵旭东，毛秀光，2010. 中国翼手目新记录 —— 马来假吸血蝠 [J]. 动物学研究，31: 328-332. Zhang L, Gong Y, Zhu G, Hong T, Zhao X, Mao X, 2010. New record of a bat species from China, *Megaderma spasma* (Linnaeus, 1758)[J]. *Zoological Research*, 31: 328-332.

张礼标，洪体玉，韦力，朱光剑，张光良，巩艳艳，杨剑，胡慧建，2011. 扁颅蝠的扩散行为研究 [J]. 兽类学报，31: 244-250. Zhang L, Hong T, Wei L Zhu G, Zhang G, Gong Y, Yang J, Hu H, 2011. Dispersal behaviour of the lesser flat-headed bat, *Tylonycteris pachypus* (Chiroptera: Vespertilionidae)[J]. *Acta Theriologica Sinica*, 31: 244-250. (In Chinese with English abstract)

张礼标，刘奇，沈琪琦，朱光剑，陈毅，赵娇，刘会，孙云霄，龚粤宁，李超荣，2014. 广东省蝙蝠新纪录 —— 大黑伏翼 [J]. 兽类学报，34: 292-297. Zhang L, Liu Q, Shen Q, Zhu G, Chen Yi, Zhao J, Liu H, Sun Y, Gong Y, Li C, 2014. New bat record from Guangdong Province in China — *Arielulus circumdatus* (Temminck,1840)[J]. *Acta Theriologica Sinica*, 34: 292-297.

张礼标，龙勇诚，张劲硕，张树义，2005. 中国翼手类新记录 —— 马氏菊头蝠 [J]. 兽类学报，25: 77-80. Zhang L, Long Y, Zhang J, Zhang S, 2005. New record of bat species— *Rhinolophus marshalli* from China[J]. *Acta Theriologica Sinica*, 25: 77-80.

张礼标，张劲硕，梁冰，张树义，2004. 中国翼手类新纪录 —— 小巨足蝠 [J]. 动物学研究，25: 556-559. Zhang L, Zhang J, Liang B, Zhang S, 2004. New record of a bat species from China, *Myotis hasseltii* (Temminck, 1840)[J]. *Zoological Research*, 25: 556-559. (In Chinese with English abstract)

张礼标，张伟，张树义，2007. 印度假吸血蝠捕食鼠耳蝠 [J]. 动物学研究，28: 104-105. Zhang L, Zhang W, Zhang S, 2007. Indian False Vampire Bat feeding on Myotis[J]. *Zoological Research*, 28: 104-105. (In Chinese with English abstract)

张礼标，朱光剑，于冬梅，叶建，张伟，洪体玉，谭敏，2008. 海南、贵州和四川三省翼手类新纪录 —— 褐扁颅蝠 [J]. 兽类学报，28: 316-320. Zhang L, Zhu G, Yu D, Yu J, Zhang, W, Hong T, Tan M, 2008. New record of *Tylonycteris robustula* (Chiroptera: Vespertilionidae) from Hainan, Guizhou, Sichuan Province[J]. *Acta Theriologica Sinica*, 28: 316-320. (In Chinese with English abstract)

张立，李麒麟，孙戈，罗述金，2010. 穿山甲种群概况及保护 [J]. 生物学通报，45: 1-4. Zhang L, Li Q, Sun G, Luo S, 2010. Population and conservation status of pangolins[J]. *Bulletin of Biology*, 45: 1-4. (In Chinese with English abstract)

张立，2006. 中国亚洲象现状及研究进展 [J]. 生物学通报，41: 1-3. Zhang L, 2006. Current conservation status and research progress on Asian elephants in China[J]. *Bulletin of Biology*, 41: 1-3. (In Chinese with English abstract)

张立志，葛玉祥，何蒙德，袁德生，吴玉柱，2011. 红花尔基樟子松林国家级自然保护区松鼠的生境选择特征 [J]. 野生动物，32: 123-125. Zhang L, Ge Y, He M, Yuan D, Wu Y, 2011. Habitat slection by Eurasian Red Squirrels in Honghuaerji Nature Reserve[J]. *Chinese Journal of Wildlife*, 32: 123-125. (In Chinese with English abstract)

张璐，范朋飞，2020. 中国水獭保护现状及珠江口水獭种群重建探讨 [J]. 兽类学报，DOI: 10.16829/j.slxb.150345. Zhang L, Fan P, 2020. Conservation status of otters in China and a discussion on restoring otter populations in the Pearl River Delta[J]. *Acta Theriologica Sinica*. DOI: 10.16829/j.slxb.150345.

张明海，2002. 黑龙江省熊类资源现状及其保护对策 [J]. 动物学杂志，37: 47-52. Zhang M, 2002. Status and conservation strategies of bear resources in Heilongjiang Province[J]. *Chinese Journal of Zoology*, 37: 47-52. (In Chinese with English abstract)

张敏，裴枭鑫，曲濰滢，陈中正，蒋学龙，2021. 西藏林芝发现烟黑缺齿鼩 [J]. 动物学杂志，56(06): 865-870. Zhang M, Pei X, Qu W, Chen Z, Jiang X, 2021. Discovery of Chodsigoa furva (Mammalia: Soricidae) in Linzhi, Tibet, China. Chinese Journal of Zoology, 56(06): 865-870.

张琼，曾治高，孙丽凤，宋延龄，2009. 海南坡鹿的起源、进化及保护 [J]. 兽类学报，29: 365-371. Zhang Q, Zeng Z, Sun L, Song Y, 2009. The origin and phylogenetics of Hainan Eld's deer and implications for Eld's deer conservation[J]. *Acta Theriologica Sinica*, 29: 365-371. (In Chinese with English abstract)

张秋萍，余文华，吴毅，徐忠鲜，李锋，陈柏承，原田正史，本川雅治，王英永，李玉春，2014. 江西省蝙蝠新纪录 —— 褐扁颅蝠及其核型报道 [J]. 四川动物，33: 746-749. Zhang Q, Yu W, Wu Y, Xu Z, Li F, Chen B, Harada M, Motokwa M, Wang Y, Li Y, 2014. A new record of *Tylonycteris robustula* in Jiangxi Province, China and its karyotype[J]. *Sichuan Journal of Zoology*, 33: 746-749. (In Chinese with English abstract)

张荣祖，1979. 中国自然地理: 动物地理 [M]. 北京: 科学出版社. Zhang R, 1979. *China's Physical Geography—Zoological Geography*[M]. Beijing: Science Press.

张荣祖，1990. 中国动物地理 [M]. 北京: 科学出版社. Zhang R, 1999. *China's Zoological Geography*[M]. Beijing: Science Press.

张荣祖，1996. 中国哺乳动物分布 [M]. 北京: 中国林业出版社. Zhang R, 1996. *Distribution of Mammals in China*[M]. Beijing: China Forestry Press.

张荣祖，2002. 中国地质事件与哺乳动物的分布 [J]. 动物学报，48: 141-153. Zhang R, 2002. Geological events and mammalian distribution in China[J]. *Acta Zoologica Sinica*, 48: 141-153.

张三亮，刘荣堂，寇明君，运虎，2008. 甘肃省鼢鼠亚科动物形态学标记多样性研究 [J]. 中国森林病虫，27: 1-3. Zhang S, Liu R, Kou M, Yun H, 2008. Morphological marker diversity of subfamily Myospalacinae in Gansu Province. Forest Pests and Diseases in China 27: 1-3.

张世炎，张涛，陈安，2012. 廉江市 2006-2010 年板齿鼠种群动态和繁殖特性 [J]. 医学动物防制，2012 (2): 119-120. Zhang S, Zhang T, Chen A,

2012. Study on the population dynamics and breeding characteristics of Bandicota in 2006-2010 at Lianjiang[J]. *Journal of Medical Pest Control*, 2012 (2): 119-120.

张树义，赵辉华，冯江，盛连喜，李振新，王立新，2000. 长尾鼠耳蝠飞行状态下的回声定位叫声 [J]. 科学通报，45: 526-528. Zhang S, Zhao H, Feng J, Sheng L, Li Z, Wang L, 2000. Echolocation calls of *Myotis frater* in flight[J]. Chinese *Science Bulletin*, 45: 526-528.

张维道，宛敏，周立新，1983. 毛腿鼠耳蝠和折翼蝠染色体分析 [J]. 遗传，5: 40-41. Zhang W, Wan M, Zhou L, 1983. Chromosome analysis of *Myotis fimbriatus* and *Miniopterus schreibersi*[J]. *Hereditas*, 5: 40-41. (In Chinese with English abstract)

张维道，1984. 中华鼠耳蝠 (*Myotis chinensis* Tomes) 和绒鼠耳蝠 (*Myotis laniger* Peters) 的染色体分析 [J]. 安徽师大学报 (自然科学版)，1984 (2): 42-47. Zhang W, 1984. Chromosome analysis of *Myotis chinensis* Tomes and *Myotis laniger* Peters[J]. *Journal of Anhui Normal University* (Natural Science Edition), 1984(2): 42-47. (In Chinese with English abstract)

张维道，1985. 宽耳犬吻蝠 (*Tadarida teniotis* Insignis) 和普氏蹄蝠 (*Hipposideros pratti*) 染色体组型分析 [J]. 兽类学报，5: 189-193. Zhang W, 1985. A study on karyotypes of the bats *Tadarida teniotis* Insignis blyth and *Hipposideros pratti* Thomas[J]. *Acta Theriologica Sinica,* 5: 189-193. (In Chinese with English abstract)

张伟，2008. 犬蝠的栖息地、社群结构及其嗅觉在觅食行为中的作用研究 [D]. 桂林：广西师范大学硕士学位论文. Zhang W, 2008. Habitat, Social Structure and Olfactory Function in Foraging Behavior of *Cynopterus sphinx*[D]. Guilin: Master's Thesis of Guangxi Normal University. (In Chinese with English abstract)

张先锋，刘仁俊，赵庆中，张国成，魏卓，王小强，杨健，等，1993. 长江中下游江豚种群现状评价[J]. 兽类学报，13: 260-270. Zhang X, Liu R, Zhao Q, Zhang G, Wei Z, Wang X, Yang J, 1993. The population of finless porpoise in the middle and lower reaches of Yangtze River[J]. *Acta Theriologica Sinica*, 13: 260-270. (In Chinese with English abstract)

张显理，于有志，1994. 宁夏哺乳动物区系与地理区划研究 [J]. 兽类学报，15: 128-136. Zhang X,Yu Y, 1995. Study on the fauna and the zoogeographical division of mammals in Ningxia[J]. *Acta Theriologica Sinica,* 15: 128-136. (In Chinese with English abstract)

张小龙，张恩迪，2002. 江苏大丰麋鹿自然保护区内獐在冬季各种生境中分布的初步研究 [J]. 四川动物，21: 19-22. Zhang X, Zhang E, 2002. Distribution pattern of *Hydropotes inermis* in various habitats in Jiangsu Dafeng Pere David's Deer State Nature Reserve[J]. *Sichuan Journal of Zoology*, 21: 19-22. (In Chinese with English abstract)

张晓东，武晓东，付和平，袁帅，查木哈，2013. 荒漠破碎化生境中长爪沙鼠集合种群野外验证研究 [J]. 动物学杂志，48: 834-843. Zhang X, Wu X, Fu H, Yuan S, Cha M, 2013. The Mongolian gerbils meta-population in habitat fragmentation in Alxa Desert: A field verification study[J]. *Chinese Journal of Zoology,* 48: 834-843. (In Chinese with English abstract)

张晓华，王广仁，2002. 科尔沁草原达乌尔黄鼠的生态调查 [J]. 中国地方病防治杂志，17: 188. Zhang X, Wang G, 2002. Ecological investigation of *Spermophilus dauricus* in Horqin grassland[J]. *Chinese Journal of Endemic Disease Control*, 17: 188.

张旭，鲍毅新，刘军，沈良良，章书声，方平福，2013. 千岛湖岛屿社鼠的种群数量动态特征 [J]. 生态学报，33: 4665-4673. Zhang X, Bao Y, Liu J, Shen L, Zhang S, Fang P, 2013. Population dynamics of *Niviventer confucianus* on Thousand Island Lake[J]. *Acta Ecologica Sinica,* 33: 4665-4673. (In Chinese with English abstract)

张亚平，Oliver A. Ryder, 1997. 熊超科的分子系统发生研究 [J]. 遗传学报，24: 15-22. Zhang Y, Oliver AR, 1997. Molecular phylogeny of the superfamily Arctoidea[J]. *Acta Genetica Sinica,* 24: 15-22.

张燕均，邓柏生，李玉春，龚粤宁，本川雅治，原田正史，新宅勇太，吴毅，2010. 西南鼠耳蝠广东新纪录及其核型 [J]. 兽类学报，30: 460-464. Zhang Y, Deng B, Li, Y, Gong Y, Motokwa M, Harada M, Shintaku Y, Wu Y, 2010. A new record of *Myotis altarium* and its karyotype in Guangdong, China[J]. *Acta Theriologica Sinica*, 30: 460-464.

张阳，周材权，鲁庆彬，袁红，毛军，汪静，2011. 山西隰县中华鼢鼠洞址选择 [J]. 四川动物，30: 607-611. Zhang Y, Zhou C, Lu Q, Yuan H, Mao J, Wang J, 2011. Cave-site Selection of *Eospalax fontanieri* in Xi County, Shanxi Province of China[J]. *Sichuan Journal of Zoology,* 30: 607-611. (In Chinese with English abstract)

张英，陈鹏，2013. 陕西长青国家级自然保护区林麝种群分布与保护 [J]. 陕西林业科技，2013 (3): 28-30. Zhang Y, Chen P, 2013. Distribution and conservation of *Moschus berezovskii* in Changqing National Nature Reserve[J]. *Shaanxi Forest Science and Technology*, 2013 (3): 28-30.

张佑祥，刘志霄，胡开良，钟辉，华攀玉，张树义，张礼标，2008. 大菊头蝠在湖南省分布新纪录 [J]. 动物学杂志，43: 141-144. Zhang Y, Liu Z, Hu K, 2008. A new record of woolly horseshoe bat *Rhinolophus luctus* in Hunan Province[J]. *Chinese Journal of Zoology*, 43: 141-144. (In Chinese with English abstract)

张于光，何丽，朵海瑞，李迪强，金崑，2009. 基于粪便 DNA 的青海雪豹种群遗传结构初步研究. 兽类学报 29: 310-315. Zhang Y, He L, Duo H, Li D, Jin K, 2009[J]. A preliminary study on the population genetic structure of snow leopard (*Unica unica*) in Qinghai Province utilizing fecal DNA[J]. *Acta Theriologica Sinica*, 29: 310-315. (In Chinese with English abstract)

张渝疆，张富春，孙素荣，亢睿，刘玲，张大铭，2004. 准噶尔盆地东南缘草原兔尾鼠 (*Lagurus lagurus*) 种群空间分布研究 [J]. 新疆大学学报（自然科学版），21: 300-303. Zhang Y, Zhang F, Sun S, Jin R, Liu L, Zhang D, 2004. Study on population spatial distribution of *Lagurus lagurus* in south-eastern Dzungaria Basin of Xinjiang[J]. *Journal of Xinjiang University* (Natural Science Edition), 21: 300-303.

张云智，龚正达，冯锡光，段兴德，吴厚永，翁学等，2002. 云南白草岭鼠形小兽群落结构及垂直分布 [J]. 动物学杂志，37: 63-66. Zhang Y, Gong Z, Feng X, Duan X, Wu H, Weng X, Lu Y, 2002. The community structure and vertical distribution of small mammal in Baicaoling Mt, Yunnan Province, China[J]. *Chinese Journal of Zoology*, 37: 63-66. (In Chinese with English abstract)

张桢珍，江廷磊，李振新，Tiunov MP，冯江，2008. 吉林省发现长尾鼠耳蝠 [J]. 动物学杂志，43: 150-153. Zhang Z, Jiang T, Li Z, Tiunov MP, Feng J, 2008. A new record of *Myotis frater* in Jilin Province[J]. *Chinese Journal of Zoology*, 43: 150-153. (In Chinese with English abstract)

章敬旗，周友兵，徐伟霞，胡锦矗，廖文波，2004. 几种麝分类地位的探讨 [J]. 西华师范大学学报（自然科学版），25: 251-255. Zhang J, Zhou Y, Xu W, Hu J, Liao W, 2004. Discussion about musk-deer's classification[J]. *Journal of Sichuan Teachers College* (Natural Science), 25: 251-255. (In Chinese with English abstract)

赵尔宓，1998. 中国濒危动物红皮书 —— 两栖爬行类 [M]. 北京: 科学出版社. Zhao E, 1998. *Red Book of Endangered Animals in China: Amphibians and Reptiles*[M]. Beijing: Science Press.

赵辉华，张树义，周江，刘自民，2002. 中国翼手类新记录 —— 高鞍菊头蝠 [J]. 兽类学报，22: 74-76. Zhao H, Zhang S, Zhou J, Liu Z, 2002. New record of bats from China: *Rhinolophus paradoxolophus*[J]. *Acta Theriologica Sinica*, 22: 74-76. (In Chinese with English abstract)

赵景辉，赵伟刚，陈玉山，张洪英，2005. 中国的河狸资源考察 [J]. 特产研究，27: 38-41. Zhao J, Zhao W, Chen Y, Zhang H, 2005. Observation and study on natural resource in Chinese beaver[J]. *Special Wild Economic Animal and Plant Research*, 27: 38-41.

赵肯堂，1977. 五趾心颅跳鼠的生态调查 [J]. 内蒙古大学学报（自然科学版），1977 (1): 64-71. Zhao K, 1977. Ecological investigation of *Cardiocranius paradoxus*[J]. *Journal of Inner Mongolia University*(Natural Science Edition), 1977 (1): 64-71.

赵肯堂，1981. 内蒙古啮齿动物 [M]. 呼和浩特: 内蒙古人民出版社. Zhao K, 1981. *Inner Mongolia Rodents*[M]. Huhehaote: Inner Mongolia People's Publishing House.

赵肯堂，1984. 蒙古黄兔尾鼠的生态观察 [J]. 兽类学报，4: 217-222. Zhao K, 1984. Ecological observation of Eolagurus przewalskii[J]. Acta Zoologica Sinica, 4:217-222. (In Chinese with English abstract)

赵启龙，黄蓓，郭光，蒋学龙，2016. 云南临沧邦马山西黑冠长臂猿种群历史及现状 [J]. 四川动物，35: 1-8. Zhao Q, Huang B, Guo G, Jiang X, 2016. Population Status of *Nomascus concolor* in Bangma Mountain, Lincang, Yunnan[J]. *Sichuan Journal of Zoology*, 35: 1-8. (In Chinese with English abstract)

赵天飙，杨持，周立志，张忠兵，靳飞虎，宁恕龙，2005. 中国大沙鼠生态学研究进展 [J]. 内蒙古大学学报（自然科学版），36: 591-596. Zhao T, Yang C, Zhou L, Zhang Z, Jin F, Ning S, 2005. Advance of ecological study on great gerbil (*Rhombomys opimus*) in China[J]. *Journal of Inner Mongolia University* (Natural Science Edition), 36: 591-596. (In Chinese with English abstract)

赵天飙，张忠兵，李新民，张春福，邬建平，齐林，2001. 大沙鼠和子午沙鼠的种群生态位 [J]. 兽类学报，21: 76-79. Zhao T, Zhang Z, Li X, Zhang C, Wu J, Qi L, 2001. Studies on the spatial patterns of the populations of *Rhombomys opimus* and *Meriones meridianus*[J]. *Acta Theriologica Sinica*, 21: 76-79. (In Chinese with English abstract)

赵正阶，1999. 中国东北地区珍稀濒危动物志 [M]. 北京: 中国林业出版社. Zhao Z, 1999. *Rare and Endangered Animals in Northeast China*[M]. Beijing: China Forestry Press.

郑昌琳，汪松，1980. 白尾松田鼠分类志要 [J]. 动物分类学报，5: 108-114. Zheng C, Wang S, 1980. On the toxonomic status of *Pitymys leucurus* Blyth[J]. *Acta Zootaxonomica Sinica*, 5: 108-114. (In Chinese with English abstract)

郑昌琳，1986. 中国兽类之种数 [J]. 兽类学报，6: 78-80. Zheng C, 1986. The number of mammalian species in China[J]. *Acta Theriologica Sinica*, 6: 78-80. (In Chinese with English abstract)

郑光美，王岐山，1998. 中国濒危动物红皮书 —— 鸟类 [M]. 北京: 科学出版社. Zheng G, Wang Q, 1998. *Red Book of Endangered Animals in China: Birds*[M]. Beijing: Science Press.

郑生武，李保国，1999. 中国西北地区脊椎动物系统检索与分布 [M]. 西安: 西北大学出版社. Zheng S, Li B, 1999. *Key and Distribution of Vertebrates in Northwest* China[M]. Xi'an: Northwestern University Press.

郑生武，1994. 中国西北地区珍稀濒危动物志 [M]. 北京: 中国林业出版社. Zheng S, 1994. *Rare and Endangered Animals in Northwest China*[M]. Beijing: China Forestry Press.

郑涛，张迎梅，1990. 甘肃省啮齿动物区系及地理区划的研究 [J]. 兽类学报，10: 137-144. Zheng T, Zhang Y, 1990. The fauna and geographical division on glires of Gansu Province[J]. *Acta Theriologica Sinica*, 10: 137-144. (In Chinese with English abstract)

郑伟成，刘军，潘成椿，鲍毅新，林杰君，2012. 中国特有动物黑麂的研究 [J]. 野生动物学报，33: 283-288. Zheng W, Liu J, Pan C, Bao Y, Lin J, 2012. Review of research on black muntjac (*Muntiacus crinifrons*), an endemic species in China[J]. *Chinese Journal of Wildlife*, 33: 283-288. (In Chinese with English abstract)

郑永烈，1981. 我国兽类新纪 —— 缅甸鼬獾 [J]. 兽类学报，1: 158. Zheng Y, 1981. New record of ferret badger fin China[J]. *Acta Theriologica Sinica*, 1: 158. (In Chinese with English abstract)

郑智民，姜志宽，陈安国，2012. 啮齿动物学（第 2 版）[M]. 上海: 上海交通大学出版社. Zheng Z, Jiang Z, Chen A, 2012. *Rodent Zoology*(2nd Ed)[M]. Shanghai: Shanghai Jiaotong University Press.

郑作新，1952. 脊椎动物分类学 [M]. 北京: 农业出版社. Zheng Z, 1952. *Taxonomy of Vertebrate*[M]. Beijing: Agricultural Press.

中国科学院动物研究所兽类研究组，1958. 东北兽类调查报告 [M]. 北京: 科学出版社. Mammal Research Group, Institute of Zoology, Chinese Academy of Sciences, 1958. *Animal Survey in Northeast China*[M]. Beijing: Science Press.

中国科学院内蒙古草原生态系统定位站，1988. 白音锡勒地区的兽类区系特征 [M]. 草原生态系统研究. 北京: 科学出版社. Inner Mongolia Grassland Ecosystem Location Station, Chinese Academy of Sciences, 1988. *Fauna in Baiyin Xile Area, Grassland Ecosystem Research*[M]. Beijing: Science Press.

中国科学院青海甘肃综合考察队，1987. 青海甘肃兽类调查报告 [M]. 北京: 科学出版社: 1-80. Qinghai and Gansu Investigation Team of Chinese Academy of Sciences, 1987. *Qinghai And Gansu Animal Survey Report*[M]. Beijing: Science Press: 1-80.

中国科学院西北高原生物研究所，1989. 青海经济动物志 [M]. 西宁: 青海人民出版社. Northwest Institute Of Plateau Biology, Chinese Academy of Sciences, 1989. *Qinghai Economic Animals*[M]. Xining: Qinghai People's Publishing House.

钟福生，2001. 小灵猫的资源、开发利用现状与分布 [J]. 湖南生态科学学报，7: 24-26. Zhong, F, 2001. Status and distribution of exploitation and utilization in Lesser Civits' resource[J]. *Journal of Hunan Environment-biological Polytechnic*, 7: 24-26.

钟宇，刘奇，刘超飞，苏振兴，孙瑛，陈秀芝，郑麟，陈珉，2014. 褐家鼠挖掘活动对上海九段沙湿地植物群落与土壤水盐的影响 [J]. 兽类学报，34: 62-70. Zhong Y, Liu Q, Liu C, Su Z, Sun Z, Chen Z, Zheng L, Chen M, 2014. The impacts of burrowing activities of introduced *Rattus norvegicus* on plant communities and moisture content and salinity of topsoil in Jiuduan-Sha Wetland, Shanghai[J]. *Acta Theriologica Sinica*, 34: 62-70. (In Chinese with English abstract)

周朝霞，艾祯仙，陆小欢，白明琼，2009. 三都县褐家鼠种群数量动态与繁殖规律 [J]. 贵州农业科学，37: 83-85. Zhou Z, Ai Z, Lu X, Bai M, 2009. Law of population dynamics and reproduction of *Rattus norvegicus* in Sandu County[J]. *Guizhou Agricultural Sciences*, 37: 83-85.

周江，谢家骅，戴强，曾亚军，刘建昕，张文刚，张树义，2002. 皮氏菊头蝠夏季的捕食行为对策 [J]. 动物学研究，23: 120-128. Zhou J,Xie J,Dai Q, Zeng Y, Liu J, Zhang W, Zhang S, 2002. Feeding behavioral strategy of *Rhinolophus pearsoni* in summer[J]. *Zoological Research*, 23: 120 - 128. (In Chinese with English abstract)

周江，杨天友，侯秀发，2011. 贵州省发现侏伏翼 [J]. 动物学杂志，46: 115-119. Zhou J, Yang T, Hou F, 2011. The least pipistrelle (*Pipistrellus tenuis*) was discovered in Guizhou Province[J]. *Chinese Journal of Zoology*, 46: 115-119. (In Chinese with English abstract)

周江，杨天友，2009. 贵州省蝙蝠科二新纪录 [J]. 四川动物，28: 925. Zhou J, Yang T, 2009. Two New records of vespertilionidae in Guizhou Province[J]. *Sichuan Journal of Zoology*, 28: 925. (In Chinese with English abstract)

周江，杨天友，2010. 贵州省松桃县东部地区翼手目物种多样性 [J]. 动物学杂志，45: 52-59. Zhou J, Yang T, 2010. The Chiroptera species diversity in eastern of Songtao,Guizhou Province[J]. *Chinese Journal of Zoology*, 45: 52-59. (In Chinese with English abstract)

周江，杨天友，2012. 贵州省翼手目一新纪录 —— 大山蝠 [J]. 动物学杂志，47: 119-123. Zhou J, Yang T, 2012. A new record of *Nyctalus aviator* in Guizhou Province[J]. *Chinese Journal of Zoology*, 47: 119-123. (In Chinese with English abstract)

周江，杨天友，2012. 贵州省鼠耳蝠属一新纪录 —— 狭耳鼠耳蝠 [J]. 四川动物，31: 120-123. Zhou, J, Yang T, 2012. A new record of *Myotis blythii* in Guizhou Province[J]. *Sichuan Journal of Zoology*, 31: 120-123. (In Chinese with English abstract)

周江，2001. 贵州省七种蝙蝠空间生态位及种间关系研究 [D]. 贵阳 : 贵州师范大学硕士学位论文. Zhou J, 2001. Study on Spatial Niche and Interspecific Relationship of Seven Bats in Guizhou Province[D]. Guiyang: Master's Thesis of Guizhou Normal University. (In Chinese with English abstract)

周开亚，钱伟娟，李悦民，1978. 白鱀豚研究的新进展 [J]. 南京师范学院学报（自然科学），1978 (1): 8-13. Zhou K, Qian W, Li Y, 1978. New research advances in Baiji (*Lipotes vexillifer*) research[J]. *Journal of Nanjing Normal University* (Natural Science) 1978 (1): 8-13.

周开亚，解斐生，黎德伟，王丕烈，王丁，周莲香，2001. 中国的海兽（粮农组织物种鉴定手册）[C]. 罗马: 联合国粮食及农业组织: 1-200. Zhou K, Xie F, Li D, Wang P, Wang D, Zhou L, 2001. Sea Mammals in China (FAO Handbook of Species Identification)[C]. Rome: Food and Agriculture Organization of the United Nations: 1-200.

周开亚，杨光，高安利，孙江，徐信荣，1998. 南京 — 湖口江段长江江豚的种群数量和分布特点 [J]. 南京师大学报（自然科学版），21: 91-98. Zhou K,

Yang G, Gao A, Sun J, Xu X, 1998. Population and distribution characteristics of the finless porpoise in the Yangtze river from Nanjing to Hukou[J]. *Journal of Nanjing Normal University* (Natural Science Edition) 21: 91-98. (In Chinese with English abstract)

周开亚，1982. 关于白鱀豚的保护 [J]. 南京师范学院学报 (自然科学版), 4: 71-74. Zhou K, 1982. On the conservation of the baiji, *Lipotes vexillifer*[J]. *Journal of Nanjing Normal College* (Natural Science), 4: 71-74.

周开亚，2004. 中国动物志 兽纲 第九卷 鲸目、食肉目 海豹总科、海牛目 [M]. 北京: 科学出版社. Zhou K, 2004. *Fauna Sinica, Mammalia Vol. 9 Cetacea, Carnivora, Phocoidea and Sirenia*[M]. Beijing: Science Press .

周立志，马勇，李迪强，2000. 大沙鼠在中国的地理分布 [J]. 动物学报，46: 130-137. Zhou L, Ma Y, Li D, 2000. Distribution of great gerbil (*Rhombomys opimus*) in China[J]. *Acta Zoologica Sinica*, 46: 130-137. (In Chinese with English abstract)

周立志，马勇，叶晓堤，2002. 中国干旱地区啮齿动物物种分布的区域分异 [J]. 动物学报，48: 183-194. Zhou L, Ma Y, Ye X, 2002. Distribution of glires in arid regions of China[J]. *Chinese Journal of Zoology*, 48: 183-194. (In Chinese with English abstract)

周全，吴毅，肖玲，陈莹，2005. 扁颅蝠的栖息地及最北分布 [J]. 动物学杂志，40: 114-116. Zhou, Q, Wu Y, Xiao L, 2005. The habitat and the northernmost distribution of *Tylonycteris pachypus*[J]. *Chinese Journal of Zoology*, 40: 114-116. (In Chinese with English abstract)

周全，徐忠鲜，余文华，李锋，陈柏承，龚粤宁，原田正史，本川雅治，李玉春，吴毅，2014. 广东省南岭发现毛翼管鼻蝠及其核型与回声定位声波特征 [J]. 动物学杂志，49: 41-45. Zhou Z, Xu Z, Yu W, Li F, Chen B, Gong Y, Motokawa M, Harada M, Li Y, Wu Yi, 2014. The Occurrence of Bat *Harpiocephalus harpia* from Nanlin,Guangdong and Its Karyotypes, Echolocation Calls[J]. *Chinese Journal of Zoology*, 49: 41-45.

周全，张燕均，本川雅治，原田正史，龚粤宁，李玉春，吴毅，2011. 广东省南岭新纪录种中管鼻蝠的形态测量、核型及超声波数据 [J]. 动物学杂志，46: 109-114. Zhou Q, Zhang Y, Motokawa M, Harada M, Gong Y, Li Y, Wu Y, 2011. A new record bat *Murina huttoni* from Guangdong, China and its morphology, karyotypes, echolocation calls[J]. *Chinese Journal of Zoology*, 46: 109-114. (In Chinese with English abstract)

周全，张燕均，杨平，杨奇森，吴毅，2012. 广东省蝙蝠新纪录种 —— 大墓蝠 [J]. 四川动物，31: 287-289. Zhou Z, Zhang Y, Yang P, Yang Q, Wu Y, 2012. A new record bat of *Taphozous theobaldi* in Guangdong, China[J]. *Sichuan Journal of Zoology*, 31: 287-289. (In Chinese with English abstract)

周树武，梁江明，曾竣，梁祥发，王柏环，温平，2007. 合浦县啮齿动物种类及其分布的研究 [J]. 中华卫生杀虫药械，13: 275-277. Zhou S, Liang J, Zeng J, Liang X, Wang B, Wen P, 2007. Species and distribution of rodent in Hepu county[J]. *Chinese Journal of Hygienic Insecticides & Equipments*, 13: 275-277.

周现召，2012. 河北省珍稀濒危动物分布格局的研究 [D]. 石家庄：河北师范大学硕士学位论文. Zhou X, 2012. Research on the Distribution Pattern of Rare and Endangered Animals in Hebei Province[D]. Shijiazhuang: Master's Thesis of Hebei Normal University. (In Chinese with English abstract)

周旭东，黄健，张永军，张大铭，2005. 新疆甘家湖自然保护区啮齿动物群落结构与空间格局的研究 [J]. 四川动物，24: 138-142. Zhou X, Huang J, Zhang Y, Zhang D, 2005. Research on rodent community structure and space pattern at Ganjiahu National Nature Reserve in Xinjiang[J]. *Sichuan Journal of Zoology*, 24: 138-142. (In Chinese with English abstract)

周昭敏，徐伟霞，吴毅，李玉春，胡锦矗，2005. 中菊头蝠中国三亚种的形态特征比较 [J]. 动物学研究，26: 645-651. Zhou Z, Xu W, Wu Y, Li Y, Hu J, 2005. Morphometric characteristics of three subspecies of *Rhinolophus affinis* in China[J]. *Zoological Research*, 26: 645-651. (In Chinese with English abstract)

周昭敏，赵宏，张忠旭，王泽晖，王晗，2012. 中国穿山甲与爪哇穿山甲甲片异速生长分析及其在司法鉴定中的应用 [J]. 动物学研究，33: 271-275. Zhou Z, Zhao H, Zhang Z, Wang Z, Wang H, 2012. Allometry of scales in Chinese pangolins (*Manis pentadactyla*) and Malayan pangolins (*Manis javanica*) and application in judicial expertise[J]. *Zoological Research*, 33: 271 - 275. (In Chinese with English abstract)

周智鑫，黄志文，胡一鸣，李晶晶，吴建普，胡慧建，2017. 马来熊在西藏吉隆县的分布新发现 [J]. 兽类学报. DOI: 10.16829/j.slxb.201704012. Zhou Z, Huang Z, Hu Y, Li J, Wu J, Hu H, 2017. New record of sun bear (*Helarctos malayanus*) in Jilong County, Tibet[J]. *Acta Theriologica Sinica*. DOI: 10.16829/j.slxb.201704012.

朱斌良，2008. 海南岛翼手目 (Chiroptera) 物种多样性初步调查与保护对策研究 [D]. 海口：海南师范大学硕士学位论文. Zhu B, 2008. Preliminary Investigation and Protection of Species Diversity of Chiroptera, Hainan Island[D]. Haikou: Master's Thesis of Hainan Normal University. (In Chinese with English abstract)

朱光剑，韩乃坚，洪体玉，谭敏，于冬梅，张礼标，2008. 海南属种新纪录 —— 中华山蝠的回声定位信号、栖息地及序列分析 [J]. 动物学研究，29: 447-451. Zhu G, Han N, Hong T, Tan M, Yu D, Zhang L, 2008. Echolocation call, roost and ND 1 sequence analysis of new record of *Nyctalus plancyi* (Chiroptera: Vespertilionidae) on Hainan Island[J]. *Zoological Research*, 29: 447-451. (In Chinese with English abstract)

朱光剑，李德伟，叶建平，洪体玉，张礼标，2008. 南蝠海南岛分布新纪录、回声定位信号和 ND1 分析 [J]. 动物学杂志，43: 69-75. Zhu G, Li D, Ye J, Hong T, Zhang L, 2008. New Record of *Ia io* in Hainan Island, its echolocation pulses and ND1 analysis[J]. *Chinese Journal of Zoology*, 43: 69-75. (In Chinese with English abstract)

朱光剑，2007. 海南岛犬蝠食性、栖息地类型和棕果蝠活动规律的研究 [D]. 海口：海南师范大学硕士学位论文. Zhu G, 2007. Feeding Habits, Habitat

Types and Activity Patterns of *Rousettus leschenaultii* on Hainan Island[D]. Haikou: Master's Thesis of Hainan Normal University. (In Chinese with English abstract)

朱红艳，曾涛，刘洋，符建荣，孙治宇，2010. 四川黄龙自然保护区兽类资源调查 [J]. 四川林业科技，31: 83-88. Zhu H, Zeng T, Liu Y, Fu J, Sun Z, 2010. Investigations of mammal resources in Huanglong Nature Reserve in Sichnan[J]. *Sichuan Forestry Science and Technology*, 31: 83-88. (In Chinese with English abstract)

朱靖，1974. 关于大熊猫分类地位的讨论 [J]. 动物学报，20: 174-183. Zhu J, 1974. On the systematic position of the giant panda, *Ailuropoda melamoleuca* (David)[J]. *Acta Zoologica Sinica*, 20: 174-183.

朱琼蕊，郭宪国，黄辉，2014. 小家鼠的研究现状 [J]. 热带医学杂志，14: 392-396. Zhu Q, Guo X, Huang H, 2014. Current research of house mice[J]. *Journal of Tropical Medicine*, 14: 392-396.

朱曦，曹炜斌，王军，2010. 舟山普陀山岛兽类区系及分布 [J]. 浙江农林大学学报，27: 110-115. Zhu X, Cao W, Wang J, 2010. Mammalian fauna and distribution of Putuoshan Island in Zhoushan[J]. *Journal of Zhejiang A & F University*, 27: 110-115. (In Chinese with English abstract)

朱旭，刘颖，施利民，叶根先，冯江，2009. 大棕蝠江南亚种回声定位声波特征与分析 [J]. 四川动物，28: 59-63. Zhu X, Liu Y, Shi L, Ye G, Feng J, 2009. Characteristics and analysis of echolocation calls by *Eptesicus serotinus andersoni*[J]. *Sichuan Journal of Zoology*, 28: 59-63. (In Chinese with English abstract)

朱妍，李波，张伟，Monakhov VG，2011. 俄罗斯与中国紫貂保护利用现状的比较 [J]. 经济动物学报，15: 198-202. Zhu Y, Li B, Zhang W, Monakhov VG, 2011. Current status comparison of sable conservation and utilization in Russia and China[J]. *Journal of Economic Animal*, 15: 198-202. (In Chinese with English abstract)

祝茜，姜波，汤庭耀，2000. 中国海洋哺乳动物的种类、分布及其保护对策 [J]. 海洋科学，24: 35-39. Zhu Q, Jiang B, Tang T, 2000. Species, distribution, and protection of marine mammals in the Chinese coastal waters[J]. *Marine Science*, 24: 35-39. (In Chinese with English abstract)

祝茜，李响，马牧，姜波，2007. 长吻飞旋海豚的一些生物学测量数据 [J]. 海洋科学，31: 15-17. Zhu Q, Li X, Ma M, Jiang B, 2007. Some measurements of the Spinner dolphin *Stenella longirostris*[J]. *Marine Sciences*, 31: 15-17. (In Chinese with English abstract)

庄炜，1991. 中国貉 (*Nyctereutes procyonoides*) 线粒体 DNA 多态性及其与亚种分化的关系 [D]. 北京：中国科学院研究生院硕士学位论文 . Zhuang W, 1991. Mitochondrial DNA Polymorphism of *Nyctereutes procyonoides* and its Relationship with Subspecies Differentiation[D]. Beijing: Master's Thesis of Graduate School, Chinese Academy of Sciences. (In Chinese with English abstract)

邹波，王庭林，宁振东，朱文雅，王向荣，郭永旺，2012. 山西省鼠类主要天敌——鼬类的分布与数量估测 [J]. 农业技术与装备，2012 (18): 7-9. Zou B, Wang T, Ning, Zhu W, Wang X, Guo Y, 2012. Estimation of distribution and population of weasels, the main natural enemies of rodents in Shanxi Province[J]. *Agricultural Technology and Equipment*, 2012 (18): 7-9.

金子之史，1992. シリーズ日本の哺乳類各論編，日本の哺乳類 17 スミスネズミ [J]. 哺乳類科学，32: 39-54. Kaneko, 1992. Series on mammals of Japan, 17 Smith mice of mammals of Japan[J]. *Mammalian Sciences*, 32: 39-54.

Abdukadir A, Khan B, Masuda R, Ohdachi S, 2010. Asiatic wild cat (*Felis silvestris ornata*) is no more a ‘Least Concern’s pecies in Xinjiang, China[J]. *Pakistan Journal of Wildlife*, 1: 57-63.

Abdukadir A, Khan B, 2013. Status of Asiatic wild cat and its habitat in Xinjiang Tarim Basin, China[J]. *Open Journal of Ecology*, 3: 551.

Abe H, 1995. Revision of the Asian moles of the genus *Mogera*[J]. *Journal of the Mammalogical Society of Japan*, 20: 51- 68.

Abramov AV, Bannikova AA, Lebedev VS, Rozhnov VV, 2018. A broadly distributed species instead of an insular endemic? A new find of the poorly known Hainan gymnure (Mammalia, Lipotyphla)[J]. *ZooKeys*, 795: 77-81. https: //doi.org/10.3897/zookeys.795.28218.

Abramov AV, Duckworth JW, Wang YX, Roberton SI, 2008. The stripe-backed weasel *Mustela strigidorsa*: taxonomy, ecology, distribution and status[J]. *Mammal Review*, 38: 247-266.

Abramov AV, Meschersky IG, Rozhnov VV, 2009. On the taxonomic status of the harvest mouse *Micromys minutus* (Rodentia: Muridae) from Vietnam[J]. *Zootaxa*, 2199: 58-68.

Abramov, A, 2002. Variation of the baculum structure of the Palaearctic badger (Carnivora, Mustelidae, *Meles*)[J]. *Russian Journal of Theriology*, 1: 57-60.

Adler GH, 1996. Habitat relations of two endemic species of highland forest rodents in Taiwan[J]. *Zoological Studies* (Taipei), 35: 105-110.

Ai H, He K, Chen Z, Li J, Wan T, Li Q, Nie W, Wang J, Su W, Jiang X, 2018. Taxonomic revision of the genus *Mesechinus* (Mammalia: Erinaceidae) with description of a new species[J]. *Zoological Research*, 39: 335.

Allen GM, 1923. New Chinese insectivores[J]. *American Museum Novitates*, 100: 1-11.

Allen GM, 1938-1940. *The Mammals of China and Mongolia*. Vol. XI. Part. I, II[J]. *American Museum* (Natural History).

Amano M, 2018. *Finless porpoise*[M]// Würsig B, Thewissen JGM, Kovacs KM (Eds). *Encyclopedia of Marine Mammals*. 3rd ed. San Diego: Academic Press/Elsevier: 372-375.

Amato G, Egan MG, Rabinowitz A, 1999. A new species of muntjac, *Muntiacus putaoensis* (Artiodactyla: Cervidae) from northern Myanmar[M]// *Animal Conservation Forum*, 2. Cambridge: Cambridge University Press: 1-7.

American Society of Mammalogists, 2022. Mammal Diversity Database[Z]. http://www.mammaldiversity.org. Accessed 2022-12-20.

American Society of Mammalogists, 2023. Mammal Diversity Database[Z]. http://www.mammaldiversity.org. Accessed 2023-11-15.

Apagow PM, 2000. *Species: Demarcation and diversity*[M]// Purvis A, Gittleman J L, Brooks T (Eds). Phylogeny and Conservation. Cambridge: Cambridge University Press: 19-56.

Apagow PM, 2007. *Species: Demarcation and diversity*[M]// Purvis A, Gittleman JL, Brooks T (Eds). Phylogeny and Conservation. Cambridge: Cambridge University Press: 19-56.

Aubert M, Brumm A, Ramli M, Sutikna T, Saptomo EW, Hakim B, Morwood MJ, van den Bergh GD, Kinsley L, Dosseto A, 2014. Pleistocene cave art from Sulawesi, Indonesia[J]. *Nature*, 514: 223-227.

Baker JE, 1997. Trophy hunting as a sustainable use of wildlife resources in Southern and Eastern Africa[J]. *Journal of Sustainable Tourism*, 5: 306-321.

Banaszek A, Bogomolov P, Feoktistova N, La Haye M, Monecke S, Reiners TE, Rusin M, Surov A, Weinhold, Uiomek J, 2020. *Cricetus cricetus*[C]. The IUCN Red List of Threatened Species 2020: e. T5529A111875852. Accessed on 04 November 2023.

Bannikova AA, Jenkins PD, Solovyeva EN, Pavlova SV, Demidova TB, Simanovsky SA, Sheftel BI, Lebedev VS, Fang Y, Dalen L, Abramov AV, 2019. Who are you, Griselda? A replacement name for a new genus of the Asiatic short-tailed shrews (Mammalia, Eulipotyphla, Soricidae): molecular and morphological analyses with the discussion of tribal affinities[J]. *ZooKeys*, 888: 133-158.

Bannikova AA, Sheftel BI, Lebedev VS, Aleksandrov DY, Muehlenberg M, 2009. *Crocidura shantungensis*, a new species for Mongolia and Buryatia[J]. *Dokl Biol Sci*, 2009 Jan-Feb: 424: 68-71. DOI: 10.1134/s0012496609010207. PMID: 19341089.

Bao W, 2010. Eurasian lynx in China -present status and conservation challenges[J]. *Cat News* Special Issue, 5: 22-25.

Bar-Ona YM, Phillips R, Milo R, 2018. The biomass distribution on Earth[EB/OL]. http://www.pnas.org/cgi/doi/10.1073/pnas.1711842115.

Bennett EA, Champlot JWB, Grange PMS, Geigl EM, 2022. The genetic identity of the earliest human-made hybrid animals, the kungas of Syro-Mesopotamia[J]. *Science Advances*, 8(2). DOI: 10.1126/sciadv.abm0218.

Bleisch WV, Buzzard PJ, Zhang H, Xü D, Liu Z, Li W, Wong H, 2009. Surveys at a Tibetan antelope *Pantholops hodgsonii* calving ground adjacent to the Arjinshan Nature Reserve, Xinjiang, China: Decline and recovery of a population[J]. *Oryx,* 43: 191-196.

Bogin B, Rios L, 2003. Rapid morphological change in living humans: implications for modern human origins[J]. Comparative Biochemistry and Physiology. *Part A, Molecular & Integrative Physiology*, 136 (1): 71-84.

Brockelman W, Geissmann T, 2019. *Hoolock leuconedys*[EB/OL]. [2022-07-27]. https: //dx.doi.org/10.2305/IUCN.UK.2019-1.RLTS.T118355453A17968300.

Brockelman W, Molur S, Geissmann T, 2019. *Hoolock hoolock*[EB/OL]. [2022-07-27]. https: //dx.doi.org/10.2305/IUCN.UK.2019-3.RLTS.T39876A17968083.

Brook SM, Donnithorne-Tait D, Lorenzini R, Lovari S, Masseti M, Pereladova O, Ahmad K, Thakur M, 2017. *Cervus hanglu* (amended version of 2017 assessment)[EB/OL]. [2022-08-03]. https: //dx.doi.org/10.2305/IUCN.UK.2017-3.RLTS.T4261A120733024.

Bryant JV, Gottelli D, Zeng X, Hong BPL, Chan JR, Fellowes Y, Zhang J, Luo C, Durrant T, Geissmann HJ, Chatterjee ST, Turvey, 2016. Assessing current genetic status of the Hainan gibbon using historical and demographic baselines: implications for conservation management of species of extreme rarity[J]. *Molecular Ecology,* 25(15): 3540-3556.

Burgin C, He K, 2018. Family Soricidae (Shrews)[M]// Wilson DE and Mittermeier RA. In *Handbook of The Mammals of the World. Vol. 8. Insectivores, Sloths and Colugos*. Barcelona: Lynx Edicions: 332-551.

Burgin CJ, Colella JP, Kahn PL, Upham NS, 2018. How many species of mammals are there?[J] *Journal of Mammalogy*, 99: 1-14.

Butchart SHM, Walpole M, Collen B, van Strien A, Scharlemann JPW, Almond REA, Baillie JEM, Bomhard B, Brown C, Bruno J, Carpenter KE, Carr GM, Chanson J, Chenery AM, Csirke J, Davidson NC, Dentener F, Foster M, Galli A, Galloway JN, Genovesi P, Gregory RD, Hockings M, Kapos V, Lamarque JF, Leverington F, Loh J, McGeoch MA, McRae L, Minasyan A, Morcillo MH, Oldfield TEE, Pauly D, Quader S, Revenga C, Sauer JR, Skolnik B, Spear D, Stanwell-Smith D, Stuart SN, Symes A, Tierney M, Tyrrell TD, Vié J-C, Watson R, 2010. Global biodiversity: indicators of recent declines[J].

Science, 328: 1164-1168.

Buzzard PJ, Zhang H, Xü D, Wong, H, 2010. A globally important wild yak *Bos mutus* population in the Arjinshan Nature Reserve, Xinjiang, China[J]. *Oryx,* 44: 577-580.

Cao L, Wang X, Fang S, 2003. A molecular phylogeny of Bharal and dwarf blue sheep based on mitochondrial cytochrome b gene sequences[J]. *Acta Zoologica Sinica*, 49: 198-204.

Cassola F, 2016. *Spermophilus erythrogenys* (errata version published in 2017). The IUCN Red List of Threatened Species 2016[EB/OL]. [2021-10-12]. https: //dx.doi.org/10.2305/IUCN.UK.2016-3.RLTS.T20483A22263531.

Castelló JR, 2016. *Bovids of the World: Anteopes, Gazelles, Cattle, Goats, Sheep, and Relatives*[M]. Princeton: Princeton University Press.

Castelló JR, 2018. *Canids of the World: Wolves, Wild Dogs, Foxes, Jackals, Coyotes, and Their Relatives*[M]. Princeton: Princeton University Press.

Catalogue of Life, 2019. [DB/OL]. http: //www.catalogueoflife.org/annual-checklist/2018/. Accessed on 15 Jan 2019.

Cerchio S, Yamada TK, 2018. Omura's whale[M]// Würsig B, Thewissen JGM and Kovacs KM Eds. *Encyclopedia of Marine Mammals*. San Diego: Academic Press/Elsevier: 656-659.

Chakraborty S, Srinivasulu C, Srinivasulu B, Pradhan MS and Nameer PO, 2004. Checklist of insectivores (Mammalia: Insectivora) of South Asia[J]. *Zoos'Print Journal*, 19: 1361-1371.

Chan BPL, Tan X, Tan W, 2008. Rediscovery of the critically endangered eastern black crested gibbon *Nomascus nasutus* (Hylobatidae) in China, with preliminary notes on population size, ecology and conservation status[J]. *Asian Primates Journal,* 1: 17-25.

Chen B, Lin Z, Jefferson TA, Zhou K, Yang G, 2019. Coastal Bryde's whale's (Balaenoptera edeni) foraging area near Weizhou Island in the Beibu Gulf[J]. *Aquatic Mammals*, 45(3): 274-279.

Chen I, Shin N, Yang WC, Tomohiko I, Yuko T, Hoelzel AR, 2017. Genetic diversity of bottlenose dolphin (*Tursiops* sp.) populations in the western North Pacific and the conservation implications[J]. *Mar. Biol*, (164): 202.

Chen P, Hua Y, 1989. Distribution, population size and protection of *Lipotes vexillifer*[C]// Perrin WF, Brownell Jr. RL, Zhou K, and Liu J (Eds). Biology and Conservation of the River Dolphins. IUCN Species Survival Commission Occasional Paper No. 3, Gland, Switzerland: 81-85.

Chen P, 2012. Systematics and Phylogeography of Apodemus and Niviventer[D]. Beijing: Ph. D. Dissertation. Graduate University of Chinese Academy of Sciences.

Chen S, Liu S, Liu Y, He K, Chen W, Zhang X, Fan Z, Tu F, Jia X, Yue B, 2012. Molecular phylogeny of Asiatic short-tailed shrews, genus *Blarinella* Thomas, 1911 (Mammalia: Soricomorpha: Soricidae) and its taxonomic implications[J]. *Zootaxa,* 3250: 43-53.

Chen S, Qing J, Liu Z, Liu, Y, Tang M, Murphy RW, Pu Y, Wang X, Tang K, Guo K, Jiang X, Liu S, 2020. Multilocus phylogeny and cryptic diversity of white-toothed shrews (Mammalia, Eulipotyphla, Crocidura) in China[J]. *BMC Evol Biol,* 20: 29. https: //doi.org/10.1186/s12862-020-1588-8.

Chen Y, Peng H, 2010. Research on bat diversity in Yulin City, Guangxi[J]. *Sichuan Journal of Zoology*, 29: 609-612.

Chen Y, 2009. Distribution patterns and faunal characteristic of mammals on Hainan Island of China[J]. *Folia Zoologica*, 58(4): 372-384.

Chen Z, He K, Huang C, Wan T, Lin LK, Liu S, Jiang X, 2017. Integrative systematic analyses of the genus *Chodsigoa* (Mammalia: Eulipotyphla: Soricidae), with descriptions of new species[J]. *Zoological Journal of the Linnaean Society*, 180: 694-713.

Chen Z, Hu J, He K, Zhang B, Zhang Y, Chu J, Zhao K, Onditi KO, Jiang X, 2023. Molecular and morphological evidence support a new species of Asiatic short-tailed shrew (Eulipotyphla: Soricidae)[J]. *J. Mammal*: gyad087.

Chen Z, Hu T, Pei X, Yang G, Yong F, Xu Z, Qu W, Onditi KO, Zhang B, 2022. A new species of Asiatic shrew of the genus *Chodsigoa* (Soricidae, Eulipotyphla,Mammalia) from the Dabie Mountains, Anhui Province, eastern China[J]. *ZooKeys*, 1083: 129-146.

Chen Z, Pei X, Hu J, Song W, Khanal L, Li Q, Jiang X, 2023. Multilocus phylogeny and morphological analyses illuminate overlooked diversity of Soriculus (Mammalia: Eulipotyphla: Soricidae), with descriptions of two new endemic species from the eastern Himalayas[J]. *Zool. J. Linn.* Soc. zlad131.

Cheng F, He K, Chang Z, Zhang B, Wan T, Li J, Zhang B, Jiang X, 2017. Phylogeny and systematic revision of the genus *Typhlomys* (Rodentia, Platacanthomyidae): with description of a new species[J]. *Journal of Mammalogy*, 98: 731-743.

Chessa B, Pereira F, Arnaud F, Amorim A, Goyache F, Mainland I, Kao RR, Pemberton JM, Beraldi D, Stear MJ, Alberti A, Pittau M, Iannuzzi L, Banabazi MH, Kazwala RR, Zhang YP, Arranz JJ, Ali, BA, Wang Z, Uzun M, Dione MM, Olsaker I, Holm L-E, Saarma U, Ahmad S, Marzanov N, Eythorsdottir E, Holland MJ, Ajmone-Marsan P, Bruford MW, 2009. Revealing the History of Sheep Domestication Using Retrovirus Integrations[J]. *Science*, 324: 532-536.

Chievers DJ, 2013. *Hylobidae*[M]// Mittermeier R A., Ryland AB, Wilson DE (eds). *Handbook of the Mammals of the World*: Vol. 3: *Primates*. Barcelona: Lynx Edcion: 754-791.

China Species Information Service, 2018. *Myotis pequinius*[EB/OL]. [2018-05-22]. http: //www. chinabiodiversity. com, http: //www. baohu. org.

Chornelia A, Lu J and Hughes AC, 2022. Dozens of unidentified bat species likely live in Asia — and could host new viruses Study suggests some 40% of horseshoe bats in the region have yet to be formally described[J]. *Front. Ecol. Evol*. DOI: https: //doi.org/10.3389/fevo.2022.854509.

Choudhury AU, 1991. Ecology of the hoolock gibbon (Hylobates hoolock), a lesser ape in the tropical forests of north-eastern India[J]. *Journal of Tropical Ecology*, 7(1): 147-153.

Choudhury AU, 2001. Primates in Northeast India: An overview of their distribution and conservation[J]. *ENVIS Bulletin: Wildlife and Protected Areas*, 1(1): 92-101.

Choudhury AU, 2002. *Petaurista nobilis singhei* — first record in India and a note on its taxonomy[J]. *Journal of the Bombay Natural History Society*, 99: 30-34.

Choudhury AU, 2003. *The Mammals of Zangnan Pradesh*[M]. New Deli: Daya Books.

Choudhury AU, 2007. Discovery of Leaf Deer *Muntiacus putaoensis* Rabinowitz et al. in Nagaland with a new northerly record from Zangnan Pradesh[J]. *J. Bombay Nat. Hist. Soc*, 104(2): 205-208

Choudhury AU, 2009. Five possible additions to the mammals of China[J]. *The Newsletter & Journal of The Rhino Foundation for Nature in NE India,* 8: 41-45.

Christiansen P, Kitchener A, 2011. A neotype of the clouded leopard (*Neofelis nebulosa* Griffith 1821)[J]. *Mammalian Biology-Zeitschrift für Säugetierkunde,* 76: 325-331.

Chu H, Jiang Z, 2009. Distribution and conservation of Sino-Mongolian beaver, *Castor fiber birulai*[J]. *Oryx*, 43: 197-202.

Chung KP, Corlett RT, 2006. Rodent diversity in a highly degraded tropical landscape: Hong Kong, South China[J]. *Biodiversity and Conservation*, 15: 4521-4532.

Clark HO, Murdoch JD, Newman DP, Sillero-Zubiri C, 2009. *Vulpes corsac* (Carnivora: Canidae)[J]. *Mammalian Species*, 832: 1-8.

Clark HO, Newman DP, Murdoch JD, Tseng J, Wang Z, Harris RB, 2008. *Vulpes ferrilata* (Carnivora: Canidae)[J]. *Mammalian Species*, 821: 1-6.

Clavero M, Garcı´a-Berthou E, 2005. Invasive species are a leading cause of animal extinctions[J]. *Trends in Ecology and Evolution*, 20: 110.

Clayton E, 2016. *Sicista pseudonapaea*[EB/OL]. [2021-11-28]. https: //dx.doi.org/10.2305/IUCN.UK.2016-1.RLTS.T20191A22203925.

Clements FE, 1917. The development and structure of biotic communities[J]. *Journal of Ecology*, 5: 120-121.

Collins D, 1976. *The Human Revolution: From Ape to Artist*[M]. London: Phaidon Press Ltd: 208.

Corbet GB, Hill JE, 1991. *A World List of Mammalian Species* 3rd ed[M]. London: British Museum (Natural History) .

Corbet GB, Hill JE, 1986. *A World List of Mammalian Species* 2nd ed[M]. London: British Museum (Natural History).

Corbet GB, Hill JE, 1991. *A World List of Mammalian Species*[M]. Oxford: Oxford University Press.

Corbet GB, Hill JE, 1992. *Mammals of the Indo-Malayan Region: A Systematic Review*[M]. Oxford: University Press.

Corbet GB, 1978. *The Mammals of the Palaearctic Region: a Taxonomic Review*[M]. London UK and Ithaca, NY, USA: British Museum (Natural History) and Cornell University Press.

Corbet GB, 1988. The family Erinaceidae: A synthesis of its taxonomy, phylogeny, ecology and zoogeography[J]. *Mammal Review*, 18: 117-172.

Corlett RT, 2014. *The Ecology of Tropical East Asia* 2nd ed[M]. Oxford: Oxford University Press.

Council and the European Parliament, 2013. *Seventh Report on the Statistics on the Number of Animals used for Experimental and other Scientific Purposes in the Member States of the European Union*[R]. Report from the Commission to the Council and the European Parliament, Brussel.

Cox CB, 2001. The biogeographic regions reconsidered[J]. *Journal of Biogeography,* 28: 511-523.

Cox CB, 2010. Underpinning global biogeographical schemes with quantitative data[J]. *Journal of Biogeography*, 37: 2027-2028.

Crandall KA, Agapow PM, Bininda-Emonds ORP, Gittleman JL, Mace GM, Marshall JC, Purvis A, 2004. The impact of species concept on biodiversity studies[J]. *Quarterly Review of Biology*, 79: 161-179.

Cronquist A, 1978. Once again, what is a species?[M]// Knutson LV (ed.) *Biosystematics in Agriculture*. Montclair, NJ. Alleheld Osmun: 3-20.

Cserkész T, Rusin M, Sramkó G, 2016. An integrative systematic revision of the European southern birch mice (Rodentia: Sminthidae, Sicista subtilis group) [J]. Mammal Review, 46(2): 114-130.

Csorba G, Bates PJJ, 2005. Description of a new species of *Murina* from Cambodia (Chiroptera: Vespertilionidae: Murininae)[J]. *Acta Chiropterologica,* 7: 1-7.

Csorba G, Lee LL, 1999. A new species of vespertilionid bat from Taiwan and a revision of the taxonomic status of Arielulus and Thainycteris (Chiroptera: Vespertilionidae)[J]. *Journal of Zoology* (London) 248: 361-367.

Csorba GP, Ujhelyi P, Thomas N, 2003. *Horseshoe Bats of the World*[M]. Shropshire: Alana Books .

Cui S, Milner-Gulland EJ, Singh NJ, Chu H, Li C, Chen J, Jiang Z, 2017. Historical range, extirpation and prospects for reintroduction of Saigas in China[J]. *Scientific Reports*, 7: 44200.

Culik, BG, 2011. *Odontocetes-The Toothed Whales*[M]. Bonn: UNEP/CMS/ASCOBANS Secretariat: 311.

Dahal N, Lissovsky AA, Lin Z, Solari K, Hadly KA, Zhan X, Ramakrishnan U, 2017. Corrigendum to "Genetics, morphology and ecology reveal a cryptic pika lineage in the Sikkim Himalaya" [*Mol. Phylogenet. Evol,* 106: 55-60][J]. *Molecular Phylogenetics and Evolution*, 107: 645.

Dam S, 2006. A short study on wild hoolock gibbons (Hoolock hoolock) in Assam and Bangladesh[J]. *Gibbon Journal*, 2: 40-47.

Darwin C, 1859. *On the Origin of Species by Means of Natural Selection, or the Preservation of Favoured Races in the Struggle for Life*[M]. London: John Murray.

Das J, 2003. Hoolock gibbon: Flagship species for future conservation in Northeast India[J]. *Asian Primates*, 8(3-4): 12-17.

De Winton W and Styan F, 1899. On Chinese Mammals, principally from Western Sechuen)[J]. *J. Zool.*, 67(3): 572-578.

Ding L, Chen M, Pan T, Zhang B, Zhou Y, Wang H, 2014. Complete mitochondrial DNA sequence of *Lepus sinensis* (Leporidae: *Lepus*)[J]. *DNA Sequence*, 27: 1711-1712.

Dirzo R, Young HS, Galetti M, Ceballos G, Isaac NJB, Collen B, 2014. Defaunation in the Anthropocene[J]. *Science*, 345: 401-406.

Dobzhansky T, 1935. A critique of the species concept in biology[J]. *Philosophy Sci.* 2: 344-355.

Eger JL, Lim BK, 2011. Three new species of Murina from southern China (Chiroptera: Vespertilionidae)[J]. *Acta Chiropterologica*, 13: 227-243.

Ellerman JR, Morrison-Scott TCS, 1951. *Checklist of Palaearctic and Indian Mammals*[M]. London: British Museum (Natural History): 1758-1946.

Escobar LE, Awan MN, Qiao H, 2015. Anthropogenic disturbance and habitat loss for the red-listed Asiatic black bear (*Ursus thibetanus*): Using ecological niche modeling and nighttime light satellite imagery[J]. *Biological Conservation*, 191: 400-407.

Esselstyn JA, Oliveros CH, 2010. Colonization of the Philippines from Taiwan: a multi-locus test of the biogeographic and phylogenetic relationships of isolated populations of shrews[J]. *Journal of Biogeography*, 37: 1504-1514.

Fa JE, Farfán MA, Marquez AL, Duarte J, Nackoney J, Hall A, Dupain J, Seymour S, Johnson PJ, Macdonald DW, Vargas JM, 2014. Mapping hotspots of threatened species traded in bushmeat markets in the Cross-Sanaga Rivers Region[J]. *Conservation Biology*, 28: 224-233.

Fan P, He K, Chen X, Ortiz, A, Zhang B, Zhao C, Li Y, Zhang H, Kimock C, Wang W, Groves C, Turvey ST, Roos C, Helgen KM, Jiang X, 2016. Description of a new species of *Hoolock* gibbon (Primates: Hylobatidae) based on integrative taxonomy[J]. *America Journal Primatology*, 9999: 22631.

Fan P, Wen, X, Huo S, Ai H, Tian C, Wang T, Lin R, 2011. Distribution and conservation status of the Vulnerable eastern hoolock gibbon *Hoolock leuconedys* in China[J]. *Oryx*, 45: 129-134.

Fan R, Tang K, Dou L, Fu C, Faiz Dr A-U, Wang X, Wang Y, Chen S, Liu S, 2022. Molecular phylogeny and taxonomy of the genus Nectogale Mammalia Eulipotyphla)[J]. *Ecology and Evolution*, 12.

Fan Z, Liu S, Liu Y, Zeng B, Zhang X, Guo C, Yue B, 2009. Molecular phylogeny and taxonomic reconsideration of the subfamily Zopodinae (Rodentia: Dipodidae), with an emphasis on Chinese species[J]. *Molecular Phylogenetics and Evolution*, 51: 447-253.

Fan PF, Turvey ST, Bryant JV, 2020. *Hoolock tianxing* (amended version of 2019 assessment) [C]. The IUCN Red List of Threatened Species 2020: e. T118355648A166597159. Accessed on 27 October 2023.

Fan R, Tang K, Dou L, Fu C, Faiz Dr A-U, Wang X, Wang Y, Chen S, Liu S, 2022. Molecular phylogeny and taxonomy of the genus Nectogale Mammalia Eulipotyphla[J]. *Ecology and Evolution*, 12 (10): e9404.

Fan Z, Liu S, Liu Y, Zeng B, Zhang X, Guo C, Yue B, 2009. Molecular phylogeny and taxonomic reconsideration of the subfamily Zopodinae (Rodentia: Dipodidae), with an emphasis on Chinese species[J]. *Molecular Phylogenetics and Evolution*, 51: 447-253.

Fan PF, Ma C, 2022. *Macaca leucogenys*[C]. The IUCN Red List of Threatened Species 2022: e. T205889816A205890248. Accessed on 27 October 2023.

Fang Y, Lee L, 2002. Re-evaluation of the Taiwanese white-toothed shrew, *Crocidura tadae* Tokuda and Kano, 1936 (Insectivora: Soricidae) from Taiwan and two offshore islands[J]. *Journal of Zoology* (London), 257: 145-154.

Fellowes JR, Chan BPL, Zhou J, Chen S, Yang S, Ng, S C, 2008. Current status of the Hainan gibbon (*Nomascus hainanus*): progress of population monitoring and other priority actions[J]. *Asian Primates Journal,* 1: 2-11.

Feng L, Jutzeler E, 2010. Clouded leopard[J]. *Cat News* Special Issue, 5: 34-36.

Feng L, Lin L, Zhang L, Wang L, Wang B, Yang S, Smith JLD, Luo S, Zhang L, 2008. Evidence of wild tigers in southwest China-a preliminary survey of the Xishuangbanna National Nature Reserve[J]. *Cat News,* 48: 4 -6.

Feng Q, Li S, Wang Y, 2008. A new species of bamboo bat (Chiroptera: Vespertilionidae: *Tylonycteris*) from Southwestern China[J]. *Zoological Science* (Tokyo), 25: 225-234.

Fox JL, Dhondup K, Dorji T, 2009. Tibetan antelope *Pantholops hodgsonii* conservation and new rangeland management policies in the western Chang Tang Nature Reserve, Tibet: is fencing creating an impasse?[J] *Oryx*, 43: 183-190.

Francis CM, Eger JL, 2012. A Review of Tube-Nosed Bats (*Murina*) from Laos with a Description of Two New Species[J]. *Acta Chiropterologica*, 14(1): 15-38.

Fumagalli L, Taberlet P, Stewart D, 1999. Molecular phylogeny of *Sorex shrews* (Soricidae: Insectivora) inferred from mitochondrial DNA sequence data[J]. *Molecular Phylogeny and Evolution*, 11: 222-235.

Furey NM, Thong VD, Bates PJJ, Csorba G, 2009. Description of a new species belonging to the Murina'suilla-Group' (Chiroptera: Vespertilionidae: Murininae) from North Vietnam[J]. *Acta Chiropterologica*, 11: 225-236.

Gao X, Xu W, Yang W, Blank DA, Qioa J, Xu K, 2011. Status and distribution of ungulates in Xinjiang, China[J]. *Journal of Arid Land*, 3: 49-60.

Gärdenfors U, Hilton-Taylor C, Mace GM, Rodríguez JP, 2001. The application of IUCN Red List Criteria at regional levels[J]. *Conservation Biology* 15: 1206-1212.

Garshelis DL, Joshi AR, Smith JL, 1999. Estimating density and relative abundance of sloth bears[J]. *Ursus*, 11: 87-98.

Gatesy J, Milinkovitch M, Waddell V, Stanhope M, 1999. Stability of cladistic relationships between Cetacea and higher-level artiodactyl taxa[J]. *Systematic Biology*, 48: 6-20.

Ge D, Feijó A, Abramov AV, Wen Z, Liu Z, Cheng J, Xia L, Lu L, Yang Q, 2021. Molecular phylogeny and morphological diversity of the Niviventer fulvescens species complex with emphasis on species from China[J]. *Zoological Journal of the Linnean Society*, 191: (2) 528-547.

Ge D, Feijó A, Cheng J, Lu L, Liu RR, Abramov AV, Xia L, Wen Z, Zhang W, Shi L, Yang Q, 2019. Evolutionary history of field mice (Murinae: Apodemus), with emphasis on morphological variation among species in China and description of a new species[J]. *Zoological Journal of the Linnean Society*. Doi: 10.1093/zoolinnean/zlz032.

Ge D, Lissovsky AA, Xia L, Cheng C, Smith AT, Yang Q, 2012. Reevaluation of several taxa of Chinese lagomorphs (Mammalia: Lagomorpha) described on the basis of pelage phenotype variation[J]. *Mammalian Biology*, 77: 113-123.

Ge D, Lu L, Xia L, Du Y, Wen Z, Cheng L, Abramov AV, Yang Q, 2018. Molecular phylogeny, morphological diversity, and systematic revision of a species complex of common wild rat species in China (Rodentia, Murinae)[J]. *Journal of Mammalogy*, 99: 1350-1374.

Ge D, Wen Z, Xia L, Zhang Z, Erbajeva MA, Huang C, Yang Q, 2013. Evolutionary history of Lagomorphs in response to global environmental change[J]. *Plos One*, 8: e59668.

Geissmann T, Lwin N, Aung SS, Aung TN, Aung ZM, Hla TH, Grindley M, Momberg F, 2010. A new species of snub-nosed monkey, genus *Rhinopithecus* Milne-Edwards, 1872 (Primates, Colobinae), from northern Kachin State, northeastern Myanmar[J]. *American Journal of Primatology*, 72: 1-12.

Geist V, 1998. *Deer of the World: Their Evolution, Behaviour, and Ecology*[M]. Mechanicsburg PA: Stackpole Books.

Gentry A, Clutton-Brock J, Groves CP, 2004. The naming of wild animal species and their domestic derivatives[J]. *Journal of Archaeological Science*, 31(5): 645-651.

Gippoliti S, 2001. Notes on the taxonomy of *Macaca nemestrina leonina* Blyth 1864 (primates : Cercopithecidae)[J]. *Journal of Mammalogy*, 12: 51-54.

Giraudoux P, Quéré JP, Delattre P, Bao G, Wang X, Shi D, Vuitton DD, Philip S, Craig PS, 1998. Distribution of small mammals along a deforestation gradient in southern Gansu, central China[J]. *Acta Theriologica*, 43: 349-362.

Giraudoux P, Zhou H, Quéré JP, Raoul F, Delattre P, Volobouev V, Shi D, Vuitton D, Craig PS, 2008. Small mammal assemblages and habitat distribution in the northern Junggar Basin, Xinjiang, China: a pilot survey[J]. *Mammalia,* 72: 309-319.

Glatston AR, Princée F, Boer L, 2022. Are there two species of red panda? Are they equally threatened with extinction? [M]// Glatston AR (ed). *Red Panda: Biology and Conservation of the First Pand* (Second Edition). https: //doi.org/10.1016/B978-0-12-823753-3.00031-4.

Goerfoel T, Estok P, Csorba G, 2013. The subspecies of *Myotis montivagus*-taxonomic revision and species limits (Mammalia: Chiroptera: Vespertilionidae)[J]. *Acta Zoologica Academiae Scientiarum Hungaricae*, 59: 41-59.

Graur D, Higgins D, 1994. Molecular evidence for the inclusion of cetaceans within the order Artiodactyla[J]. *Molecular Biology and Evolution*, 11: 357-364.

Green MJB, 1986. The Distribution, status and conservation of the Himalayan musk deer[J]. *Biological Conservation*, 35: 347-375.

Groves C, 2016. Systematics of the Artiodactyla of China in the 21st century[J]. *Zoological Research*, 37: 119-125.

Groves C, 2007. On some weasels *Mustela* from eastern As[J]. *Small Carnivore Conservation*, 37: 21-25.

Groves C, 2001. *Primate Taxonomy*[M]. Washington: Smithsonian Institution Press.

Groves C, Grubb P, 2013. *Ungulate Taxonomy*[M]. Baltimore: Johns Hopkins University Press.

Grubb P, 2005. Artiodactyla[M]// Wilson DE, Reeder DM (ed). *Mammal Species of the World. A Taxonomic and Geographic Reference* (3rd ed). Baltimore, USA : Johns Hopkins University Press: 637-722.

Grueter CC, Jiang X, Konrad R, Fan P, Guan Z, Geissmann T, 2009. Are *Hylobates lar* extirpated from China?[J]. *International Journal of Primatology*, 30: 553-567.

Grueter CC, Li D, Ren B, Xiang Z, Li M, 2012. Food abundance is the main determinant of high-altitude range use in snub-nosed monkeys[J]. *International Journal of Zoology*. Article ID 739419. http: //dx.doi.org/10.1155/2012/739419.

Gunnell GF, 2013. Biogeography and the legacy of Alfred Russel Wallace[J]. *Geologica Belgica*, 16: 211-216.

Guo W, Yu W, Wang X, Csorba G, Li F, Li Y, Wu Y, 2017. First record of the collared sprite, *Thainycteris aureocollaris* (Chiroptera, Vespertilionidae) from China[J]. *Mammal Study*, 42: 97-103.

Guo Y, Zou X, Chen Y, Wang D, Wang S, 1997. Sustainability of wildlife use in traditional Chinese medicine[J]. *Conserving China's Biodiversity*, 1: 3.

Han B, Hua P, Gu X, Miller-Butterworth CM, Zhang S, 2008a. Isolation and characterization of microsatellite loci in the long-fingered bat *Miniopterus fuliginosus*[J]. *Molecular Ecology Resources*, 8: 799-801.

Han B, Hua P, Gu X, Miller-Butterworth CM, Zhang S, 2008b. Isolation and characterization of microsatellite loci in the western long-fingered bat, *Miniopterus magnater*[J]. *Molecular Ecology Resources*, 8: 1445-1447.

Han NJ, Zhang JS, Reardon T, Lin LK, Zhang JP, Zhang SY, 2010. Revalidation of Myotis taiwanensis Arnback-Christie-Linde 1908 and its molecular relationship with *M. adversus* (Horsfield 1824) (Vespertilionidae, Chiroptera)[J]. *Acta Chiropterologica*, 12: 449-456.

Harari YN, 2011. *Sapiens: A Brief History of Humankind*[M]. London: Vintage.

He F, Xiao N, Zhou J, 2015. A new species of *Murina* from China[J]. *Cave Research*, 2: 1-5.

He J, Kreft H, Gao E, Wang Z, Jiang H, 2017. Patterns and drivers of zoogeographical regions of terrestrial vertebrates in China[J]. *Journal of Biogeography*, 44: 1172-1184.

He K, Deng K, Jiang X, 2012. First record of Van sung's shrew (*Chodsigoa caovansunga*) in China[J]. *Zoological Research*, 33: 542-544.

He K, Hu N, Orkin JD, Nyein DT, Ma C, Xiao W, Fan P, Jiang X, 2012. Molecular phylogeny and divergence time of *Trachypithecus*: with implications for the taxonomy of *T. phayrei*[J]. *Zoological Research*, 33: 104-110.

He K, Jiang X, 2015. Mitochondrial phylogeny reveals cryptic genetic diversity in the genus *Niviventer* (Rodentia, Muroidea)[J]. *Mitochondrial DNA,* 26: 48-55.

He L, García-Perea R, Li M, Wei F, 2004. Distribution and conservation status of the endemic Chinese mountain cat *Felis bieti*[J]. *Oryx*, 38: 55-61.

Heath ME, 1995. *Manis crassicaudata*[J]. *Mammalian species*, 513: 1-4.

Hedges S, Sagar Baral H., Timmins RJ, Duckworth JW, 2008. *Bubalus arnee*[J]// The IUCN Red List of Threatened Species, 2008. http: //www.iucnredlist.org/details/3129/0. (accessed 2016-01-23)

Heideman PD, Heaney LR, 1989. Population biology and estimates of abundance of fruit bats (Pteropodidae) in Philippine submontane rainforest[J]. *Journal of Zoology*, 218: 656-586.

Helgen KM, 2005. Order Scandentia[M]// D. E. Wilson and D. A. Reeder (eds). *Mammal Species of the World: a Taxonomic and Geographic Reference*. Baltimore: Johns Hopkins University Press: 104-109.

Hennig W, 1966. *Phylogenetic Systematics*[M]. Urbana: University of Illinois Press.

Hill JE, Harrison DL, 1986. The baculum in the Vespertilioninae (Chiroptera: Vespertilionidae) with a systematic review, a synopsis of *Pipistrellus* and *Eptesicus*, and the descriptions of a new genus and subgenus[J]. *Bulletin of the British Museum Zoology* (Natural History), 52: 225-305.

Hjarding A, Tolley K, Burgess ND, 2015. Red list assessments of East African chameleons: a case study of why we need experts[J]. *Oryx*, 49: 653-658.

Hoffmann RS, 2001. The southern boundary of the Palaearctic realm in China and adjacent countries[J]. *Acta Zoologica Sinica*, 47: 121-131

Hoffmann RS, 1987. A review of the shrew-moles (genus *Uropsilus*) of China and Burma[J]. *Journal of the Bombay Natural History Society*, 82: 459-481.

Hoffmann RS, 1987. A review of the systematics and distribution of Chinese red-toothed shrews (Mammalia: Soricinae)[J]. *Acta Theriologica Sinica*, 7: 100-139.

Hoffmann RS, 1984. A review of the shrew-moles (Genus *Uropsilus*) of China and Burma[J]. *Journal of the Mammalogical Society of Japan,* 10: 69-80.

Hoffmann RS, Smith AT, 2009. *Mammals of Russia and Adjacent Region: Lagomorphs*[M]. Translated from Russian: Sokolov VE, Ivanitskaya EY, Gruzdev VV, Heptner VG, 1994. Washington, DC: Smithsonian Institution Libraries. Amerind Publishing Co. Pvt. Ltd.

Hoffmann RS, Smith A, 2005. Order Lagomorpha[M]// Wilson DE, Reeder DM. (Eds.), *Mammal Species of the World. 3rd ed*[M]. Baltimore: Johns Hopkins University Press.

Holt BG, Lessard JP, Borregaard MK, Fritz SA, Araújo MB, Dimitrov D, Fabre PH, Graham CH, Graves GR, Jønsson KA, Nogués-Bravo D, Wang Z, Whittaker RJ, Fjelds J, Rahbek C, 2013. An updated of Wallace's zoogeographic regions of the world[J]. *Science*, 339: 74-78.

Honacki JH, Kinman KE, Koeppl JW, 1982. *Mammal Species of the World*[M]. Lawrence: Allen Press and the Associated System.

Hong T, Gong Y, Yang J, Hu H, Zhang L, 2011. Partial albino bats of Miniopterus pusillus and Hipposideros pomona found in Guangdong Province[J]. *Acta Theriologica inica*, 31: 320-322.

Horácek I, Hanák V, Gaisler, 2000. Bats of the Palearctic region: a taxonomic and biogeographic review[C]// B. W. Woloszyn. Proceedings of the VIIIth European Bat Research Symposium. Vol I. Approaches to Biogeography and Ecology of Bats. Krakow, Poland: the Chiropterological Information Center, Institute of Systematics and Evolution of Animals Poland Academy of Science: 11-157.

Horácek I, Hanák V, 1984. Comments on the systematics and phylogeny of *Myotis nattereri* (Kuhl, 1818)[J]. *Myotis*, 21-22: 20-29.

Horwood J, 2018. Sei whale[M]// Würsig B, Thewissen JGM and Kovacs KM (Eds). *Encyclopedia of Marine Mammals*. 3rd ed. San Diego: Academic Press/Elsevier: 845-847.

Hu J, Jiang Z, Chen J, Qiao H, 2015. Niche divergence accelerates the evolution in Asian endemic *Procapra* gazelles[J]. *Scientific Reports*, 5: 10069.

Hu J, Jiang Z, Mallon D, 2013. Metapopulation viability of a globally endangered gazelle on the Northeast Qinghai-Tibetan Plateau[J]. *Biological Conservation*: 166, 23-32.

Hu J, Zhang Y, Yu L, 2012. Summary of Laurasiatheria (Mammalia) Phylogeny[J]. *Zoological Research*, 33 (E5-6): E65-E74.

Hu Y, Gibson L, Hu H, Hu H, Ding Z, Zhou Z, Li W, Jiang Z, Scheffers BR, 2022. Precipitation drives species accumulation whereas temperature drives species decline in Himalayan vertebrates[J]. *Journal of Biogeography*, 49(12): 2218-2230.

Hu Y, Jin K, Huang Z, Ding Z, Liang J, Pan X, Hu H, Jiang Z, 2017. Elevational patterns of non-volant small mammal species richness in Gyirong Valley, Central Himalaya: Evaluating multiple spatial and environmental drivers[J]. *Journal of Biogeography*, 44: 2764-2777.

Hu Y, Zhou Z, Huang Z, Li M, Jiang Z, Wu J, Liu W, Jin K, Hu H, 2017. A new record of the capped langur (*Trachypithecus pileatus*) in China[J]. *Zoological Research*, 38 : 203-205.

Huang C, Li X, Jiang X, 2017. Confirmation of the continued occurrence of Binturong *Arctictis binturong* in China[J]. *Small Carnivore Conservation*, 55: 59-63.

Huang C, Yu W, Xu Z, Qiu Y, Chen M, Qiu B, Motokawa M, Harada M, Li Y, Wu Y, 2014. A cryptic species of the *Tylonycteris pachypus* complex (Chiroptera: Vespertilionidae) and its population genetic structure in Southern China and nearby regions[J]. *International Journal of Biological Sciences*, 10: 200-211.

Huang S, Karczmarski L, Chen JL, Zhou R, Lin W, Zhang H, Li H, Wu Y, 2012. Demography and population trend of the largest population of Indo-Pacific humpback dolphin (*Sousa chinensis*)[J]. *Biological Conservation*, 147: 234-242.

Hung S, Kyung H, 2010. Genetic distinctness of the Korean hare, Lepus coreanus (Mammalia, Lagomorpha), revealed by nuclear thyroglobulin gene and mtDNA control region sequences[J]. *Biochemical Genetics*, 48 (7-8): 706-710.

Hunter L, Barrett P, 2011. *A Field Guide to the Carnivores of the World*[M]. London. UK: New Holland Publish.

Hutterer R, 2005. Homology of unicuspids and tooth nomenclature in shrews[M]// R. Hutterer, and BI Sheftel (eds). *Advances in the Biology of Shrews* II. New York: Special Publication of the International Society of Shrew Biologists.

Hutterer R, 2005. Order Soricomorpha[M]// Wilson DE, Reeder DM (Eds). *Mammal Species of the World*. Baltimore: Johns Hopkins University Press: 220-311.

International Commission on Zoological Nomenclature, 2003. Opinion 2028 (Case 3073). *Vespertilio pipistrellus* Schreber, 1774 and *V. pygmaeus* Leach, 1825 (currently *Pipistrellus pipistrellus* and *Pipistrellus pygmaeus*; Mammalia, Chiroptera): neotypes designated[J]. *Bulletin of Zoological Nomenclature,* 60: 85-87.

Irving-Pease EK, Ryan H, Jamieson A, Dimopoulos EA, Larson G, Frantz LAF, 2018. Paleogenomics of Animal Domestication. Paleogenomics. Population Genomics[M]// Charlotte L, Rajora OP (eds). *Paleogenomics, Population Genomics*. Berlin: Springer International Publishing AG: 225-272.

IUCN (World Conservation Union), 2023. *IUCN Red List of Threatened Species*[EB/OL]. [2023-03-21]. http://www.iucnredlist.org.

IUCN (World Conservation Union), 2022. *IUCN Red List of Threatened Species*[EB/OL]. [2022-09-01]. http://www.iucnredlist.org.

IUCN (World Conservation Union), 2021. *IUCN Red List of Threatened Species*[EB/OL]. [2021-11-09]. http://www.iucnredlist.org.

IUCN (World Conservation Union), 2020. IUCN Red List of Threatened Species[EB/OL]. [2020-09-09]. http://www.iucnredlist.org.

IUCN, 2019. *The IUCN Red List of Threatened Species*[EB/OL]. [2019-03-21]. http://www.iucnredlist.org.

IUCN, 2012. *IUCN Red List Categories and Criteria*. Version 3.1. Second edition[M]. Gland, Switzerland and Cambridge: IUCN.

IUCN, 2008. *The IUCN Red List of Threatened Species. Mammals*[EB/OL]. [2020-06-20]. http://www.iucnredlist.org.

IUCN Standards and Petitions Subcommittee, 2017. *Guidelines for Using the IUCN Red List Categories and Criteria*. Version 13. Prepared by the Standards and Petitions Subcommittee[EB/OL]. (2017-01)[2019-03-21]. http: //www.iucnredlist.org/documents/RedListGuidelines.pdf.

IUCN/SSC Criteria Review Working Group, 2010. *Guidelines for Application of IUCN Red List Criteria at Regional and National Levels*. Version 4.0[EB/OL]. [2010-06-20]. https://portals.iucn.org/library/sites/library/files/documents/RL-2012-002.pdf.

IUCN/SSC Criteria Review Working Group, 1999. *IUCN Red List Criteria Review Provisional Report: Draft of the Proposed Changes and Recommendations*[C]. Cambridge: IUCN.

Jameson Jr. EW, Jones GS, 1977. The Soricidae of Taiwan[J]. *Proceedings of the Biological Society of Washington,* 90: 459-482.

Jefferson TA, Wang JY, 2011. Revision of the taxonomy of finless porpoises (genus *Neophocaena*): The existence of two species[J]. *Journal of Marine Animals and Their Ecology*, 4: 3-16.

Jenkins PD, 2013. An account of the Himalayan Mountain Soricid community, with the description of a new species of *Crocidura* (Mammalia: Soricomorpha: Soricidae)[J]. *Raffles Bull. Zool*., Supplement, 29: 161-175.

Jiang T, Liu R, Metzner W, You Y, Li S, Liu S, Feng J, 2010. Geographical and individual variation in echolocation calls of the intermediate leaf-nosed bat, *Hipposideros larvatus*[J]. *Ethology*, 116: 691-703.

Jiang T, Lu G, Sun K, Luo J, Feng J, 2013. Coexistence of *Rhinolophus affinis* and *Rhinolophus pearsoni* revisited[J]. *Acta theriologica,* 58: 47-53.

Jiang T, Metzner W, You Y, Liu S, Lu G, Li S, Wang L, Feng J, 2010. Variation in the resting frequency of *Rhinolophus pusillus* in Mainland China: Effect of climate and implications for conservation[J]. *Journal of the Acoustical Society of America*, 128: 2204-2211.

Jiang TL, Sun KP, Chou CH, Zhang ZZ, Feng J, 2010. First record of Myotis flavus (Chiroptera: Vespertilionidae) from Chinese mainland and a reassessment of its taxonomic status[J]. *Zootaxa*, 2414: 41-51.

Jiang X, Song W, Zhao W, Jiang M, Li F, Jackson S M, Li X, Li Q, 2019. Discovery and description of a mysterious Asian flying squirrel (Rodentia, Sciuridae, Biswamoyopterus) from Mount Gaoligong, southwest China[J]. *ZooKeys*, 864: 147-160.

Jiang Z, Zong H, 2019. Reintroduction of the Przewalsi's Horse in China: Status Quo and Outlook[J]. *Nature Conservation Research*, 2019(4) (Suppl. 2): 15-22.

Jiang Z, Harris RB, 2008. *Elaphurus davidianus*. The IUCN Red List of Threatened Species, version 2015. 2[EB/OL]. [2018-11-29]. https://www. iucnredlist.org.

Jiang Z, Lei F, Zhang C, Liu M, 2015. Biodiversity conservation and its research process[M]// Li W (Ed). *Contemporary Ecology Research in China*. Springer and Beijing: Verlag Berlin Heidelberg, Higher Education Press: 29-45.

Jiang Z, Li C, Ding C, 2021. The roaming wild Asian elephants of Yunnan, China, pose a challenge to conservation[J]. *Oryx*. DOI: 10.1017/S0030605321000880.

Jiang Z, Ma K, 2014. Scanning the horizon for nascent environmental hazards[J]. *National Science Review*, 1: 330-333.

Jiang Z, 2013. Re-introduction of Père David's deer "Milu" to Beijing, Dafeng and Shishou, China[C]// Global Re-introduction Perspectives. *Further Case Studies from Around the Globe*. (Ed. Soorae PS). IUCN/SSC Re-introduction Specialist Group and Abu Dhabi, UAE: Environment Agency. xiv + 282. Glande, Switzerland.

Jing M, Yu H, Wu S, Wang W, Zheng X, 2007. Phylogenetic relationships in genus *Niviventer* (Rodentia: Muridae) in China inferred from complete mitochondrial cytochrome b gene[J]. *Molecular Phylogenetics and Evolution*, 44: 521-529.

Jnawali SR, Baral HS, Lee S, Acharya KP, Upadhyay GP, Pandey M, Shrestha R, Joshi D, Lamichhane BR, Griffiths J, Khatiwada A, 2011. The Status of Nepal Mammals: The National Red List Series. Department of National Parks and Wildlife Conservation, Kathmandu, Nepal.

Jones G, Parsons S, Zhang S, Stadelmann B, Benda P, Ruedi M, 2006. Echolocation calls, wing shape, diet and phylogenetic diagnosis of the endemic Chinese bat Myotis pequinius[J]. *Acta Chiropterologica*, 8: 451-463.

Jordan M, Bhattacharyya T P, Bielby J, Padmanabhan P, Pillai M, Nameer PO, Ravikumar L, 2005. Caprolagus hispidus (Pearson, 1839)[C]// S. Molur, C. Srinivasulu, B. Srinivasulu, S. Walker, P. O. Nameer and L. Ravikumar (eds). Status of the South Asia Non-volant Small Mammals: Conservation Assessment and Management Plan (C.A.M.P.) Workshop Report. Zoo Outreach Organisation/CBSG-South Asia, Coimbatore, India.

Juste J, Benda P, Garcia-Mudarra JL, Ibáñez C, 2013. Phylogeny and systematics of Old World serotine bats (genus Eptesicus, Vespertilionidae, Chiroptera): an integrative approach[J]. *Zoologica Scripta*, 42(5): 441-457.

Jutzeler E, Wu Z, Liu W, Breitenmoser U, 2010. Leopard *Panthera pardus*[J]. *Cat News,* Special Issue, 5: 30-33.

Jutzeler E, Xie Y, Vogt K, 2010. Fishing cat[J]. *Cat News* Special Issue, 5: 48-49.

Kaczensky P, Kuehn R, Lhagvasuren B, Pietsch S, Yang W, Walzer C, 2011. Connectivity of the Asiatic wild ass population in the Mongolian Gobi[J]. *Biological Conservation*, 144: 920-929.

Kadoorie F, Botanic G, 2018. *A New Locality Record for the Asian Serotine Bat*, Eptesicus pachyomus. Publication Series No. 15[M]. Hong Kong: Kadoorie Farm & Botanic Garden.

Kaneko Y, 1996. Morphological variation, and latitudinal and altitudinal distribution of *Eothenomys chinensis, E. wardi, E. custos, E. proditor, and E. olitor* (Rodentia, Arvicolidae) in China[J]. *Mammal Study*, 21: 89-114.

Kaneko Y, 1987. Skull and dental characters, and skull measurements of *Microtus kikuchii* Kuroda, 1920 from Taiwan[J]. *Journal of the Mammalogical Society of Japan*, 12: 31-39.

Kato H, Perrin WF, 2018. Beyde's whale[M]// Würsig B, Thewissen JGM and Kovacs KM Eds. *Encyclopedia of Marine Mammals* 3rd ed. San Diego: Academic Press/Elsevier: 143-145.

Kawada S, Harada M, Koyasu K, Oda S, 2002. Karyological note on the short-faced mole, *Scaptochirus moschatus* (Insectivora, Talpidae)[J]. *Mammal Study*, 27: 91-94.

Kawada S, Shinohara A, Kobayashi S, Harada M, Oda S, Lin LK, 2007. Revision of the mole genus *Mogera* (Mammalia: Lipotyphla: Talpidae) from Taiwan[J]. *Systematics and Biodiversity*, 5: 223-240.

Kawada S, Shinohara A, Yasuda M, Oda S, Liat LB, 2003. The mole of peninsular Malaysia: notes on its identification and ecology[J]. *Mammal Study*, 28: 73-77.

Kawada SI, Kurihara N, Tominaga N, Endo H, 2014. The First Record of *Anourosorex* (Insectivora, Soricidae) from Western Myanmar, with Special Reference to Identification and Karyological Characters. Bulletin of the National Museum of Nature and Science[J]. *Series A, Zoology*, 40: 105-109.

Kawai K, Nikaido M, Harada M, Matsumura S, Lin LK, Wu Y, Hasegawa, Okada N, 2003. The status of the Japanese and East Asian bats of the genus Myotis (Vespertilionidae) based on mitochondrial sequences[J]. *Molecular Phylogenetics and Evolution*, 28: 197-307.

Keith DA, Ferrer-Paris JR, Nicholson E, Kingsford RT, 2020. *The IUCN Global Ecosystem Typology 2.0: Descriptive Profiles for Biomes and Ecosystem Functional Groups*[M]. Gland, Switzerland: IUCN.

Kemp TS, 2005. *The Origin and Evolution of Mammals*[M]. United Kingdom: Oxford University Press.

Kenney DK, 2018. Right whales[M]// Würsig B, Thewissen J G M and Kovacs K M Eds. *Encyclopedia of Marine Mammals* 3rd ed. San Diego, CA, USA: Academic Press/Elsevier: 817-822.

Khadka BB, Yadav BP, Aryal N, Aryal A, 2017. Rediscovery of the hispid hare (Caprolagus hispidus) in Chitwan National Park, Nepal after three decades[J]. *Conservation Science*, 1: 10-12.

Kitchener AC, Breitenmoser-Würsten C, Eizirik E, Gentry A, Werdelin L, Wilting A, Yamaguchi N, Abramov AV, Christiansen P, Driscoll C, Duckworth JW, Johnson W, Luo S.-J, Meijaard E, O'Donoghue P, Sanderson J, Seymour K, Bruford M, Groves C, Hoffmann M, Nowell K, Timmons Z, Tobe S, 2017. A revised taxonomy of the Felidae: The final report of the Cat Classification Task Force of the IUCN Cat Specialist Group[J]. *Cat News*, Special Issue 11: 16-20.

Koh HS, Lee WJ, 1994. Geographic Variation of Morphometric Characters in Five Subspecies of Korean Field Mice, *Apodemus peninsufae* Thomas (Rodentia, Mammalia), in Eastern Asia[J]. *The Korean Journal of Zoology*, 37: 33-39.

Koju NP, He K, Chalise MK, Ray C, Chen Z, Zhang B, Tao W, Chen S, Jiang X, 2017. Multilocus approaches reveal underestimated species diversity and inter-specific gene flow in pikas (Ochotona) from southwestern China[J]. *Molecular Phylogenetics and Evolution*, 107: 239-245.

Kolleck J, Yang M, Zinner D, Roos C, 2013. Genetic diversity in endangered Guizhou snub-nosed monkeys (*Rhinopithecus brelichi*): contrasting results from microsatellite and mitochondrial DNA data[J]. *Plos One*, 8: e73647.

Koopman KF, 1993. Order Chiroptera[M]// Wilson DE, Reeder DM. *Mammal Species of the World: A Taxonomic and Geographic Reference*. Washington, D. C., USA: Smithsonian Institution Press: 137-241.

Krause J, Unger T, Noçon A, Malaspinas A, Kolokotronis S, Stiller M, Soibelzon L, Spriggs H, Dear PH, Briggs AW, Bray SCE, O'Brien SJ, Rabeder G, Matheus P, Cooper A, Slatkin M, Pääbo S, Hofreiter M, 2008. Mitochondrial genomes reveal an explosive radiation of extinct and extant bears near the Miocene-Pliocene boundary[J]. *BMC Evolutionary Biology*, 8: 220. DOI: 10.1186/1471-2148-8-220. PMC 2518930. PMID 18662376.

Kruuk H, Kanchanasaka B, O'Sullivan S, Wanghongsa S, 1993. Identification of tracks and other sign of three species of otter *Lutra lutra, L. perspicillata* and *Aonyx cinerea* in Thailand[J]. *Natural History Bulletin of the Siam Society*, 41: 23-30.

Kumar B, Cheng J, Ge D, Xia L, Yang Q, 2019. Phylogeography and ecological niche modeling unravel the evolutionary history of the Yarkand hare *Lepus yarkandensis* (Mammalia: Leporidae), through the Quaternary[J]. *BMC Evolutionary Biology*, 19: 113.

Kuo H, Fang Y, Csorba G, Lee L, 2006. The definition of *Harpiola* (Vespertilionidae: Murininae) and the description of a new species from Taiwan[J]. *Acta Chiropterologica*, 8(1): 11-19.

Kuo H, Fang Y, Csorba G, Lee LL, 2009. Three new species of *Murina* (Chiroptera: Vespertilionidae) from Taiwan[J]. *Journal of Mammalogy*, 90: 980-991.

Lacy RC, Botbat M, Pollak JP, 2003. *VORTEX: A Stochastic Simulation of the Extinction Process Version 9*[M] . Brookfield: Chicago Zoological Society.

Lai C, Smith, AT, 2003. Keystone status of plateau pika *(Ochotona curzoniae*): effect of control on biodiversity of native birds[J]. *Biodiversity & Conservation,* 12: 1901-1912.

Lambert JP, Li J, Li Y, Hou X, Shi K, 2023. New records of the Endangered Helan Shan pika *Ochotona argentata*, with notes on its natural history and conservation[J]. *Oryx*, 57(5): 581-584.

Larson G, 2014. The Evolution of animal domestication[J]. *Annual Review of Ecology, Evolution, and Systematics*, 45: 115-36.

Larson G, Burger J, 2013. A population genetics view of animal domestication[J]. *Trends in Genetics,* 29: 197-205.

Lau MWN, Fellowes JR, Chan BPL, 2010. Carnivores (Mammalia: Carnivora) in South China: a status review with notes on the commercial trade[J]. *Mammal Review*, 40: 247-292.

Lee Y, Kuo Y, Chu W, Lin Y, 2007. Chiropteran diversity in different settings of the uplifted coral reef tropical forest of Taiwan[J]. *Journal of Mammalogy*, 88: 1239-1247.

Lei R, Jiang Z, Hu Z, Yang J, 2003. Phylogenetic relationships of Chinese antelopes based on mitochondrial Ribosomal RNA gene sequences[J]. *Journal of Zoology* (London), 261: 227-237.

Lekagul B, McNeely JA, 1977. *Mammals of Thailand*[M]. Bangkok: Association for the Conservation of Wildlife, Sahakarnbhat Co.

Leslie DM, Schaller GB, 2009. *Bos grunniens* and *Bos mutus* (Artiodactyla: Bovidae)[J]. *Mammalian Species*, 836: 1-17.

Leslie Jr, DM, Lee DN, Dolman RW, 2013. *Elaphodus cephalophus* (Artiodactyla: Cervidae)[J]. *Mammalian Species,* 45: 80-91.

Levins R, 1969. Some demographic and genetic consequences of environmental heterogeneity for biological control[J]. *Bulletin of the Entomological Society of America*, 15: 237-240.

Lewis SL, Maslin MA, 2018. *The Human Planet: How We Created the Anthropocene*[M]. New York: Penguin.

Li C, Jiang Z, Ping X, Cai J, You Z, Li C, Wu Y, 2012. Current status and conservation of the Endangered Przewalski's gazelle *Procapra przewalskii*, endemic to the Qinghai-Tibetan Plateau, China[J]. *Oryx*, 46: 145-153.

Li C, Zhao C, Fan P, 2015. White-cheeked macaque (*Macaca leucogenys*): A new macaque species from Modog, southeastern Tibet[J]. *American Journal of Primatology*, 77: 753-766.

Li F, Chan BP, 2018. Past and present: the status and distribution of otters (Carnivora: Lutrinae) in China[J]. *Oryx*, 52: 619-626.

Li G, Zhang M, Swa K, Maung K, Quan R, 2017. Complete mitochondrial genome of the leaf muntjac (*Muntiacus putaoensis*) and phylogenetics of the genus Muntiacus[J]. *Zool Res*, 38(5): 310-316.

Li H, Wu Y, 2011. Study on two species of trematodes in Plagiorchiidae in six bats species from Guangdong Province[J]. *Guangzhou Daxue Xuebao Ziran Kexue Ban*, 10: 25-28.

Li J, Song Y, Zeng Z, 2003. Elevational gradients of small mammal diversity on the northern slopes of Mt. Qilian, China[J]. *Global Ecology and Biogeography*, 12: 449-460.

Li Q, Cheng F, Jackson SM, Helgen KM, Song WY, Liu S-Y, Sanamxay D, Li S, Li F, Xiong Y, Sun J, Wang HJ, Jiang XL, 2021. Phylogenetic and morphological significance of an overlooked flying squirrel (Pteromyini, Rodentia) from the eastern Himalayas with the description of a new genus[J]. *Zoological Research*, 42: 389-400.

Li S & Yang J, 2009. Geographic variation of the Anderson's Niviventer (*Niviventer andersoni*) (Thomas, 1911) (Rodentia: Muridae) of two new subspecies in China verified with cranial morphometric variables and pelage characteristics[J]. *Zootaxa*, 2196: 48-58.

Li S, He K, Yu F, Yang Q, 2013. Molecular phylogeny and biogeography of *Petaurista* inferred from the Cytochrome b gene, with implications for the taxonomic status of *P. caniceps*, *P. marica* and *P. sybilla*[J]. *Plos One*, 8: e70461.

Li S, Sun KP, Lu GJ, Lin AQ, Jiang T, Jin LR, Hoyt JR, Feng J, 2015. Mitochondrial genetic differentiation and morphological difference of *Miniopterus fuliginosus* and *Miniopterus magnater* in China and Vietnam[J]. *Ecology and Evolution*, 5: 1214-1223.

Li S, Zhang M, Sun Z, 2011. *Biodiversity in the Gongbujiangda Nature Reserve*[M]. Chongqing: Southwest China Normal University Press.

Li W, Smith AT, 2005. Dramatic decline of the threatened Ili pika *Ochotona iliensis* (Lagomorpha: Ochotonidae) in Xinjiang, China[J]. *Oryx,* 39: 30-34.

Li W, Zhang H, Liu Z, 2006. Brief report on the status of Kozlov's pika, *Ochotona koslowi* (Büchner), in the east Kunlun Mountains of China[J]. *Integrative Zoology,* 1: 22-24.

Li W, 2003. The Comparative research on status of Ili Pika in the past ten years[J]. *Chinese Journal of Zoology*, 38: 64-68.

Li Y, Li H, Motokawa M, Wu Y, Harada M, Sun H, Mo X, Wang J, Li Y, 2019. A revision of the geographical distributions of the shrews *Crocidura tanakae* and *C. attenuata* based on genetic species identification in the mainland of China[J]. *ZooKeys*, 869: 147-160. https: //doi.org/10.3897/zookeys.869.33858.

Li Y, Wu Y, Harada M, Lin LK, Motokawa M, 2008. Karyotypes of three rat species (Mammalia: Rodentia: Muridae) from Hainan Island, China, and the valid specific status of *Niviventer lotipes*[J]. *Zoological Science*, 25: 686-92.

Liang R, Dong Y, 1984. Bats from south Anhui[J]. *Acta Theriologica Sinica*, 4: 321-328.

Liao R, Guo G, Liu Y, Jin W, Liu S, 2015. Biodiversity of small mammals in Medog County, Tibet of China[J]. *Journal of Sichuan Forestry Science and Technology,* 36: 6-10.

Lin L, Harada M, Moyokawa M, Lee LL, 2006. Updating the occurrrence of *Harpiocephalus harpia* (Chiroptera: Vespertilionidae) and its karyology in Taiwan[J]. *Mammalia,* 70: 170-172.

Lin L, Motokawa M, Harada M, Cheng HC, 2002. New record of *Barbastella leucomelas* (Chiroptera: Vespertilionidae) from Taiwan[J]. *Mammalian Biology*, 67: 315-319.

Lin L, Motokawa M, Harada M, 2002. Karyology of ten vespertilionid bats (Chiroptera: Vespertilionidae) from Taiwan[J]. *Zoological Studies*, 41: 347-354.

Lindsey PA, Alexander R, Frank LG, Mathieson A, Romañach SS, 2006. Potential of trophy hunting to create incentives for wildlife conservation in Africa where alternative wildlife-based land uses may not be viable[J]. *Animal Conservation*, 9: 283-291.

Lissovsky AA, 2014. Taxonomic revision of pikas *Ochotona* (Lagomorpha, Mammalia) at the species level[J]. *Mammalia,* 78, 199-216.

Lissovsky AA, Ivanova NV, Borisenko AV, 2007. Molecular phylogenetics and taxonomy of the subgenus *Pika* (Ochotona, Lagomorpha)[J]. *Journal of Mammalogy*, 88: 1195-1204.

Liu G, Lu X, Liu Z, Xie Z, Qi X, Zhou J, Hong X, Mo Y, Chan BPL, Jiang Z, 2022. The Critically Endangered Hainan Gibbon (*Nomascus hainanus*) Population Increases but not at the Maximum Possible Rate[J]. *International Journal of Primatology*, 43 (5): 932-945.

Liu J, Du H, Tian G, Yu P, Wang, S, Peng H, 2008. Community structure and diversity distributions of small mammals in different sample plots in the eastern part of Wuling Mountains[J]. *Zoological Studies*, 29: 637-645.

Liu L, Zhou Y, Chu B,Wang G, Hua L, 2018. Classification of two zokor species based on mitochondrial gene,morphological and habitat indices[J]. *Acta Theriologica Sinica*, 38: 402-410.

Liu R, 2008. *Checklist of Marine Biota of China Seas*[M]. Beijing: Science Press. (In Chinese and English)

Liu S, He K, Chen S, Jin W, Murphy RW, Tang M, Liao R, Li F, 2018. How many species of *Apodemus* and *Rattus* occur in China? A survey based on mitochondrial Cyt b and morphological analyses[J]. *Zoological Research*, 39: 309-320.

Liu S, Jin W, Liu Y, Murphy RW, Lv B, Hao H, Liao R, Sun Z, Tang M, Chen W, Fu J, 2017. Taxonomic position of Chinese voles of the tribe Arvicolini and the description of 2 new species from Xizang, China[J]. *Journal of Mammalogy,* 98: 166-182.

Liu S, Liu Y, Guo P, Sun Z, Murphy R, Fan Z, Fu J, Zhang Y, 2012. Phylogeny of Oriental voles (Rodentia: muridae: Arvicolinae): Molecular and morphological evidences[J]. *Zoological Science*, 9: 610-622.

Liu S, Sun Z, Liu Y, Fan Z, Guo P, Murphy R, 2012b. A new vole from Xizang, China and the molecular phylogeny of the genus *Neodon* (Cricetidae: Arvicolinae)[J]. *Zootaxa*, 3235: 1-22.

Liu S, Sun Z, Zeng Z, Zhao E, 2007. A new vole (Muridae: Arvicolinae) from the Liangshan Mountains of Sichuan Province, China[J]. *Journal of Mammalogy*, 88: 1170-1178.

Liu W, Wang Y, He X, Niu H, 2011. Distribution and analysis of the importance of underground habitats of cave-dwelling bats in the south of Taihang Mountain[J]. *Acta Theriologica Sinica,* 31: 371-379.

Liu X, Yao Y, 2013. Characterization of 12 polymorphic microsatellite markers in the Chinese tree shrew (*Tupaia belangeri chinensis*)[J]. *Zoological Research*, 34(E2): E62-E68.

Liu Y, Liu S, Sun Z, Guo P, Fan Z, Murphy RW, 2013. A new species of Uropsilus (Talpidae: Uropsilinae) from Sichuan, China[J]. *Acta Theriologica Sinica*, 33: 113-122. (In Chinese with English abstract)

Liu Y, Sun Z, Wang H, Liu S, 2009. 5 new records of small mammals in Tibet, China[J]. *Sichuang Journal of Zoology*, 28: 278-279.

Liu Y, Wang H, Liu S, 2010. First confirmation of the distribution of tundra shrew (*Sorex tundrensis*) in China[J]. *Acta Theriologica Sinica*, 30: 439-43. (In Chinese with English abstract)

Liu Y, Weckworth B, Li J, Xiao L; Zhao X, Lu Z, 2016. China: The Tibetan Plateau, Sanjiangyuan Region[M]// McCarthy T, Mallon D. *Snow Leopards*. Amsterdam, Boston, Heidelberg, London, New York: Academic Press: 513-521.

Liu Y, Zhang H, Zhang C, Wu J, Wang Z, Li C, Zhang B, 2020. A new species of the genus Crocidura (Mammalia: Eulipotyphla: Soricidae) from Mount Huang, China[J]. *Zoological Systematics*, 45(1): 1-14.

Liu, G, Lu, X, Liu, Z, Jiang Z, Hong X, Mo Y, Chan BPL, Chapman CA, Jiang Z, 2022. The Critically Endangered Hainan Gibbon (*Nomascus hainanus*) population increases but not at the maximum possible rate[J]. *Int J Primatol*, 43: 932-945.

Long Y, Bleisch WV, Richardson M, 2020. *Rhinopithecus bieti*[C]. The IUCN Red List of Threatened Species 2020: e. T19597A17943738. Accessed on 27 October 2023.

Long Y, Momberg F, Ma J, Wang Y, Luo Y, Li H, Yang G, Li M, 2012. *Rhinopithecus strykeri* Found in China![J]. *American Journal of Primatology*, 74:

871-873.

Lorenzini R, Garofalo L, Qin X, Voloshina I, Lovari S, 2014. Global phylogeography of the genus Capreolus (Artiodactyla: Cervidae), a Palaearctic meso-mamma[J]. *Zoological Journal of Linnean Society*, 170: 209-221.

Lu G, Lin A, Luo J, Blondel DV, Meiklejohn KA, Sun K, Feng J, 2013. Phylogeography of the Rickett's big-footed bat, *Myotis pilosus* (Chiroptera: Vespertilionidae): a novel pattern of genetic structure of bats in China[J]. *BMC Evolutionary Biology*, 13: 241-211.

Lu X, 2011. Habitat use and abundance of the woolly hare *Lepus oiostolus* in the Lhasa mountains, Tibet[J]. *Mammalia*, 75: 35-40.

Ludt CJ, Schroeder W, Rottmann O, Kuehn R, 2004. Mitochondrial DNA phylogeography of red deer (Cervus elaphus)[J]. *Molecular Phylogenetics and Evolution*, 31 (3): 1064-1083.

Lunde DP, Musser GG and Son NT, 2003. A survey of small mammals from Mt. Tay Con Linh II, Vietnam, with the description of a new species of Chodsigoa (Insectivora: Soricidae)[J]. *Mammal Study*, 28: 31-46.

Luo Z, Li C, Tang S, Chen J, Fang H and Jiang Z, 2011. Do Rapoport's rule, the mid-domain effect, land area or environmental factors predict latitudinal range size patterns of terrestrial mammals in China[J]. *Plos One*, 6: e27975.

Luo Z, Tang S, Li C, Fang H, Hu H, Yang J, Ding J. and Jiang Z, 2012. Environmental Effects on Vertebrate Species Richness: Testing the Energy, Environmental Stability and Habitat Heterogeneity Hypotheses[J]. *Plos One*, 7: e35514.

Luo Z, Yuan C, Meng Q, Ji Q, 2011. A Jurassic eutherian mammal and divergence of marsupials and placentals[J]. *Nature*, 476: 442-445.

Luo Z, 2000. *Fauna Sinica, Mammal Vol. 6(2) Cricetindae*[M]. Beijing: Science Press.

Luo Z, 2007. Transformation and diversification in the early mammalian evolution[J]. *Nature*, 450: 1011-1019.

Ma J, Liang B, Zhang SY, Metzner W, 2008. Dietary composition and echolocation call design of three sympatric insectivorous bat species from China[J]. *Ecological Research*, 23: 113-119.

Ma J, Metzner W, Liang B, Zhang L, Zhang J, Zhang S, Shen J, 2004. Differences in diet and echolocation in four sympatric bat species and their respective ecological niches[J]. *Acta Zoologica Sinica*, 50: 145-150.

Ma Y, Yang Q, Zhou L, 2008. Taxonomy and geographic distribution of glires in China[M]// Zheng Z, Jiang Z, Chen A, *Conspectus of Glires*. Shanghai: Shanghai Jiao Tong University Press: 35-42.

Ma. Y, 1994. Conservation and utilization of the bear resources in China. *Bears: Their Biology and Management Bears Vol. 9, Part 1: A Selection of Papers from the Ninth International Conference on Bear Research and Management*[J]. *Missoula, Montana*, 1992 (2): 157-159.

Mace GM, Collar N, Cooke J, Gaston KJ, Ginsberg JR, Williams NL, Maunder M, Gulland EJM, 1992. The development of new criteria for listing species on the IUCN Red List[J]. *Species*, 19: 16-22.

Mace GM, Collar NJ, Gaston KJ, Taylor CH, Akçakaya HR, William NL, Gulland EJM, Stuart SN, 2008. Quantification of extinction risk: IUCN's system for classifying threatened species[J]. *Conservation Biology*, 22: 1424-1442.

Mace GM, Cramer W, Diaz S, Faith DP, Larigauderie A, Le Prestre P, et al, 2010. Biodiversity targets after 2010[J]. *Current Opinion in Environmental Sustainability*, 2: 3-8.

Mace GM, Lande R, 1991. Assessing extinction threats: toward a reevaluation of IUCN Threatened Species Categories[J]. *Conservation Biology*, 5: 148-157.

Macholán M, 1999. *Mus musculus. The Atlas of European Mammals*[M]. London: Academic Press: 286-297.

Maeda K, 1980. Review on the classification of little tube-nosed bats, *Murina aurata* group[J]. *Mammalia*, 44: 531-551.

Maheswaran G, 2002. *Status and ecology of endangered Hispid hare Caprolagus hispidus in Jaldapara Wildlife Sanctuary, West Bengal, India*[M]. New York: Wildlife Conservation Society.

Malcolm KD, McShea WJ, Garshelis DL, Luo SJ, Van Deelen TR, Liu F, Li S, Miao L, Wang D, Brown JL, 2014. Increased stress in Asiatic black bears relates to food limitation, crop raiding, and foraging beyond nature reserve boundaries in China[J]. *Global Ecology and Conservation*, 2: 267-276.

Mammal Diversity Database, 2022. *Mammal Diversity Database* (Version 1.9.1)[DB]. Zenodo. http: //doi.org/10.5281/zenodo.4139818.

Mao X, He G, Zhang J, Rossiter SJ, Zhang S, 2013. Lineage divergence and historical gene flow in the Chinese Horseshoe Bat (*Rhinolophus sinicus*)[J]. *Plos One*, 8: e56786, 56781-56714.

Mao X, Wang J, Su W, Wang Y, Yang F, Nie W, 2010. Karyotypic evolution in family Hipposideridae (Chiroptera, Mammalia) revealed by comparative chromosome painting, G- and C-banding[J]. *Zoological Research,* 31: 453-460.

Mao X, Zhu G, Zhang S, Rossiter SJ, 2010. Pleistocene climatic cycling drives intra-specific diversification in the intermediate horseshoe bat (*Rhinolophus affinis*) in Southern China[J]. *Molecular Ecology,* 19: 2754-2769.

Marks JM, 2001. *Human Biodiversity: Genes, Race, and History*[M]. Greater New York Area: Transaction Publishers.

Marmi J, Lopez-Giraldez F, MacDonald, DW，Calafell F, Zholnerovskaya E, Domingo-Roura X, 2006. Mitochondrial DNA reveals a strong phylogeographic structure in the badger across Eurasia[J]. *Molecular Ecology*, 15: 1007-1020.

Marshall JT, 1977. A synopsis of Asian species of *Mus* (Rodentia, Muridae)[J]. *Bulletin of the American Museum of Natural History*, V. 158, Article 3.

Masui K, Narit Y, Tanaka S, 1986. Information on the distribution of Taiwan monkeys *Macaca cyclopis*[J]. *Primates*, 27: 383-392.

May RM, 1988. How many species are there on Earth?[J]. *Science,* 241: 441-1449.

Mayden RL, 1997. A hierarchy of species concepts: the denoument in the saga of the species problem[M]// Claridge MF, Dawah HA and Wilson MR. *Species: The Units of Diversity*. London: Chapman and Hall: 381-423.

Mayer F, Dietz C, Kiefer A, 2007. Molecular species identification boosts bat diversity[J]. *Frontiers in Zoology*, 4: 4.

Mayor P, El Bizri HR, Morcatty TQ, Moya K, Bendayán N, Solis S, Neto CFA. Vasconcelos, Kirkland M, Arevalo O, Fang TG, Pérez-Peña PE, Bodmer RE, 2021. Wild meat trade over the last 45 years in the Peruvian Amazon[J]. *Conservation Biology*, 2021(00): 1-13. https: //doi.org/10.1111/cobi.13801.

Mayr E, Kinskey EG, Usinger RL, 1953. *Methods and Principles of Systematic Zoology*[M]. New York: MaGraw-Hill Book Co. Inc.

Mayr E, 1991. *Principles of Systematic Zoology*[M]. New York: McGraw-Hill.

Mayr E, 1969. *Principles of Systematic Zoology*[M]. New York: McGraw-Hill.

Mayr E, 1942. *Systematics and the Origin of Species from the Viewpoint of a Zoologist*[M]. New York, USA: Columbia University Press.

McCarthy T, Mallon D, Jackson R, Zahler P, McCarthy K, 2017. *Panthera uncia. The IUCN Red List of Threatened Species*. IUCN. 2017[EB/OL]. http://dx.doi.org/10.2305/IUCN.UK.2017-2.RLTS.T22732A50664030.

McNeely JA, Miller K, Reid W, Mittermeier R, Werner T, 1990. *Conserving the World's Biodiversity*[M]. Gland: IUCN.

Mei Z, Huang S, Hao Y, Turvey ST, Gong W, Wang D, 2012. Accelerating population decline of Yangtze finless porpoise (*Neophocaena asiaeorientalis asiaeorientalis)*[J]. *Biological Conservation*, 153: 192-200.

Mei Z, Huang S, Zhao X, Hao Y, Zhang L, Qian Z, Zheng J, Wang K, Wang D, 2014. The Yangtze finless porpoise: On an accelerating path to extinction[J]. *Biological Conservation*, 172: 117-123.

Meijaard E, Groves CP, 2004. A taxonomic revision of the *Tragulus* mouse-deer (Artiodactyla)[J]. *Zoological Journal of the Linnaean Society*, 140: 63-102.

Melo-Ferreira J, de Matos AL, Areal H, Lissovsky AA, Carneiro M, Esteves PJ, 2017. The phylogeny of pikas (*Ochotona*) inferred from a multilocus coalescent approach[J]. *Molecular Phylogenetics and Evolution*, 84: 240-244.

Meyerson LA, Mooney HA, 2007, Invasive alien species in an era of globalization[J]. *Front Ecol. Environ,* 2007 (5): 199-208.

Miller GS Jr, 1940. Notes on some moles from southeastern Asia[J]. *Journal of Mammalogy*, 21: 442-444.

Mittermeier RA, Wilson DE, 2014. *Handbook of the Mammals of the World. Volume 4: Sea Mammals*[M]. Barcelona: Lynx Edicions.

Molur S, 2016. *Cricetulus alticola* (errata version published in 2017). The IUCN Red List of Threatened Species 2016[EB/OL]. [2021-09-18]. https: //dx.doi.org/10.2305/IUCN.UK.2016-3.RLTS.T5523A22391166.

Mooney HA, Hobbs RJ, 2000. *Invasive Species in a Changing World*[M]. Washington, DC: Island Press.

Moore JC, Tate GHH, 1965. A study of the diurnal squirrels, Sciurinae, of the Indian and Indochinese subregions[J]. *Fieldiana Zoology*, 48: 1-351.

Mootnick AR, Chan BPL, Moisson P, Nadler T, 2012. The status of the Hainan gibbon *Nomascus hainanus* and the Eastern black gibbon *Nomascus nasutus*[J]. *International Zoo Yearbook*, 46: 259-264.

Mori E, Nerva L and Lovari S, 2019. Reclassification of the serows and gorals: the end of a never-ending story? [J]. *Mammal Review*, 49: 256–262.

Motokawa, M, 2004, Phylogenetic relationships within the family Talpidae (Mammalia: Insectivora)[J]. *Journal of Zoology* (London), 263: 147-157.

Motokawa M, Harada M, Lin L, Cheng H, Koyasu K, 1998. Karyological differentiation between two Soriculus (Insectivora: Soricidae) from Taiwan[J]. *Mammalia*, 62: 541-547.

Motokawa M, Harada M, Lin L, Koyasu K, Hattori S, 1997. Karyological study of the gray shrew *Crocidura attenuata* (Mammalia: Insectivora) from Taiwan[J]. *Zoological Studies*, 36: 70-73.

Motokawa M, Harada M, Wu Y, Lin L, Suzuki H, 2001. Chromosomal polymorphism in the Gray Shrew *Crocidura attenuata* (Mammalia: Insectivora)[J]. *Zoological Science*, 18: 1153-1160.

Motokawa M, Lin L, 2002. Geographic variation in the mole-shrew *Anourosorex squamipes*[J]. *Mammal Study*, 27: 113-120.

Motokawa M, Suzuki H, Harada M, Lin L, Koyasu K, Oda SI, 2000. Phylogenetic relationships among East Asian Crocidura (Mammalia: Insectivora) inferred from mitochondiral cytochrome b gene[J]. *Zoological Science*, 17: 497-504.

Motokawa M, Lin L, 2005. Taxonomic status of *Soriculus baileyi* (Insectivora, Soricidae)[J]. *Mammal Study,* 30: 117-124.

Musser GG, Chiu S, 1979. Notes on taxonomy of *Rattus andersoni* and *R. excelsior*, murids endemic to western China[J]. *Journal of Mammalogy*, 60: 581-592.

Musser GG, Lunde DP, Nguyen TS, 2006. Description of a new genus and species of rodent (Murinae, Muridae, Rodentia) from Northeastern Viet Nam[J]. *Am. Nat. Novit*, 3517: 1-41.

Nath NK, Machary K, 2015. An ecological assessment of hispid hare Caprolagus hispidus (Mammalia: Lagomorpha) in Manas National Park[J]. *Journal of Threatened Taxa*, 7: 8195-8204.

National Research Council, 1995. *Board on Earth Sciences and Resources, Commission on Geosciences, Environment, and Resources. Effects of Past Global Change on Life*[M]. Washington, DC: National Academy Press.

NCBI, 2018. *Niviventer huang*[EB/OL]. [2018-01-15]. http: //www.ncbi.nlm.nih.gov/Taxonomy/Browser/wwwtax.cgi?lvl=0&id=979565.

Nidup T, Dorji T, Jamphel, 2015. *Baseline Information and Conservation Awareness on Hispid Hare (Caprolagus hispidus) in Royal Manas National Park, Southern Foothills of Bhutan*[R]. Final Report: Mohamed bin Zayed Species project number 14259062.

Niu H,Wang N, Zhao L, Liu J, 2007. Distribution and underground habitats of cave-dwelling bats in China[J]. *Animal Conservation*, 10: 470-477.

Niu K, Tan CL, Yang Y, 2010. Altitudinal movements of Guizhou snub-nosed monkeys (*Rhinopithecus brelichi*) in Fanjingshan National Nature Reserve, China: implications for conservation management of a flagship species[J]. *Folia Primatologica,* 81: 233-244.

Niu Y, Wei F, Li M, Liu X, Feng Z, 2004. Phylogeny of pikas (Lagomorpha, Ochotona) inferred from mitochondrial cytochrome b sequences[J]. *Folia Zoologica-Praha*, 53: 141-156.

Norton CJ, Jin C, Wang Y, Zhang Y, 2011. *Rethinking the Palearctic-Oriental biogeographic boundary in Quaternary China*[M]. New York: Springer.

Nowak RM, 1999. *Walker's Mammal of the World.* 6th ed[M]. Washington, DC: Johns Hopkins University Press.

O'Brien SJ, Nash WG, Wildt DE, Bush ME, Benveniste RE, 1985. A molecular solution to the riddle of the giant panda's phylogeny[J]. *Nature*, 317: 140-144. DOI: 10.1038/317140a0.

Odell DK, McClune KM, 1999. False killer whale *Pseudorca crassidens* (Owen, 1846)[J]. *Handbook of Marine Mammals*, 6: 213-243.

Ohdachi SD, Iwasa MA, Nesterenko VA, Abe H, Masuda R and Haberl W, 2004. Molecular phylogenetics of Crocidura shrews (Insectivora) in East and Central Asia[J]. *Journal of Mammals*, 85: 396-403.

Ohnishi N, Osawa T, 2014. A difference in the genetic distribution pattern between the sexes in the Asian black bear[J]. *Mammal Study*, 39: 11-17.

Okada A, Ito TY, Buuveibaatar B, Lhagvasuren B, Tsunekawa A, 2012. Genetic structure of Mongolian gazelle (*Procapra gutturosa*): the effect of railroad and demographic change[J]. *Mongolian Journal of Biological Sciences*, 10: 59-66.

Oldfield S, Lusty C, MacKinven A, 1998. *The World List of Threatened Trees*[M]. Cambridge: World Conservation Press.

Olson DM, Dinerstein E, Wikramanayake ED, Burgess ND, Powell GVN, Underwood EC, D'Amico JA, Itoua I, Strand HE, Morrison JC, Loucks CJ, Allnutt TF, Ricketts TH, Kura Y, Lamoreux JF, Wettengel WW, Hedao P, Kassem KR, 2001. Terrestrial ecoregions of the world: a new map of life on Earth[J]. *Bioscience*, 51: 933-938.

Pan D, Chen JH, Groves C, Wang YX, Narushima E, Fitch-Snyder H, Crow P, Jinggong X, Thanh VN, Ryder O, Chemnick L, Zhang HW, Fu YX, Zhang YP,

2007. Mitochondrial control region and population genetic patterns of *Nycticebus bengalensis* and *N. pygmaeus*[J]. *International Journal of Primatology*, 28: 791-799.

Pan R, Oxnard C, Grueter CC., Li B, Qi X, He G, Guo S, Garber PA, 2016. A new conservation strategy for China—A model starting with primates[J]. *American Journal Primatology,* 78: 1137-1148.

Pastor JF, Barbosa M, De Paz FJ, 2008. Morphological study of the lingual papillae of the giant panda (*Ailuropoda melanoleuca*) by scanning electron microscopy[J]. *Journal of Anatomy*, 212: 99-105.

Patou ML, Wilting A, Gaubert P, Esselstyn JA, Cruaud C, Jennings AP, Fickel J, Veron G, 2010. Evolutionary history of the Paradoxurus palm civets-a new model for Asian biogeography[J]. *Journal of Biogeography*, 37: 2077-2097.

Pech RP, Arthur AD, Zhang Y, Lin H, 2007. Population dynamics and responses to management of plateau pikas *Ochotona curzoniae*[J]. *Journal of Applied Ecology,* 44: 615-624.

Pei KJC, Lai YC, Corlett RT, Suen KY, 2010. The larger mammal fauna of Hong Kong: species survival in a highly degraded landscape[J]. *Zoological Studies*, 49: 253-264.

Peng Y, Xiao W, Wang Y, Qian Z, Shen H, Wang H, 2009. Description of a new record species of whales from Chinese coastal waters[J]. *Journal of Marine Sciences*, 27: 117-120. (in Chinese with English abstract)

Perri A, 2016. A wolf in dog's clothing: Initial dog domestication and Pleistocene wolf variation[J]. *Journal of Archaeological Science*, 68: 1-4.

Perrin WF, Mallette SD, Brownell Jr RL, 2018. Minke whales[M]// Würsig B, Thewissen JGM and Kovacs KM. *Encyclopedia of Marine Mammals*. 3rd ed. San Diego, CA, USA: Academic Press/Elsevier: 608-613.

Perrin WF, 2018. Common dolphin[M]// Würsig B, Thewissen JGM, Kovacs KM. *Encyclopedia of Marine Mammals*. 3rd ed. San Diego, CA, USA: Academic Press/Elsevier: 205-209.

Phillips CJ, Wilson NA, 1968. Collection of bats from Hong Kong[J]. *Journal of Mammalogy*, 9: 128-133.

Phillips SJ, Dudík M, 2008. Modeling of species distributions with Maxent: New extensions and a comprehensive evaluation[J]. *Ecography*, 31: 161-175.

Pieńkowska A, Szczerbal I, Mäkinen A, Świtoński M, 2002. G/Q-banded chromosome nomenclature of the Chinese raccoon dog, *Nyctereutes procyonoides procyonoides* Gray[J]. *Hereditas,* 137: 75-78.

Pitra C, Fickel J, Meijaard E, Groves C, 2004. Evolution and phylogeny of old world deer[J]. *Molecular Phylogenetics and Evolution*, 33(3): 880-895.

Poirier FE, 1986. A preliminary study of the Taiwan macaque (Macaca cyclopis)[J]. *Zoological Research*, 7: 411-422.

Prater SH, 1971. *The Book of Indian Animals* 3rd ed[M]. Bombay: Bombay Natural History Society, Oxford University Press.

Proches S, Ramdhani S, 2012. The world's zoogeographical regions confirmed by cross-taxon analyses[J]. *BioScience*, 62: 260-270.

Qiu Z, Qiu Z, Deng T, Li C, Zhang Z, Wang B, and Wang X, 2012. Neogene land mammal stages/ages of China: toward the goal to establish an Asian land mammal stage/age scheme[M]// Wang X, Flynn, Fortelius M. *Fossil Mammals of Asia.* New York: Columbia University Press: 29-90.

Qureshi BD, Awan MS, Khan AA, Dar NI, Dar MEI, 2004. Distribution of Himalayan musk deer (*Moschus chrysogaster*) in Neelum Valley, District Muzaffarabad, Azad Jammu and Kashmir[J]. *Journal of Biological Sciences*, 4: 258-261.

Reading R, Michel S, Amgalanbaatar S, 2020. *Ovis ammon*[C]. The IUCN Red List of Threatened Species 2020: e. T15733A22146397. Accessed on 02 November 2023.

Rodrigues ASL, Pilgrim JD, Lamoreux JF, Hoffmann M, Brooks TM, 2006. The value of the IUCN Red List for conservation[J]. *Trends in Ecology and Evolution*, 21: 71-76.

Rookmaaker LC, 1980. The Distribution of the Rhinoceros in Eastern-India, Bangladesh, China, and the Indo-Chinese Region[J]. *Zoologischer Anzeiger,* 205: 253-268.

Rossolimo OL, Pavlinov IY, Hoffmann RS, 1994. Systematics and distribution of the rock voles of the subgenus *Alticola* s. str. in the People's Republic of China (Rodentia, Arvicolinae)[J]. *Acta Theriologica Sinica*, 14: 86-99.

Rueda M, Rodrıguez MA, Hawkins BA, 2013. Identifying global zoogeographical regions: lessons from Wallace[J]. *Journal of Biogeography,* 40: 2215-2225.

Ruedi M, Stadelmann B, Gager Y, Douzery EJP, Francis CM, Lin LK, Guillen SA, Cibois A, 2013. Molecular phylogenetic reconstructions identify East Asia as the cradle for the evolution of the cosmopolitan genus *Myotis* (Mammalia, Chiroptera)[J]. *Molecular Phylogenetics and Evolution*, 69: 437-449.

Rydell J, Baagøe HJ, 1994. *Vespertilio murinus*[J]. *Mammalian Species*, 467: 1-6.

Rydell J, 1993. *Eptesicus nilssonii*[J]. *Mammalian Species*, 430: 1-7.

Saha SS, 1981. A new genus and a new species of flying squirrel (Mammalia: Rodentia: Sciuridae) from northeastern India[J]. *Zoological Survey of India*, 4(3): 331-336.

Sanborn CC, 1939. Eight new Bats of the genus *Rhinolophus*[J]. *Field Museum Publications Chicago Zoological Series,* 24: 37-43.

Sandall EL, Maureaud AA, Guralnick R, McGeoch MA., Sica YV, Rogan MS, Booher DB, Edwards R, Franz N, Ingenloff K, Lucas M, Marsh CJ, McGowan J, Pinkert S, Ranipeta A, Uetz P, Wieczorek J, Jetz W, 2023. A globally integrated structure of taxonomy to support biodiversity science and conservation[J]. *Trends in Ecology & Evolution*, 38(12): 1143-1153.

Schaller GB, Liu W, Wang X, 1996. Status of Tibet red deer[J]. *Oryx*, 30: 269-274.

Schauer J, 1987. Remarks on the construction of burrows of *Ellobius talpinus*, *Myospalax aspalax* and *Ochotona daurica* in Mongolia and their effect on the soil[J]. *Folia Zoologica*, 36: 319-326.

Schoch CL, et al., 2020. NCBI Taxonomy: a comprehensive update on curation, resources and tools[J]. *Database* (Oxford). 2020: baaa062. PubMed: 32761142 PMC: PMC7408187.

Schuh R, 2000. *Biological Systematics: Principles and Applications*[M]. New York: Cornell University Press.

Seim I, Fang X, Xiong Z, Lobanov AV, Huang Z, Ma S, Feng Y, Turanov AA, Zhu Y, Lenz TL, Gerashchenko MV, Fan D, Yim S, Yao X, Jordan D, Xiong Y, Ma Y, Lyapunov AN, Chen G, Kulakova OI, Sun Y, Lee S, Bronson RT, Moskalev AA, Sunyaev SR, Zhang G, Krogh A, Wang J, Gladyshev VN, 2013. Genome analysis reveals insights into physiology and longevity of the Brandt's bat *Myotis brandtii*[J]. *Nature Communications.* DOI: 10.1038/ncomms3212.

Shek CT, Chan CS, Wan YF, 2007. Camera trap survey of Hong Kong terrestrial mammals in 2002-06[J]. *Hong Kong Biodiversity*, 15: 1-11.

Shek CT, Chan CSM, 2006. Mist net survey of bats with three new bat species records for Hong Kong[J]. *Hong Kong Biodiversity*, 11: 1-7.

Shek ST, Lau CTY, 2006. Echolocation calls of five horseshoe bats of Hong Kong[J]. *Hong Kong Biodiversity*, 13: 9-12.

Shenbrot GI, Sokolov VE, Heptner VG, Kovalskaya YM, 1995. *The Mammals of Russia and Adjacent Regions*. Dipodoidea.

Sheng H, 1983. *An Introduction to Mammalogy*[M]. Shanghai: East China Normal University Press (In Chinese).

Shi C, Chen Z, Cheng F, Li J, Wan T, Li Q, Li X, Wu H, Jiang X, 2018. New record of a rodent genus (*Murinae*) in China—*Tonkinomys daovantieni*[J]. *Acta Theriologica Sinica*, 38: 309-314.

Silbermayr K, Orozcoter Wengel P, Charruau P, Enkhbileg D, Walzer C, Vogl C, Schwarzenberger F, Kaczensky P, Burger PA, 2010. High mitochondrial differentiation levels between wild and domestic Bactrian camels: a basis for rapid detection of maternal hybridization[J]. *Animal Genetics*, 41: 315-318.

Simmons NB, 2005. Order Chiroptera[M]// Wilson DE, Reeder DM(eds). *Mammal Species of the World*. Baltimore: The Johns Hopkins University Press: 312-529.

Sinha A, Datta A, Madhusudan MD, Mishra C, 2005. *Macaca munzala*: A new species from western Zangnan Pradesh, Northeastern India[J]. *International Journal of Primatology*, 26: 997-989.

Smith A, Xie Y, Hoffmann RS, Lunde D, MacKinnon J, Wilson DE, Wozencraft WC, Gemma F, 2009. *A Guide to the Mammals of China*[M]. Changsha: Hunan Education Publishing House.

Smith AT, Johnston CH, 2016. *Spermophilus brevicauda* (errata version published in 2017). *The IUCN Red List of Threatened Species* 2016[EB/OL]. [2021-10-12]. https: //dx.doi.org/10.2305/IUCN.UK.2016-3.RLTS.T136490A22264670.

Smith AT, Bhattacharyya S, 2016. *Ochotona roylei*[C]. The IUCN Red List of Threatened Species 2016: e. T41268A45184591. Accessed on 15 November 2023.

Smith AT, Johnston CH, 2017. *Spermophilus pallidicauda*. The IUCN Red List of Threatened Species 2017[EB/OL]. [2021-10-12]. https: //dx.doi.org/10.2305/IUCN.UK.2017-2.RLTS.T136231A22263915.

Smith AT, Xie Y, Hoffmann RS, Lunde D, MacKinnon J, Wilson DE, Wozencraft WC, 2010. *A Guide to the Mammals of China*[M]. Princeton: Princeton University Press.

Smith BD, Wang D, Braulik GT, Reeves R, Zhou K, Barlow J, Pitman RL, 2017. *Lipotes vexillifer* (Baiji). *IUCN Red List of Threatened Species*[EB/OL]. [2021-10-12]. https: //www.iucnredlist.org/.

Smith CH, 1983. A system of world mammal faunal regions. I. Logical and statistical derivation of the regions[J]. *Journal of Biogeography*, 10: 455-466.

Smith FA, Boyer AG, Brown JH, Costa DP, Dayan T, Ernest SKM, Evans AR, Fortelius, M, Gittleman JL, Hamilton MJ, Harding LE, Lintulaakso K, Lyons SK, McCain C, Okie JG, Saarinen JJ, Sibly RM, Stephens PR, Theodor J, Uhen MD, 2010. The Evolution of maximum body size of terrestrial mammals[J]. *Science*, 330: 1216-1219.

Song H, Wang H, Chen X, Gu X, 2009. Molecular phylogenetics of nine rhinolophids species (Chiroptera: Rhinolophidae) in Guizhou based on mitochondrial 16S rRNA gene[J]. *Sichuan Journal of Zoology*, 28: 816-820.

Sorokin PA, Kiriliuk VE, Lushchekina AA, Kholodova MV, 2005. Genetic diversity of the Mongolian gazelle *Procapra guttorosa* Pallas, 1777[J]. *Russian Journal of Genetics*, 41: 1101-1105.

Spamer EE, 1999. Know Thyself: Responsible Science and the Lectotype of Homo sapiens Linnaeus, 1758[J]. *Proceedings of the Academy of Natural Sciences of Philadelphia*, 149: 109-114.

Species 2000 China, 2015. [DB/OL]. [2015-01-15]. http: //www.sp2000.cn/joacn/index.php?option=com_content&task=view&id=32&Itemid=1.

Spicer RA, Spicer RS, Farnsworth A, Su T, 2020. Cenozoic topography, monsoons and biodiversity conservation within the Tibetan Region: An evolving story[J]. *Plant Diversity*, 42: 229-254.

Spicer RA, 2017. Tibet, the Himalaya, Asian monsoons and biodiversity: In what ways are they related?[J] *Plant Diversity*, 39: 233-244.

Spitzenberger F, Strelkov PP, Winkler H, Haring E, 2006. A preliminary revision of the genus Plecotus (Chiroptera, Vespertilionidae) based on genetic and morphological results[J]. *Zoologica Scripta*, 35 (3): 187-230.

Srinivasulu C, Csorba G, Srinivasulu B, 2019. Eptesicus pachyomus. IUCN Red List of Threatened Species. 2019[EB/OL]. [2021-11-19]. DOI: 10.2305/IUCN.UK.2019-3.RLTS.T85200202A85200236.

State Forestry Administration, 2009. *Nationwide Survey on Key Wild Terrestrial Animal Resource*[M]. Beijing: China Forestry Press.

Stephen J, 2012. *Gliding Mammals of the World*[M]. Collingwood VIC 3066 Australia: CSIRO Publishing.

Stone RD, 1995. Eurasian Insectivores and Tree Shrews. IUCN/SSC Insectivore, Tree Shrew and Elephant Shrew Specialist Group[C]. IUCN. Gland, Switzerland.

Su B, Fu Y, Wang Y, Jin L, Chakraborty R, 2001. Genetic diversity and population history of the red panda (*Ailurus fulgens*) as inferred from mitochondrial DNA sequence variations[J]. *Molecular Biology and Evolution*, 18: 1070-1076.

Suárez-Díaz E, Anaya-Muñoz VH, 2008. History, objectivity, and the construction of molecular phylogenies[J]. *Stud. Hist. Phil. Biol. & Biomed. Sci,* 39: 451-468.

Subedi A, Aryal A, Koirala RK, Timilsina YP, Meng XX, McKenzie F, 2012. Habitat ecology of Himalayan musk deer (*Moschus chrysogaster*) in Manaslu Conservation Area, Nepal[J]. *International Journal of Zoological Research*, 8: 81-89.

Sun Z, Liu S, Guo Y, Liu Y, Liao R, Guo Z, 2013. The fauna and distribution of small mammals in Erlang Moutains[J]. *Acta Theriological Sinca*, 33: 1-10.

Tan M, Zhu G, Hong T, Ye J, Zhang L, 2009. New Record of a bat species from China, *Hipposideros cineraceus* (Blyth, 1853)[J]. *Zoological Research*, 30: 204-208. (In Chinese with English abstract)

Tandan P, Dhakal B, Karki K, Aryal A, 2013. Tropical grasslands supporting the endangered hispid hare (Caprolagus hispidus) population in Bardia National Park, Nepal[J]. *Current Science,* 105: 691-694.

Tang R, Wang J, Li Y, Zhou C, Meng G, Li F, Yue Lan, Price M, Podsiadlowski L, Yu Y, Wang X, Liu Y, Yue B, Liu S, Fan Z, Liu S, 2022. Genomics and morphometrics reveal the adaptive evolution of pikas[J]. *Zoological Research*, 43: 813-826. DOI: 10.24272/j.issn.2095-8137.2022.072.

Tanomtong A, Bunjonrat R, Sriphoom A, Chinorak P, Kaensa W, Kamolnarranath S, Dumnui S, 2005. Study on karyotype of small-toothed palm civet, *Arctogalidia trivirgata* (Carnivora, Viverridae) by using conventional staining method[J]. *Warasan Songkhla Nakharin* (Sakha Witthayasat lae Technology).

Thomas O, 1920. Two new Asiatic Bats of the genera Tadarida and Dyacopterus[J]. *Annals Magazine of Natural History*, Series 9 (5): 283-285.

Thomas O, 1912a. On Insectivores and Rodents collected by Mr. F. Kingdon Ward in N. W. Yunnan[J]. *Annals and Magazine of Natural History*, 8: 513-519.

Thomas O, 1912b. On a collection of small mammals from the Tsin-ling Mountains, Central China, presented to Mr. G. Fenwick Owen to the National Museum[J]. *Annals and Magazine of Natural History*, Series 8: 395-403.

Thomas O, 1912c. On a collection of small mammals from the Tsin-ling Mountains, Central China, presented to Mr. G. Fenwick Owen to the National Museum[J]. *Annals and Magazine of Natural History*, Series, 8: 395-403.

Thorington Jr. RW, Hoffmann RS, 2005. *Family sciuridae. Mammal Species of the World, A Taxonomic and Geographic Reference*. 3rd ed[M]. Washington and London: Smithsonian Institution Press.

Thorington RW, Koprowski JL, Steele MA, Whatton JF, 2012. *Squirrels of the World*[M]. Baltimore: Johns Hopkins University Press.

Tian Y, Wu J, Wang T, Ge J, 2014. Climate change and landscape fragmentation jeopardize the population viability of the Siberian tiger (*Panthera tigris altaica*) [J]. *Landscape Ecology*, 29: 621-637.

Tian Z, Jin D, 2012. Study on the gensus *Macronyssus* (Acari: Macronyssidae) with description of a new species, redescription of a known species from the genus Myotis (Chiroptera: Vespertilionidae) and a key to the species in China[J]. *International Journal of Acarology*, 38: 179-190.

Tilson R, Hu D, Muntifering J, Nyhus PJ, 2004. Dramatic decline of wild south China tigers *Panthera tigris amoyensis*: field survey of priority tiger reserves[J]. *Oryx*, 38: 40-47.

Tiunov MP, Kruskop SV, Feng J, 2011. A New Mouse-Eared Bat (Mammalia: Chiroptera, Vespertilionidae) from South China[J]. *Acta Chiropterologica*, 13: 271-278.

Tu F, Liu S, Liu Y, Sun Z, Yin Y, Yan C, Lu L, Yue B, Zhang X, 2014. Complete mitogen me of Chinese shrew mole *Uropsilus soricipes* (Milne-Edwards, 1871) (Mammalia: Talpidae) and genetic structure of the species in the Jiajin Mountains (China)[J]. *Journal of Natural History,* 48: 23-24.

Tu F, Tang M, Liu Y, Sun Z, Zhang X,Yue B, Liu S, 2012. Fauna and species diversity of small mammals in Jiajin Mountains, Sichuan Province, China[J]. *Acta Theriological Sinca*, 32: 287-296.

Tu VT, Csorba G, Ruedi M, Furey NM, Son NT, Thong VD, Bonillo C, Hassanin A, 2017. Comparative phylogeography of bamboo bats of the genus Tylonycteris (Chiroptera, Vespertilionidae) in Southeast Asia[J]. *European Journal of Taxonomy,* 274: 1-38.

Tu FY, Tang MK, Liu Y, Sun ZY, Zhang XY, Yue BS, Liu SY, 2012. Fauna and species diversity of small mammals in Jiajin Mountains, Sichuan Province, China[J]. *Acta Theriologica Sinica,* 32: 287-296.

Turghan MA, Jiang Z, Niu Z, 2022. An update on status and conservation of the Przewalski's Horse (*Equus ferus przewalskii*): Captive breeding and reintroduction projects[J]. *Animals*, 12 (22):3158.

Turghan M, Jiang Z, Groves CP, Yang J, Fang H, 2013. Subspecies in Przewalski's gazelle *Procapra przewalskii* and its conservation implication[J]. *Chinese Science Bulletin*, 58: 1897-1905.

Turvey ST, Crees JJ, Di Fonzo MMI, 2015. Historical data as a baseline for conservation: reconstructing long-term faunal extinction dynamics in Late Imperial-modern China[J]. *Proceedings to Royal Society* B, 282: 20151299.

Turvey, ST., Pitman RL, Taylor BL, Barlow J, Akamatsu T, Barrett LA, Zhao X, Reeves RR, Stewart BS, Wang K, Wei Z, Zhang X, Pusser LT, Richlen M, Brandon JR, Wang D, 2007. First human-caused extinction of a cetacean species[J]. *Biology Letters*, 3: 573-540.

Udvarty MDF, 1975. *A Classification of the Biogeographical Provinces of the World, Prepared as a Contribution to UNESCO's Man and the Biosphere Programme Project No. 8*[M]. Morges: International Union for Conservation of Nature and Natural Resources.

Van Peenen PFD, Ryan PF, Light RH, 1969. *Preliminary Identification Manual for Mammals of South Vietnam*[M]. Washington, DC: United States National Museum, Smithsonian Institution.

Van Rompaey H, 2001. The crab-eating mongoose. *Herpestes urva*[J]. *Small Carnivore Conservation,* 25: 12-17.

Vaughan TA, Ryan JM, Czaplewski NJ, 2013. Mammalogy (6 ed.)[M]. Burlington: Jones and Bartlett Learning.

Vié J, Hilton-Taylor C, Pollock CM, Ragle J, Smart J, Stuart SN, Tong R, 2009. *The IUCN Red List: Key Conservation Tool*[C]. IUCN, Cambridge.

Vilà C, Amorim IR, Leonard JA, Posada D, Castroviejo J, Petrucci-Fonseca F., Crandall KA, Ellegren H, Wayne RK, 1999. Mitochondrial DNA phylogeography and population history of the grey wolf *Canis lupus*[J]. *Molecular Ecology*, 8: 2089-2103.

Vilhena DA, Antonelli A, 2015. A network approach for identifying and delimiting biogeographical regions[J]. *Nature Communications*, 6: 6848.

Vislobokova IA, 2013. On the origin of Cetartiodactyla: Comparison of data on evolutionary morphology and molecular biology[J]. *Paleontological Journal,* 47: 321-334.

Waddell PJ, Okada N, Hasegawa M, 1999. Toward resolving the inter-ordinal relationships of placental mammals[J]. *Systematic Biology*, 48: 1-5.

Wallace AR, 1859. *On the Zoological Geography of the Malay Archipelago*[M]. London: Zoological Proceedings of the Linnean Society.

Wallace AR, 1869. *The Malay Archipelago; The Land of the Orangutan and the Bird of Paradise; A Narrative of Travel with Studies of Man and Nature*[M].

London: Macmillan & Company.

Wallace AR, 1876. *The Geographic Distribution of Animals*[M]. London: McMillan & Co.

Wallace AR, 1880. *Island Life; or, the Phenomena and Causes of Insular Faunas and Floras; Including a Revision and Attempted Solution of the Problem of Geological Climates*[M]. London: Macmillan & Company.

Wallace AR, 1889. Darwinism; *An Exposition of the Theory of Natural Selection with some of Its Applications*[M]. London: Macmillan & Company.

Wallace AR, 1903. *Man's Place in the Universe; A Study of the Results of Scientific Research in Relation to the Unity or Plurality of Worlds*[M]. London: Chapman & Hall, Ltd.

Wan Q, Wu H, Fang S, 2005. A new subspecies of giant panda (Ailuropoda melanoleuca) from Shaanxi, China[J]. *Journal of Mammalogy*, 86 (2): 397-402.

Wang J, Frasier TR, Yang S, White BN, 2008. Detecting recent speciation events: The case of the finless porpoise (genus *Neophocaena*)[J]. *Heredity,* 101: 145-155.

Wang L, Wang H, Ou W, Jiang T, Liu Y, Lyle D, Feng J, 2014. Dynamic adjustment of echolocation pulse structure of big-footed myotis (*Myotis macrodactylus*) in response to different habitats[J]. *Journal of the Acoustical Society of America,* 135: 928-932.

Wang P, Yao C, Han J, Ma Z, Wang Z, 2011. Investigations of stranded and by-caught beaked whales around the coastal waters of Chinese mainland[J]. *Acta Theriologica Sinica*, 31: 37-45. (In Chinese with English abstract)

Wang W, Cao L, He B, Li J, Hu T, Zhang F, Fan Q, Tu C, Liu Q, 2013. Molecular Characterization of Cryptosporidium in Bats from Yunnan Province, Southwestern China[J]. *Journal of Parasitology,* 99: 1148-1150.

Wang X, Guo W, Yu W, Csorba G, Motokawa M, Li F, Zhang Q, Zhang C, Li Y, Wu Y, 2017. First record and phylogenetic position of *Myotis indochinensis* (Chiroptera, Vespertilionidae) from China[J]. *Mammalia*, 81: 605-609.

Wang X, Liang D, Jin W, Tang M, Liu S, Zhang P, 2020. Out of Tibet: Genomic Perspectives on the Evolutionary History of Extant Pikas[J]. *Mol. Biol. Evol.* 37: 1577-1592. DOI: 10.1093/molbev/msaa026.

Wang Z, Wang S, 1962. The discovery of a flying fox (P*teropus giganteus* Brunnich) from Chin-Hai Province, Northwestern China[J]. *Acta Zoologica Sinica*, 14: 494.

Wei F, Feng Z, Wang Z, Hu J, 1999. Current distribution, status and conservation of wild red pandas *Ailurus fulgens* in China[J]. *Biological Conservation*, 89: 285-291.

Wei G, Mingxia Z, Liping Z, Ruichang Q, Willcox D, 2017. Large - spotted civet in China: The rediscovery of large - spotted civet *Viverra megaspila* in China[J]. *Small Carnivore Conservation*, 55: 88-90.

Wei L, Flanders JR, Rossiter SJ, Miller BCM, Zhang LB, Zhang SY, 2010. Phylogeography of the Japanese pipistrelle bat, *Pipistrellus abramus*, in China: the impact of ancient and recent events on population genetic structure[J]. *Biological Journal of the Linnean Society*, 99: 582-594.

Wei L, Wu X, Jiang Z, 2009. The complete mitochondrial genome structure of snow leopard *Panthera uncia*[J]. *Molecular Biology Reports,* 36: 871.

Wei L, Wu X, Zhu L, Jiang Z, 2011. Mitogenomic analysis of the genus *Panthera*[J]. *Science China Life Science,* 54 (10): 917-930. DOI: 10.1007/s11427-011-4219-1.

Wilson DE, Lacher TE, Mittermeier RA, 2016. *Handbook of the Mammals of the World. Volume 6: Lagomorphs and Rodents I*[M]. Barcelona: Lynx Edicions.

Wilson DE, Mittermeier RA, Lacher TE, 2017. *Handbook of the Mammals of the World. Volume 7: Rodents II*[M]. Barcelona: Lynx Edicions.

Wilson DE, Mittermeier RA, 2009. *Handbook of the Mammals of the World. Volume 1: Carnivores*[M]. Barcelona: Lynx Edicions.

Wilson DE, Mittermeier RA, 2011. *Handbook of the Mammals of the World. Vol. 2, Ungulates*[M]. Barcelona: Lynx Edicions.

Wilson DE, Mittermeier RA, 2012. *Handbook of the Mammals of the World. Volume 3: Primates*[M]. Barcelona: Lynx Edicions.

Wilson DE, Mittermeier RA, 2018. *Handbook of the Mammals of the World. Volume 8: Insectivores, Sloths and Colugos*[M]. Barcelona: Lynx Edicions.

Wilson DE, Mittermeier RA, 2019. *Handbook of the Mammals of the World. Volume 9: Bats*[M]. Barcelona: Lynx Edicions.

Wilson DE, Reeder DM, 2005. *Mammal Species of the World: A Taxonomic and Geographic Reference* 3rd ed[M]. Baltimore, MA: John Hopkins University Press.

Wilson DE, Reeder DM, 1993. *Mammal Species of the World, A Taxonomic and Geographic Reference* 2nd ed[M]. Washington and London: Smithsonian Institution Press.

Wilson DE, Lacher, Jr TE, Mittermeier RA, 2016. *Handbook of World Mammals. Vol 6 Lagomorphs and Rodents 1*[M]. Barcelona, Spain: Lynx Edicions.

Woodman N, 1993. The Correct Gender of Mammalian Generic Names Ending in -otis[J]. *Journal of Mammalogy,* 74: 544-546.

Wu C, Li H, Wang Y, Zhang Y, 2000. Low genetic variation of the Yunnan hare (*Lepus comus* G. Allen 1927) as revealed by mitochondrial cytochrome b gene sequences[J]. *Biochemical Genetics*, 38: 147-153.

Wu D, Luo J, Fox BJ, 1996. A comparison of ground-dwelling small mammal communities in primary and secondary tropical rainforests in China[J]. *Journal of Tropical Ecology*, 12: 215-230.

Wu H, Long Y, 2020. *Macaca cyclopis*. The IUCN Red List of Threatened Species 2020[EB/OL]. [2023-10-27]. https://dx.doi.org/10.2305/IUCN.UK.2020-2.RLTS.T12550A17949875.

Wu S, Wang Y, Feng Q, 2005. A new record of Mammalia in China —*Manis javanica*[J]. *Acta Zootaxonomica Sinica,* 30: 440-443.

Wu Y, Harada M, Li Y, 2004. Karyology of seven species bats from Sichuan, China[J]. *Acta Theriologica Sinica*, 24: 30-35. (In English with Chinese abstract)

Wu Y, Harada M, Motokawa M, 2009. Taxonomy of Rhinolophus yunanensis Dobson, 1872 (Chiroptera: Rhinolophidae) with a description of a new species from Thailand[J]. *Acta Chiropterologica*, 11: 237-246.

Wu Y, Harada M, 2005. Karyology of five species of the Rhinolophus (Chiroptera: Rhinolophidae) from Guangdong, China[J]. *Acta Theriologica Sinica*, 25: 163-167.

Wu Y, Harada M, 2006. Karyology of seven species of bats (Mammalia: Chiroptera) from Guangdong, China[J]. *Acta Theriologica Sinica*, 26: 403-406.

Wu Y, Li YC, Lin LK, Harada M, Chen Z, Motokawa M, 2012. New records of *Kerivoula titania* (Chiroptera: Vespertilionidae) from Hainan Island and Taiwan[J]. *Mammal Study*, 37: 69-72.

Wu Y, Motokawa M, Harada M, 2008. A new species of the horseshoe bat of the genus *Rhinolophus* from China (Chiroptera: Rhinolophidae)[J]. *Zoological Science*, 25: 438-443.

Wu Y, Motokawa M, Harada M, Vu DT, Lin LK, Li YC, 2012. Morphometric Variation in the pusillus Group of the Genus Rhinolophus (Mammalia: Chiroptera: Rhinolophidae) in East Asia[J]. *Zoological Science* (Tokyo), 29: 396-402.

Wu Y, Motokawa M, Harada M, 2008. A new species of horseshoe bat of the genus *Rhinolophus* from China (Chiroptera: Rhinolophidae)[J]. *Zoological Science*, 25: 438-243.

Wu Y, Motokawa M, Li Y, Harada M, Chen Z, Yu W, 2010. Karyotype of Harrison's tube-nosed bat *Murina harrisoni* (Chiroptera: Vespertilionidae: Murininae) Based on the second specimen recorded from Hainan Island, China[J]. *Mammal Study*, 35: 277-279.

Wu Y, Motokawa M, Li YC, Harada M, Chen Z, Lin LK, 2009. Karyology of eight species of bats (Mammalia: Chiroptera) from Hainan Island, China[J]. *International Journal of Biological Sciences,* 5: 659-666.

Wu Y, Motokawa M, Li YC, Harada M, Chen Z, Yu WH, 2011. Karyotype of Harrison's Tube-Nosed Bat *Murina harrisoni* (Chiroptera: Vespertilionidae: Murininae) Based on the Second Specimen Recorded from Hainan Island, China[J]. *Mammal Study*, 35(4): 277-279.

Wu Y, Peng H, 2005. Two new records of Chiroptera in Guangdong Province[J]. *Sichuan Journal of Zoology*, 24: 176.

Wu Y, Thong VD, 2011. A new species of *Rhinolophus* (Chiroptera: Rhinolophidae) from China[J]. *Zoological Science*, 28: 235-241.

Wu Y, Yang Q, Xia L, Peng H, Zhou Z, 2004. New record of Chinese bats: Rhinolophus marshalli[J]. *Chinese Journal of Zoology*, 39: 109-110. (in Chinese with English abstract)

Xia W, Zhang R, 1995. *Primates: Research and Conservation*[M]. Beijing: China Forestry Publishing House.

Xiang Z-F, Liang XC, Huo S, Ma SL, 2004. Quantitative analysis of land mammal zoogeographical regions in China and adjacent regions[J]. *Zoological Studies,* 43: 142-160.

Xie HW, Peng XW, Zhang CL, Liang J, He XY, Wang J, Wang JH, Zhang YZ, Zhang LB, 2021. First records of *Hypsugo cadornae* (Chiroptera: Vespertilionidae) in China[J]. *Mammalia,* 85(2): 189-192.

Xiong Z, Chen M, Zhang E, Huang M, 2013. Molecular phylogeny and taxonomic status of the red goral by Cyt b gene analyses[J]. *Folia Zoologica*, 62: 125-130.

Xu A, Jiang Z, LI C, Guo J, Da S, Yu S. Cui C. Wu G, 2008. Status and conservation of snow leopard in East Burhanbuda Mountain, Kunlun Mountains, China[J]. *Oryx*, 42: 460-463.

Xu A, Jiang Z, Li C, Guo J, Wu G, Cai P, 2006. Summer food habits of brown bears in Kekexili Nature Reserve, Qinghai-Tibetan plateau, China[J]. *Ursus*, 17: 132-138.

Xu C, Zhang H, Ma J, 2013. The complete mitochondrial genome of *Martes flavigula*[J]. *Mitochondrial DNA*, 24: 240-242.

Xu X, Song J, Zhang Z, Li P, Yang G, Zhou K, 2015. The world's second largest population of humpback dolphins in the waters of Zhanjiang deserves the highest conservation priority[J]. *Scientific Reports*, 5: 8147.

Yadav BP, Sathyakumar S, Koirala R. K, Pokharel C, 2008. Status, distribution and habitat use of hispid hare (Caprolagus hispidus) in Royal Suklaphanta Wildlife Reserve[J], *Nepal. Tiger Paper*, 35: 8-14.

Yang C, Xiang C, Zhang X, Yue B, 2013. The complete mitochondrial genome of the Alpine musk deer (*Moschus chrysogaster*)[J]. *Mitochondrial DNA,* 24: 501-503.

Yang G, Ji G, Ren W, Zhou K, 2005. Pattern of genetic variation of bottlenose dolphins in Chinese waters[J]. *Raffles Bull Zool*, 53: 157-164.

Yang J, Jiang Z, 2011. Genetic diversity, population genetic structure and demographic history of Przewalski's gazelle (*Procapra przewalskii*): implications for conservation[J]. *Conservation Genetics,* 12: 1457-1468.

Yang L, Zhang H, Zhang C, Wu J, Wang Z, Li C, Zhang B, 2020. A new species of the genus *Crocidura* (Mammalia: Eulipotyphla: Soricidae) from Mount Huang, China[J]. *Zoological Systematics*, 45(1): 1-14.

Yang Q, Meng X, Xia L, Feng Z, 2003. Conservation status and causes of decline of musk deer (*Moschus* spp.) in China[J]. *Biological Conservation,* 109: 333-342.

Yang T, Hou X, Gu X, Zhou J, 2012. The *Hipposideros pomona* in Guizhou Province[J]. *Sichuan Journal of Zoology*, 31: 570-573.

Yang Y, Tian K, Hao J, Pe S, Yang Y, 2004. Biodiversity and biodiversity conservation in Yunnan, China[J]. *Biodiversity and Conservation*, 13: 813-826.

Yao Z, Liu Z, Teng L, Yang H, 2013. Asian badger (*Meles leucurus*, Mustelidae, Carnivora) habitat selection in the Xiaoxing'anling Mountains, Heilongjiang Province, China[J]. *Mammalia*, 77: 157-162.

Hu Y, Li W, Jiang, Z Liu W, Liang J, Lin Y, Huang Z, Qin H, Jin K, Hu H, 2018. A wild yak survey in Chang Tang of Tibet Autonomous Region and Hoh Xil of Qinghai Province[J]. *Biodiversity Science*, 26(2): 185-190.

Yoon MH, 1990. Taxonomical study on four *Myotis* (Vespertilionidae) species in Korea[J]. *Korean Journal of Systematic Zoology*, 6: 173-191.

Yoshiyuki M, 1995. A new species of *Plecotus* (Chiroptera, Vespertilionidae) from Taiwan[J]. *Bulletin of the National Science Museum* (Tokyo), Series A 17: 189-195.

You Y, Sun K, Xu L, Wang L, Jiang T, Liu S, Lu G, Berquist SW, Feng J, 2010. Pleistocene glacial cycle effects on the phylogeography of the Chinese endemic bat species, Myotis davidii[J]. *BMC Evolutionary Biology*, 10: 12.

Yu H, 1993. Natural history of small mammals of subtropical montane areas in central Taiwan[J]. *Journal of Zoology* (London), 231: 403-422.

Yu H, 1994. Distribution and abundance of small mammals along a subtropical elevational gradient in central Taiwan[J]. *Journal of Zoology* (London), 234: 577-600.

Yu H, 1995. Patterns of diversification and genetic population structure of small mammals in Taiwan[J]. *Biological Journal of the Linnean Society*, 55: 69-89.

Yu J, 2010. Leopard cat[J]. *Cat News,* Special Issue 5: 26-29.

Yu L, Li YW, Ryder OA, Zhang YP, 2007. Analysis of complete mitochondrial genome sequences increases phylogenetic resolution of bears (Ursidae), a mammalian family that experienced rapid speciation[J]. *BMC Evolutionary Biology*, 7: 198.

Yu N, Zheng C, Shi L, 1997. Variation in mitochondrial DNA and phylogeny of six species of pikas (*Ochotona*)[J]. *Journal of Mammalogy*, 78: 387-396.

Yu N, Zheng C, Zhang YP, Li WH, 2000. Molecular systematics of pika (genus *Ochotona*) inferred from mitochondrial DNA sequences[J]. *Molecular Phylogenetic and Evolution,* 16: 85-95.

Yu W, Chen Z, Li Y, Wu Y, 2012. Phylogeographic relationships of Scotophilus kuhlii between Hainan Island and Mainland China[J]. *Mammal Study*, 37: 139-146.

Yuan L, Jiang Z, Cheng Y, Guli SG, Hare J, Zhu H, Wang J, 2014. Wild camels in the Lop Nur Nature reserve[J]. *Journal of Camel Practice and Research,* 21: 137-144.

Yuan S, Jiang X, Li Z, He K, Harada M, Oshida T, Lin L, 2013. A mitochondrial phylogeny and biogeographical scenario for Asiatic water shrews of the genus *Chimarrogale*: Implications for taxonomy and low-latitude migration routes[J]. *Plos One,* 8: 1-15.

Yuan X, Tian D, Gu X, 2012. Phylogenetics of Rhinolophidae and Hipposideridae based on partial sequences of the nuclear RAG1 gene[J]. *Sichuan Journal of Zoology*, 31: 191-196.

Zahler P, Khan M, 2003. Evidence for dietary specialization on pine needles by the woolly flying squirrel (*Eupetaurus cinereus*)[J]. *Journal of Mammalogy*, 30: 480-486.

Zeng T, Jin W, Sun ZY, Liu Y, Murphy RW, Fu JR, Wang X, Hou QF, Tu FY, Liao R, 2013. Taxonomic position of *Eothenomys wardi* (Arvicolinae: Cricetidae) Based on morphological and molecular analyses with a detailed description of the species[J]. *Zootaxa,* 3682: 85-104.

Zeng Y, Ping X, Jiang Z, 2019. Inertia in CITES nomenclature[J]. *Conservation Biology,* 33: 991-992.

Zhang B, He K, Wan T, Chen P, Sun G, Liu S, Nguyen TS, Lin L, Jiang X, 2016. Multi-locus phylogeny using topotype specimens sheds light on the systematics of *Niviventer* (Rodentia, Muridae) in China[J]. *BMC Evolutionary Biology*, 16: 261-273.

Zhang C, Zhang M, Stott P, 2013. Does prey density limit Amur tiger *Panthera tigris altaica* recovery in northeastern China[J]. *Wildlife Biology*, 19: 452-462.

Zhang F, Jiang Z, Xu A, Zeng Y, Li C, 2013. Recent Geological Events and Intrinsic Behavior Influence the Population Genetic Structure of the Chiru and Tibetan Gazelle on the Tibetan Plateau[J]. *Plos One,* 8: e60712.

Zhang H., Zhang J, Zhao C, Chen L, Sha W, Liu G, 2015. Complete mitochondrial genome of *Canis lupus campestris*[J]. *Mitochondrial DNA*, 26: 255-256.

Zhang J, Gareth J, Zhang L, Zhu G, Zhang S, 2010. Recent surveys of bats (Mammalia: Chiroptera) from China II. Pteropodidae[J]. *Acta Chiropterologica*, 12: 103-116.

Zhang J, Han N, Jones G, Lin L, Zhang J, Zhu G, Huang D, Zhang S, 2007. A new species of *Barbastella* (Chiroptera: Vespertilionidae) from North China[J]. *Journal of Mammalogy,* 88: 1393-1403.

Zhang L, Jiang Z, 2016. Unveiling the status of alien animals in the arid zone of Asia[J]. PeerJ, 4: e1545. DOI 10.7717/peerj.1545.

Zhang L, Jones G, Zhang J, Zhu F, Parsons S, Rossiter SJ, Zhang S, 2009. Recent surveys of bats (Mammalia: Chiroptera) from China. I. Rhinolophidae and Hipposideridae[J]. *Acta Chiropterologica*, 11: 71-88.

Zhang L, Zhang J, Liang B, Zhang S, 2004. New record of a bat species from China, *Myotis hasseltii* (Temminck, 1840)[J]. *Zoological Research*, 25: 556-559. (In Chinese with English abstract)

Zhang L, Zhu G, Jones G, Zhang S, 2009. Conservation of bats in China: Problems and Recommendations[J]. *Oryx*, 43: 179-182.

Zhang L, 2011. Current status of Asian elephants in China[J]. *Gajha*, 35: 43-46.

Zhang L, Liu J. Mcsheax WJ, Wu Y, Wang D, L Z, 2014. The impact of fencing on the distribution of Przewalski's gazelle[J]. *The Journal of Wildlife Management*, 78: 255-263.

Zhang R, Zhao K, 1978. On the zoogeographical regions of China[J]. *Acta Zoologica Sinic*a, 24: 196-202 (in Chinese).

Zhang S, Kou M, Bing J, 2001. An experiment with several rodenticides on zokor control[J]. *Chinese Journal of Forest Pests,* 27: 1-3.

Zhang T, Lei M, Zhou H, Chen Z, Shi P, 2022. Phylogenetic relationships of the zokor genus Eospalax (Mammalia, Rodentia, Spalacidae) inferred from whole-genome analyses, with description of a new species endemic to Hengduan Mountains[J]. *Zoological Research*, 43: 331-342. DOI: 10.24272/j.issn.2095-8137.2022.045.

Zhang X, Liu R, Zhao Q, Zhang G, Wei Z, Wang X, Yang J, 1993. The population of finless porpoise in the middle and lower reaches of Yangtze River[J]. *Acta Theriologica Sinica*, 13: 260-270.

Zhang X, Wang D, Liu R, Wei Z, Hua Y, Wang Y, Chen Z, Wang L, 2003. The Yangtze River dolphin or baiji (*Lipotes vexillifer*): population status and conservation issues in the Yangtze River, China[J]. *Aquatic Conservation: Marine and Freshwater Ecosystems*, 13: 51-64.

Zhang Z, Tan X, Sun K, Liu S, Xu L, Feng J, 2009. Molecular systematics of the Chinese Myotis (Chiroptera, Vespertilionidae) inferred from cytochrome-b sequences[J]. *Mammalia*, 73: 323-330.

Zhang B, Li M, Zhang Z, Goossens B, Zhu L, Zhang S, Hu J, Bruford W, Wei F, 2007. Genetic Viability and Population History of the Giant Panda, Putting an

End to the 'Evolutionary Dead End'?[J]. *Molecular Biology and Evolution*, 24 (8): 1801-1810.

Zhao S, Xu C, Liu G, Liu S, Zhao C, Cui Y, Hu D, 2013. Microsatellite and mitochondrial DNA assessment of the genetic diversity of captive Saiga antelopes (*Saiga tatarica*) in China[J]. *Science Bulletin*, 58: 2163-2167.

Zhao X, Barlowc J, Taylor BL, Pitman RL, Wang K, Wei Z, Stewart BS, Turvey ST, Akamatsu T, Reeves RR, Wang D, 2008. Abundance and conservation status of the Yangtze finless porpoise in the Yangtze River, China[J]. *Biological Conservation*, 141: 3006-3018.

Zhao X, Wang D. Turvey ST, Taylor B, Akamatsu T, 2013. Distribution patterns of Yangtze finless porpoises in the Yangtze River: implications for reserve management[J]. *Animal Conservation*, 16: 509-518.

Zhao Z, Hou ZE, Li SQ, 2022. Cenozoic Tethyan changes dominated Eurasian animal evolution and diversity patterns[J]. *Zoological Research*, 43: 3-13.

Zhen X, 1987. A survey of the bats (Chiroptera) from Fujian Province[J]. *Wuyi Science Journal*, 7: 237-242.

Zhong W, Wang G, Zhou Q, Wan X, 2008. Effects of winter food availability on the abundance of Daurian pikas (*Ochotona dauurica*) in Inner Mongolian grasslands[J]. *Journal of Arid Environments*, 72: 1383-1387.

Zhou C, Zhou K, Hu J, 2003. The validity of the dwarf bharal (*Pseudois schaeferi)* species status inferred from mitochondial Cyt b gene[J]. *Acta Zoologica Sinica,* 49: 578-584.

Zhou J, Yang TY, 2012. A New Record of Myotis blythii in Guizhou Province[J]. *Sichuan Journal of Zoology*, 31: 120-122.

Zhou K, 2018. Baiji[M]// Würsig B, Thewissen J G M and Kovacs K M Eds. *Encyclopedia of Marine Mammals*. 3rd ed. San Diego, CA, USA: Academic Press/ Elsevier: 54-56.

Zhou K, Li Y, 1989. Status and aspects of the ecology and behaviour of the baiji, *Lipotes vexillifer* in the lower Yangtze River[C]// Perrin WF, Brownell Jr. Zhou K, Liu J. *Biology and Conservation of the River Dolphins*. IUCN Species Survival Commission Occasional Paper No. 3, Gland, Switzerland: 86-91.

Zhou K, Qian W, 1985. Distribution of dolphins of the genus *Turstops* in the China Seas[J]. *Aquatic Mammals*, 1s: 16-19.

Zhou K, Wang X, 1994. Brief review of passive fishing gear and incidental catches of small cetaceans in Chinese waters[J]. *Reports of the International Whaling Commission*, Special Issue 15: 347-354.

Zhou K, 2004. *Fauna Sinica Mammalia Vol. 9 Cetacea, Phocoidea Carniviora and Sirenia*[M]. Beijing: Science Press.

Zhou K, 2008. Vertebrata: Cetacea, Carnivora, Sirenia[M]// R Liu. *Checklist of Marine Biota of China Seas*. Beijing: Science Press: 1082-1085.

Zhou M, 1964. Evolution of fauna in China during the Quaternary[J]. *Chinese Journal of Zoology*, 24: 19-24.

Zhou X, Xu S, Xu J, Chen B, Zhou K, Yang G, 2012. Phylogenomic analysis resolves the interordinal relationships and rapid diversification of the Laurasiatherian mammals[J]. *Systematic Biology*, 61: 150-164.

Zhou X, Xu S, Yang Y, Zhou K, Yang G, 2011. Phylogenomic analyses and improved resolution of Cetartiodactyla[J]. *Molecular Phylogenetics and Evolution*, 61: 255-64.

Zhou X, Zhou X, Guang X, Sun D, Xu S, Li M, Seim I, Jie W, Yang L, Zhu Q, Xu J, Gao Q, Kaya A, Dou Q, Chen Y, Ren W, Li S, Zhou K, Gladyshev VN, Nielsen R, Fang X, Yang G, 2018. Population genomics of finless porpoises reveal an incipient cetacean species adapted to freshwater[J]. *Nature Communications*, 9: 1276.

Zhou Z, Guillen-Servent A, Lim B, Eger JL, Wang Y, Jiang X, 2009. A new species from southwestern China in the Afro-Palearctic Lineage of the Horseshoe Bats (*Rhinolophus*)[J]. *Journal of Mammalogy*, 90: 57-73.

Zhu X, Shi W, Pan T, Wang H, Zhou L, Zhang B, 2013. Mitochondrial genome of the Anhui musk deer (*Moschus anhuiensis*)[J]. *Mitochondrial DNA*, 24: 205-207.

附录 1 中国家养哺乳动物名录

Appendix1 Checklist of China's Domestic Mammals

中文名 Chinese Name	学名 Scientific Name	其他中文名 Other Chinese Name	英文名 English Name	其他英文名 Other English Name	目 Order	科 Family	属 Genus
豚鼠	*Cavia porcellus*	天竺鼠、荷兰猪、几内亚猪	Domestic Guinea Pig	Guinea Pig, Domestic Cavy,Cavy	啮齿目 Rodentia	豚鼠科 Caviidae	*Cavia*
家貂	*Mustela furo*	家养雪貂	Domestic Ferret	Ferret	食肉目 Carnivora	鼬科 Mustelidae	*Mustela*
家狗	*Canis familiaris*	犬	Domestic Dog	Dog, Dingo, Feral Dog, New Guinea Singing Dog, Village Dog	食肉目 Carnivora	犬科 Canidae	*Canis*
家猫	*Felis catus*	猫	Domestic Cat	Cat	食肉目 Carnivora	猫科 Felidae	*Felis*
家驴	*Equus asinus*	毛驴	Domestic Ass	Ass, Donkey, Burro	奇蹄目 Perissodactyla	马科 Equidae	*Equus*
家马	*Equus caballus*	马	Domestic Horse	Horse, Feral Horse	奇蹄目 Perissodactyla	马科 Equidae	*Equus*
家羊	*Ovis aries*	绵羊	Domestic Sheep	Sheep, Mouflon, Eurpean Mouflon	鲸偶蹄目 Artiodactyla	牛科 Bovidae	*Ovis*
山羊	*Capra hircus*		Goat (domesticated)		鲸偶蹄目 Artiodactyla	牛科 Bovidae	*Capra*
家牦牛	*Bos grunniens*		Domestic Yak		鲸偶蹄目 Artiodactyla	牛科 Bovidae	*Bos*
黄牛	*Bos taurus*	牛	Domestic Cattle	Cattle, Cow, Bull	鲸偶蹄目 Artiodactyla	牛科 Bovidae	*Bos*
水牛	*Bubalus bubalis*		Water Buffalo	River Buffalo, Swamp Buffalo	鲸偶蹄目 Artiodactyla	牛科 Bovidae	*Bubalus*
家猪	*Sus domesticus*	猪	Domestic Pig	Hog, Pig, Swine	鲸偶蹄目 Artiodactyla	猪科 Suidae	*Sus*
家养双峰驼	*Camelus bactrianus*	双峰驼	Domestic Bactrian Camel	Two-Humped Camel, Double-Humped Camel, Asiatic Camel	鲸偶蹄目 Artiodactyla	骆驼科 Camelidae	*Camelus*

	命名人 Species Authority	命名文献 Authority Species Citation		采集地 Type Locality	备注 Notes	分布 Distribution	参考文献 Literature
	Linnaeus (1758)		巴西	Pernambuco, Brazil	domestic form of *C. tschudii*	驯化 Domesticated	Gentry, Clutton-Brock & Groves, (2004)
	Linnaeus (1758)		非洲	"Said to be from Africa."	domestic form of *M. putorius*	驯化 Domesticated	Gentry, Clutton-Brock & Groves, (2004)
	Linnaeus (1758)		不详	type locality not given.	domestic form of *Canis lupus*; includes dingo as a synonym	驯化 Domesticated	Gentry, Clutton-Brock & Groves, (2004)
	Linnaeus (1758)	Linnaeus (1758)	瑞典	Sweden.	domestic form of *F. lybica*	驯化 Domesticated	Gentry, Clutton-Brock & Groves, (2004)
	Linnaeus (1758)		中东？	Middle East?	domestic form of *E. africanus*	驯化 Domesticated	Gentry, Clutton-Brock & Groves, (2004)
	Linnaeus (1758)		斯堪的纳维亚	Scandinavia.	domestic form of *E. ferus*	驯化 Domesticated	Gentry, Clutton-Brock & Groves, (2004)
	Linnaeus (1758)	Linnaeus (1758)	瑞典	Sweden.	domestic form of *O. gmelini*	驯化 Domesticated	Gentry, Clutton-Brock & Groves, (2004)
	Linnaeus (1758)	Linnaeus (1758)	不详	type locality not given.	domestic form of *O. gmelini*	驯化 Domesticated	Gentry, Clutton-Brock & Groves, (2004)
	Linnaeus (1758)		中国	Tibetan Plateau, China.	domestic form of *B. mutus*	驯化 Domesticated	Gentry, Clutton-Brock & Groves, (2004)
	Linnaeus (1758)	Linnaeus (1758)	瑞典	Uppsala, Sweden.	domestic form of *B. primigenius* from the western Palearctic	驯化 Domesticated	Gentry, Clutton-Brock & Groves, (2004)
	Linnaeus (1758)	Linnaeus (1758)	印度	India.	domestic form of *B. arnee*	驯化 Domesticated	Gentry, Clutton-Brock & Groves, (2004)
	Linnaeus (1758)	Linnaeus (1758)	不详	type locality not given.	domestic form of *S. scrofa*	驯化 Domesticated	Gentry, Clutton-Brock & Groves, (2004)
	Linnaeus (1758)	Linnaeus (1758)	塔吉克斯坦	Uzbekistan, Bokhara	domestic form of *C. ferus*	驯化 Domesticated	Gentry, Clutton-Brock & Groves. (2004)

附录 2 中国外来定殖哺乳动物名录

Appendix2 Checklist of China's Habituated Alien Mammals

中文名 Chinese Name	学名 Scientific name	英文名 English Name	目 Order	科 Family	属 Genus	命名人 Species Authority
北美水貂	*Neogale vison*	American Mink	Carnivora	Mustelidae	*Neogale*	von Schrebe (1770)
麝鼠	*Ondatra zibethicus*	Common Muskrat, Muskbeaver	Rodentia	Cricetidae	*Ondatra*	Linnaeus (1766)
海狸鼠	*Myocastor coypus*	Coypu, Nutria	Rodentia	Echimyidae	*Myocastor*	G. I. Molina (1782)

	模式标本产地 Type Locality	原分布国 Country of Distribution	曾用名 Other Names	分类文献 Taxonomy Citation	生物地理界 Biogeographic Realm
	加拿大东部 Eastern Canada	加拿大、美国 Canada,United States	*vison* (von Schreber, 1777), *mink* (Peale & de Beauvois, 1796), *lutreocephala* (Harlan, 1825), *nigrescens* (Audubon & Bachman, 1854), *rufa* (C. H. Smith, 1858), vulgivagus (Bangs, 1895), *energumenos* (Bangs, 1896), *lutensis* (Bangs, 1898), ingens (Osgood, 1900), *lacustris* (Preble, 1902), *melampeplus* (D. G. Elliot, 1903), *nesolestes* (E. Heller, 1909), *borealis* (Brass, 1911), *letifera* (Hollister, 1913), *aestaurina* (J. Grinnell, 1916), *evagor* (E. R. Hall, 1932), *lowii* (R. M. Anderson, 1945), *evergladensis* (Hamilton, 1948), *altaica* (Ternovskii, 1958), *aniakensis* (Burns, 1964)	Harding, L. E., & Smith, F. A. (2009). Mustela or Vison? Evidence for the taxonomic status of the American mink and a distinct biogeographic radiation of American weasels. Molecular Phylogenetics and Evolution, 52(3), 632-642;Patterson, B. D; Ram rez-Chaves, H. E., Vilela, J. F., Soares, A. E. R., & Grewe, F. (2021). On the nomenclature of the American clade of weasels (Carnivora: Mustelidae). Journal of Animal Diversity, 3(2), 1-8.	Nearctic
	加拿大东部 Eastern Canada	加拿大、美国、墨西哥 Canada, United States, Mexico	*zibethicus* (Linnaeus, 1766), *americana* Tiedemann, 1808, albus (Sabine, 1823), *maculosa* (J. Richardson, 1829), *nigra* (J. Richardson, 1829), *osoyoosensis* (Lord, 1863), *niger* (Fitzinger, 1867), *varius* (Fitzinger, 1867), *pallidus* (Mearns, 1890), *obscurus* (Bangs, 1894), *rivalicius* (Bangs, 1895), *macrodon* (Merriam, 1897), *aquilonius* (Bangs, 1899), *spatulatus* (Osgood, 1900), *hudsonius* (Preble, 1902), *ripensis* (V. O. Bailey, 1902), *occipitalis* (D. G. Elliot, 1903), *cinnamominus* (Hollister, 1910), *mergens* (Hollister, 1910), *zalophus* (Hollister, 1910), *niger* (Brass, 1911), *bernardi* E. A. Goldman, 1932, *goldmani* Huey, 1938	NA	Nearctic
	智利 Chili	巴西、玻利维亚、巴拉圭、乌拉圭、阿根廷、智利 BrazilBolivia, Paraguay, Uruguay, Argentina, Chile	*huidobrius* (G. I. Molina, 1782) [nomen dubium], *coypus* (G. I. Molina, 1782), *bonariensis* (Geoffroy Saint-Hilaire, 1805), *castorides* (Burrow, 1815), *chilensis* Oken, 1816 [unavailable name ICZN 1956, Opinion 417], *antiquus* (Lund, 1840), *popelairi* (Wesmael, 1841), *chilensis* (Lesson, 1842), *albomaculatus* (Fitzinger, 1867), *dorsalis* (Fitzinger, 1867), *rufus* (Fitzinger, 1867), *santacruzae* Hollister, 1914, *brasiliensis* Marelli, 1931 [nomen nudum], *melanops* Osgood, 1943	Galewski, T., Mauffrey, J. F., Leite, Y. L., Patton, J. L., & Douzery, E. J. (2005). Ecomorphological diversification among South American spiny rats (Rodentia; Echimyidae): a phylogenetic and chronological approach. Molecular phylogenetics and evolution, 34(3), 601-615.	Neotropic

附录 3 中国存在的世界自然基金会生物群系

Appendix3 The WWF Biome found in China

生物地理界 Realm	生物群系 Biome	生态区 Ecoregion
印度马来界 Indomalaya	热带和亚热带湿润阔叶林 Tropical & Subtropical Moist Broadleaf Forests	雅鲁藏布江河谷半常绿森林 Yarlung Zangbo Valley semi-evergreen forests
		海南岛季风雨林 Hainan Island monsoon rain forests
		喜马拉雅亚热带阔叶林 Himalayan subtropical broadleaf forests
		坚南亚热带常绿林 Jian Nan subtropical evergreen forests
		米佐拉姆 - 曼尼普尔 - 克钦雨林 Mizoram-Manipur-Kachin rain forests
		中南半岛北部的亚热带森林 Northern Indochina subtropical forests
		北三角亚热带森林 Northern Triangle subtropical forests
		华南 - 越南亚热带常绿森林 South China-Vietnam subtropical evergreen forests
		南海诸岛 South China Sea Islands
		台湾南部季风热带雨林 South Taiwan monsoon rain forests
		南安南山脉雨林 Southern Annamites montane rain forests
		台湾亚热带常绿森林 Taiwan subtropical evergreen forests
	温带阔叶和混交林 Temperate Broadleaf & Mixed Forests	东喜马拉雅阔叶林 Eastern Himalayan broadleaf forests
		北三角温带森林 Northern Triangle temperate forests
		喜马拉雅东部亚高山针叶林 Eastern Himalayan subalpine conifer forests
古北界 Palearctic	热带和亚热带湿润阔叶林 Tropical & Subtropical Moist Broadleaf Forests	贵州高原阔叶林和混交林 Guizhou Plateau broadleaf and mixed forests
		云南高原亚热带常绿森林 Yunnan Plateau subtropical evergreen forests
	温带阔叶和混交林 Temperate Broadleaf & Mixed Forests	黄土高原中部混交林 Central China loess plateau mixed forests
		长白山混交林 Changbai Mountains mixed forests
		长江平原常绿阔叶林 Changjiang Plain evergreen forests
		大巴山常绿森林 Daba Mountains evergreen forests
		黄河平原混交林 Huang He Plain mixed forests

续表

生物地理界 Realm	生物群系 Biome	生态区 Ecoregion
		东北亚混交林 Northeast Asia mixed forests
		东北平原落叶林 Northeast China Plain deciduous forests
		秦岭山地落叶林 Qin Ling Mountains deciduous forests
		四川盆地常绿阔叶林 Sichuan Basin evergreen broadleaf forests
		塔里木盆地落叶林和草原 Tarim Basin deciduous forests and steppe
	温带针叶树森林 Temperate Conifer Forests	阿尔泰山山地森林和森林草原 Altai montane forest and forest steppe
		大兴安岭 - 扎扎底山针叶林 Da Hinggan-Dzhagdy Mountains conifer forests
		贺兰山山地针叶林 Helanshan montane conifer forests
		横断山亚高山针叶林 Hengduan Mountains subalpine conifer forests
		东北喜马拉雅亚高山针叶林 Northeastern Himalayan subalpine conifer forests
		怒江澜沧江峡高寒针叶林和混交林 Nujiang Langcang Gorge alpine conifer and mixed forests
		祁连山针叶林 Qilian Mountains conifer forests
		邛崃岷山针叶树森林 Qionglai-Minshan conifer forests
		天山山地针叶林 Tian Shan montane conifer forests
	北方森林 / 针叶林 Boreal Forests/Taiga	东西伯利亚针叶林 East Siberian taiga
	温带草原、热带稀树草原和灌木地 Temperate Grasslands, Savannas & Shrublands	阿尔泰草原和半荒漠 Altai steppe and semi-desert
		达乌尔森林草原 Daurian forest steppe
		额敏河谷草原 Emin Valley steppe
		东北亚草原 Northeast Asia grassland
		天山山麓干旱草原 Tian Shan foothill arid steppe
	水淹草原和稀树大草原 Flooded Grasslands & Savannas	黑龙江草甸草原 Heilongjiang River meadow steppe
		渤海盐渍草甸 Bohai Sea saline meadow
		嫩江草原 Nenjiang River grassland
		绥芬 - 兴凯草甸和森林草甸 Suiphun-Khanka meadows and forest meadows

续表

生物地理界 Realm	生物群系 Biome	生态区 Ecoregion
		黄海盐渍草甸 Yellow Sea saline meadow
	山地草原和灌丛 Montane Grasslands & Shrublands	阿尔泰高山草甸和苔原 Altai alpine meadow and tundra
		青藏高原中部高山草原 Central Tibetan Plateau alpine steppe
		喜马拉雅东部高山灌木和草甸 Eastern Himalayan alpine shrub and meadows
		喀喇昆仑 - 青藏高原西部高山草原 Karakoram-West Tibetan Plateau alpine steppe
		青藏高原北部 - 昆仑山高山沙漠 North Tibetan Plateau-Kunlun Mountains alpine desert
		西北喜马拉雅高山灌丛和草甸 Northwestern Himalayan alpine shrub and meadows
		鄂尔多斯高原草原 Ordos Plateau steppe
		帕米尔高山沙漠和苔原 Pamir alpine desert and tundra
		祁连山亚高山草甸 Qilian Mountains subalpine meadows
		西藏东南部灌丛和草甸 Southeast Tibet shrublands and meadows
		天山山地草原和草甸 Tian Shan montane steppe and meadows
		青藏高原高山灌丛和草甸 Tibetan Plateau alpine shrublands and meadows
		喜马拉雅山脉西部的高山灌木和草甸 Western Himalayan alpine shrub and Meadows
		雅鲁藏布干旱区草原 Yarlung Tsangpo arid steppe
	沙漠和干燥的灌木地 Deserts & Xeric Shrublands	阿拉善高原半沙漠 Alashan Plateau semi-desert
		东部戈壁荒漠草原 Eastern Gobi desert steppe
		准噶尔盆地半沙漠 Junggar Basin semi-desert
		柴达木盆地半沙漠 Qaidam Basin semi-desert
		塔克拉玛干沙漠 Taklimakan desert
	岩石和冰原 Rock and Ice	岩石和冰原 Rock and Ice

附录 4 动物地理分布型代码

Appendix4 Zoogeographic Distribution Type Codes

动物地理分布型代码[1] Zoogeographic Distribution Type Codes[1]			
C	全北型 Holarctic		
U	古北型 Palearctic	a	寒温至寒温带（苔原 - 针叶林带） Cold to Temperate Zone (Tundra - Taiga)
		b	寒温带至中温带（针叶林带 - 森林草原） Cold Temperate to Mid-Temperate Zone (Coniferous Forest Belt - Forest Steppe)
		c	寒温带（针叶林带）为主 Cold Temperate Zone (Taiga) Dominates
		d	温带（落叶阔叶林带 - 草原耕作景观） Temperate Zone (Deciduous Broad-Leaved Forest Belt - Steppe Farmland Landscape)
		e	北方湿润 - 半湿润带 Northern Humid-Semi humid Zone
		f	中温带为主 Mostly Mid-Temperate Zone
		h	中温带为主，再延展到亚热带（欧亚温带 - 亚热带型） Mostly Mid-Temperate Zone, extending into Subtropical Zone (Eurasian Temperate - Subtropical Type)
		g	温带为主，再延展到热带（欧亚温带 - 热带型） Dominated by Temperate Zones, Extending Into the Tropics (Eurasian Temperate - Tropical Type)
A	澳大利亚 - 东南亚群岛 Australia-South East Asia	w	海洋 Ocean
		p	太平洋 The Pacific Ocean
		i	印度洋 - 太平洋 Indo-Pacific Ocean
		l	世界性 Worldwide
		n	北极圈 The Arctic Circle
M	东北型（中国东北地区或再包括附近地区） Northeast China (Extending to Adjacent Areas)	a	包括贝加尔、蒙古国、黑龙江、乌苏里（或部分，下同） Including Baikal, Mongolia, Heilongjiang River, Ussuri (or part thereof, same below)
		b	包括乌苏里及朝鲜半岛 Including the Ussuri River and the Korean Peninsula
		c	包括朝鲜半岛 Including the Korean Peninsula
		d	再分布至蒙古国 Extending to Mongolia
		e	包括朝鲜半岛和蒙古国 Including the Korean Peninsula and Mongolia
		f	包括朝鲜半岛、乌苏里和远东地区 Including the Korean Peninsula, the Ussuri River and the Far East
		g	包括乌苏里和东西伯利亚 Including the Ussuri and Eastern Siberia

续表

动物地理分布型代码 Zoogeographic Distribution Type Codes			
K	东北型 （中国东部地区为主） Northeast China (Mainly Eastern China)	a	包括黑龙江、东西伯利亚、乌苏里和朝鲜半岛 Including Heilongjiang River, Eastern Siberia, Ussuri and the Korean Peninsula
		b	包括乌苏里和朝鲜半岛 Including the Ussuri River and the Korean Peninsula
		c	包括 a、b 及俄罗斯远东地区 Including a, b and the Russian Far East
		d	包括朝鲜半岛 Including the Korean Peninsula
		e	包括西伯利亚及乌苏里 Including Siberia and the Ussuri River
		f	包括朝鲜半岛及日本 Including the Korean Peninsula and Japan
B	华北型 （主要分布在华北地区） Northern China (Mainly North China)	a	还包括周边地区 It also includes the surrounding area
		b	主要分布在东部 Mainly in the eastern part
		c	主要分布在西部 Mainly in the western part
X	东北 - 华北型 Northeastern - Northern China	a	再包括黑龙江、乌苏里及朝鲜半岛 Also including Heilongjiang River, Ussuri and the Korean Peninsula
		b	再包括乌苏里、朝鲜半岛及俄罗斯远东 Also including the Ussuri River, the Korean Peninsula and the Russian Far East
		c	再包括朝鲜半岛 Also including the Korean Peninsula
		d	延展至蒙古国 Extending into Mongolia
		e	延展到朝鲜半岛至蒙古国 Stretching from the Korean Peninsula to Mongolia
		f	延展到朝鲜半岛及俄罗斯远东 Extending to the Korean Peninsula and the Russian Far East
		g	延展至黑龙江、乌苏里、蒙古国东部、贝加尔湖地区 Extending to Heilongjiang River, Ussuri, eastern Mongolia, Lake Baikal region
E	季风型 （东部湿润地区为主） Masson Zone (The Moist Zone in Eastern China)	a	包括黑龙江，或再延展俄罗斯远东地区 Including Heilongjiang River, or extending to the Russian Far East
		b	包括乌苏里江，或再延展至朝鲜半岛及俄罗斯远东地区 Including the Ussuri River, or extending into Korean Peninsula and the Russian Far East
		c	包括蒙古国和贝加尔湖地区 Including Mongolia and the Baikal region
		d	包括朝鲜半岛与日本 Including Korean Peninsula and Japan
		e	包括蒙古国、贝加尔湖地区与朝鲜半岛 Including Mongolia, the Baikal region and Korean Peninsula
		f	包括上述大部分地区更远至西伯利亚 Including most of these regions as far afield as Siberia
		g	包括乌苏里、朝鲜半岛 Including Ussuri, Korean Peninsula
		h	包括俄罗斯远东地区、日本 Including Russia's Far East, Japan

续表

动物地理分布型代码 Zoogeographic Distribution Type Codes			
D	中亚型 （中亚温带干旱区） Central Asia (Central Asia Temperate Arid Zone)	a	塔里木 - 准噶尔或再包括附近地区 Tarim - Junggar or subsuming surrounding areas
		b	塔里木为主或再包括附近地区 Mostly Tarim or further including submerges nearby areas
		c	准噶尔为主或再包括附近地区 Junggar predominates or submerges nearby areas
		d	阿拉善为主 Mostly Alxa
		e	a+b 再包括柴达木或更包括青海湖盆地 A + B and includes Qaidam or even Qinghai Lake Basin
		f	伸展至天山或附近地区 Extending to or near the Tianshan Mountains
		g	a, 再包括柴达木或更包括青海湖盆地 A, further including Qaidam or further including Qinghai Lake Basin
		h	伊犁地区为主 Yili area mainly
		i	阿尔泰山地或更包括附近地区 The Altai Mountains or beyond
		m	塔城一带 Tacheng area
		m	i+mi+m
		n	内蒙古草原为主 Mostly Grasslands in Inner Mongolia
		p	天山或包括附近山地 Tianshan Mountains or further including surrounding mountains
G	蒙古高原（草原型） Mongolian Plateau (Steppe Type)	a	草原为主 Mainly steppe
		b	荒漠戈壁为主 Mainly Gobi Desert
P 或 I	高地型 Plateau Type	a	包括附近山地 Including the surrounding mountains
		b	羌塘与大湖区 Qiangtang and the Great Lakes Region
		c	青藏高原东部 Eastern Tibetan Plateau
		d	青藏高原东南部 Southeastern Tibetan Plateau
		e	西部 In the western part
		f	东北部 In the northeast part
		g	北部 In the northern part
		h	南部 In the southern part
I	以青藏高原为中心可包括其外围山地 The Tibetan Plateau as the center may include its peripheral mountains	a	包括天山与横断山中部或更包括附近山地 Including Tianshan and central Hengduan Mountains or further including nearby mountains

续表

动物地理分布型代码 Zoogeographic Distribution Type Codes			
I		b	包括天山或更包括附近山地 Including Tianshan mountains or even surrounding mountains
		c	主要包括横断山地 Mainly including the Hengduan Mountains
		d	包括横断山地中部并再向东延伸 Including the middle part of the Hengduan Mountains and extending eastward
H	喜马拉雅 - 横断山区型 Himalaya-Hengduan Mountain Type	a	喜马拉雅南坡 Southern Slope of the Himalayas
		b	喜马拉雅及附近山地 Himalayan and nearby mountains
		e	喜马拉雅东南部（喜马拉雅 - 横断山交汇地区） Southeast Himalaya (the Junction of Himalaya and Hengduan Mountains)
		d	雅鲁藏布江流域 Yarlung Zangbo River Basin
		m	横断山及喜马拉雅（南翼为主） Hengduan Mountains and Himalaya (mainly south wing)
		c	横断山 Hengduan Mountains
Y	云贵高原 (Yunnan-Guizhou Highlands)	a	包括附近山地 Including the surrounding mountains
		b	包括横断山南部 Including the southern part of Hengduan Mountains
		c	a+ba+b
		d	大部分地区 Most areas
S	南中国型 South China Type	a	热带 Tropical
		b	热带 - 南亚热带 Tropical - Lower subtropical
		c	热带 - 中亚热带 Tropical-mid-subtropical
		d	热带 - 北亚热带 Tropical - Northern subtropics
		e	南亚热带 - 中亚热带 Lower subtropical - Mid-subtropical
		f	南亚热带 - 北亚热带 Lower subtropical - North subtropical
		g	南亚热带 South Asian tropical
		h	中亚热带 - 北亚热带 Middle Subtropical - North subtropical
		i	中亚热带 The Central Asian Tropical
		n(j)	北亚热带 North subtropical
		m	热带 - 暖温带 Tropical - warm temperate zone
		v	热带 - 中温带 Tropical-mid-temperate zone

续表

动物地理分布型代码 Zoogeographic Distribution Type Codes			
S		t	中亚热带 The Central Asian Tropical
W	东洋型（包括少数旧热带型或环球热带种类） Oriental Type (including a few Old Tropical or Pantropical species)	a	热带 Tropical
		b	热带 - 南亚热带 Tropical - Lower Subtropical
		c	热带 - 中亚热带 Tropical-Mid-subtropical
		d	热带 - 北亚热带 Tropical - Northern Subtropics
		e	热带 - 温带 Tropical-Temperate Zone
		f	中亚热带 - 北亚热带 Middle Subtropical - North subtropical
		o	还分布在太平洋热带 Also found in the tropical Pacific
J	岛屿型 Island Type		
L	局地型 Local Type		
MA	海洋型 Ocean Type	o	海洋分布 Marine Distribution
		r	入海河流分布 River-Sea Water System Distribution
O	不易归类的种类，其中不少分布比较广泛，大多数与下列类型相似但又不能视为其中的某一类[2] Categories that are not easily classified, many of which are widely distributed, and most of which are similar to the following types but cannot be considered one of them[2]	01	旧大陆温带、热带或温带 - 热带 Old World Temperate, Tropical, or Temperate - Tropical
		02	环球温带 - 热带 Global Temperate Zone - Tropical Zone
		03	地中海附近 - 中亚或包括东亚 Near the Mediterranean - Central Asia or including East Asia
		04	旧大陆 - 北美 Old World - North America
		05	东半球（旧大陆 - 大洋洲）温带 - 热带 Old World (Old World - Oceania) Temperate -Tropical
		06	中亚 - 南亚或西南亚 Central Asia - South Asia or Southwest Asia
		07	亚洲中部 In Central Asia

[1] 本代码表根据张荣祖（1999）增补

This code table is emendated according to Zhang Rongzu (1999)

[2] 01、03、06、07 均可视为广义的古北型

01, 03, 06, 07 can be regarded as Palearctic in broad sense

附录 5 IUCN受威胁物种红色名录标准

Appendix5 Criteria for IUCN Threatened Species Red List

<table>
<tr><th colspan="4">A. 种群数量减少．基于任意 A1 ～ A4 的种群下降（测算时间超过 10 年或 3 个世代）</th></tr>
<tr><td></td><td>极危 CR</td><td>濒危 EN</td><td>易危 VU</td></tr>
<tr><td>A1</td><td>≥90%</td><td>≥70%</td><td>≥50%</td></tr>
<tr><td>A2, A3 & A4</td><td>≥80%</td><td>≥50%</td><td>≥30%</td></tr>
<tr><td colspan="2">A1 过去 10 年或 3 个世代内种群减少的比例，其减少的原因是可逆转的且被了解和已经停止的</td><td rowspan="5">基于左列任意一点：</td><td>(a) 直接观察 (A3 除外)</td></tr>
<tr><td colspan="2">A2 观察、估计、推断或猜测到已经发生种群下降，这些种群下降的原因可能不会停止，或不被了解，或不可逆</td><td>(b) 适合该分类单元的丰富度指数</td></tr>
<tr><td colspan="2">A3 预期、推断或猜测到未来将会发生的种群下降 (时间上限为 100 年)[“ 易危 ” 一列的 “(a)” 不适用于此条]</td><td>(c) 占有区面积 (AOO) 减少 , 分布区范围 (EOO) 减少和 (或) 栖息地质量下降</td></tr>
<tr><td colspan="2">A4 观察、估计、推断、预测或怀疑的种群减少，其时间周期必须包括过去和未来 (未来时间上限 100 年)，并且这些种群下降的原因可能不会停止，或不被了解，或不可逆</td><td>(d) 实际的或潜在的开发水平</td></tr>
<tr><td colspan="2"></td><td>(e) 外来物种、杂交、病原体、污染物、竞争者或寄生物的影响</td></tr>
</table>

<table>
<tr><th colspan="4">B. 以分布范围 (B1) 和 (或) 占有面积 (B2) 体现的地理范围</th></tr>
<tr><td></td><td>极危 CR</td><td>濒危 EN</td><td>易危 VU</td></tr>
<tr><td>B1. 分布区范围 (EOO)</td><td><100km²</td><td><5,000km²</td><td><20,000km²</td></tr>
<tr><td>B2. 占有区面积 (AOO)</td><td><10km²</td><td><500km²</td><td><2,000km²</td></tr>
<tr><td colspan="4">以及以下 3 个条件中的至少 2 个：</td></tr>
<tr><td>(a) 严重片段化或分布地点数</td><td>1</td><td>≤5</td><td>≤10</td></tr>
<tr><td colspan="4">(b) 在以下方面观察、估计、推断或预期持续下降：(i) 分布区范围 ; (ii) 占有区面积 ; (iii) 占有区面积、分布区范围和 (或) 栖息地质量 .; (iv) 分布地点或亚种群数 ; (v) 成熟个体数</td></tr>
<tr><td colspan="4">(c) 以下任何方面的极度波动：(i) 分布区范围 ; (ii) 占有区面积 ; (iii) 分布地点或亚种群数 ; (iv) 成熟个体数</td></tr>
</table>

<table>
<tr><th colspan="4">C. 小种群的规模和下降情况</th></tr>
<tr><td></td><td>极危 CR</td><td>濒危 EN</td><td>易危 VU</td></tr>
</table>

续表

成熟个体数		<250	<2,500	<10,000
和至少 C1 或 C2 其一				
C1. 观察、估计或预期的持续下降的最小比例（未来时间上限 100 年）		3 年或 1 个世代内	5 年或 2 个世代内	10 年或 3 个世代内
		25%	20%	10%
		（以较长时间为准）	（以较长时间为准）	（以较长时间为准）
C2. 观察、估计或预期的持续下降和至少以下 3 个条件之一				
(a)	(I) 每个亚种群中的成熟个体数	≤50	≤250	≤1,000
	(II) 亚种群中的成熟个体数的比例 (%)	90%~100%	95%~100%	100%
(b) 成熟个体数量极度波动				
D. 种群数量极少或分布范围局限				
		极危 CR	濒危 EN	易危 VU
D. 成熟个体数		<50	<250	D1. <1,000
D2 仅适用于易危等级		–	–	D2. 一般情况下：
占有区面积或分布点数目有限，并在未来很短时间内有一个可信的、可能驱动该分类单元走向极危或灭绝的威胁				AOO<20km^2
				或
				分布点数目 ≤ 5
E. 定量分析				
使用定量模型评估的野外灭绝率：		极危 CR	濒危 EN	易危 VU
		未来 10 年或 3 代内	未来 20 年或 5 代内	未来 100 年内
		≥50%	≥20%	≥10%
		（以较长时间为准，上限为 100 年）	（以较长时间为准，上限为 100 年）	

附录 6 需要进一步研究的种

Appendix6 Species that need further study

中文名 Chinese Name	学名 Scientific Name	命名人 Species Authority	理由 Reasons
台湾长尾麝鼩	*Crocidura tadae*	Tokuda and Kano, 1936	分类地位争议 Dispute over classification status
琉球长翼蝠	*Miniopterus fuscus*	Bonhote, 1902	分布存疑 Distribution in doubt
丘彩蝠	*Kerivoula papillosa*	Temminck, 1840	分布存疑 Distribution in doubt
印度穿山甲	*Manis crassicaudata*	É. Geoffroy, 1803	分布存疑 Distribution in doubt
大额牛	*Bos frontalis*	Lambert, 1804	无野生种群存在 Only domesticated individuals on ranges
大巴山鼠兔	*Ochotona dabashanensis*	Liu S, Jin W, Liao R, Sun Z, Zeng T, Fu J, Liu Y, Wang X, Li P, Tang M, Chen L, Dong L, Han M, Gou D, 2017	分类地位争议 Dispute over classification status
东北鼠兔	*Ochotona hyperborea*	Pallas, 1811	分布存疑 Distribution in doubt
黑鼠兔	*Ochotona nigritia*	Gong, Wang, Li & Li, 2000	分类地位争议 Dispute over classification status
雅鲁藏布鼠兔	*Ochotona yarlungensis*	Liu S, Jin W, Liao R, Sun Z, Zeng T, Fu J, Liu Y, Wang X, Li P, Tang M, Chen L, Dong L, Han M, Gou D, 2017	分类地位争议 Dispute over classification status

五画

六画

七画

十一画

十二画

后记 /

时光荏苒、日月如梭。完成本书文稿最后修订后，我感慨万千。1977年，我有幸挤过了高考的独木桥，作为1977年恢复高考后的首届大学生走进大学学习。那是一个没有正式教材、没有参考书、没有网络、缺少学术期刊的时代，那是现代信息时代的大学生无法想象的知识洪荒时代，那又是一个不拘一格、万马奔腾、自由探索、自学成才的时代。那时的学生没有接受系统中小学教育，甚至没有接触到正式教材，知识结构先天发育不良。77级大学生只能在图书馆里如饥似渴地翻阅页面粗糙发黄发脆的老教科书、苏联教科书译本和其他老书。那时大家都争分夺秒地学习，试图弥补那“失去的10年”。1977年的那场“国考”是时代的拐点，改变了一代人的命运，促进了中国基础科学研究的大发展。

我感谢夏武平先生、王祖望先生作为我的指路人，引领我进入中国科学院。1982年初，我荣幸在中国兽类学会首任理事长夏武平先生的指导下开始了硕士研究生生涯。我在学习与工作中耳濡目染了中国第一代动物学家的治学精神，迈开了动物生态学探索的步子。20世纪80年代后期，在加拿大阿尔伯塔大学（University of Alberta）动物学系学习期间，我才真正接触了现代哺乳动物学教程和标本。通过担任Jan O. Murie教授的哺乳动物学助教，我开始了解奇异的哺乳动物世界，认识了许多以前闻所未闻的动物。我第一次接触了非洲象(*Loxodonta africana*)头骨标本、方唇犀牛(*Ceratotherium simum*)角标本，第一次看到了眼镜猴(*Daubentonia madagascariensis*)、二趾树懒（*Choloepus didactylus*）的幻灯片和土豚（*Orycteropus afer*）的纪录片，第一次阅读了哺乳动物的大百科全书，一个全新的世界展现在我的眼前。跟随Stanley A. Boutin教授和Robert J. Hudson教授学习的日子里，我开始了野生动物研究生涯。

写作本书的难度很大，本书中的知识来自作者从1982年开始硕士研究生研究以来的研究心得，参考了国内外同行的相关著作。在过去40年的工作中，我在全国各地留下了足迹，踏遍了中国的名山大川，在野外考察点点滴滴积累了知识，此外，书中知识还包括笔者在国内外博物馆研究、自然保护区考察、参加专业学术会议与文献阅读的积累。本书还得益于1999年到2019年这20年间，我作为国家CITES公约科学机构负责人参与全球濒危物种保护工作时所获得的知识。从2008年起，我承担了原环境保护部“物种濒危机制与红色名录研究”，即开始了哺乳动物编目的研究。而后，我们曾在2015年、2017年和2021年三次更新了中国哺乳动物编目，分别报道了中国哺乳动物667种、693种和700种。本书是《中国生物多样性红色名录：脊椎动物　第一卷　哺乳动物》的续篇。在居家办公阶段，我蛰居在京西西山脚下永定河畔，埋头伏案工作，虽然不是悬梁刺股、凿壁借光，却也是黎明即起、伏案终日，整天在网上搜索中国哺乳动物学研究的新发现。在我夫人方红霞女士的全力支持之下，在各位同仁和海峡书局的大力支持下，本书得以结集正式出版。

动物学是一门有鲜明地域特色的学科。过去的40年中，新中国培养的第二代、第三代动物学者挑起了大梁，推动了中国动物学研究，中国动物学得到了长足的发展。随着生物多样性研究、野生动物保护的热潮兴起，野外动物学考察范围的扩大、分子生物学技术在动物学的普及应用、红外相机在考察中的应用，众多研究者的参与，中国动物学进入了第二个大发现时代。近年来，中国研究者报道了许多哺乳动物新种，厘清了一批中国哺乳动物疑难问题。特别是进入新世纪以来，网络技术的普及，大数据的兴起，使得全球范围的哺乳动物大数据库得以建立与实时更新。同时，一批优秀著作的出版，如Dan Wilson博士（2009～2019）领衔编著的《世界哺乳动物手册》以全新的分类系统，独特的保护生物学视角，揭示了世界哺乳动物的多样性与哺乳动物地理。从2018年起，我的研究团队承担了中国科学院战略先导项目“数字地球”的“中国哺乳动物数据库”专项，通过系统研究，进一步整理厘清了中国哺乳动物编目，中国哺乳动物在世界哺乳动物区系中的地位日益明晰。

本书旨在系统展示中国哺乳动物多样性研究的新发现、新成果。在本书的写作过程中，本着“百花齐放、百家争鸣”的原则，我们博采众家、集思广益，综合不同的学术观点，汇集了不同学术流派。遵从世界哺乳动物名录的规则，收入新种、新记录种、近代灭绝种（近代在中国局部灭绝种），采用了最新的哺乳动物分类系统，共收录中国哺乳动物740种，家养哺乳动物13种，外来定殖种3种，需要进一步开展研究的种9种。

动物学是生物学的分支，动物学知识来自人类对客观世界的认识积累。生物学是一门公众科学，是一门“下里巴人”的学科。公众科学具有广泛的参与性。著名学者林奈（Carl von Linnaeus）、达尔文(Charles R. Darwin)都不是现代意义的生物学家，而是从业余爱好者而跻身生物学家、博物学家之列的人，这两位生物学巨匠都是自学成才、勤于发现、善于思考、独辟蹊径的学者。19世纪是世界生物学黄金大发现时代，当时在中国动物学研究史上产生深远影响的法国人皮埃尔·阿曼德·戴维（Père Armand David，1826~1900）、英国人郇和（Robert Swinhoe，FRS，1836~1877）和俄国人尼古拉·米哈伊洛维奇·普热瓦尔斯基（Никола й Миха йлович Пржева льский，1839~1888）也不是现代意义的生物学家，而是勤奋执着的业余动物学爱好者。然而，正是他们的投入，奠定了世界的生物学、也奠定了中国动物学的基础。如今，人们空闲时间的增加、活动范围的扩大，数码相机、红外相机、GPS、蜂窝网络、无人机、人工智能等现代技术的普及应用，使得业余动物学爱好者日益增多。他们收集野生动物照片、录像，丰富了动物学素材，动物学开始回归公众科学。同时，专业动物学研究的队伍在扩大，国家在基础研究方面的投入在增加。在专业研究人员、保育人员与业余爱好者的努力下，一些不为人知的野生动物被发现，野生动物及其保护成为社会热点。本书的写作初衷是为广大哺乳动物爱好者提供一本参考书。

本书是集体智慧的结晶，我和本书副主编周开亚教授、何锴教授，以及黄乘明教授、姜广顺教授、李晟研究员、张礼标研究员、王旭明研究员、江廷磊教授、余文华博士、石红艳博士、Alice Hughes博士、李春旺博士、刘洋博士、胡一鸣博士、博士研究生丁晨晨等共同编著了这本书。特别感谢周开亚教授和何锴教授认真订正书稿，补充新鲜资料。在写作中，方红霞高级工程师绘制了部分动物插图。丁晨晨作为我的研究助理帮助收集了部分资料，绘制了物种分布图。李春旺博士审读了本书的前言。本书的写作得到了来自全国及世界有关专家的支持。我清楚地记得在写作本书过程中，与周开亚教授、何锴教授、马勇先生、吴毅教授、刘少英研究员、李松博士、葛德燕博士等对特定类群、特定种类的深入讨论。我完成本书的初稿之后，周开亚教授审定修订了水生哺乳动物部分，何锴教授厘定修订了劳亚食虫目部分，黄乘明教授审定了灵长目部分，姜广顺教授审定了食肉目部分，李晟研究员审定了偶蹄类和奇蹄目部分，特定类群的匿名专家和张礼标研究员、王旭明研究员、江廷磊教授、余文华博士、石红艳博士、Alice Hughes博士对啮齿目、翼手目、兔形目的初稿内容进行了认真的审查，反复修改了文字与分布图。Alice Hughes博士审读了本书的概论。胡一鸣博士审读了本书前400种哺乳动物的初稿。哺乳动物生活在地下、水体、树冠、悬崖、沙漠、极地等多种生境，有夜行性、昼行性、晨昏行性等多种习性，有的行踪隐秘、有的数量稀少、有的分布狭窄，很难拍摄生态影像，本书的写作还得到广大野生动物摄影师的积极响应。他们为本书提供了丰富的哺乳动物的生态影像。

值得注意的是，尽管参考了国内外有哺乳类分布的最新信息，本书中的物种分布图是大空间尺度上中国哺乳动物分布信息示意图，精细空间尺度上物种出现与否需要深入翔实的调查研究及数据分析整合。此外，物种分布是个动态过程，受物种进化、种间关系、生境变化、群落生态过程及人类活动引起的气候变化和栖息地丧失等因素影响，物种分布图需要经常更新。物种分类、分布范围更新将不仅提供物种基本生物学信息，也为保护措施的制定奠定基础。

在本书写作过程中， 我还得到中国科学院、国家林业和草原局、生态环境部、中国野生动物保护协会的精心指导。我在此衷心感谢马建章院士、张亚平院士的悉心指导和帮助。我还感谢白加德研究员、鲍伟东教授、鲍毅新教授、边疆辉研究员、毕俊怀教授、曹伊凡博士、初红军教授、Anwaruddin Choudhury博士、Philippe Chouteau博士、丁平教授、丁玉华研究员、范朋飞教授、冯利民博士、冯祚建研究员、郭珂研究员、高行宜教授、郜二虎教授级高级工程师、胡德夫教授、胡慧建研究员、花立民教授、江海声教授、蒋学龙研究员、金崑研究员、李保国教授、李春林教授、李迪强研究员、李明研究员、李松博士、李俊生研究员、李进华教授、李言阔教授、李义明研究员、李玉春教授、李忠秋教授、连新明研究员、廖继承教授、刘丙万博士、刘定震教授、刘伟博士、龙勇诚教授、卢学理博士、罗振华博士、吕植教授、Paras Singh博士、马逸清研究员、毛秀光博士、孟秀祥教授、时坤教授、施鹏研究员、宋延龄研究员、孙大明研究员、买尔旦·吐尔干博士、宛新荣博士、汪松研究员、王丁研究员、王昊研究员、王克雄研究员、王小明教授、吴诗宝教授、夏霖博士、解焱博士、薛达元教授、徐爱春教授、杨道德教授、杨光教授、杨奇森研究员、杨维康研究员、张保卫教授、张建旭研究员、张劲硕博士、张立教授、张林源研究员、张明海教授、张涛博士、张鹏博士、张如光研究员、周江教授、张树义教授、张先锋研究员、周友兵博士、祝茜教授、宗浩教授等专家的支持与帮助。

我感谢世界著名哺乳动物学家、美国斯密斯桑尼研究院Don Wilson博士为本书欣然作序。我还感谢美国亚利桑那州立大学Andrew Smith教授、Kris Helgen博士，IUCN物种生存委员会Simon Straut博士、David Mallon博士，俄罗斯科学院生态与进化研究所Valory Nenorov教授、Ana Lushchikina教授，日本农业大学Koichi Hadari教授、伦敦自然博物馆Richard Sabin先生，以及IUCN受威胁物种红色名录工作组（IUCN Red List Task Force）、IUCN Species Information Service（SIS），还有香港嘉道理农场暨植物园陈辈乐博士的支持与帮助。

感谢海峡书局为本书出版作出的巨大努力。海峡书局致力于生态精品书籍出版，已出版了《中国鸟类图鉴》《中国蝴蝶图鉴》《中国兽类图鉴》《中国甲虫图鉴·隐翅虫科》《中国蛇类图鉴》等精美生态图鉴。我感谢Lynx Edicions出版社特许使用Don Wilson和Mittermier所主编的*Handbook of World Mammals*的彩色图版，Nature Picture Library特许使用照片，刘少英、吴毅、李晟主编的《中国兽类图鉴》中的照片拍摄者也惠许使用照片。这些使得本书成为目前国内唯一收齐全部哺乳动物物种且均配有物种图片的图书。我感谢徐冰冰、汤宋华、李立立早期参与帮助整理哺乳动物名录，还感谢曾岩博士、平晓鸽博士、孟智斌先生、纪力强研究员、黄元骏先生、武建勇博士、臧春鑫博士等在过去工作中的大力帮助，感谢国家林业和草原局、生态环境部和中国野生动物保护协会，感谢各保护地、各标本馆为研究提供方便。最后，感谢中国科学院动物研究所和中国科学院大学予以的大力支持。中国科学院动物研究所原野生动物与行为生态研究组的博士后、研究生参与相关工作。我还得到选修我在中国科学院大学生命科学学院主讲的“保护生物学”课程的研究生们和选修我在中国科学院大学国际学院主讲的Conservation Biology课程的留学生们的支持，在此一并谨致感谢。

动物学既是一门古老的学科，又是一门发展中的科学。不断涌现的新物种、新分类系统使得这一学科面貌日新月异。同时，动物学还是一门经验学科，一门实证学科。一个种有效与否，一种分类方法赞同与否，往往研究者仁者见仁、智者见智。本书博采众家，集成了现有知识，体现百家争鸣、百花齐放，以期读者开卷有益，了解中国哺乳动物多样性与地理分布，推动中国生物多样性保护。由于作者的知识有限、时间有限，错误在所难免，望读者不吝指出。

17世纪的英国诗人约翰·多恩（John Donne）曾经写下了“No Man is an Island”的著名诗句。世界上没有一个人是孤立存在的，没有一个物种是孤立存在的。世界生物圈是一个整体，地球生物多样性是一个整体。认识动物，是认识人类本身、认识客观世界的前提，是维持生物多样性、保护地球生物圈整体功能的前提。我愿与大家一道为人类社会的美好明天共同努力！

蒋志刚

2022年6月9日

定稿于2023年9月26日

Afterword /

How time flies! After finishing the final revision of this manuscript, all sorts of feelings well up in my mind. In 1977, I was honored to study at university as one of the first generation of college students after restoration of university entrance exam . It was a time when there were no published textbooks, no reference books, no Internet, and no academic journals. It was a time that college students in the modern information age could not imagine. It was an era with no formal textbooks, no reference books, no Internet and no academic journals. It was an age that college students in the modern information age could not imagine. The generation of college students in 1977 did not receive systematic primary and secondary education, or did not even get access to formal textbooks, and their knowledge structure was congenital underdeveloped. All they could do was wade through the library's grainy, yellowed, brittle old textbooks, Soviet translations and other old books. There was a race against time to make up for the "lost decade" . The university entrance exam in 1977 was a turning point that changed the fate of a generation and boosted basic research in China.

I am grateful to Prof. Wuping Xia and Prof. Zuwang Wang for guiding me to the Chinese Academy of Sciences. At the beginning of 1982, under the supervision of Prof. Wuping Xia, the founding president of the Mammalogist Society of China, I was immersed in the research atmosphere of the first generation of zoologists in China started to explore animal ecology. It was during my time in the Department of Zoology at the University of Alberta, Canada in the late 1980s that I was introduced to modern mammalogy tutorials and specimens. As a mammalogy teaching assistant of Prof. Jan O. Murie, I got to study the skull of the African elephant (*Loxodonta africana*) and rhino (*Ceratotherium simum*) horn specimen for the first time, saw the slides of tarsier (*Daubentoniamadagascariensis*), sloth (*Choloepusdidactylus*), and documentary film of aardvark (*Orycteropus afer*) for the first time, and read the encyclopedia of mammals for the first time, got to know the strange mammals around the world and many animals that I had never been heard of before. I began my career in wildlife research when I studied under the supervision of professors Robert J. Hudson and Stanley A. Boutin.

It is a challenging task to write this book. The knowledge in this book is derived from my research experience since I started my postgraduate study in 1982 and is referred to the publications by colleagues at home and abroad. In the past 40 years of work, I have left footprints all over the country and gained knowledge through my field trips. In addition, the knowledge in this book also includes my research in museums at home and abroad, investigation of nature reserves, participation in professional academic conferences and literature reading. The book also benefits from the knowledge I gained from my involvement in the global conservation of endangered species as the Executive Director of the National CITES Convention Scientific Body from 1999 to 2019. Since 2008, we have undertaken the research project of "Mechanism of Species Endangerment and Red List", a special biodiversity research project of the former Ministry of Environmental Protection, that is, we have started the research of inventory mammals in China. We updated the Mammal Inventory and Red List of Threatened Species of China in 2015, 2017 , and 2021. After that, we updated the Chinese mammal inventory, reporting 667, 693, and 700 species of Chinese mammals respectively. The book is a sequel to *the Red List of Biodiversity in China, Vertebrate Volume 1 Mammals*. While working from home, I lived in seclusion and buried myself in my desk work on the Yonging River at the foot of the West Hill in the western suburb of Beijing. During that period, I got up at dawn and worked at my desk all day. Thanks to the support from my family, particularly my wife Hongxia Fang, my colleagues and the Strait Press, this book has finally been published.

The book is intended to systematically present the new findings and achievements in mammalian diversity study in China. while writing this book, I have gathered the wisdom of many scholars, integrated different academic viewpoints and brought together other academic schools, in line with the principle of "Let a hundred flowers blossom and let a hundred schools of thought contend". During the past 40 years, the second and third generations of zoologists in the People's Republic of China have promoted the research and have made significant progress in the zoological study in China. With the booming of biodiversity research, the implication of wildlife conservation, expanding of the scope of field explorations, the widely application of molecular biology technology in taxonomy, the popularizing infrared camera in field investigation, and the participation of many researchers, Mammalogy in China enters the second Golden Discovery Age. Chinese researchers reported many new species and new records of mammals in the country, solved a number of conundrums in mammal taxonomy and delineated China's mammal fauna. Since the beginning of the new century, with the popularization of Internet technology, the availability of big data, the establishment and real-time update of the global mammal database, the research in mammalogy has accelerated. At the same time, several excellent mammal books have been published, such as the *Handbook of World Mammals*, edited by Dr. Dan Wilson et al. (2009-2019), which reveals the diversity and biogeography of the world's mammals through a new classification system and provides a unique perspective for conservation biology. Since 2018, my research team has undertaken the task of building the "Mammal Database of China" under the Strategic Leading Project "Digital Earth" of the Chinese Academy of Sciences. The status of the China's mammals in the world mammalian fauna has become increasingly clear.

This book aims to systematically present the new discoveries and achievements in the study of mammal diversity in China. In writing this book, in line with the principle of "a hundred flowers bloom, a hundred families contend," we have pooled ideas, integrated different academic views, and brought together other academic schools. Following the World Database of Mammals rules, new species, newly recorded species, and recently extinct species (recently locally extinct species in China) were included in the latest mammal classification system. The inventory consists of 740 Chinese mammals, 13 domestic mammals, three exotic colonized species, and nine requiring further research.

Biology is a Citizen Science. Zoology is a branch of biology. Zoological knowledge comes from the accumulation of human cognition of the objective world. Citizen Science has the broad participation of ordinary citizens. Famous scholars Carl von Linnaeus and Charles R. Darwin were not biologists in the modern sense but amateurs who became outstanding biologists and naturalists. The two biology giants were self-taught, diligent in discovery, good at thinking and innovative scholars. The 19th century was the Golden Age of Discovery, those people who had tremendous and far-reaching impacts on zoological research in China, the French, Père Armand David (1826-1900), the British, Robert Swinhoe (FRS,1836-1877), and the Russian, Nicolas Mihajlovic Przewalskii (Никола й Миха йлович Пржева льский, 1839-1888) were not biologists in the modern sense, but diligent persistent zoology amateurs. However, their input has laid the foundation of biology, particularly zoology in China. With expanding the range of human activities, the development of transportation, the increase in leisure time and personal wealth, and the wide availability of digital cameras, infrared cameras, GPS, cellular networks, unmanned aerial vehicle (drone) technology and Artificial Intelligence in the contemporary time, the number of wild animal fans and amateur zoologists is booming. In addition to the professionals, the amateurs collected wildlife photographs and videos and helped the professionals to find some unknown wild animals. Thus, zoology is to return to Citizen Science in the country. At the same time, the number of professional zoological research teams is expanding, the national investment in basic research is increasing, and with the efforts of professional researchers, conservationists and amateurs, some unknown wild animals have been discovered. Wildlife and its protection have become a hot social issue. This book aims to provide an updated reference book for mammal fans.

This book is the crystallization of collective wisdom, I worked with Prof. Kai-ya Zhou, Prof. Kai He, Prof. Chengming Huang, Prof. Guangshun Jiang, Prof. Sheng Li, Prof. Libiao Zhang, Prof. Xuming Wang, Prof. Tinglei Jiang, Dr. Wenhua Yu, Dr. Hongyan Shi, Dr. Alice Hughes, Dr. Chunwang Li, Dr. Yang Liu, Dr. Yiming Hu, Chenchen Ding jointly compiled the book. Thanks to Prof. Kaiya Zhou and Prof. Kai He for carefully revising the manuscript and adding fresh information. In writing, Chenchen Ding drew species distribution maps and Senior Engineer Hongxia Fang drew part of animal illustrations. Chenchen Ding, as my research assistant, helped to collect some materials during the writing. The book's writing is supported by experts from all over the country and the world. While writing this book, I clearly remember my in-depth discussions with Prof. Kaiya Zhou, Prof. Kai He, Prof. Yong Ma, Prof. Yi Wu, Prof. Shaoying Liu, Dr. Song Li, and Dr. Deyan Ge on specific groups and species. After I finished the first draft of this book, Prof. Kaiya Zhou revised the contents of aquatic mammals, Prof. Kai He revised the order Eulipotyphla, Prof. Chengming Huang reviewed the order primates, Prof. Guangshun Jiang reviewed the order Carnivora, and Prof. Sheng Li reviewed the even toed ungulates and order Perissodactyla. Anonymous experts from specific taxa and professors Libiao Zhang, Xuming Wang, Tinglei Jiang, Wenhua Yu, Hongyan Shi, and Alice Hughes carefully reviewed the first draft of Rodentia, Chiroptera, and Legomorpher, and modified the text and distribution maps. Dr. Alice Hughes reviewed the General intriduction of the book. Dr. Yiming Hu proofread the book's first 400 mammal manuscripts. The book has also received support from wildlife photographers. Although mammals live in a variety of habits such ad steppe, meadow, forest, cliff, desert, and polar habitat, and have different modes of locomotion such as the fossorial, subterranean, aquatic, arboreal, and aerial, they are nocturnal, some are mysterious, some are rare, some have restricted narrow ranges or live in inaccessible place, therefore it is rather difficult to take ecological photos of those wild animals, Chinese wildlife photographers provided beautiful wild animal photographs for the book.

It is worth noting that although the latest information on mammalian distribution at home and abroad is referenced, the species distribution map in this book is a schematic of mammalian distribution information in China on a large spatial scale and the emergence of species on a fine spatial scale requires in-depth and detailed investigation and data analysis and integration. In addition, species distribution is a dynamic process, affected by species evolution, interspecific relationships, habitat changes, community ecological processes, climate change, habitat loss caused by human activities, and so on; the species distribution map needs to be updated frequently. Updating species classification and distribution range will provide basic biological information about species and lay a foundation for the formulation of conservation measures.

I want to express our heartfelt thanks to Academician Jianzhang Ma, Academician Yaping Zhang, for their guidance and assistance. I would also like to thank Prof. Jiade Bai, Prof. Weidong Bao, Prof. Yixin Bao, Prof. Jianghui Bian, Prof. Junhuai Bi, Dr. Ivan Cao, Prof. Hongjun Chu, Dr. Anwaruddin Choudhury, Dr. Philippe Chouteau, Prof. Ping Ding, Prof. Yuehua Ding, Prof. Pengfei Fan, Dr. Limin Feng, Prof. Zuojian Feng, Prof. Ke Guo, Prof. Xingyi Gao, Prof. Erhu Gao, Prof. Defu Hu, Prof. Huijian Hu, Prof. Limin Hua, Prof. Haisheng Jiang, Prof. Xuelong Jiang, Prof. Kun Jin, Prof. Baiguo Li, Prof. Chunlin Li, Prof. Diqiang Li, Prof. Ming Li, Dr. Song Li, Prof. Junsheng Li, Prof. Jinhua Li, Prof. Yuchun Li, Prof. Yankuo Li, Prof. Yiming Li, Prof. Zhongqiu Li, Prof. Xinmin Lian, Prof. Jicheng Liao, Dr. Bingwan Liu, Prof. Dingzhen Liu, Dr. Wei Liu, Prof. Yongcheng Long, Dr. Xueli Lu, Prof. Zhi Lv, Dr. Zhenhua Luo, Dr. Paras Singh, Prof. Yiqing Ma, Dr. Xiuguang Mao, Prof. Xiuxiang Meng, Prof. Kun Shi, Prof. Peng Shi, Prof. Daming Sun, Prof. Yanling Song, Dr.

Mairdan Turgan, Dr. Xinrong Wan, Prof. Song Wang, Prof. Ding Wang, Prof. Hao Wang, Prof. Kexiong Wang, Prof. Xiaoming Wang, Prof. Shibao Wu, Dr. Lin Xia, Dr. Xie Yan, Prof. Dayuan Xue, Prof. Aichun Xu, Prof. Daode Yang, Prof. Guang Yang, Prof. Qisen Yang, Prof. Weikang Yang, Prof. Baowei Zhang, Prof. Jianxu Zhang, Dr. Jinshuo Zhang, Prof. Li Zhang, Prof. Linyuan Zhang, Prof. Minghai Zhang, Prof. Ruguang Zhang, Dr. Peng Zhang, Prof. Jiang Zhou, Prof. Shuyi Zhang, Prof. Tao Zhang, Prof. Xianfeng Zhang, Dr. Youbing Zhou, Prof. Qian Zhu, Prof. Hao Zong for support and help.

I am grateful to the world-known mammologist Dr. Don Wilson of the Smithsonian Institute for writing the preface for the book. I also thank Dr. Andrew Smith of Arizona State University, Dr. Kris Helgen of The Australian Museum, Dr. Simon Straut of the IUCN Species Survival Commission, Dr. David Mallon of Antelope Specialist Group, IUCN/SSC; Prof. Valory Nenorov and Prof. Ana Lushchikina, Institute of Ecology and Evolution, Russian Academy of Sciences; Prof. Koichi Hadari, Tokyo Agricultural University, Japan; and Richard Sabin, Museum of Nature London, the IUCN Red List Task Force, The IUCN Species Information Service (SIS), and Dr. Bosco Chan of Kadoorie Farm and Botanic Garden, Hong Kong.

Thanks to the team of the Straits Publishing House for their great efforts in publishing this book. the Straits Publishing House is dedicated to publishing ecological books, it has published *Field Guide to The Birds of China, Butterflies of China, Handbook of The Mammals of China, Illustrated Handbook of Chinese Coleoptera Staphylinidae, Sinoophis* and other fine books. I would also like to thank Nature Picture Library for their permission to use their photos. Lynx Edicions permitted useing the color plates of Handbook of World Mammals by Don Wilson and Mittermeier. The photographers in *Handbook of The Mammals of China* edited by Shaoying Liu, Yi Wu and Sheng Li provides some wild animal photos for this book, thus makes this book become the only book in China that has collected images of all species. I want to thank Bingbing Xu, Songhua Tang and Lili Li for helping to compile the early version of the checklist of mammals. I would also like to thank Dr. Yan Zeng, Dr. Xiaoge Ping and Mr. Yuanjun Huang, Mr. Zhibin Meng, Prof. Liqiang Ji, Dr. Jianyong Wu, Dr. Chunxin Zang, for their great help. Thanks to the National Forestry and Grassland Administration, the Ministry of Ecology and Environment, and the China Wildlife Conservation Association for guidance and support, thanks to the protected areas and museums for providing convenience for my research. Finally, thanks to the support of the Institute of Zoology, Chinese Academy of Sciences and the University of Chinese Academy of Sciences, and to the participation of postdoctoral and postgraduate students in the Research Group of Wildlife and Behavioral Ecology. I would also like to express my gratitude to the graduate students who took the "Conservation Biology" course taught by me as a professor at the College of Life Sciences, University of Chinese Academy of Sciences, and the international students who took the Conservation Biology course taught by me at the College of International Studies, University of Chinese Academy of Sciences.

Zoology is an ancient subject and a science with many new advances. Zoology is changing rapidly with the discovery of new species and emerging new taxonomy. At the same time, Zoology is an empirical discipline. Whether a species is valid and whether a taxonomy is acceptable , is often a matter of opinion. I drew on a wide range of sources. I integrated existing knowledge to help readers understand the diversity and geographical distribution of mammals in China, aiming at promoting biodiversity conservation in China. Due to the limited knowledge of authors and constraints of time, mistakes are inevitable in the book, and readers are welcome to criticize the contents of the book.

In the 17th century, The English poet John Donne wrote "No Man is an Island" . No one in the world today lives alone, no species lives alone. The biosphere is a whole, and the Earth's biodiversity is a whole. Understanding animals is the premise of understanding human beings and the objective world, maintaining biological diversity and protecting the function of the whole biosphere. I am willing to work together for a better future for human society!

Jiang Zhigang

June 9, 2022
Finalized on September 26, 2023